Deep Reinforcement Learning Hands-On

Second Edition

深度强化学习实践

（原书第2版）

[俄] 马克西姆·拉潘（Maxim Lapan） 著

林然 王薇 译

机械工业出版社
China Machine Press

图书在版编目（CIP）数据

深度强化学习实践：原书第 2 版 /（俄罗斯）马克西姆·拉潘（Maxim Lapan）著；林然，王薇译 . -- 北京：机械工业出版社，2021.7

（智能系统与技术丛书）

书名原文：Deep Reinforcement Learning Hands-On, Second Edition

ISBN 978-7-111-68738-2

I. ①深… II. ①马… ②林… ③王… III. ①机器学习 - 算法 IV. ① TP181

中国版本图书馆 CIP 数据核字（2021）第 142772 号

本书版权登记号：图字 01-2020-1947

Maxim Lapan: *Deep Reinforcement Learning Hands-On, Second Edition* (ISBN: 978-1-83882-699-4).

Copyright © 2020 Packt Publishing. First published in the English language under the title "Deep Reinforcement Learning Hands-On, Second Edition".

All rights reserved.

Chinese simplified language edition published by China Machine Press.

Copyright © 2021 by China Machine Press.

深度强化学习实践（原书第 2 版）

出版发行：机械工业出版社（北京市西城区百万庄大街 22 号　邮政编码：100037）

责任编辑：王春华　李忠明　　　　　　　　责任校对：马荣敏

印　　刷：三河市宏图印务有限公司　　　　版　　次：2021 年 8 月第 1 版第 1 次印刷

开　　本：186mm×240mm　1/16　　　　　印　　张：39.75

书　　号：ISBN 978-7-111-68738-2　　　　定　　价：149.00 元

客服电话：（010）88361066　88379833　68326294　　　投稿热线：（010）88379604

华章网站：www.hzbook.com　　　　　　　　　　读者信箱：hzit@hzbook.com

The Translator's Words 译者序

　　我最早于 2018 年接触强化学习这一令人兴奋的技术，在深入了解后，感觉打开了一扇新世界的大门。使用强化学习，我不仅可以享受编程的乐趣，也可以享受玩游戏的乐趣。同时，强化学习也在一定程度上给了我一些生活上的启示，从前的我是容易陷入"局部最优性"的人：我之前只要在食堂遇到一种喜欢吃的食物，就会天天吃，直到吃腻为止；回家的路，只会走那条最熟悉的（即使可能有近路，但是害怕走错还是不会选择那条可能的近路）。强化学习对于探索的需求是很强烈的，对于未见过的观察，智能体必须要有强烈的探索欲望，经历过各种场景，最终得到的策略才会更优。在探索强化学习的同时，我自身也更接纳"探索"了：多尝试以前没有吃过的菜，多探索几条新的回家的路。这种不需要后续步骤、可以立即得到确定性状态价值的探索非常高效，必须要好好利用。

　　在接触本书后，我发现，如果在啃 Sutton 的《强化学习（第 2 版）》前，能先好好学习一下本书，那该多么幸福！本书从理论和实践两个角度对强化学习进行了解释和演示，如果想快速上手强化学习并开始实践，那么本书就是目前的不二之选了。

　　由于译者水平有限，书中出现错误与不妥之处在所难免，恳请读者批评指正。如果有强化学习相关的问题想和译者进行探讨，可发邮件至 boydfd@gmail.com。

　　最后，感谢本书的策划编辑王春华的耐心和悉心指导。当然，还要感谢我的女朋友王薇，在她的支持和协助下，这本书才得以翻译完成，并呈现在大家面前。感谢每一位读者，你的潜心研习与融会贯通将会令本书更有价值。

林然

2021 年 1 月

前　言 *Preface*

本书的主题是强化学习（Reinforcement Learning，RL），它是机器学习（Machine Learning，ML）的一个分支，强调如何解决在复杂环境中选择最优动作时产生的通用且极具挑战的问题。学习过程仅由奖励值和从环境中获得的观察驱动。该模型非常通用，能应用于多个真实场景，从玩游戏到优化复杂制造过程都能涵盖。

由于它的灵活性和通用性，RL 领域在快速发展的同时，吸引了很多人的关注。其中，既包括试图改进现有方法或创造新方法的研究人员，也包括专注于用最有效的方式解决问题的从业人员。

写本书的目的

写本书的目的是填补 RL 理论系统和实际应用之间的巨大空白。目前全世界有很多研究活动，基本上每天都有新的相关论文发表，并且有很多深度学习的会议，例如神经信息处理系统（Neural Information Processing Systems，NeurIPS）大会和国际学习表征会议（International Conference on Learning Representations，ICLR）。同时，有好几个大型研究组织致力于将 RL 应用于机器人、医学、多智能体系统等领域。

最新的相关研究资料虽然很容易获得，却都过于专业和抽象，难以理解。RL 的实践落地则显得更为困难，因为将论文中由数学公式堆砌的大量抽象理论转换成解决实际问题的实现方式并不总是显而易见的。

这使得一些对该领域感兴趣的人很难理解隐含在论文或学术会议背后的方法与思想。虽然针对 RL 的各个方面有很多非常棒的博客用生动的例子来解释，但博客的形式限制让作者们只能阐述一两种方法，而不是构建一个完整的全景图来将不同的方法联系起来。本书就是为了解决这个问题而写的。

教学方法

本书的另一个关注点是实际应用。每个方法针对非常简单到非常复杂的情况都进行了实现。我试图让例子简洁易懂，PyTorch 的易读与强大使之成为可能。另外，例子的复杂度是针对 RL 业余爱好者而设计的，不需要大量的计算资源，比如图形处理器（GPU）集群或很强大的工作站。我相信，这将使充满乐趣和令人兴奋的 RL 领域不仅限于研究小组或大型人工智能公司，还可以让更广泛的受众涉足。但毕竟本书有关内容还是"深度"RL，因此强烈建议大家使用 GPU。

除了 Atari 游戏或连续控制问题等 RL 中一些经典的中等规模例子外，本书还有好几章（第 10、14、15、16 和 18 章）介绍大型项目，说明 RL 方法能应用到更复杂的环境和任务中。这些例子不是现实场景中的完整项目，但也足以说明，除了精心设计的基准测试外，RL 能在更大的范围内应用。

本书从结构上看分为四个部分，其中第 1～4 章为第一部分，第 5～10 章为第二部分，第 11～16 为第三部分，第 17～25 章为第四部分。关于本书前三个部分的例子，值得注意的另一件事是我试图使它们成为独立的，会完整地显示所有代码。有时这会导致代码片段的重复（例如，大多数方法中的训练迭代都很相似），但是我认为，让大家学到想学的函数比刻意避免一些重复更重要，你可以自行跳转到需要的代码。本书中的所有例子都能在 GitHub 上找到，网址为 https://github.com/PacktPublishing/Deep-Reinforcement-Learning-Hands-On-Second-Edition。欢迎你来获取、实验并贡献代码。

读者对象

本书面向已经有机器学习基础而想对 RL 领域进行实践的读者。阅读本书前，读者应该熟悉 Python 并且有一定的深度学习和机器学习基础。具有统计学和概率论知识会大有帮助，但对于理解本书的大部分内容都不是必要的。

本书内容

第 1 章介绍了 RL 的思想和模型。

第 2 章使用开源库 Gym 介绍了 RL 实践。

第 3 章概述了 PyTorch 库。

第 4 章用最简单的 RL 方法对 RL 的方法和问题进行了初步介绍。

第 5 章介绍了基于价值的 RL 方法。

第 6 章描述了深度 Q-network（DQN），是对基础的基于价值的方法的扩展，能解决复杂环境下的问题。

第 7 章描述了 PTAN 库，它可以简化 RL 方法的实现。

第 8 章详细介绍了 DQN 的最新扩展方法，以提升在复杂环境下的稳定性和收敛性。

第 9 章概述了使 RL 代码加速执行的办法。

第 10 章给出了第一个练习项目，重点是将 DQN 方法应用于股票交易。

第 11 章介绍了另一类 RL 方法，即基于策略学习的方法。

第 12 章描述了 RL 中使用非常广泛的方法之一。

第 13 章用并行环境交互的方式扩展了 actor-critic 方法，从而提高了稳定性和收敛性。

第 14 章给出了第二个项目，展示了如何将 RL 方法应用于自然语言处理问题。

第 15 章介绍了 RL 方法在文字冒险游戏中的应用。

第 16 章给出了另一个大项目，使用 MiniWoB 任务集将 RL 应用于 Web 导航。

第 17 章介绍了连续动作空间的环境特性以及各种方法。

第 18 章介绍了 RL 方法在机器人问题中的应用，描述了如何用 RL 方法来构建和训练小型机器人。

第 19 章仍是有关连续动作空间的章节，描述了一组置信域方法在其中的应用。

第 20 章展示了另一组不显式使用梯度的方法。

第 21 章介绍了能更好地进行环境探索的方法。

第 22 章介绍了 RL 的基于模型的方法，并使用了将想象力应用于 RL 的最新研究结果。

第 23 章描述了 AlphaGo Zero 方法并将其应用于四子连横棋游戏中。

第 24 章使用魔方作为环境，描述了 RL 方法在离散优化领域的应用。

第 25 章介绍了一个相对较新的 RL 方法应用方向，即在多智能体情境下的应用。

阅读指导

本书的所有章节都采用同样的结构来描述 RL 方法：首先讨论方法的动机、理论基础以及背后的思想；然后，给出几个不同环境下的带完整源代码的例子。

你可以通过不同的方式来阅读本书：

1. 若要快速熟悉某些方法，可以只阅读相关章节的简介部分。

2. 若要深入理解某个方法是如何实现的，可以阅读代码和相关注释。

3. 若要深度熟悉某个方法（我认为是最好的学习方式），可以尝试借助提供的代码重新实现该方法并使之有效。

无论如何，我希望这本书对你有帮助！

下载示例代码及彩色图片

本书的示例代码及所有截图和样图，可以从 http://www.packtpub.com 通过个人账号下载，也可以访问华章图书官网 http://www.hzbook.com，通过注册并登录个人账号下载。

　　本书的代码也托管在 GitHub 上（https://github.com/PacktPublishing/Deep-Reinforcement-Learning-Hands-On-Second-Edition）。如果代码有更新，GitHub 上的代码会同步更新。本书所有彩色版屏幕截图 / 图表的 PDF 文件也可以从 https://static.packt-cdn.com/downloads/9781838826994_ColorImages.pdf 下载。

排版约定

　　文中的代码体：表示出现在文中的代码、数据库表名、目录名、文件名、文件扩展名、路径、用户输入、Twitter 句柄。

　　代码块示例：

```
def grads_func(proc_name, net, device, train_queue):
    envs = [make_env() for _ in range(NUM_ENVS)]

    agent = ptan.agent.PolicyAgent(
        lambda x: net(x)[0], device=device, apply_softmax=True)
    exp_source = ptan.experience.ExperienceSourceFirstLast(
        envs, agent, gamma=GAMMA, steps_count=REWARD_STEPS)

    batch = []
    frame_idx = 0
    writer = SummaryWriter(comment=proc_name)
```

　　命令行输入或输出示例：

```
rl_book_samples/Chapter11$ ./02_a3c_grad.py --cuda -n final
```

　　黑体：表示新的术语、重要的词或会在屏幕中显示的词（例如，菜单或对话框中的内容）。

 表示警告或重要的提示。

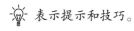 表示提示和技巧。

作者简介 *About the Author*

马克西姆·拉潘（Maxim Lapan）是一位深度学习爱好者和独立研究者。作为一名软件开发人员和系统架构师，他拥有 15 年的工作经验，涉及从底层 Linux 内核驱动程序开发到性能优化以及在数千台服务器上工作的分布式应用程序设计的方方面面。他在大数据、机器学习以及大型并行分布式 HPC 和非 HPC 系统方面也拥有丰富的经验，能够用简单的词汇和生动的示例来解释复杂的事物。他目前感兴趣的领域涉及深度学习的实际应用，例如深度自然语言处理和深度强化学习。

马克西姆与家人一起住在俄罗斯莫斯科。

感谢我的妻子 Olga 和我的孩子们（Ksenia、Julia 和 Fedor），感谢他们的耐心和支持。写这本书是一个充满挑战的过程，没有他们不可能实现。Julia 和 Fedor 在收集 MiniWoB 样本（第 16 章）以及测试四子连横棋智能体游戏（第 23 章）方面帮了我很多忙。

Mikhail Yurushkin 拥有博士学位，是俄罗斯顿河畔罗斯托夫的俄罗斯南联邦大学的高级讲师，教授有关计算机视觉和 NLP 的高级深度学习课程。他的研究领域是高性能计算和编译器优化开发，在跨平台原生 C++ 开发、机器学习和深度学习方面有 8 年以上的经验。他是一名企业家，是包括 BroutonLab 在内的多家技术初创公司的创始人。BroutonLab 是一家数据科学公司，专门研究基于 AI 的软件产品的开发。

Per-Arne Andersen 是挪威阿哥德大学的深度强化学习专业博士生。他撰写了多篇与游戏有关的强化学习技术论文，并因对基于模型的强化学习的研究而获得了英国计算机学会的最佳学生奖。Per-Arne 还是网络安全方面的专家，自 2012 年以来一直从事该领域的工作。他目前的研究兴趣包括机器学习、深度学习、网络安全以及强化学习。

Sergey Kolesnikov 是一位工业工程师，也是一位学术研究工程师，在机器学习、深度学习和强化学习方面拥有超过 5 年的经验。他还是 Catalyst 的创建者，这是一个用于加速深度学习和强化学习研究与开发的高级 PyTorch 生态系统。他目前正在致力于处理 CV、NLP 和 RecSys（推荐系统）的工业应用，同时还参与强化学习的学术研究。他也对顺序决策和心理学很感兴趣。Sergey 是 NeurIPS 竞赛的获胜者，也是一位开源传道者。

目 录 *Contents*

译者序
前言
作者简介
审校者简介

第1章　什么是强化学习 ················· 1

1.1　机器学习分类 ···························· 2

   1.1.1　监督学习 ························· 2

   1.1.2　非监督学习 ······················ 2

   1.1.3　强化学习 ························· 2

1.2　强化学习的复杂性 ······················ 4

1.3　强化学习的形式 ························· 4

   1.3.1　奖励 ···························· 5

   1.3.2　智能体 ·························· 6

   1.3.3　环境 ···························· 6

   1.3.4　动作 ···························· 7

   1.3.5　观察 ···························· 7

1.4　强化学习的理论基础 ···················· 9

   1.4.1　马尔可夫决策过程 ·················· 9

   1.4.2　策略 ··························· 17

1.5　总结 ································· 18

第2章　OpenAI Gym ·················· 19

2.1　剖析智能体 ···························· 19

2.2　硬件和软件要求 ······················· 21

2.3　OpenAI Gym API ····················· 23

2.3.1　动作空间 ······················· 23

2.3.2　观察空间 ······················· 23

2.3.3　环境 ··························· 25

2.3.4　创建环境 ······················· 26

2.3.5　车摆系统 ······················· 28

2.4　随机 CartPole 智能体 ·················· 30

2.5　Gym 的额外功能：包装器和
监控器 ································· 30

   2.5.1　包装器 ························· 31

   2.5.2　监控器 ························· 33

2.6　总结 ································· 35

**第3章　使用 PyTorch 进行深度
学习** ···························· 36

3.1　张量 ································· 36

   3.1.1　创建张量 ······················· 37

   3.1.2　零维张量 ······················· 39

   3.1.3　张量操作 ······················· 39

   3.1.4　GPU 张量 ······················ 40

3.2　梯度 ································· 41

3.3　NN 构建块 ···························· 44

3.4　自定义层 ······························ 45

3.5　最终黏合剂：损失函数和
优化器 ································· 47

   3.5.1　损失函数 ······················· 48

   3.5.2　优化器 ························· 48

3.6 使用 TensorBoard 进行监控 ········· 50

3.6.1 TensorBoard 101 ········· 50

3.6.2 绘图 ········· 52

3.7 示例：将 GAN 应用于 Atari
图像 ········· 53

3.8 PyTorch Ignite ········· 57

3.9 总结 ········· 61

第 4 章 交叉熵方法 ········· 62

4.1 RL 方法的分类 ········· 62

4.2 交叉熵方法的实践 ········· 63

4.3 交叉熵方法在 CartPole 中的
应用 ········· 65

4.4 交叉熵方法在 FrozenLake 中的
应用 ········· 72

4.5 交叉熵方法的理论背景 ········· 78

4.6 总结 ········· 79

第 5 章 表格学习和 Bellman 方程 ········· 80

5.1 价值、状态和最优性 ········· 80

5.2 最佳 Bellman 方程 ········· 82

5.3 动作的价值 ········· 84

5.4 价值迭代法 ········· 86

5.5 价值迭代实践 ········· 87

5.6 Q-learning 在 FrozenLake 中的
应用 ········· 92

5.7 总结 ········· 94

第 6 章 深度 Q-network ········· 95

6.1 现实的价值迭代 ········· 95

6.2 表格 Q-learning ········· 96

6.3 深度 Q-learning ········· 100

6.3.1 与环境交互 ········· 102

6.3.2 SGD 优化 ········· 102

6.3.3 步骤之间的相关性 ········· 103

6.3.4 马尔可夫性质 ········· 103

6.3.5 DQN 训练的最终形式 ········· 103

6.4 DQN 应用于 Pong 游戏 ········· 104

6.4.1 包装器 ········· 105

6.4.2 DQN 模型 ········· 109

6.4.3 训练 ········· 110

6.4.4 运行和性能 ········· 118

6.4.5 模型实战 ········· 120

6.5 可以尝试的事情 ········· 122

6.6 总结 ········· 123

第 7 章 高级强化学习库 ········· 124

7.1 为什么使用强化学习库 ········· 124

7.2 PTAN 库 ········· 125

7.2.1 动作选择器 ········· 126

7.2.2 智能体 ········· 127

7.2.3 经验源 ········· 131

7.2.4 经验回放缓冲区 ········· 136

7.2.5 TargetNet 类 ········· 137

7.2.6 Ignite 帮助类 ········· 139

7.3 PTAN 版本的 CartPole 解决
方案 ········· 139

7.4 其他强化学习库 ········· 141

7.5 总结 ········· 141

第 8 章 DQN 扩展 ········· 142

8.1 基础 DQN ········· 143

8.1.1 通用库 ········· 143

8.1.2 实现 ········· 147

8.1.3 结果 ········· 148

8.2 N 步 DQN ········· 150

8.2.1 实现 ························152

8.2.2 结果 ························152

8.3 Double DQN ·················153

8.3.1 实现 ························154

8.3.2 结果 ························155

8.4 噪声网络 ·······················156

8.4.1 实现 ························157

8.4.2 结果 ························159

8.5 带优先级的回放缓冲区 ······160

8.5.1 实现 ························161

8.5.2 结果 ························164

8.6 Dueling DQN ················165

8.6.1 实现 ························166

8.6.2 结果 ························167

8.7 Categorical DQN ···········168

8.7.1 实现 ························171

8.7.2 结果 ························175

8.8 组合所有方法 ··················178

8.9 总结 ····························180

8.10 参考文献 ·····················180

第9章 加速强化学习训练的方法 ···182

9.1 为什么速度很重要 ············182

9.2 基线 ····························184

9.3 PyTorch 中的计算图 ········186

9.4 多个环境 ·······················188

9.5 在不同进程中分别交互和训练 ···190

9.6 调整包装器 ····················194

9.7 基准测试总结 ·················198

9.8 硬核 CuLE ····················199

9.9 总结 ····························199

9.10 参考文献 ·····················199

第10章 使用强化学习进行股票
交易 ························200

10.1 交易 ···························200

10.2 数据 ···························201

10.3 问题陈述和关键决策 ·········202

10.4 交易环境 ······················203

10.5 模型 ···························210

10.6 训练代码 ······················211

10.7 结果 ···························211

10.7.1 前馈模型 ··············212

10.7.2 卷积模型 ··············217

10.8 可以尝试的事情 ·············218

10.9 总结 ···························219

第11章 策略梯度：一种替代方法···220

11.1 价值与策略 ···················220

11.1.1 为什么需要策略 ·········221

11.1.2 策略表示 ··············221

11.1.3 策略梯度 ··············222

11.2 REINFORCE 方法 ··········222

11.2.1 CartPole 示例 ········223

11.2.2 结果 ···················227

11.2.3 基于策略的方法与
基于价值的方法 ·······228

11.3 REINFORCE 的问题 ········229

11.3.1 需要完整片段 ·········229

11.3.2 高梯度方差 ···········229

11.3.3 探索 ···················230

11.3.4 样本相关性 ···········230

11.4 用于 CartPole 的策略梯度方法 ···230

11.4.1 实现 ···················231

11.4.2 结果 ···················233

11.5 用于 Pong 的策略梯度方法 ……237
  11.5.1 实现 ……238
  11.5.2 结果 ……239
11.6 总结 ……240

第 12 章 actor-critic 方法 ……241

12.1 减小方差 ……241
12.2 CartPole 的方差 ……243
12.3 actor-critic ……246
12.4 在 Pong 中使用 A2C ……247
12.5 在 Pong 中使用 A2C 的结果 ……252
12.6 超参调优 ……255
  12.6.1 学习率 ……255
  12.6.2 熵的 beta 值 ……256
  12.6.3 环境数 ……256
  12.6.4 批大小 ……257
12.7 总结 ……257

第 13 章 A3C ……258

13.1 相关性和采样效率 ……258
13.2 向 A2C 添加另一个 A ……259
13.3 Python 中的多重处理功能 ……261
13.4 数据并行化的 A3C ……262
  13.4.1 实现 ……262
  13.4.2 结果 ……267
13.5 梯度并行化的 A3C ……269
  13.5.1 实现 ……269
  13.5.2 结果 ……273
13.6 总结 ……274

第 14 章 使用强化学习训练聊天机器人 ……275

14.1 聊天机器人概述 ……275

14.2 训练聊天机器人 ……276
14.3 深度 NLP 基础 ……277
  14.3.1 RNN ……277
  14.3.2 词嵌入 ……278
  14.3.3 编码器 – 解码器架构 ……279
14.4 seq2seq 训练 ……280
  14.4.1 对数似然训练 ……280
  14.4.2 双语替换评测分数 ……282
  14.4.3 seq2seq 中的强化学习 ……282
  14.4.4 自评序列训练 ……283
14.5 聊天机器人示例 ……284
  14.5.1 示例的结构 ……285
  14.5.2 模块：cornell.py 和 data.py ……285
  14.5.3 BLEU 分数和 utils.py ……286
  14.5.4 模型 ……287
14.6 数据集探索 ……292
14.7 训练：交叉熵 ……294
  14.7.1 实现 ……294
  14.7.2 结果 ……298
14.8 训练：SCST ……300
  14.8.1 实现 ……300
  14.8.2 结果 ……306
14.9 经过数据测试的模型 ……309
14.10 Telegram 机器人 ……311
14.11 总结 ……314

第 15 章 TextWorld 环境 ……315

15.1 文字冒险游戏 ……315
15.2 环境 ……318
  15.2.1 安装 ……318
  15.2.2 游戏生成 ……318

　　　15.2.3　观察和动作空间 ············320

　　　15.2.4　额外的游戏信息 ············322

　15.3　基线 DQN ·······················325

　　　15.3.1　观察预处理 ···············326

　　　15.3.2　embedding 和编码器 ········331

　　　15.3.3　DQN 模型和智能体 ········333

　　　15.3.4　训练代码 ·················335

　　　15.3.5　训练结果 ·················335

　15.4　命令生成模型 ···················340

　　　15.4.1　实现 ·····················341

　　　15.4.2　预训练结果 ···············345

　　　15.4.3　DQN 训练代码 ············346

　　　15.4.4　DQN 训练结果 ············347

　15.5　总结 ···························349

第 16 章　Web 导航 ·············350

　16.1　Web 导航简介 ···················350

　　　16.1.1　浏览器自动化和 RL ········351

　　　16.1.2　MiniWoB 基准 ············352

　16.2　OpenAI Universe ·················353

　　　16.2.1　安装 ·····················354

　　　16.2.2　动作与观察 ···············354

　　　16.2.3　创建环境 ·················355

　　　16.2.4　MiniWoB 的稳定性 ········357

　16.3　简单的单击方法 ·················357

　　　16.3.1　网格动作 ·················358

　　　16.3.2　示例概览 ·················359

　　　16.3.3　模型 ·····················359

　　　16.3.4　训练代码 ·················360

　　　16.3.5　启动容器 ·················364

　　　16.3.6　训练过程 ·················366

　　　16.3.7　检查学到的策略 ···········368

　　　16.3.8　简单单击的问题 ···········369

　16.4　人类演示 ·······················371

　　　16.4.1　录制人类演示 ·············371

　　　16.4.2　录制的格式 ···············373

　　　16.4.3　使用演示进行训练 ·········375

　　　16.4.4　结果 ·····················376

　　　16.4.5　井字游戏问题 ·············380

　16.5　添加文字描述 ···················383

　　　16.5.1　实现 ·····················383

　　　16.5.2　结果 ·····················387

　16.6　可以尝试的事情 ·················390

　16.7　总结 ···························391

第 17 章　连续动作空间 ········392

　17.1　为什么会有连续的空间 ···········392

　　　17.1.1　动作空间 ·················393

　　　17.1.2　环境 ·····················393

　17.2　A2C 方法 ·······················395

　　　17.2.1　实现 ·····················396

　　　17.2.2　结果 ·····················399

　　　17.2.3　使用模型并录制视频 ·······401

　17.3　确定性策略梯度 ·················401

　　　17.3.1　探索 ·····················402

　　　17.3.2　实现 ·····················403

　　　17.3.3　结果 ·····················407

　　　17.3.4　视频录制 ·················409

　17.4　分布的策略梯度 ·················409

　　　17.4.1　架构 ·····················410

　　　17.4.2　实现 ·····················410

　　　17.4.3　结果 ·····················414

　　　17.4.4　视频录制 ·················415

　17.5　可以尝试的事情 ·················415

　17.6　总结 ···························416

第18章 机器人技术中的强化学习 ……417

18.1 机器人与机器人学 ……417
18.1.1 机器人的复杂性 ……419
18.1.2 硬件概述 ……420
18.1.3 平台 ……421
18.1.4 传感器 ……422
18.1.5 执行器 ……423
18.1.6 框架 ……424
18.2 第一个训练目标 ……427
18.3 模拟器和模型 ……428
18.3.1 模型定义文件 ……429
18.3.2 机器人类 ……432
18.4 DDPG 训练和结果 ……437
18.5 控制硬件 ……440
18.5.1 MicroPython ……440
18.5.2 处理传感器 ……443
18.5.3 驱动伺服器 ……454
18.5.4 将模型转移至硬件上 ……458
18.5.5 组合一切 ……464
18.6 策略实验 ……466
18.7 总结 ……467

第19章 置信域：PPO、TRPO、ACKTR 及 SAC ……468

19.1 Roboschool ……469
19.2 A2C 基线 ……469
19.2.1 实现 ……469
19.2.2 结果 ……471
19.2.3 视频录制 ……475
19.3 PPO ……475
19.3.1 实现 ……476
19.3.2 结果 ……479

19.4 TRPO ……480
19.4.1 实现 ……481
19.4.2 结果 ……482
19.5 ACKTR ……484
19.5.1 实现 ……484
19.5.2 结果 ……484
19.6 SAC ……485
19.6.1 实现 ……486
19.6.2 结果 ……488
19.7 总结 ……490

第20章 强化学习中的黑盒优化 ……491

20.1 黑盒方法 ……491
20.2 进化策略 ……492
20.2.1 将 ES 用在 CartPole 上 ……493
20.2.2 将 ES 用在 HalfCheetah 上 ……498
20.3 遗传算法 ……503
20.3.1 将 GA 用在 CartPole 上 ……504
20.3.2 GA 优化 ……506
20.3.3 将 GA 用在 HalfCheetah 上 ……507
20.4 总结 ……510
20.5 参考文献 ……511

第21章 高级探索 ……512

21.1 为什么探索很重要 ……512
21.2 ε-greedy 怎么了 ……513
21.3 其他探索方式 ……516
21.3.1 噪声网络 ……516
21.3.2 基于计数的方法 ……516
21.3.3 基于预测的方法 ……517
21.4 MountainCar 实验 ……517
21.4.1 使用 ε-greedy 的 DQN 方法 ……519

21.4.2 使用噪声网络的 DQN
方法 ·················520
21.4.3 使用状态计数的 DQN
方法 ·················522
21.4.4 近端策略优化方法 ·······525
21.4.5 使用噪声网络的 PPO
方法 ·················527
21.4.6 使用基于计数的探索的
PPO 方法 ···········529
21.4.7 使用网络蒸馏的 PPO
方法 ·················531
21.5 Atari 实验 ·····················533
21.5.1 使用 ε -greedy 的 DQN
方法 ·················534
21.5.2 经典的 PPO 方法 ·······535
21.5.3 使用网络蒸馏的 PPO
方法 ·················536
21.5.4 使用噪声网络的 PPO
方法 ·················537
21.6 总结 ·························538
21.7 参考文献 ·····················539

第 22 章 超越无模型方法：
想象力 ················540
22.1 基于模型的方法 ···············540
22.1.1 基于模型与无模型 ·······540
22.1.2 基于模型的缺陷 ·········541
22.2 想象力增强型智能体 ··········542
22.2.1 EM ·····················543
22.2.2 展开策略 ···············544
22.2.3 展开编码器 ·············544
22.2.4 论文的结果 ·············544
22.3 将 I2A 用在 Atari Breakout 上·····545

22.3.1 基线 A2C 智能体 ·········545
22.3.2 EM 训练 ···············546
22.3.3 想象力智能体 ···········548
22.4 实验结果 ·····················553
22.4.1 基线智能体 ·············553
22.4.2 训练 EM 的权重 ·········555
22.4.3 训练 I2A 模型 ···········557
22.5 总结 ·························559
22.6 参考文献 ·····················559

第 23 章 AlphaGo Zero ·············560
23.1 棋盘游戏 ·····················560
23.2 AlphaGo Zero 方法 ············561
23.2.1 总览 ···················561
23.2.2 MCTS ·················562
23.2.3 自我对抗 ···············564
23.2.4 训练与评估 ·············564
23.3 四子连横棋机器人 ············564
23.3.1 游戏模型 ···············565
23.3.2 实现 MCTS ·············567
23.3.3 模型 ···················571
23.3.4 训练 ···················573
23.3.5 测试与比较 ·············573
23.4 四子连横棋的结果 ············574
23.5 总结 ·························576
23.6 参考文献 ·····················576

第 24 章 离散优化中的强化学习 ·······577
24.1 强化学习的名声 ··············577
24.2 魔方和组合优化 ··············578
24.3 最佳性与上帝的数字 ·········579
24.4 魔方求解的方法 ··············579
24.4.1 数据表示 ···············580

24.4.2 动作 ································580

24.4.3 状态 ································581

24.5 训练过程 ································584

24.5.1 NN 架构 ························584

24.5.2 训练 ································585

24.6 模型应用 ································586

24.7 论文结果 ································588

24.8 代码概览 ································588

24.8.1 魔方环境 ························589

24.8.2 训练 ································593

24.8.3 搜索过程 ························594

24.9 实验结果 ································594

24.9.1 2×2 魔方 ······················596

24.9.2 3×3 魔方 ······················598

24.10 进一步改进和实验 ················599

24.11 总结 ································600

第 25 章 多智能体强化学习················601

25.1 多智能体 RL 的说明 ··············601

25.1.1 通信形式 ························602

25.1.2 强化学习方法 ················602

25.2 MAgent 环境 ························602

25.2.1 安装 ································602

25.2.2 概述 ································603

25.2.3 随机环境 ························603

25.3 老虎的深度 Q-network ··········608

25.4 老虎的合作 ························612

25.5 同时训练老虎和鹿 ················615

25.6 相同 actor 之间的战斗 ··········617

25.7 总结 ································617

第 1 章 *Chapter 1*

什么是强化学习

强化学习（Reinforcement Learning，RL）是**机器学习**（Machine Learning，ML）的一个分支，它能随着时间的推移，自动学习最优决策。这是许多科学和工程领域普遍研究的一个问题。

在瞬息万变的世界中，如果考虑时间的因素，即使是静态的输入输出问题也会变成动态问题。例如，想象一下你想要解决一个宠物图片分类（一共有两个目标类：狗和猫）的简单监督学习问题。你收集了训练数据集并使用**深度学习**（Deep Learning，DL）工具作为分类器。一段时间后，收敛的模型表现得很出色。这很棒！于是你将其部署并运行了一段时间。但是，当你从某个海滨度假胜地回来后，发现狗狗间流行的装扮方式发生了改变，因此大部分的查询都返回了错误的分类结果，你也因此需要更新你的训练图片，并重复之前的过程。这就不美妙了！

前面的示例旨在说明即使是简单的 ML 问题也有隐藏的时间维度。这常被忽视，那么它在生产系统中就可能会成为一个问题。RL 很自然地将额外的维度（通常是时间，但并非必须是时间）并入学习方程式。这让 RL 更接近于人们所理解的**人工智能**（Artificial Intelligence，AI）。

在本章中，我们会详细讨论 RL，你将会熟悉以下内容：

❏ RL 和其他 ML 方法（**监督学习**（supervised learning）和非**监督学习**（unsupervised learning））的关联和区别。

❏ RL 有哪些主要形式，它们之间的关系是什么样的。

❏ RL 的理论基础——马尔可夫决策过程。

1.1 机器学习分类

1.1.1 监督学习

你可能已经熟悉了监督学习的概念，监督学习是被研究得最多且最著名的机器学习方法。它的基本问题是，当给定一系列带标签的数据时，如何自动构建一个函数来将某些输入映射成另外一些输出。虽然这听起来很简单，但仍存在一些棘手的问题，计算机领域也是在最近才成功解决了部分问题。监督学习的例子有很多，包含：

- **文本分类**：电子邮件是否是垃圾邮件？
- **图像分类和目标检测**：图片包含了猫还是狗还是其他东西？
- **回归问题**：根据气象传感器的信息判断明天的天气。
- **情感分析**：某份评价反应的客户满意度是多少？

这些问题貌似不同，但思想一致——我们有很多输入输出对，并想通过学习它的规律来让未来的、当前不可见的输入能产生准确的输出。根据"标准答案"数据源给出的已知答案来学习，这就是**监督**一词的由来。

1.1.2 非监督学习

另外一个极端就是所谓的非监督学习，它假设我们的数据没有已知的标签。它的主要目标是从当前的数据集中学习一些隐藏的结构。这种学习方法的常见例子就是对数据进行聚类。该算法用于将数据分类成不同组，以揭示数据间的关系。例如，想要找到相似的图片或者有类似行为的客户。

另一类正变得越来越流行的非监督学习方法是**生成对抗网络**（Generative Adversarial Network，GAN）。当有两个相互竞争的网络时，一个网络试着生成假数据来愚弄第二个网络，而第二个网络则努力将伪造的数据和真实的采样数据区分开。随着时间的流逝，两个网络都通过捕获数据中一些细微的特定模式变得越来越强大。

1.1.3 强化学习

RL 则处于第三阵营，介于完全监督和完全没有预定义标签之间。它会用到很多已经比较完善的监督学习方法来学习数据的表示，比如**深度神经网络**（deep neural network）来进行函数逼近、随机梯度下降和反向传播。但它会用不同的方式来使用这些方法。

本章接下来的两节将介绍 RL 方法的一些具体细节，包括用严格的数学形式来建立假设和抽象。而本节会用比较不正式但很容易理解的方式来比较 RL 和监督学习以及非监督学习之间的区别。

想象在某环境下有个需要选择动作的智能体。（本章后面会给出"智能体"和"环境"的详细定义。）迷宫中的机器老鼠就是一个很好的例子，当然你也可以想象一个无人操作的直升机在盘旋，或一个国际象棋程序要学着如何击败一名大师级棋手。为了简单起见，我们以机器老鼠为例（见图 1.1）。

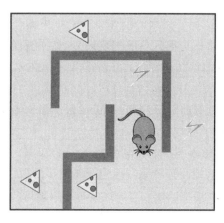

图 1.1　机器老鼠的迷宫世界

在本例中，环境就是迷宫，迷宫里会有一些地方有食物，还有些地方有电流。机器老鼠能够选择动作，比如左转、右转以及前进。每一时刻，它都能观察到迷宫的整体状态并据此决定选择什么动作。机器老鼠的目的是找到尽可能多的食物，同时尽可能避免被电击。这些食物和电信号代表智能体（机器老鼠）收到的奖励，是环境针对智能体选择的动作所提供的额外反馈。奖励在 RL 中是非常重要的概念，本章后面就会谈到它。现在，你只要知道智能体最终的目标是获取尽可能多的奖励就够了。在这个例子中，机器老鼠需要寻找大量食物并承受少量电击——对于机器老鼠而言，这比站着不动且一无所获要好得多。

我们不想将与环境有关的知识和每个特定环境下采取的最佳动作硬编码给机器老鼠——这样太消耗精力了，而且只要环境稍微发生变化，这样的硬编码就失效了。我们想要的是一套神奇的方法，让机器老鼠学着自己避开电流并收集尽可能多的食物。RL 就是这样一个与监督学习和非监督学习都不一样的神奇工具，它不像监督学习那样需要预定义好标签。没有人将机器老鼠看到的所有图片标记为好或坏，也没有人给出它需要转向的最佳方向。

但是，它也不像非监督学习那样完全不需要其他信息，因为我们有奖励系统。奖励可以是得到食物后的正向反馈、遭到电击后的负向反馈，什么都没发生时则无反馈。通过观察奖励并将其与选择的动作关联起来，智能体将学习如何更好地选择动作，也就是获取更多食物、受到更少的电击。当然，RL 的通用性和灵活性也是有代价的。与监督学习和非监督学习相比，RL 被认为是更具挑战的领域。我们来快速讨论一下 RL 有哪些棘手的地方。

1.2 强化学习的复杂性

首先要注意的是，RL 中的观察结果取决于智能体选择的动作，某种程度上可以说是动作导致的结果。如果智能体选择了无用的动作，观察结果不会告诉你做错了什么或如何选择动作才能改善结果（智能体只会得到负面的反馈）。如果智能体很固执并且不断犯错，那么这些观察结果会给出一个错误的印象，即没法获取更大的奖励了，但这种印象很可能是完全错误的。

用 ML 的术语来说，就是有非 i.i.d.(independent and identically distributed，独立同分布）数据，而 i.i.d. 是大多数监督学习方法的前提。

第二个复杂的地方是智能体不仅需要**利用**它学到的知识，还要积极地**探索**环境，因为选择不同的动作很可能会明显地改善结果。但问题是太多的探索会严重地降低奖励（更不用说智能体实际上会**忘记**它之前学的知识了），所以需要找到这两种行为之间的平衡点。这种探索与利用的两难问题是 RL 中公开的基本问题之一。人们一直在面对这种选择——应该去一个知名餐厅就餐，还是去新开的新奇餐厅就餐？应该多久换一次工作？应该接触一下新领域还是继续留在现在的领域？这些问题尚无统一的答案。

第三个复杂的地方在于，选择动作后奖励可能会严重延迟。例如，在国际象棋中，游戏中途的一次强力落子就可以改变平衡。在学习过程中，我们需要发现这种因果关系，而在时间的流逝和不断选择的动作中辨别这种因果关系是很困难的。

然而，尽管存在这么多障碍和复杂性，RL 在近年来已经取得了巨大的进步，并且在学术研究和实际应用领域中变得越来越活跃。

有兴趣了解更多吗？我们来深入研究某些细节，看看 RL 的形式和游戏规则。

1.3 强化学习的形式

每一个科学和工程领域都有自己的假设和局限性。在前一节中，我们讨论了监督学习，其中的假设是输入输出对的知识。数据没有标签吗？你需要弄清楚如何获取标签或尝试一些其他的理论。这不是说监督学习好或坏，只能说它不适用于你的问题。

历史上有许多实践和理论突破的例子，都是在某人试图以创造性的方式挑战规则的时候出现的。但是，我们也必须要理解我们的局限性。了解和理解各种方法的游戏规则是很重要的，因为它能为你节省大量的时间。当然，RL 也存在这样的形式，本书的其余部分将从不同的角度分析它们。

图 1.2 显示了两个主要的 RL 实体（**智能体**和**环境**）以及它们之间的交互通道（**动作**、**奖励**和**观察**）。我们会在下面的几小节中详细讨论它们。

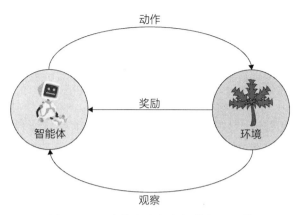

图 1.2　RL 实体和它们之间的交互通道

1.3.1　奖励

我们回到奖励的概念上来。在 RL 中，它只是从环境中周期性获得的一个标量。如前所述，奖励可正可负、可大可小，但它只是一个数字。奖励的目的是告诉智能体它表现得如何。我们不会定义智能体会多频繁地收到奖励——可能是每秒一次，也可能是一生一次。但为了方便，通常会将频率设为每固定时间戳一次或每与环境交互一次。在一生一次的奖励系统中，除了最后一次外，所有的奖励都是 0。

正如我所说，奖励的目的是告诉智能体它有多成功，这是 RL 最核心的东西。**强化**（reinforcement）这个术语就出自此，即智能体获得的奖励应该正向或反向地强化它的行为。奖励是**局部**的，意味着它反映了智能体最近的行为有多成功，而不是从开始到现在累计的行为有多成功。当然，从某些动作中获得了巨大的奖励并不意味着之后不会因为这个决定而面临窘境。这就像抢银行——在你考虑到后果之前，它可能看起来是个"好主意"。

智能体试图在一系列动作中获取最大的累积奖励。若想更好地理解奖励，请参考以下具体示例：

- ❑ **金融交易**：对买卖股票的交易者来说，奖励就是收益的多少。
- ❑ **国际象棋**：奖励在游戏结束时以赢、输或平局的形式获得。当然，这也取决于平台。例如，对我来说，能与国际象棋大师打平就算巨大的奖励。实际上，我们需要指定奖励的具体值，但这可能会是一个相当复杂的表达式。例如，在国际象棋中，奖励可能与对手的强弱成比例。
- ❑ **大脑中的多巴胺系统**：大脑中有一块区域（边缘系统）会在每次需要给大脑的其他部分发送积极信号时释放多巴胺。高浓度的多巴胺会使人产生愉悦感，从而加强此系统认为好的行为。不幸的是，边缘系统比较"过时"，它会认为食物、繁殖和支配是好的，但这又是另外一个故事了。
- ❑ **电脑游戏**：玩家总是能得到很明显的反馈，即杀死敌人的数量或获得的分数。注意，在这个例子中，反馈已经被累积了，所以街机游戏的 RL 奖励应该是分数的导数，即新的敌人被杀时是 1，其他时候都是 0。

❑ **网页浏览**：存在一些有很高实用价值的问题，即需要对网页上可用的信息进行自动抽取。搜索引擎通常就是为了解决这个问题，但有时，为了获得正在寻找的数据，需要填一些表单，浏览一系列链接或输入验证码，而这对于搜索引擎来说是很困难的事。有一种基于 RL 的方法可以处理这些任务，奖励就是你想获得的信息或结果。

❑ **神经网络（Neural Network，NN）结构搜索**：RL 已成功应用于 NN 结构优化领域，它的目标是通过一些手段在一些数据集中获得最佳性能，这些手段通常包括调整网络的层数或参数、添加额外的残差连接，或对 NN 结构做出其他改变。这种情况下，奖励就是 NN 的性能（准确性或其他能衡量 NN 预测是否精准的度量）。

❑ **狗的训练**：如果你曾训练过狗，就知道每次要求它做什么的时候，需要给它一些好吃的（但不要太多）。当它不听从命令时，施加一点惩罚（负向奖励）也是常见的手段，但最近的研究表明这不如正向奖励有效。

❑ **学习成绩**：我们都经历过！学习成绩就是一种奖励系统，旨在给学生提供学习反馈。

正如前面的示例所示，奖励的概念是对智能体性能如何的一个非常普遍的指示，它也能被人为地注入我们周围的许多实际问题中。

1.3.2 智能体

智能体是通过执行确定的动作、进行观察、获得最终的奖励来和环境交互的人或物。在大多数实际 RL 场景中，智能体是某种软件的一部分，被期望以一种比较有效的方法来解决某个问题。前面示例中的智能体如下：

❑ **金融交易**：决定交易如何执行的交易系统或交易员。

❑ **国际象棋**：玩家或计算机程序。

❑ **大脑中的多巴胺系统**：大脑本身，它根据感官数据决定是否是一次好的经历。

❑ **电脑游戏**：玩游戏的玩家或计算机程序。（Andrej Karpathy 曾发过推特说："我们曾说应该让 AI 做所有的工作，我们自己只用玩游戏就行了。但是现在是我们在做所有的工作，而 AI 在玩游戏！"）

❑ **网页浏览**：告诉浏览器点哪个链接、往哪动鼠标、输入哪些文本的软件。

❑ **NN 结构搜索**：控制 NN 具体结构的软件。

❑ **狗的训练**：你会决定选择什么动作（投食 / 惩罚），所以你就是智能体。

❑ **学习成绩**：学生。

1.3.3 环境

环境是智能体外部的一切。从最一般的意义来说，它是宇宙的剩余部分，但这有点过分了，甚至超出了未来的计算能力，所以我们通常遵循一般的意义。

智能体和环境的交互仅限于奖励（从环境中获得）、动作（由智能体执行并馈入环境）以及观察（智能体从环境中获得的除奖励之外的一些信息）。奖励已经讨论过了，是时候讨论动作和观察了。

1.3.4　动作

动作是智能体在环境中可以做的事情。例如，动作可以是基于游戏规则（如果是游戏的话）的一次移动，也可以是做作业（在学校的场景下）。它们可以像将小兵向前移动一格一样简单，也可以像为明天早晨填写纳税申报表这么复杂。

在 RL 中会区分两种类型的动作——离散动作和连续动作。离散动作构成了智能体可以做的互斥的有限集合，例如向左移动或向右移动。连续动作会涉及数值，例如汽车转动方向盘的动作在操作上就涉及角度和方向的数值。不同的角度可能会导致一秒后的情况有所不同，所以只转动方向盘肯定是不够的。

1.3.5　观察

对环境的观察形成了智能体的第二个信息渠道（第一个信息渠道是奖励）。你可能会奇怪为什么我们需要这个单独的数据源。答案是方便。观察是环境为智能体提供的信息，它能说明智能体周围的情况。

观察可能与即将到来的奖励有关（例如，看到银行的付款通知），也可能无关。观察甚至可以包含某种模糊的奖励信息，例如电脑游戏屏幕上的分数。分数只是像素，但我们可以将其转换成奖励值。对于现代 DL 来说，这并不是什么难事。

另一方面，奖励不应该被视为次要的或不重要的事情，而应该被视为驱动智能体学习的主要力量。如果奖励是错误的、有噪声的或只是稍微偏离主要目标，那么训练就有可能朝着错误的方向前进。

区分环境的状态和观察也很重要。环境的状态可能包括宇宙中的所有原子，这让测量环境中的所有东西变得不可能。即使将环境的状态限制得足够小，在大多数情况下，也要么无法得到关于它的全部信息，要么测量的结果中会包含噪声。不过，这完全没有问题，RL 的诞生就是为了处理这种情况。我们再一次回到那些示例，来看看这两个概念之间的差异：

❏ **金融交易**：在这里，环境指整个金融市场和所有影响它的事物。这涵盖非常多的事情，例如最近的新闻、经济和政治状况、天气、食物供应和推特趋势。甚至你今天决定待在家里的决定也可能会间接影响世界的金融系统（如果你相信"蝴蝶效应"的话）。然而，我们的观察仅限于股票价格、新闻等。我们无法查看环境中的大部分状态（是它们使金融交易变得如此复杂）。

❏ **国际象棋**：这里的环境是你的棋盘加上你的对手，包括他们的棋艺、心情、大脑状态、选择的战术等。观察就是你看到的一切（当前棋子的位置），但是，在某些级别的对决中，心理学的知识和读懂对手情绪的能力可以增加你获胜的概率。

❏ **大脑中的多巴胺系统**：这里的环境是你的大脑、神经系统、器官加上你能感知的整体世界。观察是大脑内部的状态和来自感官的信号。

❏ **电脑游戏**：这里的环境是你的计算机的状态，包括所有内存和磁盘数据。对于网络游戏来说，还包括其他计算机以及它们与你的计算机之间的所有互联网基础设施[⊖]。观察则只是屏幕中的像素和声音。这些像素信息并不是小数量级的（有人计算过，取中等大小图片（1024×768）的像素进行排列组合，其可能结果的数量明显大于我们星系中的原子数量），但整个环境的状态的数量级肯定更大。

❏ **网页浏览**：这里的环境是互联网，包括我们的工作计算机和服务器计算机之间的所有网络基础设施，包含了数百万个不同的组件。观察则是当前浏览步骤中加载的网页。

❏ **NN 结构搜索**：在本例中，环境相当简单，包括执行特定 NN 评估的工具集和用于获取性能指标的数据集。与互联网相比，它就像个玩具环境。观察则不同，它包括关于测试的一些信息，例如损失函数的收敛状态或者能从评估步骤中获得的其他指标。

❏ **狗的训练**：在本例中，环境是狗（包括它那难以观察到的内心反应、心情和生活经历）和它周围的一切，以及其他狗，甚至是躲在灌木丛中的猫。观察则是你的感官信号和记忆。

❏ **学习成绩**：这里的环境是学校本身、国家的教育体系、社会和文化遗产。观察则是学生的感官和记忆。

这是我们会接触到的场景，本书其余部分都会围绕着它进行。你可能已经注意到，RL 模型非常灵活、通用，能被用到各种场景中去。在深入研究 RL 模型之前，我们先看看 RL 与其他领域的关联。

有许多领域都与 RL 有关。最重要的一些领域如图 1.3 所示，其中包括 6 个在方法和特定主题方面都有大量重叠的大型领域，它们都与决策相关（显示在灰色圆圈内）。

这些科学领域虽然相关但不同，而 RL 就处在它们的交汇处，它十分通用和灵活，可以从这些不同的领域中借鉴最有用的信息：

❏ **ML**：RL 是 ML 的分支，它从 ML 借鉴了许多机制、技巧和技术。基本上，RL 的目标是在给定不完整观察数据的情况下，学习智能体的最优行动。

❏ **工程学（尤其是最优控制）**：帮助 RL 识别如何采取一系列最优动作来获得最佳结果。

❏ **神经科学**：以多巴胺系统为例，说明人脑的行为和 RL 模型很类似。

❏ **心理学**：心理学研究在各种条件下的行为，例如人们对环境的反应和适应方式，这与 RL 的主题很接近。

⊖ 包括路由器、交换机、光纤等。——译者注

❑ **经济学**：经济学的一个重要主题是，如何在知识不完善以及现实世界不断变化的条件下，最大化奖励。

❑ **数学**：适用于理想化的系统，同时也致力于运筹学领域中最优条件的寻找和实现。

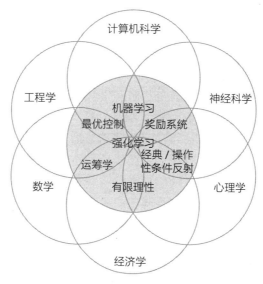

图 1.3　RL 中的不同领域

本章的下一部分将介绍 RL 的理论基础，这是开始使用 RL 方法来解决问题的第一步。接下来的部分对于理解本书的其余部分来说很重要。

1.4　强化学习的理论基础

本节将介绍前面讨论的概念（奖励、智能体、动作、观察和环境）以及它们的数据表示和符号。然后，将这些作为知识基础，探索 RL 更高阶的概念，包括状态、片段、历史、价值和收益，这些概念会在本书后面反复提到，用于描述不同的方法。

1.4.1　马尔可夫决策过程

在此之前，我们将介绍**马尔可夫决策过程**（Markov Decision Process，MDP），用俄罗斯套娃的方式来描述它：从最简单的**马尔可夫过程**（Markov Process，MP）开始，然后将其扩展成**马尔可夫奖励过程**（Markov reward process），最后加入动作的概念，得到 MDP。

MP 和 MDP 被广泛地应用于计算机科学和其他工程领域。因此，阅读本章除了让你对 RL 的上下文更熟悉外，对理解其他领域也有用。如果你已经很熟悉 MDP 了，那么可以快速浏览本章，只关注术语的定义即可。

马尔可夫过程

我们从马尔可夫家族最简单的 MP（也称为**马尔可夫链**）开始。想象一下你面前有一个只能被观察的系统。能观察到的被称为**状态**，系统可以根据动力学定律在状态间进行切换。再强调一次，你不能影响系统，只能观察到状态的变化。

系统中所有可能的状态形成了一个集合，称为**状态空间**。对 MP 而言，状态集应该是有限的（虽然有限制，但是它可以非常大）。观察结果形成了一个状态序列或状态链（这就是 MP 也称为马尔可夫链的原因）。例如，看一下最简单的模型——城市的天气模型，我们可以观察到今天是晴天还是雨天，这就是状态空间。随着时间的推移，一系列观察结果形成了一条状态链，例如 [晴天，晴天，雨天，晴天，……]，这称为**历史**。

要将这样的系统称为 MP，它需要满足**马尔可夫性质**，这意味着系统未来的任何状态变化都仅依赖于当前状态。马尔可夫性质的重点就是让每一个可观察的状态是自包含的，都能描述系统的未来状态。换句话说，马尔可夫性质要求系统的状态彼此可区分且唯一。在这种情况下，只需要一个状态就可以对系统的未来动态进行建模，而不需要整个历史或最后 N 个状态。

在天气的例子中，马尔可夫性质将模型限制在这样的情况下：不管之前看到了多少个晴天，晴天之后是雨天的概率都是相同的。这个模型不太现实，因为根据常识，我们知道明天会下雨的概率不仅取决于当前的状况，还取决于许多其他因素，例如季节、纬度以及附近是否有山和海。最近有研究表明，甚至连太阳的活动都会对天气造成重大影响。所以，这个例子的假设有点太天真了，但是有助于理解限制条件并做出清醒的决定。

当然，如果想让模型变得更复杂，只需要扩展状态空间就可以了，以更大的状态空间为代价，我们可以捕获模型更多的依赖项。例如，如果要分别捕获夏天和冬天雨天的概率，将季节包含在状态中即可。

在这种情况下，状态空间将是 [晴天 + 夏天，晴天 + 冬天，雨天 + 夏天，雨天 + 冬天]。

只要系统模型符合马尔可夫性质，就可以用**转移矩阵**来描述状态转移的概率，它是一个大小为 $N \times N$ 的方阵，N 是模型中状态的数量。矩阵中的单元（第 i 行，第 j 列）表示系统从状态 i 转移到状态 j 的概率。

例如，在晴天 / 雨天的例子中，转移矩阵如下所示：

	晴天	雨天
晴天	0.8	0.2
雨天	0.1	0.9

在这种情况下，如果某天是晴天，那么第二天是晴天的概率为 80%，是雨天的概率为 20%。如果观察到某天是雨天，那么第二天是晴天的概率是 10%，第二天还是雨天的概率是 90%。

MP 的正式定义如下：

❑ 一组状态 (S)，系统可以处于任一状态。

❑ 一个转移矩阵 (T)，通过转移概率定义了系统的动态。

图 1.4 是可视化 MP 的有效工具，其中节点代表系统的状态，边上的标记表示状态转移的概率。如果转移的概率为 0，那么我们不会画出这条边（即无法从一个状态转移到另一个状态）。这种表示法通常也用来表示有限状态机，这是自动机理论的研究范围。

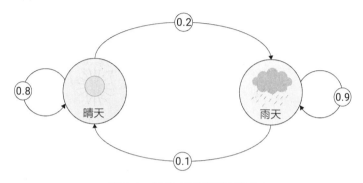

图 1.4　晴天 / 雨天天气模型

再强调一次，我们仅在讨论观察。我们无法影响天气，只做观察和记录。

为了展示一个更复杂的例子，我们来考虑另外一个模型，上班族模型（迪尔伯特就是一个很好的例子，他是斯科特·亚当斯的著名漫画中的主角）。上班族的状态空间如下：

❑ **家**：他不在办公室。

❑ **计算机**：他在办公室用计算机工作。

❑ **咖啡**：他在办公室喝咖啡。

❑ **聊天**：他在办公室和同事聊天。

状态转移图如图 1.5 所示。

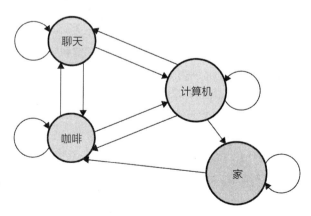

图 1.5　上班族的状态转移图

假设上班族的工作日通常从**家**的状态开始，并且每天到了办公室后，都毫无例外地从**喝咖啡**开始（没有**家→计算机**的边，也没有**家→聊天**的边）。图 1.5 也展示了工作日都结束（即转移到**家**的状态）自**计算机**状态。

其转移矩阵如下所示：

	家	咖啡	聊天	计算机
家	60%	40%	0%	0%
咖啡	0%	10%	70%	20%
聊天	0%	20%	50%	30%
计算机	20%	20%	10%	50%

转移概率可以直接插入状态转移图中，如图 1.6 所示。

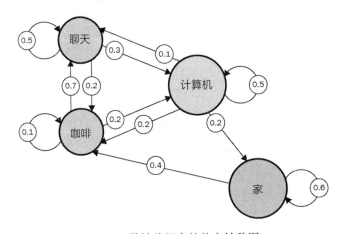

图 1.6　带转移概率的状态转移图

实际上，我们很少能知道确切的转移矩阵。真实世界中，一般只能得到系统状态的观察，这被称为**片段**：

❑ **家→咖啡→咖啡→聊天→聊天→咖啡→计算机→计算机→家**
❑ **计算机→计算机→聊天→聊天→咖啡→计算机→计算机→计算机**
❑ **家→家→咖啡→聊天→计算机→咖啡→咖啡**

从观察中估算转移矩阵并不困难——将所有的状态转移计数，再将其归一化，这样总和就是 1 了。观察的数据越多，估算就越接近真正的模型。

还需要注意，马尔可夫性质暗示了稳定性（即所有状态的底层转移概率分布不会随着时间变化）。非稳定性意味着有一些隐藏的因素在影响系统的动态，而这些因素没有被包含在观察中。但是，这与马尔可夫性质相矛盾，后者要求同一状态的底层概率分布必须相同，和状态的转移历史无关。

注意，在片段中观察到的实际状态转移与转移矩阵中的底层概率分布是有区别的。观察的具体片段是从模型的分布中随机抽样得到的，因此片段不同，估算得到的转移分布也可能不同。而真正的状态转移概率是不变的。如果不能保证这个前提，那么马尔可夫链将不再适用。

现在我们来继续扩展 MP 模型，使其更接近 RL 问题。将奖励加入其中吧！

马尔可夫奖励过程

为了引入奖励，先对 MP 模型做一些扩展。首先，在状态转移之间引入价值的概念。概率已经有了，但是概率是用来捕获系统的动态的，所以现在在没有额外负担的情况下，添加一个额外的标量。

奖励能用各种形式来表示。最常用的方法是增加一个方阵，和转移矩阵相似，用 i 行 j 列来表示从状态 i 转移到状态 j 的奖励。

如前所述，奖励可正可负、可大可小。在某些情况下，这种表示方法是多余的，可以被简化。例如，如果不管起始状态是什么，奖励都是由到达状态给出的，那么可以只保留**状态→奖励**对，这样的表示更紧凑。但情况并不总是这样，它要求奖励必须只依赖于目标状态。

我们在模型中加入的第二个东西是折扣因子 γ，它是从 0 到 1（包含 0 和 1）的某个数字。我们会在对马尔可夫奖励过程的其他特征都进行定义后解释它表示的意义。

你应该记得，我们会观察一个 MP 的状态转移链。在马尔可夫奖励过程中也是这样，但是每次转移，都加入一个新的量——奖励。现在，每次系统状态转移时，我们的观察都会加入一个奖励值。

对于每一个片段，t 时刻的**回报**定义如下：

$$G_t = R_{t+1} + \gamma R_{t+2} + \cdots = \sum_{k=0}^{\infty} \gamma^k R_{t+k+1}$$

试着理解一下这个公式。对每个时间点来说，回报都是这个时间点后续得到的奖励总和，但是越远的奖励会乘越多的折扣因子，和 t 差的步数就是折扣因子的幂。折扣因子代表了智能体的远见性。如果 γ 是 1，则回报 G_t 就是所有后续奖励的总和，对应的智能体会依赖后续所有的奖励来做出判断。如果 γ 等于 0，则回报 G_t 就是立即奖励，不考虑后续任何状态，对应完全短视的智能体。

这些极端值只在极端情况下有用，而大多数时候，γ 会设置为介于两者之间的某个值，例如 0.9 或 0.99。这种情况下，我们会关注未来不久的奖励，但是不会考虑太遥远。在片段比较短并有限的情况下，$\gamma=1$ 可能会适用。

γ 参数在 RL 中非常重要，在后续章节中会频繁出现。现在，把它想成在估算未来的回报时，要考虑多远的未来。越接近 1，会考虑越多的未来。

在实践中，回报值不是非常有用，因为它是针对从马尔可夫奖励过程中观察到的一个特定状态链而定义的，所以即使是在同一个状态，这个值的变动范围也很大。但是，如果极端一点，计算出每一个状态的数学期望（对大量的状态链取平均值），就能得到一个更有用的值了，这个值被称为**状态的价值**：

$$V(s) = \mathbb{E}[G \mid S_t = s]$$

解释起来很简单，对于每一个状态 s，$V(s)$ 就是遵循马尔可夫奖励过程获得的平均（或称为期望）回报。

为了在实践中展示这些理论知识，在上班族（迪尔伯特）过程中加入奖励，将其变成**迪尔伯特奖励过程（Dilbert Reward Process，DRP）**，奖励值如下：

- ❏ **家→家**：1（回家是件好事）
- ❏ **家→咖啡**：1
- ❏ **计算机→计算机**：5（努力工作是件好事）
- ❏ **计算机→聊天**：−3（分心不是件好事）
- ❏ **聊天→计算机**：2
- ❏ **计算机→咖啡**：1
- ❏ **咖啡→计算机**：3
- ❏ **咖啡→咖啡**：1
- ❏ **咖啡→聊天**：2
- ❏ **聊天→咖啡**：2
- ❏ **聊天→聊天**：−1（长时间的对话变得无聊）

其状态转移图如图 1.7 所示。

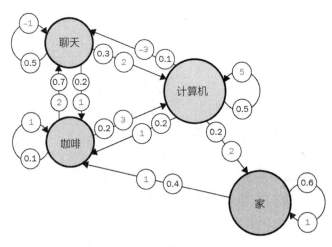

图 1.7 带转移概率（深色）和奖励（浅色）的状态转移图

让我们再把注意力放在 γ 参数上，考虑在 γ 不同的情况下，状态的价值会是多少。先从简单的情况开始：$\gamma=0$。要怎么计算状态的价值呢？要回答这个问题，需要先把**聊天**的状态固定住。随后的状态转移会是什么样的呢？答案是取决于概率。根据迪尔伯特奖过程的转移矩阵，下一个状态还是**聊天**的概率为 50%，是**咖啡**的概率为 20%，是**计算机**的概率为 30%。当 γ=0 时，回报值就只等于下一个状态的奖励。所以，如果想计算**聊天**状态的价值，就只需要将所有的转移奖励乘上相应概率，并汇总起来。

$V(\text{chat}) = -1 \times 0.5 + 2 \times 0.3 + 1 \times 0.2 = 0.3$

$V(\text{coffee}) = 2 \times 0.7 + 1 \times 0.1 + 3 \times 0.2 = 2.1$

$V(\text{home}) = 1 \times 0.6 + 1 \times 0.4 = 1.0$

$V(\text{computer}) = 5 \times 0.5 + (-3) \times 0.1 + 1 \times 0.2 + 2 \times 0.2 = 2.8$

所以，**计算机**是最有价值的状态（如果只考虑立即奖励的话），这并不奇怪，因为**计算机→计算机**的转移很频繁，而且有巨大的奖励，被打断的概率也不是很高。

还有个更棘手的问题，γ=1 时价值怎么计算？仔细思考一下。答案是所有的状态的价值都是无穷大。图 1.7 并没有包含一个**沉寂**状态（不向其他状态转移的状态），而且折扣因子等于 1 时，未来无限次数的转移都将被考虑在内。你已经见过 γ=0 的情况了，所有的价值从短期来看都是正的，所以不管一开始状态的价值是多少，加上无限个正数就是一个无穷大值。

这个无穷大的结果告诉了我们为什么需要在马尔可夫奖励过程中引入 γ，而不是直接将所有未来的奖励都加起来。很多情况下，转移的次数都是无限次的（或者很大的）。由于处理无穷大的值不切实际，因此需要限制计算的范围。小于 1 的 γ 就提供了这样的限制，本书后面的内容还会讨论它。如果你的环境范围有限（例如，井字棋，最多就只有 9 步），使用 γ=1 也能得到有限的价值。另外一个例子是**多臂赌博机**（Multi-Armed Bandit，MDP），这类环境很重要，它们只能进行一步操作。这意味着，你选择一个动作执行了一步，环境给你返回一些奖励，片段就结束了。

正如之前所提，马尔可夫奖励过程的 γ 通常被设置在 0 到 1 之间。但是，使用这样的值会让手工计算变得很困难，即使是迪尔伯特这样简单的马尔可夫奖励过程，因为这其中涉及成百上千个值。但计算机总是很擅长这类烦琐的任务，而且，给定转移矩阵和奖励矩阵后，有几个简单的方法能加速计算马尔可夫奖励过程的状态价值。在第 5 章研究 Q-learning 方法时，我们就能看到甚至实现一个这样的方法。

现在，我们为马尔可夫奖励过程再添加一点复杂性，是时候介绍最后一项内容了：动作。

加入动作

你可能对如何将动作加入马尔可夫奖励过程已经有些想法了。首先，必须加入一组有限的动作（A）。这是智能体的**动作空间**。其次，用动作来约束转移矩阵，也就是转移矩阵需要增加一个动作的维度，这样转移矩阵就变成了转移立方体。

MP 和马尔可夫奖励过程的转移矩阵是方阵，用行表示源状态，列表示目标状态。所以，每一行 (i) 都包含了转移到每个状态的概率（见图 1.8）。

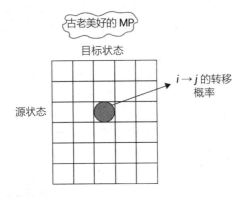

图 1.8 方阵式转移矩阵

现在智能体不只是消极地观察状态转移了，它可以主动选择动作来决定状态的转移。所以，针对每个源状态，现在用一个矩阵来代替之前的一组数字，**深度维度**包含了智能体能采取的动作，另外一个维度就是智能体执行一个动作后能转移的目标状态。图 1.9 展示了新的状态转移表，它是一个立方体，源状态在高度维度（用 i 作索引），目标状态在宽度维度 (j)，智能体执行的动作在深度维度 (k)。

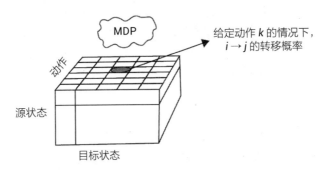

图 1.9 MDP 的状态转移概率

所以，通过选择动作，智能体就能影响转移到目标状态的概率，这是非常有用的。

为了解释为什么我们需要这么多复杂的东西，我们来想象一下机器人生活在 3×3 的网格中，可以执行左转、右转和前进的动作。状态就是指机器人的位置和朝向（上、下、左、右），共包含 3×3×4=36 个状态（机器人可以处在任何位置，任何朝向）。

再想象一下发动机不太好的机器人（在现实生活中很常见），当它执行左转或右转时，有 90% 的概率成功转到指定的朝向，但有 10% 的概率轮子打滑了，机器人的朝向没变。对于前进也是一样的——90% 可能成功，10% 机器人会停留在原地。

图 1.10 展示了状态转移的一部分，显示了机器人处在网格的中心并朝向上，也就是从

（1，1，朝上）状态开始的所有可能转移。如果机器人试着前进，则有 90% 的概率落到（0，1，朝上）状态，但是也有 10% 的概率轮子打滑，目标位置还是（1，1，朝上）。

为了完整地捕获所有细节，包括环境以及智能体动作可能产生的反应，MDP 通常会是一个三维矩阵（3 个维度分别为源状态、动作和目标状态）。

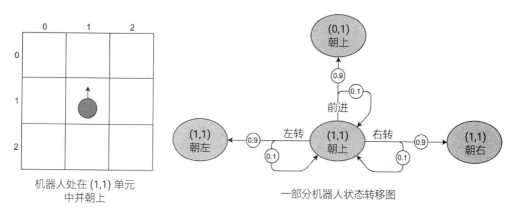

图 1.10　网格环境

最后，为了将马尔可夫奖励过程转成 MDP，需要像处理状态转移矩阵一样，将动作加入奖励矩阵中去。奖励矩阵将不止依赖于状态，还将依赖于动作。换句话说，智能体获得的奖励将不止依赖于最终转移到的状态，还将依赖于促使其转移到这个状态的动作。

这和你把精力投入到某件事中很像——即使努力的结果不是很好，但你仍将习得技能并获得知识。所以即使最终的结果是一样的，做一些事总比什么都不做获得的奖励要更多一些。

有了正式定义的 MDP 后，终于可以来介绍 MDP 和 RL 中最重要的概念：**策略**。

1.4.2　策略

策略最简单的定义是一组控制智能体行为的规则。即使是特别简单的环境，也能有多种多样的策略。在前面那个机器人网格世界的例子中，智能体就可能有多种策略，能导致被访问的状态不同。例如，机器人能执行下列动作：

❑ 不顾一切，盲目前进。

❑ 通过检查前一个**前进**的动作是否失败来试图绕过障碍。

❑ 通过有意思的旋转来逗乐其创造者。

❑ 通过随机地选择动作来模拟在网格世界中喝醉了的机器人。

你应该还记得 RL 中智能体的主要目的是获得尽可能多的回报。不同的策略能给予不同的回报，所以找到一个好的策略是很重要的。因此策略的概念很重要。

策略的正式定义就是每个可能状态下的动作概率分布：

$$\pi(a|s) = P[A_t = a | S_t = s]$$

定义中给出的是概率而不是具体的动作，是为了给智能体的行为引入随机性。我们将在本书的后面讨论为什么这是重要、有用的。确定性策略是概率性的一个特例，只需要将指定动作的概率设置成 1 就可以了。

另一个有用的概念是，如果策略是固定不变的，则 MDP 会变成马尔可夫奖励过程，因为我们可以用策略的概率来简化状态转移矩阵和奖励矩阵，以摆脱动作的维度。

恭喜你完成了这一阶段的学习！本章很具挑战性，但是对理解后续的实践内容很重要。在完成后续两章对 OpenAI Gym 和深度学习的介绍后，我们将开始解决这个问题——如何教智能体解决实际任务？

1.5　总结

本章介绍了为什么 RL 很特殊以及它与监督学习和非监督学习之间的关系。然后介绍了 RL 的基本形式以及它们之间如何交互，之后介绍了 MP、马尔可夫奖励过程以及 MDP。这些知识将成为本书其余部分的基础。

下一章将从理论过渡到 RL 实践，包含了环境设置以及库的介绍，然后教你写下第一个智能体。

第 2 章 *Chapter 2*

OpenAI Gym

继第 1 章讨论了这么多强化学习（RL）的理论概念之后，我们来做一些实践！本章将介绍 OpenAI Gym 的基础，它是一个能提供智能体统一 API 以及很多 RL 环境的库。有了它就不需要写样板代码了。

你将写下第一个有随机行为的智能体，并借此来进一步熟悉所介绍的 RL 的基本概念。在本章结束时，你将能理解以下内容：

❏ 将智能体插入 RL 框架所需的高层次要求。

❏ 基本、纯 Python 实现的随机 RL 智能体。

❏ OpenAI Gym。

2.1　剖析智能体

正如上章所述，RL 的世界中包含很多实体：

❏ **智能体**：主动行动的人或物。实际上，智能体只是实现了某些策略的代码片段而已。这个策略根据观察决定每一个时间点执行什么动作。

❏ **环境**：某些世界的模型，它在智能体外部，负责提供观察并给予奖励。而且环境会根据智能体的动作改变自己的状态。

我们来探究一下如何在简单的情景下，用 Python 实现它们。先定义一个环境，限定交互步数，并且不管智能体执行任何动作，它都给智能体返回随机奖励。这种场景不是很有用，却能让我们聚焦于环境和智能体类中的某些方法。先从环境开始吧：

```
class Environment:
    def __init__(self):
        self.steps_left = 10
```

前面的代码展示了环境初始化内部状态。在示例场景下，状态就是一个计数器，记录智能体还能和环境交互的步数。

```
def get_observation(self) -> List[float]:
    return [0.0, 0.0, 0.0]
```

get_observation() 方法能给智能体返回当前环境的观察。它通常被实现为有关环境内部状态的某些函数。不知你是否对 -> List[float] 感到好奇，它其实是 Python 的类型注解，是在 Python 3.5 版本引入的。在 https://docs.python.org/3/library/typing.html 的文档中可以查看更多内容。在示例中，观察向量总是 0，因为环境根本就没有内部状态。

```
def get_actions(self) -> List[int]:
    return [0, 1]
```

get_action() 方法允许智能体查询自己能执行的动作集。通常，智能体能执行的动作集不会随着时间变化，但是当环境发生变化的时候，某些动作可能会变得无法执行（例如在井字棋中，不是所有的位置能都执行所有动作）。而在我们这极其简单的例子中，智能体只能执行两个动作，它们被编码成了整数 0 和 1。

```
def is_done(self) -> bool:
    return self.steps_left == 0
```

前面的方法给予智能体片段结束的信号。就像第 1 章中所述，环境 – 智能体的交互序列被分成一系列步骤，称为片段。片段可以是有限的，比如国际象棋，也可以是无限的，比如旅行者 2 号的任务（一个著名的太空探测器，发射于 40 年前，目前已经探索到太阳系外了）。为了囊括两种场景，环境提供了一种检测片段何时结束的方法，通知智能体它无法再继续交互了。

```
def action(self, action: int) -> float:
    if self.is_done():
        raise Exception("Game is over")
    self.steps_left -= 1
    return random.random()
```

action() 方法是环境的核心功能。它做两件事——处理智能体的动作以及返回该动作的奖励。在示例中，奖励是随机的，而动作被丢弃了。另外，该方法还会更新已经执行的步数，并拒绝继续执行已结束的片段。

现在该来看一下智能体的部分了，它更简单，只包含两个方法：构造函数以及在环境中执行一步的方法：

```
class Agent:
    def __init__(self):
        self.total_reward = 0.0
```

在构造函数中，我们初始化计数器，该计数器用来保存片段中智能体累积的总奖励：

```
def step(self, env: Environment):
    current_obs = env.get_observation()
    actions = env.get_actions()
```

```
reward = env.action(random.choice(actions))
self.total_reward += reward
```

`step` 函数接受环境实例作为参数，并允许智能体执行下列操作：

❑ 观察环境。

❑ 基于观察决定动作。

❑ 向环境提交动作。

❑ 获取当前步骤的奖励。

对于我们的例子，智能体比较愚笨，它在决定执行什么动作的时候会忽视得到的观察。取而代之的是，随机选择动作。最后还剩下胶水代码，它创建两个类并执行一次片段：

```
if __name__ == "__main__":
    env = Environment()
    agent = Agent()
while not env.is_done():
    agent.step(env)

print("Total reward got: %.4f" % agent.total_reward)
```

你可以在本书的 GitHub 库中找到上述代码，就在 https://github.com/PacktPublishing/Deep-Reinforcement-Learning-Hands-On- Second-Edition 的 `Chapter02/01_agent_anatomy.py` 文件中。它没有外部依赖，只要稍微现代一点的 Python 版本就能运行。多次运行，智能体得到的奖励总数会是不同的。

前面那简单的代码就展示了 RL 模型的重要的基本概念。环境可以是极其复杂的物理模型，智能体也可以轻易地变成一个实现了最新 RL 算法的大型神经网络（NN），但是基本思想还是一致的——每一步，智能体都会从环境中得到观察，进行一番计算，最后选择要执行的动作。这个动作的结果就是奖励和新的观察。

你可能会问，如果基本思想是一样的，为什么还要从头开始实现呢？是否有人已经将其实现为一个通用库了？答案是肯定的，这样的框架已经存在了，但是在花时间讨论它们前，先把你的开发环境准备好吧。

2.2　硬件和软件要求

本书的示例都是用 Python3.7 版本实现并测试的。本书假设你已经熟悉该语言以及一些常见概念，比如虚拟环境，所以不会再详细介绍如何安装依赖包以及如何以隔离的方式进行安装。这些示例将会使用前面提到的 Python 注解，它允许我们提供函数和类方法的类型签名。

本书用到的外部依赖库都是开源软件，包含：

❑ **NumPy**：用于科学计算的库，它实现了矩阵运算和常用功能。

❑ **OpenCV Python bindings**：计算机视觉库，提供了许多图像处理的函数。

❑ Gym：RL 框架，以统一的交互方式提供了各种各样的环境。

❑ PyTorch：灵活且有表现力的**深度学习**（Deep Learning，DL）库。第 3 章会提供它的速成课。

❑ PyTorch Ignite：基于 PyTorch 的高级工具库，用于减少样板代码。在第 3 章会有简短的介绍。完整的文档参见 https://pytorch.org/ignite/。

❑ PTAN（https://github.com/Shmuma/ptan）：笔者创建的一个 Gym 的扩展开源软件，用来支持深度 RL 方法以及方便地创建构造块。所有用到的类将同源代码一起详细解释。

一些特定章节会用到其他库，例如，用 Microsoft TextWorld 来学习基于文本的游戏，用 PyBullet 来进行机器人仿真，用 OpenAI Universe 解决浏览器的自动化问题等。这些特定的章节都会包含这些库的安装指令。

本书大部分章节（第二、三、四部分）都在关注近些年才开发出来的深度 RL 方法。"深度"一词意味着 DL 会被大量使用。你可能意识到 DL 方法需要大量的计算资源。现代图形处理器（Graphics Processing Unit，GPU）甚至比最快的多个中央处理器（Central Processing Unit，CPU）的系统还要快 10 ~ 100 倍。这意味着同样的代码，用 GPU 需要训练一小时，但用最快的 CPU 系统可能需要训练半天到一星期。这并不意味着你不能在没有 GPU 的情况下尝试本书的示例，只是要花更多时间而已。如果想实操一下代码（无论学什么实践都是最有效的方法），最好用一台带 GPU 的机器。有几种方式：

❑ 买一个能用 CUDA 的现代 GPU。

❑ 购买云实例。Amazon Web Services 和 Google Cloud 都可以提供带 GPU 的实例。

❑ Google Colab 在它的 Jupyter notebook 中提供免费的 GPU。

本书没介绍如何设置系统，读者可在互联网上查阅有用的手册。在操作系统方面，应该使用 Linux 或 macOS 操作系统。虽然 PyTorch 和 Gym 都支持 Windows 系统，但本书中的示例没有在 Windows 操作系统下完整测试过。

为了给出本书中会用到的外部依赖库的具体版本，我将 `pip freeze` 命令的输出列了出来（这在对本书中的示例进行故障排除时会很有用，毕竟开源软件和 DL 工具包更新得特别快）：

```
atari-py==0.2.6
gym==0.15.3
numpy==1.17.2
opencv-python==4.1.1.26
tensorboard==2.0.1
torch==1.3.0
torchvision==0.4.1
pytorch-ignite==0.2.1
tensorboardX==1.9
tensorflow==2.0.0
ptan==0.6
```

本书中的所有示例都是用 PyTorch 1.3 实现并测试的，遵循 http://pytorch.org 网站的指示就可以顺利安装（通常使用 `conda install pytorch torchvision -c pytorch` 命令）。

现在，我们来详细了解一下 OpenAI Gym 的 API 吧，它提供了大量的环境，从简单的到极具挑战的都有覆盖。

2.3　OpenAI Gym API

OpenAI（www.openai.com）开发并维护了名为 Gym 的 Python 库。Gym 的主要目的是使用统一的接口来提供丰富的 RL 环境。所以这个库的核心类是称为 `Env` 的环境也就不足为奇了。此类的实例暴露了几个方法和字段，以提供和其功能相关的必要信息。在较高层次上，每个环境都提供了下列信息和功能：

❑ 在环境中允许执行的一系列动作。Gym 同时支持离散动作和连续动作，以及它们的组合。

❑ 环境给智能体提供的观察的形状[⊖]和边界。

❑ 用来执行动作的 `step` 方法，它会返回当前的观察、奖励以及片段是否结束的指示。

❑ `reset` 方法会将环境初始化成最初状态并返回第一个观察。

是时候详细讨论一下环境的各个组件了。

2.3.1　动作空间

如前所述，智能体执行的动作可以是离散的、连续的，或两者的组合。离散动作是智能体可以执行的一组固定的操作，比如，网格中的方向移动：向左、向右、向上或向下。另一个例子是按键，可以是按下去或释放。这些状态都是互斥的，因为离散动作空间的主要特征就是在有限的动作集合中，只能选择一个动作执行。

连续动作会附上一个数值，例如控制方向盘，它能转到特定的角度，再比如油门踏板，它能用不同的力度踩压。连续动作会有一个数值范围限制的描述。在控制方向盘的场景下，范围限制为 –720° ~ 720°。油门踏板则通常是 0 ~ 1。

当然，我们并没有限制说只能执行一个动作。在环境中可以同时执行多个动作，例如同时按下好几个按钮，或者控制方向盘的同时踩两个踏板（刹车和油门）。为了支持这样的场景，Gym 定义了一个特殊的容器类，允许用户嵌入好几个动作组成一个组合动作。

2.3.2　观察空间

如第 1 章所述，观察是除了奖励之外，环境在每一时刻提供给智能体的信息。观察可

　⊖　原文是 shape，表示一个多维数组的形状，比如二维数组 [[1,2], [3,4]] 的 shape 是 (2,2)。——译者注

以简单如一串数字，也可以复杂如包含来自多个摄像机彩色图像的多维张量。观察甚至可以像动作空间一样是离散的。离散观察空间的一个例子是灯泡，它可以处于两种状态——开或关，以布尔值的形式提供给我们。

因此，动作和观察之间存在某种相似性，图 2.1 展示了它们的类如何在 Gym 中表示。

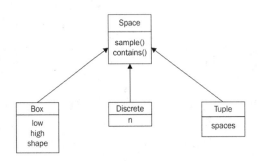

图 2.1　Gym 中 Space 类的层级

最基本的抽象类 Space 包含两个我们关心的方法：

❑ sample()：从该空间中返回随机样本。

❑ contains(x)：校验参数 x 是否属于空间。

两个方法都是抽象方法，会在每个 Space 的子类被重新实现：

❑ Discrete 类表示一个互斥的元素集，用数字 0 到 n–1 标记。它只有一个字段 n，表示它包含的元素个数。例如，Discrete(n=4) 表示动作空间有四个方向（上、下、左、右）可以移动。

❑ Box 类表示有理数的 n 维张量，范围在 [low, high] 之间。例如，油门踏板只有一个 0.0 ~ 1.0 之间的值，它能被编码成 Box(low=0.0, high=1.0, shape=(1,), dtype=np.float32)（shape 参数被赋值成长度为 1、值为 1 的元组，为我们提供了只有一个值的一个一维张量）。dtype 参数指定空间的值类型，在此将其指定成 NumPy 32-bit float。另一个 Box 的例子可以是 Atari⊖屏幕的观察（稍后将介绍更多 Atari 环境），它是一幅 210×160 的 RGB（red, green, blue）图像：Box(low=0, high=255, shape=(210, 160, 3), dtype=np.uint8)。在这个场景下，shape 参数是有三个元素的元组，第一个维度是图像的高，第二个维度是图像的宽，第三个维度的值是 3，它对应于三原色的红绿蓝。因此，总结来说，每个观察都是一个有 100 800 字节的三维张量。

❑ 最后一个 Space 的子类是 Tuple 类，它允许我们将不同的 Space 实例组合起来使用。这使我们能够创建出任何动作空间和观察空间。例如，想象一下我们

⊖　Atari 是美国诺兰·布什内尔在 1972 年成立的电脑公司，街机、家用电子游戏机和家用电脑的早期拓荒者。——译者注

要为汽车创建一个动作空间。汽车每时每刻有好几个可以改变的控制手段，包括：方向盘的方向、刹车踏板的位置，以及油门踏板的位置。这三个控制手段能在一个 Box 实例中，用三个浮点数来指定。除了这三个最基本的控制手段，汽车还有一些额外的离散控制手段，例如转向灯（可能的状态是关闭、右、左）或喇叭（开或关）。为了将所有的这些组合到一个动作空间类中去，可以创建 Tuple(spaces=(Box(low=-1.0, high=1.0, shape=(3,), dtype=np.float32), Discrete(n=3), Discrete(n=2)))。这样过于灵活的用法很少见到，例如，在本书中，你只会看到 Box 和 Discrete 的动作空间和观察空间，但是 Tuple 类在某些场景下是很有用的。

　　Gym 中还定义了一些其他的 Space 子类，但是前述的三个是最有用的。所有子类都实现了 sample() 和 contains() 方法。sample() 方法根据 Space 类以及传入的参数进行随机采样。它常被用在动作空间，用来选取随机的动作。contains() 方法用来检验传入的参数是否符合 Space 给定的可选参数，Gym 内部会用它来检验智能体的动作是否合理。例如，Discrete.sample() 返回一个范围中的随机离散元素，Box.sample() 则会返回一个维度正确的随机张量，张量的值都会在给定范围内。

　　每个环境都有两个类型为 Space 的成员：action_space 和 observation_space。这使得我们能够创建适用于任何环境的通用代码。当然，处理屏幕上的像素和处理离散的观察会有所不同（例如前面那个例子，你可能更想用卷积层或其他计算机视觉的工具库来处理图像），大多时候，Gym 并不会阻止我们去编写通用的代码，一般只有为特定的环境或一组环境优化代码时才需要定制代码。

2.3.3　环境

　　如上所述，在 Gym 中环境用 Env 类表示，它包含下面这些成员：

❑ action_space：Space 类的一个字段，限定了环境中允许执行的动作。

❑ observation_space：也是 Space 类的一个字段，但是限定了环境中允许出现的观察。

❑ reset()：将环境重置到初始状态，返回一个初始观察的向量。

❑ step()：这个方法允许智能体执行动作，并返回动作结果的信息——下一个观察、立即奖励以及片段是否结束的标记。这个方法有一点复杂，我们会在本节后面详细讨论。

　　Env 类中还有一些我们不会用到的实用方法，例如 render()，它允许我们获得人类可读形式的观察。你可以在 Gym 的文档中找到这些方法的完整列表，在本书中我们还是要集中关注 Env 的核心方法：reset() 和 step()。

　　到目前为止，你已经见过代码如何获取环境的动作和观察信息，因此现在你需要熟悉动作本身了。通过 step 和 reset 可以和环境进行交互。

由于 reset 更加简单，我们会从它开始。reset() 方法没有参数，它命令环境将自己重置成初始状态，并返回初始观察。注意，必须在环境创建后调用 reset()。你应该还记得第 1 章中说的，智能体和环境的交互可能是会终止的（比如屏幕上显示"游戏结束"）。这样的一个时间段称为片段，而智能体在片段结束后，需要重新开始。该方法返回的值是环境中的第一个观察。

step() 方法是环境的核心部分。它在一次调用中会完成多项操作，如下所示：

❏ 告诉环境下一步将要执行哪一个动作。

❏ 在执行动作后获取该动作产生的新的观察。

❏ 获取智能体在这一步获得的奖励。

❏ 获取片段是否结束的标记。

第一项（动作）是该方法的唯一参数，剩余几项是 step() 方法的返回值。准确地说，这是一个包含 4 个元素（observation, reward, done, info）的元组（这是 Python 元组而不是前一节所讨论的 Tuple 类）。它们的类型和意义如下：

❏ observation：包含观察数据的 NumPy 向量或矩阵。

❏ reward：浮点数的奖励值。

❏ done：布尔值标记，如果是 True 则片段结束。

❏ info：包含环境信息的任何东西，它和具体的环境有关。通常的做法是在通用 RL 方法中忽略这个值（不考虑和特定环境相关的一些细节信息）。

你可能从智能体的代码中已经知道环境怎么用了——在环境中，我们会不停地指定动作来调用 step() 方法，直到方法返回的 done 标记为 True。然后调用 reset() 方法重新开始。唯一遗漏的部分就是一开始如何创建 Env 对象。

2.3.4 创建环境

每个环境都有唯一的名字，形式为环境名 -vN。N 用来区分同一个环境的不同版本（例如，一些环境修复了 bug 或有重要的更新时会升级版本）。为了创建环境，gym 包提供了函数 make(env_name)，它唯一的参数就是字符串形式的环境名。

在撰写本文时，Gym 的版本是 0.13.1，包含 859 个不同名字的环境。当然，并不是有这么多独立的环境，因为包含了环境的多个版本。此外，同样的环境在不同的版本下设置或观察空间可能会有变化。例如，Atari 的 Breakout 游戏有这么多环境名字：

❏ Breakout-v0、Breakout-v4：最原始的 Breakout 游戏，球的初始位置和方向是随机的。

❏ BreakoutDeterministic-v0、BreakoutDeterministic-v4：球的初始位置和速度矢量总是一样的 Breakout 游戏。

❏ BreakoutNoFrameskip-v0、BreakoutNoFrameskip-v4：每一帧都展示给智能体的 Breakout 游戏。

❑ Breakout-ram-v0、Breakout-ram-v4：取代屏幕像素，用内存模拟（128 字节）观察的 Breakout 游戏。

❑ Breakout-ramDeterministic-v0、Breakout-ramDeterministic-v4。

❑ Breakout-ramNoFrameskip-v0、Breakout-ramNoFrameskip-v4。

总体而言，一共有 12 个 Breakout 游戏的环境。游戏的截图如图 2.2 所示（以防你从来没有玩过）。

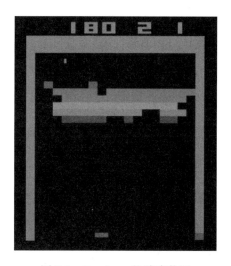

图 2.2　Breakout 的游戏截图

即使删除了这些重复项，0.13.1 版本的 Gym 仍提供了 154 个独立环境，分成以下几组：

❑ **经典控制问题**：这些是玩具任务，用于最优控制理论和 RL 论文的基准或演示。它们一般比较简单，观察空间和动作空间的维度比较低，但是在快速验证算法的实现时它们还是比较有用的。将它们看作" RL"的" MNIST"（MNIST 是 Yann LeCun 创建的手写数字识别数据集，参见 http://yann.lecun.com/exdb/mnist/）。

❑ **Atari 2600**：来自 20 世纪 70 年代的经典游戏平台上的游戏，一共有 63 个。

❑ **算法**：这些问题旨在执行小的计算任务，例如复制观察到的序列或数字相加。

❑ **棋盘游戏**：围棋和六角棋。

❑ **Box2D**：这些环境使用了 Box2D 物理引擎来模拟学习走路或汽车的控制。

❑ **MuJoCo**：另一个用于连续控制问题的物理模拟环境。

❑ **参数调优**：用于调优 NN 的参数的 RL。

❑ **玩具文本**：简单的网格世界文本环境。

❑ **PyGame**：使用 PyGame 引擎实现的几个环境。

❑ **Doom**：基于 ViZDoom 实现的九个小游戏。

完整的环境列表可以在 https://gym.openai.com/envs 找到，也可以在项目 GitHub 仓库的 wiki 页面上找到。OpenAI Universe（目前已经被 OpenAI 废弃）包含更大的环境集，它提供了一个通用的连接器，用于连接智能体和跑在虚拟机中的 Flash、原生游戏、浏览器以及其他真实的应用。OpenAI Universe 扩展了 Gym 的 API，但是还遵循同样的设计原则和范式。你可以访问 https://github.com/openai/universe 来了解它。由于要处理 MiniWoB 和浏览器自动化，我们会在第 13 章中进一步使用 Universe。

理论已足够！是时候用 Python 来处理一种 Gym 环境了。

2.3.5 车摆系统

我们来应用学到的知识探索 Gym 提供的最简单的 RL 环境。

```
$ python
Python 3.7.5 |Anaconda, Inc.| (default, Mar 29 2018, 18:21:58)
[GCC 7.2.0] on linux
Type "help", "copyright", "credits" or "license" for more information.
>>> import gym
>>> e = gym.make('CartPole-v0')
```

这里，我们导入了 gym 库，创建了一个叫作 CartPole（车摆系统）的环境。该环境来自经典的控制问题，其目的是控制底部附有木棒的平台（见图 2.3）。

图 2.3　车摆环境

这里的难点是，木棒会向左或向右倒，你需要在每一步，通过让平台往左或往右移动来保持平衡。

这个环境的观察是 4 个浮点数，包含了木棒质点的 x 坐标、速度、与平台的角度以及角速度的信息。当然，通过应用一些数学和物理知识，将这些数字转换为动作来平衡木棒并不复杂，但问题是如何在不知道这些数字的确切含义、只知道奖励的情况下，学会平衡该系统？这个环境每执行一步，奖励都是 1。片段会一直持续，直到木棒掉落为止，因此为了获得更多的累积奖励，我们需要以某种避免木棒掉落的方式平衡平台。

这个问题看起来可能比较困难，但是在接下来的两章中，我们会编写一个算法，在无须了解所观察的数字有什么含义的情况下，在几分钟内轻松解决 CartPole 问题。我们会通过反复试验并加上一点 RL 魔术来做到这一点。

我们来继续编写代码。

```
>>> obs = e.reset()
>>> obs
array([-0.04937814, -0.0266909 , -0.03681807, -0.00468688])
```

这里，先重置一下环境并获得第一个观察（在新创建环境时，总会重置一下它）。正如我所说，观察结果是 4 个数字，我们来看一下如何提前知道这个信息。

```
>>> e.action_space
Discrete(2)
>>> e.observation_space
Box(4,)
```

action_space 字段是 Discrete 类型，所以动作只会是 0 或 1，其中 0 代表将平台推向左边，1 代表推向右边。观察空间是 Box(4,)，这表示大小为 4 的向量，其值在 [-inf, inf] 区间内。

```
>>> e.step(0)
(array([-0.04991196, -0.22126602, -0.03691181, 0.27615592]), 1.0,
False, {})
```

现在，通过执行动作 0 可以将平台推向左边，然后会获得包含 4 个元素的元组：

❑ 一个新的观察，即包含 4 个数字的新向量。

❑ 值为 1.0 的奖励。

❑ done 的标记为 False，表示片段还没有结束，目前的状态多少还是可以的。

❑ 环境的额外信息，在这里是一个空的字典。

接下来，对 action_space 和 observation_space 调用 Space 类的 sample() 方法。

```
>>> e.action_space.sample()
0
>>> e.action_space.sample()
1
>>> e.observation_space.sample()
array([2.06581792e+00, 6.99371255e+37, 3.76012475e-02,
-5.19578481e+37])
>>> e.observation_space.sample()
array([4.6860966e-01, 1.4645028e+38, 8.6090848e-02, 3.0545910e+37])
```

这个方法从底层空间返回一个随机样本，在 Discrete 动作空间的情况下，这意味着为 0 或 1 的随机数，而对于观察空间来说，这意味着包含 4 个数字的随机向量。对观察空间的随机采样看起来没什么用，确实是这样的，但是当不知道如何执行动作的时候，从动作空间进行采样是有用的。在还不知道任何 RL 方法，却仍然想试一下 Gym 环境的时候，这个方法尤其方便。现在你知道如何为 CartPole 环境实现第一个行为随机的智能体了，我们来试一试吧！

2.4 随机 CartPole 智能体

尽管这个环境比 2.1 节那个例子的环境复杂很多，但是智能体的代码却更短了。这就是重用性、抽象性以及第三方库的强大力量！

代码（见 Chapter02/02_cartpole_random.py 文件）如下：

```
import gym

if __name__ == "__main__":
    env = gym.make("CartPole-v0")
    total_reward = 0.0
    total_steps = 0
    obs = env.reset()
```

我们先创建了环境并初始化了步数计数器和奖励累积器。最后一行，重置了环境，并获得第一个观察（我们不会用到它，因为智能体是随机的）。

```
while True:
    action = env.action_space.sample()
    obs, reward, done, _ = env.step(action)
    total_reward += reward
    total_steps += 1
    if done:
        break

print("Episode done in %d steps, total reward %.2f" % (
    total_steps, total_reward))
```

在该循环中，我们从动作空间中随机采样一个动作，然后让环境执行并返回下一个观察（obs）、reward 和 done 标记。如果片段结束，停止循环并展示执行了多少步以及累积获取了多少奖励。如果启动这个例子，你将会看到类似下面的结果（因为智能体存在随机性，所以不会完全相同）：

```
rl_book_samples/Chapter02$ python 02_cartpole_random.py
Episode done in 12 steps, total reward 12.00
```

与交互会话一样，该警告与代码无关，是 Gym 内部给出的。随机智能体在木棒落地、片段结束之前，平均会执行 12 ~ 15 步。大部分 Gym 环境有一个"奖励边界"，它是智能体在 100 个连续片段中，为"解决"环境而应该得到的平均奖励。对于 CartPole 来说，这个边界是 195，这意味着，平均而言，智能体必须将木棒保持 195 个时间步长或更多。从这个角度来看，随机智能体貌似表现得很差。但是，不要失望，我们才刚刚起步，很快你就能解决 CartPole 以及其他许多有趣且富有挑战的环境了。

2.5 Gym 的额外功能：包装器和监控器

到目前为止，我们已经讨论了 Gym 核心 API 的三分之二，以及编写智能体所需的基础功能。剩下的 API 你可以不学，但是它们能让你更轻松地编写整洁的代码。所以还是简单介绍一下剩余的 API！

2.5.1　包装器

很多时候，你希望以某种通用的方式扩展环境的功能。例如，想象一个环境，它给了你一些观察，但是你想将它们累积缓存起来，用以提供智能体最近 N 个观察。这在动态计算机游戏中是一个很常见的场景，比如单一一帧不足以了解游戏状态的完整信息。例如，你希望能裁剪或预处理一些图像像素以便智能体来消化这些信息，又或者你想以某种方式归一化奖励值。有相同结构的场景太多了，你可能想要将现有的环境"包装"起来并附加一些额外的逻辑。Gym 为这些场景提供了一个方便使用的框架——Wrapper 类。

类的结构如图 2.4 所示。

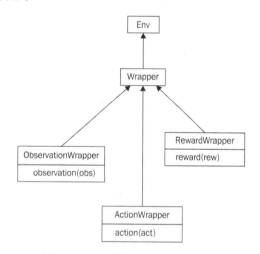

图 2.4　Gym 中 Wrapper 类的层级

Wrapper 类继承自 Env 类。它的构造函数只有一个参数，即要被"包装"的 Env 类的实例。为了附加额外的功能，需要重新定义想扩展的方法，例如 step() 或 reset()。唯一的要求就是需要调用超类中的原始方法。

为了处理更多特定的要求，例如 Wrapper 类只想要处理环境返回的观察或只处理动作，那么用 Wrapper 的子类过滤特定的信息即可。它们分别是：

❑ ObservationWrapper：需要重新定义父类的 observation(obs) 方法。obs 参数是被包装的环境给出的观察，这个方法需要返回给予智能体的观察。

❑ RewardWrapper：它暴露了一个 reward(rew) 方法，可以修改给予智能体的奖励值。

❑ ActionWrapper：需要覆盖 action(act) 方法，它能修改智能体传给被包装环境的动作。

为了让它更实用，假设有一个场景，我们想要以 10% 的概率干涉智能体发出的动作流，将当前动作替换成随机动作。这看起来不是一个明智的决定，但是这个小技巧可以解决第 1 章提到的利用与探索问题，它是最实用、最强大的方法之一。通过发布随机动作，让智能体探索环境，时不时地偏离它原先策略的轨迹。使用 `ActionWrapper` 类很容易就能实现（完整的例子见 `Chapter02/03_random_action_wrapper.py`）。

```python
import gym
from typing import TypeVar
import random

Action = TypeVar('Action')

class RandomActionWrapper(gym.ActionWrapper):
    def __init__(self, env, epsilon=0.1):
        super(RandomActionWrapper, self).__init__(env)
        self.epsilon = epsilon
```

先通过调用父类的 `__init__` 方法初始化包装器，并保存 epsilon（随机动作的概率）。

```python
def action(self, action: Action) -> Action:
    if random.random() < self.epsilon:
        print("Random!")
        return self.env.action_space.sample()
    return action
```

我们需要覆盖这个方法，并通过它来修改智能体的动作。每一次都先掷骰子，都会有epsilon 的概率从动作空间采样一个随机动作，用来替换智能体传给我们的动作。注意，这里用了 `action_space` 和包装抽象，这样就能写抽象的代码了，这适用于 Gym 的任意一个环境。另外，每次替换动作的时候必须将消息打印出来，以验证包装器是否生效。当然，在生产代码中，这不是必需的。

```python
if __name__ == "__main__":
    env = RandomActionWrapper(gym.make("CartPole-v0"))
```

是时候应用一下包装器了。创建一个普通的 CartPole 环境，并将其传入 Wrapper 构造函数。然后，将 Wrapper 类当成一个普通的 Env 实例，用它来取代原始的 CartPole。因为 Wrapper 类继承自 Env 类，并且暴露了相同的接口，我们可以任意地嵌套包装器。这是一个强大、优雅且通用的解决方案。

```python
obs = env.reset()
total_reward = 0.0

while True:
    obs, reward, done, _ = env.step(0)
    total_reward += reward
    if done:
        break

print("Reward got: %.2f" % total_reward)
```

除了智能体比较笨，每次都选择同样的 0 号动作外，代码几乎相同。通过运行代码，应该能看到包装器确实在生效了：

```
rl_book_samples/Chapter02$ python 03_random_actionwrapper.py
Random!
Random!
Random!
Random!
Reward got: 12.00
```

如果愿意，可以在包装器创建时指定 epsilon 参数，验证这样的随机性平均下来，会提升智能体得到的分数。

继续来看 Gym 中隐藏的另外一个有趣的宝藏：Monitor（监控器）。

2.5.2　监控器

另一个应该注意的类是 Monitor。它的实现方式与 Wrapper 类似，可以将智能体的性能信息写入文件，也可以选择将智能体的动作录下来。之前，还可以将 Monitor 类的记录结果上传到 https://gym.openai.com，查看智能体和其他智能体对比的结果排名（见图 2.5），但不幸的是，在 2017 年 8 月末，OpenAI 决定关闭此上传功能并销毁所有原来的结果。虽然有好几个提供相同功能的网站，但是它们都还没完全准备好。希望这个窘境能很快被解决，但是在撰写本书时，还无法将自己的智能体和他人的进行比较。

为了让你大致了解 Gym 的网页，图 2.5 给出了 CartPole 环境的排行榜。

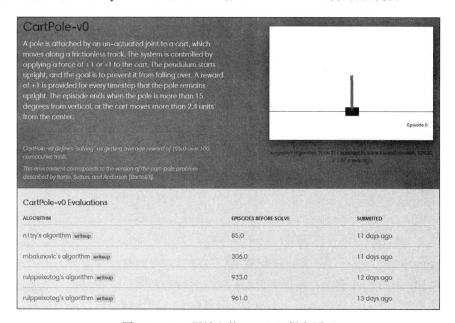

图 2.5　Gym 网站上的 CartPole 提交页面

在网页上的每次提交都包含了训练的动态详情。例如，图 2.6 是我训练《毁灭战士》迷你游戏时得到的结果记录。

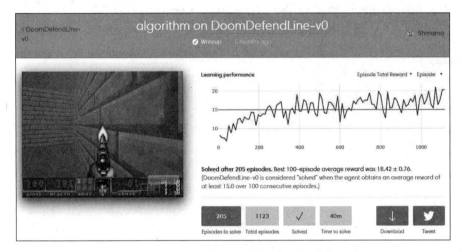

图 2.6　DoomDefendLine 环境提交后的动态显示

尽管如此，Monitor 仍然很有用，因为你可以查看智能体在环境中的行动情况。所以，还是看一下如何将 Monitor 加入随机 CartPole 智能体中，唯一的区别就是下面这段代码（完整的代码见 Chapter02/04_cartpole_random_monitor.py）：

```
if __name__ == "__main__":
    env = gym.make("CartPole-v0")
    env = gym.wrappers.Monitor(env, "recording")
```

传给 Monitor 类的第二个参数是监控结果存放的目录名。目录不应该存在，否则程序会抛出异常（为了解决这个问题，要么手动删除目录，要么将 force=True 的参数传入 Monitor 的构造函数）。

Monitor 类要求系统中有 FFmpeg 工具，用来将观察转换成视频文件。这个工具必须存在，否则 Monitor 将抛出异常。安装 FFmpeg 的最简单方式就是使用系统的包管理器，每个操作系统安装的方式都不同。

要执行此示例的代码，还应该满足以下三个前提中的一个：

❑ 代码应该在带有 OpenGL 扩展（GLX）的 X11 会话中运行。

❑ 代码应该在 Xvfb 虚拟显示器中运行。

❑ 在 SSH 连接中使用 X11 转发。

这样做的原因是 Monitor 需要录制视频，也就是不停地对环境绘制的窗口进行截屏。一些环境使用 OpenGL 来画图，所以需要 OpenGL 的图形模式。云虚拟机可能会比较麻烦，因为它们没有显示器以及图形界面。为了解决这个问题，可以使用特殊的"虚拟"显示器，它被称为 Xvfb（X11 虚拟帧缓冲器），它会在服务器端启动一个虚拟的显示器并强制程序在它里面绘图。这足以使 Monitor 愉快地生成视频了。

为了在程序中使用 Xvfb 环境，需要安装它（通常需要安装 xvfb 包）并执行特定的脚本 xvfb-run：

```
$ xvfb-run -s "-screen 0 640x480x24" python 04_cartpole_random_monitor.py
[2017-09-22 12:22:23,446] Making new env: CartPole-v0
[2017-09-22 12:22:23,451] Creating monitor directory recording
[2017-09-22 12:22:23,570] Starting new video recorder writing to
recording/openaigym.video.0.31179.video000000.mp4
Episode done in 14 steps, total reward 14.00
[2017-09-22 12:22:26,290] Finished writing results. You can upload them
to the scoreboard via gym.upload('recording')
```

从前面的日志可以看到，视频已经成功写入，因此可以通过播放来窥视智能体的某个部分。

另一个录制智能体动作的方法是使用 SSH X11 转发，它使用 SSH 的能力在 X11 客户端（想要显示图形信息的 Python 代码）和 X11 服务器（能访问物理显示器并知道如何显示这些图形信息的软件）之间构建了一个 X11 通信隧道。

在 X11 架构中，客户端和服务器能被分离到不同的机器上。为了使用这个方法，需要：

1）一个运行在本地机器上的 X11 服务器。X11 服务器是 Linux 上的标准组件（所有的桌面环境都使用 X11）。在 Windows 机器上，可以使用第三方 X11 实现，比如开源软件 VcXsrv（https://sourceforge.net/projects/vcxsrv/）。

2）通过 SSH 登录远程机器的能力，传入 -X 命令行选项：ssh -X servername。该命令会建立 X11 隧道，并允许所有在这个会话中启动的程序访问本地的显示器输出图像。

然后，你就能启动使用 Monitor 类的程序，它会捕获智能体的动作，并保存成视频文件。

2.6　总结

本章已经开始介绍 RL 的实践部分了！在本章中，我们安装了 OpenAI Gym，它能提供大量的环境。本章研究了它的基础 API，创建了一个行为随机的智能体。

还介绍了如何以模块化的方式扩展现存环境的功能，介绍了如何使用 Monitor 类录制智能体的活动。后面的章节会大量使用这些技巧。

下一章将使用 PyTorch 快速回顾 DL，PyTorch 是 DL 研究人员最喜欢用的一个库，敬请期待！

Chapter 3 | 第 3 章

使用 PyTorch 进行深度学习

上一章带你熟悉了一些开源库，这些库可以提供各种强化学习环境。但是，最近强化学习（Reinforcement Learning，RL）的发展，尤其是和深度学习（Deep Learning，DL）的结合，使其能够解决更具挑战的问题。部分原因是 DL 方法和其工具的发展。本章专门介绍一种这样的工具 PyTorch，该工具使我们只通过几行 Python 代码就能实现复杂的 DL 模型。

本章不能作为完善的 DL 手册，因为这个领域非常广泛而且在持续变化，但本章会覆盖以下内容：

- ❑ PyTorch 库的特点和安装细节（假定你已经熟悉了 DL 的基础知识）。
- ❑ 基于 PyTorch 的高级库，其目的是简化常见的 DL 问题。
- ❑ PyTorch Ignite 库，会在一些例子中使用。

✍ 兼容性说明

本章中所有的例子都已经依据最新版的 PyTorch 1.3.0 进行了更新，和本书第 1 版中所用的 0.4.0 版本相比，可能会有细微的更改。如果你还在用旧版的 PyTorch，可以考虑升级一下了。在本章中，我们将讨论在最新版本中所引入的差异。

3.1 张量

张量是所有 DL 工具包的基本组成部分。名字听起来很神秘，但本质上张量就是一个多维数组。用数学知识来类比，单个数字就像点，是零维的，向量就像线段，是一维的，矩阵则是二维的对象。三维数字的集合可以用平行六面体表示，但它们不像矩阵一样有特定的名称。我们可以以"张量"来表示高维集合，如图 3.1 所示。

需要注意的是，在 DL 中所使用的张量和在张量演算或张量代数中所用的张量相比，只在部分层面上相关。在 DL 中，张量是任意多维的数组，但在数学中，张量是向量空间之间的映射，在某些情况下可以表示为多维数组，但背后具有更多的语义信息。数学家通常会对任何使用公认数学术语来命名不同事物的人皱眉，因此要当心！

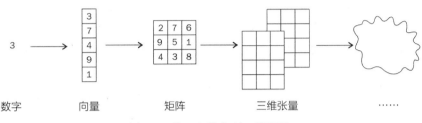

图 3.1　从一个数字到 n 维张量

3.1.1　创建张量

如果你熟悉 NumPy 库，那你应该知道其主要目的是以通用的方式处理多维数组。在 NumPy 中，这样的数组没被称为张量，但事实上，它们就是张量。张量在科学计算中被广泛用作数据的通用存储方式。例如，彩图会被编码成具有宽度、高度和色值的三维张量。

除了维度之外，元素类型也是张量的特征之一。PyTorch 支持八种类型，包括三种浮点类型（16 位、32 位和 64 位）和五种整数类型（有符号 8 位、无符号 8 位、16 位、32 位和 64 位）。不同类型的张量用不同的类表示，其中最常用的是 `torch.FloatTensor`（对应 32 位浮点类型）、`torch.ByteTensor`（无符号 8 位整数）、`torch.LongTensor`（有符号 64 位整数）。其余的可以在 PyTorch 的文档中查到。

有三种方法可以在 PyTorch 中创建张量：

❏ 通过调用所需类型的构造函数。

❏ 通过将 NumPy 数组或 Python 列表转换为张量。在这种情况下，类型将从数组的类型中获取。

❏ 通过要求 PyTorch 创建带有特定数据的张量。例如，可以使用 `torch.zeros()` 函数创建一个全为零的张量。

下面是上述方法的实现示例：

```
>>> import torch
>>> import numpy as np
>>> a = torch.FloatTensor(3, 2)
>>> a
tensor([[4.1521e+09,  4.5796e-41],
        [ 1.9949e-20, 3.0774e-41],
        [ 4.4842e-44, 0.0000e+00]])
```

在这里，我们导入了 PyTorch 和 NumPy，并创建未初始化的 3×2 的张量。默认情况下，PyTorch 会为张量分配内存，但不进行初始化。要清除张量的内容，需要使用以下操作：

```
>>> a.zero_()
tensor([[ 0., 0.],
        [ 0., 0.],
        [ 0., 0.]])
```

张量有两种类型的操作：inplace 和 functional。inplace 操作需在函数名称后附加一个下划线，作用于张量的内容。然后，会返回对象本身。functional 操作是创建一个张量的副本，对其副本进行修改，而原始张量保持不变。从性能和内存角度来看，inplace 方式通常更为高效。

通过其构造函数创建张量的另一种方法是提供 Python 可迭代对象（例如列表或元组），它将被用作新创建张量的内容：

```
>>> torch.FloatTensor([[1,2,3],[3,2,1]])
tensor([[ 1., 2., 3.],
        [ 3., 2., 1.]])
```

下面的代码用 NumPy 创建了一个全零张量：

```
>>> n = np.zeros(shape=(3, 2))
>>> n
array([[ 0., 0.],
       [ 0., 0.],
       [ 0., 0.]])
>>> b = torch.tensor(n)
>>> b
tensor([[ 0., 0.],
        [ 0., 0.],
        [ 0., 0.]], dtype=torch.float64)
```

`torch.tensor` 方法接受 NumPy 数组作为参数，并创建一个适当形状的张量。在前面的示例中，我们创建了一个由零初始化的 NumPy 数组，默认情况下，该数组创建一个 `double`（64 位浮点数）数组。因此，生成的张量具有 `DoubleTensor` 类型（在前面的示例中使用 `dtype` 值显示）。在 DL 中，通常不需要双精度，因为使用双精度会增加内存和性能开销。通常的做法是使用 32 位浮点类型，甚至使用 16 位浮点类型，这已经能够满足需求了。要创建这样的张量，需要明确指定 NumPy 数组的类型：

```
>>> n = np.zeros(shape=(3, 2), dtype=np.float32)
>>> torch.tensor(n)
tensor([[ 0., 0.],
        [ 0., 0.],
        [ 0., 0.]])
```

作为可选项，可以在 `dtype` 参数中将所需张量的类型提供给 `torch.tensor` 函数。但是，请小心，因为此参数期望传入 PyTorch 类型规范，而不是 NumPy 类型规范。PyTorch 类型保存在 `torch` 包中，例如 `torch.float32` 和 `torch.uint8`。

```
>>> n = np.zeros(shape=(3,2))
>>> torch.tensor(n, dtype=torch.float32)
```

```
tensor([[ 0., 0.],
        [ 0., 0.],
        [ 0., 0.]])
```

 兼容性说明

0.4.0 版本中添加了 `torch.tensor()` 方法和显式 PyTorch 类型规范，这是朝着简化张量创建迈出的一步。在以前的版本中，推荐使用 `torch.from_numpy()` 函数来转换 NumPy 数组，但是在处理 Python 列表和 NumPy 数组的组合时遇到了问题。`from_numpy()` 函数仍可实现后向兼容性，但不推荐使用此函数，而推荐使用更灵活的 `torch.tensor()` 方法。

3.1.2　零维张量

从 0.4.0 版本开始，PyTorch 已经支持了与标量相对应的零维张量（在图 3.1 的左侧）。这种张量可能是某些操作（例如对张量中的所有值求和）的结果。这种情况以前是通过创建维度为 1 的张量（向量）来处理的。

该解决方案是有效的，但它并不简单，因为需要额外的索引才能访问值。现在，已经支持零维张量并由合适的函数返回，并且可以通过 `torch.tensor()` 函数创建。为了访问这种张量的实际 Python 值，可以使用特殊的 `item()` 方法：

```
>>> a = torch.tensor([1,2,3])
>>> a
tensor([ 1, 2, 3])
>>> s = a.sum()
>>> s
tensor(6)
>>> s.item()
6
>>> torch.tensor(1)
tensor(1)
```

3.1.3　张量操作

你可以对张量执行很多操作，因为操作太多，无法一一列出。通常，在 PyTorch 的官方文档（http://pytorch.org/docs/）中搜索就足够使用了。需要指出的是，除了前文所讨论的 inplace 和 functional（即带有下划线的函数和不带下划线的函数，例如 abs() 和 abs_()），还有两个地方可以查找操作：torch 包和张量类。在第一种情况下，函数通常接受张量作为参数。在第二个中，函数作用于张量上。

在大多数情况下，张量操作试图和 NumPy 中相应的操作等效，因此，如果 NumPy 中存在一些不是非常专有的函数，那么 PyTorch 中也可能会有，例如 `torch.stack()`、`torch.transpose()` 和 `torch.cat()`。

3.1.4　GPU 张量

PyTorch 透明地支持 CUDA GPU，这意味着所有操作都有两个版本（CPU 和 GPU）供自动选择。使用哪个版本操作根据所操作的张量类型决定。

我提到的每种张量类型都是针对 CPU 的，并且具有与之对应的 GPU 类型。唯一的区别是 GPU 张量在 torch.cuda 包中，而不是在 torch 中。例如，torch.FloatTensor 是在 CPU 内存中的 32 位浮点张量，而 torch.cuda.FloatTensor 是在 GPU 中的 32 位浮点张量。

为了从 CPU 转换到 GPU，有一个 to(device) 的张量方法，可以创建张量的副本到指定设备（可以是 CPU 或 GPU）。如果张量已经在相应的设备上，那么什么也不会发生，并且返回原始张量。可以用不同的方式指定设备类型。首先，可以仅传递设备的字符串名称，对于 CPU 内存为"cpu"，对于 GPU 可用"cuda"。GPU 设备可以在冒号之后指定一个可选设备的索引。例如，系统中的第二个 GPU 可以用"cuda:1"寻址（索引从零开始）。

在 to() 方法中指定设备的另一种更为有效的方法是使用 torch.device 类，该类接受设备名称和可选索引。它有 device 属性，所以可以访问张量当前所在的设备。

```
>>> a = torch.FloatTensor([2,3])
>>> a
tensor([ 2., 3.])
>>> ca = a.to('cuda'); ca
tensor([ 2.,3.], device='cuda:0')
```

上面的代码在 CPU 上创建了一个张量，然后将其复制到 GPU 中。两个副本均可用于计算，并且所有 GPU 特有的机制对用户都是透明的：

```
>>> a + 1
tensor([ 3., 4.])
>>> ca + 1
tensor([ 3., 4.], device='cuda:0')
>>> ca.device
device(type='cuda', index=0)
```

📝 **兼容性说明**

to() 方法和 torch.device 类是在 0.4.0 中引入的。在以前的版本中，CPU 和 GPU 之间的相互复制是分开的，分别通过单独的方法 CPU() 和 cuda() 来执行，需要添加额外的代码行来显式地将张量转换成它们的 CUDA 版本。在最新的版本中，你可以在程序开始时创建一个想要的 torch.device 对象，然后在创建的每一个张量上使用 to(device)。张量中的旧方法，cpu() 和 cuda() 仍然存在，如果想确保一个张量在 CPU 或 GPU 中，而不管它的原始位置，使用旧方法可能会更方便。

3.2　梯度

即便对 GPU 的支持是透明的,如果没有"杀手锏"——梯度的自动计算——所有与张量有关的计算都将变得很复杂。这个功能最初是在 Caffe 工具库中实现的,然后成为 DL 库中约定俗成的标准。

手动计算梯度实现和调试起来都非常痛苦,即使是最简单的神经网络(Neural Network,NN)。你必须计算所有函数的导数,应用链式法则,然后计算结果,并祈祷计算准确。对于理解 DL 的具体细节来说,这可能是一个非常有用的练习,但你肯定不想一遍又一遍地在不同的 NN 架构中重复计算。

幸运的是,那些日子已经过去了,就像使用烙铁和真空管编写硬件程序一样,都过去了!现在,定义一个数百层的 NN 只需要从预先定义好的模块中组装即可,在一些极端情况下,也可以手动定义转换表达式。

所有的梯度都会仔细计算好,通过反向传播应用于网络。为了能够做到这一点,需要根据所使用的 DL 库来定义网络架构,它可能在细节上有所不同,但大体是相同的——就是必须定义好网络输入输出的顺序(见图 3.2)。

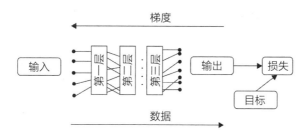

图 3.2　流经 NN 的数据和梯度

最根本的区别是如何计算梯度。有两种方法:

❑ **静态图**:在这种方法中,需要提前定义计算,并且以后也不能更改。在进行任何计算之前,DL 库将对图进行处理和优化。此模型在 TensorFlow(<2 的版本)、Theano 和许多其他 DL 工具库中均已实现。

❑ **动态图**:不需要预先精确地定义将要执行的图;只需要在实际数据上执行希望用于数据转换的操作。在此期间,库将记录执行的操作的顺序,当要求它计算梯度时,它将展开其操作历史,积累网络参数的梯度。这种方法也称为 notebook gradient,它已在 PyTorch、Chainer 和一些其他库中实现。

两种方法各有优缺点。例如,静态图通常更快,因为所有的计算都可以转移到 GPU,从而最小化数据传输开销。此外,在静态图中,库可以更自由地优化在图中执行计算的顺序,甚至可以删除图的某些部分。

另一方面,虽然动态图的计算开销较大,但它给了开发者更多的自由。例如,开发者可以说"对这部分数据，可以将这个网络应用两次，对另一部分数据，则使用一个完全不同的模型，并用批的均值修剪梯度。"动态图模型的另一个非常吸引人的优点是，它可以通过一种更 Pythonic 的方式自然地表达转换。最后，它只是一个有很多函数的 Python 库，所以只需调用它们，让库发挥作用就可以了。

✍️ **兼容性说明**

PyTorch 从 1.0 版本起就已经支持即时（Just-In-Time，JIT）编译器，该编译器支持 PyTorch 代码并将其导入所谓的 TorchScript 中。这是一种中间表示形式，它可以在生产环境中更快地执行，并且不需要 Python 依赖。

张量和梯度

PyTorch 张量有内置的梯度计算和跟踪机制，因此你所需要做的就是将数据转换为张量，并使用 torch 提供的张量方法和函数执行计算。当然，如果要访问底层的详细信息，也是可以的，不过在大多数情况下 PyTorch 可以满足你的期望。

每个张量都有几个与梯度相关的属性：

❑ grad：张量的梯度，与原张量形状相同。

❑ is_leaf：如果该张量是由用户构造的，则为 True；如果是函数转换的结果，则为 False。

❑ requires_grad：如果此张量需要计算梯度，则为 True。此属性是从叶张量继承而来，叶张量从张量构建过程（torch.zeros() 或 torch.tensor() 等）中获得此值。默认情况下，构造函数的 requires_grad = False，如果要计算张量梯度，则需明确声明。

为了更清楚地展示梯度机制，我们来看下面的例子：

```
>>> v1 = torch.tensor([1.0, 1.0], requires_grad=True)
>>> v2 = torch.tensor([2.0, 2.0])
```

上面的代码创建了两个张量。第一个要求计算梯度，第二个则不需要。

```
>>> v_sum = v1 + v2
>>> v_res = (v_sum*2).sum()
>>> v_res
tensor(12., grad_fn=<SumBackward0>)
```

因此，现在我们将两个向量逐个元素相加（向量 [3, 3]），然后每个元素翻倍，再将它们求和。结果是零维张量，值为 12。到目前依然很简单。现在我们来看表达式创建的底层图（见图 3.3）。

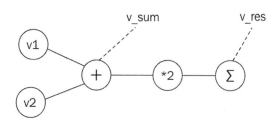

图 3.3　表达式的图形表示

如果查看张量的属性，会发现 v1 和 v2 是仅有的叶节点，并且每个变量（v2 除外）都需要计算梯度：

```
>>> v1.is_leaf, v2.is_leaf
(True, True)
>>> v_sum.is_leaf, v_res.is_leaf
(False, False)
>>> v1.requires_grad
True
>>> v2.requires_grad
False
>>> v_sum.requires_grad
True
>>> v_res.requires_grad
True
```

现在，让 PyTroch 来计算图中的梯度：

```
>>> v_res.backward()
>>> v1.grad

tensor([ 2., 2.])
```

通过调用 backward 函数，PyTorch 计算了 v_res 变量相对于图中变量的数值导数。换句话说，图中变量的变化会对 v_res 变量产生什么样的影响？在上面的例子中，v1 的梯度值为 2，这意味 v1 的任意元素增加 1，v_res 的值将增加 2。

如前所述，PyTorch 仅针对 requires_grad = True 的叶张量计算梯度。的确，如果查看 v2 的梯度，会发现 v2 没有梯度：

```
>>> v2.grad
```

这样做主要是考虑计算和存储方面的效率。实际情况下，网络可以拥有数百万个优化参数，并需要对它们执行数百个中间操作。在梯度下降优化过程中，我们对任何中间矩阵乘法的梯度都不感兴趣。我们要在模型中调整的唯一参数，是与模型参数（权重）有关的损失的梯度。当然，如果你要计算输入数据的梯度（如果想生成一些对抗性示例来欺骗现有的 NN 或调整预训练的文本嵌入层，可能会很有用），可以简单地通过在张量创建时传递 requires_grad = True 来实现。

基本上，你现在已经拥有实现自己 NN 优化器所需的一切。本章的其余部分是关于额外的便捷函数的，提供 NN 结构中更高级的构建块、流行的优化算法以及常见的损失函数。但是，请不要忘记，你可以按照自己喜欢的任何方式轻松地重新实现所有功能。这就是 PyTorch 在 DL 研究人员中如此受欢迎的原因，因为它优雅且灵活。

📝 **兼容性说明**

支持张量的梯度计算是 PyTorch 0.4.0 版本的主要变化之一。在以前的版本中，图形跟踪和梯度计算是在非常轻量级的 Variable 类中分别完成的。它用作张量的包装器，自动保存了计算历史以便能够反向传播。该类仍存在于 0.4.0 中，但已过时，它将很快消失，因此新代码应避免使用。在我看来，这种变化是很好的，因为 Variable 的逻辑确实很简单，但是它仍然需要额外的代码，并且开发人员还需要注意包装和反包装张量。现在，梯度变成张量的内置属性，使得 API 更加整洁。

3.3 NN 构建块

torch.nn 包中有大量预定义的类，可以提供基本的功能。这些类在设计时就考虑了实用性（例如，它们支持 mini-batch 处理，设置了合理的默认值，并且权重也经过了合理的初始化）。所有模块都遵循 callable 的约定，这意味着任何类的实例在应用于其参数时都可以充当函数。例如，Linear 类实现了带有可选偏差的前馈层：

```
>>> import torch.nn as nn
>>> l = nn.Linear(2, 5)
>>> v = torch.FloatTensor([1, 2])
>>> l(v)
tensor([ 1.0532,  0.6573, -0.3134,  1.1104, -0.4065], grad_
fn=<AddBackward0>)
```

上述代码创建了一个随机初始化的前馈层，包含两个输入和五个输出，并将其应用于浮点张量。torch.nn 包中的所有类均继承自 nn.Module 基类，可以通过该基类构建更高级别的 NN 模块。下一节将介绍如何自己构建，但是现在，我们先看一下所有 nn.Module 子类提供的方法。如下：

- ❏ parameters()：此函数返回所有需要进行梯度计算的变量的迭代器（即模块权重）。
- ❏ zero_grad()：此函数将所有参数的梯度初始化为零。
- ❏ to(device)：此函数将所有模块参数移至给定的设备（CPU 或 GPU）。
- ❏ state_dict()：此函数返回一个包含所有模块参数的字典，对于模型序列化很有用。
- ❏ load_state_dict()：此函数使用状态字典来初始化模块。

所有的类都可在文档（http://pytorch.org/docs）中找到。

现在，我将要提到一个非常方便的类，即 Sequential，它可以将不同的层串起来。演示 Sequential 的最佳方法是通过一个示例：

```
>>> s = nn.Sequential(
... nn.Linear(2, 5),
... nn.ReLU(),
... nn.Linear(5, 20),
... nn.ReLU(),
... nn.Linear(20, 10),
... nn.Dropout(p=0.3),
... nn.Softmax(dim=1))
>>> s
Sequential(
  (0): Linear(in_features=2, out_features=5, bias=True)
  (1): ReLU()
  (2): Linear(in_features=5, out_features=20, bias=True)
  (3): ReLU()
  (4): Linear(in_features=20, out_features=10, bias=True)
  (5): Dropout(p=0.3)
  (6): Softmax()
)
```

上面的代码定义了一个三层的 NN，输出层是 softmax，softmax 应用于第一维度（第零维度是批样本），还包括**整流线性函数**（Rectified Linear Unit，ReLU）非线性层和 dropout。我们给这个模型输入一些数据：

```
>>> s(torch.FloatTensor([[1,2]]))
tensor([[0.1115, 0.0702, 0.1115, 0.0870, 0.1115, 0.1115, 0.0908,
0.0974, 0.0974, 0.1115]], grad_fn=<SoftmaxBackward>)
```

mini-batch 就是一个成功地遍历了网络的例子。

3.4　自定义层

上一节简要地提到了 nn.Module 在 PyTorch 中是所有 NN 构建块的基础父类。它不仅仅是现存层的统一父类，它远不止于此。通过将 nn.Module 子类化，可以创建自己的构建块，它们可以组合在一起，后续可以复用，并且可以完美地集成到 PyTorch 框架中。

作为核心，nn.Module 为其子类提供了相当丰富的功能：

❏ 它记录当前模块的所有子模块。例如，构建块可以具有两个前馈层，可以以某种方式使用它们来执行代码块的转换。

❏ 提供处理已注册子模块的所有参数的函数。可以获取模块参数的完整列表（parameters() 方法）将其梯度置零（zero_grads() 方法），将其移至 CPU 或 GPU（to(device) 方法），序列化和反序列化模块（state_dict() 和 load_state_dict()），甚至可以用自己的 callable 执行通用的转换逻辑（apply() 方法）。

❏ 建立了 Module 针对数据的约定。每个模块都需要覆盖 forward() 方法来执行数据的转换。

❏ 还有更多的函数，例如注册钩子函数以调整模块转换逻辑或梯度流，它们更加适合高级的使用场景。

这些功能允许我们通过统一的方式将子模型嵌套到更高层次的模型中，在处理复杂的情况时非常有用。它可以是简单的单层线性变换，也可以是 1001 层的 residual NN（ResNet），但是如果它们遵循 nn.Module 的约定，则可以用相同的方式处理它们。这对于代码的简洁性和可重用性非常有帮助。

为了简化工作，PyTorch 的作者遵循上述约定，通过精心设计和大量 Python 魔术方法简化了模块的创建。因此，要创建自定义模块，通常只需要做两件事——注册子模块并实现 forward() 方法。

我们来看上一节中 Sequential 的例子是如何使用更加通用和可复用的方式做到这一点的（完整的示例见 Chapter03/01_modules.py）：

```python
class OurModule(nn.Module):
    def __init__(self, num_inputs, num_classes, dropout_prob=0.3):
        super(OurModule, self).__init__()
        self.pipe = nn.Sequential(
            nn.Linear(num_inputs, 5),
            nn.ReLU(),
            nn.Linear(5, 20),
            nn.ReLU(),
            nn.Linear(20, num_classes),
            nn.Dropout(p=dropout_prob),
            nn.Softmax(dim=1)
        )
```

这是继承了 nn.Module 的模块。在构造函数中，我们传递了三个参数：输入大小、输出大小和可选的 dropout 概率。我们要做的第一件事就是调用父类的构造函数来初始化。

第二步，我们需要创建一个已经熟悉的 nn.Sequential，包含一些不同的层，并将其赋给类中名为 pipe 的字段。通过为字段分配一个 Sequential 实例，自动注册该模块（nn.Sequential 继承自 nn.Module，与 nn 包中的其他类一样）。注册它不需要任何调用，只需将子模块分配给字段即可。构造函数完成后，所有字段会被自动注册（如果确实想要手动注册，nn.Module 中也有函数可用）。

```python
def forward(self, x):
    return self.pipe(x)
```

在这里，我们必须覆写 forward 函数并实现自己的数据转换逻辑。由于模块是对其他层的非常简单的包装，因此只需让它们转换数据即可。请注意，要将模块应用于数据，我们需要调用该模块（即假设模块实例为一个函数并使用参数调用它）而不使用 nn.Module 类的 forward() 方法。这是因为 nn.Module 会覆盖 __call__() 方法（将实例视为可调用实例时，会使用该方法）。该方法执行了 nn.Module 中的一些神奇的操作，并调用

forward() 方法。如果直接调用 forward()，则将干预 nn.Module 的职责，这可能会导致错误的结果。

　　因此，这就是定义自己的模块所需要做的。现在，我们来使用它：

```
if __name__ == "__main__":
    net = OurModule(num_inputs=2, num_classes=3)
    v = torch.FloatTensor([[2, 3]])
    out = net(v)
    print(net)
    print(out)
```

　　我们创建模块，为输入和输出赋值，然后创建张量，让模块对其进行转换（遵守约定，将其视为 callable）。之后，打印网络结构（nn.Module 覆写了 __str__() 和 __repr__() 方法），以更好的方式来展示内部结构。最后，展示运行的结果。

　　代码输出应如下所示：

```
rl_book_samples/Chapter03$ python 01_modules.py
OurModule(
  (pipe): Sequential(
    (0): Linear(in_features=2, out_features=5, bias=True)
    (1): ReLU()
    (2): Linear(in_features=5, out_features=20, bias=True)
    (3): ReLU()
    (4): Linear(in_features=20, out_features=3, bias=True)
    (5): Dropout(p=0.3, inplace=False)
    (6): Softmax(dim=1)
  )
)
tensor([[0.5436, 0.3243, 0.1322]], grad_fn=<SoftmaxBackward>)
Cuda's availability is True
Data from cuda: tensor([[0.5436, 0.3243, 0.1322]], device='cuda:0', grad_
fn=<CopyBackwards>)
```

　　当然，之前说了 PyTorch 支持动态特性。每一批数据都会调用 forward() 方法，因此如果要根据所需处理的数据进行一些复杂的转换，例如分层 softmax 或要应用网络随机选择，那么你也可以这样做。模块参数的数量也不只限于一个。因此，如果需要，可以编写一个带有多个必需参数和几十个可选参数的模块，这都是可以的。

　　接下来，我们需要熟悉 PyTorch 库的两个重要部分（损失函数和优化器），它们将简化我们的生活。

3.5　最终黏合剂：损失函数和优化器

　　将输入数据转换为输出的网络并不是训练唯一需要的东西。我们还需要定义学习目标，即要有一个接受两个参数（网络输出和预期输出）的函数。它的责任是返回一个表示网络预测结果与预期结果之间的差距的数字。此函数称为**损失函数**，其输出为**损失值**。使用损失值，可以计算网络参数的梯度，并对其进行调整以减小损失值，以便优化模型的结果。损失函数和通过梯度调整网络参数的方法非常普遍，并且以多种形式存在，以至于它们构成了 PyTorch 库的重要组成部分。我们从损失函数开始介绍。

3.5.1 损失函数

损失函数在 nn 包中，并实现为 nn.Module 的子类。通常，它们接受两个参数：网络输出（预测）和预期输出（真实数据，也称为数据样本的标签）。在撰写本书时，PyTorch 1.3.0 包含 20 个不同的损失函数，当然，你也可以显式地自定义要优化的函数。

最常用的标准损失函数是：

❑ nn.MSELoss：参数之间的均方误差，是回归问题的标准损失。

❑ nn.BCELoss 和 nn.BCEWithLogits：二分类交叉熵损失。前者期望输入是一个概率值（通常是 Sigmoid 层的输出），而后者则假定原始分数为输入并应用 Sigmoid 本身。第二种方法通常在数值上更稳定、更有效。这些损失（顾名思义）经常用于分类问题。

❑ nn.CrossEntropyLoss 和 nn.NLLLoss：著名的"最大似然"标准，用于多类分类问题。前者期望的输入是每个类的原始分数，并在内部应用 LogSoftmax，而后者期望将对数概率作为输入。

还有一些其他的损失函数可供使用，当然你也可以自己写 Module 子类来比较输出值和目标值。现在，来看下关于优化过程的部分。

3.5.2 优化器

基本优化器的职责是获取模型参数的梯度，并更改这些参数来降低损失值。通过降低损失值，使模型向期望的输出靠拢，使得模型性能越来越好。更改参数听起来很简单，但是有很多细节要处理，优化器仍是一个热门的研究主题。在 torch.optim 包中，PyTorch 提供了许多流行的优化器实现，其中最广为人知的是：

❑ SGD：具有可选动量的普通随机梯度下降算法。

❑ RMSprop：Geoffrey Hinton 提出的优化器。

❑ Adagrad：自适应梯度优化器。

❑ Adam：一种非常成功且流行的优化器，是 RMSprop 和 Adagrad 的组合。

所有优化器都公开了统一的接口，因而可以轻松地尝试使用不同的优化方法（有时，优化方法可以在动态收敛和最终结果上表现优秀）。在构造时，需要传递可迭代的张量，该张量在优化过程中会被修改。通常的做法是传递上层 nn.Module 实例的 params() 调用的结果，结果将返回所有具有梯度的可迭代叶张量。

现在，我们来讨论训练循环的常见蓝图。

```
for batch_x, batch_y in iterate_batches(data, batch_size=32):    #1
    batch_x_t = torch.tensor(batch_x)                            #2
    batch_y_t = torch.tensor(batch_y)                            #3
    out_t = net(batch_x_t)                                       #4
    loss_t = loss_function(out_t, batch_y_t).                    #5
    loss_t.backward()                                            #6
    optimizer.step()                                             #7
    optimizer.zero_grad()                                        #8
```

通常，需要一遍又一遍地遍历数据（所有数据运行一个迭代称为一个 epoch）。数据通常太大而无法立即放入 CPU 或 GPU 内存中，因此将其分成大小相同的批次进行处理。每一批数据都包含数据样本和目标标签，并且它们都必须是张量（第 2 行和第 3 行代码）。

将数据样本传递给网络（第 4 行），并将其输出值和目标标签提供给损失函数（第 5 行），损失函数的结果显示了网络结果和目标标签的差距。网络的输入和网络的权重都是张量，所以网络的所有转换只不过是中间张量实例的操作图。损失函数也是如此——它的结果也是一个只有一个损失值的张量。

计算图中的每一个张量都记得其来源，因此要对整个网络计算梯度，只需要在损失函数的返回结果上调用 backward() 函数（第 6 行）即可。调用结果是展开已执行计算的图和计算 requires_grad = True 的叶张量的梯度。通常，这些张量是模型的参数，比如前馈网络的权重和偏差，以及卷积滤波器。每次计算梯度时，都会在 tensor.grad 字段中累加梯度，所以一个张量可以参与多次转换，梯度会相加。例如，**循环神经网络**（Recurrent Neural Network，RNN）的一个单元可以应用于多个输入项。

在调用 loss.backwards() 后，我们已经累加了梯度，现在是优化器执行其任务的时候了——它获取传递给它的参数的所有梯度并应用它们。所有这些都是使用 step() 完成的（第 7 行）。

训练循环最后且重要的部分是对参数梯度置零的处理。可以在网络上调用 zero_grad() 来实现，但是为了方便，优化器还公开了这样一个调用（第 8 行）。有时候 zero_grad() 被放在训练循环的开头，但这并没有什么影响。

上述方案是一种非常灵活的优化方法，即使在复杂的研究中也可以满足要求。例如，可以用两个优化器在同一份数据上调整不同模型的选项（这是一个来自生成对抗网络（Generative Adversarial Network，GAN）训练的真实场景）。

我们已经介绍完了训练 NN 所需的 PyTorch 的基本功能。本章以一个实际的场景结束，演示涵盖的所有概念，但在开始之前，我们需要讨论一个重要的主题——监控学习过程——这对 NN 从业人员来说是必不可少的。

3.6 使用 TensorBoard 进行监控

如果你曾经尝试过自己训练 NN，那你肯定知道这有多么痛苦和不确定。我不是要谈论根据现有的教程和示例来实现，这种情况已经调整好了所有的超参，现在要讨论的是刚获取一些数据并需要从头开始创建一些东西。即便使用已经包含了一些最佳实践（包括权重的合理初始化，优化器的 beta、gamma 和其他选项均已经设置为默认值，以及隐藏的大量其他东西）的 DL 高级工具包，仍然需要做很多决定，因此很多事情可能出错。因此，这会导致网络首次运行几乎无法成功，你应该习惯这种情况。

当然，通过实践和经验，你可以对产生问题的可能原因有很强的直觉，但是产生这种直觉需要对有关网络内部发生的情况有更多的了解。因此，需要能够以某种方式观察训练过程以及其变化。即使是小型网络（例如微 MNIST 教程网络）也可能有成千上万个具有非线性动态的参数。

DL 从业人员已制定出在训练期间应观察的事项清单，通常包括以下内容：

❑ 损失值，通常由基本损失和正则化损失等几部分组成。应该同时观察总损失和各个组成部分。

❑ 训练和测试数据集的验证结果。

❑ 梯度和权重的统计信息。

❑ 网络计算出来的值。例如，如果你正在解决分类问题，肯定要测量所预测的类概率计算出的熵。在回归问题中，原始预测值可以提供有关训练的大量数据。

❑ 学习率和其他超参（如果它们也是随时间调整的话）。

该清单可能更长，并且包含特定领域的度量标准，例如词嵌入投影、音频样本和 GAN 生成的图像。你可能还希望监控与训练速度相关的值（例如一个 epoch 需要多长时间）以查看优化效果或硬件问题。

长话短说，我们需要一个通用的解决方案来追踪一段时间内的大量值，并将它们表示出来进行分析，最好是专门为 DL 开发的（想象一下在 Excel 电子表格中查看此类统计信息）。幸运的是，已经存在这样的工具，接下来我们将对其进行探索。

3.6.1 TensorBoard 101

在撰写本书第 1 版时，用于 NN 监控的工具还不多。随着时间的流逝，越来越多的新人和公司参与了对机器学习（ML）和 DL 的研究，出现了很多新工具。在本书中，我们仍然将重点放在 TensorFlow 中的 TensorBoard 上，你也可以尝试使用其他实用程序。

TensorFlow 从第一个公开版本开始，就包含一个名为 TensorBoard 的特殊工具，该工具旨在解决上面讨论的问题：如何在训练中观察和分析 NN 的各种特性。TensorBoard 是一个功能强大的通用解决方案，具有庞大的社区，它看起来非常好用（见图 3.4）。

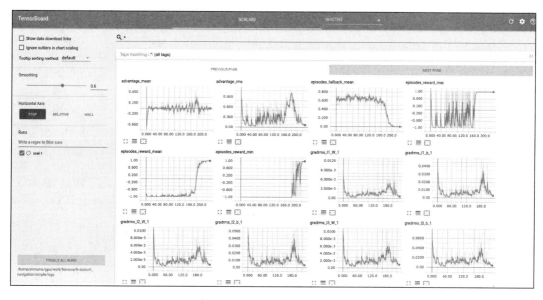

图 3.4 TensorBoard Web 界面

从架构的角度来看，TensorBoard 是一个 Python Web 服务，它可以在计算机上启动，启动时可以给它传入一个目录用于保存训练过程中要分析的数据。然后，将浏览器指向 TensorBoard 的端口（通常为 6006），它会显示一个交互式 Web 界面，其中的值会实时更新。它既方便又好用，尤其是在远程计算机上进行训练时。

TensorBoard 最初是作为 TensorFlow 的一部分进行部署的，但是最近，它变成了一个单独的项目（仍由 Google 维护），并且有自己的名称。但是，TensorBoard 仍使用 TensorFlow 数据格式，因此要在 PyTorch 优化中展示训练的统计信息，需要同时安装 `tensorboard` 和 `tensorflow` 软件包。

从理论上讲，这就是监控网络所需的全部，因为 `tensorflow` 软件包提供了一些类来编写 TensorBoard 能够读取的数据。但是，这不是很实用，因为这些类很底层。为了克服这个问题，有几个第三方开源库提供了方便的高级接口。本书使用的就是我的最爱之一，tensorboardX（https://github.com/lanpa/tensorboardX）。它可以通过 `pip install tensorboardX` 安装。

📝 兼容性说明

在 PyTorch 1.1 中，支持了实验级别的 TensorBoard 格式功能，因此无须安装 tensorboardX（有关详细信息，请查看 https://pytorch.org/docs/stable/tensorboard.html）。但是由于 PyTorch Ignite 依赖它，我们仍然会使用该第三方软件包。

3.6.2 绘图

为了让你了解 tensorboardX 有多简单，我们来考虑一个与 NN 无关的小例子，它只是将内容写入 TensorBoard（完整的示例代码在 `Chapter03/02_tensorboard.py` 中）。

```
import math
from tensorboardX import SummaryWriter

if __name__ == "__main__":
    writer = SummaryWriter()
    funcs = {"sin": math.sin, "cos": math.cos, "tan": math.tan}
```

首先导入所需的包，创建数据编写器，并定义需要可视化的函数。默认情况下，`SummaryWriter` 每次启动都会在 `runs` 目录下创建一个唯一目录，以便能够比较不同的训练。新目录的名称包括当前日期和时间以及主机名。可以通过将 `log_dir` 参数传递给 `SummaryWriter` 来覆盖它。还可以传入注释选项，在目录名称中添加后缀，一般是为了捕获不同实验的语义，如 `dropout=0.3` 或 `strong_regularisation`。

```
for angle in range(-360, 360):
    angle_rad = angle * math.pi / 180
    for name, fun in funcs.items():
        val = fun(angle_rad)
        writer.add_scalar(name, val, angle)

writer.close()
```

此代码遍历以度为单位的角度范围，将其转换为弧度，然后计算函数的值。使用 `add_scalar` 函数将每个值添加到编写器，`add_scalar` 函数有三个参数：参数名称、值和当前迭代（必须为整数）。

循环之后，需要做的最后一件事是关闭编写器。请注意，编写器会定期进行刷新（默认情况下，每两分钟刷新一次），因此即使在优化过程很漫长的情况下，仍可看到值。

运行此命令的结果不会在控制台输出，但是会在 `runs` 目录中创建一个只有一个文件的新目录。要查看结果，需要启动 TensorBoard：

```
rl_book_samples/Chapter03$ tensorboard --logdir runs
TensorBoard 2.0.1 at http://127.0.0.1:6006/ (Press CTRL+C to quit)
```

如果在远程服务器上运行 TensorBoard，则需要添加 `--bind_all` 命令行选项以使其可以从外部访问。现在，在浏览器中打开 `http://localhost:6006`，就可以查看内容了，如图 3.5 所示。

该图是交互式的，可以将鼠标悬停在图形上查看实际值并选择区域放大来查看详细信息。在图形内部双击可以缩小图片。如果多次运行了程序，那么在左侧的 **Runs** 列表中会有多项，可以任意启用和禁用这些项目，从而比较不同优化的动态数据。TensorBoard 不仅可以分析标量值，还可以分析图像、音频、文本数据和嵌入数据，甚至可以显示网络的结构。有关所有这些功能，请参考 `tensorboardX` 和 `tensorboard` 的文档。

现在，是时候结合在本章所学的内容用 PyTorch 实现真实的 NN 优化问题了。

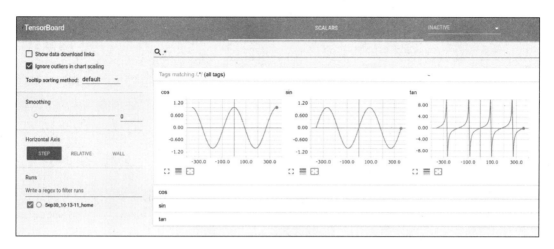

图 3.5　示例生成的图

3.7　示例：将 GAN 应用于 Atari 图像

几乎每本有关 DL 的书都使用 MNIST 数据集来展示 DL 功能，多年来，该数据集都变得无聊了，就像遗传研究人员的果蝇一样。为了打破这一传统，并添加更多乐趣，我尝试避免沿用以前的方法，而使用其他方法说明 PyTorch。本章前面简要提到了 GAN，它们是由伊恩·古德费洛（Ian Goodfellow）发明和推广的。本示例中将训练 GAN 生成各种 Atari 游戏的屏幕截图。

最简单的 GAN 架构有两个网络，第一个网络充当"欺骗者"（也称为生成器），另一个网络充当"侦探"（另一个名称是判别器）。两个网络相互竞争，生成器试图生成伪造的数据，这些数据使判别器也难以将它与原数据集区分开，判别器试图检测生成的数据样本。随着时间的流逝，两个网络都提高了技能，生成器生成越来越多的真实数据样本，而判别器发明了更复杂的方法来区分伪造的数据。

GAN 的实际应用包括改善图像质量、逼真图像生成和特征学习。在本示例中，实用性几乎为零，但这将是一个很好的示例，可以说明对于相当复杂的模型而言，PyTorch 代码可以很简洁。

整个示例代码在文件 `Chapter03/03_atari_gan.py` 中。这里将给出一些重要的代码，不包括 `import` 部分和常量声明：

```
class InputWrapper(gym.ObservationWrapper):
    def __init__(self, *args):
```

```
        super(InputWrapper, self).__init__(*args)
        assert isinstance(self.observation_space, gym.spaces.Box)
        old_space = self.observation_space
        self.observation_space = gym.spaces.Box(
            self.observation(old_space.low),
            self.observation(old_space.high),
            dtype=np.float32)

    def observation(self, observation):
        new_obs = cv2.resize(
            observation, (IMAGE_SIZE, IMAGE_SIZE))
        # transform (210, 160, 3) -> (3, 210, 160)
        new_obs = np.moveaxis(new_obs, 2, 0)
        return new_obs.astype(np.float32)
```

此类是 Gym 游戏的包装器, 其中包括以下几种转换:

❑ 将输入图像的尺寸从 210×160 (标准 Atari 分辨率) 调整为正方形尺寸 64×64。

❑ 将图像的颜色平面从最后一个位置移到第一个位置, 以满足 PyTorch 卷积层的约定, 该卷积层输入包含形状为通道、高度和宽度的张量。

❑ 将图像从 bytes 转换为 float。

然后, 定义两个 nn.Module 类: Discriminator 和 Generator。第一种将经过缩放的彩色图像作为输入, 并通过应用五层卷积, 再使用 Sigmoid 进行非线性变换将数据转换为数字。Sigmoid 的输出被解释为: 判别器认为输入图像来自真实数据集的概率。

Generator 将随机数向量 (隐向量) 作为输入, 并使用 "转置卷积" 操作 (也称为 deconvolution) 将该向量转换为原始分辨率的彩色图像。这里不会介绍这些类, 因为它们很冗长且与示例无关, 你可以在完整的示例文件中找到它们。

我们让几个随机智能体同时玩 Atari 游戏, 并将游戏截图作为输入。图 3.6 是输入数据的示例, 它是由以下函数生成的:

```
def iterate_batches(envs, batch_size=BATCH_SIZE):
    batch = [e.reset() for e in envs]
    env_gen = iter(lambda: random.choice(envs), None)

    while True:
        e = next(env_gen)
        obs, reward, is_done, _ = e.step(e.action_space.sample())
        if np.mean(obs) > 0.01:
            batch.append(obs)
        if len(batch) == batch_size:
            # Normalising input between -1 to 1
            batch_np = np.array(batch, dtype=np.float32)
            batch_np *= 2.0 / 255.0 - 1.0
            yield torch.tensor(batch_np)
            batch.clear()
        if is_done:
            e.reset()
```

从提供的数组中对环境进行无限采样，发出随机动作，并在 batch 列表中记录观察结果。当批满足所需大小时，将图像归一化，将其转换为张量，然后从生成器中 yield 出来。由于其中一个游戏存在问题，因此需要检查观察值均值非零，以防止图像闪烁。

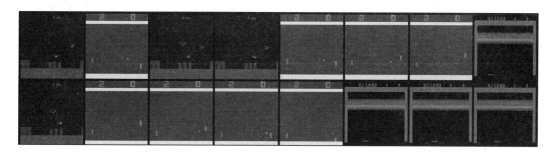

图 3.6　三种 Atari 游戏的屏幕截图示例

现在，我们看一下主函数，它包括准备模型并运行训练循环。

```python
if __name__ == "__main__":
    parser = argparse.ArgumentParser()
    parser.add_argument(
        "--cuda", default=False, action='store_true',
        help="Enable cuda computation")
    args = parser.parse_args()

    device = torch.device("cuda" if args.cuda else "cpu")
    envs = [
        InputWrapper(gym.make(name))
        for name in ('Breakout-v0', 'AirRaid-v0', 'Pong-v0')
    ]
    input_shape = envs[0].observation_space.shape
```

在此，我们处理命令行参数（只有一个可选参数 --cuda，启用 GPU 计算模式），创建环境池并用包装器包装。该环境数组将传递给 iterate_batches 函数以生成训练数据。

```python
net_discr = Discriminator(input_shape=input_shape).to(device)
net_gener = Generator(output_shape=input_shape).to(device)

objective = nn.BCELoss()
gen_optimizer = optim.Adam(
    params=net_gener.parameters(), lr=LEARNING_RATE,
    betas=(0.5, 0.999))
dis_optimizer = optim.Adam(
    params=net_discr.parameters(), lr=LEARNING_RATE,
    betas=(0.5, 0.999))
writer = SummaryWriter()
```

上面的代码创建了几个类：一个 Summary Writer、两个网络、一个损失函数和两个优化器。为什么是两个？因为这就是 GAN 训练的方式：要训练判别器，需要用适当的标签

（1代表真实的，0代表伪造的）来向它展示真实和伪造的数据样本。在此过程中，仅更新判别器的参数。

此后，再次将真实和伪造样本都通过判别器，但是这次，所有样本的标签均为1，并且仅更新生成器的权重。第二遍告诉生成器如何欺骗判别器，并将真实样本与生成的样本混淆起来。

```
gen_losses = []
dis_losses = []
iter_no = 0

true_labels_v = torch.ones(BATCH_SIZE, device=device)
fake_labels_v = torch.zeros(BATCH_SIZE, device=device)
```

这段代码定义了数组（用于累积损失）、迭代器计数器以及带有真假标签的变量。

```
for batch_v in iterate_batches(envs):
    # fake samples, input is 4D: batch, filters, x, y
    gen_input_v = torch.FloatTensor(
        BATCH_SIZE, LATENT_VECTOR_SIZE, 1, 1)
    gen_input_v.normal_(0, 1).to(device)
    batch_v = batch_v.to(device)
    gen_output_v = net_gener(gen_input_v)
```

在训练循环开始前，生成一个随机向量并将其传递给 Generator 网络。

```
dis_optimizer.zero_grad()
dis_output_true_v = net_discr(batch_v)
dis_output_fake_v = net_discr(gen_output_v.detach())
dis_loss = objective(dis_output_true_v, true_labels_v) + \
           objective(dis_output_fake_v, fake_labels_v)
dis_loss.backward()
dis_optimizer.step()
dis_losses.append(dis_loss.item())
```

首先，通过两批数据来训练判别器，即分别应用于真实数据样本和生成的样本。我们需要在生成器的输出上调用 detach() 函数，以防止此次训练的梯度流入生成器（detach() 是 tensor 的方法，该方法可以复制张量而不与原始张量的操作关联）。

```
gen_optimizer.zero_grad()
dis_output_v = net_discr(gen_output_v)
gen_loss_v = objective(dis_output_v, true_labels_v)
gen_loss_v.backward()
gen_optimizer.step()
gen_losses.append(gen_loss_v.item())
```

以上代码用于生成器的训练。将生成器的输出传递给判别器，但是现在不停止梯度。相反，我们将目标函数与 True 标签一起应用。它将使生成器向生成可欺骗判别器的样本的方向发展。

那是与训练相关的代码，接下来的两行代码会上报损失，并将图像样本输入给 TensorBoard：

```
iter_no += 1
if iter_no % REPORT_EVERY_ITER == 0:
    log.info("Iter %d: gen_loss=%.3e, dis_loss=%.3e",
             iter_no, np.mean(gen_losses),
             np.mean(dis_losses))
    writer.add_scalar(
        "gen_loss", np.mean(gen_losses), iter_no)
    writer.add_scalar(
        "dis_loss", np.mean(dis_losses), iter_no)
    gen_losses = []
    dis_losses = []
if iter_no % SAVE_IMAGE_EVERY_ITER == 0:
    writer.add_image("fake", vutils.make_grid(
        gen_output_v.data[:64], normalize=True), iter_no)
    writer.add_image("real", vutils.make_grid(
        batch_v.data[:64], normalize=True), iter_no)
```

这个例子的训练是一个漫长的过程。在 GTX 1080 GPU 上，100 次迭代大约需要 40 秒。最初，生成的图像完全是随机噪声，但是在经过 1 万 ~ 2 万次迭代后，生成器变得越来越熟练，并且生成次图像越来越类似于真实游戏的屏幕截图。

经过 4 万 ~ 5 万次训练迭代后（在 GPU 上几个小时），实验给出了以下图像（见图 3.7）。

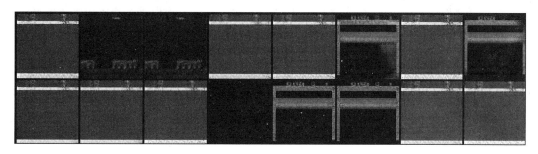

图 3.7　生成器网络产生的样例图片

3.8　PyTorch Ignite

PyTorch 是一个优雅而灵活的库，因此它成为成千上万的研究人员、DL 爱好者、行业开发人员和其他人员的首选。但是灵活性有其自身的代价：需要写太多的代码来解决问题。有时，这是非常有益的，例如，实现一些尚未包含在标准库中的新优化方法或 DL 技巧时。只需使用 Python 实现公式，PyTorch 将神奇地完成所有梯度计算和反向传播机制。另一个证明这种方法有益的场景是，当你必须关注底层原理时，比如调整梯度、了解优化器详细信息以及 NN 转换数据的方式。

但是，在完成日常任务（例如图像分类器的简单监督训练）时，并不需要这种灵活性。对于此类任务，标准 PyTorch 可能太过底层，所以你需要一遍又一遍地处理相同的代码。

以下是 DL 训练过程中主要部分的详尽列表，但需要编写一些代码：

- ❑ 数据准备和转换以及批次的生成。
- ❑ 计算训练指标，例如损失值、精度和 F1 分数。
- ❑ 在测试和验证数据集中对模型进行周期性测试。
- ❑ 经过一定数量的迭代或达到新的最佳度量标准后的模型的检查点。
- ❑ 将指标输入到 TensorBoard 等监控工具中。
- ❑ 超参随着时间而变化，例如学习率的降低或增加。
- ❑ 在控制台上输出有关训练进度的消息。

当然，它们都能使用 PyTorch 来实现，但是可能需要编写大量的代码。这些任务在任何 DL 项目中都存在，一遍又一遍地编写相同的代码很快变得麻烦。解决此问题的常规方法是编写函数，将其包装到库中，然后重复使用。如果该库是开源的且质量很高（易于使用，提供了一定程度的灵活性，可以正确编写等），那么随着越来越多的人在其项目中使用它，该库将变得流行。该过程不只发生在 DL 领域，它在软件行业中无处不在。

PyTorch 有多个库可简化常见任务，如 ptlearn，fastai，ignite 等。"PyTorch 生态系统项目"参见 https://pytorch.org/ecosystem。

开始就使用这些高级库可能会很有吸引力，因为使用它们可以仅用几行代码即可解决常见问题，但是这里也存在一些危险。如果只知道如何使用高级库而不了解底层细节，那么可能会陷入无法仅由标准方法解决问题的困境。在 ML 的动态领域中，这种情况经常发生。

本书的重点是确保你理解 RL 方法、它的实现及其适用性。因此，我们将使用递进的方法。首先，仅使用 PyTorch 代码来实现，但是随着学习的推进，将使用高级库来实现示例。对于 RL，将使用由我编写的小型库：PTAN（https://github.com/Shmuma/ptan/）。PTAN 将在第 7 章进行介绍。

为了减少 DL 样板代码的数量，我们将使用一个称为 PyTorch Ignite（https://pytorch.org/ignite/）的库。本节将简要介绍 Ignite，然后使用 Ignite 重写 Atari GAN 示例，并对其进行检查。

Ignite 概念

从高层次上讲，Ignite 简化了 PyTorch DL 中训练循环的编写。在本章前面的"优化器"部分，可以看到最小的训练循环包括：

- ❑ 采样一批训练数据。
- ❑ 将 NN 应用于这批数据，计算损失函数（要最小化的单个值）。
- ❑ 对损失进行反向传播，以获取与损失有关的网络参数梯度。
- ❑ 使优化器将梯度应用于网络。
- ❑ 重复，直到满意或不想再等待。

Ignite 的核心部分是 Engine 类，该类遍历数据源，并将处理函数应用于数据批。除此之外，Ignite 还提供了在训练循环的特定条件下，调用某函数的功能。这些特定条件称为 Event，可能在以下位置：

- ❑ 整个训练过程的开始或结束位置。
- ❑ 训练 epoch（使用数据进行迭代）的开始或结束位置。
- ❑ 单个批处理的开始或结束位置。

除此之外，还存在自定义事件，并且允许指定每 N 个事件调用一次函数，例如，每 100 个批次或每隔一个 epoch 进行一次计算。

以下代码块显示了一个非常简单的 Ignite 示例：

```
from ignite.engine import Engine, Events

def training(engine, batch):
    optimizer.zero_grad()
    x, y = prepare_batch()
    y_out = model(x)
    loss = loss_fn(y_out, y)
    loss.backward()
    optimizer.step()
    return loss.item()


engine = Engine(training)
engine.run(data)
```

该代码不可运行，因为它缺少很多内容，例如数据源、模型和优化器创建，但它展示了 Ignite 基本概念。Ignite 的主要优势在于它能够利用现有功能扩展训练模型。你希望平滑损失值并且每 100 批次将其写入 TensorBoard 中吗？没问题！加两行代码即可完成。你想每 10 个 epoch 运行一次模型验证吗？写一个函数来运行测试，并将其加入 engine 中，然后它将被如期调用。

关于 Ignite 功能的完整描述不在本书的讨论范围，可以阅读官方网站（https://pytorch.org/ignite）的文档来查看。

为了演示 Ignite，我们更改一下用 GAN 训练 Atari 图像的例子。完整的示例代码见 Chapter03/04_atari_gan_ignite.py，以下代码段将仅显示有改动的部分。

```
from ignite.engine import Engine, Events
from ignite.metrics import RunningAverage
from ignite.contrib.handlers import tensorboard_logger as tb_logger
```

首先，导入几个 Ignite 类：Engine 和 Events。ignite.metrics 包含与训练过程的性能指标有关的类，例如混淆矩阵、精度和召回率。在本示例中，将使用 RunningAverage 类，该类提供一种平滑时间序列值的方法。在前面的示例中，我们通过对一系列损失值调用 np.mean() 来完成此操作，但是 RunningAverage 提供了一种更方便（并且在数学上更正确）的方法。此外，Ignite 的 contrib 包中导入 TensorBoard 记录器（该功能由其他人贡献）。

```
def process_batch(trainer, batch):
    gen_input_v = torch.FloatTensor(
        BATCH_SIZE, LATENT_VECTOR_SIZE, 1, 1)
    gen_input_v.normal_(0, 1).to(device)
    batch_v = batch.to(device)
    gen_output_v = net_gener(gen_input_v)

    dis_optimizer.zero_grad()
    dis_output_true_v = net_discr(batch_v)
    dis_output_fake_v = net_discr(gen_output_v.detach())
    dis_loss = objective(dis_output_true_v, true_labels_v) + \
               objective(dis_output_fake_v, fake_labels_v)
    dis_loss.backward()
    dis_optimizer.step()

    gen_optimizer.zero_grad()
    dis_output_v = net_discr(gen_output_v)
    gen_loss = objective(dis_output_v, true_labels_v)
    gen_loss.backward()
    gen_optimizer.step()

    if trainer.state.iteration % SAVE_IMAGE_EVERY_ITER == 0:
        fake_img = vutils.make_grid(
            gen_output_v.data[:64], normalize=True)
        trainer.tb.writer.add_image(
            "fake", fake_img, trainer.state.iteration)
        real_img = vutils.make_grid(
            batch_v.data[:64], normalize=True)
        trainer.tb.writer.add_image(
            "real", real_img, trainer.state.iteration)
        trainer.tb.writer.flush()
    return dis_loss.item(), gen_loss.item()
```

下一步，我们需要定义处理函数，该函数将获取批数据，并用该批数据对判别器和生成器模型进行更新。此函数可以返回训练过程中要跟踪的任何数据，在本示例中为两个模型各自的损失值。这个函数还可以保存要在 TensorBoard 中显示的图像。

完成此操作后，我们要做的就是创建一个 Engine 实例，加上所需的处理程序，然后运行训练过程。

```
engine = Engine(process_batch)
tb = tb_logger.TensorboardLogger(log_dir=None)
engine.tb = tb
RunningAverage(output_transform=lambda out: out[0]).\
    attach(engine, "avg_loss_gen")
RunningAverage(output_transform=lambda out: out[1]).\
    attach(engine, "avg_loss_dis")

handler = tb_logger.OutputHandler(tag="train",
    metric_names=['avg_loss_gen', 'avg_loss_dis'])
tb.attach(engine, log_handler=handler,
          event_name=Events.ITERATION_COMPLETED)
```

在前面的代码中，我们创建了 engine，传递了处理函数，并为两个损失值附加了 RunningAverage 转换。每个 RunningAverage 都会产生一个所谓的"指标"，即在训练过程中保持的派生值。平滑指标 avg_loss_gen 表示来自生成器的平滑损失，avg_loss_dis 表示来自判别器的平滑损失。这两个值在每次迭代后写入 TensorBoard 中。

```
@engine.on(Events.ITERATION_COMPLETED)
def log_losses(trainer):
    if trainer.state.iteration % REPORT_EVERY_ITER == 0:
        log.info("%d: gen_loss=%f, dis_loss=%f",
                 trainer.state.iteration,
                 trainer.state.metrics['avg_loss_gen'],
                 trainer.state.metrics['avg_loss_dis'])


engine.run(data=iterate_batches(envs))
```

最后一段代码附加了另一个事件处理程序，并且在每次迭代完成时由 Engine 调用。它会写一行日志，其索引是迭代数，值是平滑后的度量值。最后一行启动 Engine，将已定义的函数作为数据源传入（函数 iterate_batches 是一个生成器，分批返回迭代器，因此，将其输出作为 data 参数传递是很好的）。

这就是 Ignite 的全部内容。如果运行示例 Chapter03/04_atari_gan_ignite.py，它与前面示例的运行方式相同，这样的小例子可能并不会令人印象深刻，但是在实际项目中，Ignite 的使用通常会使代码更简洁、更可扩展。

3.9　总结

本章简要介绍了 PyTorch 的功能和特性，讨论了诸如张量和梯度之类的基本要素，并且在介绍如何自行实现模块之前，介绍了如何用基本构建块构造 NN。

讨论了损失函数和优化器，以及训练动态的监控。最后，介绍了 PyTorch Ignite，该库为训练模型提供了高级接口。本章的目的是对 PyTorch 进行简要介绍，本书后面会用到 PyTorch。

下一章将介绍本书的主要内容：RL 方法。

Chapter 4 | 第 4 章

交叉熵方法

上一章介绍了 PyTorch。本章将结束本书的第一部分，也将介绍一种强化学习（RL）方法：交叉熵。

尽管事实上诸如**深度 Q-network（Deep Q-network，DQN）**或 advantage actor-critic 等方法更出名，用的人更多，但是交叉熵方法还是有它独有的优点。首先，交叉熵方法很简单，因此很容易使用。例如，它在 PyTorch 中的实现代码少于 100 行。

其次，这个方法比较容易收敛。如果环境很简单，没有复杂且多样的策略需要探索及学习，也不是片段很短又有很多奖励，那么交叉熵方法通常都表现得很好。当然，很多实际问题都不在这个范围，但有时确实存在这样的问题。在这些场景下，交叉熵方法（单独或作为较大系统的一部分）可能是最理想的选择。

本章包含：

❑ 交叉熵方法的实践部分。

❑ 交叉熵方法在两个 Gym 环境（熟悉的 CartPole 和 FrozenLake 网格世界）的应用。

❑ 交叉熵方法的理论背景。本节是可选部分，但是如果想要更好地理解为什么这个方法能起作用，建议深入研究一下，阅读它要求读者有更多概率论和统计学的知识。

4.1 RL 方法的分类

交叉熵方法属于**无模型**和**基于策略**的方法类别。这些都是新概念，所以我们花一点时间来讨论一下它们。所有的 RL 方法可以被分类成以下几种：

❑ 无模型或基于模型。

❑ 基于价值或基于策略。

❑ 在线策略（on-policy）或离线策略（off-policy）。

还可以根据其他方式对 RL 方法进行分类，但是目前我们还是关注前面这三种分类方式。我们来定义这些方法，因为根据问题的不同细节，可能会导致选择不同的方法。

术语**无模型**表示该方法不构建环境或奖励的模型，直接将观察和动作（或者和动作相关的价值）连接起来。换句话说，智能体获取当前的观察结果并对其进行一些计算，计算结果就是它应该采取的动作。相反，**基于模型**的方法试图预测下一个观察或奖励会是什么。根据它的预测，智能体试图选择最好的动作来执行，通常会进行多次这样的预测以看到更远的未来。

两种方法都有优势和劣势，但在确定性环境中通常都会使用基于模型的方法，例如用于具有严格规则的棋盘游戏。另一方面，无模型的方法通常更容易训练，因为很难对有大量观察的复杂环境建立良好的建模。本书描述的所有方法均来自无模型类别，因为这些方法在过去几年中一直是最活跃的研究领域。直到最新，研究人员才将两种方法混合使用，意图同时获得两方面的收益（例如，DeepMind 发表的智能体的想象力的论文。这个方法会在第 22 章中讨论）。

另外，**基于策略**的方法直接计算智能体的策略，即智能体在每一步应该执行什么动作。策略通常被表示成可用动作的概率分布。方法也可以是**基于价值**的。在这种情况下，智能体将计算每个可能的动作的价值，然后选择价值最大的动作，而不是计算动作的概率。两种方法都同样受欢迎，我们将在本书的下一部分讨论基于价值的方法。基于策略的方法将会是第三部分的主题。

第三个重要的分类是**在线策略**和**离线策略**。我们会在本书第二部分和第三部分讨论它们的区别，就目前而言，知道离线策略是用来学习历史数据（上一版本的智能体获得的数据、人类记录的数据或同一智能体几个片段之前获得的数据）的就够了。

交叉熵方法是无模型的、基于策略的在线策略的方法，这意味着：

❑ 它不构建环境的任何模型，只告诉智能体每一步需要做什么。
❑ 它计算智能体的策略。
❑ 它从环境中获取新数据。

4.2　交叉熵方法的实践

交叉熵方法的描述可以分成两个不同的方面：实践和理论。实践方面是这个方法的直观表示，而理论方面解释了为什么交叉熵方法有用，以及它如何生效，这会更复杂。

RL 中最关键、最复杂的就是智能体，它通过和环境交互，试图累积尽可能多的总奖励。在实践中，我们遵循通用的机器学习（ML）方法，将智能体中所有复杂的部分替换成非线性、可训练的函数，然后将智能体的输入（来自环境的观察）映射成输出。这个函数的具体输出取决于特定的方法或方法的类型，如上一节所述的基于价值或基于策略的方法。

由于交叉熵方法是基于策略的，非线性函数（神经网络）生成策略，它针对每一个观察都告诉智能体应该执行什么动作，如图 4.1 所示。

观察 s ⟹ 可训练函数（NN） ⟹ 策略 $\pi(a|s)$

图 4.1　RL 的高阶表示

实践中，策略通常表示为动作的概率分布，这和分类问题很像，类型的数量和要执行的动作数量相同。

这种抽象让智能体变得非常简单：将从环境中得到的观察传给 NN，得到动作的概率分布，使用概率分布来进行随机采样以获得要执行的动作。随机采样为智能体添加了随机性，这是一件好事，因为在开始训练的时候，权重是随机的，智能体的行为也是随机的。当智能体得到一个动作后，将其应用到环境中，再获得由动作产生的下一个观察和奖励。然后继续这样的循环。

在智能体的一生中，它的经历被表示成片段。每个片段都由一系列的观察（智能体从环境中获得的）、动作（智能体发出的）和奖励（由动作产生的）组成。假设智能体已经玩了好几轮片段了。针对每一个片段，我们都可以计算出智能体获得的总奖励。它可以是有折扣或没有折扣的，我们假设折扣因子 $\gamma=1$（这意味着将每个片段的所有立即奖励都直接加起来）。总奖励显示智能体在这个片段中表现得有多好。

我们用图表来表示它，假设一共有 4 个片段（注意不同的片段有不同的 o_i、a_i、r_i 值），如图 4.2 所示。

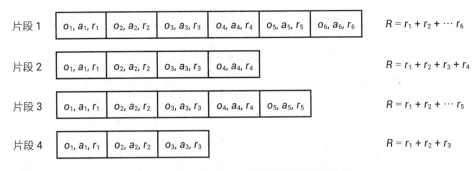

片段 1	o_1, a_1, r_1	o_2, a_2, r_2	o_3, a_3, r_3	o_4, a_4, r_4	o_5, a_5, r_5	o_6, a_6, r_6	$R = r_1 + r_2 + \cdots r_6$
片段 2	o_1, a_1, r_1	o_2, a_2, r_2	o_3, a_3, r_3	o_4, a_4, r_4			$R = r_1 + r_2 + r_3 + r_4$
片段 3	o_1, a_1, r_1	o_2, a_2, r_2	o_3, a_3, r_3	o_4, a_4, r_4	o_5, a_5, r_5		$R = r_1 + r_2 + \cdots r_5$
片段 4	o_1, a_1, r_1	o_2, a_2, r_2	o_3, a_3, r_3				$R = r_1 + r_2 + r_3$

图 4.2　带有观察、动作和奖励的片段示例

每个单元格表示智能体在片段中的一步。由于环境的随机性以及智能体选择动作的不同方式，某些片段会比其他片段好。交叉熵方法的核心是将差的片段丢掉，并用好的片段来训练。所以，该方法的步骤如下：

1）使用当前的模型和环境产生 N 次片段。

2）计算每个片段的总奖励，并确定奖励边界。通常使用总奖励的百分位来确定，例如

50 或 70。

　　3）将奖励在边界之下的片段丢掉。

　　4）用观察值作为输入、智能体产生的动作作为目标输出，训练剩余的"精英"片段。

　　5）从第 1 步开始重复，直到得到满意的结果。

　　这就是交叉熵方法的描述。通过前面的过程，NN 学会了如何选择能获得更大奖励的动作，并不断将边界提高。尽管这个方法很简单，但它能在基本环境中表现得很好，同时它很好实现，当超参改变时也很稳定，这让它成为被最先尝试的理想的基准方法。现在我们来将它应用到 CartPole 环境。

4.3　交叉熵方法在 CartPole 中的应用

　　这个示例的完整代码在 Chapter04/01_cartpole.py，下面展示的是最重要的部分。模型的核心部分是有 1 个隐藏层的 NN，带有整流线性函数（Rectified Linear Unit, ReLU）以及 128 个隐藏层神经元（128 是任意设置的）。其他超参也基本是随机设置的，并没有调优过，因为这个方法本身鲁棒性很好，并且收敛得很快。

```
HIDDEN_SIZE = 128
BATCH_SIZE = 16
PERCENTILE = 70
```

　　我们将常量放在文件的最上面，它们包含了隐藏层中神经元的数量、在每次迭代中训练的片段数（16），以及用来过滤"精英"片段的奖励边界百分位。这里使用 70 作为奖励边界，这意味着会留下按奖励排序后前 30% 的片段。

```
class Net(nn.Module):
    def __init__(self, obs_size, hidden_size, n_actions):
        super(Net, self).__init__()
        self.net = nn.Sequential(
            nn.Linear(obs_size, hidden_size),
            nn.ReLU(),
            nn.Linear(hidden_size, n_actions)
        )

    def forward(self, x):
        return self.net(x)
```

　　NN 并没有什么特别之处，它将从环境中得到的单个观察结果作为输入向量，并输出一个数字作为可以执行的动作。NN 的输出是动作的概率分布，所以一个比较直接的方式是在最后一层使用一个非线性的 softmax。但是，在前面的 NN 中，我们不使用 softmax 来增加训练过程的数值稳定性。比起先计算 softmax（使用了幂运算）再计算交叉熵损失（使用了对数概率），我们使用 PyTorch 的 nn.CrossEntropyLoss 类，它将 softmax 和交叉熵合二为一，能提供更好的数值稳定性。CrossEntropyLoss 要求参数是 NN 中的原始、未归一化的值（也称为 logits）。它的缺点是需要记得每次从 NN 的输出中获得概率分布时，都需加上一次 softmax 计算。

```
Episode = namedtuple('Episode', field_names=['reward', 'steps'])
EpisodeStep = namedtuple(
    'EpisodeStep',field_names=['observation', 'action'])
```

在这，我们定义了两个命名元组类型的帮助类，来自标准库中的 collections 包：

❑ EpisodeStep：这会用于表示智能体在片段中执行的一步，同时它会保存来自环境的观察以及智能体采取了什么动作。在"精英"片段的训练中会用到它们。

❑ Episode：这是单个片段，它保存了总的无折扣奖励以及 EpisodeStep 集合。

我们看一下用片段生成批的函数：

```
def iterate_batches(env, net, batch_size):
    batch = []
    episode_reward = 0.0
    episode_steps = []
    obs = env.reset()
    sm = nn.Softmax(dim=1)
```

上述函数接受环境（Gym 库中的 Env 类实例）、NN 以及每个迭代需要生成的片段数作为输入。batch 变量会在累积批（它是 Episode 实例的列表）的时候使用。我们也为当前的片段声明了一个奖励计数器以及一个步骤（EpisodeStep 对象）列表。然后，重置了环境以获得第一个观察，创建一层 softmax（用来将 NN 的输出转换成动作的概率分布）。准备部分结束了，可以开始环境循环了。

```
while True:
    obs_v = torch.FloatTensor([obs])
    act_probs_v = sm(net(obs_v))
    act_probs = act_probs_v.data.numpy()[0]
```

在每次迭代中，将当前的观察转换成 PyTorch 张量，并将其传入 NN 以获得动作概率分布。这里有几件事需要注意：

❑ 所有 PyTorch 中的 nn.Module 实例都接受一批数据，对于 NN 也是一样的，所以我们将观察（在 CartPole 中为一个由 4 个数字组成的向量）转换成 1×4 大小的张量（为此，将观察放入单元素的列表中）。

❑ 由于没有在 NN 的输出使用非线性函数，它会输出一个原始的动作分数，因此需要将其用 softmax 函数处理。

❑ NN 和 softmax 层都返回包含了梯度的张量，所以我们需要通过访问 tensor.data 字段来将其数据取出来，然后将张量转换成 NumPy 数组。该数组和输入一样，有同样的二维结构，0 轴是批的维度，所以我们需要获取第一个元素，这样才能得到动作概率的一维向量。

```
action = np.random.choice(len(act_probs), p=act_probs)
next_obs, reward, is_done, _ = env.step(action)
```

既然有了动作的概率分布，只需使用 NumPy 的 `random.choice()` 函数对分布进行采样，就能获得当前步骤该选择的动作。然后，将动作传给环境来获得下一个观察、奖励以及片段是否结束的标记。

```
episode_reward += reward
step = EpisodeStep(observation=obs,action=action)
episode_steps.append(step)
```

奖励被加入当前片段的总奖励，片段的步骤列表也添加了一个（observation, action）对。注意，保存的是用来选择动作的观察，而不是动作执行后从环境返回的观察。这些都是需要牢记的微小但很重要的细节。

```
if is_done:
    e = Episode(reward=episode_reward,steps=episode_steps)
    batch.append(e)
    episode_reward = 0.0
    episode_steps = []
    next_obs = env.reset()
    if len(batch) == batch_size:
        yield batch
        batch = []
```

这就是处理片段结束情况的方式（在 CartPole 的例子中，即使我们很努力了，如果木棒掉落，那么片段就结束了）。将结束的片段加入批中，保存总奖励（片段已经结束，已累积了所有的奖励）以及执行过的步骤。然后重置总奖励累加器，清空步骤列表。最后，重置环境以重新开始。

当片段的数量已经满足批的要求，用 `yield` 将它返回给调用者进行处理。我们的函数是一个生成器，所以每次执行 `yield` 时，控制权就转移到了迭代函数的外面，下次会从 `yield` 的下一行继续执行。如果你不熟悉 Python 的生成器函数，请参考 Python 文档（https://wiki.python.org/moin/Generators）。处理完成后，我们会清除 `batch`。

```
obs = next_obs
```

循环中的最后一个步骤（非常重要）是将从环境中获得的观察赋给当前的观察变量，然后，所有的事情都将无限重复——将观察传给 NN，采样动作来执行，让环境处理动作，并且保存处理的返回结果。

在这个函数的逻辑处理中，要理解的一个非常重要的方面是：NN 的训练和片段的生成是**同时**进行的。它们并不是完全并行的，但是每积累了足够（16）的片段后，控制权将转移到调用方，调用方会用梯度下降来训练 NN。所以，每当 `yield` 返回时，NN 都会稍微有点进步（我们希望是这样的）。

我们不需要同步数据，因为训练和数据生成都在同一个线程中执行，但是需要理解从 NN 训练到其使用之间的不停跳转。

好了，现在我们需要定义另外一个函数，然后就可以切换到训练循环了。

```
def filter_batch(batch, percentile):
    rewards = list(map(lambda s: s.reward, batch))
    reward_bound = np.percentile(rewards, percentile)
    reward_mean = float(np.mean(rewards))
```

这个函数是交叉熵方法的核心——根据给定的一批片段和百分位值计算奖励边界，以用于过滤要用于训练的"精英"片段。为了获得奖励边界，我们将使用 NumPy 的 `percentile` 函数，该函数根据给定的值列表和百分位计算百分位的值。然后，再计算平均奖励用于监控。

```
train_obs = []
train_act = []
for reward, steps in batch:
    if reward < reward_bound:
        continue
    train_obs.extend(map(lambda step: step.observation,steps))
    train_act.extend(map(lambda step: step.action, steps))
```

然后，过滤片段。针对批中每个片段，检查其总奖励值是否高于边界，如果高于，则将其观察和动作添加到要训练的列表中。

```
train_obs_v = torch.FloatTensor(train_obs)
train_act_v = torch.LongTensor(train_act)
return train_obs_v, train_act_v, reward_bound, reward_mean
```

这是该函数的最后一步，将"精英"片段中的观察和动作转换成张量，并返回一个 4 元素的元组：观察、动作、奖励边界，以及平均奖励。最后两个值只用来写入 TensorBoard，以检验智能体的性能。

现在，还剩下最后一段主要由训练循环组成的代码，它将所有内容拼接在一起：

```
if __name__ == "__main__":
    env = gym.make("CartPole-v0")
    # env = gym.wrappers.Monitor(env, directory="mon", force=True)
    obs_size = env.observation_space.shape[0]
    n_actions = env.action_space.n

    net = Net(obs_size, HIDDEN_SIZE, n_actions)
    objective = nn.CrossEntropyLoss()
    optimizer = optim.Adam(params=net.parameters(), lr=0.01)
    writer = SummaryWriter(comment="-cartpole")
```

一开始，先创建所需的对象：环境、NN、目标函数、优化器，以及 TensorBoard 的 `SummaryWriter`。

有注释的那一行创建了一个监控器，将智能体的性能以视频的方式展现。

```
for iter_no, batch in enumerate(iterate_batches(
        env, net,BATCH_SIZE)):
    obs_v, acts_v, reward_b, reward_m = \
```

```
        filter_batch(batch, PERCENTILE)
    optimizer.zero_grad()
    action_scores_v = net(obs_v)
    loss_v = objective(action_scores_v, acts_v)
    loss_v.backward()
    optimizer.step()
```

在训练循环中，我们迭代批（Episode 对象列表），然后使用 filter_batch 函数过滤"精英"片段。返回的结果是观察集、执行的动作集、用于过滤的奖励边界和平均奖励。然后，将 NN 的梯度置为 0 并将观察集传给 NN，获得动作的分数集。这些分数会被传给 objective 函数，计算 NN 的输出和智能体真正执行的动作之间的交叉熵。其中的思想是用已经获得较好分数的动作来强化 NN。然后，计算损失梯度并让优化器调整 NN。

```
    print("%d: loss=%.3f, reward_mean=%.1f, rw_bound=%.1f" % (
        iter_no, loss_v.item(), reward_m, reward_b))
    writer.add_scalar("loss", loss_v.item(), iter_no)
    writer.add_scalar("reward_bound", reward_b, iter_no)
    writer.add_scalar("reward_mean", reward_m, iter_no)
```

循环的其余部分主要是监控进度。在控制台中，我们会打印迭代次数、损失、每一批的平均奖励以及奖励边界。我们也将一些值写入 TensorBoard，以获取智能体学习效果图。

```
    if reward_m > 199:
        print("Solved!")
        break
writer.close()
```

循环中最后会检查每一批片段的平均奖励。当它大于 199 时，停止训练。为什么是199？在 Gym 中，当最近 100 个片段的平均奖励大于 195 时，就可以认为 CartPole 环境已经被解决了，而我们的方法收敛得很快，通常 100 个片段就足够了。训练完备的智能体可以将木棒无限平衡下去（获得任意多的分数），但是 CartPole 的片段长度被限制在了 200 步（如果你看过 CartPole 环境的变量，就会发现 TimeLimit 包装器，它会在 200 步之后停止片段）。将这些都考虑进去之后，我们在批的平均奖励大于 199 之后停止训练，因为这已经很好地表明智能体知道如何像一个专家一样平衡木棒了。

我们开始第一次 RL 训练吧！

```
rl_book_samples/Chapter04$ ./01_cartpole.py
[2017-10-04 12:44:39,319] Making new env: CartPole-v0
0: loss=0.701, reward_mean=18.0, rw_bound=21.0
1: loss=0.682, reward_mean=22.6, rw_bound=23.5
2: loss=0.688, reward_mean=23.6, rw_bound=25.5
3: loss=0.675, reward_mean=22.8, rw_bound=22.0
4: loss=0.658, reward_mean=31.9, rw_bound=34.0
.........
36: loss=0.527, reward_mean=135.9, rw_bound=168.5
37: loss=0.527, reward_mean=147.4, rw_bound=160.5
```

```
38: loss=0.528, reward_mean=179.8, rw_bound=200.0
39: loss=0.530, reward_mean=178.7, rw_bound=200.0
40: loss=0.532, reward_mean=192.1, rw_bound=200.0
41: loss=0.523, reward_mean=196.8, rw_bound=200.0
42: loss=0.540, reward_mean=200.0, rw_bound=200.0
Solved!
```

　　智能体通常用不了 50 批就能解决环境。我的实验表明在第 25～45 个片段内就能解决，学习效率非常高（记得，每一个批只需 16 个片段）。TensorBoard 显示智能体不停地进步，基本上每一批都能提高奖励边界（部分时间段是下降的，但是大部分时间都是在提升的），如图 4.3 和图 4.4 所示。

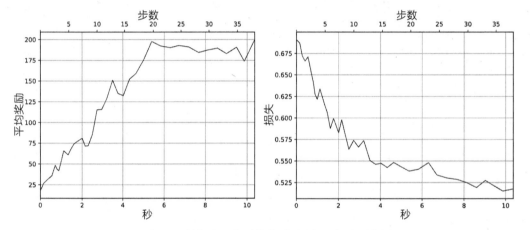

图 4.3　训练过程的平均奖励（左）和损失（右）

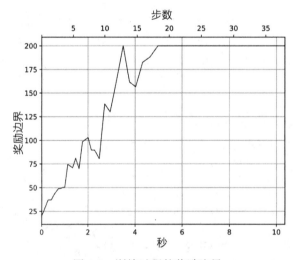

图 4.4　训练过程的奖励边界

为了检查智能体的动作，可以通过去掉创建环境后面那一行的注释来让 Monitor 工作。

重启之后（可能需要通过 xvfb-run 提供一个虚拟的 X11 显示器），程序将创建一个 mon 目录并将记录的不同训练阶段的视频放入其中。

```
Chapter04$ xvfb-run -s "-screen 0 640x480x24" ./01_cartpole.py
[2017-10-04 13:52:23,806] Making new env: CartPole-v0
[2017-10-04 13:52:23,814] Creating monitor directory mon
[2017-10-04 13:52:23,920] Starting new video recorder writing to mon/
openaigym.video.0.4430.video000000.mp4
[2017-10-04 13:52:25,229] Starting new video recorder writing to mon/
openaigym.video.0.4430.video000001.mp4
[2017-10-04 13:52:25,771] Starting new video recorder writing to mon/
openaigym.video.0.4430.video000008.mp4
0: loss=0.682, reward_mean=18.9, rw_bound=20.5
[2017-10-04 13:52:26,297] Starting new video recorder writing to mon/
openaigym.video.0.4430.video000027.mp4
1: loss=0.687, reward_mean=16.6, rw_bound=19.0
2: loss=0.677, reward_mean=21.1, rw_bound=21.0
[2017-10-04 13:52:26,964] Starting new video recorder writing to mon/
openaigym.video.0.4430.video000064.mp4
3: loss=0.653, reward_mean=33.2, rw_bound=48.5
4: loss=0.642, reward_mean=37.4, rw_bound=42.5
.........
29: loss=0.561, reward_mean=111.6, rw_bound=122.0
30: loss=0.540, reward_mean=135.1, rw_bound=166.0
[2017-10-04 13:52:40,176] Starting new video recorder writing to mon/
openaigym.video.0.4430.video000512.mp4
31: loss=0.546, reward_mean=147.5, rw_bound=179.5
32: loss=0.559, reward_mean=140.0, rw_bound=171.5
33: loss=0.558, reward_mean=160.4, rw_bound=200.0
34: loss=0.547, reward_mean=167.6, rw_bound=195.5
35: loss=0.550, reward_mean=179.5, rw_bound=200.0
36: loss=0.563, reward_mean=173.9, rw_bound=200.0
37: loss=0.542, reward_mean=162.9, rw_bound=200.0
38: loss=0.552, reward_mean=159.1, rw_bound=200.0
39: loss=0.548, reward_mean=189.6, rw_bound=200.0
40: loss=0.546, reward_mean=191.1, rw_bound=200.0
41: loss=0.548, reward_mean=199.1, rw_bound=200.0
Solved!
```

从输出可以看出，它将智能体的活动周期性地输出到不同的视频文件中，这可以让你了解智能体的行为是怎样的（见图 4.5）。

我们暂停一下并想想发生了什么。NN 已经学会如何只根据观察和奖励来与环境交互，而无须对观察值进行任何解释。环境可以不是带木棒的小车，它可以是以产品数量为观察，以赚到的钱为奖励的仓库模型。我们的实现并不依赖于环境的细节。这就是 RL 模型的迷人之处，下一节，我们将研究如何将完全相同的方法应用于 Gym 的另一个环境中。

图 4.5　CartPole 状态的可视化

4.4　交叉熵方法在 FrozenLake 中的应用

我们要用交叉熵方法解决的下一个环境是 FrozenLake。它是所谓的网格世界类型的环境，智能体被限制在 4×4 的网格中时，可以朝 4 个方向移动：上、下、左、右。如图 4.6 所示，智能体总是从左上角开始，它的目标是到达网格的右下角。在某些固定的单元格中有洞，如果智能体掉入洞中，片段就结束了并且奖励为 0。如果智能体到达了目标单元格，则获得 1.0 的奖励并且片段结束。

为了增加复杂性，假设整个世界都是光滑的（毕竟这是一个结冰的湖面），所以智能体执行的动作不总如预期那样发生——有 33% 的概率，它会滑到左边或右边。例如，如果希望智能体向左移动，则它有 33% 的概率确实向左移动，有 33% 的概率会停在目标单元格的上面，有 33% 的概率则会停在目标单元格的下面。本节末尾将会显示，这使智能体很难进步。

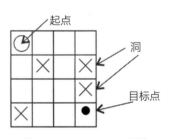

图 4.6　FrozenLake 环境

我们来看该环境在 Gym 中的表示：

```
>>> e = gym.make("FrozenLake-v0")
[2017-10-05 12:39:35,827] Making new env: FrozenLake-v0
>>> e.observation_space
Discrete(16)
>>> e.action_space
Discrete(4)
>>> e.reset()
0
>>> e.render()
SFFF
FHFH
FFFH
HFFG
```

　　观察空间是离散的，这意味着它就是从 0 到 15（包含 0 和 15）的数字。很明显，这个数字是智能体在网格中的当前位置。动作空间同样是离散的，它可以是从 0 到 3 的数字。神经网络来自 CartPole 示例，需要一个数字向量。为了获得这样的向量，可以对离散的输入进行传统的独热（one-hot）编码，这意味着网络的输入会是 16 个浮点数，除了要编码的位置是 1 外，其他位置都是 0。使用 Gym 中的 ObservationWrapper 类可以减少代码的修改量，因此可以实现一个 DiscreteOneHotWrapper 类：

```
class DiscreteOneHotWrapper(gym.ObservationWrapper):
    def __init__(self, env):
        super(DiscreteOneHotWrapper, self).__init__(env)
        assert isinstance(env.observation_space,
                          gym.spaces.Discrete)
        shape = (env.observation_space.n, )
        self.observation_space = gym.spaces.Box(
            0.0, 1.0, shape, dtype=np.float32)

    def observation(self, observation):
        res = np.copy(self.observation_space.low)
        res[observation] = 1.0
        return res
```

　　通过将此包装器应用于环境，观察空间和动作空间已经都 100% 兼容 CartPole 了（源代码见 Chapter04/02_frozenlake_naive.py）。然而，运行之后，我们发现它的分数并没有随着时间的推移而提升，如图 4.7 和图 4.8 所示。

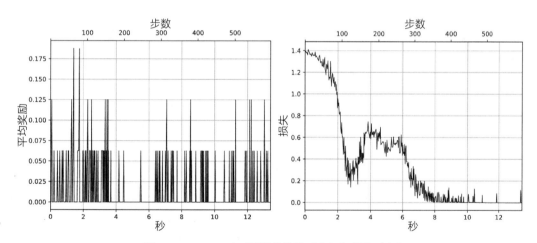

图 4.7　FrozenLake 环境的奖励（左）和损失（右）

　　要理解发生了什么，我们需要深入研究两个环境的奖励结构。在 CartPole 中，木棒掉落前的每一步环境都会返回一个 1.0 的奖励。所以智能体平衡木棒越久，它能获得的奖励就越多。由于智能体行为的随机性，不同的片段有不同的长度，这将产生一个片段奖励的正态分布。通过选择奖励边界，过滤掉不太成功的片段，学习如何复制成功的片段（用成功的片段数据来训练），如图 4.9 所示。

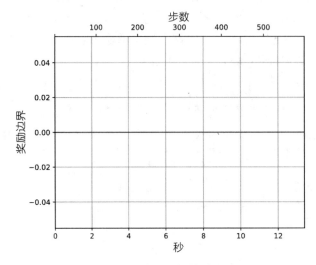

图 4.8　训练过程的奖励边界

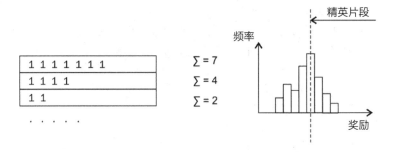

图 4.9　CartPole 环境的奖励分布

在 FrozenLake 环境中，片段和它们的奖励有些不同。只有在到达终点的时候才会获得 1.0 的奖励，并且这个奖励并不能表示出片段有多好。它是快速并高效的吗？还是说在湖上转了 4 圈后才偶然进入最终单元格的？我们并不知道这些，只有一个 1.0 的奖励，仅此而已。片段的奖励分布也是有问题的。只有两种可能的片段（见图 4.10）：奖励是 0 的（失败了）以及奖励是 1 的（成功了），失败的片段显然会在训练的一开始占主导地位。所以，"精英"片段的百分位完全选错了，只提供了一些错误的样本来训练。这就是训练失败的原因。

这个示例展示了交叉熵方法存在的限制：

❑ 对于训练来说，片段必须是有限的、优秀的、简短的。

❑ 片段的总奖励应该有足够的差异来区分好的片段和差的片段。

❑ 没有中间值来表明智能体成功了还是失败了。

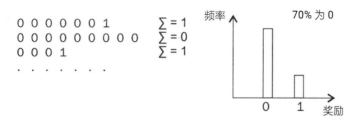

图 4.10　FrozenLake 环境的奖励分布

本书后面会介绍其他能解决这些限制的方法。就目前而言，如果你好奇如何用交叉熵方法解决 FrozenLake 环境，请参阅对代码的改变（完整示例代码见 Chapter04/03_frozenlake_tweaked.py）：

- ❑ **每批包含更多的片段**：在 CartPole 中，每个迭代只用 16 个片段就足够了，但是 FrozenLake 需要起码 100 个片段，才能获得一些成功的片段。
- ❑ **对奖励使用折扣系数**：为了让总奖励能考虑片段的长度，并增加片段的多样性，可以使用折扣因子是 0.9 或 0.95 的折扣总奖励。在这种情况下，较短的片段将比那些较长的片段得到更高的奖励。这将增加奖励分布的多样性，有助于避开图 4.10 所描述的情况。
- ❑ **让"精英"片段保持更长的时间**：在 CartPole 训练中，我们从环境中采样片段，训练最好的一些片段，然后将它们丢掉。在 FrozenLake 环境中，成功的片段十分珍贵，所以需要将它们保留并训练好几次迭代。
- ❑ **降低学习率**：这给 NN 机会来平均更多的训练样本。
- ❑ **更长的训练时间**：由于成功片段的稀有性以及动作结果的随机性，NN 会更难决定在某个特定场景下应该执行什么动作。要将片段的成功率提升至 50%，起码需要训练 5000 次迭代。

要将这些内容都合并到代码中，需要改变 filter_batch 函数，用它来计算折扣奖励并返回需要保留下去的"精英"片段：

```
def filter_batch(batch, percentile):
    filter_fun = lambda s: s.reward * (GAMMA ** len(s.steps))
    disc_rewards = list(map(filter_fun, batch))
    reward_bound = np.percentile(disc_rewards, percentile)

    train_obs = []
    train_act = []
    elite_batch = []
    for example, discounted_reward in zip(batch, disc_rewards):
        if discounted_reward > reward_bound:
            train_obs.extend(map(lambda step: step.observation,
                                 example.steps))
            train_act.extend(map(lambda step: step.action,
                                 example.steps))
```

```
        elite_batch.append(example)
    return elite_batch, train_obs, train_act, reward_bound
```

然后，在训练循环中，需要存下之前的"精英"片段，并将它们传给下一次训练迭代的处理函数。

```
full_batch = []
for iter_no, batch in enumerate(iterate_batches(
        env, net, BATCH_SIZE)):
    reward_mean = float(np.mean(list(map(
        lambda s: s.reward, batch))))
    full_batch, obs, acts, reward_bound = \
        filter_batch(full_batch + batch, PERCENTILE)
    if not full_batch:
        continue
    obs_v = torch.FloatTensor(obs)
    acts_v = torch.LongTensor(acts)
    full_batch = full_batch[-500:]
```

除了学习率降低 10 倍以及 BATCH_SIZE 设置成 100，剩下的代码都一样。耐心地等待一小会儿（新版本的代码需要花 1 个半小时才能完成 1 万次迭代），当能解决 55% 的片段时，再训练模型就不会提升了，训练结果如图 4.11 和图 4.12 所示。虽然处理这个问题还是有其他办法的（例如，为熵损失增加一个正则项），但是这些方法会在后面的章节再讨论。

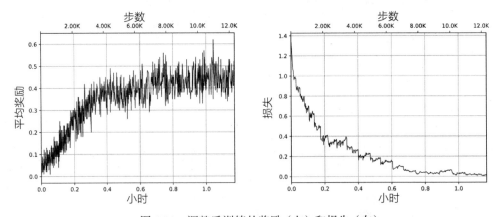

图 4.11 调整后训练的奖励（左）和损失（右）

FrozenLake 环境中值得注意的最后一点是它的光滑度所带来的影响。每个动作都有 33% 的概率被替换成一个转动了 90° 的动作（例如，"向上"的动作会有 33% 的概率是正常的，有 33% 的概率被替换成"向左"，还有 33% 的概率被替换成"向右"）。

不光滑的版本见 Chapter04/04_frozenlake_nonslippery.py，唯一的不同之处就在环境创建处（需要看一下 Gym 的源码，然后用调整后的参数来创建环境的实例）。

```
env = gym.envs.toy_text.frozen_lake.FrozenLakeEnv(
    is_slippery=False)
env.spec = gym.spec("FrozenLake-v0")
env = gym.wrappers.TimeLimit(env, max_episode_steps=100)
env = DiscreteOneHotWrapper(env)
```

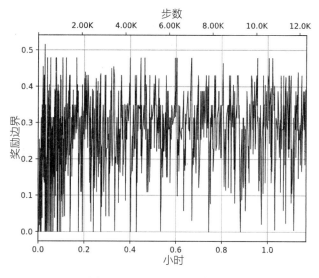

图 4.12　调整后的奖励边界

效果惊人（见图 4.13 和图 4.14）！只需要 120 ~ 140 个批就能解决不光滑版本的环境，这比有噪声的环境要快 100 倍：

```
rl_book_samples/Chapter04$ ./04_frozenlake_nonslippery.py
0: loss=1.379, reward_mean=0.010, reward_bound=0.000, batch=1
1: loss=1.375, reward_mean=0.010, reward_bound=0.000, batch=2
2: loss=1.359, reward_mean=0.010, reward_bound=0.000, batch=3
3: loss=1.361, reward_mean=0.010, reward_bound=0.000, batch=4
4: loss=1.355, reward_mean=0.000, reward_bound=0.000, batch=4
5: loss=1.342, reward_mean=0.010, reward_bound=0.000, batch=5
6: loss=1.353, reward_mean=0.020, reward_bound=0.000, batch=7
7: loss=1.351, reward_mean=0.040, reward_bound=0.000, batch=11
......
124: loss=0.484, reward_mean=0.680, reward_bound=0.000, batch=68
125: loss=0.373, reward_mean=0.710, reward_bound=0.430, batch=114
126: loss=0.305, reward_mean=0.690, reward_bound=0.478, batch=133
128: loss=0.413, reward_mean=0.790, reward_bound=0.478, batch=73
129: loss=0.297, reward_mean=0.810, reward_bound=0.478, batch=108 Solved!
```

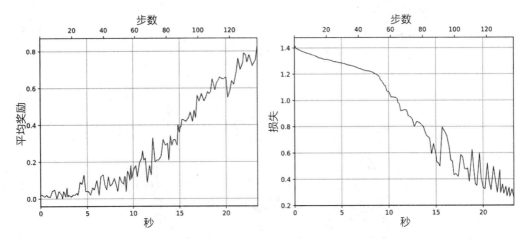

图 4.13 不光滑版本的 FrozenLake 的奖励（左）和损失（右）

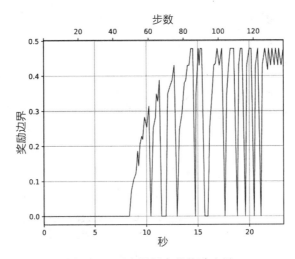

图 4.14 不光滑版本的奖励边界

4.5 交叉熵方法的理论背景

本节是可选的，适用于对该方法的原理感兴趣的读者。如果愿意，你可以参考有关交叉熵方法的原始论文（见本节末尾）。

交叉熵方法的基础建立在重要性采样定理上，该定理为：

$$\mathbb{E}_{x\sim p(x)}[H(x)] = \int_x p(x)H(x)\mathrm{d}x = \int_x q(x)\frac{p(x)}{q(x)}H(x)\mathrm{d}x = \mathbb{E}_{x\sim q(x)}\left[\frac{p(x)}{q(x)}H(x)\right]$$

在 RL 场景下，$H(x)$ 是某种 x 策略获得的奖励值，而 $p(x)$ 是所有可能策略的概率分布。我们不想通过搜索所有可能的策略来最大化奖励，相反，我们想找到一种通过 $q(x)$ 来近似 $p(x)H(x)$ 的方法，使它们之间的距离最小化。两个概率分布之间的距离由 Kullback-Leibler (KL) 散度计算：

$$\mathrm{KL}(p_1(x) \| p_2(x)) = \mathbb{E}_{x \sim p_1(x)} \log \frac{p_1(x)}{p_2(x)} = \mathbb{E}_{x \sim p_1(x)} \big[\log p_1(x) \big] - \mathbb{E}_{x \sim p_1(x)} \big[\log p_2(x) \big]$$

KL 中的第一项称为熵，它并不依赖于 $p_2(x)$，所以可以在最小化的时候省略。第二项称为**交叉熵**，它是深度学习中非常常见的优化目标。

将两个公式组合起来，可以得到一个迭代算法，它从 $q_0(x)=p(x)$ 开始，每一步都在提升。这是用 $p(x)H(x)$ 近似后的一次更新：

$$q_{i+1}(x) = \underset{q_{i+1}(x)}{\arg\min} - \mathbb{E}_{x \sim q_i(x)} \frac{p(x)}{q_i(x)} H(x) \log q_{i+1}(x)$$

这是一种通用的交叉熵方法，在 RL 场景下可以大大地简化。首先，将 $H(x)$ 用一个指示函数替换，当片段的奖励大于阈值时为 1，否则为 0。然后，策略更新就变成了这样：

$$\pi_{i+1}(a \mid s) = \underset{\pi_{i+1}}{\arg\min} - \mathbb{E}_{z \sim \pi_i(a \mid s)} \big[R(z) \geq \psi_i \big] \log \pi_{i+1}(a \mid s)$$

严格来说，前面的公式还少了归一化项，但实际上即使没有它也是有效的。所以这个方法十分明确：用当前的策略采样片段（从一个随机的初始策略开始），然后用成功的样本和策略来最小化负对数似然。

Dirk P. Kroese 写了一本书专门介绍这个方法。该方法的简短描述参见他的论文 "Cross-Entropy Method"（https://people.smp.uq.edu.au/DirkKroese/ps/eormsCE.pdf）。

4.6　总结

本章介绍了交叉熵方法，尽管它有局限性，但简单且功能强大，并将其应用在了 CartPole 环境（取得了巨大的成功）和 FrozenLake 环境（效果还行）。另外，还讨论了 RL 方法的分类，这会在本书的其余部分多次引用，因为解决 RL 问题的不同方法会有不同特性，从而影响了它们的适用性。

本章结束了本书的介绍性部分。下一部分将转向更系统的 RL 方法研究，并讨论基于价值的系列方法。接下来的章节将探索更复杂但功能更强大的深度 RL 工具。

表格学习和 Bellman 方程

通过上一章，大家熟悉了第一个强化学习（RL）算法（交叉熵方法）以及它的优缺点。后面的部分将介绍另一组更加灵活且更实用的方法：Q-learning。本章将介绍这些方法共同需要的背景。

我们还将重新审视 FrozenLake 环境，探索新概念如何适用于此环境，并帮助我们解决其不确定性的问题。

本章将：

❑ 查看状态的价值和动作的价值，并学习如何在简单的情况下进行计算。

❑ 讨论 Bellman 方程，以及在知道价值的情况下如何建立最佳策略。

❑ 讨论价值迭代方法，然后在 FrozenLake 环境中进行尝试。

❑ 对 Q-learning 方法做同样的事情。

尽管本章中的环境很简单，但它为功能更强大且更通用的深度 Q-learning 方法建立了必要的基础。

5.1 价值、状态和最优性

你可能还记得我们在第 1 章中对状态价值的定义。这是一个非常重要的概念，现在来对它进行进一步探究。

这部分围绕价值以及如何估算它展开。我们将价值定义为从状态获得的预期的总奖励（可选折扣）。在形式上，状态的价值是 $V(s) = \mathbb{E}\left[\sum_{t=0}^{\infty} r_t \gamma^t\right]$，其中 r_t 是片段中的步骤 t 获得的奖励。总奖励可以通过 γ 进行折扣（未折扣的情况对应 $\gamma=1$），这取决于我们如何定义它。

价值始终根据智能体遵循的某些策略来计算。为了说明这一点，考虑一个具有以下三个状态的简单环境（见图 5.1）：

1）智能体的初始状态。

2）智能体从初始状态执行动作"向右"后，到达的最终状态。从中获得的奖励是 1。

3）智能体执行动作"向下"后，到达的最终状态。从中获得的奖励是 2，如图 5.1 所示。

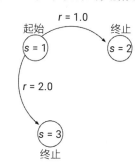

环境始终是确定性的，每个动作都可以成功，并且我们总是从状态 1 开始。一旦到达状态 2 或状态 3，片段就结束了。现在的问题是，状态 1 的价值是多少？如果没有智能体的行为或者策略信息，这个问题就毫无意义。即使在简单的环境中，智能体也可以有无数种行为，对于状态 1 每种行为都有自己的价值。考虑以下示例：

图 5.1　有奖赏的环境状态转移示例

❑ 智能体始终向右。

❑ 智能体始终向下。

❑ 智能体以 0.5 的概率向右，以 0.5 的概率向下。

❑ 智能体以 0.1 的概率向右，以 0.9 的概率向下。

为了演示价值是如何计算的，我们将根据上述策略依次进行计算：

❑ 对于"始终向右"的智能体，状态 1 的价值为 1.0（每次向右 1 走，它就会获得 1，片段结束）。

❑ 对于"始终向下"的智能体，状态 1 的价值为 2.0。

❑ 对于 50% 向右 / 50% 向下的智能体，价值为 $1.0 \times 0.5 + 2.0 \times 0.5 = 1.5$。

❑ 对于 10% 向右 / 90% 向下的智能体，价值为 $1.0 \times 0.1 + 2.0 \times 0.9 = 1.9$。

现在，另一个问题是：该智能体的最佳策略是什么？RL 的目标是获得尽可能多的总奖励。对于这种单步动作的环境，总奖励等于状态 1 的价值。显然，选择策略 2（始终向下）总奖励值最大。

不幸的是，这种最优策略显而易见的环境在实践中并不那么吸引人。在大多引人关注的环境中，最优策略会更难制定，甚至难以证明某策略就是最优的。然而，不用担心。我们正朝着让计算机自行学习最佳行为的方向发展。

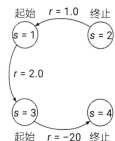

前面的示例可能会给大家一个错误的印象，那就是在采取动作时应该始终追求最高的奖励。通常，这没有那么简单。为了演示这一点，我们把前面的环境从状态 3 扩展到状态 4（见图 5.2）。状态 3 不再是最终状态，而是向状态 4 过渡的状态，带来的奖励为 –20。一旦我

图 5.2　增加了额外状态的相同环境

们在状态 1 中选择了"向下"的动作，不可避免会遇到这种极差的回报，因为状态 3 之后只有一个出口。因此，如果智能体认为"贪婪"是一个好策略，那这对于智能体来说就是一个陷阱。

考虑到增加的状态，状态 1 的价值应该按照以下方式计算：

❑ 对于"始终向右"的智能体，状态 1 的价值不变，仍为 1.0。

❑ 对于"始终向下"的智能体，状态 1 的价值为 2.0 + (–20) = –18。

❑ 对于 50% 向右 /50% 向下的智能体，价值为 0.5 × 1.0 + 0.5 × (2.0 + (–20)) = –8.5。

❑ 对于 10% 向右 /90% 向下的智能体，价值为 0.1 × 1.0 + 0.9 × (2.0 + (–20)) = –16.1。

所以，对于新环境来说最优策略是 1：始终向右。

之所以会花一些时间讨论简单和复杂环境，主要是为了让大家意识到最优性问题的复杂性，可以更好地领会 Richard Bellman 的结果。Bellman 是一位美国数学家，他提出并证明了著名的 Bellman 方程。我们将在下一节中讨论该方程。

5.2 最佳 Bellman 方程

为了解释 Bellman 方程，最好稍微抽象一点。不要害怕，稍后我将提供具体示例供大家学习！我们先从确定性示例（即所有的动作都具有 100% 确定的结果）开始介绍。假设智能体观察到状态 s_0 和 N 个可用动作。每个动作都会导致进入另一个状态 $s_1 \cdots s_N$，并带有相应的奖励 $r_1 \cdots r_N$（见图 5.3）。同样，假设已知连接到状态 s_0 的所有状态的价值 V_i。在这种状态下，智能体可以采取的最佳动作方案是怎样的？

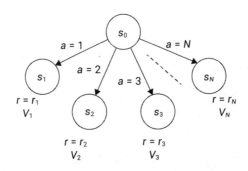

图 5.3　初始状态可到达 N 个状态的抽象环境

如果我们选择具体动作 a_i，并计算此动作的价值，则价值为 $V_0 (a=a_i)=r_i+V_i$。所以，要选择最佳动作方案，智能体需要计算每个动作的结果价值并选择最大可能结果。换句话说，$V_0=\max_{a \in 1 \cdots N} (r_a+V_a)$。如果使用折扣因子 γ，则需要将下一个状态的价值乘以 γ：

$$V_0=\max_{a \in 1 \cdots N} (r_a+\gamma V_a)$$

这看起来与上一节中贪婪的示例非常相似，实际上，确实如此！但是，有一个区别：

当我们贪婪地采取行动时，不仅会考虑动作的立即奖励，而且会考虑立即奖励加上状态的长期价值。

Bellman 证明，通过以上扩展我们的行动会获得最佳结果。换句话说，它可能是最优解。因此，前面的方程式称为价值的 Bellman 方程（对于确定性情况）。

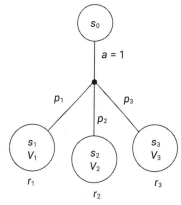

当我们的行动可能以不同的状态结束时，将这个想法扩展到随机的情况并不复杂。我们需要做的是计算每个动作的期望价值，而不是获取下一个状态的价值。为了说明这一点，假设状态 s_0 对应一个动作，该动作有三个可能的结果（见图 5.4）。

本例中，一个动作会以不同的概率导致三种不同的结果状态。以概率 p_1 到达状态 s_1，以概率 p_2 到达状态 s_2，以概率 p_3 到达状态 s_3（$p_1+p_2+p_3=1$）。每个目标状态有它自己的奖励值（r_1、r_2 或 r_3）。为了计算执行动作 1 后的期望价值，需要将各个状态的价值乘以它们的概率并相加：

图 5.4　随机情况下状态转移示例

$$V_0(a=1) = p_1(r_1 + \gamma V_1) + p_2(r_2 + \gamma V_2) + p_3(r_3 + \gamma V_3)$$

或者，更正式地表示为：

$$V_0(a) = \mathbb{E}_{s\sim S}[r_{s,a} + \gamma V_s] = \sum_{s\in S} p_{a,0\to s}(r_{s,a} + \gamma V_s)$$

通过将确定性情况下的 Bellman 方程与随机动作的价值组合，可以得到一般情况下的 Bellman 最优性方程：

$$V_0 = \max_{a\in A}\mathbb{E}_{s\sim S}[r_{s,a} + \gamma V_s] = \max_{a\in A}\sum_{s\in S} p_{a,0\to s}(r_{s,a} + \gamma V_s)$$

 注意，$P_{a,i\to j}$ 表示从状态 i，执行动作 a 到达状态 j 的概率。

同样可以解释为：状态的最优价值等于动作所获得最大预期的立即奖励，再加上下一状态的长期折扣奖励。你可能还会注意到，这个定义是递归的：状态的价值是通过立即可到达状态的价值来定义的。这种递归可能看起来像作弊：我们定义一些值，并假装它们是已知的。但是，这却是计算机科学甚至数学中非常强大且通用的技术（归纳证明也是基于这样的技巧）。Bellman 方程不仅是 RL 的基础，还是更通用的动态规划（解决实际优化问题的广泛使用的方法）的基础。

这些值不仅提供了可获得的最佳奖励，并且提供了获取奖励的最佳策略：如果智能体知道每个状态的价值，那么它也将知道如何获得所有这些奖励。得益于 Bellman 的最优性证明，智能体在每个状态都选择能获得最佳奖励的动作，该奖励就是立即奖励与单步折扣长期奖励之和。因此，了解这些值是非常有价值的。在熟悉计算它们的方法之前，我需要再引入一些数学符号。它不像状态的价值那样基础，但为了方便，我们需要它。

5.3 动作的价值

为了更轻松一些，除了状态价值 $V(s)$，还可以用 $Q(s, a)$ 定义不同的动作价值。基本上，$Q(s, a)$ 等于在状态 s 时执行动作 a 可获得的总奖励，并且可以通过 $V(s)$ 进行定义。与 $V(s)$ 相比，这个量没有那么基础，由于它更加方便，因此该变量为整个方法家族起了个名字叫 Q-learning。

在这些方法中，我们的主要目标是获取每对状态和动作的 Q 值。

$$Q(s,a) = \mathbb{E}_{s' \sim S}[r(s,a) + \gamma V(s')] = \sum_{s' \in S} p_{a,s \to s'}(r(s,a) + \gamma V(s'))$$

Q 等于在状态 s 时采取动作 a 所预期获得的立即奖励和目标状态折扣长期奖励之和。我们也可以通过 $Q(s, a)$ 来定义 $V(s)$：

$$V(s) = \max_{a \in A} Q(s,a)$$

这意味着，某些状态的价值等于从该状态执行某动作能获得的最大价值。最后，也可以用递归的方式表示 $Q(s, a)$（在第 6 章中会用到）：

$$Q(s,a) = r(s,a) + \gamma \max_{a' \in A} Q(s',a')$$

在前面的公式中，立即奖励的索引 s、a 取决于环境细节。如果在状态 s 执行特定行动 a 后立即获得奖励，则使用索引 (s, a)，公式完全如上所述。但是，如果奖励是通过动作 a' 到达状态 s' 获得的，则该奖励的索引应为 (s', a')，并且需要加上 max 运算符。从数学的角度来看，这种差异不是很明显，但是在方法的实现过程中可能很重要。第一种情况较为常见，因此，我们将遵循上述公式。

为了给你一个具体的例子，考虑一个类似于 FrozenLake 的环境，但结构要更简单：初始状态 (s_0) 的周围有 4 个目标状态 s_1、s_2、s_3 和 s_4，并具有不同的奖励（见图 5.5）。

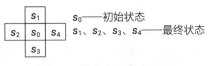

图 5.5 简化的网格状环境

每个动作的概率都与 FrozenLake 中的方式相同：33% 的概率会按动作执行，33% 的概率会滑动到移动方向的左侧目标单元格，以及 33% 的概率会滑向右侧（见图 5.6）。为简单起见，我们使折扣因子 $\gamma = 1$。

首先来计算一下开始的动作的价值。最终状态 s_1、s_2、s_3 和 s_4 没有向外的连接，因此对于所有动作，这些状态的 Q 为零。因此，最终状态的价值等于其立即奖励（一旦到达目的地，片段结束，没有任何后续状态）：$V_1=1$，$V_2=2$，$V_3=3$，$V_4=4$。

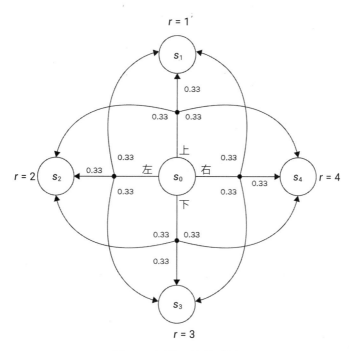

图 5.6　网格环境转移图

状态 0 的动作价值要复杂一些。首先计算动作"上"的价值。根据定义，其价值等于立即奖励加上后续步骤的长期价值。对于动作"上"的任何可能的转移都没有后续步骤：

$$Q(s_0, 上)=0.33 \cdot V_1+0.33 \cdot V_2+0.33 \cdot V_4=0.33 \cdot 1+0.33 \cdot 2+0.33 \cdot 4=2.31$$

对 s_0 的其他动作重复上述计算：

$$Q(s_0, 左)=0.33 \cdot V_1+0.33 \cdot V_2+0.33 \cdot V_3=1.98$$
$$Q(s_0, 右)=0.33 \cdot V_4+0.33 \cdot V_1+0.33 \cdot V_3=2.64$$
$$Q(s_0, 下)=0.33 \cdot V_3+0.33 \cdot V_2+0.33 \cdot V_4=2.97$$

状态 s_0 的最终价值为这些动作的最大价值，即 2.97。

在实践中，Q 值要更加方便，对于智能体而言，制定决策时基于 Q 要比基于 V 简单得多。对于 Q 而言，要基于状态选择动作，智能体只需要基于当前状态计算所有动作的 Q 值，并且选择 Q 值最大的动作即可。要使用状态价值（V）做相同的事，智能体不仅需要知道价值，还需要知道转移概率。在实践中，我们很少能事先知道它们，所以智能体需要估计状态动作对的转移概率。在本章的后面，会通过两种方式解决 FrozenLake 环境的问题。然而，我们仍然缺少一项重要内容，即计算这些 V_s 和 Q_s 的通用方法。

5.4 价值迭代法

在刚刚的简单示例中，为了计算状态和动作的价值，我们利用了环境的结构：在转移中没有循环，因此可以从最终状态开始，计算其价值，然后回到中心的状态。但是，环境中只要有一个循环就会给这个方法造成障碍。我们来考虑具有两个状态的此类环境，如图 5.7 所示。

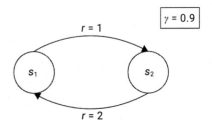

我们从状态 s_1 开始，唯一可以采取的行动会使我们进入状态 s_2。我们得到奖励 $r=1$，并且从 s_2 的唯一一个动作会使我们回到 s_1。因此，智能体会进入无限的状态序列 $[s_1, s_2, s_1, s_2, s_1, s_2, s_1, s_2, \cdots]$。要处理这种无

图 5.7 转移图中包含循环的环境样例

限循环，可以使用折扣因子：$\gamma=0.9$。现在的问题是，两个状态的价值分别是什么？实际上，答案并不复杂。从 s_1 到 s_2 的每次转移的奖励为 1，反向转移的奖励为 2。因此，奖励序列为 $[1, 2, 1, 2, 1, 1, 2, 1, 2, \cdots]$。由于在每个状态下只有一个动作，智能体没有选择余地，因此可以省略公式中的 max 运算（只有一种选择）。

状态的价值如下：

$$V(s_1) = 1 + \gamma(2 + \gamma(1 + \gamma(2 + \cdots))) = \sum_{i=0}^{\infty} 1\gamma^{2i} + 2\gamma^{2i+1}$$

$$V(s_2) = 2 + \gamma(1 + \gamma(2 + \gamma(1 + \cdots))) = \sum_{i=0}^{\infty} 2\gamma^{2i} + 1\gamma^{2i+1}$$

严格来讲，我们无法计算状态的确切价值，但由于 $\gamma=0.9$，随着时间的推移，每次转移的贡献值在减小。例如，在 10 步以后，$\gamma^{10}=0.9^{10}=0.349$，但是在 100 步以后，该折扣因子变成 0.000 026 6。由于以上原因，我们在 50 次迭代后停止计算，也可以得到比较精确的估计值。

```
>>> sum([0.9**(2*i) + 2*(0.9**(2*i+1)) for i in range(50)])
14.736450674121663
>>> sum([2*(0.9**(2*i)) + 0.9**(2*i+1) for i in range(50)])
15.262752483911719
```

前面的示例有助于理解更通用的**价值迭代算法**。这使我们能够以数值计算已知状态转移概率和奖励值的**马尔可夫决策过程**（Markov Decision Process，MDP）的状态价值和动作价值。该过程（对于状态价值）包括以下步骤：

1）将所有状态的价值 V_i 初始化为某个值（通常为零）。

2）对 MDP 中的每个状态 s，执行 Bellman 更新：

$$V_s \leftarrow \max_a \sum_{s'} p_{a,s \rightarrow s'}(r_{s,a} + \gamma V_{s'})$$

3）对许多步骤重复步骤 2，或者直到更改变得很小为止。

对于动作价值（即 Q），只需要对前面的过程进行较小的修改即可：

1）将每个 $Q_{s,a}$ 初始化为零。

2）对每个状态 s 和动作 a 执行以下更新：

$$Q_{s,a} \leftarrow \sum_{s'} p_{a,s \to s'}(r_{s,a} + \gamma \max_{a'} Q_{s',a'})$$

3）重复步骤 2。

这只是理论。实际中，此方法有几个明显的局限性。首先，状态空间应该是离散的并且要足够小，以便对所有状态执行多次迭代。对于 FrozenLake-4x4 甚至是 FrozenLake-8x8（Gym 中更具挑战性的版本），这都不是问题，但是对于 CartPole，并不完全清楚该怎么做。我们对 CartPole 的观察结果是 4 个浮点值，它们代表系统的某些物理特征。这些值之间即使是很小的差异也会对状态价值产生影响。一个可能的解决方案是离散化观察值。例如，可以将 CartPole 的观察空间划分为多个箱体，并将每个箱体视为空间中的单个离散状态。然而，这将产生很多实际问题，例如应该用多大的间隔来划分箱体，以及需要多少环境数据来估计价值。我将在后续章节中（在 Q-learning 中使用神经网络时）解答该问题。

第二个实际局限问题是我们很少能知道动作的转移概率和奖励矩阵。记住 Gym 所提供给智能体的接口：观察状态、决定动作，然后才能获得下一个观察结果以及转移奖励。我们不知道（在不查看 Gym 的环境代码时）从状态 s_0 采取动作 a_0 进入状态 s_1 的概率是多少。

我们所拥有的仅仅是智能体与环境互动的历史。然而，在 Bellman 更新中，既需要每个转移的奖励，也需要转移概率。因此，显然可以利用智能体的经验来估计这两个未知值。可以根据历史数据来决定奖励，我们只需要记住从 s_0 采取动作 a 转移到 s_1 所获得的奖励即可，但是要估计概率，需要为每个元组 (s_0, s_1, a) 维护一个计数器并将其标准化。

好了，现在来看价值迭代方法是怎么作用于 FrozenLake 的。

5.5　价值迭代实践

完整的示例在 `Chapter05/01_frozenlake_v_iteration.py` 中。此示例中的主要数据结构如下：

❑ **奖励表**：带有复合键"源状态"+"动作"+"目标状态"的字典。该值是从立即奖励中获得的。

❑ **转移表**：记录了各转移的次数的字典。键是复合的"状态"+"动作"，而值则是另一个字典，是所观察到的目标状态和次数的映射。例如，如果在状态 0 中，执行动作 1 十次，其中有三次导致进入状态 4，七次导致进入状态 5。该表中带有键（0，1）的条目将是一个字典，内容为 {4：3，5：7}。我们可以使用此表来估计转移概率。

❑ **价值表**：将状态映射到计算出的该状态的价值的字典。

代码的总体逻辑很简单：在循环中，我们从环境中随机进行 100 步，填充奖励表和转移表。在这 100 步之后，对所有状态执行价值迭代循环，从而更新价值表。然后，运行几个完整片段，使用更新后的价值表检查改进情况。如果这些测试片段的平均奖励高于 0.8，则停止训练。在测试片段中，我们还会更新奖励表和转移表以使用环境中的所有数据。

我们来看代码。首先，导入使用的包并定义常量：

```
import gym
import collections
from tensorboardX import SummaryWriter

ENV_NAME = "FrozenLake-v0"
GAMMA = 0.9
TEST_EPISODES = 20
```

然后定义 Agent 类，该类包括上述表以及在训练循环中用到的函数：

```
class Agent:
    def __init__(self):
        self.env = gym.make(ENV_NAME)
        self.state = self.env.reset()
        self.rewards = collections.defaultdict(float)
        self.transits = collections.defaultdict(
            collections.Counter)
        self.values = collections.defaultdict(float)
```

在类构造函数中，创建将用于数据样本的环境，获得第一个观察结果，并定义奖励表、转移表和价值表。

```
def play_n_random_steps(self, count):
    for _ in range(count):
        action = self.env.action_space.sample()
        new_state, reward, is_done, _ = self.env.step(action)
        self.rewards[(self.state, action, new_state)] = reward
        self.transits[(self.state, action)][new_state] += 1
        self.state = self.env.reset() \
            if is_done else new_state
```

此函数用于从环境中收集随机经验，并更新奖励表和转移表。请注意，我们无须等片段结束就可以开始学习。只需要执行 N 步，并记住它们的结果。这是价值迭代法和交叉熵方法的区别之一，后者只能在完整的片段中学习。

下一个函数将根据转移表、奖励表和价值表计算从状态采取某动作的价值。我们将其用于两个目的：针对某状态选择最佳动作，并在价值迭代时计算状态的新价值。图 5.8 说明了其逻辑。

执行以下操作：

1）从转移表中获取给定状态和动作的转移计数器。该表中的计数器为 dict 形式，键为目标状态，值为历史转移次数。对所有计数器求和，以获得在某状态执行某动作的总次数。稍后将使用该值将个体计数器数值变为概率。

2）然后，对动作所到达的每个目标状态进行迭代，并使用 Bellman 方程计算其对总动作价值的贡献。此贡献等于立即奖励加上目标状态的折扣价值。将此总和乘以转移概率，并将结果汇总到最终动作价值。

图 5.8 举例说明了状态 s 下采取动作 a 时的价值的计算。想象一下，根据经历，我们已经执行了此动作很多次（c_1+c_2），并以 s_1 或 s_2 这两种状态之一结束。我们在转移表中记录了这些状态转移的次数，格式为 dict {s1: c1,s2: c2}。

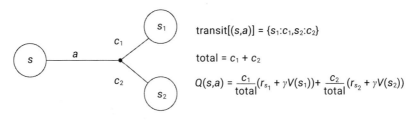

图 5.8　状态价值的计算

然后，状态和动作的近似价值 $Q(s, a)$ 将等于每个状态的概率乘以状态价值。根据 Bellman 方程，它也等于立即奖励和折扣长期状态价值之和。

```
def calc_action_value(self, state, action):
    target_counts = self.transits[(state, action)]
    total = sum(target_counts.values())
    action_value = 0.0
    for tgt_state, count in target_counts.items():
        reward = self.rewards[(state, action, tgt_state)]
        val = reward + GAMMA * self.values[tgt_state]
        action_value += (count / total) * val
    return action_value
```

下一个函数将使用刚刚描述的函数来决定某状态可采取的最佳动作。对环境中所有可能的动作进行迭代并计算每个动作的价值。动作价值最大的获胜，并返回该动作。这个动作选择过程是确定性的，因为 play_n_random_steps() 函数引入了足够的探索。因此，智能体将在近似值上表现出贪婪的行为。

```
def select_action(self, state):
    best_action, best_value = None, None
    for action in range(self.env.action_space.n):
        action_value = self.calc_action_value(state, action)
        if best_value is None or best_value < action_value:
            best_value = action_value
            best_action = action
    return best_action
```

play_episode() 函数使用 select_action() 来查找要采取的最佳动作，并在环境中运行一整个片段。此函数用于运行测试片段，在这里我们不想打乱用于收集随机数据的主要环境的当前状态。因此，将第二个环境用作参数。逻辑很简单，你应该很熟悉：一个片段中只需遍历一遍状态来累积奖励。

```
def play_episode(self, env):
    total_reward = 0.0
    state = env.reset()
    while True:
        action = self.select_action(state)
        new_state, reward, is_done, _ = env.step(action)
        self.rewards[(state, action, new_state)] = reward
        self.transits[(state, action)][new_state] += 1
        total_reward += reward
        if is_done:
            break
        state = new_state
    return total_reward
```

Agent 类的最后一个方法是价值迭代实现，得益于前面的函数，它非常简单。所需要做的只是循环遍历环境中的所有状态，然后为每个该状态可到达的状态计算价值，从而获得状态价值的候选项。然后，用状态可执行动作的最大价值来更新当前状态的价值。

```
def value_iteration(self):
    for state in range(self.env.observation_space.n):
        state_values = [
            self.calc_action_value(state, action)
            for action in range(self.env.action_space.n)
        ]
        self.values[state] = max(state_values)
```

上面就是智能体全部的方法，最后一部分代码是训练循环和监控。

```
if __name__ == "__main__":
    test_env = gym.make(ENV_NAME)
    agent = Agent()
    writer = SummaryWriter(comment="-v-iteration")
```

我们创建了用于测试的环境、Agent 类实例，以及用于 TensorBoard 的 SummaryWriter。

```
iter_no = 0
best_reward = 0.0
while True:
    iter_no += 1
    agent.play_n_random_steps(100)
    agent.value_iteration()
```

前面代码片段中的两行是训练循环中的关键部分。首先，执行 100 个随机步骤，使用新数据填充奖励表和转移表，然后对所有状态运行价值迭代。其余代码使用价值表作为策略运行测试片段，然后将数据写入 TensorBoard，跟踪最佳平均奖励，并检查训练循环停止条件。

```
reward = 0.0
for _ in range(TEST_EPISODES):
    reward += agent.play_episode(test_env)
reward /= TEST_EPISODES
```

```
    writer.add_scalar("reward", reward, iter_no)
    if reward > best_reward:
        print("Best reward updated %.3f -> %.3f" % (
            best_reward, reward))
        best_reward = reward
    if reward > 0.80:
        print("Solved in %d iterations!" % iter_no)
        break
writer.close()
```

好了，我们来运行程序：

rl_book_samples/Chapter05$ ./01_frozenlake_v_iteration.py
[2017-10-13 11:39:37,778] Making new env: FrozenLake-v0
[2017-10-13 11:39:37,988] Making new env: FrozenLake-v0
Best reward updated 0.000 -> 0.150
Best reward updated 0.150 -> 0.500
Best reward updated 0.500 -> 0.550
Best reward updated 0.550 -> 0.650
Best reward updated 0.650 -> 0.800
Best reward updated 0.800 -> 0.850
Solved in 36 iterations!

我们的解决方案是随机的，并且实验通常需要 12 ~ 100 次迭代才能找到解决方案，但是，在 80% 的情况下，它可以在 1 秒内找到一个好的策略来解决该环境的问题。如果你还记得使用交叉熵方法需要多少小时才能达到 60% 的成功率，那么你就可以理解这是一个重要的进步。这有几个原因：

首先，动作的随机结果，加上片段的持续时间（平均 6 ~ 10 步），使交叉熵方法很难理解片段中什么是正确的动作以及哪一步是错误的。价值迭代作用于状态（或动作）的价值个体，通过估计概率并计算期望值自然地给出了动作的概率性结果。因此，价值迭代更加容易进行，并且所需的环境数据要少得多（在 RL 中称为**样本效率**）。

第二个原因是价值迭代不需要完整的片段即可开始学习。在极端情况下，仅从一个例子就可以开始更新价值。然而，对于 FrozenLake，由于奖励的结构（仅在成功到达目标状态后才得到奖励 1），仍然需要至少成功完成一个片段才能从有用的价值表中进行学习，这在更复杂的环境中可能会有一定挑战性。例如，你可以尝试将现有代码转换为较大版本的 FrozenLake（其名称为 FrozenLake8x8-v0）。较大版本的 FrozenLake 可能需要 150 ~ 1 000 次迭代才能解决，根据 TensorBoard 图，大多数情况下，需要等待第一个片段成功，然后就会很快收敛。图 5.9 显示了在 FrozenLake-4x4 上训练的奖励动态，图 5.10 则是针对 8x8 版本的。

现在，是时候将刚刚讨论过的学习状态价值的代码与学习动作价值的代码进行比较了。

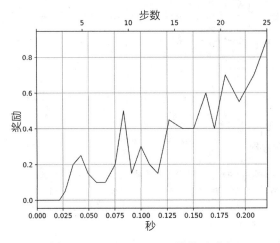

图 5.9 FrozenLake-4x4 的奖励动态

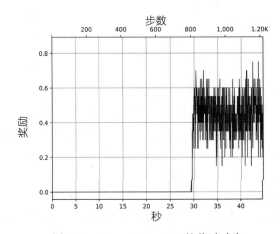

图 5.10 FrozenLake-8x8 的奖励动态

5.6 Q-learning 在 FrozenLake 中的应用

整个示例在 Chapter05/02_frozenlake_q_iteration.py 文件中，两者之间的差别很小。最明显的变化是价值表。在前面的示例中，我们保留了状态价值，因此字典中的键只有状态。现在，我们需要存储 Q 函数的值，该函数具有两个参数：状态和动作，因此价值表中的键现在是组合键。

第二个区别是有无 calc_action_value() 函数。我们不再需要它了，因为动作价值存储在价值表中。

最后，代码中最重要的变化是智能体的 value_iteration() 方法。以前，它只是对 calc_action_value() 调用的包装,完成了 Bellman 近似工作。现在,由于该函数已被价值表取代,因此我们需要在 value_iteration() 方法中进行此近似处理。

我们来看代码。它们几乎一样,因此直接跳到最有趣的 value_iteration() 函数:

```
def value_iteration(self):
    for state in range(self.env.observation_space.n):
        for action in range(self.env.action_space.n):
            action_value = 0.0
            target_counts = self.transits[(state, action)]
            total = sum(target_counts.values())
            for tgt_state, count in target_counts.items():
                key = (state, action, tgt_state)
                reward = self.rewards[key]
                best_action = self.select_action(tgt_state)
                val = reward + GAMMA * \
                      self.values[(tgt_state, best_action)]
                action_value += (count / total) * val
            self.values[(state, action)] = action_value
```

该代码与上一个示例中的 calc_action_value() 非常相似,实际上,它们的作用也几乎相同。对于给定的状态和动作,它需要通过某动作达到目标状态的统计信息来计算动作的价值。为了计算该价值,我们使用 Bellman 方程和计数器,这些计数器让我们能够估计目标状态的概率。然而,根据 Bellman 方程,可以计算状态的价值。现在,我们需要用不同的方法进行计算。

之前,我们将其存储在价值表中(因为我们近似了状态的价值),因此只需从该表中读取它。我们不能再这样做了,因此需要调用 select_action 方法,该方法可以选择具有最大 Q 值的动作,然后我们将这个 Q 值用作目标状态的价值。当然,也可以实现另一个函数来计算状态价值,但是 select_action 几乎完成了我们需要的所有功能,因此在此处重用它即可。

在此想强调这个示例的另一部分。我们来看 select_action 方法:

```
def select_action(self, state):
    best_action, best_value = None, None
    for action in range(self.env.action_space.n):
        action_value = self.values[(state, action)]
        if best_value is None or best_value < action_value:
            best_value = action_value
            best_action = action
    return best_action
```

就像我说的那样,我们不再有 calc_action_value 方法,因此,要选择动作只需遍历这些动作并在价值表中查找它们的价值即可。这看起来似乎是一个较小的改进,但是如果考虑到在 calc_action_value 中所用的数据,就可以明显感受到为什么在 RL 中 Q 函数学习比 V 函数学习更受欢迎。

calc_action_value 函数同时使用了奖励和概率信息。对于价值迭代方法而言,这不是一个大问题,它在训练过程中依赖于此信息。但是,下一章中将学习价值迭代方法的扩展,它不需要概率近似,而是从环境样本中直接获取。对于此类方法,这种对概率的依赖性会增加智能体的负担。而在 Q-learning 中,智能体只依赖 Q 值做决定。

我不想说 V 函数是完全无用的,因为它是 actor-critic 方法(将在本书第三部分中对其进行讨论)的重要组成部分。但是,在价值学习领域,Q 函数无疑是最受欢迎的。关于收敛速度,两个版本几乎相同(但是 Q-learning 版本的价值表需要四倍的内存)。

```
rl_book_samples/Chapter05$ ./02_frozenlake_q_iteration.py
[2017-10-13 12:38:56,658] Making new env: FrozenLake-v0
[2017-10-13 12:38:56,863] Making new env: FrozenLake-v0
Best reward updated 0.000 -> 0.050
Best reward updated 0.050 -> 0.200
Best reward updated 0.200 -> 0.350
Best reward updated 0.350 -> 0.700
Best reward updated 0.700 -> 0.750
Best reward updated 0.750 -> 0.850
Solved in 22 iterations!
```

5.7 总结

恭喜你已经朝着理解现代、最新的 RL 方法又迈出了一步!本章介绍了 RL 中广泛使用的一些非常重要的概念:状态价值、动作价值以及各种形式的 Bellman 方程。

还介绍了价值迭代方法,它是 Q-learning 领域中非常重要的组成部分。最后,介绍了价值迭代如何提升 FrozenLake 解决方案。

下一章将探讨深度 Q-network,它于 2013 年在许多 Atari 2600 游戏中击败人类,从而开始了深度 RL 的革命。

第 6 章 *Chapter 6*

深度 Q-network

在第 5 章中，大家已经熟悉了 Bellman 方程及其应用的实用方法**价值迭代**。这种方法能够大大提高在 FrozenLake 环境中的收敛速度，这种方法很有效，但其适用性可以更广吗？在本章中，我们将把同样的方法应用到更复杂的问题：Atari 2600 平台上的街机游戏，这是强化学习（RL）研究社区的实际基准。

为了应对这个新的、更具挑战性的目标，在本章中，我们将：

❑ 讨论价值迭代方法的问题，并考虑其名为 Q-learning 的变体。

❑ 将 Q-learning 应用于所谓的网格世界环境，称为**表格 Q-learning**。

❑ 结合神经网络（Neural Network, NN）讨论 Q-learning。这个组合的名称为**深度 Q-network（DQN）**。

在本章的最后，我们将重新实现 V. Mnih 等人在 2013 年发表的著名论文"Playing Atari with Deep Reinforcement Learning"中的 DQN 算法，该算法开启了 RL 开发的新纪元。

6.1　现实的价值迭代

通过将交叉熵方法改为价值迭代方法，我们在 FrozenLake 环境中获得的改进是令人鼓舞的，因此，很希望能将价值迭代方法应用于更具挑战性的问题。但是，我们先来看一下价值迭代方法的前提假设和局限性。

我们快速回顾一下该方法。在每步中，价值迭代方法会对所有状态进行循环，并且对于每个状态，它都会根据 Bellman 近似值来更新价值。同一方法中 Q 值（动作价值）的变化几乎相同，但是要估算并存储每个状态和动作的价值。所以，这个过程有什么问题呢？

第一个明显的问题是环境状态的数量以及我们对其进行迭代的能力。在价值迭代中，我们假设事先知道环境中的所有状态，可以对其进行迭代，并可以存储与它们关联的近似价值。对于 FrozenLake 的简单网格世界环境绝对是可行的，但是对于其他任务呢？

首先，我们试着理解一下价值迭代方法的可伸缩性，或者说，在每个循环中能轻松地迭代多少个状态。即使是中型计算机也能存储几十亿个浮点值（32GB 的 RAM 中为 85 亿个浮点值），所以看起来价值表所需的内存不是限制条件。数十亿个状态和动作的迭代将更加耗费中央处理器（CPU），但也不是一个无法解决的问题。

现在，我们的多核系统大多是空闲的。真正的问题是获得优质状态转移动态的估计所需的样本数量。假设有一个环境，它有十亿个状态（大约对应于大小为 31 600 × 31 600 的 FrozenLake）。要为该环境的每个状态计算近似价值，需要在状态之间均匀分布数千亿次转移，这是不切实际的。

具有更多潜在状态的环境示例，请考虑 Atari 2600 游戏机。该游戏机在 20 世纪 80 年代非常流行，并且有许多街机风格的游戏。以当今的游戏标准来看，Atari 游戏机是过时的，但它的游戏提供了一套出色的人类可以很快掌握的 RL 问题，这些问题对于计算机仍是一个挑战。正如前面提到的，毫无疑问，该平台（当然使用的是模拟器）是 RL 研究中非常受欢迎的基准。

我们来计算 Atari 平台的状态空间。屏幕的分辨率为 210 × 160 像素，每个像素都是 128 种颜色之一。因此，每一帧屏幕都有 210 × 160=33 600 个像素，所以每一帧的总可能状态数是 $128^{33\,600}$，比 $10^{70\,802}$ 略多。如果决定一次枚举 Atari 的所有可能状态，那么即使最快的超级计算机也要花费数十亿亿年。另外，这项工作的 99.9% 是在浪费时间，因为大多数组合即使在很长的游戏过程中也都不会出现，因此永远不会有这些状态的样本。但是，价值迭代方法希望对它们进行迭代，以防万一。

价值迭代方法的另一个问题是它将我们限制在离散的动作空间中。的确，$Q(s,a)$ 和 $V(s)$ 的近似值都假定动作是互斥的离散集，对于动作可以是连续变量（例如方向盘的角度、执行器上的力或加热器的温度）的连续控制问题而言，并不一定正确。这个问题比第一个问题更具挑战性，我们将在本书后半部分专门讨论连续动作空间问题的章节中讨论这个问题。现在，假设动作是离散的并且数量不是很大（量级为 10），我们应该如何处理状态空间大小问题？

6.2 表格 Q-learning

首先，真的需要遍历状态空间中的每个状态吗？我们有一个环境，该环境可以用作真实状态样本的来源。如果状态空间中的一些状态没有展示出来，我们为什么要关心这些状态的价值呢？我们可以用从环境中获得的状态来更新状态价值，这可以节省很多工作。

如前所述，这种价值迭代的更新方法称为 Q-learning，对于有明确的状态价值映射的情况，它具有以下步骤：

1）从空表开始，将状态映射到动作价值。

2）通过与环境交互，获得元组 (s, a, r, s')（状态、动作、奖励和新状态）。在此步骤中，要确定所需采取的动作，并且没有单一的正确方法来做出此决定。在第 1 章中，我们探讨了探索与利用的问题。本章将进行详细讨论。

3）使用 Bellman 近似更新 $Q(s, a)$ 值：

$$Q(s,a) \leftarrow r + \gamma \max_{a' \in A} Q(s', a')$$

4）从步骤 2 开始重复。

与价值迭代一样，终止条件可能是更新的某个阈值，或者也可以执行测试片段以估计策略的预期奖励。

这里要注意的另一件事是如何更新 Q 值。当从环境中取样时，将新值直接赋给现有的值通常是一个坏主意，因为训练可能会变得不稳定。

在实践中，通常使用"混合"技术用近似值更新 $Q(s, a)$，该技术使用值为 0 ~ 1 的学习率 α 将新旧 Q 值平均：

$$Q(s,a) \leftarrow (1-\alpha)Q(s,a) + \alpha \left(r + \gamma \max_{a' \in A} Q(s', a') \right)$$

即使环境包含噪声，也可以使 Q 值平滑收敛。该算法的最终版本如下：

1）从一个 $Q(s, a)$ 的空表开始。

2）从环境中获取 (s, a, r, s')。

3）进行 Bellman 更新：$Q(s,a) \leftarrow (1-\alpha)Q(s,a) + \alpha \left(r + \gamma \max_{a' \in A} Q(s', a') \right)$。

4）检查收敛条件。如果不符合，则从步骤 2 开始重复。

如前所述，这种方法称为表格 Q-learning，因为我们维护了一个带有其 Q 值的状态表。我们在 FrozenLake 环境中尝试一下。完整示例代码在 Chapter06/01_frozenlake_q_learning.py 中。

```
import gym
import collections
from tensorboardX import SummaryWriter

ENV_NAME = "FrozenLake-v0"
GAMMA = 0.9
ALPHA = 0.2
TEST_EPISODES = 20

class Agent:
    def __init__(self):
        self.env = gym.make(ENV_NAME)
        self.state = self.env.reset()
        self.values = collections.defaultdict(float)
```

首先，导入包并定义常量。这里的新内容是 α 值，α 将用作价值更新中的学习率。现在，

Agent 类的初始化更加简单，因为不需要跟踪奖励和转移计数器的历史记录，只需跟踪价值表即可。这将使内存占用空间更小，这对于 FrozenLake 而言不是一个大问题，但对于较大的环境可能至关重要。

```
def sample_env(self):
    action = self.env.action_space.sample()
    old_state = self.state
    new_state, reward, is_done, _ = self.env.step(action)
    self.state = self.env.reset() if is_done else new_state
    return old_state, action, reward, new_state
```

前面的方法可用来从环境中获取下一个状态转移。在动作空间中随机选取动作，并返回由旧状态、所采取动作、所获得奖励和新状态组成的元组。该元组将在后续的训练循环中使用。

```
def best_value_and_action(self, state):
    best_value, best_action = None, None
    for action in range(self.env.action_space.n):
        action_value = self.values[(state, action)]
        if best_value is None or best_value < action_value:
            best_value = action_value
            best_action = action
    return best_value, best_action
```

下一个方法接收环境中的状态，并通过表格查找在当前状态下可以获得最大价值的动作。如果没有与动作和状态对关联的价值，就将其设为零。该方法将被使用两次：第一次在测试方法中，使用当前价值表运行一个片段（用来评估策略的质量）；第二次使用是在执行价值更新时，用于获取下一个状态的价值。

```
def value_update(self, s, a, r, next_s):
    best_v, _ = self.best_value_and_action(next_s)
    new_v = r + GAMMA * best_v
    old_v = self.values[(s, a)]
    self.values[(s, a)] = old_v * (1-ALPHA) + new_v * ALPHA
```

在此，我们在环境中前进一步来更新价值表。为此，通过将立即奖励与下一个状态的折扣价值相加来计算状态 s 和动作 a 的 Bellman 近似。然后，获得状态和动作对以前的价值，并使用学习率将这些值混合平均。其结果就是存储在表中的针对状态 s 和动作 a 的价值的新近似值。

```
def play_episode(self, env):
    total_reward = 0.0
    state = env.reset()
    while True:
        _, action = self.best_value_and_action(state)
        new_state, reward, is_done, _ = env.step(action)
        total_reward += reward
            if is_done:
```

```
            break
        state = new_state
    return total_reward
```

Agent 类中的最后一个方法使用提供的测试环境运行一整个片段。每一步的动作都是根据当前 Q 值表决定的。该方法用于评估当前的策略，以检查学习进度。请注意，此方法不会更改价值表，只是用它查找要采取的最佳动作。

该示例的其余部分是训练循环，它与第 5 章中的示例非常相似：创建测试环境、智能体和 SummaryWriter。然后在循环中，在环境中执行一步，并使用获取的数据执行价值更新。接下来，通过运行几个测试片段来测试当前的策略。如果获得了足够好的奖励，就停止训练。

```
if __name__ == "__main__":
    test_env = gym.make(ENV_NAME)
    agent = Agent()
    writer = SummaryWriter(comment="-q-learning")

    iter_no = 0
    best_reward = 0.0
    while True:
        iter_no += 1
        s, a, r, next_s = agent.sample_env()
        agent.value_update(s, a, r, next_s)

        reward = 0.0
        for _ in range(TEST_EPISODES):
            reward += agent.play_episode(test_env)
        reward /= TEST_EPISODES
        writer.add_scalar("reward", reward, iter_no)
        if reward > best_reward:
            print("Best reward updated %.3f -> %.3f" % (
                best_reward, reward))
            best_reward = reward
        if reward > 0.80:
            print("Solved in %d iterations!" % iter_no)
            break
    writer.close()
```

该示例的运行结果如下：

```
rl_book_samples/Chapter06$./01_frozenlake_q_learning.py
Best reward updated 0.000 -> 0.150
Best reward updated 0.150 -> 0.250
Best reward updated 0.250 -> 0.300
Best reward updated 0.300 -> 0.350
Best reward updated 0.350 -> 0.400
Best reward updated 0.400 -> 0.450
Best reward updated 0.450 -> 0.550
Best reward updated 0.550 -> 0.600
```

```
Best reward updated 0.600 -> 0.650
Best reward updated 0.650 -> 0.700
Best reward updated 0.700 -> 0.750
Best reward updated 0.750 -> 0.800
Best reward updated 0.800 -> 0.850
Solved in 5738 iterations!
```

你可能已经注意到，与上一章的价值迭代方法相比，此版本使用了更多的迭代来解决问题，原因是不再使用测试中获得的经验数据。（在示例 Chapter05/02_frozenlake_q_iteration.py 中，定期测试导致 Q 表统计信息的更新。而此处，测试过程中不触及 Q 值，这导致在解决环境问题之前会有更多的迭代。）总体而言，从环境中获取的样本总数几乎相同。TensorBoard 中的奖励图也展示了训练动态，这与价值迭代方法非常相似（见图 6.1）。

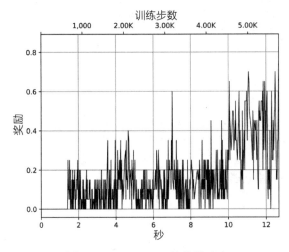

图 6.1　FrozenLake 的奖励动态

6.3　深度 Q-learning

刚刚介绍的 Q-learning 方法解决了在整个状态集上迭代的问题，但是在可观察到的状态集数量很大的情况下仍然会遇到困难。例如，Atari 游戏具有多种不同的屏幕状态，因此，如果决定将原始像素作为单独的状态，那么很快就会意识到有太多的状态无法跟踪和估算。

在某些环境中，不同的可观察状态的数量几乎是无限的。例如，在 CartPole 中，环境提供的状态为四个浮点数。4 个数值组合的数量是有限的（用位表示），但是这个数量非常大。我们可以通过创建箱体来离散化这些值，但和它能够解决的问题相比，这通常会引入更多的问题：需要确定哪些参数范围对于区分不同的状态非常重要，以及哪些范围可以聚集在一起。

在 Atari 的例子中，单个像素的变化不会产生太大的区别，因此将两个图像视为一个状态是有效的。但是，仍然需要区分某些状态。

图 6.2 显示了 Pong 游戏中的两种不同情况。我们通过控制球拍来对抗人工智能（Artificial Intelligence, AI）对手（我们的球拍在右侧，而对手的球拍在左侧）。游戏的目的是使球反弹，使其越过对手的球拍，同时防止球越过我们的球拍。我们可以认为这两种情况是完全不同的：在右侧的情况下，球靠近对手，因此我们可以放松并观察。但是，左侧的情况要求更高：假设球从左向右移动，球正在向我们这边移动，因此我们需要快速移动球拍以避免丢分。图 6.2 中的情况只是 $10^{70\,802}$ 种可能情况中的两种，但是我们希望智能体对它们执行不同的动作。

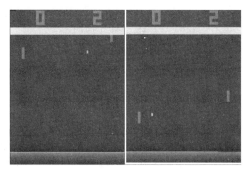

图 6.2　Pong 的观察结果是模糊的（在左图中，球正向右朝我们的球拍移动，
而在右图中，球的移动方向相反）

作为此问题的解决方案，我们可以使用非线性表示将状态和动作都映射到一个值。在机器学习中，这称为"回归问题"。表示形式根据训练的具体方法可能有所不同，但是你可能已经从本节标题中猜出来了，使用深度 NN 是最流行的选项之一，尤其是在处理屏幕图像类的观察结果时。考虑到这一点，我们对 Q-learning 算法进行修改：

1）用一些初始近似值初始化 $Q(s, a)$。

2）通过与环境交互，获得元组 (s, a, r, s')。

3）计算损失 L：如果片段结束，则 $L = (Q(s, a) - r)^2$，否则 $L = \left(Q(s, a) - \left(r + \gamma \max_{a' \in A} Q_{s', a'}\right)\right)^2$。

4）通过最小化模型参数的损失，使用**随机梯度下降**（Stochastic Gradient Descent，SGD）算法更新 $Q(s, a)$。

5）从步骤 2 开始重复，直到收敛为止。

前面的算法看起来很简单，但不幸的是，它的效果并不好。我们来讨论可能出问题的地方。

6.3.1 与环境交互

首先，我们需要以某种方式与环境交互以获得要训练的数据。在诸如 FrozenLake 之类的简单环境中，我们可以随机执行动作，但这是最佳策略吗？想象一下 Pong 游戏。随机移动球拍来得分的概率是多少？这个概率虽然不是零，但非常小，这意味着需要等待很长时间才能遇到这种罕见情况。作为替代方案，可以将 Q 函数近似作为动作的来源（就像之前在价值迭代方法中所做的那样，需要记住测试过程中的历史经验）。

如果对 Q 的表示是好的，那么从环境中获得的经验就可以展示相关数据给智能体以进行训练。但是，当近似估计不理想时（例如，在训练开始时），就会遇到麻烦。在这种情况下，智能体在某些状态下可能会困在不好的动作中，而不去探索其他的动作。这就是在第 1 章及本章前面部分中简要提到的**探索与利用**难题。一方面，智能体需要探索环境，以全面了解状态转移和动作结果。另一方面，应该有效地利用已有知识与环境交互：不应该浪费时间去随机尝试已经尝试过并已知奖励的动作。

如你所见，当 Q 近似值很差时，随机动作在训练开始时会比较好，因为它可以提供有关环境状态的更均匀分布的信息。随着训练的进行，随机动作变得效率低下，我们希望退回到通过 Q 近似值来决定如何采取行动。

混合执行两种极端行为的方法称为 **ε-greedy 方法**，它使用概率超参 ε 在随机策略和 Q 策略之间切换。通过改变 ε，我们可以选择执行随机动作的比率。通常的做法是从 ε=1.0（100% 随机动作）开始，然后将其慢慢减小到某个较小的值，例如 5% 或 2% 随机动作。使用 ε-greedy 方法既有助于在训练开始时对环境进行探索，又有助于在训练结束时坚持良好的策略。探索与利用问题还有其他解决方案，我们将在本书的第三部分讨论其中一些。这个问题是 RL 中基本的开放性问题之一，也是一个尚未完全解决的活跃研究领域。

6.3.2 SGD 优化

Q-learning 过程的核心是从监督学习中借鉴而来的。实际上，我们正在尝试用 NN 近似一个复杂的非线性函数 $Q(s, a)$。为此，必须使用 Bellman 方程计算该函数的目标，然后假装我们手头有一个监督学习问题。但是 SGD 优化的基本要求之一是训练数据**独立同分布**（i.i.d.）。

在我们的案例中，用于 SGD 更新的数据并不满足这些条件，因为：

1）样本并不是独立的。尽管我们积累了大量的数据样本，但因为它们属于同一片段，它们彼此是非常接近的。

2）训练数据的分布与我们要学习的最佳策略所提供的样本分布并不相同。我们拥有的数据是其他策略（当前的策略、随机策略，或者在 ε-greedy 方法中二者皆有）的结果，但是我们并不想学习如何随机运行，而是希望找到一个能获得最高奖励的最优策略。

为了解决这种麻烦，我们通常需要大量使用过去的经验，并从中提取训练数据样本，而不是使用最新经验数据。此技术称为**回放缓冲区**（replay buffer）。最简单的实现是设置一个固定大小的缓冲区，将新数据添加到缓冲区的末尾，同时将最旧的经验数据移除。

回放缓冲区允许我们在大致独立的数据上训练，但数据仍需足够新，以便在由最近策略生成的样本上训练。下一章将介绍另一种回放缓冲区：带优先级的回放缓冲区，它提供了更复杂的采样方法。

6.3.3　步骤之间的相关性

默认训练过程的另一个实际问题也与缺少 i.i.d. 数据有关，但方式略有不同。Bellman 方程通过 $Q(s', a')$ 提供 $Q(s, a)$ 的值（此过程称为 bootstrapping）。但是，状态 s 和 s' 之间只有一步之遥。这使得它们非常相似，而 NN 很难区分它们。当对 NN 的参数进行更新以使 $Q(s, a)$ 更接近所需结果时，可以间接更改为 $Q(s', a')$ 和附近其他状态产生的值。这会使训练变得非常不稳定，就像追逐自己的尾巴一样：当更新状态 s 的 Q 时，在随后的状态中，我们会发现 $Q(s', a')$ 变得更糟，但是尝试更新它会破坏 $Q(s, a)$ 的近似值，以此类推。

为了让训练更加稳定，使用一个叫作**目标网络**的技巧，通过该技巧我们可以保留网络的副本并将其用于 Bellman 方程中的 $Q(s', a')$ 值。该网络仅周期性地与主网络同步，例如，每 N 步进行一次同步（其中 N 通常是很大的超参，例如 1000 或 10 000 次训练迭代）。

6.3.4　马尔可夫性质

RL 方法以马尔可夫决策过程（MDP）为基础，它假设环境服从马尔可夫性质：从环境中观察到的一切都是获取最佳动作所需的。（换句话说，观察使我们能够区分不同状态。）

从前面的 Pong 游戏屏幕截图中可以看到，Atari 游戏中的一张图像不足以捕获所有重要信息（仅使用一张图像，我们不知道物体的速度和方向，例如球和对手的球拍的速度和方向）。这显然违反了马尔可夫性质，并将单帧 Pong 环境变成了**部分可观察的 MDP**（POMDP）。POMDP 基本上是没有马尔可夫性质的 MDP，在实际中非常重要。例如，对于大多数无法看到对手卡牌的纸牌游戏，游戏观察值就是 POMDP，因为当前观察值（你的卡牌和桌上的卡牌）可能对应于对手手中的不同卡牌。

在本书中，我们不会详细讨论 POMDP，但是会使用一个小技巧将环境推回到 MDP 领域。解决方案是保留过去的一些观察结果并将其作为状态。对于 Atari 游戏，我们通常将 k 个后续帧堆叠在一起，将其作为每个状态的观察值。这可以使智能体推算出当前状态的动态，例如获得球的速度及方向。Atari 游戏常用的"经典" k 值为 4。当然，这只是一个小技巧，因为环境中的依赖时间可能更长，但是对于大多数游戏而言，这已经可以运行良好了。

6.3.5　DQN 训练的最终形式

研究人员发现了许多其他技巧，可以使 DQN 训练更加稳定高效，我们将在下一章介绍其中的最佳技巧。但是，ε-greedy、回放缓冲区和目标网络构成了其基础，使 AI 公司 DeepMind 能够成功地在 49 款 Atari 游戏中训练 DQN，并证明了在复杂环境中使用此方法的效果。

原始论文（无目标网络）已于 2013 年底发表（"Playing Atari with Deep Reinforcement Learning"，1312.5602v1，Mnih 等），并使用了 7 款游戏进行测试。后来，在 2015 年初，该论文的修订版包含了 49 种不同的游戏，发表在 *Nature* 杂志上（"Human-Level Control Through Deep Reinforcement Learning"，doi:10.1038/nature14236，Mnih 等）。

前面论文中的 DQN 算法包含以下步骤：

1）使用随机权重（$\varepsilon \leftarrow 1.0$）初始化 $Q(s, a)$ 和 $\hat{Q}(s, a)$ 的参数，清空回放缓冲区。

2）以概率 ε 选择一个随机动作 a，否则 $a = \arg\max_a Q(s, a)$。

3）在模拟器中执行动作 a，观察奖励 r 和下一个状态 s'。

4）将转移过程 (s, a, r, s') 存储在回放缓冲区中。

5）从回放缓冲区中采样一个随机的小批量转移过程。

6）对于回放缓冲区中的每个转移过程，如果片段在此步结束，则计算目标 $y=r$，否则计算 $y = r + \gamma \max_{a' \in A} \hat{Q}(s', a')$。

7）计算损失：$L=(Q(s, a)-y)^2$。

8）通过最小化模型参数的损失，使用 SGD 算法更新 $Q(s, a)$。

9）每 N 步，将权重从 Q 复制到 $\hat{Q}$。

10）从步骤 2 开始重复，直到收敛为止。

我们现在就实现它并尝试击败 Atari 游戏！

6.4 DQN 应用于 Pong 游戏

在讨论代码之前，需要进行一些介绍。我们的例子变得越来越具有挑战性、越来越复杂了，这不足为奇，因为要解决的问题的复杂性也在增加。这些示例会尽可能简单明了，但有些代码很可能一开始就很难理解。

还需要注意性能。前面针对 FrozenLake 或 CartPole 的示例中性能没有那么重要，因为观察值很少，NN 参数很小，在训练循环中节省额外的时间并不那么重要。但是，从现在开始，情况不再如此了。Atari 环境中的一个观察有 10 万个值，这些值必须重新缩放，转换为浮点数并存储在回放缓冲区中。复制此数据可能会降低训练速度，即使是使用最快的图形处理单元（GPU），需要的也不再是几秒或几分钟，而是数小时。

NN 训练循环也可能成为瓶颈。当然，RL 模型不像最新的 ImageNet 模型那样庞大，但即使是 2015 年的 DQN 模型也具有超过 150 万个参数，这对 GPU 来说是一个很大的压力。因此，总而言之，性能很重要，尤其是在尝试使用超参数并且需要等待不止单个模型而是数十个模型的情况下。

PyTorch 的表达能力很强，因此，与经过优化的 TensorFlow 图相比，高效处理代码似乎不那么神秘，但是仍可能执行缓慢及出现错误。例如，DQN 损失计算的简单版本（该版本遍历每个批次样本）的运行速度大约是并行版本的 1/3。但是，数据批的复制可能会使同一代码的速度变为原来的 1/14，这是非常显著的。

根据长度、逻辑结构和可重用性，该示例代码分为三个模块，如下所示：

❑ Chapter06/lib/wrappers.py：Atari 环境包装程序，主要来自 OpenAI Baselines 项目。

❑ Chapter06/lib/dqn_model.py：DQN NN 层，其结构与 *Nature* 杂志论文中的 DeepMind DQN 相同。

❑ Chapter06/02_dqn_pong.py：主模块，包括训练循环、损失函数计算和经验回放缓冲区。

6.4.1　包装器

从资源的角度来看，使用 RL 处理 Atari 游戏的要求是很高的。为了使处理速度变快，DeepMind 的论文中对 Atari 平台交互进行了几种转换。有些转换仅影响性能，但是有些改变了 Atari 平台的特性，使学习时间变长且变得不稳定。转换通常以各种 OpenAI Gym 包装器的形式实现，并且在不同的源中都有相同包装器的多种实现。我个人最喜欢的是 OpenAI Baselines 仓库，它是在 TensorFlow 中实现的一组 RL 方法和算法，并应用于流行的基准以建立比较方法的共同基础。该仓库可从 https://github.com/openai/baselines 获得，而包装器可从文件 https://github.com/openai/baselines/blob/master/baselines/common/atari_wrappers.py 中获取。

RL 研究人员使用的最受欢迎的 Atari 转换包括：

❑ **将游戏中的一条命转变为单独的片段**。一般来说，片段包含从游戏开始到屏幕出现"游戏结束"的所有步骤，这可以持续数千个游戏步骤（观察和动作）。通常，在街机游戏中，玩家被赋予几条命，可以提供几次游戏机会。这种转换将完整的片段分为玩家的每条命对应的片段。并非所有游戏都支持此功能（例如，Pong 不支持），但是对于支持的环境，它通常有助于加快收敛，因为片段变得更短。

❑ **在游戏开始时，随机执行（最多 30 次）无操作的动作**。这会跳过一些 Atari 游戏中与游戏玩法无关的介绍性屏幕。

❑ **每 K 步做出一个动作决策，其中 K 通常为 4 或 3**。在中间帧上，只需重复选择的动作。这可以使训练速度显著加快，因为使用 NN 处理每帧是消耗巨大的操作，但是相邻帧之间的差异通常很小。

❑ **取最后两帧中每个像素的最大值，并将其用作观察值**。由于平台的限制，某些 Atari 游戏具有闪烁效果（Atari 只能在一帧中显示有限数量的精灵图）。对于人眼来说，这种快速变化是不可见的，但是它们会使 NN 混乱。

❑ **在游戏开始时按 FIRE**。有些游戏（包括 Pong 和 Breakout）要求用户按下 FIRE 按钮才能启动游戏。否则，环境将成为 POMDP，因为从观察的角度来看，智能体无法知道是否已按下 FIRE。

❑ **将每帧从具有三个彩色帧的 210 × 160 图像缩小到 84 × 84 单色图像**。可以采用不同的方法。例如，DeepMind 的论文将这种转换描述为从 YCbCr 颜色空间获取 Y 颜色通道，然后将整个图像重新缩小为 84 × 84 分辨率。其他一些研究人员则会进行灰度转换，裁剪图像的不相关部分，然后按比例缩小。在 Baselines 仓库（以及以下示例代码）中，将使用后一种方法。

❑ **将几个（通常是 4 个）后续帧堆在一起提供有关游戏对象的动态网络信息**。前面已经讨论了这种方法，作为单个游戏帧中缺乏游戏动态信息的快速解决方案。

❑ **将奖励限制为 –1、0 和 1**。所获得的分数在各游戏之间可能会有很大差异。例如，在 Pong 中，对手每落后一球，可得 1 分。但是，在某些游戏中，例如 KungFuMaster，每杀死一名敌人，可获得 100 的奖励。奖励值的分散使损失在不同游戏之间有完全不同的比例，这使得为一组游戏找到通用的超参数变得更加困难。要解决此问题，奖励需被限制在 [–1 ⋯ 1] 范围内。

❑ **将观察值从无符号字节转换为 float32 值**。从模拟器获得的屏幕被编码为字节张量，其值为 0 ～ 255，这不是 NN 的最佳表示。因此，需要将图像转换为浮点数并将值重新缩小至 [0.0 ⋯ 1.0] 范围。

在 Pong 示例中，我们不需要包装器（例如将游戏中的命转换为单独的片段和奖励裁剪的包装器），因此这些包装器不包含在示例代码中。但是，大家还是应该知道它们，以防想尝试其他游戏。有时，当 DQN 不收敛时，问题可能不是出自代码，而是出自错误的包装环境。我花了几天的时间调试由于游戏一开始没有按 FIRE 按钮而导致的收敛问题！

我们来看一下 Chapter06/lib/wrappers.py 中各个包装器的实现：

```
import cv2
import gym
import gym.spaces
import numpy as np
import collections
class FireResetEnv(gym.Wrapper):
    def __init__(self, env=None):
        super(FireResetEnv, self).__init__(env)
        assert env.unwrapped.get_action_meanings()[1] == 'FIRE'
        assert len(env.unwrapped.get_action_meanings()) >= 3

    def step(self, action):
        return self.env.step(action)

    def reset(self):
        self.env.reset()
```

```
        obs, _, done, _ = self.env.step(1)
        if done:
            self.env.reset()
        obs, _, done, _ = self.env.step(2)
        if done:
            self.env.reset()
        return obs
```

在要求游戏启动的环境中，前面的包装器会按下 FIRE 按钮。除了按 FIRE 外，此包装
器还会检查某些游戏中存在的几种极端情况。

```
class MaxAndSkipEnv(gym.Wrapper):
    def __init__(self, env=None, skip=4):
        super(MaxAndSkipEnv, self).__init__(env)
        self._obs_buffer = collections.deque(maxlen=2)
        self._skip = skip

    def step(self, action):
        total_reward = 0.0
        done = None
        for _ in range(self._skip):
            obs, reward, done, info = self.env.step(action)
            self._obs_buffer.append(obs)
            total_reward += reward
            if done:
                break
        max_frame = np.max(np.stack(self._obs_buffer), axis=0)
        return max_frame, total_reward, done, info

    def reset(self):
        self._obs_buffer.clear()
        obs = self.env.reset()
        self._obs_buffer.append(obs)
        return obs
```

该包装器组合了 K 帧中的重复动作和连续帧中的像素。

```
class ProcessFrame84(gym.ObservationWrapper):
    def __init__(self, env=None):
        super(ProcessFrame84, self).__init__(env)
        self.observation_space = gym.spaces.Box(
            low=0, high=255, shape=(84, 84, 1), dtype=np.uint8)

    def observation(self, obs):
        return ProcessFrame84.process(obs)

    @staticmethod
    def process(frame):
        if frame.size == 210 * 160 * 3:
            img = np.reshape(frame, [210, 160, 3]).astype(
                np.float32)
        elif frame.size == 250 * 160 * 3:
            img = np.reshape(frame, [250, 160, 3]).astype(
                np.float32)
```

```
        else:
            assert False, "Unknown resolution."
        img = img[:, :, 0] * 0.299 + img[:, :, 1] * 0.587 + \
            img[:, :, 2] * 0.114
        resized_screen = cv2.resize(
            img, (84, 110), interpolation=cv2.INTER_AREA)
        x_t = resized_screen[18:102, :]
        x_t = np.reshape(x_t, [84, 84, 1])
        return x_t.astype(np.uint8)
```

该包装器的目标是将来自模拟器的输入观察结果（通常具有 RGB 彩色通道，分辨率为 210×160 像素）转换为 84×84 灰度图像。它使用比色灰度转换（比简单的平均颜色通道更接近人类的颜色感知），调整图像大小以及裁剪顶部和底部来进行转换。

```
class BufferWrapper(gym.ObservationWrapper):
    def __init__(self, env, n_steps, dtype=np.float32):
        super(BufferWrapper, self).__init__(env)
        self.dtype = dtype
        old_space = env.observation_space
        self.observation_space = gym.spaces.Box(
            old_space.low.repeat(n_steps, axis=0),
            old_space.high.repeat(n_steps, axis=0), dtype=dtype)

    def reset(self):
        self.buffer = np.zeros_like(
            self.observation_space.low, dtype=self.dtype)
        return self.observation(self.env.reset())

    def observation(self, observation):
        self.buffer[:-1] = self.buffer[1:]
        self.buffer[-1] = observation
        return self.buffer
```

这个类沿着第一个维度将随后几帧叠加在一起，并将其作为观察结果返回。目的是使网络了解对象的动态，例如 Pong 中球的速度和方向或敌人的移动方式。这是非常重要的信息，无法从单个图像获得。

```
class ImageToPyTorch(gym.ObservationWrapper):
    def __init__(self, env):
        super(ImageToPyTorch, self).__init__(env)
        old_shape = self.observation_space.shape
        new_shape = (old_shape[-1], old_shape[0], old_shape[1])
        self.observation_space = gym.spaces.Box(
            low=0.0, high=1.0, shape=new_shape, dtype=np.float32)

    def observation(self, observation):
        return np.moveaxis(observation, 2, 0)
```

这个简单的包装器将观察的形状从 HWC（高度，宽度，通道）更改为 PyTorch 所需的 CHW（通道，高度，宽度）格式。张量的输入形状中颜色通道是最后一维，但是 PyTorch 的卷积层将颜色通道假定为第一维。

```
class ScaledFloatFrame(gym.ObservationWrapper):
    def observation(self, obs):
        return np.array(obs).astype(np.float32) / 255.0
```

库中的最后一个包装器将观察数据从字节转换为浮点数，并将每个像素的值缩小到 [0.0 ⋯ 1.0] 的范围。

```
def make_env(env_name):
    env = gym.make(env_name)
    env = MaxAndSkipEnv(env)
    env = FireResetEnv(env)
    env = ProcessFrame84(env)
    env = ImageToPyTorch(env)
    env = BufferWrapper(env, 4)
    return ScaledFloatFrame(env)
```

文件的末尾是一个简单函数，该函数根据名称创建环境并将所有必需的包装器应用到该环境。以上就是包装器，下面我们来看一下模型。

6.4.2 DQN 模型

在 *Nature* 杂志上发表的模型有三个卷积层，然后是两个全连接层。所有层均由线性整流函数（Rectified Linear Unit, ReLU）非线性分开。模型的输出是环境中每个动作的 Q 值，没有应用非线性（因为 Q 值可以有任何值）。与逐个处理 $Q(s, a)$ 并将观察值和动作反馈到网络以获得动作价值相比，通过网络一次计算所有 Q 值的方法有助于显著提高速度。

该模型的代码在 Chapter06/lib/dqn_model.py 中：

```
import torch
import torch.nn as nn
import numpy as np


class DQN(nn.Module):
    def __init__(self, input_shape, n_actions):
        super(DQN, self).__init__()

        self.conv = nn.Sequential(
            nn.Conv2d(input_shape[0], 32, kernel_size=8, stride=4),
            nn.ReLU(),
            nn.Conv2d(32, 64, kernel_size=4, stride=2),
            nn.ReLU(),
            nn.Conv2d(64, 64, kernel_size=3, stride=1),
            nn.ReLU()
        )

        conv_out_size = self._get_conv_out(input_shape)
        self.fc = nn.Sequential(
            nn.Linear(conv_out_size, 512),
            nn.ReLU(),
            nn.Linear(512, n_actions)
        )
```

为了能够以通用方式编写网络，将它分成两部分实现：convolution 和 sequential。PyTorch 没有可以将 3D 张量转换为 1D 向量的"flatter"层，需要将卷积层输出到全连接层。这个问题在 forward() 函数中得到解决，该函数可以将 3D 张量批处理为 1D 向量。

另一个小问题是，我们不知道给定输入形状的卷积层的输出值的准确数量，但是需要将此数字传递给第一个全连接层构造函数。一种可能的解决方案是对该数字进行硬编码，该数字是输入形状的函数（对于 84×84 的输入，卷积层的输出将有 3136 个值）。但是，这并不是最好的方法，因为代码对输入形状的变化将变得不那么健壮。更好的解决方案是用一个简单的函数 _get_conv_out() 接受输入形状并将卷积层应用于这种形状的伪张量。该函数的结果将等于此应用程序返回的参数数量。这样会很快，因为此调用将在模型创建时完成，而且，它使代码更通用。

```
def _get_conv_out(self, shape):
    o = self.conv(torch.zeros(1, *shape))
    return int(np.prod(o.size()))

def forward(self, x):
    conv_out = self.conv(x).view(x.size()[0], -1)
    return self.fc(conv_out)
```

模型的最后一部分是 forward() 函数，该函数接受 4D 输入张量。（第一维是批的大小；第二维是颜色通道，由后续帧叠加而成；第三维和第四维是图像尺寸。）

转换的应用分两步完成：首先将卷积层应用于输入，然后在输出上获得 4D 张量。这个结果被展平为两个维度：批大小以及该批卷积返回的所有参数（作为一个数字向量）。这是通过张量的 view() 函数完成的，该函数让某一维为 -1，并作为其余参数的通配符。例如，假设有一个形状为 (2, 3, 4) 的张量 T，它是由 24 个元素组成的 3D 张量，我们可以使用 T.view(6, 4) 将其重塑为具有 6 行 4 列的 2D 张量。此操作不会创建新的内存对象，也不会在内存中移动数据，它只是改变了张量的高级形状。可以通过 T.view(-1,4) 或 T.view(6,-1) 获得相同的结果，这在张量第一维是批大小时非常方便。最后，将展平的 2D 张量传递到全连接层，以获取每个批输入的 Q 值。

6.4.3 训练

第三个模块包含经验回放缓冲区、智能体、损失函数的计算和训练循环本身。在讨论代码之前，需要对训练超参数进行一些说明。DeepMind 在 *Nature* 发表的论文包含一张表格，其中包含用于在 49 个 Atari 游戏中训练其模型的超参数的所有详细信息。DeepMind 在所有游戏中均让这些参数保持相同（但为每个游戏训练了单独的模型），意在证明该方法足够强大，可以通过一个模型架构和超参数来解决不同的游戏问题（具有不同的复杂性、动作空间、奖励结构和其他细节）。但是，我们的目标要简单得多：只想解决 Pong 游戏。

与 Atari 测试集中的其他游戏相比，Pong 非常简单明了，因此论文中的超参数对于该任务来说过多。例如，为了在所有 49 款游戏中都获得最佳结果，DeepMind 使用了一个百万观察值的回放缓冲区，该缓冲区需要大约 20GB 的 RAM，并且要从环境中获取大量样本。

对于单个 Pong 游戏，论文中使用的 ε 衰减表也不是最好的。在训练中，DeepMind 在从环境获得的前一百万帧中，将 ε 从 1.0 线性衰减到 0.1。但是，笔者自己的实验表明，对于 Pong 而言，在前 15 万帧中衰减 ε 然后使其保持稳定就够了。回放缓冲区也可以小一些，1 万次转移就足够了。

以下示例中使用了笔者自己的参数。这些与论文中的参数不同，但是可以使解决 Pong 的速度快大约 10 倍。在 GeForce GTX 1080 Ti 上，以下版本在 1 ~ 2 小时内的平均得分达到 19.0，但是使用 DeepMind 的超参数，至少需要一天的时间。

当然，这种加速是针对特定环境的微调，并且可能破坏其他游戏的收敛性。大家可以自由使用 Atari 中的选项和其他游戏。

```python
from lib import wrappers
from lib import dqn_model

import argparse
import time
import numpy as np
import collections

import torch
import torch.nn as nn
import torch.optim as optim

from tensorboardX import SummaryWriter
```

首先，导入所需的模块并定义超参数。

```python
DEFAULT_ENV_NAME = "PongNoFrameskip-v4"
MEAN_REWARD_BOUND = 19.0
```

这两个值设置了训练的默认环境，以及最后 100 个片段的奖励边界以停止训练。如果需要，可以使用命令行重新定义环境名称。

```python
GAMMA = 0.99
BATCH_SIZE = 32
REPLAY_SIZE = 10000
REPLAY_START_SIZE = 10000
LEARNING_RATE = 1e-4
SYNC_TARGET_FRAMES = 1000
```

这些参数定义以下内容：

❏ γ 值用于 Bellman 近似（GAMMA）。

❏ 从回放缓冲区采样的批大小（BATCH_SIZE）。

❏ 回放缓冲区的最大容量（REPLAY_SIZE）。

❑ 开始训练前等待填充回放缓冲区的帧数（REPLAY_START_SIZE）。

❑ 本示例中使用的 Adam 优化器的学习率（LEARNING_RATE）。

❑ 将模型权重从训练模型同步到目标模型的频率，该目标模型用于获取 Bellman 近似中下一个状态的价值（SYNC_TARGET_FRAMES）。

```
EPSILON_DECAY_LAST_FRAME = 150000
EPSILON_START = 1.0
EPSILON_FINAL = 0.01
```

最后一批超参数与 ε 衰减有关。为了进行适当的探索，在训练的早期阶段以 $\varepsilon = 1.0$ 开始，这就可以随机选择所有动作。然后，在前 15 万帧期间，ε 线性衰减至 0.01，这对应于以 1% 的概率采取随机动作。最初的 DeepMind 论文也使用类似的方案，但是衰减的持续时间几乎是 10 倍（即在一百万帧后，$\varepsilon = 0.01$）。

下一部分代码定义了经验回放缓冲区，其目的是存储从环境中获得的状态转移（由观察、动作、奖励、完成标志和下一状态组成的元组）。在环境中每执行一步，都将状态转移情况推送到缓冲区中，仅保留固定数量的状态转移（本示例中为 1 万个）。为了进行训练，从回放缓冲区中随机抽取一批状态转移样本，这打破了环境中后续步骤之间的相关性。

```
Experience = collections.namedtuple(
    'Experience', field_names=['state', 'action', 'reward',
                               'done', 'new_state'])

class ExperienceBuffer:
    def __init__(self, capacity):
        self.buffer = collections.deque(maxlen=capacity)

    def __len__(self):
        return len(self.buffer)

    def append(self, experience):
        self.buffer.append(experience)

    def sample(self, batch_size):
        indices = np.random.choice(len(self.buffer), batch_size,
                                   replace=False)
        states, actions, rewards, dones, next_states = \
            zip(*[self.buffer[idx] for idx in indices])
        return np.array(states), np.array(actions), \
            np.array(rewards, dtype=np.float32), \
            np.array(dones, dtype=np.uint8), \
            np.array(next_states)
```

大多数经验回放缓冲区代码非常简单，基本上利用了 deque 类的功能以在缓冲区中维持给定数量的条目。在 sample() 方法中，创建了一个随机索引列表，然后将采样的条目重新打包到 NumPy 数组中，以方便进行损失计算。

我们需要的下一个类是 Agent，它与环境交互并将交互结果保存到刚刚的经验回放缓冲区中：

```
class Agent:
    def __init__(self, env, exp_buffer):
        self.env = env
        self.exp_buffer = exp_buffer
        self._reset()

    def _reset(self):
        self.state = env.reset()
        self.total_reward = 0.0
```

在智能体初始化期间，需要存储对环境的引用和经验回放缓冲区，追踪当前的观察结果以及到目前为止累积的总奖励。

```
@torch.no_grad()
def play_step(self, net, epsilon=0.0, device="cpu"):
    done_reward = None

    if np.random.random() < epsilon:
        action = env.action_space.sample()
    else:
        state_a = np.array([self.state], copy=False)
        state_v = torch.tensor(state_a).to(device)
        q_vals_v = net(state_v)
        _, act_v = torch.max(q_vals_v, dim=1)
        action = int(act_v.item())
```

智能体的主要方法是在环境中执行一个步骤并将其结果存储在缓冲区中。为此，首先需要选择动作。利用概率 ε（作为参数传递）采取随机动作；否则，将使用过去的模型获取所有可能动作的 Q 值，然后选择最佳值所对应的动作。

```
new_state, reward, is_done, _ = self.env.step(action)
self.total_reward += reward

exp = Experience(self.state, action, reward,
                 is_done, new_state)
self.exp_buffer.append(exp)
self.state = new_state
if is_done:
    done_reward = self.total_reward
    self._reset()
return done_reward
```

选择动作后，将其传递给环境以获取下一个观察结果和奖励，将数据存储在经验回放缓冲区中，然后处理片段结束的情况。如果通过此步骤到达片段末尾，则该函数的返回结果是总累积奖励，否则为 None。

现在是时候使用训练模块中的最后一个函数了，该函数可以计算采样批次的损失。该函数可以通过使用向量运算处理所有批样本，以最大限度地利用 GPU 并行性，与简单循环相比，它更难理解。然而，这种优化是有回报的，并行版本比批处理中的显式循环快两倍以上。

提醒一下，以下是需要计算的损失表达式（针对片段未结束的步骤）：

$$L = \left(Q(s,a) - \left(r + \gamma \max_{a' \in A} \hat{Q}(s',a') \right) \right)^2$$

最后一步用公式：

$$L = (Q(s,a) - r)^2$$

```
def calc_loss(batch, net, tgt_net, device="cpu"):
    states, actions, rewards, dones, next_states = batch
```

在参数中，我们传入了数组元组的批（由经验缓冲区中的 sample() 方法重新打包）、正在训练的网络以及定期与训练网络同步的目标网络。

第一个模型（作为网络参数传递）用于计算梯度。tgt_net 参数用于计算下一个状态的价值，并且此计算不应影响梯度。为此，使用 PyTorch 张量的 detach() 函数（见第 3 章）来防止梯度流入目标网络。

```
states_v = torch.tensor(np.array(
    states, copy=False)).to(device)
next_states_v = torch.tensor(np.array(
    next_states, copy=False)).to(device)
actions_v = torch.tensor(actions).to(device)
rewards_v = torch.tensor(rewards).to(device)
done_mask = torch.BoolTensor(dones).to(device)
```

前面的代码简单明了，如果在参数中指定了 CUDA 设备，我们将带有批数据的 NumPy 数组包装在 PyTorch 张量中，然后将它们复制到 GPU。

```
state_action_values = net(states_v).gather(
    1, actions_v.unsqueeze(-1)).squeeze(-1)
```

在上一行中，我们将观察结果传递给第一个模型，并使用 gather() 张量操作提取所采取动作的特定 Q 值。gather() 调用的第一个参数是要对其进行收集的维度索引（本示例中，它等于 1，对应于动作）。

第二个参数是要选择的元素的索引张量。需要额外调用 unsqueeze() 和 squeeze() 来计算索引参数，并摆脱创建的额外维度（索引应具有与正在处理的数据相同的维数）。在图 6.3 中，可以看到对 gather() 情况的示例说明，其中批包含六个条目和四个动作。

请记住，将 gather() 的结果应用于张量是一个微分运算，该运算将使所有梯度都与损失值有关。

```
next_state_values = tgt_net(next_states_v).max(1)[0]
```

上一行代码将目标网络应用于下一个状态观察值，并按相同动作维度 1 来计算最大 Q 值。函数 max() 返回最大值和这些值的索引（它同时计算 max 和 argmax），这非常方便。

但是，在本例中，我们只对价值感兴趣，因此只选结果的第一项。

```
next_state_values[done_mask] = 0.0
```

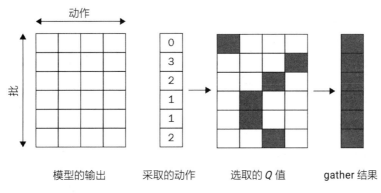

图 6.3 DQN 计算损失过程中张量的变化

在这里，我们提出一个简单但非常重要的点：如果状态转移发生在片段的最后一步，那么动作价值不会获得下一个状态的折扣奖励，因为没有可从中获得奖励的下一个状态。这看似微不足道，但在实践中非常重要，没有这个训练就不会收敛。

```
next_state_values = next_state_values.detach()
```

这行代码将值与其计算图分开，以防止梯度流入用于计算下一状态 Q 近似值的 NN。

这很重要，因为如果不这样，损失的反向传播会同时影响当前状态和下一个状态的预测。但是，我们并不想影响下一个状态的预测，因为它们在 Bellman 方程中用来计算参考 Q 值。为了阻止梯度流入图的该分支中，使用张量的 detach() 方法，该方法会返回与计算历史不相关联的张量。

```
expected_state_action_values = next_state_values * GAMMA + \
                               rewards_v
return nn.MSELoss()(state_action_values,
                    expected_state_action_values)
```

最后，计算 Bellman 近似值和均方误差损失。这样损失函数的计算就结束了，其余的代码就是训练循环。

```
if __name__ == "__main__":
    parser = argparse.ArgumentParser()
    parser.add_argument("--cuda", default=False,
                        action="store_true", help="Enable cuda")
    parser.add_argument("--env", default=DEFAULT_ENV_NAME,
                        help="Name of the environment, default=" +
                             DEFAULT_ENV_NAME)
    args = parser.parse_args()
    device = torch.device("cuda" if args.cuda else "cpu")
```

首先，创建一个命令行参数解析器。我们的脚本使我们能够启用 CUDA 并在与默认环境不同的环境中进行训练。

```
env = wrappers.make_env(args.env)
net = dqn_model.DQN(env.observation_space.shape,
                    env.action_space.n).to(device)
tgt_net = dqn_model.DQN(env.observation_space.shape,
                        env.action_space.n).to(device)
```

上述代码使用所有必需的包装器、将要训练的 NN 和具有相同结构的目标网络创建了环境。在一开始，使用不同的随机权重进行初始化，但这并不重要，因为每隔 1000 帧（大致相当于 Pong 的一个片段）同步一次。

```
writer = SummaryWriter(comment="-" + args.env)
print(net)

buffer = ExperienceBuffer(REPLAY_SIZE)
agent = Agent(env, buffer)
epsilon = EPSILON_START
```

然后，我们创建所需大小的经验回放缓冲区，并将其传给智能体。epsilon 最初初始化为 1.0，但会随着迭代增加而减小。

```
optimizer = optim.Adam(net.parameters(), lr=LEARNING_RATE)
total_rewards = []
frame_idx = 0
ts_frame = 0
ts = time.time()
best_m_reward = None
```

在训练循环之前，我们要做的最后一件事是创建一个优化器、一个完整片段奖励的缓冲区、一个帧计数器和几个变量来跟踪速度以及达到的最佳平均奖励。每当平均奖励超过记录时，就将模型保存在文件中。

```
while True:
    frame_idx += 1
    epsilon = max(EPSILON_FINAL, EPSILON_START -
                  frame_idx / EPSILON_DECAY_LAST_FRAME)
```

在训练循环的开始，计算完成的迭代次数，并根据规划减小 epsilon。epsilon 在给定帧数（EPSILON_DECAY_LAST_FRAME = 150k）内线性下降，然后保持在 EPSILON_FINAL = 0.01 的水平。

```
reward = agent.play_step(net, epsilon, device=device)
if reward is not None:
    total_rewards.append(reward)
    speed = (frame_idx - ts_frame) / (time.time() - ts)
    ts_frame = frame_idx
    ts = time.time()
    m_reward = np.mean(total_rewards[-100:])
    print("%d: done %d games, reward %.3f, "
          "eps %.2f, speed %.2f f/s" % (
        frame_idx, len(total_rewards), m_reward, epsilon,
        speed
    ))
```

```
writer.add_scalar("epsilon", epsilon, frame_idx)
writer.add_scalar("speed", speed, frame_idx)
writer.add_scalar("reward_100", m_reward, frame_idx)
writer.add_scalar("reward", reward, frame_idx)
```

在这段代码中，我们让智能体在环境中执行一步（使用当前网络和 epsilon 值）。仅当此步骤是片段的最后一步时，此函数才返回非 None 结果。

在这种情况下，我们将报告进度。具体来说，是在控制台和 TensorBoard 中计算并显示以下值：

❑ 速度，即每秒处理的帧数。

❑ 运行的片段数。

❑ 最近 100 个片段的平均奖励。

❑ epsilon 的当前值。

```
if best_m_reward is None or best_m_reward < m_reward:
    torch.save(net.state_dict(), args.env +
            "-best_%.0f.dat" % m_reward)
    if best_m_reward is not None:
        print("Best reward updated %.3f -> %.3f" % (
            best_m_reward, m_reward))
    best_m_reward = m_reward
if m_reward > MEAN_REWARD_BOUND:
    print("Solved in %d frames!" % frame_idx)
    break
```

每当最近 100 个片段的平均奖励达到最高时，我们就报告此结果并保存模型参数。如果平均奖励超过了指定边界，就停止训练。对于 Pong 来说，边界是 19.0，这意味着 21 场比赛中赢得 19 场以上。

```
if len(buffer) < REPLAY_START_SIZE:
    continue

if frame_idx % SYNC_TARGET_FRAMES == 0:
    tgt_net.load_state_dict(net.state_dict())
```

这段代码检查缓冲区是否大到可以进行训练。在开始时，我们应该积累足够的数据，在本例中为 1 万次状态转移。下一个条件是每隔 SYNC_TARGET_FRAMES（默认情况下该值为 1000）个数的帧将参数从主网络同步到目标网络。

```
optimizer.zero_grad()
batch = buffer.sample(BATCH_SIZE)
loss_t = calc_loss(batch, net, tgt_net, device=device)
loss_t.backward()
optimizer.step()
```

训练循环的最后一部分代码非常简单，但是需要的执行时间最多：将梯度归零，从经验回放缓冲区中采样数据，计算损失，并执行优化步骤以最小化损失。

6.4.4　运行和性能

这个例子对资源要求很高。在 Pong 中，它需要大约 40 万帧才能达到平均奖励 17（这意味着游戏的 80% 获胜）。从 17 提高到 19 需要相似数量的帧，因为学习进度将趋于饱和，并且模型很难再提高分数。因此，训练充分的话平均需要 100 万帧。在 GTX 1080 Ti 上，能达到每秒约 120 帧的速度，大约需要两个小时的训练。在 CPU 上，速度则要慢得多，大约为每秒 9 帧，大约需要一天半的时间训练。请记住，这是针对 Pong 游戏的，它相对容易解决。其他游戏需要数亿帧和 100 倍大的经验回放缓冲区。

在第 8 章中，我们将探讨研究人员自 2015 年以来发现的各种方法，这些方法可以帮助提高训练速度和数据效率。第 9 章将致力于提高 RL 方法性能的工程技巧。但是，对于 Atari 来说，需要资源和耐心。图 6.4 显示了训练动态图。

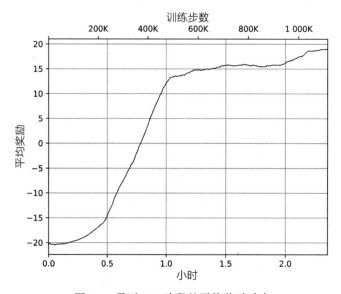

图 6.4　最近 100 片段的平均奖励动态

在训练开始时：

```
rl_book_samples/Chapter06$ ./02_dqn_pong.py --cuda
  (conv): Sequential(
    (0): Conv2d(4, 32, kernel_size=(8, 8), stride=(4, 4))
    (1): ReLU()
    (2): Conv2d(32, 64, kernel_size=(4, 4), stride=(2, 2))
    (3): ReLU()
    (4): Conv2d(64, 64, kernel_size=(3, 3), stride=(1, 1))
    (5): ReLU()
  )
  (fc): Sequential(
```

```
        (0): Linear(in_features=3136, out_features=512, bias=True)
        (1): ReLU()
        (2): Linear(in_features=512, out_features=6, bias=True)
    )
)
971: done 1 games, reward -21.000, eps 0.99, speed 890.81 f/s
1733: done 2 games, reward -21.000, eps 0.98, speed 984.59 f/s
2649: done 3 games, reward -20.667, eps 0.97, speed 987.53 f/s
Best reward updated -21.000 -> -20.667, saved
3662: done 4 games, reward -20.500, eps 0.96, speed 921.47 f/s
Best reward updated -20.667 -> -20.500, saved
4619: done 5 games, reward -20.600, eps 0.95, speed 965.86 f/s
5696: done 6 games, reward -20.500, eps 0.94, speed 963.99 f/s
6671: done 7 games, reward -20.429, eps 0.93, speed 967.28 f/s
Best reward updated -20.500 -> -20.429, saved
7648: done 8 games, reward -20.375, eps 0.92, speed 948.15 f/s
Best reward updated -20.429 -> -20.375, saved
8528: done 9 games, reward -20.444, eps 0.91, speed 954.72 f/s
9485: done 10 games, reward -20.400, eps 0.91, speed 936.82 f/s
10394: done 11 games, reward -20.455, eps 0.90, speed 256.84 f/s
11292: done 12 games, reward -20.417, eps 0.89, speed 127.90 f/s
12132: done 13 games, reward -20.385, eps 0.88, speed 130.18 f/s
```

在最初的 1 万步中，因为没有进行任何训练（代码中花费时间最多的操作），速度非常快。1 万步之后，开始对训练批次进行采样，性能显著下降。

几百场比赛之后，DQN 应该开始弄清楚如何在 21 场比赛中赢一两场。由于 eps 减小，速度降低了，不仅需要将模型用于训练，还需要将其用于环境步骤：

```
94101: done 86 games, reward -19.512, eps 0.06, speed 120.67 f/s
Best reward updated -19.541 -> -19.512, saved
96279: done 87 games, reward -19.460, eps 0.04, speed 120.21 f/s
Best reward updated -19.512 -> -19.460, saved
98140: done 88 games, reward -19.455, eps 0.02, speed 119.10 f/s
Best reward updated -19.460 -> -19.455, saved
99884: done 89 games, reward -19.416, eps 0.02, speed 123.34 f/s
Best reward updated -19.455 -> -19.416, saved
101451: done 90 games, reward -19.411, eps 0.02, speed 120.53 f/s
Best reward updated -19.416 -> -19.411, saved
103812: done 91 games, reward -19.330, eps 0.02, speed 122.41 f/s
Best reward updated -19.411 -> -19.330, saved
105908: done 92 games, reward -19.283, eps 0.02, speed 119.85 f/s
Best reward updated -19.330 -> -19.283, saved
108259: done 93 games, reward -19.172, eps 0.02, speed 122.09 f/s
Best reward updated -19.283 -> -19.172, saved
```

最后，经过更多场比赛后，DQN 终于可以统治并击败（不是非常复杂的）内置的 Pong

AI 对手：

```
1097050: done 522 games, reward 18.800, eps 0.01, speed 132.71 f/s
Best reward updated 18.770 -> 18.800, saved
1098741: done 523 games, reward 18.820, eps 0.01, speed 134.58 f/s
Best reward updated 18.800 -> 18.820, saved
1100507: done 524 games, reward 18.890, eps 0.01, speed 132.11 f/s
Best reward updated 18.820 -> 18.890, saved
1102198: done 525 games, reward 18.920, eps 0.01, speed 133.68 f/s
Best reward updated 18.890 -> 18.920, saved
1103947: done 526 games, reward 18.920, eps 0.01, speed 130.07 f/s
1105745: done 527 games, reward 18.920, eps 0.01, speed 130.27 f/s
1107423: done 528 games, reward 18.960, eps 0.01, speed 130.08 f/s
Best reward updated 18.920 -> 18.960, saved
1109286: done 529 games, reward 18.940, eps 0.01, speed 129.04 f/s
1111058: done 530 games, reward 18.940, eps 0.01, speed 128.59 f/s
1112836: done 531 games, reward 18.930, eps 0.01, speed 130.84 f/s
1114622: done 532 games, reward 18.980, eps 0.01, speed 130.34 f/s
Best reward updated 18.960 -> 18.980, saved
1116437: done 533 games, reward 19.080, eps 0.01, speed 130.09 f/s
Best reward updated 18.980 -> 19.080, saved
Solved in 1116437 frames!
```

由于训练过程中的随机性，实际动态可能与此处显示的有所不同。在一些罕见的情况下（根据笔者自己的实验，每运行 10 次会出现一次），训练根本无法收敛，看起来奖励在很长一段时间都是 –21。如果训练在前 10 万 ~ 20 万迭代中没有显示出任何正向动态，那么应重新启动。

6.4.5　模型实战

训练过程只是整个过程的一半。我们的最终目标不仅仅是训练模型，我们也希望模型能够在玩游戏时表现良好。在训练期间，每次更新最近 100 场比赛的最大平均奖励时，都会将该模型保存到文件 PongNoFrameskip-v4-best.dat 中。在 Chapter06/03_dqn_play.py 文件中，有一个程序可以加载此模型文件并运行一个片段，以显示模型的动态。

该代码非常简单，但是像魔术一样神奇，可以看到几个具有百万参数的矩阵是如何通过观察像素来以超人的准确性玩 Pong 游戏的。

```
import gym
import time
import argparse
import numpy as np
import torch

from lib import wrappers
from lib import dqn_model

import collections
```

```
DEFAULT_ENV_NAME = "PongNoFrameskip-v4"
FPS = 25
```

在一开始，导入熟悉的 PyTorch 和 Gym 模块。FPS（每秒帧数）参数指定了显示帧的大致速度。

```
if __name__ == "__main__":
    parser = argparse.ArgumentParser()
    parser.add_argument("-m", "--model", required=True,
                        help="Model file to load")
    parser.add_argument("-e", "--env", default=DEFAULT_ENV_NAME,
                        help="Environment name to use, default=" +
                             DEFAULT_ENV_NAME)
    parser.add_argument("-r", "--record", help="Directory for video")
    parser.add_argument("--no-vis", default=True, dest='vis',
                        help="Disable visualization",
                        action='store_false')
    args = parser.parse_args()
```

该脚本接受已保存模型的文件名，并允许指定 Gym 环境（当然，模型和环境必须匹配）。此外，还可以通过选项 -r 传递不存在目录名称，该目录将用于保存游戏视频（使用 Monitor 包装器）。默认情况下，脚本仅显示帧，但是如果要将模型的游戏上传到 YouTube，则用 -r 可能很方便。

```
env = wrappers.make_env(args.env)
if args.record:
    env = gym.wrappers.Monitor(env, args.record)
net = dqn_model.DQN(env.observation_space.shape,
                    env.action_space.n)
state = torch.load(args.model, map_location=lambda stg,_: stg)
net.load_state_dict(state)

state = env.reset()
total_reward = 0.0
c = collections.Counter()
```

前面的代码无须注释也很清楚，它创建环境和模型，然后从传递给参数的文件中加载权重。需要将参数 map_location 传递给 torch.load() 函数，以将加载的张量从 GPU 映射到 CPU。默认情况下，torch 会尝试将张量加载到保存张量的设备上，但是如果将模型从用于训练的计算机（带有 GPU）复制到没有 GPU 的笔记本电脑，则需要重新映射位置。本示例根本没有使用 GPU，因为没有加速推理也足够快。

```
while True:
    start_ts = time.time()
    if args.vis:
        env.render()
    state_v = torch.tensor(np.array([state], copy=False))
    q_vals = net(state_v).data.numpy()[0]
    action = np.argmax(q_vals)
    c[action] += 1
```

这段基本是训练代码的 Agent 类的 play_step() 方法的复制，没有选择 ε-greedy 动作。只是将观察结果传递给智能体，然后选择具有最大价值的动作。这里唯一的新事物是环境中的 `render()` 方法，这是 Gym 中显示当前观察值的标准方法（为此，需要有图形用户界面（Graphical User Interface，GUI））。

```
        state, reward, done, _ = env.step(action)
        total_reward += reward
        if done:
            break
        if args.vis:
            delta = 1/FPS - (time.time() - start_ts)
            if delta > 0:
                time.sleep(delta)
    print("Total reward: %.2f" % total_reward)
    print("Action counts:", c)
    if args.record:
        env.env.close()
```

其余代码也很简单。我们将动作传递给环境，计算总奖励，并在片段结束时停止循环。片段结束后，将显示总奖励以及智能体执行动作的次数。

在 YouTube 播放列表（https://www.youtube.com/playlist?list=PLMVwuZENsfJklt4vCltrWq0KV9aEZ3ylu）中，你可以找到训练各个阶段的游戏记录。

6.5　可以尝试的事情

如果你感到好奇并想自己尝试本章的内容，那么这里列出了一些可供探索的方向。不过请注意，它们可能会花费很多时间，并可能在进行实验的过程中让你感到沮丧。但是，从实操角度来看，这些实验可以真正帮你掌握知识。

- ❑ 尝试 Atari 系列中的其他游戏，例如 Breakout、Atlantis 或 River Raid（我小时候最喜欢的游戏）。这可能需要调整超参数。
- ❑ 还有另一个表格环境可作为 FrozenLake 的替代，Taxi，它模拟需要接载乘客并将其带到目的地的出租车司机。
- ❑ 使用 Pong 超参数。有可能训练得更快吗？OpenAI 声称它可以利用 asynchronous advantage actor-critic（A3C）方法（本书第三部分的主题）在 30 分钟内解决 Pong 问题。DQN 可能也可以做到。
- ❑ 可以使 DQN 训练代码更快吗？OpenAI Baselines 项目在 GTX 1080 Ti 上使用 TensorFlow 展示了 350 FPS 的速度。因此，似乎也可以优化 PyTorch 代码。我们将在第 8 章中讨论此主题，但与此同时，你也可以自己做实验。
- ❑ 在视频记录中，你可能会注意到平均得分约为零的模型运行得很好。实际上，给人的印象是这些模型表现得要好于平均得分为 10～19 的模型。这可能是由于特定游戏过拟合导致的。你能解决这个问题吗？也许有可能使用一种生成对抗网络式方法来使一个模型与另一个模型对抗?

❑ 你能获得平均得分为 21 的终极 Pong 支配者模型吗? 这应该不太难, 使学习率下降就是一个明显的方法。

6.6　总结

本章介绍了许多新的复杂的内容。介绍了在具有较大观察空间的复杂环境中进行价值迭代的局限性, 并且讨论了如何通过 Q-learning 来克服它们。在 FrozenLake 环境中验证了 Q-learning 算法, 讨论了用 NN 进行 Q 值的近似以及由此近似所带来的额外复杂性。

还介绍了 DQN 改善其训练稳定性和收敛性的几种技巧, 例如经验回放缓冲区、目标网络和帧堆叠。最后, 将这些扩展组合到 DQN 的实现中, 解决了 Atari 游戏中的 Pong 环境。

下一章将研究自 2015 年以来研究人员发现的一系列提高 DQN 收敛性和质量的技巧, 这些技巧(组合)可以在 54 款(包括新增加的)Atari 游戏中的大多数上产生很好的效果。该系列于 2017 年发布, 我们将分析并重新实现所有技巧。

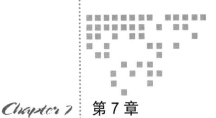

高级强化学习库

在第 6 章，我们实现了 DeepMind 在 2015 年发布的深度 Q-network（DQN）模型（https://deepmind.com/research/publications/playing-atari-deep-reinforcement-learning）。这篇论文对 RL 领域产生了重大的影响，之前人们只是普遍认为在 RL 中使用非线性近似是可能的，但 DeepMind 展示了具体做法。这一概念的证明激发了大家对深度 Q-learning 和一般 RL 的兴趣。

本章中，我们将通过讨论更高级 RL 库，向 RL 实践迈出新的一步。这些库将用高阶代码块来构建代码，并专注于要实现的方法的细节。本章大部分内容将介绍 PyTorch Agent Net（PTAN）库，本书的剩余部分都会使用它来避免代码重复，因此我们将对其进行详细的介绍。

本章将介绍：

❑ 使用高级库的动机，不要从头开始重新实现一切。

❑ PTAN 库以及最重要的部分，将通过代码示例进行说明。

❑ 针对 CartPole 上的 DQN，使用 PTAN 库来实现。

❑ 可以考虑的其他 RL 库。

7.1 为什么使用强化学习库

在第 6 章中，我们实现的基础 DQN 的代码并不冗长也不复杂——大约有 200 行训练代码加上 120 行环境包装器代码。当你还在熟悉 RL 方法的时候，自己实现所有的东西对于理解这些方法的工作原理会大有裨益。但是，你在这个领域越久，就越频繁地发现自己在一遍又一遍地编写同样的代码。

这些重复源于 RL 方法的通用性。我们在第 1 章讨论过，RL 十分灵活，并且很多现实生活中的问题都属于环境 – 智能体交互的类型。RL 方法不会对观察和动作的细节做很多假设，所以用来解决 CartPole 环境的代码也适用于 Atari 游戏（可能需要一些小调整）。

一遍又一遍地重复编写同样的代码并不是很高效，因为每次都可能会引入错误，它们会花费你大量的时间来理解逻辑及调试。另一方面，精心设计的代码已用于多个项目，它们通常在性能、单元测试、可读性和文档方面拥有更高的质量。

按照计算机科学的标准来说，RL 的工程应用还处于早期阶段，因此与其他更成熟的领域相比，可能没有那么丰富的方法可供选择。例如，对于 Web 开发来说，即使只限制使用 Python，还是有数百种各种各样的非常好的库可以选择，有用于重量级、功能齐全的网站开发的 Django，也有用于轻量级的 Web 服务器网关接口（Web Server Gateway Interface，WSGI）应用程序开发的 Flask，还有更多大大小小的其他库。

在 RL 领域，这一过程才刚刚开始，但还是可以从几个试图简化 RL 从业者工作的项目中进行选择。此外，你也可以像我几年前一样，自己编写自己的工具集。之前提到的 PTAN 就是我写的一个库，在本书的其余部分，它将被用来举例说明示例。

7.2　PTAN 库

该库位于 GitHub（https://github.com/Shmuma/ptan）。所有后续的示例均使用 PTAN 0.6 版本实现，通过运行下面的命令，就可以在你的虚拟环境安装 PTAN 0.6：

```
pip install ptan==0.6
```

PATN 最初的目标是简化我的 RL 实验，并试图在两个极端情况之间保持平衡：

❑ 导入库之后，只需要编写一行带有大量参数的代码，就能训练提供的方法，比如 DQN（一个非常生动的例子就是 OpenAI Baselines 项目）。

❑ 从头开始实现一切。

第一个极端情况的方法非常不灵活。当你使用库支持的一些方法的时候，它能很好地工作。但是如果你想要实现一些酷炫的功能，你很快就会发现必须用一些 hack 的方法同库作者施加的限制做斗争，而不是解决想解决的问题。

第二个极端情况则给了太多的自由，需要用户自己一遍又一遍地实现回放缓冲区、轨迹处理，这些都很容易出错，且很无聊、低效。

PTAN 试图平衡这两个极端情况，提供高质量的构建块来简化 RL 代码，同时尽量提供足够的灵活度，并保证不会限制创造力。

宏观来讲，PTAN 提供了下面的实体：

❑ Agent：知道如何将一批观察转换成一批需要执行的动作的类。它还可以包含可选状态，当需要在一个片段中为后续动作记录一些信息的时候可以用到。（我们会在第 17 章用到这个方法，在**深度确定性策略梯度**（Deep Deterministic Policy Gradient，

DDPG）中，需要在探索的时候包含奥恩斯坦 – 乌伦贝克随机过程）。本库提供了好几个智能体用于最常见的一些 RL 场景，你也完全可以编写自己的 BaseAgent 子类。

❑ ActionSelector：一小段与 Agent 协同工作的逻辑，它知道如何从网络的输出中选择动作。

❑ ExperienceSource 和它的变体：Agent 的实例和 Gym 环境对象可以提供关于片段轨迹的信息。它最简单的形式就是每次一个（a, r, s'）状态转移，但其功能远不止如此。

❑ ExperienceSourceBuffer 和它的变体：具有各种特性的回放缓冲区。包含一个简单的回放缓冲区和两个版本的带优先级的回放缓冲区。

❑ 各种工具类，比如 TargetNet 和用于时间序列预处理的包装器（用于在 TensorBoard 中追踪训练进度）。

❑ PyTorch Ignite 帮助类可以将 PTAN 集成到 Ignite 框架中去。

❑ Gym 环境包装器，例如 Atari 游戏的包装器（从 OpenAI Baselines 复制而来，并做了一些调整）。

基本上就是这些了。在下面的几节中，我们将详细介绍这些内容。

7.2.1 动作选择器

用 PTAN 的术语来说，**动作选择器**是可以帮忙将网络的输出转换成具体动作值的对象。最常见的场景包括：

❑ argmax：常被用在 Q 值方法中，也就是当用神经网络预测一组动作的 Q 值并需要一个 $Q(s, a)$ 最大的动作时。

❑ 基于策略的：网络的输出是概率分布（以 logits 的形式或归一化分布的形式），并且动作需要从这个分布采样。第 4 章已提到过这种情况，也就是讨论交叉熵方法的时候。

动作选择器会被 Agent 使用，基本上不需要自定义（当然你有权利自定义）。库中提供了几个具体类：

❑ ArgmaxActionSelector：对传入张量的第二维执行 argmax。（它假设参数是一个矩阵，并且它的第一维为批维度。）

❑ ProbabilityActionSeletor：从离散动作集的概率分布中采样。

❑ EpsilonGreedyActionSelector：具有 epsilon 参数，用来指定选择随机动作的概率。

所有的类都假设传入的是一个 NumPy 数组。这一节的具体例子可以在 Chapter07/01_actions.py 中找到。

```
>>> import numpy as np
>>> import ptan
```

```
>>> q_vals = np.array([[1, 2, 3], [1, -1, 0]])
>>> q_vals
array([[ 1,  2,  3],
       [ 1, -1,  0]])
>>> selector = ptan.actions.ArgmaxActionSelector()
>>> selector(q_vals)
array([2, 0])
```

如你所见，选择器返回价值最大的那个动作的索引。

```
>>> selector = ptan.actions.EpsilonGreedyActionSelector(epsilon=0.0)
>>> selector(q_vals)
array([2, 0])
```

如果 epsilon 是 0.0 的话，EpsilonGreedyActionSelector 的结果总是一样的，这意味着没有采取随机动作。如果将 epsilon 改成 1，则动作的选择是全随机的：

```
>>> selector = ptan.actions.EpsilonGreedyActionSelector(epsilon=1.0)
>>> selector(q_vals)
array([1, 1])
```

ProbabilityActionSelector 的用法是一样的，但是要求输入是归一化概率分布：

```
>>> selector = ptan.actions.ProbabilityActionSelector()
>>> for _ in range(10):
...     acts = selector(np.array([
...         [0.1, 0.8, 0.1],
...         [0.0, 0.0, 1.0],
...         [0.5, 0.5, 0.0]
...     ]))
...     print(acts)
...
[1 2 1]
[0 2 1]
[1 2 0]
[1 2 0]
[1 2 0]
[2 2 0]
[1 2 0]
[1 2 0]
[1 2 0]
[1 2 0]
```

在前面的示例中，我们从三个分布中进行采样：第一个分布选择的动作的索引为 1 的概率为 80%，第二个分布总是选择 2 号动作，而第三个分布中动作 0 和动作 1 被选到的概率相等。

7.2.2　智能体

智能体实体提供了统一的方式来连接从环境中得到的观察和我们希望执行的动作。到目前为止，只介绍过简单的、无状态的 DQN 智能体，它可以使用神经网络（NN）从当前的观察中获取动作的价值，并贪婪地使用这些值。我们已经使用 ε-greedy 的方式探索了环境，但是它并不能提升很多。

在 RL 领域，智能体还能变得更加复杂。例如，除了可以预测动作的价值之外，智能体还可以预测动作的概率分布。这样的智能体称为**策略智能体**，我们将会在本书的第三部分进行讨论。

另外一种情况是智能体需要在观察之间保持状态。例如，常常一个观察（甚至是最近 k 个观察）不足以决定动作的选取，因此要让智能体保存一些记忆来捕获必要的信息。RL 有一个完整的子领域，可以通过部分可观察的马尔可夫决策过程（POMDP）来处理这类复杂问题，这在本书中并不涉及。

智能体的第三种变体在**连续控制问题**中很常见，这会在本书的第四部分讨论。目前只需要了解，在这种情况下，动作将不再是离散的值，而是一些连续值，而智能体需要从观察中预测这些动作。

为了能覆盖所有的变体并让代码足够灵活，在 PTAN 中，智能体被实现为可扩展的类层次结构，最顶部就是一个 `ptan.agent.BaseAgent` 抽象类。宏观来讲，智能体需要接受一批观察（以 NumPy 数组的形式）并返回一批它想执行的动作。按批处理可以加速计算，因为将好几个观察一次传给图形处理单元（GPU）处理比一个个处理要高效得多。

抽象基类并没有定义输入输出的类型，因此很容易扩展。例如，在连续域中，智能体将不再使用离散动作的索引，而是使用浮点数。

任何情况下，智能体都能视为知道如何将观察转换为动作的某样东西，并且智能体可以决定如何转换。通常我们不会假设观察或动作的类型，但是实现智能体的具体类的时候就会有限制了。PTAN 提供了两个最常见的将观察转换成动作的方式：`DQNAgent` 和 `PolicyAgent`。

在实际问题中，通常需要定制智能体。原因包括：

❑ NN 的架构很酷炫，它的动作空间可以同时包含连续和离散值，它可以包含多种观察（例如，文本和像素）或类似的东西。

❑ 你可能想要使用非标准的探索策略，例如奥恩斯坦－乌伦贝克过程（在连续控制领域非常流行的探索策略）。

❑ 你有 POMDP 环境，智能体的动作不是完全根据观察来决定的，而会适当包含一些智能体内部的状态（奥恩斯坦－乌伦贝克探索也是如此）。

所有的这些情况都可以通过 `BaseAgent` 类的子类来实现，在本书的其余部分，将会给出几个这种重定义的示例。

现在可以研究一下库里提供的标准智能体：`DQNAgent` 和 `PolicyAgent`。完整的示例见 `Chapter07/02_agents.py`。

DQNAgent

当动作空间不是非常大的时候，这个类可以适用于 Q-learning，包括 Atari 游戏和很多经典的问题。这个方法不是很通用，但本书的后面将介绍如何解决这个问题。DQNAgent 需要一批观察（NumPy 数组）作为输入，使用网络来获得 Q 值，然后使用提供的 ActionSelector 将 Q 值转换成动作的索引。

我们来看一个小例子。为简单起见，假设网络始终为输入的批产生相同的输出。

```python
class DQNNet(nn.Module):
    def __init__(self, actions: int):
        super(DQNNet, self).__init__()
        self.actions = actions

    def forward(self, x):
        return torch.eye(x.size()[0], self.actions)
```

一旦定义了上面的类，就可以将它用作 DQN 模型：

```python
>>> net = DQNNet(actions=3)
>>> net(torch.zeros(2, 10))
tensor([[1., 0., 0.],
        [0., 1., 0.]])
```

我们从简单的 argmax 策略开始，智能体将总是返回神经网络输出结果是 1 的那些动作。

```python
>>> selector = ptan.actions.ArgmaxActionSelector()
>>> agent = ptan.agent.DQNAgent(dqn_model=net, action_
selector=selector)
>>> agent(torch.zeros(2, 5))
(array([0, 1]), [None, None])
```

输入的批会包含两个观察，分别有 5 个值，而输出则是智能体返回的两个对象：

❑ 每个批对应要执行的动作的数组。在本示例中，第一批对应动作 0，第二批对应动作 1。

❑ 智能体内部状态的列表。这用于有状态的智能体，本示例中则是一个 None 的列表。因为本例中智能体是无状态的，所以可以忽略该参数。

现在我们给智能体加上 ε-greedy 的探索策略。为此，只需要传入一个不同的动作选择器即可：

```python
>>> selector = ptan.actions.EpsilonGreedyActionSelector(epsilon=1.0)
>>> agent = ptan.agent.DQNAgent(dqn_model=net, action_
selector=selector)
>>> agent(torch.zeros(10, 5))[0]
array([2, 0, 0, 0, 1, 2, 1, 2, 2, 1])
```

因为 epsilon 是 1.0，所以不管神经网络的输出是什么，所有的动作都是随机选择的。但是我们可以随时改变 epsilon 的值，当需要在训练的时候随着时间减小 epsilon 时，这个特性会很有用。

```
>>> selector.epsilon = 0.5
>>> agent(torch.zeros(10, 5))[0]
array([0, 1, 0, 1, 0, 0, 2, 1, 1, 2])
>>> selector.epsilon = 0.1
>>> agent(torch.zeros(10, 5))[0]
array([0, 1, 2, 0, 0, 0, 0, 0, 2, 0])
```

PolicyAgent

PolicyAgent 需要神经网络生成离散动作集的策略分布。策略分布可以是 logits（未归一化的）分布，也可以是归一化分布。实践中，最好都是用 logits 分布以提升训练过程的数值稳定性。

我们来重新实现上面的例子，只不过这次让神经网络生成概率：

```
class PolicyNet(nn.Module):
    def __init__(self, actions: int):
        super(PolicyNet, self).__init__()
        self.actions = actions

    def forward(self, x):
        # Now we produce the tensor with first two actions
        # having the same logit scores
        shape = (x.size()[0], self.actions)
        res = torch.zeros(shape, dtype=torch.float32)
        res[:, 0] = 1
        res[:, 1] = 1
        return res
```

上面的类可以用来获取一批观察（在本示例中被忽略了）的动作 logits：

```
>>> net = PolicyNet(actions=5)
>>> net(torch.zeros(6, 10))
tensor([[1., 1., 0., 0., 0.],
        [1., 1., 0., 0., 0.],
        [1., 1., 0., 0., 0.],
        [1., 1., 0., 0., 0.],
        [1., 1., 0., 0., 0.],
        [1., 1., 0., 0., 0.]])
```

现在我们可以将 PolicyAgent 和 ProbabilityActionSelector 组合起来。由于后者需要归一化的概率，因此需要让 PolicyAgent 对神经网络的输出应用一个 softmax。

```
>>> selector = ptan.actions.ProbabilityActionSelector()
>>> agent = ptan.agent.PolicyAgent(model=net, action_
selector=selector, apply_softmax=True)
>>> agent(torch.zeros(6, 5))[0]
array([0, 4, 0, 0, 1, 2])
```

请注意 softmax 操作会为 0 logits 生成非 0 的概率，所以智能体仍然可以选到下标大于 1 的动作。

```
>>> torch.nn.functional.softmax(net(torch.zeros(1, 10)), dim=1)
tensor([[0.3222, 0.3222, 0.1185, 0.1185, 0.1185]])
```

7.2.3　经验源

上一节描述的智能体的抽象方式允许我们用通用的方式来实现和环境的交互。这些交互会以轨迹的形式发生，而轨迹是通过将智能体的动作应用于 Gym 环境而产生的。

宏观上来说，经验源类通过使用智能体实例和环境实例提供轨迹的每一步数据。这些类的功能包括：

- ❑ 支持多个环境同时交互。通过让智能体一次处理一批观察来高效地利用 GPU。
- ❑ 预处理轨迹，并以对之后训练有利的方式来表示。例如，实现一个带累积奖励的子轨迹 rollout 的方法。当我们不关心子轨迹的各个中间步时，可以将其删除，这样的预处理对 DQN 和 n 步 DQN 都很方便。它节约了内存并减少了需要编写的代码量。
- ❑ 支持来自 OpenAI Universe 的向量化环境。我们会在第 17 章 Web 自动化和 MiniWoB 环境中介绍它。

所以，经验源类充当"魔力黑盒"，向库的用户隐藏了环境交互和轨迹处理的复杂性。但是 PTAN 的设计理念是灵活性和可扩展性，所以，如果需要，你可以继承已有的类，也可以根据需要实现自己的版本。

系统提供了三个类：

- ❑ `ExperienceSource`：使用智能体和一组环境，它可以产生带所有中间步的 n 步子轨迹。
- ❑ `ExperienceSourceFirstLast`：和 `ExperienceSource` 一样，只不过将完整的子轨迹（带所有中间步）替换成了只带第一和最后一步的子轨迹，同时会将中间的奖励累积起来。这样可以节约很多内存，在 n 步 DQN 或 advantage actor-critic（A2C）rollout 中就会用到。
- ❑ `ExperienceSourceRollouts`：遵循 Mnih 关于 Atari 游戏的论文中描述的 asynchronous advantage actor-critic（A3C）rollout 方案（参见第 12 章）。

所有类被设计成能高效地运行在中央处理器（CPU）和内存上，这对于玩具问题不是很重要，但是当你要解决 Atari 游戏问题，并需要用商用硬件在回放缓冲区保留 1000 万个样本时，这可能会是个大问题。

玩具环境

为了演示，我们将实现一个非常简单的 Gym 环境，并用一个小量级的可预测观察状态来展示经验源类怎么工作。这个环境拥有从 0 ~ 4 的整数形式的观察、整数形式的动作，以及和动作对应的奖励：

```
class ToyEnv(gym.Env):
    def __init__(self):
        super(ToyEnv, self).__init__()
        self.observation_space = gym.spaces.Discrete(n=5)
        self.action_space = gym.spaces.Discrete(n=3)
```

```
        self.step_index = 0

    def reset(self):
        self.step_index = 0
        return self.step_index

    def step(self, action):
        is_done = self.step_index == 10
        if is_done:
            return self.step_index % self.observation_space.n, \
                   0.0, is_done, {}
        self.step_index += 1
        return self.step_index % self.observation_space.n, \
               float(action), self.step_index == 10, {}
```

除了环境外，我们还会使用一个不管观察是什么都产生同样动作的智能体。

```
class DullAgent(ptan.agent.BaseAgent):
    """
    Agent always returns the fixed action
    """
    def __init__(self, action: int):
        self.action = action

    def __call__(self, observations: List[Any],
                 state: Optional[List] = None) \
            -> Tuple[List[int], Optional[List]]:
        return [self.action for _ in observations], state
```

ExperienceSource 类

第一个类是 ptan.experience.ExperienceSource，它会产生给定长度的智能体轨迹。它会自动处理片段的结束情况（当环境的 step() 方法返回 is_done=True 时）并重置环境。

构造函数接受几个参数：

❑ 要使用的 Gym 环境。或者也可以是环境列表。

❑ 智能体实例。

❑ steps_count=2：产生的轨迹长度。

❑ vectorized=False：如果设成 True，环境需要是一个 OpenAI Universe 的向量化环境。我们会在第 16 章详细讨论这类环境。

这个类提供了标准的 Python 迭代器接口，所以可以直接通过迭代它来获得子轨迹：

```
>>> env = ToyEnv()
>>> agent = DullAgent(action=1)
>>> exp_source = ptan.experience.ExperienceSource(env=env,
agent=agent, steps_count=2)
>>> for idx, exp in enumerate(exp_source):
...     if idx > 2:
...         break
...     print(exp)
...
(Experience(state=0, action=1, reward=1.0, done=False),
```

```
Experience(state=1, action=1, reward=1.0, done=False))
(Experience(state=1, action=1, reward=1.0, done=False),
Experience(state=2, action=1, reward=1.0, done=False))
(Experience(state=2, action=1, reward=1.0, done=False),
Experience(state=3, action=1, reward=1.0, done=False))
```

每次迭代，ExperienceSource 都返回智能体在与环境交互时的轨迹。这可能看起来很简单，但是在示例的背后还发生了几件事情：

1）环境的 reset() 被调用了，用来获得初始状态。

2）智能体被要求从返回的状态中选择要执行的动作。

3）step() 方法被执行，以获得奖励和下一个状态。

4）下一个状态被传给智能体以获得下一个动作。

5）从一个状态转移到下一个状态的相关信息被返回了。

6）重复该过程（从步骤 3 开始），一直到经验源被遍历完。

如果智能体改变了产生动作的方式（通过改变神经网络的权重、减少 epsilon 或一些其他手段），它会立即影响我们获取到的经验轨迹。

ExperienceSource 实例返回的是元组，它的长度等于或小于传给构造函数的 step_count 参数。在本例中，我需要 2 步子轨迹，所以元组的长度不是 2 就是 1（片段在第 1 步的时候就结束了）。元组中的所有对象都是 ptan.experience.Experience 类的实例，它是一个 namedtuple，包含下列字段：

❑ state：在执行动作前观察到的状态。

❑ action：执行的动作。

❑ reward：从 env 中得到的立即奖励。

❑ done：片段是否结束。

如果片段结束了，子轨迹会更短，底层的环境也会被自动重置，所以我们无须关心它，只要继续迭代就好了。

```
>>> for idx, exp in enumerate(exp_source):
>>>     if idx > 15:
>>>         break
>>>     print(exp)
(Experience(state=0, action=1, reward=1.0, done=False),
Experience(state=1, action=1, reward=1.0, done=False))
......
(Experience(state=3, action=1, reward=1.0, done=False),
Experience(state=4, action=1, reward=1.0, done=True))
(Experience(state=4, action=1, reward=1.0, done=True),)
(Experience(state=0, action=1, reward=1.0, done=False),
Experience(state=1, action=1, reward=1.0, done=False))
......
(Experience(state=0, action=1, reward=1.0, done=False),
Experience(state=1, action=1, reward=1.0, done=False))
```

我们能让 ExperienceSource 返回任意长度的子轨迹。

```
>>> exp_source = ptan.experience.ExperienceSource(env=env,
...                  agent=agent, steps_count=4)
>>> next(iter(exp_source))
(Experience(state=0, action=1, reward=1.0, done=False),
 Experience(state=1, action=1, reward=1.0, done=False),
 Experience(state=2, action=1, reward=1.0, done=False),
 Experience(state=3, action=1, reward=1.0, done=False))
```

我们能传入好几个 gym.Env 实例。在这种情况下，它们会以 round-robin 的方式被调用。

```
>>> exp_source = ptan.experience.ExperienceSource(env=[env, env],
agent=agent, steps_count=4)
>>> for idx, exp in enumerate(exp_source):
...     if idx > 4:
...         break
...     print(exp)
(Experience(state=0, action=1, reward=1.0, done=False),
Experience(state=1, action=1, reward=1.0, done=False))
(Experience(state=0, action=1, reward=1.0, done=False),
Experience(state=1, action=1, reward=1.0, done=False))
(Experience(state=1, action=1, reward=1.0, done=False),
Experience(state=2, action=1, reward=1.0, done=False))
(Experience(state=1, action=1, reward=1.0, done=False),
Experience(state=2, action=1, reward=1.0, done=False))
(Experience(state=2, action=1, reward=1.0, done=False),
Experience(state=3, action=1, reward=1.0, done=False))
```

ExperienceSourceFirstLast

ExperienceSource 类提供了给定长度的完整的子轨迹，会返回 (s, a, r) 对象列表。下一个状态 s' 会在下一个元组返回，这种方式不是很方便。例如，在 DQN 的训练中，我们想要一个 (s, a, r, s') 的元组来一次完成 1 步 Bellman 近似。此外，还有一些 DQN 的扩展，例如 n 步 DQN，可能想要将较长的观察序列压缩成（状态，动作，n 步的总奖励，n 步之后的状态）元组。

为了以通用的方式支持此功能，实现了 ExperienceSource 类的一个简单子类：Experience-SourceFirstLast。它的构造函数的参数和父类差不多，但是返回的数据不同。

```
>>> exp_source = ptan.experience.ExperienceSourceFirstLast(env, agent,
gamma=1.0, steps_count=1)

>>> for idx, exp in enumerate(exp_source):
...     print(exp)
...     if idx > 10:
...         break
ExperienceFirstLast(state=0, action=1, reward=1.0, last_state=1)
ExperienceFirstLast(state=1, action=1, reward=1.0, last_state=2)
ExperienceFirstLast(state=2, action=1, reward=1.0, last_state=3)
ExperienceFirstLast(state=3, action=1, reward=1.0, last_state=4)
ExperienceFirstLast(state=4, action=1, reward=1.0, last_state=0)
ExperienceFirstLast(state=0, action=1, reward=1.0, last_state=1)
ExperienceFirstLast(state=1, action=1, reward=1.0, last_state=2)
```

```
ExperienceFirstLast(state=2, action=1, reward=1.0, last_state=3)
ExperienceFirstLast(state=3, action=1, reward=1.0, last_state=4)
ExperienceFirstLast(state=4, action=1, reward=1.0, last_state=None)
ExperienceFirstLast(state=0, action=1, reward=1.0, last_state=1)
ExperienceFirstLast(state=1, action=1, reward=1.0, last_state=2)
```

现在，每次迭代它都会返回一个对象，这个对象也是一个 namedtuple，包含下列字段：

- ❑ state：用来决定动作的状态。
- ❑ action：在这一步执行的动作。
- ❑ reward：steps_count 步累积的奖励（在本例中，steps_count=1，所以它等同于立即奖励）。
- ❑ last_state：在执行完动作后，得到的状态。如果片段结束了，这个值就为 None。

这个数据用在 DQN 的训练中就十分方便了，我们可以直接对它应用 Bellman 近似方法。

我们来尝试一下更多步的情况：

```
>>> exp_source = ptan.experience.ExperienceSourceFirstLast(env,
...                     agent, gamma=1.0, steps_count=2)
>>> for idx, exp in enumerate(exp_source):
...     print(exp)
...     if idx > 10:
...         break
ExperienceFirstLast(state=0, action=1, reward=2.0, last_state=2)
ExperienceFirstLast(state=1, action=1, reward=2.0, last_state=3)
ExperienceFirstLast(state=2, action=1, reward=2.0, last_state=4)
ExperienceFirstLast(state=3, action=1, reward=2.0, last_state=0)
ExperienceFirstLast(state=4, action=1, reward=2.0, last_state=1)
ExperienceFirstLast(state=0, action=1, reward=2.0, last_state=2)
ExperienceFirstLast(state=1, action=1, reward=2.0, last_state=3)
ExperienceFirstLast(state=2, action=1, reward=2.0, last_state=4)
ExperienceFirstLast(state=3, action=1, reward=2.0, last_state=None)
ExperienceFirstLast(state=4, action=1, reward=1.0, last_state=None)
ExperienceFirstLast(state=0, action=1, reward=2.0, last_state=2)
ExperienceFirstLast(state=1, action=1, reward=2.0, last_state=3)
```

我们现在可以将每个迭代中的 2 步压缩在一起了，并计算立即奖励（这就是为什么大多数的样本都是 reward=2.0）。更有趣的是在片段末尾的样本：

```
ExperienceFirstLast(state=3, action=1, reward=2.0, last_state=None)
ExperienceFirstLast(state=4, action=1, reward=1.0, last_state=None)
```

片段末尾的样本会带有 last_state=None，但是我们还额外计算了片段剩余步数的累积奖励。这些小细节在你自己实现并处理所有轨迹的时候很容易出错。

7.2.4 经验回放缓冲区

在 DQN 中，我们很少直接处理经验样本，因为它们之间存在高度相关性，这会导致训练不稳定。我们通常会有一个很大的回放缓冲区，其中存有大量经验。然后从缓冲区采样（随机或带有优先级权重）来获得训练批。回放缓冲区通常有一个最大容量，所以当回放缓冲区添满后，旧样本会被剔除。

有好几个实现方面的技巧可以使用，当需要处理大问题的时候，这些技巧就显得尤为重要：

- ❑ 如何从大缓冲区高效采样。
- ❑ 如何从缓冲区中剔除旧样本。
- ❑ 对于带优先级的缓冲区，如何以最有效的方式维护和处理优先级。

如果你想要解决 Atari 问题并保留 100 ~ 1000 万的样本（其中每个样本都是游戏中的图片），一切就都变得不简单了。一个小失误可能就会导致内存增加 10 ~ 100 倍，并严重降低训练的速度。

PTAN 提供了好几类回放缓冲区，它们集成了 ExperienceSource 和 Agent 的机制。通常，你需要做的就是要求缓冲区从数据源那获取新样本，然后采样训练批。提供的类包含：

- ❑ ExperienceReplayBuffer：一个简单的有预定义大小的回放缓冲区，使用均匀采样。
- ❑ PrioReplayBufferNaive：一个简单却不高效的带优先级的回放缓冲区实现。采样的复杂度为 $O(n)$，对于大缓冲区来说会是一个大问题。这个版本相比优化过后的类来说有一个优势：它的代码更简单。
- ❑ PrioritizedReplayBuffer：使用区间树进行采样，这使得代码变得比较晦涩，但是采样复杂度降低到了 $O(\log(n))$。

下面的代码展示了回放缓冲区是如何使用的：

```
>>> env = ToyEnv()
>>> agent = DullAgent(action=1)
>>> exp_source = ptan.experience.ExperienceSourceFirstLast(env, agent,
gamma=1.0, steps_count=1)
>>> buffer = ptan.experience.ExperienceReplayBuffer(exp_source,
buffer_size=100)
>>> len(buffer)
0
```

所有的回放缓冲区都提供了以下接口：

- ❑ Python 迭代器接口，用于遍历缓冲区中的所有样本。
- ❑ populate(N) 方法，用于从经验源中获取 N 个样本并将其放入缓冲区。
- ❑ sample(N) 方法，用于获取包含 N 个经验对象的批。

所以，DQN 常规的训练循环看起来像是下列步骤的无限重复：

1）调用 buffer.populate(1) 从环境中获取一个新样本。

2）用 batch = buffer.sample(BATCH_SIZE) 从缓冲区中获取批。

3）计算采样到的批的损失。

4）反向传播。

5）重复执行直到收敛。

剩下的事情（重置环境、处理子轨迹、维护缓冲区大小等）都是自动进行的。

```
>>> for step in range(6):
...     buffer.populate(1)
...     if len(buffer) < 5:
...         continue
...     batch = buffer.sample(4)
...     print("Train time, %d batch samples:" % len(batch))
...     for s in batch:
...         print(s)
Train time, 4 batch samples:
ExperienceFirstLast(state=0, action=1, reward=1.0, last_state=1)
ExperienceFirstLast(state=3, action=1, reward=1.0, last_state=4)
ExperienceFirstLast(state=2, action=1, reward=1.0, last_state=3)
ExperienceFirstLast(state=4, action=1, reward=1.0, last_state=0)
Train time, 4 batch samples:
ExperienceFirstLast(state=3, action=1, reward=1.0, last_state=4)
ExperienceFirstLast(state=2, action=1, reward=1.0, last_state=3)
ExperienceFirstLast(state=0, action=1, reward=1.0, last_state=1)
ExperienceFirstLast(state=3, action=1, reward=1.0, last_state=4)
```

7.2.5 TargetNet 类

TargetNet 是一个很小但很有用的类，利用它我们可以同步相同结构的两个 NN。上一章描述了它的目的：提高训练稳定性。TargetNet 支持两种同步模式：

❑ sync()：源神经网络的权重被复制到了目标神经网络。

❑ alpha_sync()：源神经网络的权重被以某 alpha 的比重（在 0 ~ 1 之间）混合到了目标神经网络。

第一种模式是在离散空间问题（例如 Atari 和 CartPole）中同步目标神经网络的标准方法。我们在第 6 章就用了这个方法。后一种模式用于连续控制问题，它会在本书第四部分的几章中介绍。在此类问题中，两个神经网络之间的参数过渡应该平滑，所以使用了 alpha 混合策略，公式为 $w_i = w_i \alpha + s_i (1-\alpha)$，$w_i$ 是目标神经网络的第 i 个参数，s_i 是源神经网络的权重。下面用一个小示例来展示 TargetNet 如何在代码中使用。

假设我们有下面的神经网络：

```
class DQNNet(nn.Module):
    def __init__(self):
        super(DQNNet, self).__init__()
        self.ff = nn.Linear(5, 3)
```

```
    def forward(self, x):
        return self.ff(x)
```

目标神经网络可以这样创建：

```
>>> net = DQNNet()
>>> net
DQNNet(
  (ff): Linear(in_features=5, out_features=3, bias=True)
)
>>> tgt_net = ptan.agent.TargetNet(net)
```

目标神经网络包含两个字段：model（对源神经网络的引用）和 target_model（源神经网络的深复制）。如果检查两个神经网络的权重，它们会是相同的：

```
>>> net.ff.weight
Parameter containing:
tensor([[-0.3287,  0.1219,  0.1804,  0.0993, -0.0996],
        [ 0.1890, -0.1656, -0.0889,  0.3874,  0.1428],
        [-0.3872, -0.2714, -0.0618, -0.2972,  0.4414]], requires_
grad=True)

>>> tgt_net.target_model.ff.weight
Parameter containing:
tensor([[-0.3287,  0.1219,  0.1804,  0.0993, -0.0996],
        [ 0.1890, -0.1656, -0.0889,  0.3874,  0.1428],
        [-0.3872, -0.2714, -0.0618, -0.2972,  0.4414]], requires_
grad=True)
```

它们彼此独立，但是拥有同样的结构：

```
>>> net.ff.weight.data += 1.0
>>> net.ff.weight
Parameter containing:
tensor([[0.6713, 1.1219, 1.1804, 1.0993, 0.9004],
        [1.1890, 0.8344, 0.9111, 1.3874, 1.1428],
        [0.6128, 0.7286, 0.9382, 0.7028, 1.4414]], requires_grad=True)
>>> tgt_net.target_model.ff.weight
Parameter containing:
tensor([[-0.3287,  0.1219,  0.1804,  0.0993, -0.0996],
        [ 0.1890, -0.1656, -0.0889,  0.3874,  0.1428],
        [-0.3872, -0.2714, -0.0618, -0.2972,  0.4414]], requires_
grad=True)
```

如果要再次同步，可以使用 sync() 方法：

```
>>> tgt_net.sync()
>>> net.ff.weight
Parameter containing:
tensor([[0.6713, 1.1219, 1.1804, 1.0993, 0.9004],
        [1.1890, 0.8344, 0.9111, 1.3874, 1.1428],
        [0.6128, 0.7286, 0.9382, 0.7028, 1.4414]], requires_grad=True)

>>> tgt_net.target_model.ff.weight
Parameter containing:
tensor([[0.6713, 1.1219, 1.1804, 1.0993, 0.9004],
```

```
        [1.1890, 0.8344, 0.9111, 1.3874, 1.1428],
        [0.6128, 0.7286, 0.9382, 0.7028, 1.4414]], requires_grad=True)
```

7.2.6　Ignite 帮助类

PyTorch Ignite 在第 3 章中简单地进行了介绍，它会在本书的其余部分大量使用以减少训练循环的代码数量。PTAN 提供了几个小的帮助类来简化同 Ignite 的集成，它们都在 `ptan.ignite` 包中：

- ❑ `EndOfEpisodeHandler`：它 附 加 在 `ignite.Engine`，会 发 布 `EPISODE_COMPLETED` 事件，并在引擎的指标中跟踪该事件的奖励和步数。它还可以在最后几个片段的平均奖励达到预定义边界时发布事件，此事件应该用在某些有目标奖励值的训练。
- ❑ `EpisodeFPSHandler`：记录智能体和环境之间的交互数，并以每秒帧数的形式计算性能指标。它还可以缓存自训练开始以来经过的秒数。
- ❑ `PeriodicEvents`：每 10、100 或 1000 个训练迭代发布一次相应的事件。这对于减少写入 TensorBoard 的数据量很有帮助。

下一章会详细说明前面的这些类要如何使用，那时将使用它们来重新实现第 6 章中的 DQN 训练，然后尝试一些 DQN 的扩展并做一些调整以改善基本 DQN 的收敛性。

7.3　PTAN 版本的 CartPole 解决方案

现在我们来使用 PTAN 中的类（暂时不使用 Ignite）并尝试将所有内容组合在一起，解决我们遇到的第一个环境：CartPole。完整的代码在 `Chapter07/06_cartpole.py`。此处仅展示与刚刚介绍的内容相关的重要代码。

```
net = Net(obs_size, HIDDEN_SIZE, n_actions)
tgt_net = ptan.agent.TargetNet(net)
selector = ptan.actions.ArgmaxActionSelector()
selector = ptan.actions.EpsilonGreedyActionSelector(
    epsilon=1, selector=selector)
agent = ptan.agent.DQNAgent(net, selector)
exp_source = ptan.experience.ExperienceSourceFirstLast(
    env, agent, gamma=GAMMA)
buffer = ptan.experience.ExperienceReplayBuffer(
    exp_source, buffer_size=REPLAY_SIZE)
```

在开始时，创建了 NN（之前在 CartPole 中使用过的简单的两层前馈 NN）、目标 NN、ε-greedy 动作选择器以及 `DQNAgent`。然后又创建了经验源和回放缓冲区。仅这几行代码，就完成了数据管道。接下来只需要调用缓冲区的 `populate()` 方法来采样一些训练批。

```
while True:
    step += 1
    buffer.populate(1)

    for reward, steps in exp_source.pop_rewards_steps():
        episode += 1
        print("%d: episode %d done, reward=%.3f, epsilon=%.2f" % (
            step, episode, reward, selector.epsilon))
        solved = reward > 150
    if solved:
        print("Congrats!")
        break

    if len(buffer) < 2*BATCH_SIZE:
        continue
    batch = buffer.sample(BATCH_SIZE)
```

在每个训练循环开始时，我们都要求缓冲区从经验源获取一个样本并检查片段是否结束。ExperienceSource 类的 pop_rewards_steps() 方法返回一个元组列表，包含了自上一次调用该方法后的所有已结束的片段信息。

```
states_v, actions_v, tgt_q_v = unpack_batch(
    batch, tgt_net.target_model, GAMMA)
optimizer.zero_grad()
q_v = net(states_v)
q_v = q_v.gather(1, actions_v.unsqueeze(-1)).squeeze(-1)
loss_v = F.mse_loss(q_v, tgt_q_v)
loss_v.backward()
optimizer.step()
selector.epsilon *= EPS_DECAY

if step % TGT_NET_SYNC == 0:
    tgt_net.sync()
```

在训练循环的后半部分，我们将一批 ExperienceFirstLast 对象转换成了适合 DQN 训练的张量、计算了损失并且执行了反向传播。最后，衰减动作选择器的 epsilon 值（根据所使用的超参数，epsilon 会在训练的第 500 步衰减至 0），并让目标网络每 10 次训练迭代进行一次同步。

代码执行后，应该在 1000～2000 个训练迭代后收敛。

```
$ python 06_cartpole.py
18: episode 1 done, reward=17.000, steps=17, epsilon=1.00
33: episode 2 done, reward=15.000, steps=15, epsilon=0.99
58: episode 3 done, reward=25.000, steps=25, epsilon=0.77
100: episode 4 done, reward=42.000, steps=42, epsilon=0.50
116: episode 5 done, reward=16.000, steps=16, epsilon=0.43
129: episode 6 done, reward=13.000, steps=13, epsilon=0.38
140: episode 7 done, reward=11.000, steps=11, epsilon=0.34
152: episode 8 done, reward=12.000, steps=12, epsilon=0.30
```

```
......
348: episode 27 done, reward=9.000, steps=9, epsilon=0.04
358: episode 28 done, reward=10.000, steps=10, epsilon=0.04
435: episode 29 done, reward=77.000, steps=77, epsilon=0.02
537: episode 30 done, reward=102.000, steps=102, epsilon=0.01
737: episode 31 done, reward=200.000, steps=200, epsilon=0.00
Congrats!
```

7.4 其他强化学习库

正如之前所说，和 RL 相关的库还有好几个。总体来说，TensorFlow 比 PyTorch 更受欢迎，因为它在深度学习社区中更为知名。下面是我的库列表：

❑ Keras-RL：由 Matthias Plappert 于 2016 年创立，包括基本的深度 RL 方法。顾名思义，该库是使用 Keras 实现的，它是 TensorFlow 的高级包装器（https://github.com/keras-rl/keras-rl）。

❑ Dopamine：谷歌于 2018 年发布的库。由于它来自谷歌，所以它只限定于 TensorFlow 也就不奇怪了（https://github.com/google/dopamine）。

❑ Ray：用于机器学习代码的分布式执行。RL 的实用工具包就是该库的一部分（https://github.com/ray-project/ray）。

❑ TF-Agents：谷歌在 2018 发布的另一个库（https://github.com/tensorflow/agents）。

❑ ReAgent：Facebook Research 发布的库。它内部使用 PyTorch 并使用声明式风格的配置（比如创建一个 JSON 文件来描述问题），这限制了可扩展性。但是，由于它是开源的，你可以随时扩展想要的功能（https://github.com/facebookresearch/ReAgent）。

❑ Catalyst.RL：由 Sergey Kolesnikov（本书的技术评审之一）发起的项目。它使用 PyTorch 作为后端（https://github.com/catalyst-team/catalyst）。

❑ SLM Lab：另一个 PyTorch 的 RL 库（https://github.com/kengz/SLM-Lab）。

7.5 总结

本章讨论了更高级的 RL 库、它们的动机和要求。然后深入研究了 PTAN 库，本书的其余部分会用它来简化示例代码。

下一章将回到 DQN 方法，通过研究自从经典 DQN 引入以来研究人员和工程人员已经发现的扩展，来提升该方法的稳定性和性能。

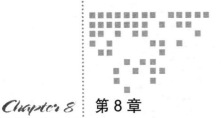

DQN 扩展

自 DeepMind 于 2015 年发布了**深度 Q-network（Deep Q-network，DQN）**模型的论文
（https://deepmind.com/research/publications/playing-atari-deep-reinforcement-learning）以来，
已经有许多对基础架构的改进和调整被提出了，极大地提高了 DeepMind 的基础 DQN 的收
敛性、稳定性和采样效率。本章我们会深入地研究其中一些思想。

非常方便的是，DeepMind 在 2017 年 10 月发表了一篇名为 " Rainbow: Combining
Improvements in Deep Reinforcement Learning" 的论文 [1]，其中介绍了 DQN 的七个最重要
的改进。其中有些是在 2015 年发明的，还有些则是最近才发明的。在论文中，仅通过组合
这七个方法，就在 Atari 游戏套件中取得了最先进的结果。本章将介绍所有这些方法，分析
它们背后的理念，以及如何实现它们，并与基础 DQN 进行性能比较。最后，组合所有的方
法并校验其性能。

之后将介绍的 DQN 扩展包括：

❑ **N 步 DQN**：如何通过简单展开 Bellman 方程来提升收敛速度和稳定性，以及为什么
它不是最终方案。

❑ **Double DQN**：如何处理 DQN 对动作价值评估过高的问题。

❑ **噪声网络**：如何通过增加网络权重的噪声来提升探索的效率。

❑ **带优先级的回放缓冲区**：为什么对经验进行均匀采样不是训练的最佳方法。

❑ **Dueling DQN**：如何通过使网络结构更接近正在解决的问题来加速收敛。

❑ **Categorical DQN**：如何跳脱动作的单个期待价值，使用完整的分布。

8.1　基础 DQN

首先，我们将实现与第 6 章中一样的 DQN 方法，但要使用第 7 章中介绍的高级库来实现。这会使代码更加紧凑，这点很重要，因为和方法逻辑不相关的细节不会使我们分心。

同时，本书的目的不是教你如何使用现有的库，而是开发你对 RL 方法的直觉，并在必要时从头实现一切。从我的角度来看，这是更有价值的技能，因为库有兴起衰落，而对于领域的真正理解将使你能够快速理解别人的代码并有意识地使用它。

在基础 DQN 的实现中，有三个模块：

❑ Chapter08/lib/dqn_model.py：DQN 神经网络，代码和第 6 章中的一样，所以这里不再赘述。

❑ Chapter08/lib/common.py：本章其他代码会用到的通用函数和声明。

❑ Chapter08/01_dqn_basic.py：60 行使用了 PTAN 和 Ignite 库的代码，实现了基础 DQN 方法。

8.1.1　通用库

我们从 lib/common.py 的内容开始。首先，我们需要一些上一章的 Pong 环境的超参数。超参数保存在 SimpleNamespace 对象中，该对象是 Python 标准库中的类，它提供了对一组键值对的简单访问。这使得我们可以轻松地为更复杂的各种 Atari 游戏添加一份配置，并尝试使用超参数：

```
HYPERPARAMS = {
    'pong': SimpleNamespace(**{
        'env_name':         "PongNoFrameskip-v4",
        'stop_reward':      18.0,
        'run_name':         'pong',
        'replay_size':      100000,
        'replay_initial':   10000,
        'target_net_sync':  1000,
        'epsilon_frames':   10**5,
        'epsilon_start':    1.0,
        'epsilon_final':    0.02,
        'learning_rate':    0.0001,
        'gamma':            0.99,
        'batch_size':       32
    }),
```

SimpleNamespace 类的实例为值提供一个通用的容器。例如，对于前面的超参数，你可以这么用：

```
params = common.HYPERPARAMS['pong']
print("Env %s, gamma %.2f" % (params.env_name, params.gamma))
```

lib/common.py 中的下一个函数叫 unpack_batch，它将一批状态转移转换成适合训练的 NumPy 数组。每一个来自 ExperienceSourceFirstLast 的状态转移的类型都是 ExperienceFirstLast，底层类型是 namedtuple，包含下列字段：

❑ state：来自环境的观察。

❑ action：智能体执行的整型动作。

❑ reward：如果使用 steps_count=1 来创建 ExperienceSourceFirstLast，它就是立即奖励。对于更大的步数，它包含这么多步的折扣累积奖励。

❑ last_state：如果状态转移对应于环境的最后一步，则这个字段是 None；否则，它包含经验链的最后一个观察。

unpack_batch 的代码如下：

```
def unpack_batch(batch:List[ptan.experience.ExperienceFirstLast]):
    states, actions, rewards, dones, last_states = [],[],[],[],[]
    for exp in batch:
        state = np.array(exp.state, copy=False)
        states.append(state)
        actions.append(exp.action)
        rewards.append(exp.reward)
        dones.append(exp.last_state is None)
        if exp.last_state is None:
            lstate = state # the result will be masked anyway
        else:
            lstate = np.array(exp.last_state, copy=False)
        last_states.append(lstate)
    return np.array(states, copy=False), np.array(actions), \
           np.array(rewards, dtype=np.float32), \
           np.array(dones, dtype=np.uint8), \
           np.array(last_states, copy=False)
```

注意我们是如何处理批中的最后一个状态转移的。为了避免进行这种特殊处理，对于终结状态转移，我们在 last_states 中存了初始状态。为了使对 Bellman 更新的计算正确，我们可以在损失计算的时候用 dones 数组对批进行 mask 操作。另一个解决方案是只对非终结状态转移的最后一个状态进行计算，但是这会使损失函数变得有点复杂。

DQN 损失函数的计算由 calc_loss_dqn 函数提供，代码和第 6 章中的几乎一样。一个小的改动是增加了 torch.no_grad()，它可以停止记录 PyTorch 计算图。

```
def calc_loss_dqn(batch, net, tgt_net, gamma, device="cpu"):
    states, actions, rewards, dones, next_states = \
        unpack_batch(batch)

    states_v = torch.tensor(states).to(device)
    next_states_v = torch.tensor(next_states).to(device)
    actions_v = torch.tensor(actions).to(device)
    rewards_v = torch.tensor(rewards).to(device)
    done_mask = torch.BoolTensor(dones).to(device)

    actions_v = actions_v.unsqueeze(-1)
    state_action_vals = net(states_v).gather(1, actions_v)
    state_action_vals = state_action_vals.squeeze(-1)
    with torch.no_grad():
        next_state_vals = tgt_net(next_states_v).max(1)[0]
```

```
        next_state_vals[done_mask] = 0.0

    bellman_vals = next_state_vals.detach() * gamma + rewards_v
    return nn.MSELoss()(state_action_vals, bellman_vals)
```

除了这些核心的 DQN 函数之外，`common.py` 还提供了几个和训练循环、数据生成以及 TensorBoard 相关的工具。第一个工具是一个实现了在训练时衰减 epsilon 的小类。epsilon 定义了智能体采取随机动作的概率。它应该从一开始的 1.0（完全随机的智能体）衰减到一个比较小的值，例如 0.02 或 0.01。代码很简单，但几乎在所有 DQN 中都需要，所以用下面这个小类实现：

```
class EpsilonTracker:
    def __init__(self,
                 selector: ptan.actions.EpsilonGreedyActionSelector,
                 params: SimpleNamespace):
        self.selector = selector
        self.params = params
        self.frame(0)
    def frame(self, frame_idx: int):
        eps = self.params.epsilon_start - \
              frame_idx / self.params.epsilon_frames
        self.selector.epsilon = max(self.params.epsilon_final,eps)
```

另外一个小函数是 `batch_generator`，它使用 `ExperienceReplayBuffer`（第 7 章中描述的 PTAN 类）作为参数，并从缓冲区中无限地生成采样得到的训练批。一开始函数会确保缓冲区中已经包含了所需数量的样本。

```
def batch_generator(buffer:ptan.experience.ExperienceReplayBuffer,
                    initial: int, batch_size: int):
    buffer.populate(initial)
    while True:
        buffer.populate(1)
        yield buffer.sample(batch_size)
```

最后，一个名为 `setup_ignite` 的冗长却非常有用的函数会挂载所需的 Ignite 处理器，以显示训练进度并将评估指标写入 TensorBoard。我们来逐一查看此函数。

```
def setup_ignite(engine: Engine, params: SimpleNamespace,
                 exp_source, run_name: str,
                 extra_metrics: Iterable[str] = ()):
    warnings.simplefilter("ignore", category=UserWarning)
    handler = ptan_ignite.EndOfEpisodeHandler(
        exp_source, bound_avg_reward=params.stop_reward)
    handler.attach(engine)
    ptan_ignite.EpisodeFPSHandler().attach(engine)
```

首先，`setup_ignite` 挂载了两个由 PTAN 提供的处理器：

❑ `EndOfEpisodeHandler`：每当游戏片段结束的时候，它会发布一个 Ignite 事件。当片段的平均奖励超过界限的时候，它也会发布一个事件。用它可以检测游戏是否被解决。

❏ EpisodeFPSHandler：记录片段花费的时间以及已经和环境产生的交互数量的小类。用它可以计算每秒处理的帧数，这是一个非常重要的性能评估指标。

```
@engine.on(ptan_ignite.EpisodeEvents.EPISODE_COMPLETED)
def episode_completed(trainer: Engine):
    passed = trainer.state.metrics.get('time_passed', 0)
    print("Episode %d: reward=%.0f, steps=%s, "
        "speed=%.1f f/s, elapsed=%s" % (
        trainer.state.episode, trainer.state.episode_reward,
        trainer.state.episode_steps,
        trainer.state.metrics.get('avg_fps', 0),
        timedelta(seconds=int(passed))))

@engine.on(ptan_ignite.EpisodeEvents.BOUND_REWARD_REACHED)
def game_solved(trainer: Engine):
    passed = trainer.state.metrics['time_passed']
    print("Game solved in %s, after %d episodes "
        "and %d iterations!" % (
        timedelta(seconds=int(passed)),
        trainer.state.episode, trainer.state.iteration))
    trainer.should_terminate = True
```

然后我们创建两个事件处理器，一个会在片段结束时被调用，它会在控制台显示已完成片段的相关信息。另一个在平均奖励超过超参数中定义的界限（Pong 示例中是 18.0）时被调用，展示游戏被解决并停止训练的消息。

函数的剩下部分和我们想记录的 TensorBoard 数据相关：

```
now = datetime.now().isoformat(timespec='minutes')
logdir = f"runs/{now}-{params.run_name}-{run_name}"
tb = tb_logger.TensorboardLogger(log_dir=logdir)
run_avg = RunningAverage(output_transform=lambda v: v['loss'])
run_avg.attach(engine, "avg_loss")
```

首先，创建一个 TensorboardLogger，它是 Ignite 提供的向 TensorBoard 写数据的一个特殊类。处理函数会返回损失值，所以我们挂载一个 RunningAverage 转换（也是由 Ignite 提供的）来获得比较平滑的随时间推移计算的损失。

```
metrics = ['reward', 'steps', 'avg_reward']
handler = tb_logger.OutputHandler(
    tag="episodes", metric_names=metrics)
event = ptan_ignite.EpisodeEvents.EPISODE_COMPLETED
tb.attach(engine, log_handler=handler, event_name=event)
```

TensorboardLogger 可以记录来自 Ignite 的两组数据：输出（由转换函数返回的值）和评估指标（在训练过程中被计算出来并保存在 engine 的状态中）。EndOfEpisodeHandler 和 EpisodeFPSHandler 提供了评估指标，会在每个游戏片段结束时更新。所以，我们挂载 OutputHandler 来将每次片段结束时的相关信息写入 TensorBoard。

```
    # write to tensorboard every 100 iterations
    ptan_ignite.PeriodicEvents().attach(engine)
```

```
metrics = ['avg_loss', 'avg_fps']
metrics.extend(extra_metrics)
handler = tb_logger.OutputHandler(
    tag="train", metric_names=metrics,
    output_transform=lambda a: a)
event = ptan_ignite.PeriodEvents.ITERS_100_COMPLETED
tb.attach(engine, log_handler=handler, event_name=event)
```

　　另外一组我们想记录的值是训练过程中的评估指标：损失、FPS、以及可能的用户自定义评估指标。这些值在每次训练迭代都会更新，但是我们会执行成千上万次迭代，所以每100 次训练迭代才向 TensorBoard 保存一次数据；否则的话，数据文件会变得特别大。所有这类功能可能看起来都太复杂了，但是它提供了在训练过程中获取的统一评估指标集。实际上，Ignite 不是很复杂，它提供了一个非常灵活的框架。以上就是 common.py 的内容。

8.1.2　实现

　　现在，我们来看一下 01_dqn_basic.py，它创建所需类并开始训练。这里将省略无关代码，只关注重要的部分。完整的版本可以在 GitHub 仓库找到。

```
env = gym.make(params.env_name)
env = ptan.common.wrappers.wrap_dqn(env)
env.seed(common.SEED)

net = dqn_model.DQN(env.observation_space.shape,
                    env.action_space.n).to(device)
tgt_net = ptan.agent.TargetNet(net)
```

　　首先，创建环境并应用一组标准的包装器。第 6 章已经讨论过它们了，并且在下一章优化 Pong 解决方案的性能时还会讨论它们。然后，创建 DQN 模型和目标神经网络。

```
selector = ptan.actions.EpsilonGreedyActionSelector(
    epsilon=params.epsilon_start)
epsilon_tracker = common.EpsilonTracker(selector, params)
agent = ptan.agent.DQNAgent(net, selector, device=device)
```

　　接着，创建智能体，并传入一个 ε-greedy 动作选择器。在训练过程中，由已经讨论过的 EpsilonTracker 类降低 ε 值。它会降低随机选择的动作数量并将更多控制权交给NN。

```
exp_source = ptan.experience.ExperienceSourceFirstLast(
    env, agent, gamma=params.gamma)
buffer = ptan.experience.ExperienceReplayBuffer(
    exp_source, buffer_size=params.replay_size)
```

　　接下来的两个非常重要的对象是 ExperienceSource 和 ExperienceReplayBuffer。第一个对象接受智能体和环境作为参数并提供游戏片段的状态转移。这些状态转移会被保存在经验回放缓冲区。

```
optimizer = optim.Adam(net.parameters(),
                       lr=params.learning_rate)

def process_batch(engine, batch):
    optimizer.zero_grad()
    loss_v = common.calc_loss_dqn(
        batch, net, tgt_net.target_model,
        gamma=params.gamma, device=device)
    loss_v.backward()
    optimizer.step()
    epsilon_tracker.frame(engine.state.iteration)
    if engine.state.iteration % params.target_net_sync == 0:
        tgt_net.sync()
    return {
        "loss": loss_v.item(),
        "epsilon": selector.epsilon,
    }
```

然后，创建一个优化器并定义处理函数，每批状态转移都会调用该函数来训练模型。为了训练，我们调用 `common.calc_loss_dqn` 函数并反向传播它的结果。

这个函数也要求 `EpsilonTracker` 降低 epsilon，并周期性地同步目标神经网络。

```
engine = Engine(process_batch)
common.setup_ignite(engine, params, exp_source, NAME)
engine.run(common.batch_generator(buffer, params.replay_initial,
                                  params.batch_size))
```

最后，创建 Ignite 的 `Engine` 对象，用 `common.py` 中的一个函数来配置它，并启动训练进程。

8.1.3　结果

好了，我们开始训练吧！

```
rl_book_samples/Chapter08$ ./01_dqn_basic.py --cuda
Episode 2: reward=-21, steps=809, speed=0.0 f/s, elapsed=0:00:15
Episode 3: reward=-21, steps=936, speed=0.0 f/s, elapsed=0:00:15
Episode 4: reward=-21, steps=817, speed=0.0 f/s, elapsed=0:00:15
Episode 5: reward=-20, steps=927, speed=0.0 f/s, elapsed=0:00:15
Episode 6: reward=-19, steps=1164, speed=0.0 f/s, elapsed=0:00:15
Episode 7: reward=-20, steps=955, speed=0.0 f/s, elapsed=0:00:15
Episode 8: reward=-21, steps=783, speed=0.0 f/s, elapsed=0:00:15
Episode 9: reward=-21, steps=785, speed=0.0 f/s, elapsed=0:00:15
Episode 10: reward=-19, steps=1030, speed=0.0 f/s, elapsed=0:00:15
Episode 11: reward=-21, steps=761, speed=0.0 f/s, elapsed=0:00:15
Episode 12: reward=-21, steps=968, speed=162.7 f/s, elapsed=0:00:19
Episode 13: reward=-19, steps=1081, speed=162.7 f/s, elapsed=0:00:26
Episode 14: reward=-19, steps=1184, speed=162.7 f/s, elapsed=0:00:33
Episode 15: reward=-20, steps=894, speed=162.7 f/s, elapsed=0:00:39
```

```
Episode 16: reward=-21, steps=880, speed=162.6 f/s, elapsed=0:00:44
...
```

控制台中的每一行都是片段结束时输出的，展示了片段的奖励、步数、速度以及总训练时长。基础 DQN 版本通常需要 100 万帧才能达到 18 的平均奖励，所以耐心一点。训练过程中，我们可以在 TensorBoard 检查训练过程的动态情况，它会展示 epsilon 变化图、原始奖励值、平均奖励以及速度。图 8.1 和图 8.2 展示了奖励和片段步数（底部的 x 轴表示经过的时间，顶部的则是片段数）。

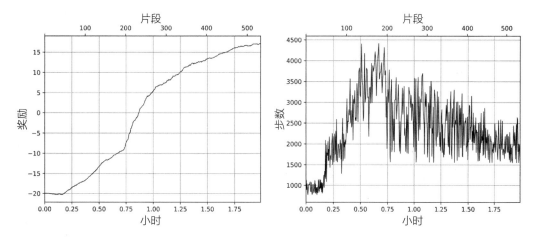

图 8.1 训练过程中片段的相关信息

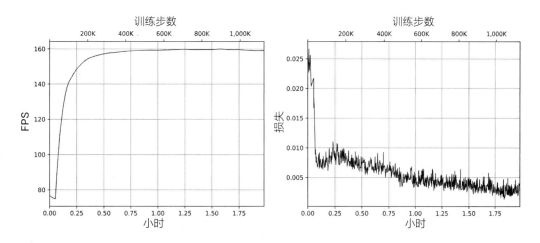

图 8.2 训练的评估指标：速度和损失

8.2 N 步 DQN

我们将实现和评估的第一个改进是一个相当古老的办法。它由 Rchard Sutton 首次在论文 "Learning to Predict by the Methods of Temporal Differences" [2] 中引入。为了弄清楚这个方法，再看一下 Q-learning 中用到的 Bellman 更新：

$$Q(s_t, a_t) = r_t + \gamma \max_a Q(s_{t+1}, a_{t+1})$$

等式是递归的，意味着可以根据表达式自己来表示 $Q(s_{t+1}, a_{t+1})$，结果如下：

$$Q(s_t, a_t) = r_t + \gamma \max_a \left[r_{a,t+1} + \gamma \max_{a'} Q(s_{t+2}, a') \right]$$

$r_{a,t+1}$ 意味着在 $t+1$ 时刻执行动作 a 后的立即奖励。然而，如果假设 $t+1$ 时刻选择的动作 a 是最优的或接近最优的，我们可以省去 max$a$ 操作，得到：

$$Q(s_t, a_t) = r_t + \gamma r_{t+1} + \gamma^2 \max_{a'} Q(s_{t+2}, a')$$

这个值可以一次又一次地展开。你可能已经猜到了，通过将 1 步状态转移替换成更长的 n 步状态转移序列，就可以将这种展开轻易地应用到 DQN 更新中。为了理解为什么这种展开会提升训练速度，我们来考虑图 8.3 展示的示例。图中有一个简单的 4 个状态（s_1, s_2, s_3, s_4）的环境，并且除了终结状态 s_4，每个状态都只有一个可用的动作。

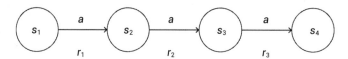

图 8.3 一个简单环境的状态转移图

所以在 1 步的情况下会发生什么？我们总共有三个可能的更新（不使用 max，因为这里只有一个可用动作）：

1）$Q(s_1, a) \leftarrow r_1 + \gamma Q(s_2, a)$。

2）$Q(s_2, a) \leftarrow r_2 + \gamma Q(s_3, a)$。

3）$Q(s_3, a) \leftarrow r_3$。

想象一下，在训练开始时，顺序地完成前面的更新。前两个更新是没有用的，因为当前 $Q(s_2, a)$ 和 $Q(s_2, a)$ 是不对的，并且只包含初始的随机值。唯一有用的更新是第 3 个更新，它将奖励 r_3 正确地赋给终结状态前的状态 s_3。

现在来完成一次又一次的更新。在第 2 次迭代，正确的值被赋给了 $Q(s_2, a)$，但是 $Q(s_1, a)$ 的更新还是不对的。只有在第 3 次迭代时才能给所有的 Q 赋上正确的值。所以，即使在 1 步的情况下，它也需要 3 步才能将正确的值传播给所有的状态。

现在考虑一下 2 步的情况。这种情况下还是有 3 个更新：

1）$Q(s_1, a) \leftarrow r_1 + \gamma r_2 + \gamma^2 Q(s_3, a)$。

2）$Q(s_2, a) \leftarrow r_2 + \gamma r_3$。

3）$Q(s_3, a) \leftarrow r_3$。

在这种情况下，第一次更新迭代会将正确的值赋给 $Q(s_2, a)$ 和 $Q(s_3, a)$。第二次迭代，$Q(s_1, a)$ 也会被正确地更新。所以多步可以提升值的传播速度，也就是会加速收敛。你可能会想，"如果它这么有用，那就直接提前展开 100 步 Bellman 方程好了。它将使收敛速度提高 100 倍吗？"很不幸的是，答案是不会。

和我们期望所不同的是，DQN 将完全无法收敛。要理解为什么，我们再次回到展开过程，尤其是将 $\max a$ 丢掉的地方。它正确吗？严格来说，不是的。我们省略了中间步骤的 max 运算，并假设基于经验（或者策略）选择的动作是最优的，但它其实不是最优的，例如，在训练一开始智能体的动作就是随机的。在这种情况下，计算出来的 $Q(s_t, a_t)$ 值可能比状态的最优值要小一些（因为一些步骤会随机选择，而不是沿着由最大 Q 值计算出来的路径前进）。展开越多步的 Bellman 方程，更新可能会越不准确。

庞大的经验回放缓冲区可能会让情况变得更糟，因为它增加了从先前劣等策略（取决于之前不准确的 Q 近似）获取状态转移的概率。这将导致当前 Q 近似的错误更新，所以它很轻易就破坏了训练的进度。正如我们在第 4 章谈及 RL 方法的分类时所提到的那样，这个问题是 RL 方法的基本特征。

我们有两个大类方法：**离线策略**和**在线策略**方法。第一类离线策略方法不依赖于"数据的更新"。例如，简单 DQN 是离线策略的，意味着我们可以使用好几百万步之前从环境中采样得到的很旧的数据，用这些数据来训练还是会很有效。这是因为我们使用立即奖励加上带折扣的当前近似最优动作值来更新动作的 Q 值 $Q(s_t, a_t)$。即使 a_t 是随机采样的也没有关系，因为于状态 s_t 而言，对于特定动作 a_t 的更新是正确的。这就是为什么使用离线策略方法，我们可以使用非常大的经验缓冲区来让数据更符合独立同分布（i.i.d.）。

在线策略方法在很大程度上取决于正在更新的当前策略要采样的训练数据。这是因为在线策略方法试图间接（比如之前的 N 步 DQN）或直接（本书的第三部分全部在讨论这些方法）地改善当前的策略。

那么哪种方法更好？这要分情况。离线策略方法允许你基于之前的大量历史数据，甚至是人类的构造数据来训练，但它们通常收敛得比较慢。在线策略方法通常更快，但是需要从环境采样更多新鲜的数据，这可能很费力。想象一下使用在线策略方法的无人驾驶汽车。在此系统学会墙和树是它应该绕开的东西之前，它将撞毁大量的汽车。

你可能有一个问题：如果"n 步"会变成一种在线策略方法，那为什么还要谈论 N 步 DQN，这将使我们丰富的回放缓冲区毫无用处？实际上，这通常不是非黑即白的。你仍然可以使用 N 步 DQN，因为它有助于加速 DQN 的训练，但是需要谨慎地选择步长 n。较小的 2 或 3 步通常效果很好，因为经验缓冲区的轨迹和 1 步转移时的区别不大。在这种情况下，收敛速度通常会成比例地提升，但是较大的 n 值可能会破坏训练过程。所以步长 n 是需要调优的，收敛速度的提升让这样的调优是值得的。

8.2.1 实现

因为 ExperienceSourceFirstLast 类已经支持多步 Bellman 展开了，所以 N 步 DQN 很简单。针对基础 DQN 做两个改动就可以将其变成 n 步的版本：

- ❑ 在创建 ExperienceSourceFirstLast 时为 steps_count 参数传入想要展开的步数。
- ❑ 给 calc_loss_dqn 函数传入一个正确的 γ。这个改动很容易被忽视，不改的话可能会不利于收敛。由于 Bellman 方程现在是 n 步的，经验链最后一个状态的折扣因子不再是 γ 而是 γ^n。

你可以在 Chapter08/02_dqn_n_steps.py 找到完整的示例代码，这里只给出改动的代码：

```
exp_source = ptan.experience.ExperienceSourceFirstLast(
    env, agent, gamma=params.gamma, steps_count=args.n)
```

args.n 的值是传入的命令行参数中的步数，默认使用 4 步。另一个修改之处是传给 calc_loss_dqn 函数的 gamma：

```
loss_v = common.calc_loss_dqn(
    batch, net, tgt_net.target_model,
    gamma=params.gamma**args.n, device=device)
```

8.2.2 结果

训练模块 Chapter08/02_dqn_n_steps.py 可以和之前一样启动，使用一个额外的命令行选项 -n，它用来指定 Bellman 方程展开的步数。

图 8.4 是基线和 N 步 DQN 的奖励和片段步数图，其中 n 等于 2 和 3。如你所见，Bellman 展开极大地提升了收敛速度。

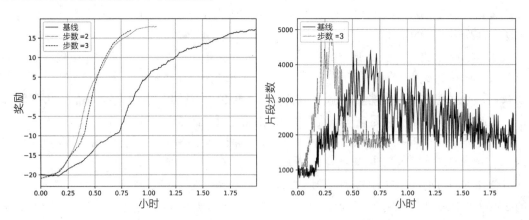

图 8.4 基础（单步）DQN（对应基线）和 N 步 DQN 的奖励和片段步数

可以看到，3 步 DQN 的收敛速度是普通 DQN 的两倍，这是一个很不错的改进。那么，对于更大的 n 结果会怎样呢？图 8.5 展示了 n 等于 3、4、5 和 6 时的奖励动态。

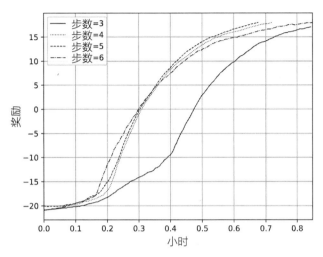

图 8.5　多步 DQN 之间的比较

如你所见，从 3 步到 4 步确实有一点提升，但是比之前提升得少很多。$n=5$ 基本和 $n=4$ 差不多，$n=6$ 则表现得更差，所以，在本例中，$n=4$ 看起来是最优的。

8.3　Double DQN

关于如何改善基础 DQN 的下一个富有成果的想法来自 DeepMind 研究人员的论文，该论文名为 "Deep Reinforcement Learning with Double Q-Learning" [3]。在论文中，作者证明了基础 DQN 倾向于过高估计 Q 值，这可能对训练效果有害，有时可能会得到一个次优策略。造成这种情况的根本原因是 Bellman 方程中的 max 运算，但是严格的证明太复杂，此处做省略处理。为解决此问题，作者建议对 Bellman 更新进行一些修改。

在基础 DQN 中，目标 Q 值为：

$$Q(s_t, a_t) = r_t + \gamma \max_a Q'(s_{t+1}, a)$$

$Q'(s_{t+1}, a)$ 是使用目标网络计算得到的 Q 值，所以我们每 n 步用训练网络对其更新一次。论文的作者建议使用训练网络来选择动作，但是使用目标网络的 Q 值。所以新的目标 Q 值为：

$$Q(s_t, a_t) = r_t + \gamma \max_a Q'(s_{t+1}, \arg\max_a Q(s_{t+1}, a))$$

作者证明了这个小改动可以完美地修复 Q 值高估的问题，他们称这个新的架构为

Double DQN。

8.3.1 实现

核心实现很简单，只需要稍微改动一下损失函数即可。我们来进一步比较一下基础 DQN 和 Double DQN 产生的动作。为此，我们需要保存一个随机的状态集合，并定期计算评估集合中每个状态的最优动作。

完整的示例代码在 Chapter08/03_dqn_double.py 中。我们先看一下损失函数：

```
def calc_loss_double_dqn(batch, net, tgt_net, gamma,
                         device="cpu", double=True):
    states, actions, rewards, dones, next_states = \
        common.unpack_batch(batch)
```

额外的 double 参数决定在执行哪个动作的时候，打开或关闭 Double DQN 的计算方式。

```
states_v = torch.tensor(states).to(device)
actions_v = torch.tensor(actions).to(device)
rewards_v = torch.tensor(rewards).to(device)
done_mask = torch.BoolTensor(dones).to(device)
```

前面的片段和之前是一样的。

```
actions_v = actions_v.unsqueeze(-1)
state_action_vals = net(states_v).gather(1, actions_v)
state_action_vals = state_action_vals.squeeze(-1)
with torch.no_grad():
    next_states_v = torch.tensor(next_states).to(device)
    if double:
            next_state_acts = net(next_states_v).max(1)[1]
            next_state_acts = next_state_acts.unsqueeze(-1)
            next_state_vals = tgt_net(next_states_v).gather(
                1, next_state_acts).squeeze(-1)
    else:
            next_state_vals = tgt_net(next_states_v).max(1)[0]
    next_state_vals[done_mask] = 0.0
    exp_sa_vals = next_state_vals.detach()*gamma+rewards_v
return nn.MSELoss()(state_action_vals, exp_sa_vals)
```

这里和基础 DQN 的损失函数有点不同。如果 Double DQN 激活，则计算下一个状态要执行的最优动作时会使用训练网络，但是计算这个动作的对应价值时使用目标网络。当然，这部分可以用更快的方式实现，即将 next_states_v 和 states_v 合起来，只调用训练网络一次，但是这也会使代码变得不够直观。

函数的剩余部分是一样的：将完成的片段隐藏并计算网络预测出来的 Q 值和估算的 Q 值之间的均方误差（MSE）损失。最后再考虑一个函数，它计算所保存的状态价值：

```
def calc_values_of_states(states, net, device="cpu"):
    mean_vals = []
    for batch in np.array_split(states, 64):
```

```
        states_v = torch.tensor(batch).to(device)
        action_values_v = net(states_v)
        best_action_values_v = action_values_v.max(1)[0]
        mean_vals.append(best_action_values_v.mean().item())
    return np.mean(mean_vals)
```

这没什么复杂的：只是将保存的状态数组分成长度相等的批，并将每一批传给网络以获取动作的价值，并根据这些价值，选择价值最大的动作（针对每一个状态），并计算这些价值的平均值。因为状态数组在整个训练过程中是固定的，并且这个数组足够大（在代码中保存了 1000 个状态），我们可以比较这两个 DQN 变体的平均价值的动态。

03_dqn_double.py 文件的其余内容基本一样，两个差异点是使用修改过后的损失函数，并保留了随机采样的 1000 个状态以进行定期评估。

8.3.2　结果

为了训练 Double DQN，传入 --double 命令行参数来使扩展代码生效：

Chapter08$ ./03_dqn_double.py --cuda --double

为了比较它和基础 DQN 的 Q 值，不传 --double 参数再训练一边。训练需要花费一点时间，取决于计算能力。使用 GTX 1080 Ti，100 万帧需要花费约 2 小时。此外，我注意到 double 扩展版本比基础版本更难收敛。使用基础 DQN，大概 10 次中有一次会收敛失败，但是使用 double 扩展的版本，大概 3 次中就有一次收敛失败。很有可能需要调整超参数，但是我们只比较在不触及超参数的情况下 double 扩展带来的性能收益。

无论如何，可以从图 8.6 中看到，Double DQN 显现出了更好的奖励动态（片段的平均奖励更早增长），但是在最终解决游戏的时候和基础 DQN 的奖励是一样的。

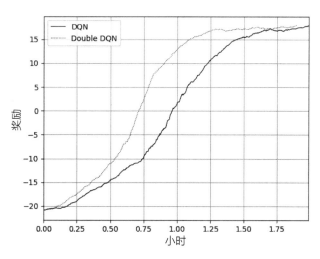

图 8.6　Double DQN 和基础 DQN 的奖励动态

除了标准指标，示例还输出了保存的状态集的平均价值，如图8.7所示。基础DQN的确高估了价值，所以它的价值在一定水平之后会下降。相比之下，Double DQN的增长更为一致。在本例中，Double DQN对训练时间只有一点影响，但这不意味着Double DQN是没用的，因为Pong是一个简单的环境。在更复杂的游戏中，Double DQN可以得到更好的结果。

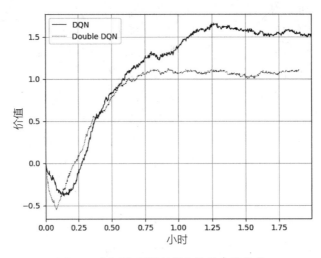

图 8.7　用网络预测所保存的状态的价值

8.4　噪声网络

下一个将要研究的改进解决了RL的另一个问题：环境探索。我们要借鉴的论文为"Noisy Networks for Exploration"[4]，它有一个非常简单的思想，即在训练过程中学习探索特征，而不是单独定制探索的策略。

基础DQN通过选择随机动作来完成探索，随机选取会依据特定的超参数epsilon，它会随着时间的增长慢慢地从1.0（完全随机选择动作）降至一个小比例0.1或0.02。这个流程适用于片段较短的简单环境，在游戏过程中不会有太多不稳定的情况，但是即使是在这样简单的情况下，它也需要调优参数来让训练更高效。

在"Noisy Networks for Exploration"论文中，作者提出了一个非常简单的解决方案，但是效果很好。他们在全连接层中加入噪声，并通过反向传播在训练过程中调整噪声参数。当然了，不要将这个方法和"用网络来决定在哪里进行探索"相混淆，后者是一种更为复杂的方法，也得到了广泛的支持（例如，请参见关于内在动机和基于计数的探索方法[5-6]）。我们会在第21章讨论高级探索技术。

论文作者提出了两种添加噪声的方法，根据他们的实验这两种方法都有效，但是它们具有不同的计算开销：

1）**独立高斯噪声**：对于全连接层中的每个权重，都加入一个从正态分布中获取的随机值。噪声的参数 μ 和 σ 被存在层中并使用反向传播训练，如同我们训练标准的线性层中的权重一样。以与线性层相同的方式计算这种"噪声层"的输出。

2）**分解高斯噪声**：为了最小化采样的随机数数量，作者提出只保留两个随机向量：一个和输入的大小一样，另一个和层的输出大小一样。然后，通过计算向量的外积来创建该层的一个随机矩阵。

8.4.1　实现

在 PyTorch 中，两种方法都可以以非常简单直接的方式来实现。我们需要做的就是创建一个和 nn.Linear 层等价的层，并在每次 forward() 被调用时随机采样一些额外的值。两种噪声层的实现在 Chapter08/lib/dqn_extra.py 的 NoisyLinear 类（独立高斯噪声）和 NoisyFactorizedLinear 类（分解高斯噪声）中。

```
class NoisyLinear(nn.Linear):
    def __init__(self, in_features, out_features,
                 sigma_init=0.017, bias=True):
        super(NoisyLinear, self).__init__(
            in_features, out_features, bias=bias)
        w = torch.full((out_features, in_features), sigma_init)
        self.sigma_weight = nn.Parameter(w)
        z = torch.zeros(out_features, in_features)
        self.register_buffer("epsilon_weight", z)
        if bias:
            w = torch.full((out_features,), sigma_init)
            self.sigma_bias = nn.Parameter(w)
            z = torch.zeros(out_features)
            self.register_buffer("epsilon_bias", z)
        self.reset_parameters()
```

在构造函数中，我们创建了 σ 的矩阵。（μ 值被存在从 nn.Linear 继承过来的矩阵中⊖。）为了让 σ 可训练，需要将张量包装在 nn.Parameter 里。

register_buffer 方法在神经网络中创建一个张量，它在反向传播时不会更新，但是会被 nn.Module 的机制处理（例如，当 cuda() 被调用时它会被复制到 GPU）。为了层中的偏差需要创建一个额外的参数和缓冲区。使用的 σ 的初始值（0.017）取自本节开头引用的"Noisy Networks for Exploration"论文。最后，我们调用 reset_parameters() 方法，它重写了父类 nn.Linear 的 reset_parameters() 方法，用来支持层的初始化。

　⊖　即 nn.Linear.weight 和 nn.Linear.bias。

```
def reset_parameters(self):
    std = math.sqrt(3 / self.in_features)
    self.weight.data.uniform_(-std, std)
    self.bias.data.uniform_(-std, std)
```

在 `reset_parameters()` 方法中，参考论文对 `nn.Linear` 的权重和偏差进行了初始化处理。

```
def forward(self, input):
    self.epsilon_weight.normal_()
    bias = self.bias
    if bias is not None:
        self.epsilon_bias.normal_()
        bias = bias + self.sigma_bias * \
                self.epsilon_bias.data
    v = self.sigma_weight * self.epsilon_weight.data + \
        self.weight
    return F.linear(input, v, bias)
```

在 `forward()` 方法中，从权重和偏差缓冲区中随机采样噪声，并以与 `nn.Linear` 相同的方式对输入的数据执行线性转换。

分解高斯噪声的工作方式也类似，并且其结果相差不大，所以为了完整性这里只贴出代码。如果你对这个方法好奇，可以在论文 [4] 中查找它的详细信息和方程。

```
class NoisyFactorizedLinear(nn.Linear):
    def __init__(self, in_features, out_features,
                 sigma_zero=0.4, bias=True):
        super(NoisyFactorizedLinear, self).__init__(
            in_features, out_features, bias=bias)
        sigma_init = sigma_zero / math.sqrt(in_features)
        w = torch.full((out_features, in_features), sigma_init)
        self.sigma_weight = nn.Parameter(w)
        z1 = torch.zeros(1, in_features)
        self.register_buffer("epsilon_input", z1)
        z2 = torch.zeros(out_features, 1)
        self.register_buffer("epsilon_output", z2)
        if bias:
            w = torch.full((out_features,), sigma_init)
            self.sigma_bias = nn.Parameter(w)

    def forward(self, input):
        self.epsilon_input.normal_()
        self.epsilon_output.normal_()

        func = lambda x: torch.sign(x) * \
                         torch.sqrt(torch.abs(x))
        eps_in = func(self.epsilon_input.data)
        eps_out = func(self.epsilon_output.data)

        bias = self.bias
        if bias is not None:
            bias = bias + self.sigma_bias * eps_out.t()
```

```
noise_v = torch.mul(eps_in, eps_out)
v = self.weight + self.sigma_weight * noise_v
return F.linear(input, v, bias)
```

从实现的角度看，这就结束了。我们现在要做的就是将 nn.Linear（这是 DQN 神经网络中的最后两层）换成 NoisyLinear 层（如果需要，也可以替换成 NoisyFactorized-Linear），让基础 DQN 转变成噪声网络版本。当然，你必须要把 ε-greedy 策略相关的代码都移除掉。

为了检查训练时内部的噪声级别，我们可以显示噪声层的噪声信噪比（Signal-to-Noise Ratio，SNR），表示成 RMS(μ)/RMS(σ) 的比，RMS 是相应权重的均方根。在本例中，SNR 展示了噪声层中的稳定部分比注入的噪声大多少倍。

8.4.2　结果

训练之后，TensorBoard 的图表展示了更好的训练动态（见图 8.8）。模型可以在少于 60 万帧的情况下达到 18 的平均分。

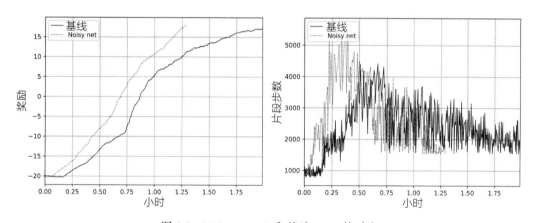

图 8.8　Noisy netwok 和基础 DQN 的对比

在检查 SNR 图（见图 8.9）之后，你可能注意到两层的噪声级别都下降得很快。第一层从 1 降到了 1/2.5 的噪声比率。第二层则更有意思，它的噪声级别从 1/3 下降到 1/15，但是在 25 万帧之后（基本和原始奖励提升至 20 分的时间差不多），最后一层的噪声级别开始回升了，迫使智能体更多地探索环境。这很有道理，因为在达到高分之后，智能体基本知道如何发挥出良好的水平，但还是需要"磨炼"它的动作以进一步提高分数。

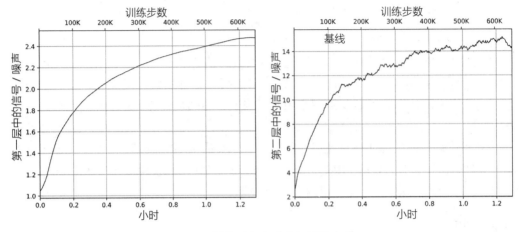

图 8.9　训练过程中噪声级别的变化

8.5　带优先级的回放缓冲区

改进 DQN 训练的下一个很有用的方法是在 2015 年的论文"Prioritized Experience Replay"[7] 中提出的。这个方法试图根据训练损失对样本进行优先级排序，以提升从回放缓冲区中采样的效率。

基础 DQN 使用回放缓冲区来打破片段中连续状态转移的相关性。正如在第 6 章中所说，片段中的经验样本是高度相关的，大多时候，环境是"平滑的"，不会因执行的动作而改变太多。然而，随机梯度下降（SGD）方法假设用来训练的数据有 i.i.d. 的性质。为了解决这个问题，基础 DQN 方法使用一个巨大的状态转移缓冲区，并从中随机采样以获取下一个训练批。

论文的作者质疑了这种随机均匀采样策略，并证明了只要根据训练损失给缓冲区的样本赋予优先级，并按一定比例根据优先级从缓冲区中进行采样，就能很大程度地提升收敛速度以及 DQN 产生的策略质量。这个方法的基本思想可以解释成"更多地训练会让你意外的数据"。比较棘手的是在训练时如何保持"不寻常"样本和"剩余样本"之间的平衡。如果只关注缓冲区内的一小部分数据集，那么会丢失 i.i.d. 性质并很容易过拟合这个小数据集。

从数学角度来看，缓冲区中每个样本的优先级可以如此计算：$P(i) = \dfrac{p_i^{\alpha}}{\sum_k p_k^{\alpha}}$，$p_i$ 是缓冲区中的第 i 个样本的优先级，α 则强调有多重视该优先级。如果 $\alpha=0$，采样就是和基础 DQN 方法一样的均匀采样了。α 越大表示越重视那些带高优先级的样本。所以，这是另外一个需要调优的超参，论文中建议的 α 起始值是 0.6。

对于如何定义优先级，论文提议了几种选择，最流行的是和样本在 Bellman 更新中计算的损失成比例。新的样本刚加入缓冲区的时候需要赋一个最大优先级以保证它会马上被采样。

通过调整样本的优先级，在数据分布引入了偏差（某些状态转移的采样频率会远高于另外一些状态转移），为了让 SGD 能正常工作，需要对此进行补偿。为了得到这个结果，论文的作者使用了样本权重，它要乘上单个样本的损失。每个样本的权重值被定义为 $w_i=(N \cdot P(i))^{-\beta}$，$\beta$ 是另一个应该在 0 ~ 1 之间的超参。

当 β=1 时，采样引入的偏差会被完全补偿，但是作者提出为了收敛性考虑，最好让 β 从某个 0 ~ 1 之间的值开始，再在训练过程中慢慢增加到 1。

8.5.1　实现

要实现这个方法，需要在代码中引入好几处改动。首先，需要一个新的能跟踪优先级的回放缓冲区，根据优先级采样批，计算权重，最后在知道损失后更新优先级。第二个改动是对损失函数本身的改动，现在我们不止需要让每个样本包含权重，还需要将损失值传回回放缓冲区以调整所采样的状态转移的优先级。

Chapter08/05_dqn_prio_replay.py 的示例文件实现了所有的改动。为了简便，新的带优先级的回放缓冲区类使用和之前的回放缓冲区非常相似的存储结构。不幸的是，新的优先级要求让采样无法达到 $O(1)$ 的时间，如果使用简单列表，每次采样新批时，都需要处理所有的优先级，这使得采样的时间复杂度会是和缓冲区大小成比例的 $O(N)$。如果缓冲区比较小（例如只有 10 万个样本），那么这没什么大不了的，但是对于现实生活中有数百万状态转移的大型缓冲区而言，这可能会是一个问题。还有其他支持 $O(\log N)$ 时间复杂度的存储结构，例如线段树。在 OpenAI Baselines 项目（https://github.com/openai/baselines）就可以找到这样的实现。PTAN 也在 ptan.experience.PrioritizedReplayBuffer 类中提供了一个高效的带优先级的回放缓冲区。你可以更新示例，让其使用更高效的版本并查看它对训练性能的影响。

但是现在，还是先看一下比较原始的版本吧，它的源代码在 lib/dqn_extra.py 中。

```
BETA_START = 0.4
BETA_FRAMES = 100000
```

在一开始，先定义 β 的增长率。β 会在一开始的 10 万帧从 0.4 增长到 1.0。看一下带优先级的回放缓冲区类：

```
class PrioReplayBuffer:
    def __init__(self, exp_source, buf_size, prob_alpha=0.6):
        self.exp_source_iter = iter(exp_source)
        self.prob_alpha = prob_alpha
        self.capacity = buf_size
        self.pos = 0
        self.buffer = []
```

```
self.priorities = np.zeros(
    (buf_size, ), dtype=np.float32)
self.beta = BETA_START
```

带优先级的回放缓冲区类在循环缓冲区（它保持固定数量的样本而无须重新分配列表）中存储样本，在 NumPy 数组中存储优先级。也存储经验源对象的迭代器来从环境中获取样本。

```
def update_beta(self, idx):
    v = BETA_START + idx * (1.0 - BETA_START) / \
        BETA_FRAMES
    self.beta = min(1.0, v)
    return self.beta

def __len__(self):
    return len(self.buffer)

def populate(self, count):
    max_prio = self.priorities.max() if \
        self.buffer else 1.0
    for _ in range(count):
        sample = next(self.exp_source_iter)
        if len(self.buffer) < self.capacity:
            self.buffer.append(sample)
        else:
            self.buffer[self.pos] = sample
        self.priorities[self.pos] = max_prio
        self.pos = (self.pos + 1) % self.capacity
```

populate() 方法需要从 ExperienceSource 对象中获取指定数量的状态转移并将其存储在缓冲区中。由于状态转移的存储是用循环缓冲区来实现的，在缓冲区中有两种情况：

- ❑ 缓冲区没有达到最大的容量限制时，只需要将新的状态转移附加到缓冲区中。
- ❑ 缓冲区已满时，需要将通过 pos 字段跟踪的旧状态转移覆盖，并通过取模缓冲区大小来调整这个位置。

update_beta 方法需要被周期性地调用以根据计划增加 β 值。

```
def sample(self, batch_size):
    if len(self.buffer) == self.capacity:
        prios = self.priorities
    else:
        prios = self.priorities[:self.pos]
    probs = prios ** self.prob_alpha
    probs /= probs.sum()
```

在采样方法中，需要先使用 α 超参将优先级转换成概率。

```
indices = np.random.choice(len(self.buffer),
                           batch_size, p=probs)
samples = [self.buffer[idx] for idx in indices]
```

然后，根据这些概率从缓冲区中采样得到样本批。

```
total = len(self.buffer)
weights = (total * probs[indices]) ** (-self.beta)
weights /= weights.max()
return samples, indices, \
       np.array(weights, dtype=np.float32)
```

最后，计算批中的样本权重并返回三个对象：批、最高优先级索引和权重。样本批的最高优先级索引用来更新所采样样本的优先级。

```
def update_priorities(self, batch_indices,
                      batch_priorities):
    for idx, prio in zip(batch_indices,
                         batch_priorities):
        self.priorities[idx] = prio
```

带优先级的回放缓冲区的最后一个函数用来更新所处理批的新优先级。调用者负责使用批所计算的损失来调用该函数。

下一个在示例中自定义的函数是损失计算函数。因为 PyTorch 中的 MSELoss 类不支持权重（这也能理解，因为 MSE 用于计算回归问题的损失，而样本权重一般用于分类问题的损失），我们需要计算 MSE 并显式地将结果乘以权重：

```
def calc_loss(batch, batch_weights, net, tgt_net,
              gamma, device="cpu"):
    states, actions, rewards, dones, next_states = \
        common.unpack_batch(batch)

    states_v = torch.tensor(states).to(device)
    actions_v = torch.tensor(actions).to(device)
    rewards_v = torch.tensor(rewards).to(device)
    done_mask = torch.BoolTensor(dones).to(device)
    batch_weights_v = torch.tensor(batch_weights).to(device)

    actions_v = actions_v.unsqueeze(-1)
    state_action_vals = net(states_v).gather(1, actions_v)
    state_action_vals = state_action_vals.squeeze(-1)
    with torch.no_grad():
        next_states_v = torch.tensor(next_states).to(device)
        next_s_vals = tgt_net(next_states_v).max(1)[0]
        next_s_vals[done_mask] = 0.0
        exp_sa_vals = next_s_vals.detach() * gamma + rewards_v
    l = (state_action_vals - exp_sa_vals) ** 2
    losses_v = batch_weights_v * l
    return losses_v.mean(), \
        (losses_v + 1e-5).data.cpu().numpy()
```

在损失计算函数的最后一个部分，我们实现了同样的 MSE 损失，只不过需要显式地写出表达式而不是调用库。这使得我们能考虑样本的权重并单独保留每个样本的损失值。这些值将被传到带优先级的回放缓冲区中更新优先级。一个很小的值被加到每个损失值中用以处理损失值为 0 的情况，它会导致回放缓冲区的某个样本优先级为 0。

在主功能区，只有两个更新：回放缓冲区的创建和处理函数。缓冲区的创建很简单，所以这里只展示新的处理函数：

```
def process_batch(engine, batch_data):
    batch, batch_indices, batch_weights = batch_data
    optimizer.zero_grad()
    loss_v, sample_prios = calc_loss(
        batch, batch_weights, net, tgt_net.target_model,
        gamma=params.gamma, device=device)
    loss_v.backward()
    optimizer.step()
    buffer.update_priorities(batch_indices, sample_prios)
    epsilon_tracker.frame(engine.state.iteration)
    if engine.state.iteration % params.target_net_sync == 0:
        tgt_net.sync()
    return {
        "loss": loss_v.item(),
        "epsilon": selector.epsilon,
        "beta": buffer.update_beta(engine.state.iteration),
    }
```

其中有几点改变：

❑ 现在批包含 3 个实体：批数据、所采样项的索引，以及样本的权重。

❑ 调用了新创建的损失函数，它以权重为参数并返回额外的条目优先级。它们被传给了 `buffer.update_priorities` 函数用以重新划分所采样的样本优先级。

❑ 调用缓冲区的 `update_beta` 方法来按计划改变 β 参数。

8.5.2 结果

可以像往常一样训练该示例。根据我的实验，带优先级的回放缓冲区解决一个环境的绝对时间基本相同：近两个小时。但是它花费的训练迭代次数和片段更少。所以，时钟时间相同是因为回放缓冲区比较低效，当然，这必然可以通过 $O(\log N)$ 的缓冲区实现来解决。

图 8.10 给出了基线（左边）和带优先级的回放缓冲区（右边）两个奖励动态。上方的横轴表示游戏片段的数量。

TensorBoard 上另一个值得注意的不同点是损失，带优先级的回放缓冲区的损失会小很多。图 8.11 展示了它们之间的比较。

更低的损失值也是可以预期的，它标识着实现是有效的。优先级的思想就是更频繁地训练高损失值的样本，所以训练更有效。但同时也有个缺点：训练中的损失值并不是要优化的主要目标，虽然损失值可能很低，但是因为缺乏探索，最后学得的策略可能远不是最优的。

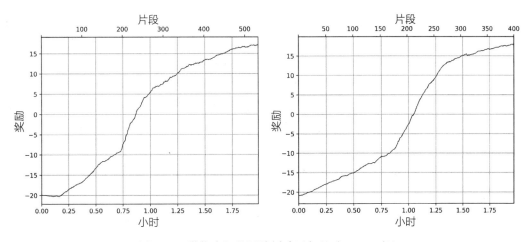

图 8.10 带优先级的回放缓冲区与基础 DQN 对比

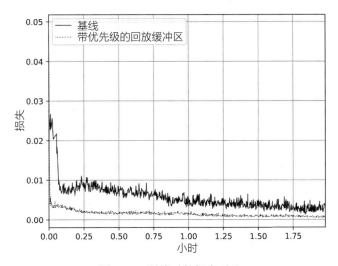

图 8.11 训练时的损失对比

8.6 Dueling DQN

这个对 DQN 的改进是在 2015 年的 " Dueling Network Architectures for Deep Reinforcement Learning"[8] 论文中提出的。该论文的核心发现是，神经网络所试图逼近的 Q 值 $Q(s, a)$ 可以被分成两个量：状态的价值 $V(s)$，以及这个状态下的动作优势 $A(s, a)$。

之前已经介绍过 $V(s)$，它是第 5 章中价值迭代方法的核心。它等于从这个状态开始所能获得的带折扣的期望奖励。正如定义所示：$Q(s, a)=V(s)+A(s, a)$，优势 $A(s, a)$ 是用来桥接 $A(s)$ 和 $Q(s, a)$ 的。换句话说，优势 $A(s, a)$ 就是增量，也就是某个状态下，一个特定的动作能带来多大的额外奖励。优势值可正可负，并且通常它可以是任何数量级的。例如，在某个**转折点**，选择某个动作而不是另外一个动作，会损失很多总奖励。Dueling 论文的贡献是在神经网络的架构中，显式地将价值和优势值分隔开，这带来了更好的训练稳定性、更快的收敛速度，并在 Atari 基准取得了更好的结果。图 8.12 显示了基础 DQN 和 Dueling DQN 架构的差异。基础 DQN 神经网络（上方）从卷积层获取特征值，使用全连接层将它们转换成 Q 值向量，每个动作对应一个 Q 值。而 Dueling DQN（下方）获取卷积特征值并分成两个路径来处理：一个路径负责对 $V(s)$ 的预测，就是单个值；另一个路径预测优势值，它和基础 DQN 的 Q 值的维度相同。然后，将 $V(s)$ 和每个 $A(s, a)$ 相加来获得 $Q(s, a)$，它被用来正常使用和训练。

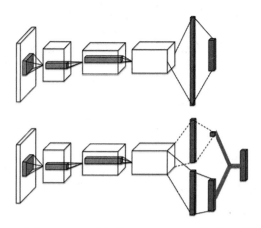

图 8.12　基础 DQN（上方）和 Dueling DQN 架构（下方）对比

这些改动并不足以保证神经网络能够像我们期望的那样学习 $V(s)$ 和 $A(s, a)$。例如，什么都无法阻止神经网络错误地预测某些 $V(s)$，$V(s)=0$ 并且 $A(s)=[1, 2, 3, 4]$，而预测的 $V(s)$ 和状态的期望值不同。我们还需要设置另外一个约束条件：任何状态的优势值的平均值为 0。在这种情况下，前面那个示例的正确预测是 $V(s)=2.5$ 以及 $A(s)=[-1.5, -0.5, 0.5, 1.5]$。

这种约束可以通过几种方法来实施，例如，通过损失函数。但是在论文中，作者提出一个非常巧妙的解决方案，就是从神经网络的 Q 表达式中减去优势值的平均值，它有效地将优势值的平均值趋于 0：$Q(s,a) = V(s) + A(s,a) - \dfrac{1}{N}\sum_{k} A(s,k)$。这使得对基础 DQN 的改动变得很简单：为了将其转换成 Dueling DQN，只需要改变神经网络的结构，而不需要影响其他部分的实现。

8.6.1　实现

完整的示例见 Chapter08/06_dqn_dueling.py。所有的改动都在神经网络的结构部分，所以这里只展示神经网络的类（它在 lib/dqn_extra.py 模块中）。

```
class DuelingDQN(nn.Module):
    def __init__(self, input_shape, n_actions):
        super(DuelingDQN, self).__init__()

        self.conv = nn.Sequential(
            nn.Conv2d(input_shape[0], 32,
                    kernel_size=8, stride=4),
            nn.ReLU(),
            nn.Conv2d(32, 64, kernel_size=4, stride=2),
            nn.ReLU(),
            nn.Conv2d(64, 64, kernel_size=3, stride=1),
            nn.ReLU()
        )
```

卷积层和之前一模一样。

```
conv_out_size = self._get_conv_out(input_shape)
self.fc_adv = nn.Sequential(
    nn.Linear(conv_out_size, 256),
    nn.ReLU(),
    nn.Linear(256, n_actions)
)
self.fc_val = nn.Sequential(
    nn.Linear(conv_out_size, 256),
    nn.ReLU(),
    nn.Linear(256, 1)
)
```

在之前定义全连接层的地方，我们创建了两个转换，分别是优势值和价值的预测。为了保持模型中参数的数量和之前的神经网络相兼容，两条路径的内部维度从 512 减为 256。

```
def _get_conv_out(self, shape):
    o = self.conv(torch.zeros(1, *shape))
    return int(np.prod(o.size()))

def forward(self, x):
    adv, val = self.adv_val(x)
    return val + (adv - adv.mean(dim=1, keepdim=True))
def adv_val(self, x):
    fx = x.float() / 256
    conv_out = self.conv(fx).view(fx.size()[0], -1)
    return self.fc_adv(conv_out), self.fc_val(conv_out)
```

由于 PyTorch 的表现力，`forward()` 函数中的改变也很简单：为批中的样本计算价值和优势值，并将它们相加，减去优势值的平均值以获得最终的 Q 值。一个很重要的小改动就是在计算平均值的时候，需要沿着张量的第二个维度来计算，它会为批中的每个样本产生一个优势值的平均值向量。

8.6.2 结果

训练 Dueling DQN 之后，将其收敛性和基础 DQN 在 Pong 基准环境上进行对比，结果如图 8.13 所示。

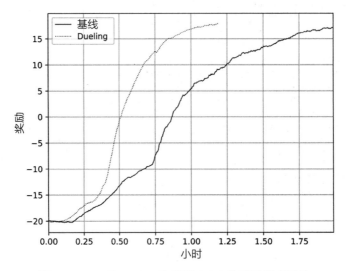

图 8.13　Dueling DQN 和基础 DQN 的奖励动态对比

该示例也会输出一个固定状态集的优势值和价值，如图 8.14 所示。

它们和我们预期的一样：优势值和 0 差不多，而价值会随着时间的推移而提高（类似于 Double DQN 那一节中的价值）。

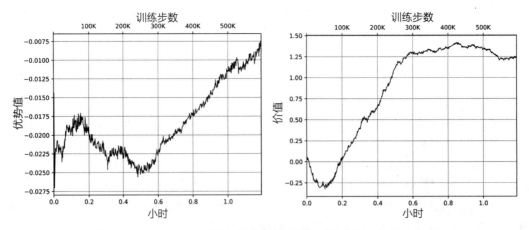

图 8.14　Dueling DQN 固定状态集的优势值（左边）和价值（右边）

8.7　Categorical DQN

在 DQN 改进工具箱中最后且最复杂的一个方法来自 DeepMind 在 2017 年 6 月发布的

一篇最新论文，论文名为 "A Distributional Perspective on Reinforcement Learning"[9]。

　　论文的作者对 Q-learning 的基础部分（Q 值）提出了质疑，并试图用更通用的 Q 值概率分布来替换它们。我们来理解一下其思想。Q-learning 和价值迭代这两个方法，都用简单数字来表示动作或状态的价值，并用以显示从状态或状态动作对中所能获得的总奖励是多少。但是，将未来所有可能的奖励都塞入一个值现实吗？在复杂的环境中，未来可能是随机的，概率不同产生的值也不同。

　　例如，想象一下你经常从家里开车去上班的通勤场景。在大多数情况下，交通并不拥挤，你需要约 30 分钟的时间抵达目的地。虽然并不是精确的 30 分钟，但是平均下来差不多 30 分钟。有时会发生一些事情，例如道路维修或发生事故，并且由于交通拥挤，上班的通勤时间会增加 2 倍。如图 8.15 所示，通勤时间的概率可以被表示成"通勤时间"随机变量的分布。

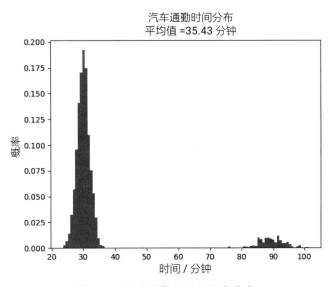

图 8.15　汽车通勤时间的概率分布

　　现在想象一下你有另外一种上班的方式：坐火车。因为需要从家先到火车站，再从火车站到办公室，所以它花费的时间会稍微久一点，但是它会更稳定。例如，火车通勤时间平均为 40 分钟，服务中断概率很小，可能会增加 20 分钟的额外通勤时间。火车通勤时间的分布如图 8.16 所示。

　　想象一下，现在我们需要决定如何通勤。如果只知道汽车和火车的平均时间，那么汽车方案看起来更有吸引力，因为它的平均通勤时间为 35.43 分钟，比起火车的 40.54 分钟来说要好。

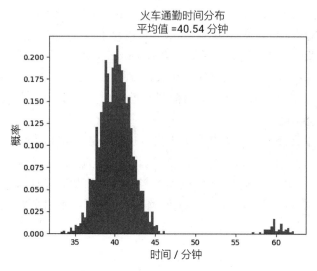

图 8.16 火车通勤时间的概率分布

但是，如果考虑整个分布，我们可能会决定坐火车，因为在最差的情况下，对比 1 小时 30 分钟的通勤时间，它只需要 1 小时。用统计学的语言来说，汽车的分布有更高的**方差**，所以当非常需要在 60 分钟内抵达办公室时，坐火车会更好。

在马尔可夫决策过程（MDP）的场景下，情况会变得更加复杂，因为有一系列的决策需要制定，并且每个决策可能会影响未来的情况。在通勤示例中，你可能要安排一次重要的会议，这时需要考虑不同的通勤方案。在这种情况下，使用平均奖励值会丢失很多潜在的动态信息。

完全相同的想法也被 "A Distributional Perspective on Reinforcement Learning" [9] 的作者所提出。当潜在的值有复杂分布时，我们为什么还要将自己限制在预测动作的平均值？可能直接使用分布会更有益处。

论文中的结果显示，这个想法确实会有益处，但是会引入更复杂的方法。这里不会给出严格的数学定义，它的宏观思想就是对每个动作预测一个分布值，正如汽车和火车示例中的分布那样。然后对于 Bellman 方程来说，作者展示了可以被泛化成概率分布的情况，它的公式为 $Z(x, a) \overset{D}{=} R(x, a) + \gamma Z(x', a')$，这和我们所熟悉的 Bellman 方程非常相似，只不过现在 $Z(x, a)$ 和 $R(x, a)$ 是概率分布而非数字。

最终的概率分布可以用来训练神经网络，和 Q-learning 的方法一样，为给定状态的每个动作计算出一个更好的概率分布值。唯一的不同在于损失函数，现在需要被替换成可以比较概率分布的形式。有好几种可行的方法可以应用，例如用于分类问题的 Kullback-Leibler（KL）散度（或交叉熵损失），也可以用 Wasserstein 度量。论文中，作者给出了使用 Wasserstein 度量的理论依据，但是当他们实践的时候，碰到了一些限制。所以，论文最后使用的是 KL 散度。论文还比较新，所以很可能会有后续改进的方法。

8.7.1　实现

如上所述，这个方法有点复杂，所以我花了一段时间才实现它并保证其正确性。完整代码见 Chapter08/07_dqn_distrib.py，它用到了在 lib/dqn_extra.py 中的之前没有讨论过的函数来执行分布投影。在开始前，我需要介绍一下实现逻辑。

该方法的核心部分是我们要拟合的概率分布。表达概率分布的方式有很多，但是论文作者选择了一个非常通用的 parametric distribution，基本上就是将固定数量的值规则地放在一个范围内。值的范围需要涵盖累积折扣奖励的可能范围。论文中，作者用不同原子数进行了实验，最好的结果是在 Vmin=-10 到 Vmax=10 的范围中用 N_ATOMS=51 的间隔来分隔。

针对每个原子（共有 51 个），神经网络都预测一个概率来表示未来折扣奖励落入这个原子范围的可能性。该方法的核心代码使用 gamma 缩放下个状态的最佳动作的概率分布值，并在概率分布中加入立即奖励，最后将结果投影回原始的原子。下面是执行这些操作的函数：

```
def distr_projection(next_distr, rewards, dones, gamma):
    batch_size = len(rewards)
    proj_distr = np.zeros((batch_size, N_ATOMS),
                          dtype=np.float32)
    delta_z = (Vmax - Vmin) / (N_ATOMS - 1)
```

一开始，分配一个数组来保存投影的结果。这个函数的参数有形状为 (batch_size, N_ATOMS) 的概率分布批、奖励数组、片段是否结束的标记，以及超参 Vmin、Vmax、N_ATOMS 和 gamma。delta_z 变量是在值范围中每个原子的宽度。

```
for atom in range(N_ATOMS):
    v = rewards + (Vmin + atom * delta_z) * gamma
    tz_j = np.minimum(Vmax, np.maximum(Vmin, v))
```

前面的代码中，我们循环迭代原始分布中的每个原子，并通过 Bellman 运算符计算该原子被投影到的位置，并考虑值的范围大小。

例如，索引为 0 的第一个原子对应的值为 Vmin=-10，但是奖励值为 +1 的样本会被投影到 $-10 \times 0.99+1=-8.9$。换句话说，它会被右移（假设 gamma=0.99）。如果值落在 Vmin 和 Vmax 给定的范围外，将其裁剪使其落入边界内。

```
b_j = (tz_j - Vmin) / delta_z
```

下一行，我们计算样本所投影的原子数量。当然，样本也可能被投影到原子之间。在这种情况下，可以在原始分布中将值延展到它所处最近的左右两个原子上。由于目标原子可能正好落在某些原子的位置，这个延展需要小心地处理。在这种情况下，只需要将原始分布的值添加到目标原子即可。

```
l = np.floor(b_j).astype(np.int64)
u = np.ceil(b_j).astype(np.int64)
eq_mask = u == l
```

```
proj_distr[eq_mask, l[eq_mask]] += \
    next_distr[eq_mask, atom]
```

前面的代码处理了被投影的原子正好落在目标原子上的情况。否则，b_j 不会是整数并且变量 l 和 u 也不会相等（这两个变量表示大于和小于被投影点的原子索引）。

```
ne_mask = u != l
proj_distr[ne_mask, l[ne_mask]] += \
    next_distr[ne_mask, atom] * (u - b_j)[ne_mask]
proj_distr[ne_mask, u[ne_mask]] += \
    next_distr[ne_mask, atom] * (b_j - l)[ne_mask]
```

当投影点处于原子之间时，我们需要将源原子的概率延展到大于和小于它的目标原子。前面两行代码就是用来处理这个场景的。当然，我们还需要合理地处理片段的最终状态转移。在这种情况下，投影不应该考虑下一次概率分布，只需要有一个和所得奖励相对应的概率 1 即可。然而，我们还是需要考虑原子，当奖励值落在原子之间时，合理地将概率分布开。这种情况由下面的代码分支处理，它将有 done 标记的样本的结果分布设为 0，然后计算结果投影。

```
if dones.any():
    proj_distr[dones] = 0.0
    tz_j = np.minimum(
        Vmax, np.maximum(Vmin, rewards[dones]))
    b_j = (tz_j - Vmin) / delta_z
    l = np.floor(b_j).astype(np.int64)
    u = np.ceil(b_j).astype(np.int64)
    eq_mask = u == l
    eq_dones = dones.copy()
    eq_dones[dones] = eq_mask
    if eq_dones.any():
        proj_distr[eq_dones, l[eq_mask]] = 1.0
    ne_mask = u != l
    ne_dones = dones.copy()
    ne_dones[dones] = ne_mask
    if ne_dones.any():
        proj_distr[ne_dones, l[ne_mask]] = \
            (u - b_j)[ne_mask]
        proj_distr[ne_dones, u[ne_mask]] = \
            (b_j - l)[ne_mask]
return proj_distr
```

为了展示该函数做了什么，我们来看用该函数处理一个人为设定的概率分布的结果（见图 8.17）。使用它们来调试函数，并确保它按预期工作。用来检查的代码见 Chapter08/adhoc/distr_test.py。

图 8.17 上方的图（称为"源分布"）是一个平均值为 0、scale=3 的正态分布。下方的图（称为"投影后的分布"）是用 gamma=0.9 从源分布投影得到的，它根据 reward=2 向右平移。

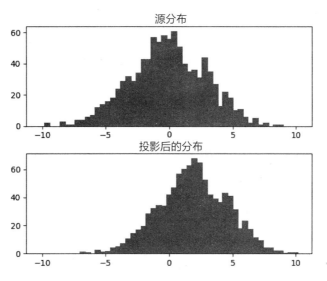

图 8.17　对正态分布应用概率分布转换后的采样样本

当传入同样的数据并设置 done=True 时，结果会有所不同，如图 8.18 所示。在这种情况下，源分布会被完全忽略，结果将只有一个投影的奖励。

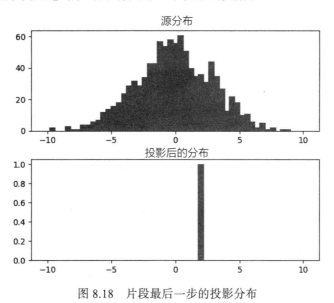

图 8.18　片段最后一步的投影分布

这个方法有两个版本：在 Chapter08/07_dqn_distrib.py 中只有基础代码；在 Chapter08/07_dqn_distrib_plots.py 中除了相同的基础代码外，还额外保存了某个固定状态集的底层概率分布图。这些图片在开发代码的时候十分重要，如果你想要理解并可视化收敛动态，那么它们会很有帮助。样例图片如图 8.21 和图 8.22 所示。

这里只展示实现的核心部分。这个方法的核心（distr_projection 函数）已经展示完了，并且它是最复杂的部分。现在还缺少神经网络结构和修改后的损失函数。

首先来看神经网络，它位于 lib/dqn_extra.py 的 DistributionalDQN 类：

```python
Vmax = 10
Vmin = -10
N_ATOMS = 51
DELTA_Z = (Vmax - Vmin) / (N_ATOMS - 1)

class DistributionalDQN(nn.Module):
    def __init__(self, input_shape, n_actions):
        super(DistributionalDQN, self).__init__()

        self.conv = nn.Sequential(
            nn.Conv2d(input_shape[0], 32,
                      kernel_size=8, stride=4),
            nn.ReLU(),
            nn.Conv2d(32, 64, kernel_size=4, stride=2),
            nn.ReLU(),
            nn.Conv2d(64, 64, kernel_size=3, stride=1),
            nn.ReLU()
        )

        conv_out_size = self._get_conv_out(input_shape)
        self.fc = nn.Sequential(
            nn.Linear(conv_out_size, 512),
            nn.ReLU(),
            nn.Linear(512, n_actions * N_ATOMS)
        )

        sups = torch.arange(Vmin, Vmax + DELTA_Z, DELTA_Z)
        self.register_buffer("supports", sups)
        self.softmax = nn.Softmax(dim=1)
```

主要的不同点是全连接层的输出。现在它输出一个 n_actions*N_ATOMS 的向量值，对于 Pong 环境来说是 $6 \times 51 = 306$。对于每个动作，它需要在 51 个原子位预测概率分布。每个原子（称为"support"）都有一个对应特定奖励的值。这些原子的奖励均匀分布在 $-10 \sim 10$，构成了步长为 0.4 的网格。这些 support 存储在神经网络的缓冲区中。

```python
    def forward(self, x):
        batch_size = x.size()[0]
        fx = x.float() / 256
        conv_out = self.conv(fx).view(batch_size, -1)
        fc_out = self.fc(conv_out)
        return fc_out.view(batch_size, -1, N_ATOMS)

    def both(self, x):
        cat_out = self(x)
        probs = self.apply_softmax(cat_out)
        weights = probs * self.supports
        res = weights.sum(dim=2)
```

```
        return cat_out, res

    def qvals(self, x):
        return self.both(x)[1]

    def apply_softmax(self, t):
        return self.softmax(t.view(-1, N_ATOMS)).view(t.size())
```

forward() 方法将预测的概率分布用一个 3D 张量 (batch, actions, supports)
返回。该神经网络定义了好几个帮助方法来简化 Q 值的计算，并对概率分布应用 softmax。

最后一处改变是新的损失函数必须使用分布式投影来取代 Bellman 方程，并计算所预
测的分布和所投影分布之间的 KL 散度。

```
def calc_loss(batch, net, tgt_net, gamma, device="cpu"):
    states, actions, rewards, dones, next_states = \
        common.unpack_batch(batch)
    batch_size = len(batch)

    states_v = torch.tensor(states).to(device)
    actions_v = torch.tensor(actions).to(device)
    next_states_v = torch.tensor(next_states).to(device)

    next_distr_v, next_qvals_v = tgt_net.both(next_states_v)
    next_acts = next_qvals_v.max(1)[1].data.cpu().numpy()
    next_distr = tgt_net.apply_softmax(next_distr_v)
    next_distr = next_distr.data.cpu().numpy()

    next_best_distr = next_distr[range(batch_size), next_acts]
    dones = dones.astype(np.bool)

    proj_distr = dqn_extra.distr_projection(
        next_best_distr, rewards, dones, gamma)

    distr_v = net(states_v)
    sa_vals = distr_v[range(batch_size), actions_v.data]
    state_log_sm_v = F.log_softmax(sa_vals, dim=1)
    proj_distr_v = torch.tensor(proj_distr).to(device)

    loss_v = -state_log_sm_v * proj_distr_v
    return loss_v.sum(dim=1).mean()
```

前面的代码不是很复杂，它只是准备数据来调用 distr_projection 和 KL 散度
（定义为 $D_{KL}(P\|Q)=-\sum_i p_i \log q_i$）。

为了计算概率的对数，我们使用 PyTorch 的 log_softmax 函数，它能以数值稳定的
方式同时执行 log 和 softmax。

8.7.2　结果

根据实验，DQN 的概率分布版本比基础 DQN 稍微收敛得慢一点，稳定性也差一点，

这并不意外，因为网络的输出现在大了 51 倍，并且损失函数也变了。所以对超参的调优是有必要的。我试图避免这种情况，因为它可能需要另外一整章来描述处理过程，而不是以一种有意义的方式来比较这些方法的效果。图 8.19 和图 8.20 显示了随时间推移得到的奖励动态和损失值。显然，学习率还可以增大。

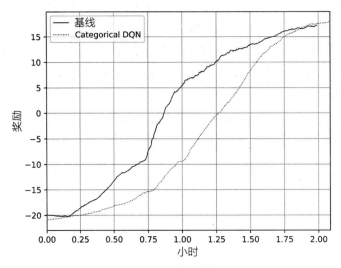

图 8.19　奖励动态

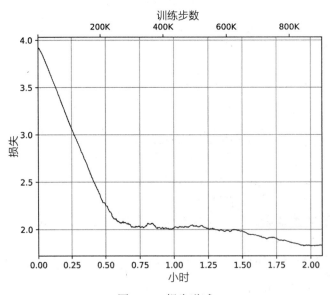

图 8.20　损失递减

　　如你所见，Categorical DQN 是我们比较过的方法中唯一一个表现得比基础 DQN 差的方法。但是，有一个因素制约了这个新方法：Pong 环境太简单了以至于无法下结论。在

2017 年的论文"A Distributional Perspective"中，作者宣称该方法在 Atari 基准环境中超过半数的游戏（Pong 并不在其中）达到了最高水准。

在训练的时候查看概率分布的动态可能会很有意思。在 Chapter08/07_dqn_distrib_plots.py 的扩展版代码有两个标记 ——SAVE_STATES_IMG 和 SAVE_TRANSITIONS_IMG——可以用来在训练时保存概率分布图片。例如，图 8.21 显示了某个状态在训练一开始（3 万帧之后）时所有 6 个动作的概率分布。

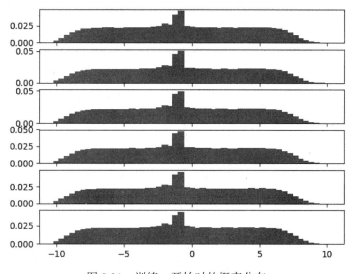

图 8.21 训练一开始时的概率分布

所有的概率分布都很宽（因为神经网络还没有收敛），处于中间的高峰对应动作所期待获得的负奖励。同一个状态在训练 50 万帧之后，概率分布如图 8.22 所示。

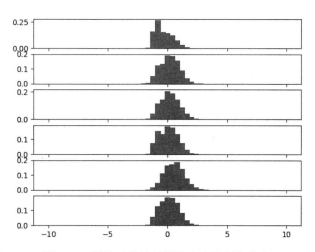

图 8.22 训练后的神经网络产生的概率分布

现在可以看到，不同动作会有不同的概率分布。第一个动作（对应无操作，即什么也不做的动作）的分布向左移动了，所以在这个状态什么也不做会导致失败。第五个动作向右边移动，它的平均值向右移动了，所以这个动作会得到更好的分数。

8.8　组合所有方法

论文"Rainbow: Combining Improvements in Deep Reinforcement Learning"中提到的所有 DQN 的改进方法都已介绍过，不过是用增量式的方法展示的，这样有助于理解其思想以及每个改进的实现。论文的要点在于组合所有的改进并检查结果。在最后的示例中，我决定从最终的系统中排除 Categorical DQN 和 Double DQN，因为它们对此实验环境的提升不大。如果愿意，你可以将它们加入代码中并用不同的游戏来测试。完整的示例见 Chapter08/08_dqn_rainbow.py。

首先，我们需要定义神经网络结构以及对结果有帮助的方法：

❏ **Dueling DQN**：神经网络会被分成两个路径，分别是状态价值的概率分布和优势值的概率分布。输出中，两个路径的值会被加在一起，并提供动作的最终概率分布值。为了将优势值函数的平均值限制为 0，让每个原子的概率分布减去平均优势值。

❏ **噪声网络**：在价值和优势值路径的线性层使用 nn.Linear 的噪声版本。

除了神经网络结构的改变，我们还会使用带优先级的回放缓冲区来保存环境的状态转移，并从中根据 MSE 损失按比例进行采样。最后，将 Bellman 方程展开到 n 步。

因为每个单独的方法已经在前面的小节给出过，并且最终的方法组合结果长成什么样子应该是很明显的，所以这里不再重复所有这些代码。如果有任何疑问，可以在 GitHub 查看代码。

结果

图 8.23 是奖励图。左边的是单独的组合系统，右边则是其与基础 DQN 的对比。

可以看到，在时钟时间（50 分钟对比 2 小时）和游戏片段数（180 对比 520）方面都有所提升。由于从 FPS 的角度来看，组合系统的性能更差些，所以时钟时间比采样效率更能准确地反应性能。图 8.24 对比了性能。

可以看到，训练一开始时，组合系统的 FPS 为 110，但是由于回放缓冲区不够高效，性能逐渐下降到了 95。160 FPS 和 110 FPS 的差距是更复杂的神经网络结构（噪声网络和 Dueling DQN）造成的。代码在某些方面很可能可以进行优化。无论如何，结果还是很好的。

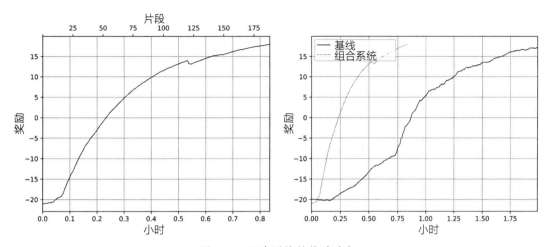

图 8.23 组合系统的奖励动态

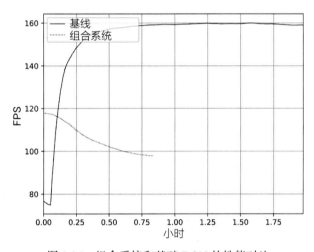

图 8.24 组合系统和基础 DQN 的性能对比

最后想讨论的一个图是片段的步数图（见图 8.25）。如你所见，组合系统很快就发现了如何非常高效地获胜。第一个 3 千步的高峰对应着训练的初始阶段，系统发现了如何和对手对抗得更久。后面步数的下降对应着"策略精炼"阶段，智能体尝试优化动作以更快获胜（折扣因子 γ 使它偏爱更短的片段）。

当然，还可以以其他的方式组合这些改进方法来进行实验，甚至可以组合下一章的内容，下章将从技术的角度讨论如何加速 RL 方法。

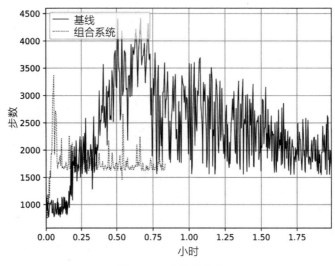

图 8.25 片段的步数

8.9 总结

本章梳理并实现了很多 DQN 的改进方法，这些改进方法是自 2015 年第一篇 DQN 论文发布以来研究人员提出的。首先，所列方法是从 DeepMind 发布的论文"Rainbow: Combining Improvements in Deep Reinforcement Learning"中拿来的，所以这些方法肯定偏重于 DeepMind 的论文。其次，RL 如此有魅力，以至于几乎每天都有新的论文被发表，所以即使我们把自己仅限制在某类 RL 方法（例如 DQN），也很难跟上最新的研究成果。本章的目的是给出关于此领域发展出来的不同思想的一个概况。

下一章将从工程的角度继续讨论 DQN 的实际应用，在不触及底层方法的前提下用几种方法来提升 DQN 的性能。

8.10 参考文献

[1] *Matteo Hessel, Joseph Modayil, Hado van Hasselt, Tom Schaul, Georg Ostrovski, Will Dabney, Dan Horgan, Bilal Piot, Mohammad Azar, David Silver, 2017, Rainbow: Combining Improvements in Deep Reinforcement Learning. arXiv:1710.02298*

[2] *Sutton, R.S., 1988, Learning to Predict by the Methods of Temporal Differences, Machine Learning 3(1):9-44*

[3] *Hado Van Hasselt, Arthur Guez, David Silver, 2015, Deep Reinforcement Learning with Double Q-Learning. arXiv:1509.06461v3*

[4] *Meire Fortunato, Mohammad Gheshlaghi Azar, Bilal Pilot, Jacob Menick, Ian Osband, Alex Graves, Vlad Mnih, Remi Munos, Demis Hassabis, Olivier Pietquin, Charles Blundell, Shane Legg, 2017, Noisy Networks for Exploration. arXiv:1706.10295v1*

[5] *Marc Bellemare, Sriram Srinivasan, Georg Ostrovski, Tom Schaus, David Saxton, Remi Munos, 2016, Unifying Count-Based Exploration and Intrinsic Motivation. arXiv:1606.01868v2*

[6] *Jarryd Martin, Suraj Narayanan Sasikumar, Tom Everitt, Marcus Hutter, 2017, Count-Based Exploration in Feature Space for Reinforcement Learning. arXiv:1706.08090*

[7] *Tom Schaul, John Quan, Ioannis Antonoglou, David Silver, 2015, Prioritized Experience Replay. arXiv:1511.05952*

[8] *Ziyu Wang, Tom Schaul, Matteo Hessel, Hado van Hasselt, Marc Lanctot, Nando de Freitas, 2015, Dueling Network Architectures for Deep Reinforcement Learning. arXiv:1511.06581*

[9] *Marc G. Bellemare, Will Dabney, Rémi Munos, 2017, A Distributional Perspective on Reinforcement Learning. arXiv:1707.06887*

Chapter 9 | 第 9 章

加速强化学习训练的方法

第 8 章介绍了一些实用技巧，可以使深度 Q-network（DQN）方法更稳定、更快收敛。它们通过对基础 DQN 方法进行修改（例如将噪声注入网络或展开 Bellman 方程）以求用更少的训练时间获得更好的策略。但其实还有另外一个方式，即通过调整该方法的实现细节来以提升训练速度。这是一个纯工程的方法，但是在实践中同样重要。

本章将：

❏ 使用第 8 章的 Pong 环境，并试图尽可能快地解决它。

❏ 使用完全相同的硬件，逐步解决 Pong 问题并将速度提升 3.5 倍。

❏ 讨论更先进的方法来加速强化学习（RL）训练，这些方法在将来可能会很常见。

9.1 为什么速度很重要

首先，我们来谈谈为什么速度很重要以及为什么要对其进行优化。虽然可能不是很明显，但是在过去的一二十年中，硬件性能有了巨大的提升。15 年前，我参与了一个项目，该项目专注于建造由航空发动机设计公司发起的用于计算流体动力学（Computational Fluid Dynamics，CFD）模拟的超级计算机。该系统由 64 台服务器组成，占了 3 个 42 英寸[⊖]机架，并且需要定制散热和电源系统。单是硬件（不包含散热）就耗费了将近 100 万美元。

2005 年，这台超级计算机排在俄罗斯超级计算机第 4 的位置，并且是业内最快的超算。它的理论性能为 922 GFLOPS（billion floating-point operations per second，每秒 10 亿次浮点运算），但是对比 12 年后发布的 GTX 1080 Ti，它的能力看起来微不足道。一台 GTX

1080 Ti 可以执行 11 340 GFLOPS，是前者的 12.3 倍。而每张卡的价格是 700 美元！如果统计一下每美元的计算力，则每个 GFLOP 的价格降幅超过 17 500 倍。

人们已经说过很多次，数据可用性和计算力的提升推动了人工智能（Artificial Intelligence，AI）的进步（通常是机器学习（ML）的进步），我认为这是完成正确的。想象一下，在一台机器上需要 1 个月才能完成一些计算（在 CFD 和其他物理模拟中很常见）。如果能将速度提升 5 倍，那么等待时间将变成 6 天。加速 100 倍则意味着需要一个月的庞大计算可以在 8 小时内完成，因此一天之内可以完成 3 次这样的计算！如今，用相同的钱就能得到 20 000 倍的算力，这真是太酷了！（顺便说一下，加速 2 万倍意味着 1 个月的问题可以在 2 ~ 3 分钟内解决！）

这不仅发生在超级计算机（也称为高性能计算机）的世界，基本上，它无处不在。现代的微控制器拥有 15 年前台式机的性能特点。（例如，可以用 50 美元的价格构建一台袖珍计算机，搭载的 32 位微控制器以 120 MHz 的频率运行，它可以用来运行 Atari 2600 模拟器 [1]：https://hackaday.io/project/80627-badge-for-hackaday-conference-2018-in-belgrade。）我甚至还没谈论现代的智能手机，它们通常有 4 ~ 8 核、一个图形处理单元（GPU），以及好几 GB 的 RAM。

 这类硬件的 Atari 2600 模拟器是我正在开发的一个项目：https://hackaday.io/project/166288-atari-emulator-for-hackaday-badge。

当然，这里还有一些复杂性。我并不是说你可以使用相同的代码来对比 10 年前和现在的算力，并神奇地发现它的运行速度快了数千倍。相反，由于库、操作系统接口以及其他因素的变化，你可能根本无法运行它。（你是否尝试过读取 7 年前录刻的 CD-RW 旧光盘？）如今，为了发挥现代硬件的所有性能，你需要并行化代码，这自然意味着要接触大量的细节，包括分布式系统、数据局部性、通信以及硬件和库的内部特征。高级库试图隐藏所有这些复杂性，但是为了高效地使用它们，你不能忽略所有这些内容。然而，记住，这是值得的——一个月的耐心等待可以缩短至 3 分钟。

我们为什么要加速处理过程在一开始可能不是很明显。毕竟，一个月也没有那么长，只要将计算机锁在机房并度个假，时间就过去了。

但是，想象一下准备工作以及要让计算正确所涉及的过程。你可能已经注意到，即使是简单的 ML 问题，也几乎不可能在第一次尝试时就能正确实现。

在找到正确的超参、修复所有的 bug 并让代码就绪前，需要试验很多次。物理模拟、RL 研究、大数据处理和一般编程都有同样的过程。所以，如果能让程序运行得更快，并不只是单次程序运行会受益，我们同样可以快速代码迭代并做更多次的实验，这很大程度上能加速整个处理过程并提升最终结果的质量。

我记得我职业生涯的一个场景，当时我们在开发一个 Web 搜索引擎（和 Google 类似，专门针对俄罗斯网站），我们的部门部署了一套 Hadoop 集群。在部署之前，对数据集的一个小实验都会花费好几周。好几 TB 的数据散落在不同的系统，你需要让代码在每台机器上跑几遍、收集并合并中间结果、处理偶尔会发生的硬件故障，并手动执行很多和本应该解决的问题无关的任务。将 Hadoop 平台集成进数据处理的流程之后，实验需要的时间降至几个小时，完全改变了游戏规则。自那以后，开发人员可以更容易、更快地进行更多的实验，而不是被一些不必要的细节所干扰。实验的数量（以及运行它们的意愿）显著提升，同时也提高了最终产品的质量。

支持优化的另一个原因是提升所能处理的问题规模。让方法运行得更快可能意味着两个不同的事情：更快地得到结果，或扩大问题的规模（或者某些其他衡量问题复杂度的指标）。复杂度的增加在不同场景有不同的意义，但这几乎总是一件好事，比如得到更准确的结果、对现实世界做更少的简化，或者考虑更多的数据。

回到本书的重点，我们来概述 RL 方法如何从加速中受益。首先，即使是最先进的 RL 方法在采样上也不是很高效，这意味着在获得一个好的策略前，训练时需要和环境交互很多次（在 Atari 的情况下是数百万次），这可能意味着好几个星期的训练时间。如果能加速一下这个过程，我们可以更快地得到结果、做更多实验，以及找到更好的超参。除此之外，如果代码运行得更快，就可以增加所处理问题的复杂度。

现代的 RL 认为 Atari 游戏已经被解决了，甚至像 Montezuma's Revenge 这样所谓的"难探索游戏"，准确性也已经被训练到超越人类的水准了。

因此，最前沿的研究需要更复杂的问题、更丰富的观察和动作空间，这不可避免地需要更多训练时间和更多硬件。DeepMind 和 OpenAI 已经开始进行这样的研究了（从我的角度来看，问题的复杂度增加得有点太多了），从 Atari 切换到了更具挑战的游戏，比如星际争霸 II 和 Dota 2。这些游戏需要数百个 GPU 来进行训练，但同时也允许我们探索改进现有的方法，发现新方法。

警告：所有对性能的改进，只有当核心方法正常运行时才是有意义的（通常在 RL 和 ML 中并不总是很明显）。就如某个关于性能优化的在线课程的老师所说："一个慢并正确的程序比一个快却错误的程序要好得多。"

9.2 基线

本章其余部分将使用熟悉的 Pong 环境并尝试加速其收敛速度。作为基线，我们仍使用在第 8 章中使用的同一个简单 DQN，而且保持超参一致。为了比较改变带来的效果，将使用以下两个指标：

❑ 每秒从环境消费的**帧数**（FPS）。它标识着在训练时和环境的交互速度。在 RL 的论文中标明训练时智能体观察的帧数是很常见的，通常在 2500 万 ~ 5000 万帧。所以，如果 FPS=200，那么它会花费 5000 万 /200/60/60/24 ≈ 2.8 天。在这种计算情况下，你需要考虑到 RL 论文通常会使用原始的环境帧数。但是如果使用了跳帧（几乎都会使用），就需要再除以一个跳过因子（通常会是 4）。在我们的测量方法中，我们根据智能体同环境交互的数量来计算 FPS，所以环境的 FPS 会是 4 倍大小。

❑ 解决游戏耗费的**时钟时间**。当平滑奖励能在最近 100 个片段中都到达 17（Pong 的最大分数是 21）时，我们会停止训练。这个边界可以增加，但是 17 已经是一个很好的标识，表明智能体几乎已经能掌控游戏，而将策略精炼到完美只是训练时间多少的问题。之所以比较时钟时间是因为单独的 FPS 不能衡量训练加速情况。由于我们对代码进行了一些改动，因此可以得到很高的 FPS，但是收敛性可能会被影响。因为训练过程是随机的，所以这个值不能作为可靠的指标来单独标识改进程度。即使指定随机种子（我们需要明确地为 PyTorch、Gym 和 NumPy 指定种子），并行化（在后面会用到）还是在处理过程中引入了随机性，这基本上是没法避免的。所以，我们能做的就是多次运行基准测试，并获取平均结果。但是，单次运行的结果不能用于下任何结论。

本章中的所有基准测试都在同一台机器进行，这台机器有一个 i5-6600k 中央处理器（CPU）、一个 GTX 1080 Ti GPU（使用 CUDA 10.0，NVIDIA 驱动的版本是 410.79）。第一个基准测试将会是我们的基线版本，它在 Chapter09/01_baseline.py。这里不再展示源代码，因为第 8 章已给出。在训练时，代码会向 TensorBoard 写入几个指标：

❑ reward：从片段得到的未经折扣的奖励，x 轴是片段数。

❑ avg_reward：和奖励一样，只不过用 alpha=0.98 做了求平均值的平滑处理。

❑ steps：片段持续的步数。通常，一开始智能体很快就输了，所以每个片段大概在 1000 步左右。然后，它学会如何表现得更出色，所以步数会随着奖励一起增加。但是，在最后，当智能体已经能掌控游戏的时候，步数又落回 2000 步，因为策略的完善标准是尽快赢得游戏（因为折扣因子 γ）。实际上，这种片段长度的降低可能标识着对环境过拟合，这是 RL 中的一个巨大问题。但是，它不在本书的讨论范围内。

❑ loss：训练时，每迭代 100 次采样一次的损失。它应该在 2e-3 到 7e-3，当智能体发现新行为时，会导致其奖励值和从 Q 值中学到的不一样，所以 loss 偶尔会增加。

❑ avg_loss：平滑版本的损失。

❑ epsilon：当前 epsilon 值。

❑ avg_fps：智能体和环境交互的速度（每秒的观察数），通过取平均使其更平滑。

图 9.1 和图 9.2 都是经过好几次基准测试后取平均值得到的。和往常一样，每个图都有两个 x 轴：底部是以小时计的时钟时间，顶部是步数（图 9.1 中的是片段数，图 9.2 中的是训练迭代数）。

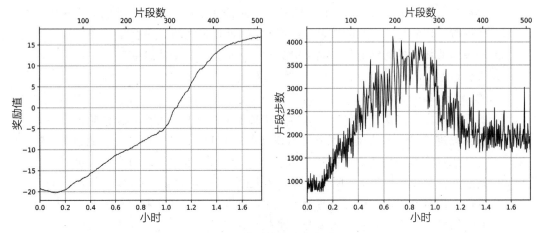

图 9.1   奖励值和片段长度

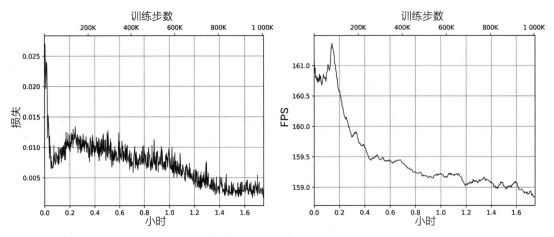

图 9.2   训练过程中的损失和 FPS 动态

9.3   PyTorch 中的计算图

第一个示例并不是围绕基线加速的，而是展示一种常见却不明显的情况，它会降低性能。在第 3 章中，我们讨论了 PyTorch 计算梯度的方式：构建一个你想对张量施加的所有操作的图，当对最终损失调用 `backward()` 方法时，模型中所有参数的梯度都会被自动计算出来。

这能很好地运作，但是 RL 的代码通常比传统监督学习模型复杂很多，我们正在训练的 RL 模型同时也会被用来获取智能体将在环境中执行的动作。第 6 章中讨论的目标神经网络让情况变得更复杂。所以，在 DQN 中，神经网络（NN）通常用于三种场景：

1）想要用网络预测出来的 Q 值，对比 Bellman 方程估计出来的 Q 值，来获得损失时。

2）使用目标神经网络获得下一个状态的 Q 值来计算 Bellman 近似值时。

3）智能体决定执行哪个动作时。

保证梯度只在第一个场景下计算是很重要的。在第 6 章中，我们通过显式地调用由目标神经网络返回的张量的 detach() 来避免梯度计算。detach 非常重要，因为它阻止梯度从"意外方向"流入模型（没有它，DQN 可能完全没法收敛）。在第三种场景下，通过将神经网络的结果转换成 NumPy 数组来阻止梯度计算。

我们在第 6 章中的代码可以运行，但是少了一个微妙的细节：上面三种场景都构建了计算图。这不是什么大问题，但是创建图还是会占用一些资源（就速度和内存角度而言），这有点浪费，因为即使我们不对某些图调用 backward()，PyTorch 还是会创建这些计算图。为了防止这种情况，一个非常好的东西是 torch.no_grad() 装饰器。

Python 中的装饰器是一个非常广泛的主题。它们（如果正确使用）可以为开发人员提供强大的功能，但它不在本书的讨论范围内。这里仅举一个例子。

```
>>> import torch
>>> @torch.no_grad()
... def fun_a(t):
...     return t*2
>>> def fun_b(t):
...     return t*2
```

我们定义两个函数，它们做同样的事：将其参数翻倍。只不过第一个函数声明时加了 torch.no_grad()，而第二个函数只是一个普通的函数。这个装饰器会暂时禁用传给该函数的所有张量的梯度计算。

```
>>> t = torch.ones(3, requires_grad=True)
>>> t
tensor([1., 1., 1.], requires_grad=True)
>>> a = fun_a(t)
>>> b = fun_b(t)
>>> b
tensor([2., 2., 2.], grad_fn=<MulBackward0>)
>>> a
tensor([2., 2., 2.])
```

如你所见，即使张量 t 需要梯度，fun_a（被装饰了的函数）的结果还是没有梯度。但是这种影响仅限定在被装饰的函数内部：

```
>>> a*t
tensor([2., 2., 2.], grad_fn=<MulBackward0>)
```

函数 torch.no_grad() 也能作为上下文管理器（推荐学习的另一个强大的 Python 概念）使用，来阻止某些代码块的梯度计算：

```
>>> with torch.no_grad():
...     c = t*2
...
>>> c
tensor([2., 2., 2.])
```

此功能提供了一种非常方便的方式，来标识那些完全需被梯度计算所排除在外的代码部分。`ptan.agent.DQNAgent`（以及其他由 PTAN 提供的智能体）和 `common.calc_loss_dqn` 函数已经实现了此功能。但是如果要自定义一个智能体或自己实现代码，可能很轻易遗漏这一点。

为了对没必要的图计算的效果进行基准测试，我在 `Chapter09/00_slow_grads.py` 提供了修改后的基准代码，它基本不变，只不过智能体和损失计算没有使用 `torch.no_grad()`。图 9.3 显示了它的效果。

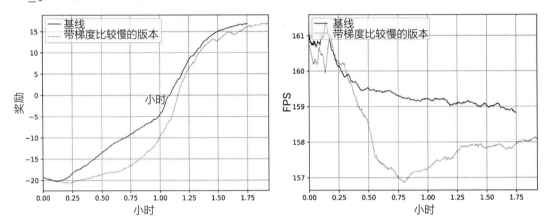

图 9.3　基础 DQN（基线）和没有 torch.no_grad() 版本之间的奖励和 FPS 比较

可以看到，速度损失不是很大（只有几个 FPS），但是在结构更复杂的大型神经网络中结果可能会不太一样。我曾见过在更复杂的循环神经网络中加上 `torch.no_grad()` 可以带来 50% 性能提升。

9.4　多个环境

第一个能加速深度学习训练的想法是使用大的批。它适用于深度 RL，但是使用时需小心。在正常的监督学习情况下，"更大的批更好"这一简单规则通常是正确的：只要 GPU 的内存足够，你就只需要增大批大小，由于 GPU 庞大的并行能力，更大的批通常意味着在一定的时间内会有更多样例数据被处理。

而 RL 的情况则有些不同。在训练过程中，会同时发生两件事：

❑ 训练神经网络以对当前的数据进行更好的预测。
❑ 智能体探索环境。

由于智能体探索环境并从自己动作的结果中学习，所以训练数据会变化。在射击游戏中，智能体随机运行一段时间，并被怪物射中，在训练缓冲区中只能拥有悲惨的"死亡无处不在"的体验。但是一段时间后，智能体会发现它可以使用武器。这种新的体验会完全颠覆之前训练用的数据。

　　RL 的收敛性通常取决于训练和探索之间脆弱的平衡。如果只增加批大小而不改变其他选项，很容易对当前数据过拟合。（对于射击游戏的示例，智能体可能开始考虑"早死早超生"是唯一降低痛苦的选项，很可能永远也发现不了自己有枪。）

　　所以，在示例 Chapter09/02_n_envs.py 中，智能体使用了好几个同样环境的副本来获得训练数据。每次训练迭代，使用来自那些环境的样本来填充回放缓冲区，然后按比例采样一个更大的批。由于能在一次 NN 的前向传播中，一次性为所有 N 个环境要执行的动作做出决定，使得我们能稍微加速一下推理时间。

　　在实现方面，前面的逻辑在代码中只引入了一点点改变：

- ❏ 由于 PTAN 直接支持多个环境，我们需要做的就是给 ExperienceSource 实例传入 N 个 Gym 环境。
- ❏ 智能体的代码（在我们的情景下是 DQNAgent）已经针对 NN 的批处理应用进行了优化。

下面给出修改后的代码片段：

```
def batch_generator(
        buffer: ptan.experience.ExperienceReplayBuffer,
        initial: int, batch_size: int, steps: int):
    buffer.populate(initial)
    while True:
        buffer.populate(steps)
        yield buffer.sample(batch_size)
```

产生批的函数现在在每次训练迭代中都在环境中执行好几步。

```
envs = []
for _ in range(args.envs):
    env = gym.make(params.env_name)
    env = ptan.common.wrappers.wrap_dqn(env)
    env.seed(common.SEED)
    envs.append(env)

params.batch_size *= args.envs
exp_source = ptan.experience.ExperienceSourceFirstLast(
    envs, agent, gamma=params.gamma)
```

　　经验源接受环境数组而不是单个环境。其他的改变则只是一些针对常量的小改动，以调整 FPS 记录器并弥补 epislon 衰减速率的下降（随机步数的比例）。

　　由于环境数量是一个需要调优的新超参，我运行了好几次实验（环境数量 N 从 2 到 6）。图 9.4 和图 9.5 显示了平均动态。

　　如你所见，增加一个额外的环境能增加 30% 的 FPS 并能加速收敛。增加第三个环境的时候仍有同样的效果（FPS 增加 43%），但是增加更多的环境时，尽管 FPS 增加了，对收敛速度却有负面的影响。所以，看起来 N=3 可能是最优的超参值，当然，你可以自行调整或实验。

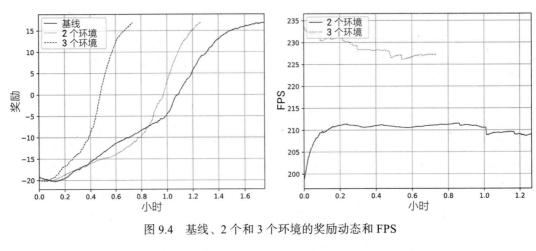

图 9.4 基线、2 个和 3 个环境的奖励动态和 FPS

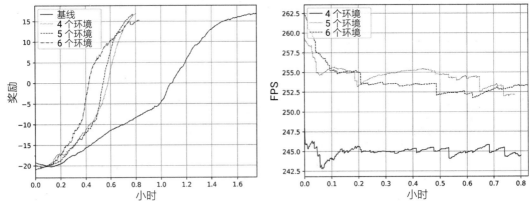

图 9.5 基线、4 个、5 个和 6 个环境的奖励动态和 FPS

9.5 在不同进程中分别交互和训练

从宏观角度来看，训练包含下面几个重复步骤：

1）让当前神经网络选择动作，并在环境数组中执行。

2）将观察放入回放缓冲区。

3）从回放缓冲区中随机采样用于训练的批。

4）训练批。

前两步的目的是用采样自环境的样本（即观察、动作、奖励和下一个观察）来填充回放缓冲区。后两步则是为了训练神经网络。

图 9.6 是对前面步骤的形象展示，它能将潜在的并行可能性更明显地展示出来。左边显示了训练流。训练步骤用到了环境、回放缓冲区，以及 NN。实线表示数据和代码流。

虚线表示神经网络的训练和推理。

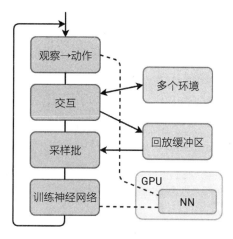

图 9.6　训练过程的序列图

如你所见，上面两步和下面两步只通过回放缓冲区和 NN 交互。这使得我们可以将这两个部分分离到不同的进程。图 9.7 是该方案的示意图。

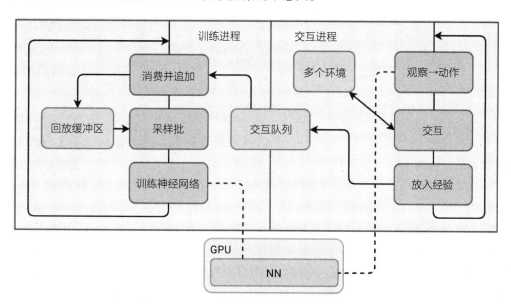

图 9.7　训练和交互的并行版本

在 Pong 环境下，似乎没必要在代码中引入这些复杂性，但是在某些场景下，这样的分离可能会极其有用。想象一下你有一个非常慢非常庞大的环境，随意一步就需要花费好几秒来计算。这不是一个假想的例子，例如，最近 NeurIPS 比赛中，如 *Learning to Run*、*AI for Prosthetics Challenge* 和 *Learn to Move*[1]，有非常慢的神经肌肉模拟器，所以必须将经验获取和训练过程分离开。在这些场景中，可以有很多个同时运行的环境来为核心的训练进程产生经验。

为了将串行代码变成并行代码，需要对其进行一些改动。在 Chapter09/03_parallel.py 文件中，你可以找到示例的完整源码。这里将只关注主要的不同点。

```python
import torch.multiprocessing as mp

BATCH_MUL = 4

EpisodeEnded = collections.namedtuple(
    'EpisodeEnded', field_names=('reward', 'steps', 'epsilon'))

def play_func(params, net, cuda, exp_queue):
    env = gym.make(params.env_name)
    env = ptan.common.wrappers.wrap_dqn(env)
    env.seed(common.SEED)
    device = torch.device("cuda" if cuda else "cpu")

    selector = ptan.actions.EpsilonGreedyActionSelector(
        epsilon=params.epsilon_start)
    epsilon_tracker = common.EpsilonTracker(selector, params)
    agent = ptan.agent.DQNAgent(net, selector, device=device)
    exp_source = ptan.experience.ExperienceSourceFirstLast(
        env, agent, gamma=params.gamma)

    for frame_idx, exp in enumerate(exp_source):
        epsilon_tracker.frame(frame_idx/BATCH_MUL)
        exp_queue.put(exp)
        for reward, steps in exp_source.pop_rewards_steps():
            exp_queue.put(EpisodeEnded(reward, steps,
                                       selector.epsilon))
```

首先，使用 torch.multiprocessing 模块作为 Python 内置的 multiprocessing 标准模块的替代品。

标准库中的版本提供了比较原始的组件来将代码运行在不同进程中，例如 mp.Queue（分布式队列）、mp.Process（子进程）等。PyTorch 提供了对标准 multiprocessing 库的包装，它使得 torch 的张量在不复制的情况下能在不同进程间共享。在 CPU 张量中，这是通过共享内存实现的，在 GPU 张量中则是 CUDA 引用。当交互处于单台计算机时，这样的共享机制移除了主要的瓶颈。当然，对于真正的分布式交互的情况，你需要自己序列化数据。

play_func 函数实现了"交互进程"，并且运行在由"训练进程"创建的一个单独的子进程中。它的责任是从环境中获取经验，并将其放入共享队列中。除此之外，它将片段结束的信息包装在 namedtuple 中，并将其追加到同一个队列中，让训练进程得知片段奖励以及步数。

```
class BatchGenerator:
    def __init__(self,
                 buffer: ptan.experience.ExperienceReplayBuffer,
                 exp_queue: mp.Queue,
                 fps_handler: ptan_ignite.EpisodeFPSHandler,
                 initial: int, batch_size: int):
        self.buffer = buffer
        self.exp_queue = exp_queue
        self.fps_handler = fps_handler
        self.initial = initial
        self.batch_size = batch_size
        self._rewards_steps = []
        self.epsilon = None

    def pop_rewards_steps(self) -> List[Tuple[float, int]]:
        res = list(self._rewards_steps)
        self._rewards_steps.clear()
        return res

    def __iter__(self):
        while True:
            while exp_queue.qsize() > 0:
                exp = exp_queue.get()
                if isinstance(exp, EpisodeEnded):
                    self._rewards_steps.append((exp.reward,
                                                exp.steps))
                    self.epsilon = exp.epsilon
                else:
                    self.buffer._add(exp)
                    self.fps_handler.step()
            if len(self.buffer) < self.initial:
                continue
            yield self.buffer.sample(self.batch_size * BATCH_MUL)
```

batch_generator 函数被 BatchGenerator 类替换了，此类提供了一个批的迭代器并额外实现了 ExperienceSource 接口的 pop_reward_steps() 方法。这个类的逻辑比较简单：它消费队列（由"交互进程"填充）的数据，并且如果对象是片段奖励和片段步相关的信息，就记录下来；否则，对象就是需要加入回放缓冲区的经验。对于队列，我们消费所有当前可用的对象，然后从缓冲区中采样训练批并 yield 出去。

```
if __name__ == "__main__":
    warnings.simplefilter("ignore", category=UserWarning)

    mp.set_start_method('spawn')
```

在训练进程的一开始，我们需要告诉 torch.multiprocess 使用哪个启动方法。启动方法有很多，但是 spawn 是最灵活的。

```
exp_queue = mp.Queue(maxsize=BATCH_MUL*2)
play_proc = mp.Process(target=play_func, args=(params, net,
                                               args.cuda,
                                               exp_queue))
play_proc.start()
```

然后创建用于交互的队列，将 play_func 作为一个独立的进程运行。将 NN、超参以及用于经验的队列作为参数传入。

除了用 BatchGenerator 实例作为 Ignite 的数据源以及 EndOfEpisodeHandler

（需要 `pop_rewards_steps()` 方法）外，剩下的代码基本上相同。

图 9.8 是从基准测试得到的。

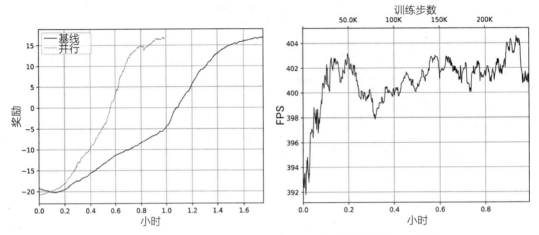

图 9.8 并行版本与基线版本对比（左）以及并行版本的 FPS（右）

如你所见，从 FPS 来说，大幅提升了 152%：并行版本的 402 FPS 对比基线版本的 159。但是总的训练时间看起来比上一节用 `N_envs=3` 的版本得到的结果要差：对比之前的 45 分钟，并行版本的训练时间需要 1 小时。由于更多数据被推入回放缓冲区，导致了更长的训练时间。很有可能并行版本可以调整一些超参来提升收敛速度，但是这就作为练习留给好奇的读者吧。

9.6 调整包装器

系列实验的最后一步是调整应用于环境的包装器。由于包装器通常只用编写一次或直接复制别处的代码，然后应用于环境，最后就放在那儿，所以很容易被忽略。但是你需要意识到它们对于提升速度和方法收敛性的重要性。例如，通常应用于 Atari 游戏的 DeepMind 风格的包装器组是这样的：

1）`NoopResetEnv`：在游戏重置的时候应用随机数量的 NOOP 操作。在某些 Atari 游戏中，用它可以跳过一些奇怪的初始观察。

2）`MaxAndSkipEnv`：对 N 个观察（通常是 4 个）应用 max 函数并将其作为一步的观察返回。这可以解决某些 Atari 游戏中的"闪烁"问题，这些游戏会在屏幕的奇数帧和偶数帧画出画面的不同部分（这是 2600 开发者公认的增加游戏复杂度的实践）。

3）`EpisodicLifeEnv`：在某些游戏中，它会发现角色少了一条命并将其视为片段的结束。因为片段更短了（一条命对比游戏给出的多条命），能明显加速收敛。只和 Atari 2600 学习环境提供的某些游戏相关。

4）FireResetEnv：在游戏重置的时候执行 FIRE 动作。一些游戏需要它来启动。如果没有它，环境会成为部分可观察的马尔可夫决策过程（POMDP），导致完全没法收敛。

5）WarpFrame 也被称为 ProcessFrame84，它将图像转换成灰度表示，并将大小调整为 84×84。

6）ClipRewardEnv：将奖励裁剪至 -1 ~ 1，虽然不是最好的，但是也算是个可行方案，可以处理不同 Atari 游戏中的各种分数。例如，Pong 的分数范围可能是 -21 ~ 21，但是 River Raid 游戏的分数范围可能是 $0 \sim \infty$。

7）FrameStack：将 N 个（默认是 4 个）连续观察叠加到一起。如第 6 章所述，在某些游戏中用它来达成马尔可夫性质。例如，在 Pong 中，单帧是不可能判断出球的运动方向的。

这些包装器的代码已经被很多人大量优化过，并且存在很多个版本。我个人最喜欢的是 OpenAI 基线版本的包装器，参见 https://github.com/openai/baselines/blob/master/baselines/common/atari_wrappers.py。但是你不能将此代码作为真理，因为不同的环境有不同的需求和特点。例如，如果你对提升 Atari 套件中的某个特殊游戏感兴趣，NoopResetEnv 和 MaxAndSkipEnv（准确地讲，是 MaxAndSkipEnv 的 max 池化操作）可能不是必要的。还可以调整 FrameStack 包装器中帧的数量，通常设为 4，但是你需要知道这个数字是 DeepMind 和其他研究员用来训练所有的 Atari 2600 游戏套件（当前一共包含 50 多个游戏）的。对于特殊情况，2 帧的历史数据可能已经足够来获得性能提升了，这样 NN 可以处理少一些数据。

最后，图片大小的调整可能是包装器的瓶颈，所以你可能想要优化包装器所使用的类库，例如，重建或替换为更快的版本。在我们的特定示例中，我的实验结果显示，下面这些应用于 Pong 示例的调优可以提升性能：

❏ 将 cv2 库替换为叫作 pillow-simd（https://github.com/uploadcare/pillow-simd）的优化过的 Pillow fork。

❏ 关闭 NoopResetEnv。

❏ 将 MaxAndSkipEnv 替换为我的包装器，只跳过 4 帧而不做 max 池化。

❏ 在 FrameStack 中只叠加 2 帧。

我们来讨论一下代码的改动细节。简单来说，这里只展示相关的变化部分。完整代码见 Chapter09/04_new_wrappers_n_env.py、Chapter09/04_new_wrappers_parallel.py 和 Chapter09/lib/atari_wrappers.py。

首先，pillow-simd 库可以用 pip install pillow-simd 指令安装，它可以直接替换 Pillow 库并得到很大程度的性能提升。标准包装器使用 cv2，但是从我的实验可以看出 pillow-simd 更快。

然后，从 OpenAI 基线仓库中获取 atari_wrappers.py 的最新版本并针对 PyTorch 张量进行形状更改。由于基线版本是基于 TensorFlow 实现的，它的图片张量有不同的组织结构，所以这是必要的。具体来说，TensorFlow 的张量是（宽，高，通道），但是 PyTorch 使用（通道，宽，高）。为此，需要在 `FrameStack` 和 `LazyFrames` 类中做一些小的改动。此外，还实现了一个小的包装器来改变坐标轴：

```python
class ImageToPyTorch(gym.ObservationWrapper):
    """
    Change image shape to CWH
    """
    def __init__(self, env):
        super(ImageToPyTorch, self).__init__(env)
        old_shape = self.observation_space.shape
        new_shape = (old_shape[-1], old_shape[0], old_shape[1])
        self.observation_space = gym.spaces.Box(
            low=0.0, high=1.0, shape=new_shape, dtype=np.uint8)

    def observation(self, observation):
        return np.swapaxes(observation, 2, 0)
```

然后，`WarpFrame` 被改成使用 `pillow-simd` 库而非 `cv2`，但是它可以很容易地切换回去：

```python
USE_PIL = True
if USE_PIL:
    from PIL import Image
else:
    import cv2
    cv2.ocl.setUseOpenCL(False)

# ... WarpFrame class (beginning of class is omitted)
    def observation(self, obs):
        if self._key is None:
            frame = obs
        else:
            frame = obs[self._key]
        if USE_PIL:
            frame = Image.fromarray(frame)
            if self._grayscale:
                frame = frame.convert("L")
            frame = frame.resize((self._width, self._height))
            frame = np.array(frame)
        else:
            if self._grayscale:
                frame = cv2.cvtColor(frame, cv2.COLOR_RGB2GRAY)
            frame = cv2.resize(
                frame, (self._width, self._height),
                interpolation=cv2.INTER_AREA
            )
```

实现了精剪版的 `MaxAndSkipEnv`，只跳过 N 步，而不计算观察的 max 池化：

```python
class SkipEnv(gym.Wrapper):
    def __init__(self, env, skip=4):
        """Return only every 'skip'-th frame"""
        gym.Wrapper.__init__(self, env)
        self._skip = skip

    def step(self, action):
        """Repeat action, sum reward, and max over last
```

```
observations."""
        total_reward = 0.0
        done = None
        for i in range(self._skip):
            obs, reward, done, info = self.env.step(action)
            total_reward += reward
            if done:
                break
        return obs, total_reward, done, info

    def reset(self, **kwargs):
        return self.env.reset(**kwargs)
```

然后，一个额外的标记被添加到了 make_atari 和 wrap_deepmind 函数以更好地控制所应用的包装器：

```
def make_atari(env_id, max_episode_steps=None,
               skip_noop=False, skip_maxskip=False):
    env = gym.make(env_id)
    assert 'NoFrameskip' in env.spec.id
    if not skip_noop:
        env = NoopResetEnv(env, noop_max=30)
    if not skip_maxskip:
        env = MaxAndSkipEnv(env, skip=4)
    else:
        env = SkipEnv(env, skip=4)
    if max_episode_steps is not None:
        env = TimeLimit(env, max_episode_steps=max_episode_steps)
    return env

def wrap_deepmind(env, episode_life=True, clip_rewards=True,
                  frame_stack=False, scale=False,
                  pytorch_img=False,
                  frame_stack_count=4, skip_firereset=False):
    """Configure environment for DeepMind-style Atari.
    """
    if episode_life:
        env = EpisodicLifeEnv(env)
    if 'FIRE' in env.unwrapped.get_action_meanings():
        if not skip_firereset:
            env = FireResetEnv(env)
    env = WarpFrame(env)
    if pytorch_img:
        env = ImageToPyTorch(env)
    if scale:
        env = ScaledFloatFrame(env)
    if clip_rewards:
        env = ClipRewardEnv(env)
    if frame_stack:
        env = FrameStack(env, frame_stack_count)
    return env
```

所以，如你所见，没什么新奇的东西。创建环境的代码被修改成新版本：

```
env = atari_wrappers.make_atari(params.env_name,
                                skip_noop=True,
                                skip_maxskip=True)
env = atari_wrappers.wrap_deepmind(env, pytorch_img=True,
                                   frame_stack=True,
                                   frame_stack_count=2)
```

搞定！将基准测试用于两个版本：使用三个环境的串行版本和上一节的并行版本。图 9.9 和图 9.10 是两个版本的基准测试结果。

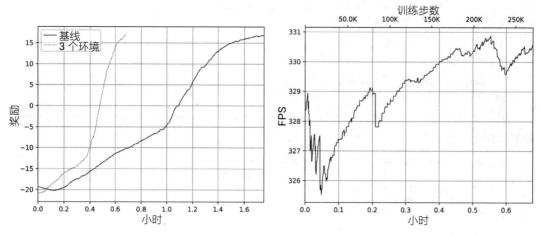

图 9.9　新包装器应用于 3 个环境版本的效果

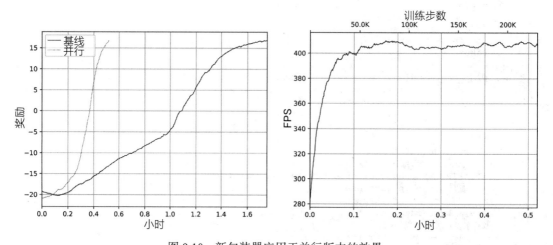

图 9.10　新包装器应用于并行版本的效果

9.7　基准测试总结

表 9.1 总结了实验结果。百分比是和基线版本对比的结果。

所以，只通过工程调整，就可以将 FPS 提升 2.5 倍，并且让解决 Pong 环境的速度提升了 3.5 倍。很不错！

表 9.1　实验结果对比

版本	FPS	方案用时 / 分钟
基线	159	105
不带 `torch.no_grad()` 的版本	157（−1.5%）	115（+10%）
3 个环境版本	228（+43%）	44（−58%）
并行版本	402（+152%）	59（−43%）
调整过包装器的 3 个环境版本	330（+108%）	40（−62%）
调整过包装器的并行版本	409（+157%）	31（−70%）

9.8　硬核 CuLE

在写本章的时候，NVIDIA 研究人员发表了最新实验的论文以及代码，该实验将 Atari 模拟器放在 GPU（见 Steven Dalton 和 Iuri Frosio 的论文 "GPU-Accelerated Atari Emulation for Reinforcement Learning", 2019, arXiv:1907.08467）。他们的 Atari 代码被称为 CuLE(CUDA Learning Environment，CUDA 学习环境）并放在 GitHub（https://github.com/NVlabs/cule）。

根据论文，通过将 Atari 模拟器和 NN 同时放在 GPU，能让 Pong 在 1 ~ 2 分钟解决并让 FPS 达到 5 万（使用 advantage actor-critic（A2C）方法，A2C 是本书下一部分的主题）。

不幸的是，在我写本书的时候，代码还不够稳定。我没法在我的硬件上运行它，但是希望当你读到这儿的时候，情况已经变了。无论如何，这个项目提供了一个稍微有点极端、但是很高效的方式来提升 RL 方法的性能。通过消除 CPU-GPU 的交互，速度能提升数百倍。

另一个提升 RL 环境和方法的"硬核"例子是使用 FPGA（field-programmable gate array）来实现环境。这样的项目有 Verilog 实现的 Game Boy 模拟器（https://github.com/krocki/gb），它能达到数百万的 FPS。当然，主要的挑战是如何处理这些帧，因为 FPGA 不是很适合 ML，但是谁又知道未来的进展会为我们带来什么呢！

9.9　总结

本章介绍了几个使用纯工程方法来提升 RL 方法性能的做法，这和第 8 章提到的"算法"或"理论"方法不同。从我的角度来看，两类方法互补，一个好的 RL 实践者需要在知道研究人员发现的最新技巧的同时熟悉实现细节。

下一章将把 DQN 的知识应用于股票交易。

9.10　参考文献

[1]　https://www.aicrowd.com/challenges/neurips-2019-learn-to-move-walk-around.

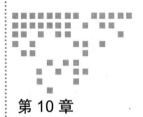

Chapter 10 | 第 10 章

使用强化学习进行股票交易

比起在本章学一个新方法来解决强化学习的简单问题，我们还是使用深度 Q-network（DQN）的知识来解决更实际的金融交易问题吧。我不能保证这些代码能让你在股票或外汇市场变得很富有，因为我的野心很小，只为演示如何超越 Atari 游戏将 RL 应用在不同的实践领域。

本章将会：

☐ 实现自己的 OpenAI Gym 环境来模拟股票市场。

☐ 用第 6 章和第 8 章中的 DQN 方法来训练智能体进行股票交易以最大化利润。

10.1 交易

每天都有很多金融产品在市场上交易：商品、股票和货币。甚至天气预测都可以通过所谓的"天气衍生品"方式买卖，这仅仅是现代世界和金融市场复杂性的结果。如果收入取决于未来天气状况，例如种植农作物的企业，那么该企业可能想通过购买天气衍生品来对冲风险。所有这些产品的价格都会随着时间变化。交易是买卖金融产品的活动，其目标包括获利（投资）、从未来价格变动中获得保护（对冲），或只是得到所需物（比如买钢铁或将美元兑换成日元以支付合同）。

自第一个金融市场建立起，人们就一直试图去预测未来的价格走势，因为这能带来很多好处，比如"获利"或保护资产免受市场突然波动的影响。

众所周知，这个问题很复杂，并且有许多金融顾问、投资基金、银行和个人交易者试图预测市场，找到最佳买卖时机以实现利润最大化。

问题是：是否可以从 RL 角度看待这个问题？假设我们对市场有一些观察，并想做出一个决定：购买、出售或等待。如果在价格上涨之前买入，利润将为正；否则，将获得负奖励。我们要尝试的是获得尽可能多的利润。这样市场交易和 RL 之间的联系就非常明显了。

10.2　数据

在示例中，我们将使用 2015 年至 2016 年间的俄罗斯股市价格，见 Chapter08/data/ch08-small-quotes.tgz，在进行模型训练之前必须先解压。

在压缩包中，有带有分钟条（bar）的 CSV 文件，每个 CSV 文件中的每一行都对应于一分钟的时间，并且该分钟内的价格走势以四个价格记录：开盘价、最高价、最低价和收盘价。这里，**开盘价**是该分钟开始时的价格，**最高价**是该时间区间内的最高价格，**最低价**是最低价格，**收盘价**是该分钟时间区间的最终价格。每分钟的时段称为一个 bar，它使我们能够了解时间区间内的价格走势。例如，在 YNDX_160101_161231.csv 文件（其中包含 Yandex 公司 2016 年的股票）中，就有 13 万行这种形式的数据：

```
<DATE>,<TIME>,<OPEN>,<HIGH>,<LOW>,<CLOSE>,<VOL>
20160104,100100,1148.9,1148.9,1148.9,1148.9,0
20160104,100200,1148.9,1148.9,1148.9,1148.9,50
20160104,100300,1149.0,1149.0,1149.0,1149.0,33
20160104,100400,1149.0,1149.0,1149.0,1149.0,4
20160104,100500,1153.0,1153.0,1153.0,1153.0,0
20160104,100600,1156.9,1157.9,1153.0,1153.0,43
20160104,100700,1150.6,1150.6,1150.4,1150.4,5
20160104,100800,1150.2,1150.2,1150.2,1150.2,4
...
```

前两列表示该分钟对应的日期和时间。接下来的四列分别是开盘价、最高价、最低价和收盘价，最后一列则表示 bar 中执行的买卖订单数。该列数字的确切解释取决于股票和市场，但通常情况下，交易量可以让你了解市场的活跃程度。

展示这些价格的典型方法称为**蜡烛图**，其中每个 bar 均显示为蜡烛。图 10.1 显示了 Yandex 在 2016 年 2 月某天的报价。压缩包包含两个文件，分别对应 2016 年和 2015 年的分钟数据。我们将使用 2016 年的数据进行模型训练，并使用 2015 年的数据对其进行验证。

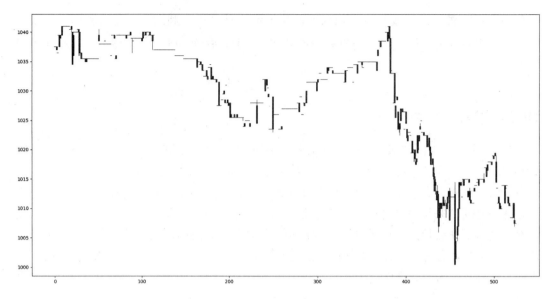

图 10.1 Yandex 在 2016 年 2 月某天的价格数据

10.3 问题陈述和关键决策

金融领域既庞大又复杂，因此很容易就花费数年时间每天学习新知识。在本示例中，将使用 RL 工具稍微触及冰山一角，将价格作为观察，尽可能简单地阐述问题。我们将调查智能体是否能学到购买股票以及平仓的最佳时间，以最大程度获利。本示例的目的是展示 RL 模型的灵活性，以及将 RL 应用于现实场景通常需要采取的第一步是什么。

如你所知，制定 RL 问题需要三件事：环境的观察、可能的动作和奖励机制。在前面的章节中，所有这三个都是现成的，并且隐藏了环境的内部机制。现在情况不同了，我们需要自己决定智能体将看到什么，以及它可以执行哪些动作。奖励机制也没有严格的规定，相反，我们对该领域的感受和知识将作为其指导，因此有很大的灵活性。

在这种情况下，有灵活性既是好事，也是坏事。好的是，我们能自由地传入一些我们认为对高效学习很重要的信息。例如，不仅是价格，还可以将新闻或重要的统计信息（已知会较大程度地影响金融市场）传给交易智能体。不利的一面是，需要尝试许多数据表示形式（而且哪种更好并不总是显而易见的）才能找到好的智能体。在本示例中，我们将以最简单的形式实现基本交易智能体。观察将包括以下信息：

❏ N 个过去的 bar，每个都有开盘价、最高价、最低价和收盘价。

❏ 表明该股票是在一段时间前购买的标识（同一时间只可能有一份股票被购买）。

❏ 根据当前价位（所买股票）计算的收益或损失。

智能体每一步（每个分钟 bar）可以执行下面动作之一：

❏ **什么也不做**：跳过此 bar，不执行任何动作。

❑ **买入一支股票**：如果智能体已经持有，则不会再购买；否则，支付佣金（通常是当前价格的一个小百分比）。

❑ **平仓**：如果之前没有购买股票，则不会发生任何事情；否则，支付交易佣金。

智能体收到的奖励可以以多种方式表示。一方面，可以在拥有股票的过程中将奖励分到多步中。在这种情况下，每一步的奖励将等于最后一个 bar 的价格浮动。另一方面，智能体仅在执行平仓动作之后才能获得奖励，并立即获得全部奖励。乍一看，这两个变体的最终结果应该相同，只是收敛速度可能不同。但是实际上差异可能很大。我们将同时实现这两种变体以进行比较。

最后要做的决定是如何在环境的观察中表示价格。理想情况下，我们希望智能体独立于实际价格值，并考虑相对浮动，例如"在上一个交易日内股价上涨了 1%"或"股价下跌了 5%"。这是有道理的，因为不同股票的价格可能会有所不同，但它们的浮动模式可能相似。在金融领域，有一个分析的分支，名为**技术分析**，它研究这种模式以做出预测。我们希望系统能够发现这种模式（如果它存在的话）。为此，将每个 bar 的开盘价、最高价、最低价和收盘价转换为三个数字，分别显示最高价、最低价和收盘价占开盘价的百分比。

这种表示法有其自身的缺点，因为可能会丢失有关关键价格水平的信息。例如，众所周知，市场倾向于从整数价格（例如 8000 美元每比特币）和过去的转折点反弹。但是，如前所述，这里只是研究数据并检查概念是否正确。相对价格变动形式的表示能帮助系统找到价格水平中与绝对价格无关的重复模式（如果存在的话）。NN 有潜力自己学习相对价格（只是从绝对价格中减去平均价格），但是相对表示可以简化 NN 的任务。

10.4　交易环境

由于有大量可以和 OpenAI Gym 兼容的代码（方法、PTAN 中的实用程序类，等等），我们将按照熟悉的 Gym Env 类的 API 来实现交易功能。我们的环境是在 Chapter10/lib/environ.py 模块中的 StocksEnv 类中实现的。它使用几个内部类来保持其状态并编码观察值。我们首先来看公共 API 类：

```
import gym
import gym.spaces
from gym.utils import seeding
from gym.envs.registration import EnvSpec
import enum
import numpy as np

from . import data

class Actions(enum.Enum):
    Skip = 0
    Buy = 1
    Close = 2
```

将所有可用动作编码为枚举器字段，支持一套非常简单的动作，只有三个选择：什么也不做、购买一支股票以及平仓。

```
class StocksEnv(gym.Env):
    metadata = {'render.modes': ['human']}
    spec = EnvSpec("StocksEnv-v0")
```

metadata 和 spec 字段用于与 gym.Env 兼容。我们不提供渲染功能，因此可以忽略它。

```
@classmethod
def from_dir(cls, data_dir, **kwargs):
    prices = {
        file: data.load_relative(file)
        for file in data.price_files(data_dir)
    }
    return StocksEnv(prices, **kwargs)
```

我们的环境类提供了两种创建实例的方式。第一种方式是使用数据目录作为参数调用 from_dir 类方法。在这种情况下，它将加载目录中 CSV 文件中的所有报价并构建环境。为了将价格数据处理成我们需要的形式，Chapter10/lib/data.py 中提供了几个帮助函数。另一种方式是直接构造类实例。在这种情况下，应该传入一个 prices 字典，该字典必须将报价标签映射到 data.py 中声明的 Prices 元组。该对象有 5 个字段，其中包含 NumPy 数组格式的 open、high、low、close 和 volume 时间序列。可以使用 data.py 库函数（例如 data.load_relative()）构造此类对象。

```
def __init__(self, prices, bars_count=DEFAULT_BARS_COUNT,
             commission=DEFAULT_COMMISSION_PERC,
             reset_on_close=True, conv_1d=False,
             random_ofs_on_reset=True, reward_on_close=False,
             volumes=False):
```

环境的构造函数接受许多参数以调整环境的行为和观察表示：

❑ prices：作为字典包含一个或多个机构的一支或多支股票价格，其中键是机构的名称，值是容器对象 data.Prices，保存价格数据数组。

❑ bars_count：在观察中经历的 bar，默认情况下，为 10 个 bar。

❑ commission：在买卖股票时必须支付给经纪人的股票价格的百分比，默认情况下为 0.1%。

❑ reset_on_close：如果将此参数设置为 True（默认情况下为 True），则每当智能体要求平仓（即出售股票）时，都会停止该片段。否则，片段将持续到时间序列结束为止，也就是一年的数据。

❑ conv_1d：传递给智能体的观察中的价格数据的不同表示形式，能够通过此布尔参数进行切换。如果将其设置为 True，则观察具有 2D 形状，bar 中不同的价格和其后 bar 的同类型价格会被组织在同一行中。例如，最高价（bar 中的最高价格）放在第一行，第二行是最低价，第三行是收盘价。此表示形式适用于在时间序列上进行一维卷积，其中数据中的每一行与 Atari 2D 图像中的不同颜色平面（红色、绿色或蓝色）有相同的含义。如果将此选项设置为 False，则只有一个数据数组，每个 bar 的组件都放置在一起。该组织形式对于全连接的网络架构很方便。两种表示形式如图 10.2 所示。

❑ random_ofs_on_reset：如果参数为 True（默认情况），则在每次环境重置时，将从时间序列的随机偏移开始。否则，将从数据的开头开始。

❑ reward_on_close：此布尔参数在前面讨论的两种奖励方案之间切换。如果将其设置为 True，则智能体将仅在平仓动作产生时获得奖励。否则，将在每个 bar 给一个小额奖励，与该 bar 期间的价格变动相对应。

❑ volumes：此参数决定是否在观察中增加交易量，默认情况下处于禁用状态。

图 10.2　NN 的不同数据表示形式

现在，继续研究环境的构造函数：

```
assert isinstance(prices, dict)
self._prices = prices
if conv_1d:
    self._state = State1D(
        bars_count, commission, reset_on_close,
        reward_on_close=reward_on_close, volumes=volumes)
else:
    self._state = State(
        bars_count, commission, reset_on_close,
        reward_on_close=reward_on_close, volumes=volumes)
self.action_space = gym.spaces.Discrete(n=len(Actions))
self.observation_space = gym.spaces.Box(
    low=-np.inf, high=np.inf,
    shape=self._state.shape, dtype=np.float32)
self.random_ofs_on_reset = random_ofs_on_reset
self.seed()
```

StocksEnv 类的大多数功能都在两个内部类中实现：State 和 State1D。它们负责观察准备以及购买的股票状态和回报。它们实现了观察数据的不同表示形式，稍后我们再研究它们的代码。在构造函数中，我们创建 Gym 所需的状态对象、动作空间和观察空间字段。

```
def reset(self):
    self._instrument = self.np_random.choice(
        list(self._prices.keys()))
    prices = self._prices[self._instrument]
    bars = self._state.bars_count
    if self.random_ofs_on_reset:
        offset = self.np_random.choice(
            prices.high.shape[0]-bars*10) + bars
    else:
        offset = bars
    self._state.reset(prices, offset)
    return self._state.encode()
```

此方法为环境定义了 reset() 功能。根据 gym.Env 的语义，我们随机切换要处理的时间序列，并选择该时间序列中的起始偏移量。选定的价格和偏移量将传入内部状态实例，该实例随后使用其 encode() 函数提供初始观察。

```
def step(self, action_idx):
    action = Actions(action_idx)
    reward, done = self._state.step(action)
    obs = self._state.encode()
    info = {
        "instrument": self._instrument,
        "offset": self._state._offset
    }
    return obs, reward, done, info
```

该方法需要处理智能体选择的动作，并返回下一个观察、奖励和是否完成的标志。所有真正的功能都在状态类中实现，因此此方法是对状态方法的非常简单的调用包装。

```
def render(self, mode='human', close=False):
    pass

def close(self):
    pass
```

gym.Env 的 API 允许你定义 render() 方法处理器，需要以人类或机器可读的格式呈现当前状态。通常，此方法用于窥视环境的内部状态，在调试或跟踪智能体的行为时很有用。例如，市场环境可以将当前价格绘制为图表，以可视化智能体当时看到的内容。我们的环境不支持渲染，因此该方法不执行任何操作。另一个方法是 close()，它会在环境析构时被调用以释放分配的资源。

```
def seed(self, seed=None):
    self.np_random, seed1 = seeding.np_random(seed)
    seed2 = seeding.hash_seed(seed1 + 1) % 2 ** 31
    return [seed1, seed2]
```

此方法是 Gym 中与 Python 随机数生成器问题有关的魔性部分。例如，当同时创建多个环境时，可以使用相同的种子（默认为当前时间戳）来初始化其随机数生成器。它与此处的代码不是很相关（因为这里仅使用一个 DQN 环境实例），但是它在本书的下一部分中变得很有用，届时我们将研究 Asynchronous Advantage Actor-Critic（A3C）方法，它需要同时使用多个环境。

现在来看内部的 environ.State 类，该类实现了环境的大多数功能：

```
class State:
    def __init__(self, bars_count, commission_perc,
                 reset_on_close, reward_on_close=True,
                 volumes=True):
        assert isinstance(bars_count, int)
        assert bars_count > 0
        assert isinstance(commission_perc, float)
        assert commission_perc >= 0.0
        assert isinstance(reset_on_close, bool)
        assert isinstance(reward_on_close, bool)
        self.bars_count = bars_count
        self.commission_perc = commission_perc
        self.reset_on_close = reset_on_close
        self.reward_on_close = reward_on_close
        self.volumes = volumes
```

构造函数只需要检查并用对象字段记住传入的参数即可。

```
def reset(self, prices, offset):
    assert isinstance(prices, data.Prices)
    assert offset >= self.bars_count-1
    self.have_position = False
    self.open_price = 0.0
    self._prices = prices
    self._offset = offset
```

每当要重置环境时，都会调用 reset() 方法，并且必须保存传入的价格数据和起始偏移量。最初，我们没有购买任何股票，因此状态为 have_position=False 和 open_price=0.0。

```
@property
def shape(self):
    # [h, l, c] * bars + position_flag + rel_profit
    if self.volumes:
        return 4 * self.bars_count + 1 + 1,
    else:
        return 3 * self.bars_count + 1 + 1,
```

此属性返回以 NumPy 数组表示的状态的形状。

State 类被编码为一个向量，其中包括具有可选交易量的价格和两个数字（指示是否存在购买的股票和当前利润）。

```
def encode(self):
    res = np.ndarray(shape=self.shape, dtype=np.float32)
    shift = 0
    for bar_idx in range(-self.bars_count+1, 1):
        ofs = self._offset + bar_idx
        res[shift] = self._prices.high[ofs]
        shift += 1
        res[shift] = self._prices.low[ofs]
        shift += 1
        res[shift] = self._prices.close[ofs]
        shift += 1
        if self.volumes:
            res[shift] = self._prices.volume[ofs]
            shift += 1
    res[shift] = float(self.have_position)
    shift += 1
    if not self.have_position:
        res[shift] = 0.0
    else:
        res[shift] = self._cur_close() / self.open_price - 1.0
    return res
```

上述方法将当前偏移量的价格编码为 NumPy 数组，这将是智能体的观察。

```
def _cur_close(self):
    open = self._prices.open[self._offset]
    rel_close = self._prices.close[self._offset]
    return open * (1.0 + rel_close)
```

此辅助方法计算当前 bar 的收盘价。传给 State 类的价格具有和开盘价对比的相对形式，最高价、最低价和收盘价部分都是相对于开盘价的相对比率。讨论训练数据时，已经讨论了这种表示形式，它将（可能）帮助智能体学习独立于实际价格的价格模式。

```
def step(self, action):
    assert isinstance(action, Actions)
    reward = 0.0
    done = False
    close = self._cur_close()
```

此方法的代码是 State 类中最复杂的代码，负责在环境中执行一步。在退出时，它必须返回以百分比表示的奖励以及片段是否结束的标志。

```
if action == Actions.Buy and not self.have_position:
    self.have_position = True
    self.open_price = close
    reward -= self.commission_perc
```

如果智能体决定购买股票，就更改状态并支付佣金。在我们的状态中，假设以当前 bar 的收盘价执行即时订单，这对我们来说是一种简化。通常，可以以不同价格执行订单，这称为价格滑点。

```
elif action == Actions.Close and self.have_position:
    reward -= self.commission_perc
```

```
done |= self.reset_on_close
if self.reward_on_close:
    reward += 100.0 * (close / self.open_price - 1.0)
self.have_position = False
self.open_price = 0.0
```

如果我们持有股票并且智能体要求我们平仓，则我们将再次支付佣金，如果处于 reset_on_close 模式，则更改 done 标志、为本次持仓提供最终奖励，并更改状态。

```
self._offset += 1
prev_close = close
close = self._cur_close()
done |= self._offset >= self._prices.close.shape[0]-1
if self.have_position and not self.reward_on_close:
    reward += 100.0 * (close / prev_close - 1.0)
return reward, done
```

在函数的剩余部分中，我们修改当前偏移量并为最后的 bar 波动提供奖励。State 类就是这样，我们接着来看 State1D，它具有相同的行为，只是覆盖了传给智能体的状态的表示形式：

```
class State1D(State):
    @property
    def shape(self):
        if self.volumes:
            return (6, self.bars_count)
        else:
            return (5, self.bars_count)
```

这种表示形式的形状有所不同，因为价格被编码为适合一维卷积操作的二维矩阵了。

```
def encode(self):
    res = np.zeros(shape=self.shape, dtype=np.float32)
    start = self._offset-(self.bars_count-1)
    stop = self._offset+1
    res[0] = self._prices.high[start:stop]
    res[1] = self._prices.low[start:stop]
    res[2] = self._prices.close[start:stop]
    if self.volumes:
        res[3] = self._prices.volume[start:stop]
        dst = 4
    else:
        dst = 3
    if self.have_position:
        res[dst] = 1.0
        res[dst+1] = self._cur_close() / self.open_price - 1.0
    return res
```

此方法根据当前的偏移量、是否需要交易量以及是否持股，在矩阵中对价格进行编码。以上就是交易环境！与 Gym API 的兼容性使我们可以将其嵌入之前用于处理 Atari 游戏的熟悉的类中。现在开始吧！

10.5 模型

在此示例中，使用了 DQN 的两种架构：具有三层的简单前馈网络和作为特征提取器的具有一维卷积的网络，随后都是两个全连接层以输出 Q 值。它们都使用第 8 章中描述的 Dueling 架构，还使用了 Double DQN 和两步 Bellman 展开。剩下的处理过程与经典 DQN（见第 6 章）的相同。

这两个模型都在 Chapter10/lib/models.py 中，也都非常简单。

```python
class SimpleFFDQN(nn.Module):
    def __init__(self, obs_len, actions_n):
        super(SimpleFFDQN, self).__init__()

        self.fc_val = nn.Sequential(
            nn.Linear(obs_len, 512),
            nn.ReLU(),
            nn.Linear(512, 512),
            nn.ReLU(),
            nn.Linear(512, 1)
        )

        self.fc_adv = nn.Sequential(
            nn.Linear(obs_len, 512),
            nn.ReLU(),
            nn.Linear(512, 512),
            nn.ReLU(),
            nn.Linear(512, actions_n)
        )

    def forward(self, x):
        val = self.fc_val(x)
        adv = self.fc_adv(x)
        return val + (adv - adv.mean(dim=1, keepdim=True))
```

卷积模型有一个常见一维卷积特征提取层，及两个全连接层以输出状态值和动作优势值。

```python
class DQNConv1D(nn.Module):
    def __init__(self, shape, actions_n):
        super(DQNConv1D, self).__init__()

        self.conv = nn.Sequential(
            nn.Conv1d(shape[0], 128, 5),
            nn.ReLU(),
            nn.Conv1d(128, 128, 5),
            nn.ReLU(),
        )
        out_size = self._get_conv_out(shape)

        self.fc_val = nn.Sequential(
            nn.Linear(out_size, 512),
            nn.ReLU(),
```

```
            nn.Linear(512, 1)
        )

        self.fc_adv = nn.Sequential(
            nn.Linear(out_size, 512),
            nn.ReLU(),
            nn.Linear(512, actions_n)
        )

    def _get_conv_out(self, shape):
        o = self.conv(torch.zeros(1, *shape))
        return int(np.prod(o.size()))

    def forward(self, x):
        conv_out = self.conv(x).view(x.size()[0], -1)
        val = self.fc_val(conv_out)
        adv = self.fc_adv(conv_out)
        return val + (adv - adv.mean(dim=1, keepdim=True))
```

10.6　训练代码

在此示例中，有两个非常相似的训练模块，一个用于前馈模型，一个用于一维卷积层模型。对于这两者，都是基于第 8 章的示例，没有添加任何新内容：

❑ 都使用 ε-greedy 动作选择器来进行探索。在最初的 100 万步中，ε 从 1.0 线性衰减到 0.1。

❑ 使用一个简单的大小为 10 万的经验回放缓冲区，该缓冲区最初填充了 1 万个状态转移。

❑ 每 1000 步，就计算固定状态集的平均值，以检查训练期间 Q 值的动态。

❑ 每 10 万步，就执行验证：在训练数据和没见过的报价上运行 100 个片段。TensorBoard 中记录了订单的特征，例如平均利润、平均 bar 数和所持股票。此步骤使我们可以检查过拟合的情况。

训练模块位于 Chapter10/train_model.py（前馈模型）和 Chapter10/train_model_conv.py（一维卷积层模型）中。两种版本均接受相同的命令行选项。

要启动训练，需要使用 --data 选项传递训练数据，该数据可以是单个 CSV 文件，也可以是包含文件的整个目录。默认情况下，训练模块使用 2016 年的 Yandex 报价数据（文件为 data/YNDX_160101_161231.csv）。对于验证数据集，有一个 --val 选项，默认情况下采用 Yandex 2015 年的报价数据。另一个必需的选项是 -r，用于传递运行名称。该名称将用于 TensorBoard 的运行名称，以及创建所保存模型的目录名。

10.7　结果

现在我们来看一下结果。

10.7.1 前馈模型

一年的 Yandex 数据需要大约 1000 万步训练收敛，这可能需要一段时间（在 GTX 1080 Ti 上的训练速度为每秒 230 ~ 250 步）。

在训练期间，TensorBoard 会提供几个图表展示发生的情况，如图 10.3 和图 10.4 所示。

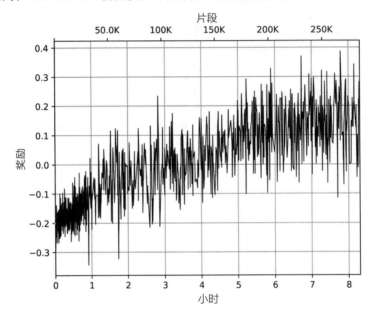

图 10.3 训练时的片段奖励

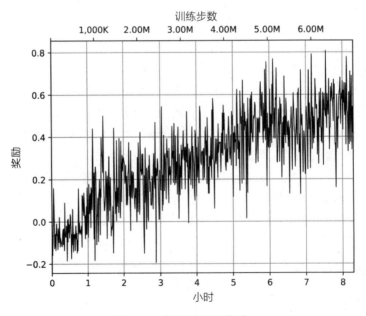

图 10.4 测试片段的奖励

图 10.3 和图 10.4 分别显示了训练过程中的片段奖励以及从测试中获得的奖励（使用相同的报价完成，但 epsilon=0）。可以看到，随着时间的推移，智能体正在学习如何从其动作的选择中增加利润。

100 万个训练迭代后，片段的长度增加了（见图 10.5）。网络预测的价值也在增长（见图 10.6）。

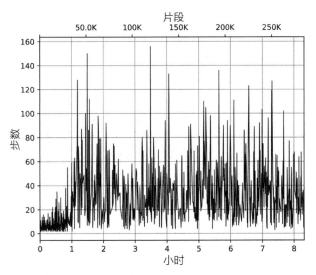

图 10.5 片段的长度

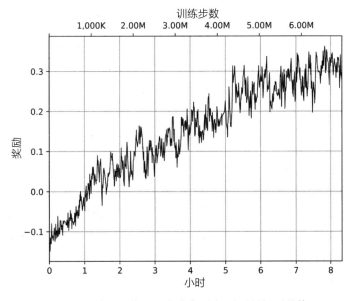

图 10.6 神经网络对子状态集进行预测所得到的值

图 10.7 展示了很重要的信息：验证集（默认情况下为 2015 年的报价）在训练过程中能得到的奖励值。奖励的趋势不像训练数据集上的奖励那样明显。这可能表示智能体过拟合，这是在 300 万次训练迭代之后开始的。但是，奖励仍然高于 −0.2%（在我们的环境中，这是经纪人佣金），这意味着智能体比随机的"买卖"要好。

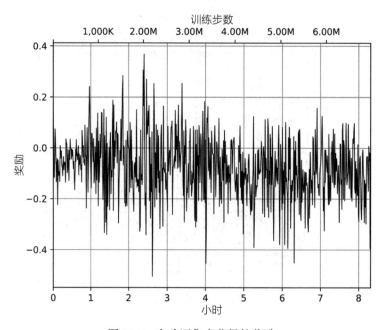

图 10.7 在验证集中获得的奖励

在训练期间，代码将保存模型供以后进行实验。每当在保留的状态集上有平均 Q 值最大值更新，或验证集上的奖励超过以前的记录时，都会执行此操作。用一个工具加载模型，使用命令行选项提供价格进行交易，并画出随时间变化的利润。该工具是 Chapter10/run_model.py，它能这样用：

```
$ ./run_model.py -d data/YNDX_160101_161231.csv -m saves/ff- YNDX16/mean_
val-0.332.data -b 10 -n test
```

该工具接受的选项如下：

❑ -d：要使用的报价的路径。在前面的示例中，将模型应用于其进行训练的数据。

❑ -m：模型文件的路径。默认情况下，训练代码将其保存在 saves 目录中。

❑ -b：显示在上下文中传递给模型的 bar 数量。它必须与训练中使用的 bar 数相匹配，默认情况下为 10，可以在训练代码中更改。

❑ -n：在生成的图像后添加的后缀。

❑ --commission：使你可以重新定义经纪人的佣金，默认值为 0.1%。

最后，该工具会创建一个总利润的动态图（以百分比为单位）。图 10.8 是 Yandex 2016

报价（用于训练）的奖励图。

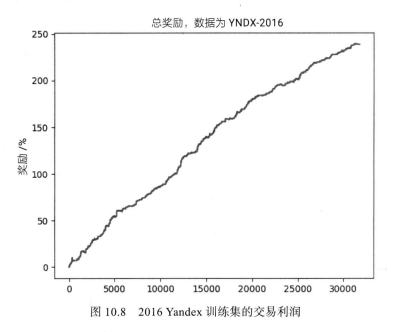

图 10.8　2016 Yandex 训练集的交易利润

结果看起来非常惊人：一年内利润超过 200%。但是，我们来看对于 2015 年的数据将发生什么（见图 10.9 ）。

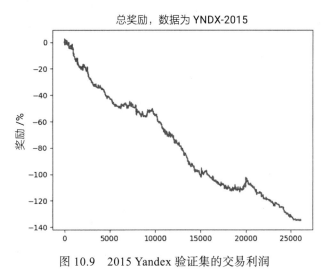

图 10.9　2015 Yandex 验证集的交易利润

正如从 TensorBoard 的验证图中所看到的那样，此结果要差得多。要检查系统是否能在零佣金时获利，必须使用 --commission 0.0 选项在相同数据上重新运行（见图 10.10）。

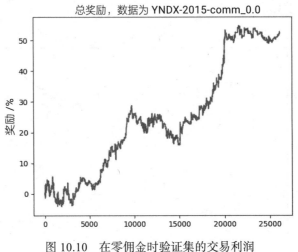

图 10.10   在零佣金时验证集的交易利润

有一些日子亏损，但总体结果还是不错的：没有佣金，智能体也可以获利。当然，佣金不是唯一的问题。订单模拟也非常原始，没有考虑现实情况，例如价差和订单执行的延误。

如果采用在验证集上获得最佳奖励时的模型，则奖励动态会更好一些（见图 10.11 和图 10.12 ）。获利能力较低，但在未见过的报价中亏损则要少得多。

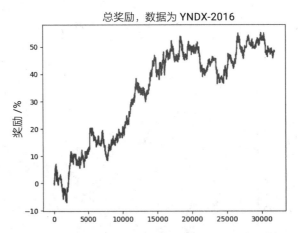

图 10.11   使用最优验证集奖励模型的奖励（2016 年数据）

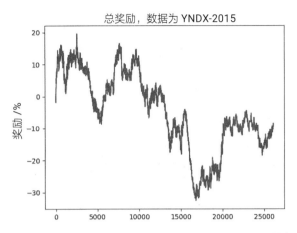

图 10.12　使用最优验证集奖励模型的奖励（2015 年数据）

10.7.2　卷积模型

此示例中实现的第二个模型使用一维卷积滤波器从价格数据中提取特征。这使我们能够在不显著增加神经网络大小的前提下，增加智能体在每一步中看到的上下文窗口中的 bar 数量。默认情况下，卷积模型示例使用 50 个 bar 的上下文。训练代码位于 Chapter10/ `train_model_conv.py` 中，并且接受与前馈模型相同的命令行参数集。

训练动态几乎相同，但是在验证集上获得的奖励略高，并且过拟合的时间会滞后一点，如图 10.13 和图 10.14 所示。

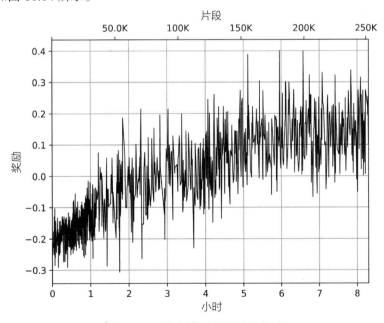

图 10.13　卷积模型训练时的奖励

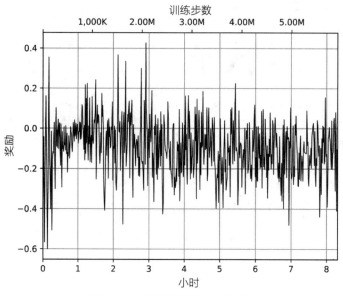

图 10.14　卷积模型的验证奖励

10.8　可以尝试的事情

如前所述，金融市场庞大而复杂。我们尝试的方法仅仅是一个开始。使用 RL 创建完整且可以获利的交易策略是一个大型项目，可能需要专攻数月。但是，有些事情我们可以尝试一下，以更好地理解该主题：

❑ 我们的数据表示绝对不完美。没有考虑重要的价格水平（支撑位和阻力位）、整数价格值和其他因素。将它们纳入观察可能是一个具有挑战性的问题。

❑ 通常需要针对多个不同时间范围来分析市场价格。像一分钟的 bar 这样的小范围数据比较嘈杂（因为它们包含许多由单个交易引起的小幅价格浮动），这就像使用显微镜观察市场一样。在较大的范围（例如一小时或一天的 bar）下，可以看到数据浮动的长期趋势，这对于价格预测而言可能极为重要。

❑ 需要更多的训练数据。一支股票一年的数据只有 13 万个 bar，可能不足以捕捉所有市场情况。理想情况下，应该在更大的数据集上训练更实用的智能体，例如采用过去 10 年中数百支股票的价格来训练。

❑ 实验更多网络架构。卷积模型的收敛速度比前馈模型快得多，但是还有很多要优化的方面：层数、内核大小、残差网络架构及注意力机制等。

10.9　总结

本章介绍了 RL 的实际示例，并实现了交易智能体和自定义的 Gym 环境。尝试了两种不同的网络架构：具有输入价格历史记录的前馈网络和一维卷积网络。两种网络架构都使用 DQN 方法以及第 8 章描述的一些扩展。

这是本书第二部分的最后一章。在第三部分中，我们将讨论 RL 方法的另一个家族：策略梯度。我们已经简单介绍了这种方法，在接下来的章节中，将对该主题进行更深入的讲解，涵盖 REINFORCE 方法和该家族中最好的方法：A3C。

策略梯度：一种替代方法

本章作为本书第三部分的第一章，将考虑处理**马尔可夫决策过程（MDP）**问题的另一种方法，形成了被称为**策略梯度**方法的一系列方法。

本章将：

❑ 与已经熟悉的 Q-learning 进行对比，概述该方法的动机、优势和劣势。

❑ 从被称为 REINFORCE 的简单策略梯度方法开始，尝试将其应用于 CartPole 环境，并将其与深度 Q-network（DQN）方法进行比较。

11.1 价值与策略

在讨论策略梯度之前，我们来回顾一下本书第二部分介绍的方法的共同特点。价值迭代和 Q-learning 的中心思想是状态的价值（V）或状态和动作的价值（Q）。价值被定义为从一个状态或通过从该状态发出特定动作所能获得的带折扣的总奖励。如果我们知道价值，那么在每个步骤上的决定就会变得简单明了：只是根据价值贪婪地行动，这可以确保在片段结束时获得良好的总奖励。因此，状态价值（在价值迭代方法中）或状态 + 动作的价值（在 Q-learning 中）处于我们与最佳奖励之间。为了获得这些价值，我们使用了 Bellman 方程，该方程通过下一步的价值来表示当前步的价值。

在第 1 章中，我们定义了一个实体，该实体作为**策略**告诉我们在每种状态下如何执行动作。就像在 Q-learning 方法中一样，当价值指示如何行动时，它们实际上是在定义策略。这可以正式地写成 $\pi(s)=\arg\max_a Q(s, a)$，意味着我们的策略（$\pi$）在每个状态（$s$）的结果都是使 Q 值最大的动作。

这种策略与价值的联系是显而易见的，因此，我没有将策略作为一个单独的实体来强调，并花费大部分时间来讨论价值以及正确估算它们的方法。现在是时候关注这种联接和策略了。

11.1.1　为什么需要策略

策略能成为一个有趣的话题是有原因的。首先，策略是我们在解决强化学习（RL）问题时所寻找的东西。当智能体获取观察结果并需要决定下一步执行什么动作时，它需要一个策略，而非状态或特定动作的价值。我们确实关心总奖励值，但是处于某个状态时，我们可能对状态的准确价值没有很大的兴趣。

想象一下这种情况：你正在丛林中行走，突然发现灌木丛中藏有饥饿的老虎。你有几种选择，例如逃跑、躲起来或试图将背包扔向它，但是要问"'逃跑'动作的确切价值是多少，它大于'不执行任何动作'的价值吗？"就有点傻了。你不是太在乎价值，因为你需要快速决定做什么，就是这么简单。Q-learning 方法试图通过近似状态的价值并选择最佳方案来间接回答策略的问题，但是如果我们对价值不感兴趣，为什么还要做额外的工作？

策略可能比价值更具吸引力的另一个原因是环境中存在大量动作，甚至在极端情况下具有连续的动作空间。为了能够通过 $Q(s,a)$ 来决定最佳的动作，我们需要解决一个小的优化问题，即找到使 $Q(s,a)$ 最大化的 a。在只有少数几个离散动作的 Atari 游戏中，这不是问题：只需估算所有动作的价值，并执行 Q 值最大的动作就行了。如果我们的动作不是一个小的离散集合，而是用一个标量值来表示，例如方向盘角度或从老虎那逃离的速度，那么这个优化问题将变得很困难，因为 Q 通常由高度非线性的神经网络（NN）表示，因此找到使函数值最大化的参数可能很棘手。在这种情况下，避开价值直接使用策略更为可行。

策略学习的另一个好处是当环境具有**随机性**时体现的。正如在第 8 章中看到的那样，在 Categorical DQN 中，智能体可以通过处理 Q 值分布而非预期的平均值而受益，因为网络可以更精确地捕获潜在的概率分布。正如你将在下一节中看到的那样，策略可以自然地表示为动作的概率，这与 Categorical DQN 方法有相同的思想。

11.1.2　策略表示

既然已经知道了策略的好处，我们来进行进一步研究。如何表示策略？对于 Q 值的情况，它们由 NN 参数化表示，该 NN 将动作值作为标量返回。如果希望网络参数化这些动作，可以有几种选择。第一种也是最简单的方法可能是只返回动作的标识符（针对离散动作的情况）。但是，这不是处理离散集的最佳方法。在分类任务中会大量使用也更常见的解决方案是返回动作的概率分布。换句话说，对于 N 个互斥动作，返回 N 个数字，表示在给定状态（作为输入传给神经网络）下执行各个动作的概率。图 11.1 显示了此表示形式。

将动作表示为概率的另一个优点是它可以**平滑地表示**：如果稍微改变神经网络的权重，网络的输出也会跟着改变。在输出离散数字的情况下，即使权重进行微小的调整，也可能会导致其跳转到其他动作。但是，如果输出是概率分布，则权重的小变化通常只会导致输出分布的微小变化，例如，稍微增加动作相比其他动作更会被执行的概率。这是一个非常不错的属性，因为梯度优化方法都是通过稍微调整模型参数来改善结果的。用数学符号表示时，策略通常表示为 $\pi(s)$，因此我们也将使用此表示法。

图 11.1 对于离散动作集，使用 NN 来近似策略

11.1.3 策略梯度

我们已经定义了策略的表示形式，但到目前为止我们还没有看到如何更改神经网络的参数以改进策略。在第 4 章，我们使用交叉熵方法解决了一个非常相似的问题：神经网络将观察作为输入，并返回动作的概率分布。实际上，交叉熵方法是本书这一部分将要讨论的方法的雏形。我们将熟悉被称为 REINFORCE 的方法，该方法与交叉熵方法只有很小的区别，但是，首先需要看一下本章和后面各章会用到的一些数学符号。

我们将策略梯度定义为 $\nabla J \approx \mathbb{E}[Q(s,a)\nabla \log \pi(a\,|\,s)]$。当然，对此公式有很充分的证明，但它并不重要。我们更感兴趣的是该表达式的含义。

策略梯度根据累积总奖励，定义了改进策略所需更改的神经网络参数的方向。梯度的缩放大小与所执行动作的价值（即公式中的 $Q(s,a)$）成比例关系，并且梯度本身等于所执行动作的对数概率的梯度。这意味着会尝试增加提供良好总奖励的动作的概率，并降低最终结果不好的动作的概率。公式中的 $\mathbb{E}$ 是期望值，仅表示平均了在环境中执行了好几步的梯度。

从实践角度来看，可以通过优化损失函数来实现策略梯度方法，损失函数表示为 $L = -Q(s,a)\log \pi(a\,|\,s)$。负号很重要，因为在**随机梯度下降（SGD）**期间损失函数会被**最小化**，但是我们希望**最大化**策略梯度。本章及之后各章将给出策略梯度方法的代码示例。

11.2 REINFORCE 方法

刚才看到的策略梯度公式已被大多数基于策略的方法使用，但是细节可能有所不同。非常重要的一点是如何精确计算梯度大小 $Q(s,a)$。在第 4 章的交叉熵方法中，我们运行了几个片段，计算了每个片段的总奖励，并用从优于奖励平均值的片段中获得的状态转移进行训练。此训练过程就是一种策略梯度方法，对于优质片段（总奖励较大）的状态和动作对，$Q(s,a) = 1$，对于较差片段的状态和动作对，$Q(s,a) = 0$。

交叉熵方法即使使用如此简单的假设也可以工作，但是使用 $Q(s,a)$ 而不是仅使用 0 和 1 进行训练会有明显的提升。为什么会有帮助呢？因为进行了更细粒度的片段分离。例如，比起奖励是 1 的片段中的状态转移，总奖励为 10 的片段的状态转移应该对梯度有更多的贡献。使用 $Q(s,a)$ 而不是仅使用 0 或 1 常数的第二个原因是，增加片段开始时优质动作的概率，并减少更接近片段结尾的动作（因为 $Q(s,a)$ 包含折扣因子，所以会自动考虑较长动作序列的不确定性）。这就是 REINFORCE 方法的思想。其步骤如下：

1）用随机权重初始化网络。

2）运行 N 个完整的片段，保存其 (s,a,r,s') 状态转移。

3）对于每个片段 k 的每一步 t，计算后续步的带折扣的总奖励：$Q_{k,t} = \sum_{i=0} \gamma^i r_i$。

4）计算所有状态转移的损失函数：$L = -\sum_{k,t} Q_{k,t} \log(\pi(s_{k,t}, a_{k,t}))$。

5）执行 SGD 更新权重，以最小化损失。

6）从步骤 2 开始重复，直到收敛。

上述算法在几个重要方面与 Q-learning 不同：

❑ 不需要显式的探索。在 Q-learning 中，使用 ε-greedy 策略来探索环境，并防止智能体陷入非最优策略的困境。现在，利用神经网络返回的概率，可以实现自动探索。在开始时，使用随机权重初始化神经网络，它会返回均匀的概率分布。此分布对应于智能体的随机行为。

❑ 不需要使用回放缓冲区。策略梯度方法属于在线策略方法，这意味着我们无法用旧策略获得的数据来训练。它有优点，也有缺点。优点是这些方法通常收敛更快。缺点是，与诸如 DQN 之类的离线策略方法相比，它们通常需要与环境进行更多的交互。

❑ 不需要目标网络。我们在这里使用 Q 值，但是它们是根据我们从环境中得到的经验获得的。在 DQN 中，我们使用目标网络打破了 Q 值近似时的相关性，但是我们现在不再进行近似了。下一章将展示目标网络技巧在策略梯度方法中仍然有用。

11.2.1　CartPole 示例

要进行该方法的实战，我们来看在熟悉的 CartPole 环境中如何实现 REINFORCE 方法。该示例的完整代码在 `Chapter11/02_cartpole_reinforce.py` 中。

```
GAMMA = 0.99
LEARNING_RATE = 0.01
EPISODES_TO_TRAIN = 4
```

首先，我们定义了超参数（省略了所有导入代码）。`EPISODES_TO_TRAIN` 值指定将用于训练的完整片段数。

```
class PGN(nn.Module):
    def __init__(self, input_size, n_actions):
        super(PGN, self).__init__()

        self.net = nn.Sequential(nn.Linear(input_size, 128),
                                 nn.ReLU(),
                                 nn.Linear(128, n_actions)
                                 )

    def forward(self, x):
        return self.net(x)
```

该神经网络对你来说应该也很熟悉了。请注意，尽管神经网络返回了概率，但并未将 softmax 的非线性操作应用于输出。其背后的原因是，使用 PyTorch 的 `log_softmax` 函数直接计算了 softmax 输出的对数。这种计算方法在数值上更稳定。但是，需要记住网络的输出不是概率，而是原始分数（通常称为 logits）

```
def calc_qvals(rewards):
    res = []
    sum_r = 0.0
    for r in reversed(rewards):
        sum_r *= GAMMA
        sum_r += r
        res.append(sum_r)
    return list(reversed(res))
```

此函数用了点技巧。它接受整个片段的奖励列表，并需要计算每一步的带折扣的总奖励。为了高效地做到这一点，我们从立即奖励列表的末尾开始计算奖励。实际上，片段的最后一步将获得与立即奖励相等的总奖励。最后一步之前一步的总奖励为 $r_{t-1}+\gamma r_t$（t 是最后一步的索引）。

`sum_r` 变量包含已计算步骤的总奖励，因此要计算前一步的总奖励，需要将 `sum_r` 乘以 γ 并加上立即奖励。

```
if __name__ == "__main__":
    env = gym.make("CartPole-v0")
    writer = SummaryWriter(comment="-cartpole-reinforce")

    net = PGN(env.observation_space.shape[0], env.action_space.n)
    print(net)

    agent = ptan.agent.PolicyAgent(net,
                                   preprocessor=ptan.agent.
                                       float32_preprocessor,
                                   apply_softmax=True)
    exp_source = ptan.experience.ExperienceSourceFirstLast(
                    env, agent, gamma=GAMMA)

    optimizer = optim.Adam(net.parameters(), lr=LEARNING_RATE)
```

训练循环之前的准备步骤对你来说应该也很熟悉。唯一的新元素是 PTAN 库中的

agent 类。在这里，我们使用了 ptan.agent.PolicyAgent，它需要为每个观察决定动作。当神经网络将动作的概率作为策略返回时，为了选择要执行的动作，需要从神经网络中获取概率，然后对该概率分布进行随机采样。

使用 DQN 时，神经网络的输出为 Q 值，因此，如果某个动作的价值为 0.4，而另一个动作的价值为 0.5，则 100% 首选第二个动作。在概率分布的情况下，如果第一个动作的概率为 0.4，第二个动作的概率为 0.5，则智能体应以 40% 的概率执行第一个动作，以 50% 的概率执行第二个动作。当然，网络可以决定 100% 执行第二个动作，在这种情况下，对于第一个动作它返回的概率是 0，对于第二个动作则返回的概率是 1。

了解这一差异很重要，但是实现方面的变化并不大。PolicyAgent 在内部对神经网络调用 NumPy 的 random.choice 函数。apply_softmax 参数指示它首先通过调用 softmax 将神经网络的输出转换为概率。第三个参数的预处理器是一种避免以下问题的方法：Gym 中的 CartPole 环境将观察结果返回为 float64 而不是 PyTorch 所需的 float32。

```
total_rewards = []
done_episodes = 0

batch_episodes = 0
cur_rewards = []
batch_states, batch_actions, batch_qvals = [], [], []
```

在开始训练循环之前，还需要几个变量。第一组用于展示结果，包含片段的总奖励和已完成片段的数量。第二组用于收集训练数据。cur_rewards 列表包含当前运行的片段的立即奖励。当此片段结束时，使用 calc_qvals 函数根据立即奖励计算折扣总奖励，并将其添加到 batch_qvals 列表中。batch_states 和 batch_actions 列表包含上次训练中看到的状态和动作。

```
for step_idx, exp in enumerate(exp_source):
    batch_states.append(exp.state)
    batch_actions.append(int(exp.action))
    cur_rewards.append(exp.reward)

    if exp.last_state is None:
        batch_qvals.extend(calc_qvals(cur_rewards))
        cur_rewards.clear()
        batch_episodes += 1
```

前面的代码段是训练循环的开始。从经验源中获得的每个经验都包含状态、动作、立即奖励和下一个状态。如果已经到达片段的结尾，则下一个状态将为 None。对于非终结的经验项，仅将状态、动作和立即奖励保存在列表中。在片段结束时，将立即奖励转换为 Q 值，并对片段计数器进行增量操作。

```
new_rewards = exp_source.pop_total_rewards()
if new_rewards:
    done_episodes += 1
    reward = new_rewards[0]
```

```
total_rewards.append(reward)
mean_rewards = float(np.mean(total_rewards[-100:]))
print("%d: reward: %6.2f, mean_100: %6.2f,"\
        "episodes: %d" % (step_idx, reward,
                                mean_rewards,
                                done_episodes))
writer.add_scalar("reward", reward, step_idx)
writer.add_scalar("reward_100", mean_rewards,
                        step_idx)
writer.add_scalar("episodes", done_episodes, step_idx)
if mean_rewards > 195:
    print("Solved in %d steps and %d episodes!" %
            (step_idx, done_episodes))
    break
```

训练循环的这一部分代码在片段结束时执行，它负责上报当前进度并将指标写入 TensorBoard。

```
if batch_episodes < EPISODES_TO_TRAIN:
    continue

optimizer.zero_grad()
states_v = torch.FloatTensor(batch_states)
batch_actions_t = torch.LongTensor(batch_actions)
batch_qvals_v = torch.FloatTensor(batch_qvals)
```

自上一个训练步骤开始，如果已经收集了足够的片段，则根据已收集的数据进行神经网络的优化。第一步，将状态、动作和 Q 值转换为适当的 PyTorch 形式。

```
logits_v = net(states_v)
log_prob_v = F.log_softmax(logits_v, dim=1)
log_prob_actions_v = batch_qvals_v * log_prob_v[
                        range(len(batch_states)),
                        batch_actions_t]
loss_v = -log_prob_actions_v.mean()
```

然后，根据这些步计算损失值。为此，我们要求神经网络将状态计算为 logits，并计算它们的 softmax 对数。第三行代码根据执行的动作选择对数概率，并使用 Q 值对其进行缩放。最后一行代码对这些缩放后的值取平均值，然后进行求反以最小化损失。再说一次，这个负号非常重要，因为策略梯度需要最大化以改善策略。由于 PyTorch 中的优化器会根据损失函数最小化损失值，因此我们需要对策略梯度取反。

```
loss_v.backward()
optimizer.step()
batch_episodes = 0
batch_states.clear()
batch_actions.clear()
batch_qvals.clear()

writer.close()
```

其余代码很清楚：执行反向传播以收集变量中的梯度，并要求优化器执行 SGD 更新。在训练循环结束时，重置片段计数器并清除列表以收集新数据。

11.2.2　结果

作为参考，我已经根据 CartPole 环境实现了 DQN，其超参与 REINFORCE 示例几乎相同。它在 Chapter11/01_cartpole_dqn.py 中。

两个示例都不需要任何命令行参数，并且它们应该都能在不到一分钟的时间内收敛。

```
rl_book_samples/chapter11$ ./02_cartpole_reinforce.py
PGN (
  (net): Sequential (
    (0): Linear (4 -> 128)
    (1): ReLU ()
    (2): Linear (128 -> 2)
  )
)
63:  reward: 62.00, mean_100: 62.00, episodes: 1
83:  reward: 19.00, mean_100: 40.50, episodes: 2
99:  reward: 15.00, mean_100: 32.00, episodes: 3
125: reward: 25.00, mean_100: 30.25, episodes: 4
154: reward: 28.00, mean_100: 29.80, episodes: 5
...
27676: reward: 200.00, mean_100: 193.58, episodes: 224
27877: reward: 200.00, mean_100: 194.07, episodes: 225
28078: reward: 200.00, mean_100: 194.07, episodes: 226
28279: reward: 200.00, mean_100: 194.53, episodes: 227
28480: reward: 200.00, mean_100: 195.09, episodes: 228
Solved in 28480 steps and 228 episodes!
```

图 11.2 和图 11.3 显示了 DQN 和 REINFORCE 的收敛动态。训练动态可能会因训练的随机性而有所不同。

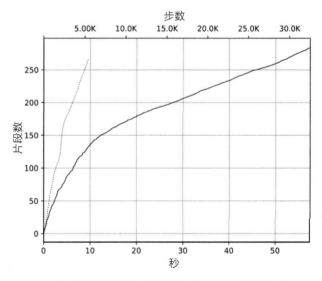

图 11.2　CartPole 解决前的片段数（实线表示 DQN，虚线表示 REINFORCE）

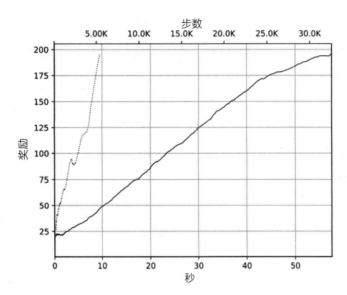

图 11.3 平滑的奖励动态（实线表示 DQN，虚线表示 REINFORCE）

如你所见，REINFORCE 收敛更快，并且只需要更少的训练步数和片段就能解决 CartPole 环境。第 4 章中，交叉熵方法需要大约 40 批，每批 16 个片段，总计 640 个片段才能解决 CartPole 环境。REINFORCE 方法能在不到 300 个片段的时间内达到同样的效果，算是一个不错的改进。

11.2.3 基于策略的方法与基于价值的方法

现在，我们从刚才看到的代码中退一步，先讨论一下两类方法之间的差异：

❑ 策略方法可以直接优化我们关心的内容：行为。诸如 DQN 之类的价值方法间接地实现这一点，首先学习价值，然后根据此价值提供策略。

❑ 策略方法是在线策略方法，需要从环境获取新鲜样本。价值方法可以从来自旧策略、人工制造和其他来源的旧数据受益。

❑ 策略方法的采样效率通常较低，这意味着它们需要与环境进行更多交互。价值方法可以受益于较大的回放缓冲区。但是，采样效率高并不意味着价值方法的计算效率也更高，情况通常恰恰相反。

❑ 在前面的示例中，在训练过程中，我们只需访问一次 NN，即可获得动作的概率。而在 DQN 中，我们需要处理两批状态：一次是当前状态，一次是 Bellman 更新中的下一个状态。

如你所见，对不同的方法系列不需要有强烈的倾向。在某些情况下，策略方法是更自然的选择，例如在持续控制问题或访问环境简单而快速的情况下。但是，在许多情况下，价值方法大放异彩，例如，DQN 变体在 Atari 游戏上取得的最先进的技术成果。理想情况下，你应该熟悉两类方法，并了解它们的强弱点。

下一节将讨论 REINFORCE 方法的局限性、改进办法，以及如何将策略梯度方法应用于 Pong 游戏。

11.3　REINFORCE 的问题

上一节讨论了 REINFORCE 方法，它是交叉熵方法的扩展。不幸的是，REINFORCE 和交叉熵方法仍然存在一些问题，这使得它们都局限于简单的环境。

11.3.1　需要完整片段

首先，在开始训练之前，我们仍然需要等待完整的片段完成。更糟糕的是，用于训练的片段越多，REINFORCE 和交叉熵方法效果越好（只因更多的片段意味着更多的训练数据，意味着更准确的策略梯度）。这种情况对于 CartPole 的短片段来说还好，在一开始时，我们很少能处理多于 10 步的。但在 Pong 中，情况则完全不同：每个片段可以持续数百甚至数千帧。从训练的角度来看，这也是不好的，因为训练批次变得非常大，从样本效率的角度来看，这更是不好的，因为需要与环境进行大量交互才能执行单个训练步骤。

要求片段完整是为了获得尽可能准确的 Q 值估计。当谈论 DQN 时，可以看到在实践中，使用单步 Bellman 方程 $Q(s,a)=r_a+\gamma V(s')$ 的估计值替换带折扣的确切奖励值。为了估计 $V(s)$，我们使用了自己的 Q 值估计，但是在策略梯度的情况下，我们不再有 $V(s)$ 或 $Q(s,a)$。

为了克服这个问题，有两种方法。一方面，可以要求网络估计 $V(s)$ 并使用此估计来获得 Q 值。此方法将在下一章中讨论，它被称为 actor-critic 方法，是策略梯度方法系列中最受欢迎的方法。

另一方面，可以在 Bellman 方程中提前展开 N 步，这将有效地利用以下事实：当 $\gamma<1$ 时，价值贡献将不断减小。实际上，在 $\gamma=0.9$ 的情况下，第 10 步的价值系数将是 $0.9^{10}=0.35$。在 50 步，该系数将为 $0.9^{50}=0.00515$，这对总奖励的贡献很小。在 $\gamma=0.99$ 的情况下，所需的步数将变大，但是仍然可以这样做。

11.3.2　高梯度方差

在策略梯度公式：$\nabla J \approx \mathbb{E}[Q(s,a)\nabla \log \pi(a\,|\,s)]$ 中，有一个与给定状态的折扣奖励成比例的梯度。但是，这种奖励的范围很大程度上取决于环境。例如，在 CartPole 环境中，保持木棒垂直的每个时间戳都将获得 1 的奖励。如果可以保持 5 步，则得到的总奖励（不带折扣）为 5。如果智能体很聪明并且可以保持木棒 100 步，则总奖励为 100。两种情况的价值相差 20 倍，这意味着失败样本的梯度的缩放大小将是成功样本的梯度的二十分之一。如此大的差异会严重影响训练动态，因为幸运的片段将在最终的梯度中占主导地位。

用数学术语来说，策略梯度具有很大的方差，因此需要在复杂的环境中对此进行一些处理。否则，训练过程可能会变得不稳定。解决此问题的常用方法是从 Q 中减去一个称为基线的值。基线的可能选择如下：

- 一些常数，通常是折扣奖励的平均值。
- 折扣奖励的移动平均值。
- 状态价值 $V(s)$。

11.3.3　探索

即使将策略表示为概率分布，智能体也很有可能会收敛到某些局部最优策略并停止探索环境。在 DQN 中，我们使用 ε-greedy 动作选择方式解决了这一问题：有 epsilon 的概率，智能体执行随机动作，而不是当前策略决定的动作。当然，我们可以使用相同的方法，但是策略梯度方法使我们可以采取更好的方法，即熵奖励（entropy bonus）。

在信息论中，熵是某些系统中不确定性的度量。将熵应用到智能体的策略中，它可以显示智能体对执行何种动作的不确定程度。策略的熵可以用数学符号定义为：$H(\pi) = -\sum\pi(a|s)\log\pi(a|s)$。熵的值始终大于零，并且在策略符合平均分布（换句话说，所有动作具有相同的概率）时具有一个最大值。当策略决定某个动作的概率为 1 而所有其他动作的概率为 0 时，熵就变得最小，这意味着该智能体完全确定要做什么。为了防止智能体陷入局部最小值，在损失函数中减去熵，以惩罚智能体过于确定要采取的动作。

11.3.4　样本相关性

正如第 6 章讨论的那样，单个片段中的训练样本通常是高度相关的，这对 SGD 训练不利。在 DQN 情况下，我们通过从巨大的回放缓冲区（有 10 万 ~ 100 万的观察值样本）中采样训练批来解决此问题。此解决方案不适用于策略梯度系列方法，因为这些方法属于在线策略。其含义很简单：使用旧策略生成的旧样本时，将获得该旧策略的策略梯度，而不是当前策略的梯度。

一个明显但却很不幸是错误的解决方案是减小回放缓冲区的大小。在某些简单情况下，它可能会起作用，但总的来说，我们需要根据当前策略生成新的训练数据。为了解决该问题，通常使用并行环境。这个想法很简单：不只同一个环境交互，而是同多个环境交互并将其状态转移用作训练数据。

11.4　用于 CartPole 的策略梯度方法

如今，几乎没有人使用一般的策略梯度方法，因为存在更为稳定的 actor-critic 方法。但是，我仍然想展示策略梯度的实现，因为它建立了非常重要的概念和指标来检查策略梯度方法的性能。

11.4.1　实现

所以，我们将从一个简单的 CartPole 环境开始，在下一节中，我们将查看它在 Pong 环境中的性能。

以下示例的完整代码在 Chapter11/04_cartpole_pg.py 中。

```
GAMMA = 0.99
LEARNING_RATE = 0.001
ENTROPY_BETA = 0.01
BATCH_SIZE = 8
REWARD_STEPS = 10
```

除了已经熟悉的超参外，我们还有两个新的超参：ENTROPY_BETA（值是 entropy bonus 的缩放大小）和 REWARD_STEPS（值指定将 Bellman 方程提前展开的步数，以估算每个状态转移的折扣总奖励）。

```
class PGN(nn.Module):
    def __init__(self, input_size, n_actions):
        super(PGN, self).__init__()

        self.net = nn.Sequential(
                    nn.Linear(input_size, 128),
                    nn.ReLU(),
                    nn.Linear(128, n_actions)
                )

    def forward(self, x):
        return self.net(x)
```

该神经网络的架构与前面的 CartPole 示例完全相同：一个两层网络，在隐藏层中有 128 个神经元。准备代码也与以前相同，只是要求经验源展开 10 步 Bellman 方程。以下是与 04_cartpole_pg.py 不同的部分：

```
exp_source = ptan.experience.ExperienceSourceFirstLast(
    env, agent, gamma=GAMMA, steps_count=REWARD_STEPS)
```

在训练循环中，维护每个状态转移的折扣奖励总和，并使用它来计算策略缩放的基准：

```
for step_idx, exp in enumerate(exp_source):
    reward_sum += exp.reward
    baseline = reward_sum / (step_idx + 1)
    writer.add_scalar("baseline", baseline, step_idx)
    batch_states.append(exp.state)
    batch_actions.append(int(exp.action))
    batch_scales.append(exp.reward - baseline)
```

在损失计算中，使用与之前相同的代码来计算策略损失（负策略梯度）：

```
optimizer.zero_grad()
logits_v = net(states_v)
log_prob_v = F.log_softmax(logits_v, dim=1)
log_prob_actions_v = batch_scale_v * log_prob_v[
```

```
                           range(BATCH_SIZE),
                           batch_actions_t
                           ]
    loss_policy_v = -log_prob_actions_v.mean()
```

然后，通过计算批的熵并从损失中减去它，就可以将 entropy bonus 加到损失中。由于熵在均匀概率分布时具有最大值，所以我们想在训练时靠向该最大值，因此需要将其从损失中减去。

```
prob_v = F.softmax(logits_v, dim=1)
entropy_v = -(prob_v * log_prob_v).sum(dim=1).mean()
entropy_loss_v = -ENTROPY_BETA * entropy_v
loss_v = loss_policy_v + entropy_loss_v

loss_v.backward()
optimizer.step()
```

然后，计算新旧策略之间的 Kullback-Leibler(KL) 散度。KL 散度是一种信息论的度量，用于衡量一个概率分布与另一预期概率分布之间的偏离程度。在本示例中，它用于比较优化步骤前后模型返回的策略。KL 的高峰值通常是一个不好的信号，表明策略与先前的策略相距太远，这在大多数情况下都是一件坏事（因为 NN 在高维空间中是非线性函数，模型权重的巨大变化可能会对策略产生很大影响）。

```
new_logits_v = net(states_v)
new_prob_v = F.softmax(new_logits_v, dim=1)
kl_div_v = -((new_prob_v / prob_v).log() *
                prob_v).sum(dim=1).mean()
writer.add_scalar("kl", kl_div_v.item(), step_idx)
```

最后，在此训练步骤中计算有关梯度的统计信息。通常，最好的做法是显示梯度最大值和 L2 范数的图，以了解训练动态。

```
grad_max = 0.0
grad_means = 0.0
grad_count = 0
for p in net.parameters():
    grad_max = max(grad_max, p.grad.abs().max().item())
    grad_means += (p.grad ** 2).mean().sqrt().item()
    grad_count += 1
```

在训练循环的最后，将所有要监视的值转储到 TensorBoard 中：

```
writer.add_scalar("baseline", baseline, step_idx)
writer.add_scalar("entropy", entropy_v.item(), step_idx)
writer.add_scalar("batch_scales",
                np.mean(batch_scales),
                step_idx)
writer.add_scalar("loss_entropy",
                entropy_loss_v.item(),
                step_idx)
writer.add_scalar("loss_policy",
                loss_policy_v.item(),
```

```
                        step_idx)
writer.add_scalar("loss_total",
                    loss_v.item(),
                    step_idx)
writer.add_scalar("grad_l2",
                    grad_means / grad_count,
                    step_idx)
writer.add_scalar("grad_max", grad_max, step_idx)

batch_states.clear()
batch_actions.clear()
batch_scales.clear()
```

11.4.2　结果

在此示例中，我们在 TensorBoard 中绘制了很多图表。我们从熟悉的奖励开始介绍，如图 11.4 所示，与 REINFORCE 方法的动态和性能没有太大区别。

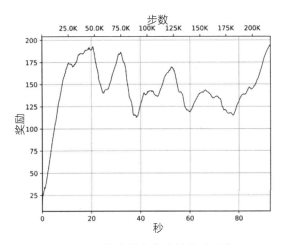

图 11.4　策略梯度方法的奖励动态

接下来的两个图与基线（见图 11.5）和策略梯度的缩放大小（见图 11.6）有关。我们希望基线收敛到 $1+0.99+0.99^2+\cdots+0.99^9$，大约是 9.56。策略梯度的缩放大小应在零附近波动，这正是图 11.6 中所示内容。

熵随着时间从 0.69 减少到 0.52。起始值对应于两个动作的最大熵，大约为 0.69：

$$H(\pi) = -\sum_a \pi(a\,|\,s)\log\pi(a\,|\,s) = -\left(\frac{1}{2}\log\left(\frac{1}{2}\right)+\frac{1}{2}\log\left(\frac{1}{2}\right)\right) \approx 0.69$$

如图 11.7 所示，在训练过程中熵逐渐降低，这一事实表明策略正在从平均分布转向更具确定性的动作。

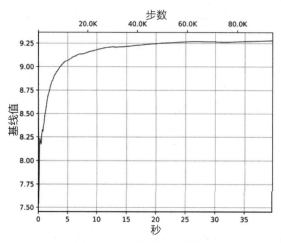

图 11.5 训练时的基线值

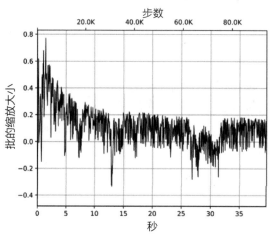

图 11.6 批的缩放大小

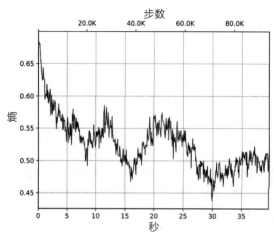

图 11.7 训练过程中的熵

　　下一组图与损失有关，包括熵损失（见图 11.8）、策略损失（见图 11.9）及它们的和（见图 11.10）。熵损失是按比例缩放过的，并且是先前熵图的镜像版本。策略损失显示在批上计算的策略梯度的平均缩放大小和方向。在这里，应该检查两者的相对大小，以防止熵损失占主导。

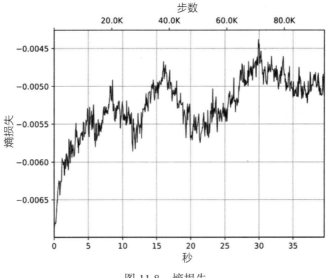

图 11.8　熵损失

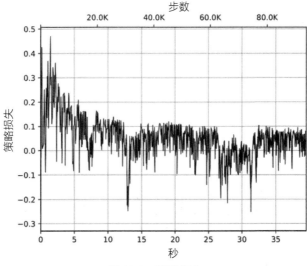

图 11.9　策略损失

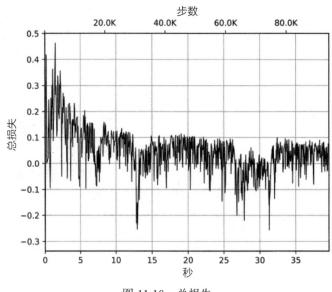

图 11.10　总损失

最后一组图表显示了梯度的 L2 范数（见图 11.11）、最大值（见图 11.12）和 KL 值（见图 11.13）。在整个训练过程中，梯度看起来很健康：它们不会太大也不会太小，并且不会出现巨大的峰值。KL 图看起来也很正常，虽然有一些峰值，但不超过 1e-3。

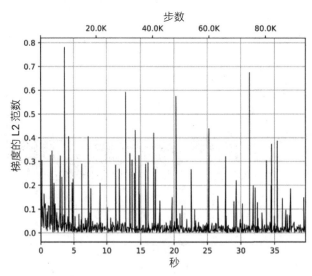

图 11.11　训练过程中梯度的 L2 范数

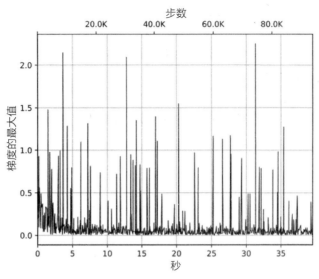

图 11.12 梯度的最大值

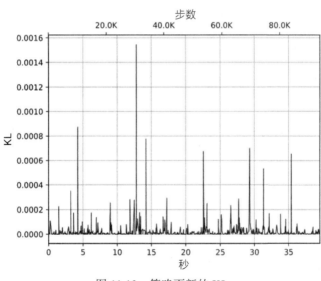

图 11.13 策略更新的 KL

11.5 用于 Pong 的策略梯度方法

如上一节所述，一般的策略梯度方法在简单的 CartPole 环境中效果很好，但在更复杂的环境中效果却差得出奇。

对于相对简单的 Atari 游戏 Pong，DQN 能够在 100 万帧中完全解决它，并在 10 万帧时开始显示出正的奖励动态，但策略梯度方法却未能收敛。策略梯度训练很不稳定，并且对初始化非常敏感，所以很难找到良好的超参。

这并不意味着策略梯度方法不好，因为，正如下一章介绍的那样，只需对神经网络架构进行一次调整即可在梯度中获得更好的基线，这将使策略梯度方法成为最佳方法之一（asynchronous advantage actor-critic 方法）。当然，超参很有可能是完全错误的，或者代码隐藏了一些 bug 或其他不足。无论如何，失败的结果仍然有价值，至少可以作为收敛失败的动态演示。

11.5.1 实现

该示例的完整代码在 Chapter11/05_pong_pg.py 中。

与先前示例代码的三个主要区别如下：

❑ 估算基线时使用的是过去 100 万状态转移（而不是所有数据）的移动平均值。

❑ 使用了多个并行环境。

❑ 剪裁梯度以提高训练稳定性。

为了使移动平均值计算得更快，将创建一个 deque 作为后端的缓冲区：

```
class MeanBuffer:
    def __init__(self, capacity):
        self.capacity = capacity
        self.deque = collections.deque(maxlen=capacity)
        self.sum = 0.0

    def add(self, val):
        if len(self.deque) == self.capacity:
            self.sum -= self.deque[0]
        self.deque.append(val)
        self.sum += val

    def mean(self):
        if not self.deque:
            return 0.0
        return self.sum / len(self.deque)
```

此示例中的第二个区别是使用多个环境，PTAN 库支持此功能。我们唯一要做的事情是将 Env 对象数组传给 ExperienceSource 类。其他的事情都将自动完成。在多环境的情况下，经验源会要求它们轮流提供状态转移，从而提供不那么相关的训练样本。与 CartPole 示例的最后一个区别是梯度裁剪，是使用 PyTorch torch.nn.utils 包中的 clip_grad_norm 函数做到的。

最优版的超参如下所示：

```
GAMMA = 0.99
LEARNING_RATE = 0.0001
ENTROPY_BETA = 0.01
BATCH_SIZE = 128
```

```
REWARD_STEPS = 10
BASELINE_STEPS = 1000000
GRAD_L2_CLIP = 0.1

ENV_COUNT = 32
```

11.5.2　结果

我们来看该示例最优的一次运行结果。图 11.14 是奖励图。可以看到，在训练过程中，有一段时间奖励几乎不变，然后开始有一些增长，但被一段由最低奖励（21）构成的平坦区域打断了。

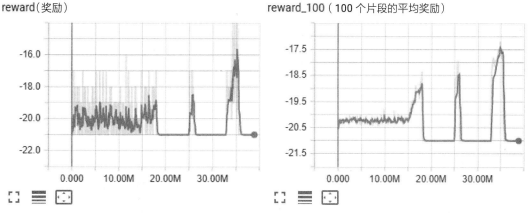

图 11.14　梯度和 KL 散度

从熵图（见图 11.15）可以看到那些平坦区域对应于熵为零的时间段，这意味着智能体的动作具有 100% 的确定性。在此时间间隔内，梯度也为零，因此训练能够从那些平坦区域中恢复，是一件非常令人惊讶的事。

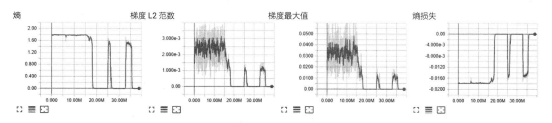

图 11.15　Pong 中使用策略梯度方法的另一组图

基线图（见图 11.16）和奖励图差不多，具有相同的模式。

KL 曲线（见图 11.17）大约在进入或离开零熵状态转移的瞬间出现了大的尖峰，这表明几次返回的策略的概率分布有很大的跳跃。

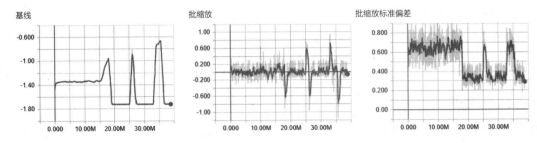

图 11.16　基线、缩放大小以及缩放大小的标准偏差

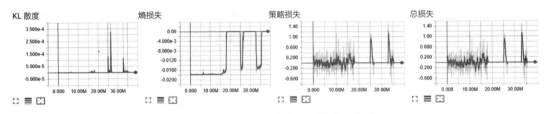

图 11.17　训练过程中的 KL 散度和损失

11.6　总结

本章介绍了解决 RL 问题的另一种方法：策略梯度方法，与熟悉的 DQN 方法有很多不同。研究了一种被称为 REINFORCE 的基本方法，它是 RL 领域中交叉熵方法的泛化版本。这种策略梯度方法很简单，但是当应用于 Pong 环境时，效果并不理想。

下一章将考虑通过组合基于价值的方法和基于策略的方法来提高策略梯度方法的稳定性。

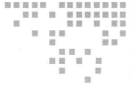

第 12 章 *Chapter 12*

actor-critic 方法

第 11 章开始研究一种基于策略的替代方法，以替代基于价值的系列方法。尤其关注了被称为 REINFORCE 的方法及其修改版本，该方法使用折扣奖励来获得策略的梯度（这为我们提供了提升策略的方向）。两种方法都适用于问题复杂度小的 CartPole 环境，但是对于更复杂的 Pong 环境，其收敛动态极其慢。

接下来，我们将讨论普通策略梯度方法的另一种扩展，它大幅提高了该方法的稳定性和收敛速度。尽管修改很小，但新方法有其自己的名称——actor-critic，它是深度强化学习（RL）中最强大的方法之一。

本章将：

❑ 探索基线如何影响统计数据和梯度的收敛。

❑ 涵盖基线概念的一种扩展。

12.1 减小方差

上一章简要提到了提升策略梯度方法稳定性的一种方法是减小梯度的方差。现在，我们来尝试理解为什么这很重要，以及减小方差的含义。在统计学中，方差是随机变量与该变量的期望值之间的偏差的平方的期望。

$$Var[x] = \mathbb{E}[(x - \mathbb{E}[x])^2]$$

方差表示某值与平均值之间的距离。当方差很高时，随机变量的取值可能会远远偏离均值。图 12.1 是正态（高斯）分布，其均值相同，但方差值不同。

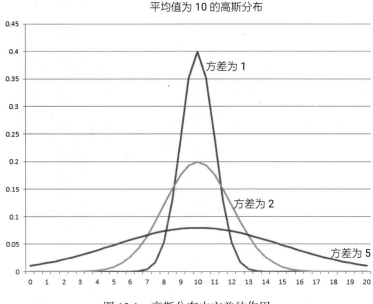

图 12.1　高斯分布中方差的作用

现在让我们回到策略梯度。上一章已经说过，它的思想是增加良好动作的执行概率，并减少不良动作的执行概率。用数学符号表示的话，策略梯度可以写为 $\nabla J \approx \mathbb{E}[Q(s, a) \nabla \log \pi(a \mid s)]$。比例因子 $Q(s, a)$ 指在特定状态下，想要增加或减少执行某个动作的概率的多少。在 REINFORCE 方法中，使用折扣总奖励作为梯度的缩放比例。为了提高 REINFORCE 的稳定性，从梯度量表中减去了平均奖励。要了解为什么这样做有帮助，假设有一个非常简单的场景，在该场景中我们对梯度进行一次优化，有三个动作，它们的折扣总奖励值不同，分别为 Q_1、Q_2 和 Q_3。现在想一下考虑了这些 Q_s 的相对值的策略梯度。

作为第一个示例，令 Q_1 和 Q_2 都等于某个小的正数，而 Q_3 等于一个大的负数。因此，第一步和第二步的动作得到了一些小的奖励，但是第三步并不是很成功。由这三个步骤所产生的**综合梯度**将试图使策略远离第三步的动作，而稍微朝第一步和第二步采取的动作靠拢，这是完全合理的。

现在让我们想象一下，假设奖励永远是正的，只有价值不同。这对应于为每个奖励（Q_1、Q_2 和 Q_3）加上一些常数。在这种情况下，Q_1 和 Q_2 将变为较大的正数，而 Q_3 为较小的正值。但是，策略更新将有所不同！接下来，我们将努力将策略推向第一步和第二步的动作，并略微将其推向第三步的动作。因此，严格来说，尽管相对奖励是相同的，但我们不再试图避免选择第三步所执行的动作。

策略更新依赖于奖励中所加的常数，这可能会大大减慢训练速度，因为我们可能需要更多样本来**平均掉**这种策略梯度偏移的影响。甚至更糟的是，由于折扣总奖励随时间变化，随着智能体学着如何表现得越来越好，策略梯度的方差也可能发生变化。例如，在 Atari 的

Pong 环境中，一开始的平均奖励是 –21···–20，因此所有动作看起来几乎都一样糟糕。

为了克服上一章中的这一问题，我们从 *Q* 值中减去了平均总奖励，并将其称为**平均基线**。这个技巧使策略梯度标准化：在平均奖励为 –21 的情况下，获得 –20 的奖励对智能体来说似乎就是胜利，并且将其策略推向所采取的动作。

12.2　CartPole 的方差

为了在实践中检验这一理论结论，我们在训练过程中绘制基线版本和没有基线的版本的策略梯度方差图。完整的示例代码在 Chapter12/01_cartpole_pg.py 中，大多数代码与第 11 章中的代码相同。此版本的差异如下：

❑ 现在，它接受一个命令行选项 --baseline，该选项允许从奖励中减去均值。默认情况下，不使用基线。

❑ 在每个训练循环中，从策略损失中收集梯度，并使用此数据计算方差。

为了只从策略损失中收集梯度，并排除用于探索的 entropy bonus 的梯度，我们需要分两个阶段计算梯度。幸运的是，PyTorch 可以轻松做到这一点。下面的代码仅包括训练循环的相关部分，用于说明这一想法：

```
optimizer.zero_grad()
logits_v = net(states_v)
log_prob_v = F.log_softmax(logits_v, dim=1)
log_p_a_v = log_prob_v[range(BATCH_SIZE), batch_actions_t]
log_prob_actions_v = batch_scale_v * log_p_a_v
loss_policy_v = -log_prob_actions_v.mean()
```

像之前一样，通过计算已执行动作的对数概率，并将其乘以策略缩放因子（如果不使用基线，为折扣总奖励，否则为总奖励减去基线）来计算策略损失：

```
loss_policy_v.backward(retain_graph=True)
```

下一步，要求 PyTorch 执行策略损失的反向传播，计算梯度并将其保存在模型的缓冲区中。由于之前执行了 optimizer.zero_grad()，这些缓冲区将仅包含来自策略损失的梯度。这里的巧妙之处是调用 backward() 时使用了 retain_graph=True 选项。它让 PyTorch 保留变量的图结构。正常情况下，它会在调用 backward() 时被销毁，但这不是本例想要的。通常，当在调用优化器之前需要对损失进行多次反向传播时，保留图会很有用，尽管这不是很常见。

```
grads = np.concatenate([p.grad.data.numpy().flatten()
                        for p in net.parameters()
                        if p.grad is not None])
```

然后，遍历模型中的所有参数（模型中的每个参数都是带有梯度的张量），并用展平的 NumPy 数组来提取它们的 grad 字段。这会产生一个长数组，其中包含来自模型所有变量的梯度。但是，参数更新不仅要考虑策略的梯度，还应考虑 entropy bonus 所提供的梯度。

为了实现这一点，在计算熵损失时再次调用 `backward()`。就是为了能够第二次执行此操作，所以才需要传入 `retain_graph=True`。

在第二个 `backward()` 的调用中，PyTorch 将反向传播熵损失，并将梯度添加到内部的梯度缓冲区中。所以，我们现在需要做的就只是要求优化器使用这些组合后的梯度来进行一次优化：

```
prob_v = F.softmax(logits_v, dim=1)
entropy_v = -(prob_v * log_prob_v).sum(dim=1).mean()
entropy_loss_v = -ENTROPY_BETA * entropy_v
entropy_loss_v.backward()
optimizer.step()
```

然后，我们唯一要做的就是将感兴趣的统计信息写入 TensorBoard：

```
g_l2 = np.sqrt(np.mean(np.square(grads)))
g_max = np.max(np.abs(grads))
writer.add_scalar("grad_l2", g_l2, step_idx)
writer.add_scalar("grad_max", g_max, step_idx)
writer.add_scalar("grad_var", np.var(grads), step_idx)
```

通过运行此示例两次，一次使用 `--baseline` 命令行选项，一次不使用，我们得到了策略梯度的方差图。图 12.2 和图 12.3 是相关奖励动态。

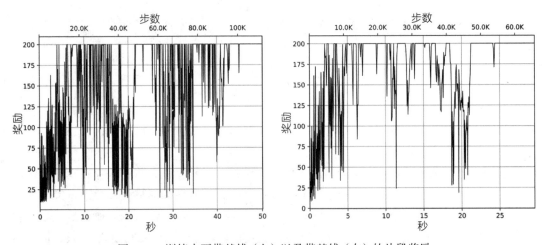

图 12.2 训练中不带基线（左）以及带基线（右）的片段奖励

图 12.4 和图 12.5 显示了梯度的大小（L2 范数）、最大值和方差。

如你所见，有基线的版本的方差比没有基线的版本的方差低 2 ~ 3 个数量级，这有助于系统更快地收敛。

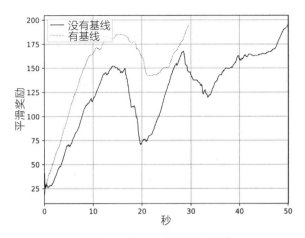

图 12.3　两个版本的平滑奖励

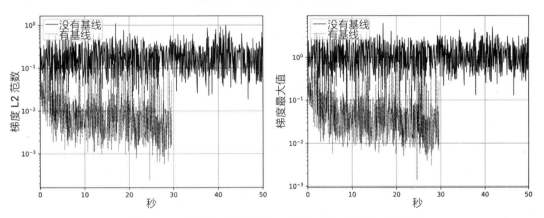

图 12.4　两个版本的梯度的 L2 范数（左）和最大值（右）

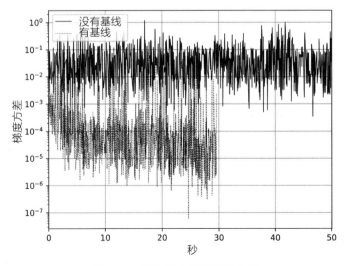

图 12.5　两个版本的梯度的方差

12.3 actor-critic

减小方差的下一步是使基线与状态相关（这是一个好主意，因为不同的状态可能具有非常不同的基线）。确实，要决定某个特定动作在某种状态下的适用性，我们会使用该动作的折扣总奖励。但是，总奖励本身可以表示为状态的**价值**加上动作的**优势值**：$Q(s,a)=V(s)+A(s,a)$（参见第 8 章讨论 DQN 的修改版本（尤其是 Dueling DQN）时）。

那么，为什么不使用 $V(s)$ 作为基线呢？在这种情况下，梯度缩放因子将只是优势值 $V(s, a)$（它显示了相对于平均状态的价值来说，所执行的动作表现得有多好）。实际上，确实可以这么做，这对于改进策略梯度方法来说是一个非常好的主意。唯一的问题是，我们不知道需要从折扣总奖励 $Q(s, a)$ 中减去的状态价值 $V(s)$ 是多少。为了解决这个问题，我们**将使用另一种神经网络**，它将为每个观察近似 $V(s)$。要训练它，可以利用在 DQN 方法中使用过的相同训练过程：将执行 Bellman 步骤，然后最小化均方误差以改进 $V(s)$ 的近似值。

知道每个状态的价值（至少有一个近似值）后，我们就可以用它来计算策略梯度并更新策略网络，以增加具有良好优势值的动作的执行概率，并减少具有劣势优势值的动作的执行概率。策略网络（返回动作的概率分布）被称为**行动者（actor）**，因为它会告诉我们该做什么。另一个网络称为**评论家（critic）**，因为它能使我们了解自己的动作有多好。这种改进有一个众所周知的名称，即 advantage actor-critic 方法，通常被简称为 A2C。图 12.6 展示了其架构。

实践时，策略网络和价值网络会有部分重叠，主要是出于效率和收敛性的考虑。在这种情况下，将策略和价值实现为网络的不同输出端，将公共部分的输出转换为概率分布和表示状态价值的单个数字。

图 12.6 A2C 架构

这有助于两个网络共享低级特征（例如 Atari 智能体中的卷积滤波器），并以不同的方式组合它们。该架构如图 12.7 所示。

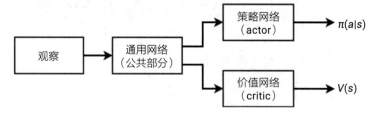

图 12.7 共享网络的 A2C 架构

从训练角度来看，会执行以下步骤：

1）使用随机值初始化网络参数 θ。

2）使用当前策略 π_θ 在环境中交互 N 步，并保存状态（s_t）、动作（a_t）和奖励（r_t）。

3）如果片段到达结尾，则 $R=0$，否则为 $V_\theta(s_t)$。

4）对于 $i=t-1\cdots t_{\text{start}}$（请注意是从后向前处理的）：

- ○ $R \leftarrow r_i + \gamma R$。
- ○ 累积策略梯度： $\partial\theta_\pi \leftarrow \partial\theta_\pi + \nabla_\theta \log \pi_\theta(a_i \mid s_i)(R - V_\theta(s_i))$。
- ○ 累积价值梯度： $\partial\theta_v \leftarrow \partial\theta_v + \dfrac{\partial(R - V_\theta(s_i))^2}{\partial\theta_v}$。

5）使用累积梯度更新网络参数，使其沿着策略梯度（$\partial\theta_\pi$）的方向移动，以及沿着价值梯度（$\partial\theta_v$）的反方向移动。

6）从步骤 2 开始重复，直到收敛。

前面的算法是一个概述，与通常在研究论文中描述的算法类似。实践中，还有如下一些注意事项：

- ❑ 通常会加入 entropy bonus 以改善探索。通常将其写成加入损失函数的熵值：$L_H = \beta\sum_i \pi_\theta(s_i)\log\pi_\theta(s_i)$。当概率分布是均匀分布时，该函数达到最小值，因此通过将其添加到损失函数中，我们可以使智能体避免过于确定其动作。
- ❑ 梯度累积通常被实现为结合了所有三个组件（策略损失、价值损失和熵损失）的一个损失函数。应该谨慎对待这些损失的符号，因为策略梯度会显示策略改进的方向，但应将价值损失和熵损失都降至最低。
- ❑ 为了提高稳定性，需要使用多个环境，它们同时向你提供观察结果（当有多个环境时，将使用它们的观察结果创建训练批）。下一章将介绍几种方法来做这件事。

前面所述的使用多个并行环境的版本称为 advantage asynchronous actor-critic，也称为 A3C。A3C 方法将在下一章介绍，这里先实现 A2C。

12.4 在 Pong 中使用 A2C

上一章通过策略梯度方法来尝试解决 Pong 环境（不是很成功），这里使用 actor-critic 方法再试一次。

```
GAMMA = 0.99
LEARNING_RATE = 0.001
ENTROPY_BETA = 0.01
BATCH_SIZE = 128
NUM_ENVS = 50

REWARD_STEPS = 4
CLIP_GRAD = 0.1
```

与往常一样，首先定义超参（省略导入代码）。这些值没有进行调优，调优将在本章下一节中进行。这里有一个新值：CLIP_GRAD。此超参指定梯度剪切的阈值，这基本上可以防止梯度在优化阶段变得太大，也不会将策略推得太远。裁剪是使用 PyTorch 的功能实现的，但它的思想很简单：如果梯度的 L2 范数大于此超参，则将梯度向量裁剪为该值。

超参 REWARD_STEPS 决定将执行多少步再估算每个动作的折扣总奖励。

在策略梯度方法中，用了大约 10 步，但是在 A2C 中，将使用价值近似来获取未来步骤的状态价值，因此减少步数会比较好。

```python
class AtariA2C(nn.Module):
    def __init__(self, input_shape, n_actions):
        super(AtariA2C, self).__init__()

        self.conv = nn.Sequential(
            nn.Conv2d(input_shape[0], 32, kernel_size=8, stride=4),
            nn.ReLU(),
            nn.Conv2d(32, 64, kernel_size=4, stride=2),
            nn.ReLU(),
            nn.Conv2d(64, 64, kernel_size=3, stride=1),
            nn.ReLU()
        )
        conv_out_size = self._get_conv_out(input_shape)
        self.policy = nn.Sequential(
            nn.Linear(conv_out_size, 512),
            nn.ReLU(),
            nn.Linear(512, n_actions)
        )

        self.value = nn.Sequential(
            nn.Linear(conv_out_size, 512),
            nn.ReLU(),
            nn.Linear(512, 1)
        )
```

网络架构中有一个共享的卷积部分和两个输出端：第一个输出端返回具有动作概率分布的策略，第二个输出端返回单个数字，它近似等于状态价值。它可能看起来与第 8 章中的 Dueling DQN 的架构很相似，但是训练过程有所不同。

```python
    def _get_conv_out(self, shape):
        o = self.conv(torch.zeros(1, *shape))
        return int(np.prod(o.size()))

    def forward(self, x):
        fx = x.float() / 256
        conv_out = self.conv(fx).view(fx.size()[0], -1)
        return self.policy(conv_out), self.value(conv_out)
```

网络的正向传递返回由两个张量（policy 和 value）组成的元组。现在，我们有了一个重要的大型函数，该函数接受环境状态转移批为参数，并返回三个张量：状态批、执行的动作批及使用公式（$Q(s,a) = \sum_{i=0}^{N-1} \gamma^i r_i + \gamma^N V(s_N)$）计算的 Q 值批。这个 Q 值将在两个地方使用：计算**均方误差**（Mean Squared Error，MSE）损失（用和 DQN 相同的方式来改善价值的近似）时，以及计算动作的优势值时。

```
def unpack_batch(batch, net, device='cpu'):
    states = []
    actions = []
    rewards = []
    not_done_idx = []
    last_states = []
    for idx, exp in enumerate(batch):
        states.append(np.array(exp.state, copy=False))
        actions.append(int(exp.action))
        rewards.append(exp.reward)
        if exp.last_state is not None:
            not_done_idx.append(idx)
            last_states.append(
                np.array(exp.last_state, copy=False))
```

在第一个循环中，仅遍历所有状态转移并将其字段复制到列表中。请注意，由于使用的是 ptan.ExperienceSourceFirstLast 类，因此奖励值已经包含 REWARD_STEPS 步的折扣奖励。我们还需要处理片段结束的情况，并记住非终结片段的批的索引。

```
states_v = torch.FloatTensor(
    np.array(states, copy=False)).to(device)
actions_t = torch.LongTensor(actions).to(device)
```

在前面的代码中，我们将收集的状态和动作转换为 PyTorch 张量，并在需要时将它们复制到图形处理单元（GPU）中。np.array() 的额外调用可能看起来很多余，但是如果没有它，张量创建的性能将降低 5 ~ 10 倍。PyTorch 的这个问题（https://github.com/pytorch/pytorch/issues/13918）尚未解决，因此一种解决方案是传入单个 NumPy 数组而非数组列表。

该函数的其余部分将考虑终结片段并计算 Q 值：

```
rewards_np = np.array(rewards, dtype=np.float32)
if not_done_idx:
    last_states_v = torch.FloatTensor(
        np.array(last_states, copy=False)).to(device)
    last_vals_v = net(last_states_v)[1]
    last_vals_np = last_vals_v.data.cpu().numpy()[:, 0]
    last_vals_np *= GAMMA ** REWARD_STEPS
    rewards_np[not_done_idx] += last_vals_np
```

前面的代码用状态转移链中的最后一个状态准备变量，并向网络查询 $V(s)$ 的近似值。然后，将该值乘以折扣因子，然后添加到立即奖励中。

```
ref_vals_v = torch.FloatTensor(rewards_np).to(device)
return states_v, actions_t, ref_vals_v
```

在函数的最后，将 Q 值打包为适当的形式并将其返回。

```
if __name__ == "__main__":
    parser = argparse.ArgumentParser()
    parser.add_argument("--cuda", default=False,
                        action="store_true", help="Enable cuda")
    parser.add_argument("-n", "--name", required=True,
```

```
                            help="Name of the run")
    args = parser.parse_args()
    device = torch.device("cuda" if args.cuda else "cpu")

    make_env = lambda: ptan.common.wrappers.wrap_dqn(
        gym.make("PongNoFrameskip-v4"))
    envs = [make_env() for _ in range(NUM_ENVS)]
    writer = SummaryWriter(comment="-pong-a2c_" + args.name)
```

训练循环的准备代码与平时一样，只不过现在使用一组环境而不非一个环境来收集经验。

```
    net = AtariA2C(envs[0].observation_space.shape,
                   envs[0].action_space.n).to(device)
    print(net)

    agent = ptan.agent.PolicyAgent(
        lambda x: net(x)[0], apply_softmax=True, device=device)
    exp_source = ptan.experience.ExperienceSourceFirstLast(
        envs, agent, gamma=GAMMA, steps_count=REWARD_STEPS)
    optimizer = optim.Adam(net.parameters(), lr=LEARNING_RATE,
                           eps=1e-3)
```

这里一个非常重要的细节是将 eps 参数传递给优化器。如果你熟悉 Adam 算法，你可能会知道 epsilon 是为分母添加的一个较小的数，以防出现除零的情况。通常，此值会设置为一些较小的数字，例如 1e-8 或 1e-10，但在本例中，这些值太小了。对此我没有严格的数学解释，但是使用 epsilon 的默认值，该方法根本不会收敛。极有可能是除以 1e-8 这样较小的值会使梯度过大，这对于训练稳定性来说是致命的。

```
    batch = []

    with common.RewardTracker(writer, stop_reward=18) as tracker:
        with ptan.common.utils.TBMeanTracker(writer,
                batch_size=10) as tb_tracker:
            for step_idx, exp in enumerate(exp_source):
                batch.append(exp)

                new_rewards = exp_source.pop_total_rewards()
                if new_rewards:
                    if tracker.reward(new_rewards[0], step_idx):
                        break

                if len(batch) < BATCH_SIZE:
                    continue
```

在训练循环中，我们使用了两个包装器。第一个对你来说很熟悉，是 common.RewardTracker，它用于计算最近 100 个片段的平均奖励并在该平均奖励超过所需的阈值时发出通知。另一个包装器 TBMeanTracker 来自 PTAN 库，负责将最近 10 步所测量的参数均值写入 TensorBoard。这很有用，因为训练可能会花费数百万步，而我们不想将数百万个点都写入 TensorBoard 中，而是每 10 步写入一个平滑的值。下一个代码块负责损失计算，是 A2C 方法的核心。

```
states_v, actions_t, vals_ref_v = \
    unpack_batch(batch, net, device=device)
batch.clear()
optimizer.zero_grad()
logits_v, value_v = net(states_v)
```

首先，使用前面介绍的函数对批进行解包，并要求网络返回该批的策略和价值。该策略以非归一化的形式返回，因此要将其转换为概率分布，我们需要对其应用 softmax。

我们推迟此步骤以使用 log_softmax，因为它在数值上更稳定。

```
loss_value_v = F.mse_loss(
    value_v.squeeze(-1), vals_ref_v)
```

价值损失的部分几乎是微不足道的：只计算网络返回的价值以及使用 Bellman 方程提前展开四步所计算的近似价值之间的 MSE。

```
log_prob_v = F.log_softmax(logits_v, dim=1)
adv_v = vals_ref_v - value_v.detach()
log_p_a = log_prob_v[range(BATCH_SIZE), actions_t]
log_prob_actions_v = adv_v * log_p_a
loss_policy_v = -log_prob_actions_v.mean()
```

这段代码中，我们计算策略损失以获得策略梯度。前两个步骤获取策略的对数并计算动作的优势值，即 $A(s, a)= Q(s, a) – V(s)$。value_v.detach() 的调用很重要，因为我们不想将策略梯度传播到价值近似输出端中。然后，对所执行的动作的概率执行对数计算，并利用优势值进行缩放。策略梯度损失值将等于此缩放对数的负平均值，因为策略梯度引导我们改进策略，而损失值应被最小化。

```
prob_v = F.softmax(logits_v, dim=1)
ent = (prob_v * log_prob_v).sum(dim=1).mean()
entropy_loss_v = ENTROPY_BETA * ent
```

损失函数的最后一部分是熵损失，它等于策略缩放后的熵，并取反（熵计算公式为 $H(\pi)=-\sum\pi\log\pi$）。

```
loss_policy_v.backward(retain_graph=True)
grads = np.concatenate([
    p.grad.data.cpu().numpy().flatten()
    for p in net.parameters()
    if p.grad is not None
])
```

在前面的代码中，我们计算并提取了策略的梯度，该梯度将用于跟踪梯度的最大值、方差和 L2 范数。

```
loss_v = entropy_loss_v + loss_value_v
loss_v.backward()
nn_utils.clip_grad_norm_(net.parameters(),
                          CLIP_GRAD)
optimizer.step()
loss_v += loss_policy_v
```

作为训练的最后一步，我们反向传播熵损失和价值损失，裁剪梯度，并要求优化器更新网络。

```
tb_tracker.track("advantage", adv_v, step_idx)
tb_tracker.track("values", value_v, step_idx)
tb_tracker.track("batch_rewards", vals_ref_v,
                 step_idx)
tb_tracker.track("loss_entropy", entropy_loss_v,
                 step_idx)
tb_tracker.track("loss_policy", loss_policy_v,
                 step_idx)
tb_tracker.track("loss_value", loss_value_v,
                 step_idx)
tb_tracker.track("loss_total", loss_v, step_idx)
g_l2 = np.sqrt(np.mean(np.square(grads)))
tb_tracker.track("grad_l2", g_l2, step_idx)
g_max = np.max(np.abs(grads))
tb_tracker.track("grad_max", g_max, step_idx)
g_var = np.var(grads)
tb_tracker.track("grad_var", g_var, step_idx)
```

在训练循环的最后，我们将跟踪要在 TensorBoard 中监视的所有的值。要监视的值有很多，我们将在下一节讨论。

12.5 在 Pong 中使用 A2C 的结果

要启动训练，请使用 --cuda 和 -n 选项（为 TensorBoard 提供运行名称）运行 02_pong_a2c.py：

```
rl_book_samples/Chapter10$ ./02_pong_a2c.py --cuda -n t2
AtariA2C (
  (conv): Sequential (
    (0): Conv2d(4, 32, kernel_size=(8, 8), stride=(4, 4))
    (1): ReLU ()
    (2): Conv2d(32, 64, kernel_size=(4, 4), stride=(2, 2))
    (3): ReLU ()
    (4): Conv2d(64, 64, kernel_size=(3, 3), stride=(1, 1))
    (5): ReLU ()
  )
  (policy): Sequential (
    (0): Linear (3136 -> 512)
    (1): ReLU ()
    (2): Linear (512 -> 6)
  )
  (value): Sequential (
    (0): Linear (3136 -> 512)
```

```
    (1): ReLU ()
    (2): Linear (512 -> 1)
  )
)
37799: done 1 games, mean reward -21.000, speed 722.89 f/s
39065: done 2 games, mean reward -21.000, speed 749.92 f/s
39076: done 3 games, mean reward -21.000, speed 755.26 f/s
...
```

提醒一下，训练过程很漫长。使用原始超参，需要超过 800 万帧的训练才能解决，在 GPU 上大约需要 3 个小时。本章下一节将调整参数以提高收敛速度，但是现在还是需要 3 个小时。为了进一步改善这种情况，下一章将介绍分布式版本，该版本在一个单独的进程中执行环境交互。这里，我们先关注本例中 TensorBoard 中的图。

首先，奖励动态（见图 12.8）看起来比上一章的示例要好得多。

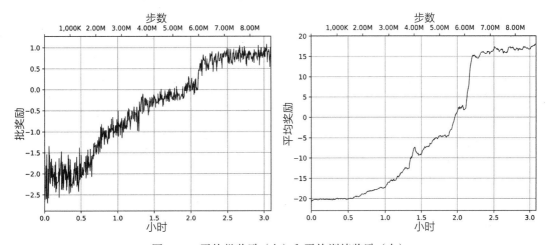

图 12.8　平均批奖励（左）和平均训练奖励（右）

图 12.8 中第一张图的批奖励显示了使用 Bellman 方程近似的 Q 值和 Q 近似的整体动态。右侧图是最近 100 个片段中训练奖励的平均值，这表明训练过程随着时间的推移或多或少在不断改进。

图 12.9 和图 12.10 与损失有关，包括组成部分的单独损失和总损失。

从这里，我们可以看出很多东西。首先，价值损失一直在减少，表明 $V(s)$ 近似值在训练过程中不断改善。其次，熵损失在增长，但是在总损失中不占主导地位。这基本上意味着随着策略变得更不均匀，智能体对其动作变得更有信心。

最后，策略损失大多数时间都在减少，并且与总损失相关，这很好，因为我们对策略梯度最感兴趣。

图 12.11 和图 12.12 显示了优势值和策略梯度指标。

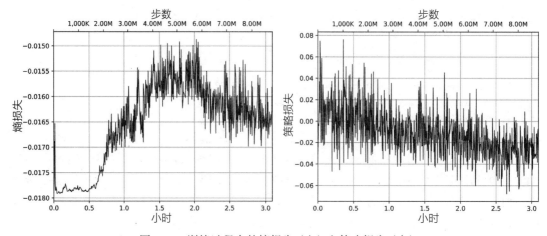

图 12.9　训练过程中的熵损失（左）和策略损失（右）

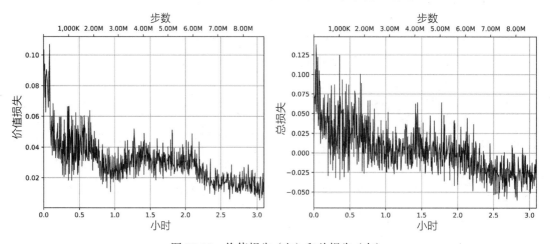

图 12.10　价值损失（左）和总损失（右）

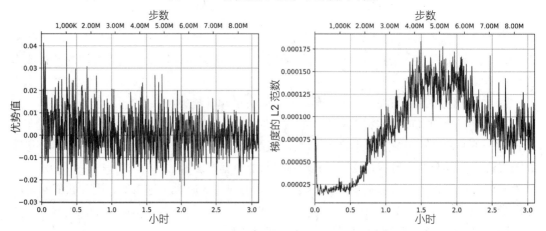

图 12.11　训练过程中的优势值（左）和梯度的 L2 范数（右）

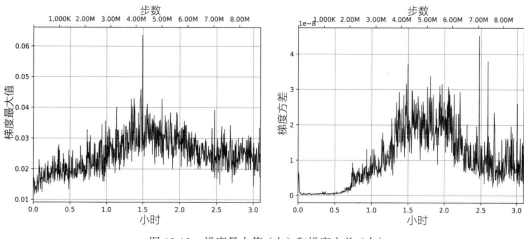

图 12.12　梯度最大值（左）和梯度方差（右）

优势值是策略梯度的缩放大小，它等于 $Q(s, a)-V(s)$。我们期望它会在零附近波动，图 12.11 符合预期。梯度图表明梯度没有太小也没有太大。训练开始时方差很小（150 万帧前），但在之后开始增长，这意味着策略在改变。

12.6　超参调优

在上一节中，我们用 3 个小时的优化和 900 万帧解决了 Pong 环境。现在是时候调整超参以加快收敛了。黄金法则是一次调整一个选项并谨慎下定论，因为整个过程都是随机的。

本节将从原始超参开始，并执行以下实验：

❏ 提高学习率。

❏ 增加熵的 beta 值。

❏ 更改用来收集经验的环境的数量。

❏ 调整批大小。

严格来说，以下实验并不是正确的超参调优方式，它只是试图更好地了解 A2C 收敛动态如何依赖于其参数。为了找到最佳参数集，使用全网格搜索或随机采样可能会得到更好的结果，但是它们需要更多的时间和资源。

12.6.1　学习率

初始**学习率**（Learning Rate，LR）为 0.001，我们期望更大的 LR 将会加速收敛。在我的测试中，这确实是正确的，但只在一定程度上是这样的：直到 0.003 收敛速度都是提高的，但是对于较大的值，系统根本不收敛。

性能结果如下：

❑ LR=0.002：480 万帧，1.5 小时。

❑ LR=0.003：360 万帧，1 小时。

❑ LR=0.004：无法收敛。

❑ LR=0.005：无法收敛。

奖励动态和价值损失如图 12.13 所示。较大的 LR 值导致较低的价值损失，这意味着对策略和价值输出端使用两个优化器（使用不同的 LR）可能会使学习更稳定。

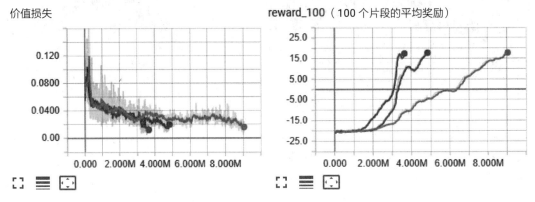

图 12.13　不同 LR 的实验结果（更快的收敛速度对应更大的 LR）

12.6.2　熵的 beta 值

我尝试了两个熵损失的缩放值：0.02 和 0.03。第一个值提高了收敛速度，但第二个值使情况变得更糟，因此最佳值介于两者之间。结果如下：

❑ beta=0.02：680 万帧，2 小时。

❑ beta=0.03：1200 万帧，4 小时。

12.6.3　环境数

目前尚不清楚怎样的环境数最好，因此我同时尝试了比初始环境数量（50）大和小的环境数。结果有点矛盾，但是似乎在更多环境下，可以更快地收敛：

❑ Envs=40：860 万帧，3 小时。

❑ Envs=30：620 万帧，2 小时（看起来是因为比较幸运）。

❑ Envs=20：950 万帧，3 小时。

❑ Envs=10：无法收敛。

❑ Envs=60：1160 万帧，4 小时（看起来是因为比较不幸）。

❑ Envs=70：770 万帧，2.5 小时。

12.6.4　批大小

批大小的实验产生了意外的结果：较小的批会导致更快的收敛速度，但是对于非常小的批，奖励没有增加。从 RL 的角度来看，这是合乎逻辑的，因为批越小，网络更新越频繁，并且需要的观察次数也越少，但这对于深度学习来说是违反直觉的，因为通常批越大带来的训练数据也越多：

❑ Batch=64：490 万帧，1.7 小时。

❑ Batch=32：380 万帧，1.5 小时。

❑ Batch=16，无法收敛。

12.7　总结

本章介绍了深度强化学习中使用最广泛的方法之一：A2C，它将策略梯度更新与状态价值近似巧妙地结合了起来。分析了基线对梯度统计信息和收敛性的影响。然后，查看了基线概念的扩展：A2C，其中一个单独的网络输出端提供了当前状态的基线。

下一章将探讨以分布式方式执行相同算法的方法。

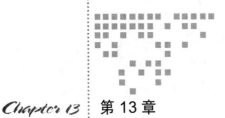

Chapter 13 第 13 章

A3C

本章主要介绍 advantage actor-critic（A2C）方法（详见第 12 章）的扩展方法。扩展方法加入了真正的异步环境交互，其全名是 asynchronous advantage actor-critic（A3C）。此方法是强化学习从业者使用最广泛的方法之一。

我们将研究把异步行为添加到基本 A2C 方法中的两种方式：数据级并行和梯度级并行。它们具有不同的资源要求和特点，适用于不同的情况。

在本章中，我们将：

❑ 讨论为什么策略梯度方法从多个环境中收集训练数据很重要。

❑ 实现两种不同的 A3C 方法。

13.1 相关性和采样效率

改善策略梯度系列方法稳定性的方法之一是并行使用多个环境。这背后的原因是我们在第 6 章中讨论的基本问题，当时我们谈到样本之间的相关性，它打破了对**随机梯度下降**（SGD）的优化至关重要的**独立同分布**（i.i.d.）假设。这种相关性的负面结果是梯度的方差很大，这意味着训练批包含非常相似的样本，所有这些样本都将我们的网络推向了相同的方向。

但是，从全局来看，这些样本可能将网络推向了完全错误的方向，因为所有这些样本都可能来自一次幸运或不幸的片段。

在**深度 Q-network**（DQN）中，我们通过在回放缓冲区中存储大量先前的状态，并从此缓冲区中采样我们的训练批来解决这个问题。如果缓冲区足够大，则来自该缓冲区的随机样本将更好地表示状态的分布。不幸的是，该解决方案不适用于策略梯度方法，因为它们大多数都是在线策略的，这意味着我们必须根据当前策略生成的样本进行训练，因此记住旧的状态转移将变得不可行。你可以尝试这么做，但是最终的策略梯度是用于生成样本的旧策略的梯度，而不是你想要更新的当前策略的梯度。

多年来，这个问题一直是研究人员关注的焦点。提出的几种解决方案效果都不太理想。最常用的解决方案是使用多个并行环境收集状态转移，所有这些环境均使用当前的策略。我们现在训练的是从不同环境中获得的不同片段数据，这打破了同一个片段中样本的相关性。同时，我们仍在使用当前的策略。这样做会使**采样效率低下**，因为我们基本上在一次训练后就抛弃了所获得的所有经验。

很容易就能将 DQN 与策略梯度方法进行比较。例如，对于 DQN，如果我们使用 100万样本容量的回放缓冲区，并且每新增一帧都有 32 个样本被用于训练，则每个状态转移在被移出回放缓冲区之前，将被使用约 32 次。对于第 8 章中讨论的带优先级的回放缓冲区，因为采样概率不一致，此数字可能会更高。对于策略梯度方法，从环境中获得的每个经验只能使用一次，因为我们的方法需新数据，因此策略梯度方法的数据效率可能比基于价值的离线方法低一个数量级。

另一方面，在 Pong 中，我们的 A2C 智能体在 800 万帧内收敛，这是第 6 章和第 8 章中基本 DQN 的 100 万帧的 8 倍。所以，策略梯度方法并不是完全没用的，这两个方法只是有所不同，并且具有自己的特殊性，你需要在选择时加以考虑。如果你的环境在智能体交互方面很廉价（该环境速度快，内存占用量少，允许并行等），策略梯度方法可能是更好的选择。另外，如果环境昂贵并且获得大量经验可能会减慢训练过程，那么基于价值的方法可能是更明智的选择。

13.2　向 A2C 添加另一个 A

从实践来看，与多个并行环境进行交互很简单。我们已经在上一章中实现，但是并没有明确说明。在 A2C 智能体中，我们将一系列 Gym 环境传给 ExperienceSource 类，将该类切换为 round-robin（循环）数据收集模式。这意味着每次我们要求经验源提供状态转移时，该类都会使用数组中的下一个环境（当然，保持每个环境的状态）。这种简单的方法等效于与环境并行交互，只有一个区别：在严格意义上交互不是并行的，而是以串行方式执行的。但是，来自经验源的样本已经被打乱了。图 13.1 显示了这个想法。

这种方法效果很好，并帮助 A2C 方法进行收敛，但是就计算资源的利用率而言，它仍然不够完美。如今，即使是普通的工作站也具有几个中央处理器（CPU）核心，这些核心可用于计算，例如训练以及环境交互。另外，即使你拥有清晰的执行流，并行编程也比传统范式更难。幸运的是，使用表现力强、灵活性高，且有许多第三方库的 Python，你可以轻松进行并行编程。

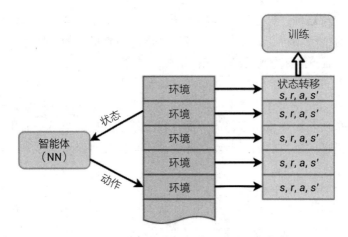

图 13.1 用多个环境进行并行训练的智能体

另一个好消息是 PyTorch 在其 `torch.multiprocessing` 模块中原生支持并行编程。并行编程和分布式编程是一个非常广泛的主题，远远超出了本书的范围。在本章中，我们只会触及并行化领域的表面，但是也还有很多东西要学习。

关于 actor-critic 的并行化，存在两种方法：

1）**数据并行化**：我们可以有多个进程，每个进程都与一个或多个环境进行通信，并提供状态转移 (s, r, a, s')。所有这些样本都被收集在一个训练进程中，该进程计算损失并执行 SGD 更新。然后，需要将更新的神经网络（NN）参数广播给所有其他进程，用于之后的环境交互。

2）**梯度并行化**：由于训练进程的目标是计算梯度以更新神经网络，因此我们可以有多个进程在自己的训练样本上计算梯度。可以将这些梯度加在一起以在一个进程中执行 SGD 更新。当然，还需要将更新的 NN 权重广播给所有的 worker，以保持数据是在线策略的。

图 13.2 和图 13.3 展示了这两种方法。

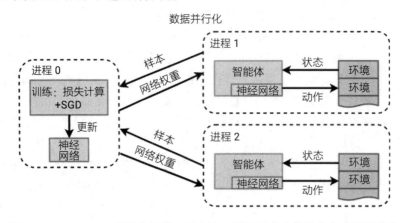

图 13.2 actor-critic 并行化的第一种方法，基于正在收集的分布式训练样本

梯度并行化

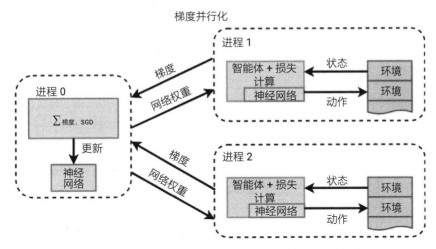

图 13.3　并行化的第二种方法，并行地收集模型的梯度

从图中看，这两种方法之间的差异并不十分明显，但你需要了解其计算成本。A2C 优化中最昂贵的操作是训练进程，该进程包括根据数据样本（前向传播）计算损失和针对此损失的梯度计算。SGD 优化步骤非常轻量：基本上，只需将缩放的梯度添加到 NN 的权重中即可。在第二种方法中，通过将损失和梯度的计算从中心进程中移走，我们消除了主要的潜在瓶颈，并使整个进程具有更高的可扩展性。

实际上，方法的选择主要取决于资源和目标。如果你有一个单一的优化问题，并且拥有许多分布式计算资源，例如分布在网络中一些计算机上的数十个图形处理单元（GPU），那么梯度并行化将是加快训练速度的最佳方法。

但是，在单个 GPU 的情况下，这两种方法都将提供相似的性能，但是第一种方法通常更易于实现，因为你无须弄乱低层次的梯度值。在本章中，我们将在 Pong 游戏中实现这两种方法，以了解这两种方法之间的差异，并研究 PyTorch 的多重处理（multiprocessing）功能。

13.3 Python 中的多重处理功能

Python 包含 multiprocessing（一般缩写为 mp）模块，以支持进程级并行化和所需的基本通信功能。在本书的示例中，我们将使用此模块中的两个主要类：

❑ mp.Queue：并发的多生产者、多消费者的 FIFO（先进先出）队列，对放置在队列中的对象进行透明的序列化和反序列化。

❑ mp.Process：运行在子进程中的代码块以及在父进程中控制它的方法。

PyTorch 围绕 multiprocessing 模块提供了自己的小型包装器，该包装器在 CUDA 设备和共享内存上添加了对张量和变量的正确处理。它提供的功能与标准库中的 multiprocessing 模块完全相同，因此你需要做的就是使用 import torch.

multiprocessing 替换 import multiprocessing。

13.4　数据并行化的 A3C

我们将研究 A3C 并行化的第一个版本（在图 13.2 中进行了概述），该版本有一个进行训练的主进程，以及几个与环境进行交互并收集经验进行训练的子进程。

13.4.1　实现

为了简单和高效，我没有实现在训练进程中广播 NN 权重的代码。比起显式收集权重并将其发送给子进程，我使用 PyTorch 内置的功能（允许我们在 NN 创建中，通过调用 share_memory() 方法在不同进程中使用相同的 nn.Module 实例及其所有权重）在所有进程之间共享网络。从底层来看，此方法的 CUDA 开销为 0（因为 GPU 内存在所有主机进程之间共享），或者说，在 CPU 计算的情况下，进程间通信（IPC）的共享内存开销为 0。在这两种情况下，该方法均可以提高性能，但也限制了我们只能使用单台机器单个 GPU 卡进行训练和数据收集。

对于 Pong 示例来说，它不是非常大的限制，但是如果你需要更大的可伸缩性，则应使用显式共享 NN 权重的方式来扩展该示例。

在此示例中实现的另一个额外复杂度是如何将训练样本从子进程传递到主训练进程。它们可以以 NumPy 数组的方式进行传输，但这将增加数据复制操作的数量，可能会成为瓶颈。在我们的示例中，我们实现了不同的数据准备方式。子进程负责构建小批量数据，将它们复制到 GPU，然后通过队列传递张量。再之后，在主进程中，我们将这些张量连接起来并进行训练。

完整的代码在 Chapter13/01_a3c_data.py 文件中，并且它使用了带有以下功能的 Chapter13/lib/common.py 模块：

- ❑ class AtariA2C(nn.Module)：实现 actor-critic 的 NN 模块。
- ❑ class RewardTracker：处理完整片段的不带折扣的奖励，并将其写入 TensorBoard，以及检查问题已解决的条件。
- ❑ unpack_batch(batch, net, last_val_gamma)：此函数将片段的 *n* 步组成的一批状态转移（state、reward、action 和 last_state）转换为适合训练的数据。

你已经在上一章中看到了这些类和函数的代码，此处不再赘述。现在，让我们查看主模块的代码，其中包括子进程的功能和主训练循环。

```
#!/usr/bin/env python3
import os
import gym
import ptan
```

```
import numpy as np
import argparse
import collections
from tensorboardX import SummaryWriter

import torch.nn.utils as nn_utils
import torch.nn.functional as F
import torch.optim as optim
import torch.multiprocessing as mp

from lib import common
```

首先，导入所需的模块。除了导入 `torch.multiprocessing` 库之外，这里没有其他新内容。

```
GAMMA = 0.99
LEARNING_RATE = 0.001
ENTROPY_BETA = 0.01
BATCH_SIZE = 128

REWARD_STEPS = 4
CLIP_GRAD = 0.1

PROCESSES_COUNT = 4
NUM_ENVS = 8
MICRO_BATCH_SIZE = 32

ENV_NAME = "PongNoFrameskip-v4"
NAME = 'pong'
REWARD_BOUND = 18
```

在超参数中，有三个新值：

❑ `PROCESSES_COUNT`：指定将为我们收集训练数据的子进程数。此处理过程主要受 CPU 限制，因为此处最昂贵的操作是 Atari 帧的预处理，因此此值设置为我的计算机的 CPU 核心数。

❑ `MICRO_BATCH_SIZE`：设置每个子进程在将样本发送到主进程之前需要获取的训练样本的数量。

❑ `NUM_ENVS`：每个子进程用于收集数据的环境数。这个数字乘以进程数即是我们将从中获取训练数据的并行环境的总数。

```
def make_env():
    return ptan.common.wrappers.wrap_dqn(gym.make(ENV_NAME))

TotalReward = collections.namedtuple('TotalReward',
                                     field_names='reward')
```

在构建子进程函数之前，需要环境构建函数和一个小型包装器，将其用于把总片段奖励发送到主训练进程中。

```
def data_func(net, device, train_queue):
    envs = [make_env() for _ in range(NUM_ENVS)]
    agent = ptan.agent.PolicyAgent(
    lambda x: net(x)[0], device=device, apply_softmax=True)
exp_source = ptan.experience.ExperienceSourceFirstLast(
    envs, agent, gamma=GAMMA, steps_count=REWARD_STEPS)
micro_batch = []

for exp in exp_source:
    new_rewards = exp_source.pop_total_rewards()
    if new_rewards:
        data = TotalReward(reward=np.mean(new_rewards))
        train_queue.put(data)

    micro_batch.append(exp)
    if len(micro_batch) < MICRO_BATCH_SIZE:
        continue

    data = common.unpack_batch(
        micro_batch, net, device=device,
        last_val_gamma=GAMMA ** REWARD_STEPS)
    train_queue.put(data)
    micro_batch.clear()
```

前面的函数非常简单，但是很特殊，因为它将在子进程中执行（我们将使用 mp.Process 类在主代码块中启动这些进程）。我们向其传入三个参数：NN、用于执行计算的设备（cpu 或 cuda 字符串）以及将用于发送数据（从子进程发送到执行训练的主进程）的队列。队列用于多生产者和单消费者模式，并且可以包含两种不同类型的对象：

❑ TotalReward：这是我们先前定义的对象，仅有一个奖励字段，它是一个浮点数，表示已完成片段的不带折扣的总奖励。

❑ 由 common.unpack_batch() 函数返回的张量元组。由于 torch.multiprocessing 的特性，这些张量将被转移到主进程中而无须复制物理内存，这样的复制操作可能会很昂贵（因为 Atari 的观察值很大）。

当我们获得所需数量的小批经验样本时，使用 unpack_batch 函数将其转换为训练数据并清除存储批的数组。注意，由于我们的经验样本代表四步子序列（因为 REWARD_STEPS 为 4），因此对于最后的 $V(s)$ 奖励项，我们需要使用适当的折扣因子 γ^4。

子进程就是这样了，所以现在让我们查看主进程和训练循环的起始代码：

```
if __name__ == "__main__":
    mp.set_start_method('spawn')
    os.environ['OMP_NUM_THREADS'] = "1"
    parser = argparse.ArgumentParser()
    parser.add_argument("--cuda", default=False,
                        action="store_true", help="Enable cuda")
    parser.add_argument("-n", "--name", required=True,
                        help="Name of the run")
    args = parser.parse_args()
```

```
device = "cuda" if args.cuda else "cpu"

writer = SummaryWriter(comment=f"-a3c-data_pong_{args.name}")
```

一开始的步骤我们都很熟悉，只有对 mp.set_start_method 的调用除外，该调用向 multiprocessing 模块指示我们要使用的并行化类型。Python 中的原生多重处理库支持多种启动子进程的方法，但是由于 PyTorch 的多重处理的局限性，如果要使用 GPU，spawn 是唯一的选择。

下一行新代码是给 OMP_NUM_THREADS 赋值，OMP_NUM_THREADS 是一个环境变量，指示 OpenMP 库可以启动的线程数。Gym 和 OpenCV 库大量使用 OpenMP（https://www.openmp.org/）来提高多核系统的速度，在大多数情况下这是一件好事。默认情况下，使用了 OpenMP 的进程会为系统中的每个核心启动一个线程。但是在我们的示例中，OpenMP 的作用却相反：因为我们通过启动多个进程实现了自己的并行化代码，此时额外的线程会由于频繁的上下文切换使 CPU 核心过载，从而降低性能。为避免这种情况，我们显式设置了 OpenMP 可以启动的最大线程数为 1。如果需要，你可以尝试使用此参数做实验。在我的系统上，有此行代码时的性能是没有此行代码时的 3 ~ 4 倍。

```
env = make_env()
net = common.AtariA2C(env.observation_space.shape,
                      env.action_space.n).to(device)
net.share_memory()

optimizer = optim.Adam(net.parameters(), lr=LEARNING_RATE,
                       eps=1e-3)
```

然后创建 NN，将其移动到 CUDA 设备，并要求其共享权重。默认情况下，CUDA 张量是共享的，但对于 CPU 模式，需要调用 share_memory() 才能使多重处理功能正常工作。

```
train_queue = mp.Queue(maxsize=PROCESSES_COUNT)
data_proc_list = []
for _ in range(PROCESSES_COUNT):
    data_proc = mp.Process(target=data_func,
                           args=(net, device, train_queue))
    data_proc.start()
    data_proc_list.append(data_proc)
```

现在需要启动子进程，但是首先我们创建子进程用于向我们发送数据的队列。队列构造函数的参数指定最大队列容量。所有试图将新数据推进饱和队列的操作都将被阻塞，这便于我们保持数据样本是在线策略的。队列创建后，我们使用 mp.Process 类启动所需数量的进程，并将其保留在列表中以确保正确关闭。在 mp.Process.start() 调用之后，data_func 函数将由子进程执行。

```
batch_states = []
batch_actions = []
batch_vals_ref = []
```

```
step_idx = 0
batch_size = 0

try:
    with common.RewardTracker(writer, REWARD_BOUND) as tracker:
        with ptan.common.utils.TBMeanTracker(
                writer, 100) as tb_tracker:
            while True:
                train_entry = train_queue.get()
                if isinstance(train_entry, TotalReward):
                    if tracker.reward(train_entry.reward,
                                      step_idx):
                        break
                    continue
```

在训练循环的开始，我们从队列中获取下一个条目，并处理可能的 TotalReward 对象，并将其传递给奖励跟踪器。

```
states_t, actions_t, vals_ref_t = train_entry
batch_states.append(states_t)
batch_actions.append(actions_t)
batch_vals_ref.append(vals_ref_t)
step_idx += states_t.size()[0]
batch_size += states_t.size()[0]
if batch_size < BATCH_SIZE:
    continue

states_v = torch.cat(batch_states)
actions_t = torch.cat(batch_actions)
vals_ref_v = torch.cat(batch_vals_ref)
batch_states.clear()
batch_actions.clear()
batch_vals_ref.clear()
batch_size = 0
```

因为队列中只能有两种类型的对象（TotalReward 和带有微批的元组），所以对于从队列中获得的条目我们只需检查一次。处理完 TotalReward 条目后，我们将处理张量元组。将它们累积在列表中，一旦达到所需的批大小，便使用 torch.cat() 调用将张量连接起来，该调用沿着第一维追加合并张量。

训练循环的剩余部分是标准的 actor-critic 损失计算，其计算方法与上一章完全相同：使用当前神经网络计算策略的 logits 以及价值的近似值，并计算策略、价值和熵损失。

```
optimizer.zero_grad()
logits_v, value_v = net(states_v)

loss_value_v = F.mse_loss(
    value_v.squeeze(-1), vals_ref_v)

log_prob_v = F.log_softmax(logits_v, dim=1)
adv_v = vals_ref_v - value_v.detach()
size = states_v.size()[0]
log_p_a = log_prob_v[range(size), actions_t]
```

```
log_prob_actions_v = adv_v * log_p_a
loss_policy_v = -log_prob_actions_v.mean()

prob_v = F.softmax(logits_v, dim=1)
ent = (prob_v * log_prob_v).sum(dim=1).mean()
entropy_loss_v = ENTROPY_BETA * ent

loss_v = entropy_loss_v + loss_value_v + \
         loss_policy_v
loss_v.backward()
nn_utils.clip_grad_norm_(
    net.parameters(), CLIP_GRAD)
optimizer.step()
```

最后，将计算出的张量传递给 TensorBoard `tracker` 类，它将计算平均值并存储要监视的数据：

```
                tb_tracker.track("advantage", adv_v, step_idx)
                tb_tracker.track("values", value_v, step_idx)
                tb_tracker.track("batch_rewards", vals_ref_v,
                                 step_idx)
                tb_tracker.track("loss_entropy",
                                 entropy_loss_v, step_idx)
                tb_tracker.track("loss_policy",
                                 loss_policy_v, step_idx)
                tb_tracker.track("loss_value",
                                 loss_value_v, step_idx)
                tb_tracker.track("loss_total",
                                 loss_v, step_idx)
finally:
    for p in data_proc_list:
        p.terminate()
        p.join()
```

在最后的 `finally` 代码块（该代码块会在发生异常（例如，按 Ctrl+C）或问题已解决条件满足时被执行）中，终止子进程并等待它们。这部分代码是必需的，以确保没有残留的进程。

13.4.2　结果

启动该示例，经过一段时间的延迟后，它会开始输出性能和平均奖励数据（参见图 13.4 和图 13.5）。在 GTX 1080 Ti 和 4 核计算机上，它显示了 2600 ~ 3000 帧 / 秒（FPS）的速度，第 12 章中为 600FPS，提升很明显。

```
rl_book_samples/Chapter11$ ./01_a3c_data.py --cuda -n final
...
31424: done 22 games, mean reward -20.636, speed 2694.86 f/s
31776: done 23 games, mean reward -20.652, speed 2520.54 f/s
31936: done 24 games, mean reward -20.667, speed 2968.11 f/s
32288: done 25 games, mean reward -20.640, speed 2639.84 f/s
```

```
32544: done 26 games, mean reward -20.577, speed 2237.74 f/s
32736: done 27 games, mean reward -20.556, speed 3200.18 f/s
...
```

在收敛动态方面，新版本类似于具有并行环境的 A2C，并在 600 万 ~ 700 万个环境观察内解决了 Pong 问题。但是，这 700 万帧的处理时间不到一小时，而第 12 章的版本则需三小时。

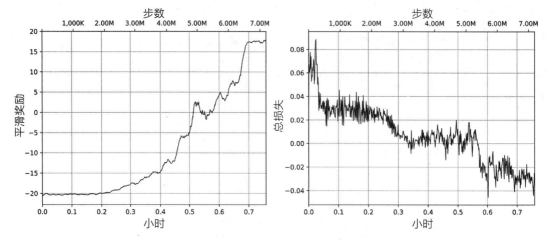

图 13.4　数据并行版本的奖励（左图）和总损失（右图）

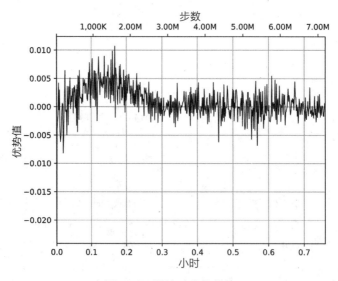

图 13.5　训练时的优势值

13.5　梯度并行化的 A3C

下一个并行化 A2C 实现的方法也会有一些子进程，但不是将训练数据发送到主训练循环，而是使用其本地训练数据来计算梯度，并将这些梯度发送给主进程。

该主进程负责将这些梯度组合在一起（基本上只是对它们进行求和），并在共享的神经网络上执行 SGD 更新。

两者之间的差异可能看起来很小，但是这种方法的可伸缩性要大得多，尤其是存在多个通过网络连接的强大节点，且每个节点都带有多个 GPU 时。在这种情况下，数据并行模型中的中心进程很快会成为瓶颈，因为损失计算和反向传播对计算的要求很高。梯度并行化允许在多个 GPU 上分散负载，在中心位置仅执行梯度组合这种相对简单的操作。

13.5.1　实现

完整的示例在 Chapter13/02_a3c_grad.py 文件中，并且使用了与上一个示例相同的 Chapter13/lib/common.py 文件：

```
GAMMA = 0.99
LEARNING_RATE = 0.001
ENTROPY_BETA = 0.01

REWARD_STEPS = 4
CLIP_GRAD = 0.1

PROCESSES_COUNT = 4
NUM_ENVS = 8

GRAD_BATCH = 64
TRAIN_BATCH = 2
ENV_NAME = "PongNoFrameskip-v4"
REWARD_BOUND = 18
```

像往常一样，我们先定义超参，除了 BATCH_SIZE 被 GRAD_BATCH 和 TRAIN_BATCH 两个参数代替以外，与上一个示例中的参数基本相同。GRAD_BATCH 的值定义每个子进程用来计算损失并获得梯度值的批大小。第二个参数 TRAIN_BATCH 指定在每个 SGD 迭代中将从子进程中提取多少个梯度批。子进程产生的每个条目都具有与网络参数相同的形状，我们将 TRAIN_BATCH 个值相加。因此，对于每个优化步骤，我们都使用 TRAIN_BATCH * GRAD_BATCH 个训练样本。由于损失计算和反向传播非常昂贵，因此我们使用较大的 GRAD_BATCH 来提高效率。由于这个批大小较大，所以应让 TRAIN_BATCH 保持相对较低，以使网络更新是在线策略的。

```
def make_env():
    return ptan.common.wrappers.wrap_dqn(gym.make(ENV_NAME))


def grads_func(proc_name, net, device, train_queue):
```

```
        envs = [make_env() for _ in range(NUM_ENVS)]

        agent = ptan.agent.PolicyAgent(
            lambda x: net(x)[0], device=device, apply_softmax=True)
        exp_source = ptan.experience.ExperienceSourceFirstLast(
            envs, agent, gamma=GAMMA, steps_count=REWARD_STEPS)

        batch = []
        frame_idx = 0
        writer = SummaryWriter(comment=proc_name)
```

前面是子进程执行的函数，它比我们的数据并行示例复杂得多。作为补偿，主进程中的训练循环几乎变得微不足道。创建子进程时，我们将以下几个参数传递给该函数：

❑ 进程的名称，用于创建 TensorBoard 写入器。在此示例中，每个子进程都写入自己的 TensorBoard 数据集。

❑ 共享的 NN。

❑ 执行计算的设备（cpu 或 cuda 字符串）。

❑ 队列，用于将计算出的梯度传递到中心进程。

子进程的函数看起来与数据并行版本中的主训练循环非常相似，这并不奇怪，因为子进程的职责有所增加。但是，我们没有让优化器更新网络，而是收集了梯度并将其发送到队列。其余代码几乎相同：

```
    with common.RewardTracker(writer, REWARD_BOUND) as tracker:
        with ptan.common.utils.TBMeanTracker(
                writer, 100) as tb_tracker:
            for exp in exp_source:
                frame_idx += 1
                new_rewards = exp_source.pop_total_rewards()
                if new_rewards and tracker.reward(
                        new_rewards[0], frame_idx):
                    break
                    batch.append(exp)
                    if len(batch) < GRAD_BATCH:
                        continue
```

到目前为止，我们已经收集了带有状态转移的批，并处理了片段结束时的奖励。

```
data = common.unpack_batch(
    batch, net, device=device,
    last_val_gamma=GAMMA**REWARD_STEPS)
states_v, actions_t, vals_ref_v = data

batch.clear()

net.zero_grad()
logits_v, value_v = net(states_v)
loss_value_v = F.mse_loss(
    value_v.squeeze(-1), vals_ref_v)

log_prob_v = F.log_softmax(logits_v, dim=1)
```

```
adv_v = vals_ref_v - value_v.detach()
log_p_a = log_prob_v[range(GRAD_BATCH), actions_t]
log_prob_actions_v = adv_v * log_p_a
loss_policy_v = -log_prob_actions_v.mean()

prob_v = F.softmax(logits_v, dim=1)
ent = (prob_v * log_prob_v).sum(dim=1).mean()
entropy_loss_v = ENTROPY_BETA * ent

loss_v = entropy_loss_v + loss_value_v + \
         loss_policy_v
loss_v.backward()
```

在上一节中，我们从训练数据中计算出综合损失并进行损失的反向传播，从而有效地将每个神经网络参数的梯度存储在 `tensor.grad` 字段中。虽然我们的网络参数是共享的，但是梯度是由每个进程本地分配的，因此可以在不与其他 worker 同步的情况下完成此操作。

```
tb_tracker.track("advantage", adv_v, frame_idx)
tb_tracker.track("values", value_v, frame_idx)
tb_tracker.track("batch_rewards", vals_ref_v,
                 frame_idx)
tb_tracker.track("loss_entropy", entropy_loss_v,
                 frame_idx)
tb_tracker.track("loss_policy", loss_policy_v,
                 frame_idx)
tb_tracker.track("loss_value", loss_value_v,
                 frame_idx)
tb_tracker.track("loss_total", loss_v, frame_idx)
```

在前面的代码中，我们在训练期间将要监控的中间值发送到 TensorBoard。

```
nn_utils.clip_grad_norm_(
    net.parameters(), CLIP_GRAD)
grads = [
    param.grad.data.cpu().numpy()
    if param.grad is not None else None
    for param in net.parameters()
]
train_queue.put(grads)
```

在循环的最后，我们需要裁剪梯度并将其从网络参数中提取到单独的缓冲区中（以防止它们在下一次循环中被破坏）。

```
train_queue.put(None)
```

`grads_func` 的最后一行将 None 放入队列，表明该子进程已达到问题已解决状态，提示应停止训练。

```
if __name__ == "__main__":
    mp.set_start_method('spawn')
    os.environ['OMP_NUM_THREADS'] = "1"
    parser = argparse.ArgumentParser()
```

```
parser.add_argument("--cuda", default=False,
                     action="store_true", help="Enable cuda")
parser.add_argument("-n", "--name", required=True,
                     help="Name of the run")
args = parser.parse_args()
device = "cuda" if args.cuda else "cpu"

env = make_env()
net = common.AtariA2C(env.observation_space.shape,
                      env.action_space.n).to(device)
net.share_memory()
```

主进程一开始创建神经网络并共享其权重。与上一节一样，我们需要为 torch.
multiprocessing 设置启动方法。并限制由 OpenMP 启动的线程数。

```
optimizer = optim.Adam(net.parameters(),
                       lr=LEARNING_RATE, eps=1e-3)

train_queue = mp.Queue(maxsize=PROCESSES_COUNT)
data_proc_list = []
for proc_idx in range(PROCESSES_COUNT):
    proc_name = f"-a3c-grad-pong_{args.name}#{proc_idx}"
    p_args = (proc_name, net, device, train_queue)
    data_proc = mp.Process(target=grads_func, args=p_args)
    data_proc.start()
    data_proc_list.append(data_proc)
```

然后，创建通信队列并生成所需数量的子进程。

```
batch = []
step_idx = 0
grad_buffer = None

try:
    while True:
        train_entry = train_queue.get()
        if train_entry is None:
            break
```

与数据并行版本的 A3C 的主要区别在于训练循环，这里的训练循环要简单得多，因为
子进程为我们完成了所有繁重的计算。在循环的开始，我们需要处理一种情况：其中一个
进程已达到所需的平均奖励，应该停止训练。在这种情况下，退出循环即可。

```
step_idx += 1

if grad_buffer is None:
    grad_buffer = train_entry
else:
    for tgt_grad, grad in zip(grad_buffer,
                              train_entry):
        tgt_grad += grad
```

为了平均来自不同子进程的梯度，我们为获得的每个 TRAIN_BATCH 梯度调用优化器的 step() 函数。对于中间步骤，我们只将相应的梯度求和。

```
if step_idx % TRAIN_BATCH == 0:
    for param, grad in zip(net.parameters(),
                           grad_buffer):
        param.grad = torch.FloatTensor(grad).to(device)

    nn_utils.clip_grad_norm_(
        net.parameters(), CLIP_GRAD)
    optimizer.step()
    grad_buffer = None
```

当积累了足够的梯度时，我们将梯度的总和转换为 PyTorch 的 FloatTensor 并将其赋给神经网络参数的 grad 字段。之后，调用优化器的 step() 方法，以使用累积的梯度更新神经网络的参数。

```
finally:
    for p in data_proc_list:
        p.terminate()
        p.join()
```

在训练循环的出口，即使按了 Ctrl + C 来停止优化，我们也会停止所有子进程以确保终止它们。这是为了防止僵尸进程占用 GPU 资源。

13.5.2　结果

可以用与上一个示例相同的方式启动此示例，一段时间后，它应该开始显示速度和平均奖励。但是，你需要注意，显示的信息是每个子进程的本地数据，这意味着速度、已完成游戏的数量以及帧数需要乘以进程数。我的基准测试表明，每个子进程的速度约为 450 ~ 550 FPS，总共为 1800 ~ 2200 FPS。

```
rl_book_samples/Chapter11$ ./02_a3c_grad.py --cuda -n final
11278: done 1 games, mean reward -21.000, speed 520.23 f/s
11640: done 2 games, mean reward -21.000, speed 610.54 f/s
11773: done 3 games, mean reward -21.000, speed 485.09 f/s
11803: done 4 games, mean reward -21.000, speed 359.42 f/s
11765: done 1 games, mean reward -21.000, speed 519.08 f/s
11771: done 2 games, mean reward -21.000, speed 531.22 f/s
...
```

收敛动态也与之前的版本非常相似。观察的总数约为 800 万 ~ 1000 万，需要一个半小时完成。结果如图 13.6 与图 13.7 所示。

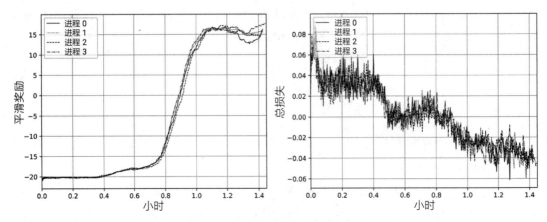

图 13.6 梯度并行版本的平均奖励（左图）和总损失（右图）

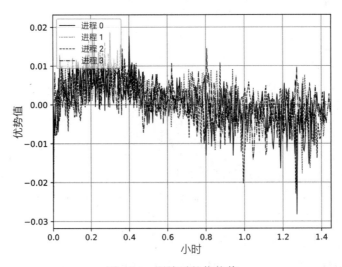

图 13.7 训练时的优势值

13.6 总结

在本章中，我们讨论了由于在线策略的性质，对于策略梯度方法来说，从多个环境中收集训练数据很重要。我们也实现了两种 A3C 方法，以实现训练过程的并行化和稳定性。在第 20 章中讨论黑盒方法时，并行化将再次出现。

在接下来的三章中，我们将研究可以使用策略梯度方法解决的实际问题。

使用强化学习训练聊天机器人

在本章中，我们将介绍深度强化学习的另一种很流行的实际应用：使用 RL 方法训练自然语言模型。它始于 2014 年发表的论文 "Recurrent Models of Visual Attention"（https://arxiv.org/abs/1406.6247），并已成功应用于**自然语言处理（Natural Language Processing，NLP）**的各种问题域。

在本章中，我们将：

❑ 简要介绍 NLP 基础知识，包括**循环神经网络（Recurrent Neural Network，RNN）、词嵌入（word embedding）**和 seq2seq（序列到序列）模型。

❑ 讨论 NLP 和 RL 问题之间的相似性。

❑ 了解有关如何使用 RL 方法改进 NLP seq2seq 训练的最初想法。

本章的核心是在电影对话数据集（Cornell Movie-Dialogs Corpus）上训练的对话系统。

14.1　聊天机器人概述

近年来，由人工智能驱动的聊天机器人是一个热门主题。关于该主题有各种各样的观点，但有一件事毋庸置疑：聊天机器人为人与计算机之间的通信提供了新的方式，这种方式比我们都习惯的老式接口更加人性化和自然。

聊天机器人的核心是一个计算机程序，它使用自然语言以对话的形式与另一个参与者（人或其他计算机程序）进行通信。

存在多种不同形式的场景，例如，一个聊天机器人与用户交谈，或许多聊天机器人互相交谈。可能存在一种技术支持聊天机器人回答用户提出的自由文本组织的问题。但是，聊天机器人通常使用固有的对话交互形式（用户先提出问题，然后聊天机器人通过询问来弄清问题）和自由形式的自然语言（与电话菜单提供给用户固定的几个选项（例如，按 N 进入 X 类别，或者输入你的银行账号来检查余额）不同）。

14.2　训练聊天机器人

长期以来，理解自然语言一直是科幻小说中的主要内容。在科幻小说中，你可以与飞船上的计算机直接对话来获取有关最近的外星人入侵的有用且相关的信息，而无须按任何按钮。这种情况被作者和电影制片人使用了数十年，但在现实生活中，与计算机的这种交互直到最近才成为现实。你仍然无法与飞船上的计算机交谈，但是至少可以在不按按钮的情况下打开和关闭烤面包机，这无疑是向前迈出的重要一步！

计算机需要花很长时间才能理解语言，因为语言很复杂。例如，即使是"打开烤面包机！"这句话，你也可以想象出几种组织命令的方法，并且通常很难使用普通的计算机编程技术来预先捕获所有命令和边缘情况。不幸的是，传统的计算机编程要求你为计算机提供确切、明确的指令，而一个边缘情况或者一个模糊的输入就会使你那超级复杂的代码失败。

机器学习（ML）和深度学习（DL）的最新进展及应用是打破计算机编程严格性迈出的第一步，最新应用让计算机自己在数据中寻找模式。事实证明，这种方法在某些领域非常成功，现在每个人都对此新方法及其潜在应用感到非常兴奋。DL 复兴从计算机视觉开始，然后在 NLP 领域继续发展，你可以期待将来会有越来越多的突破。

现在，回到聊天机器人，自然语言的复杂性是实际应用中的主要障碍。长期以来，聊天机器人大多是无聊的工程师为娱乐而制作的玩具示例。这类系统中最古老也最受欢迎的例子是创建于 20 世纪 60 年代的 ELIZA（https://en.wikipedia.org/wiki/ELIZA）。

尽管 ELIZA 在模仿心理治疗师方面非常成功，但它不了解用户的用语，仅包括几组手动创建的模式以及对用户输入的固定回复。

这种方法是在 DL 时代之前实施此类系统的主要途径。当时普遍认为，我们只需要添加更多模式来捕获语言的边缘情况，一段时间后，计算机就能够理解人类的语言了。不幸的是，这种想法被证明是不切实际的，因为需要处理的规则和有冲突的示例的数量太大、太复杂，所以无法全部手动创建。

ML 方法使你可以从另一个方向来解决问题的复杂性。你可以收集大量训练数据并让 ML 算法找到解决问题的最佳方法，而无须手动创建大量的规则来处理用户输入。这种方法有与 NLP 领域相关的特定细节，具体见 14.3 节。目前，软件开发人员已经发现了一种更加计算机友好和形式化的方式来处理自然语言，就如同处理计算机领域中那些已经熟知的类型（例如，文档格式、网络协议或计算机语言语法）一样。这并不容易，涉及很多工作，有时你需要进入未知领域，但是至少这种方法有时是可行的，并且不需要将数百名语言学家关在一个房间中十年来收集 NLP 规则！

聊天机器人是非常新颖的实验性产品，它的总体思路是允许计算机以自由文本对话的形式与用户进行通信。以网购为例。当你在线购买商品时，可以浏览商品类别或使用搜索功能查找所需的产品。但是，可能有几个问题。首先，大型网络商店可能以非常不确定的方式将数百万种商品归为数千类。一个小小的儿童玩具可以同时属于多个类别，例如拼图、益智游戏和 5 ~ 10 岁。另一方面，如果你不确定想要什么，或者不知道它属于哪个类别，很容易出现花费数小时来浏览一个内容十分相似而无止境的列表的情况。网站的搜索引擎只能解决部分问题，因为只有知道一些独特的单词组合或要搜索的正确品牌名称时，你才能获得有意义的结果。

聊天机器人可以解决该问题，它可以向用户询问其意图以及价格区间等问题以缩小搜索范围。当然，这种方法不是通用的，不应将其视为现代网站其他功能（包括搜索功能、目录，以及随时间的推移而开发的其他用户界面（UI））的完整替代品，但在某些用例中它可以提供很好的替代作用，并且能比旧式的交互方法更好地服务于一定比例的用户。

14.3　深度 NLP 基础

本节介绍 NLP 构建块和标准方法的细节。深度 NLP 的发展速度很快，因此本节仅介绍基础知识，并涵盖最常见的标准构建块。更详细的描述请参见 Richard Socher 的在线课程"CS224d"（http://cs224d.stanford.edu）。

14.3.1　RNN

NLP 因其自身的特点而与计算机视觉或其他领域有所不同。其中的一个特点是需要处理变长对象。NLP 需要在各个级别处理可能具有不同长度的对象。例如，某种语言的一个词可以包含几个字符。句子由可变长度的单词序列组成。段落或文档由不同数量的句子组成。这种可变性不是 NLP 特有的，可能出现在不同的领域中，例如信号处理或视频处理中。甚至标准的计算机视觉问题也可以看作一些对象的序列，例如图像字幕问题，神经网络（NN）可以专注于同一图像的不同区域以更好地描述图像。

RNN 提供了一个标准的构建块。RNN 是具有固定输入和输出的网络，被应用于对象序列，并且可以沿该序列传递信息。此信息称为隐藏状态（hidden state），通常只是一些数字向量。

在图 14.1 中有一个带有一个输入的 RNN，它是数字向量，输出是另一个向量。它与标准前馈 NN 或卷积 NN 的不同之处在于两个额外的门：一个输入和一个输出。额外的输入将前一项的隐藏状态传入 RNN 单元，额外的输出将转换后的隐藏状态提供给下一个序列。

这可以解决可变长度问题。由于 RNN 具有两个

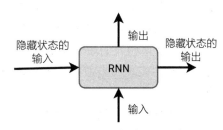

图 14.1　RNN 构建块的结构

输入，因此只需将前一个条目产生的隐藏状态传递给下一个，就可以将其应用于任何长度的输入序列。在图 14.2 中，将 RNN 应用于句子"this is a cat"，按顺序输出每个单词。在应用过程中，我们将相同的 RNN 应用于每个输入项，但是由于具有隐藏状态，它现在可以沿序列传递信息。这与卷积神经网络很相似，我们将相同的一组滤波器应用于图像的各个位置，区别在于卷积神经网络无法传递隐藏状态。

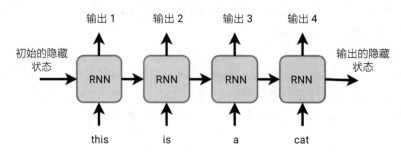

图 14.2　RNN 如何应用于一个句子

尽管此模型很简单，但它为标准前馈 NN 模型增加了额外的自由度。前馈 NN 由输入确定，并且对于某些固定输入总是会产生相同的输出（当然，是在测试模式下，而不是在训练过程中）。RNN 的输出不仅取决于输入，还取决于隐藏状态，隐藏状态可以由 NN 本身更改。因此，NN 可以将一些信息从序列的开头传递到结尾，并在不同的上下文中为相同的输入产生不同的输出。上下文相关性在 NLP 中非常重要，因为在自然语言中，某个单词在不同上下文中可能具有完全不同的含义，并且整个句子的含义会随着某个单词的改变而更改。

当然，获得灵活性的同时要付出代价。RNN 通常需要更多的时间进行训练，并且在训练过程中可能会产生一些怪异的行为，例如，损失震荡不收敛或模型突然失忆。但是，社区的研究人员已经做了大量工作，并且仍在努力使 RNN 更加实用和稳定，因此 RNN 可以看作需要处理变长输入的系统的标准构建块。

14.3.2　词嵌入

现代 DL 驱动的 NLP 的另一个标准构建块是**词嵌入**（也被称为 word2vec），它是最流行的训练方法之一。这个想法始于在 NN 中表示我们的语言序列。通常，NN 使用固定大小的数字向量，但是在 NLP 中，我们通常使用单词或字符作为模型的输入。

一种可能的解决方案是对字典进行独热（one-hot）编码，即每个单词在输入向量中都有自己的位置。当我们在输入序列中遇到此单词时，将该数字对应的位置设置为 1。当必须处理一些相对较小的离散条目集并希望以 NN 友好的方式表示它们时，这是 NN 的标准处理方法。

不幸的是，独热编码无法很好地工作。原因有很多。首先，我们的输入集通常不小。即使我们只想编码最常用的英语词典，也至少包含数千个单词。牛津英语词典中有 170 000

个常用单词和 50 000 个过时或稀有单词。这还只是词典里的词汇，并不包括俚语、新词、科学术语、缩写、错别字、笑话、Twitter 词汇等。并且这仅适用于英语！

与单词的独热编码有关的第二个问题是词汇的频率不均匀。使用频繁的单词（例如 a 和 cat）相对比较少，但是有大量很少使用的单词（例如 covfefe 或 bibliopole），而这些罕见的单词在一个很大的文本语料库中只会出现一两次。因此，就空间而言，独热编码的效率很低。

独热编码的另一个问题是它不捕获单词之间的关系。例如，有些单词是同义词，但是它们将由不同的向量表示。有些词经常放在一起使用，例如 United Nation 或 fair trade，这一事实也没有被独热编码捕获。

为了克服这些问题，我们可以使用词嵌入将词表中的每个词映射到密集的定长数字向量中。这些数字不是随机的，而是在大量的语料库上训练以捕获单词的上下文。词嵌入的详细描述超出了本书的范围，但这是一种真正强大且广泛使用的 NLP 技术，可以用序列表示单词、字符和其他对象。现在，你可以仅将它们视为一种将单词映射到数字向量的方法，并且这种映射使得 NN 很容易将单词彼此区分开。

有两种方法获得这种映射。首先，你可以下载所需语言的预训练向量。具体可以在 Google 上搜索 GloVe 预训练向量或 word2vec 预训练向量（GloVe 和 word2vec 是用于训练此类向量的不同方法，它们会产生相似的结果）。

第二种方法是在你自己的数据集上训练它们。为此，你可以使用特殊工具，例如 fasttext（https://fasttext.cc/，Facebook 的开源代码工具），或者随机初始化 embedding 并允许你的模型在正常训练期间对其进行调整。

14.3.3　编码器 – 解码器架构

在 NLP 中广泛使用的另一种模型为编码器 – 解码器（seq2seq）。它最初来自机器翻译，可以用于你的系统需要接受源语言中的单词序列，并要在目标语言中产生另一个序列时。seq2seq 背后的思想是使用 RNN 处理输入序列并将该序列编码为某种固定长度的表示形式。该 RNN 称为编码器。然后，将编码后的向量输入另一个必须用目标语言生成结果序列的 RNN（称为解码器）。图 14.3 展示了此想法，将英语句子翻译为俄语句子。

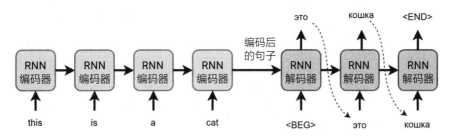

图 14.3　机器翻译中的编码器 – 解码器架构

该模型（经过许多最新的调整和扩展）现在仍然是机器翻译的主要工具，但它具有足够的通用性，可以应用于更广泛的其他领域，例如音频处理、图像注释和视频字幕。在聊天机器人示例中，当给定单词输入序列时，我们将使用它来生成回复短语。

14.4 seq2seq 训练

这东西很有趣，但是它与 RL 有什么关系？两者之间的联系在于 seq2seq 模型的训练过程，但是在我们采用现代 RL 方法解决问题之前，先介绍一下进行训练的标准方法。

14.4.1 对数似然训练

想象一下，我们需要使用 seq2seq 模型创建一个机器翻译系统，将一种语言（例如法语）转换为另一种语言（英语）。假设我们有一个很好的大型翻译数据样本，其中包含法语 – 英语句子，我们将用此模型进行训练。那么具体该怎么做呢？

编码部分很明显：只需将 RNN 编码器应用于训练对中的第一句话，它产生句子的编码表示。此表示形式的明显候选者就是从上一个 RNN 单元返回的隐藏状态。在编码阶段，我们仅考虑上一个 RNN 单元的隐藏状态，而忽略 RNN 的输出。我们还用特殊词 <END> 扩展句子，该词向编码器发出句子结尾的信号（在 NLP 中，我们要处理的序列的元素称为 token。在大多数情况下，它们是单词，但也可能是字母）。图 14.4 显示了此编码过程。

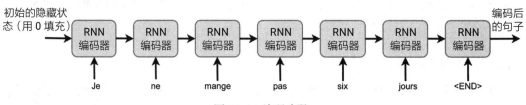

图 14.4　编码步骤

为了解码，我们将编码后的向量作为隐藏状态的输入传入解码器，并将 token <BEG> 作为信号开始解码。在这一步，RNN 解码器必须返回翻译后句子的第一个 token。但是，在训练开始时，RNN 编码器和 RNN 解码器均使用随机权重进行初始化，解码器的输出将是随机的。我们的目标是使用随机梯度下降（SGD）让其向正确的翻译靠近。

传统方法是将此问题视为分类，而我们的解码器需要返回解码后句子当前位置上不同 token 的概率分布。

为此，通常需要通过使用浅层前馈 NN 将解码器的输出进行转换，并生成一个长度为我们的字典大小的向量。然后，我们将这种概率分布和标准损失用于分类问题：交叉熵损失（也称为**对数似然损失**）。

解码序列中的第一个 token 很明显，它应该由输入给出的 <BEG> token 生成，但是序列中的剩余部分呢？这里有两个选择。第一种选择是使用参考句子中的 token。例如，如果我们有训练对 je ne manage pas six jours → I haven't eaten for six days，可以将 token（I, haven't, eaten...）提供给解码器，然后在 RNN 的输出和句子中的下一个 token 之间使用交叉熵损失。这种训练模式称为 **teacher forcing（老师指导学习）**。然后在之后的每一步中，我们都会从正确的翻译中获取 token，并要求 RNN 生成下一个正确的 token。图 14.5 显示了此过程。

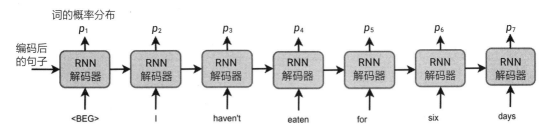

图 14.5　在 teacher-forcing 模式中，编码后的向量是如何解码的

前面示例中的损失表达式将按如下方式计算：

```
L = xentropy(p1,"I")      + xentropy(p2,"haven't")
  + xentropy(p3,"eaten")  + xentropy(p4,"for")
  + xentropy(p5,"six")    + xentropy(p6,"days")
  + xentropy(p7,"<END>")
```

由于解码器和编码器都是可微分的 NN，我们可以通过将损失进行反向传播，来使它们在未来能对该样本更好地进行分类，例如，训练图像分类器用的就是相同的方式。不过，此过程无法完全解决 seq2seq 的训练问题，该问题与模型的使用方式有关。在训练过程中，我们既知道输入序列，也知道所需的输出序列，因此可以将正确的输出序列传给解码器，仅要求解码器产生序列的下一个 token。

训练完模型后，我们将不再有目标序列了（因为该序列应该由模型生成）。因此，使用模型的最简单方法是使用编码器对输入序列进行编码，然后要求解码器一次生成一个输出 token，并将生成的 token 作为输入传给解码器。

将先前的结果作为输入传入看起来很自然，但这是一件危险的事。在训练期间，我们没有要求 RNN 解码器使用自己的输出作为输入，因此在生成过程中只要发生一个错误就可能会使解码器感到困惑并产生垃圾输出。

为了解决这个问题，存在第二种 seq2seq 训练方法，称为 **curriculum learning（课程学习）**。这种方法使用了相同的对数似然损失，但是我们没有要求将完整的目标序列作为解码器的输入进行传递，而是要求解码器以与训练后相同的使用方式对序列进行解码。图 14.6 说明了此过程。这为解码器增加了鲁棒性，在模型的实际应用中能得到更好的结果。不利的一面是，这种模式可能会导致训练时间变得很长，因为解码器将学习如何逐个生成所需的输出 token。为了在实践中弥补这一点，我们通常会同时使用 teacher forcing 和

curriculum learning 学习来训练模型，只是为每一批数据在这两种方法之间进行随机选择。

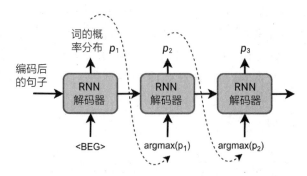

图 14.6 在 curriculum learning 模式中是如何解码的

14.4.2 双语替换评测分数

在进入本章的主题（seq2seq 的 RL）之前，我需要介绍用于比较 NLP 问题中机器翻译输出质量的指标。该指标被称为**双语替换评测**（Bilingual Evaluation Understudy，BLEU），是将机器产生的输出序列与一组参考输出序列进行比较的标准方法之一。它允许使用多个参考输出（可以用多种方式翻译一个句子），并且它的核心是计算产生的输出和参考句子之间共享的 unigram、bigram 等比率。存在其他替代方法，例如 CIDEr 和 ROUGE。在此示例中，我们将使用在 nltk Python 库（`nltk.translate.bleu_score` 包）中实现的 BLEU。

14.4.3 seq2seq 中的强化学习

RL 和文本生成可能看起来非常不同，但是存在一些联系可以用来提高 seq2seq 模型训练后的质量。首先要注意的是，解码器在每一步都输出概率分布，这与策略梯度模型非常相似。从这个角度来看，解码器可以看作一个智能体，在每个步骤中试图决定生成哪个 token。

解码过程的这种理解方式有几个优点。首先，通过将解码过程视为随机的，我们可以自动考虑多个目标序列。例如，hello, how are you? 有很多可能的答复，并且所有答复都是正确的。通过优化对数似然目标，我们的模型将尝试学习所有答复的平均值，但是 I'm fine, thanks! 和 not very good 的平均值不一定是有意义的短语。通过返回概率分布并从中采样下一个 token，我们的智能体可能可以学习如何产生所有可能的答复，而不是学习一些平均后答案。

第二个好处是可以优化我们关心的目标。在对数似然训练中，我们将生成的 token 和参考 token 之间的交叉熵减至最小，但是在机器翻译和许多其他 NLP 问题中，我们并不真正在乎对数似然：我们想最大化产生序列的 BLEU 分数。不过，BLEU 分数是不可微分的，因此我们不能对它进行反向传播。但是，即使奖励不可微分，诸如 REINFORCE（见第 11 章）之类的策略梯度方法也可以工作：我们只是提高成功片段的概率和减少较差片段的概率。

第三个优势是我们定义了序列生成过程，并且我们知道其内部结构。通过将随机性引入解码过程，我们可以重复解码过程多次，从单个训练样本中收集不同的解码场景。当我们的训练数据集有限（几乎总是这样）时，这将是有益的，除非你是 Google 或 Facebook 的员工。

为了了解如何将训练从对数似然目标转变为 RL 的场景，让我们从数学的角度来看这两种情况。对数似然估计意味着通过调整模型的参数最大化 $\sum_{i=1}^{N}\log p_{\text{model}}(y_i\,|\,x_i)$，这与最小化数据概率分布和模型输出的概率分布之间的 Kullback-Leibler（KL）散度是一样的，可以写成最大化 $\mathbb{E}_{x\sim p_{\text{data}}}\log p_{\text{model}}(x)$。

另一方面，REINFORCE 方法的目标是最大化 $\mathbb{E}_{s\sim\text{data},a\sim\pi(a\,|\,s)}Q(s,a)\log\pi(a\,|\,s)$。这种联系是显而易见的，两者之间的区别只是对数前面的缩放比例和我们选择动作（词典中 token）的方式。

实践中，用于 seq2seq 训练的 REINFORCE 可以写为以下算法：

1）对于数据集中的每个样本，使用 RNN 编码器获得编码表示的 E。
2）使用特殊的开始 token 初始化当前 token：$T=$'<BEG>'。
3）用空序列初始化输出序列：Out = []。
4）当 $T\,!\,=$'<END>' 时：
❑ 传入当前 token 和隐藏状态，获取输出 token 的概率分布和新的隐藏状态：$p,H=$ Decoder(T, E)。
❑ 从概率分布中采样输出 token：T_{out}。
❑ 记住概率分布 p。
❑ 将 T_{out} 附加到输出序列：Out+=T_{out}。
❑ 设置当前 token：$T\leftarrow T_{\text{out}}, E\leftarrow H$。
5）计算 Out 和参考序列之间的 BLEU 或其他指标：$Q=$BLEU(Out, Out$_{\text{ref}}$)。
6）评估梯度：$\nabla J=\sum_T Q\nabla\log p(T)$。
7）使用 SGD 更新模型。
8）重复直到收敛。

14.4.4 自评序列训练

上述方法尽管具有积极的一面，但也有一些困难点。首先，如果从头开始训练它几乎是没有用的。即使是简单的对话，输出序列通常也至少包含五个单词，每个单词都来自包含数千个单词的字典。从包含 1000 个单词的字典中选择包含 5 个单词的不同短语，短语数量能达到 5^{1000}，略小于 10^{700}。因此，在训练开始时（当编码器和解码器的权重都是随机的时）获得正确答复的可能性很小。

为了解决这个问题，我们可以将对数似然法和 RL 方法结合起来，并通过对数似然目标首先对我们的模型进行预训练（在 teacher forcing 和 curriculum learning 之间切换）。模型达到某种程度的质量后，我们可以切换到 REINFORCE 方法来微调模型。通常，当动作空间较大，使得我们无法从随机行为的智能体开始时，这可以视为解决复杂 RL 问题的统一方法，因为这种智能体靠着随机选择达到目标的机会可以忽略不计。现在有很多关于如何将外部生成的样本合并到 RL 训练过程中的研究，使用对数似然预训练出正确的动作就是其中一个方法。

原始 REINFORCE 方法的另一个问题是我们在第 12 章中讨论的梯度的高方差。你可能还记得，为了解决该问题，我们使用了 A2C 方法，该方法使用特定状态的估计值作为方差[⊖]。当然，我们可以通过以下方式应用 A2C 方法：用另一个头扩展解码器，并根据解码后的序列返回 BLEU 分数估算，但是有更好的方法。S. Rennie 与 E.Marcherett 等人在 2016 年发表的论文"Self-critical Sequence Training for Image Captioning"中提出了更好的基线。

为了获得基线，论文的作者使用了 argmax 模式下的解码器来生成序列，然后将该序列用于计算相似性指标，例如 BLEU。切换到 argmax 模式可使解码器过程完全确定，并在以下公式中提供 REINFORCE 策略梯度的基线：

$$\nabla J = \mathbb{E}[(Q(s) - b(s))\nabla \log p(a \mid s)]$$

下面我们将使用电影对话数据集实现并训练一个简单的聊天机器人。

14.5　聊天机器人示例

在本章的开头，我们讨论了聊天机器人和 NLP，所以让我们尝试使用 seq2seq 和 RL 训练来实现一些简单的事情。聊天机器人有两大类：**模仿人类的娱乐机器人**和**目标导向的聊天机器人**。第一类需要通过在不完全理解用户给定的短语的情况下，模仿人类来娱乐用户。第二类很难实现，需要解决用户的问题，例如提供信息、更改预订或打开和关闭家用烤面包机。

行业中的大多数最新工作都集中在目标导向的聊天机器人上，但是这个问题尚未完全解决。由于本章只会给出所描述方法的简短示例，因此我们将着重于训练一个娱乐机器人，并通过使用从电影中提取的短语数据集来构建它。

尽管这个问题很简单，但是就代码和呈现的新概念来说，示例还是很庞大的，因此书

⊖ 这里应该是基线而不是方差。——译者注

中不包括完整代码。我们将仅专注于负责模型训练和使用的核心模块，但概述中会涵盖许多函数。

14.5.1　示例的结构

完整示例位于 `Chapter14` 文件夹中，包含以下几个部分：

❑ `data`：带有 `get_data.sh` 脚本的目录，用于下载和解压缩将在示例中使用的数据集。数据集的归档大小为 10MB，包含从各种来源提取的结构化对话，也被称为 **Cornell Movie-Dialogs 语料库**，可从下面的网站获取：https://www.cs.cornell. edu/~cristian/Cornell_Movie-Dialogs_Corpus.html。

❑ `libbots`：一个目录，其中包含各个示例的组件之间共享的 Python 模块。下一节将介绍这些模块。

❑ `tests`：包含用于库模块的单元测试的目录。

❑ 根文件夹包含两个用于训练模型的程序：`train_crossent.py`（用于一开始训练模型）和 `train_scst.py`（用于使用 REINFORCE 算法微调预训练的模型）。

❑ 一个用于显示数据集中的各种统计信息和数据的脚本：`cor_reader.py`。

❑ 用于将训练后的模型应用于数据集的脚本，并显示质量指标：`data_test.py`。

❑ 针对用户提供的短语使用模型的脚本：`use_model.py`。

❑ 针对 Telegram Messenger[⊖]使用的机器人，会使用预先训练的模型：`telegram_ bot.py`。

我们将从示例中与数据相关的部分开始，然后看一下两个训练脚本，最后以模型用法结尾。

14.5.2　模块：cornell.py 和 data.py

与用于训练模型的数据集一起使用的两个库模块是 `cornell.py` 和 `data.py`。两者都与数据处理有关，并用于将数据集转换为适合训练的形式，但它们在不同层上工作。

`cornell.py` 文件包含一些低级函数，用于解析 Cornell Movie-Dialogs 语料库的数据，并以适合以后处理的形式表示该数据。该模块的主要目的是加载电影中的对话列表。由于数据集包含有关电影的元数据，因此我们可以按各种标准过滤要加载的对话数据，但目前仅实现了类型过滤器。在返回的对话列表中，每个对话都表示为短语列表，每个短语都是小写单词（token）列表。例如，短语可以是 `["hi", "!", "how", "are", "you", "?"]`。

句子到 token 列表的转换在 NLP 中称为 token 化（tokenization），token 化是一个复杂的过程，涉及处理标点符号、缩写、引号、撇号和其他自然语言细节。幸运的是，nltk 库包

⊖　一款跨平台的实时通信软件。——译者注

含多个标记器，因此从句子到 token 列表的转换只需要调用适当的函数即可，这大大简化了我们的任务。cornell.py 中使用的主要函数是 load_dialogues()，该函数可以使用可选的类型过滤器加载对话数据。

data.py 模块可在更高级别上使用，并且它不包含任何特定于数据集的知识。它提供以下功能，该示例几乎在所有地方都使用了这些功能：

- ❏ 处理 token 和其整数 ID 之间的映射工作：从文件中保存和加载数据（save_emb_dict() 和 load_emb_dict()），将 token 列表编码为 ID 列表（encode_words()），将整数 ID 列表解码成 token 列表（decode_words()），并根据训练数据生成映射用字典（phrase_pairs_dict()）。
- ❏ 处理训练数据：迭代给定大小的批次（iterate_batchs()）并将数据拆分为训练/测试部分（split_train_test()）。
- ❏ 加载对话数据并将其转换为适合训练的短语-答复对：load_data()。

在数据加载和字典创建时，我们还额外添加了一些具有预定义 ID 的特殊 token：

- ❏ 用于未知单词的 token：#UNK，用于所有字典外 token。
- ❏ 序列开头的 token：#BEG，位于所有序列之前。
- ❏ 序列结尾的 token：#END。

除了可选的类型过滤器（可用于限制实验过程中的数据大小）外，其他几种过滤器也应用于加载的数据。第一个过滤器限制训练对中 token 的最大数量。RNN 训练可能在操作数量和内存使用方面都很庞大，所以在第一和第二个训练条目中，我只留下 20 个 token 的训练对。这也有助于提高收敛速度，因为短句对话的变化可能性更少，因此我们的 RNN 更容易训练这些数据。它也有消极的一面，就是模型仅会产生简短的答复。

应用于数据的第二个过滤器与字典相关。字典中的单词数量会对性能和所需的图形处理单元（GPU）内存产生重大影响，因为 embedding 矩阵（为 dict 中的每个 token 保留 embedding 向量）和解码器输出的投影矩阵（用于将 RNN 解码器的输出转换为概率分布）的其中一个维度大小取决于字典大小。因此，通过减少字典中的字数，我们可以减少内存使用并提高训练速度。为了在数据加载期间做到这件事，我们计算字典中每个单词的出现次数，并将所有出现的少于 10 次的单词映射到未知 token。然后，所有带有未知 token 的训练对都会从训练集中移除。

14.5.3 BLEU 分数和 utils.py

nltk 库用于计算 BLEU 分数，但是为了使 BLEU 计算更加方便，我实现了两个包装函数：calc_bleu(candidate_seq, reference_seq)（当有一个候选者和一个参考序列时，它会计算分数）和 calc_bleu_many(candidate_seq, reference_sequences)（当有多个参考序列要与候选者进行比较时，可以用它获取分数）。对于多个候选者的情况，将计算并返回最佳的 BLEU 分数。

此外，为了考虑数据集中比较短的短语，BLEU 仅针对 unigram 和 bigram 进行计算。以下是 utils.py 模块的代码，该模块负责 BLEU 计算，以及另外两个分别用于对句子进行 token 化以及将 token 列表转换回字符串的函数：

```
import string
from nltk.translate import bleu_score
from nltk.tokenize import TweetTokenizer

def calc_bleu_many(cand_seq, ref_sequences):
    sf = bleu_score.SmoothingFunction()
    return bleu_score.sentence_bleu(ref_sequences, cand_seq,
                                    smoothing_function=sf.method1,
                                    weights=(0.5, 0.5))

def calc_bleu(cand_seq, ref_seq):
    return calc_bleu_many(cand_seq, [ref_seq])

def tokenize(s):
    return TweetTokenizer(preserve_case=False).tokenize(s)

def untokenize(words):
    to_pad = lambda t: not t.startswith("'") and \
                       t not in string.punctuation
    return "".join([
        (" " + i) if to_pad(i) else i
        for i in words
    ]).strip()
```

14.5.4　模型

与训练过程和模型本身相关的函数在 libbots/model.py 文件中定义。理解训练过程非常重要，代码如下所示：

```
HIDDEN_STATE_SIZE = 512
EMBEDDING_DIM = 50
```

第一个超参数（HIDDEN_STATE_SIZE）定义 RNN 编码器和解码器使用的隐藏状态的大小。在 RNN 的 PyTorch 实现中，此值一次定义了三个参数：

❑ 隐藏状态在输入 RNN 单元以及作为输出返回时的期望维度大小。

❑ 从 RNN 返回的输出的维度大小。尽管维度相同，但 RNN 的输出与隐藏状态是不同的。

❑ 用于 RNN 转换的内部神经元个数。

第二个超参数 EMBEDDING_DIM 定义了 embedding 的维度，这是一组向量，用于表示字典中的每个 token。在此示例中，我们没有使用像 GloVe 或 word2vec 这样的预训练 embedding，而是将它们与模型一起训练。由于我们的编码器和解码器都以 token 作为输入，因此 embedding 的维度也定义了 RNN 输入的维度大小。

```
class PhraseModel(nn.Module):
    def __init__(self, emb_size, dict_size, hid_size):
        super(PhraseModel, self).__init__()

        self.emb = nn.Embedding(
            num_embeddings=dict_size, embedding_dim=emb_size)
        self.encoder = nn.LSTM(
            input_size=emb_size, hidden_size=hid_size,
            num_layers=1, batch_first=True)
        self.decoder = nn.LSTM(
            input_size=emb_size, hidden_size=hid_size,
            num_layers=1, batch_first=True)
        self.output = nn.Linear(hid_size, dict_size)
```

在模型的构造函数中，我们创建 embedding、编码器、解码器和输出投影组件。使用长短期记忆（Long Short-Term Memory，LSTM）作为 RNN 的实现。在内部，LSTM 的结构比简单 RNN 层更为复杂，但是思想是相同的：具有输入、输出、输入状态和输出状态。batch_first 参数指定批将被作为 RNN 输入张量的第一维。投影层是线性转换，将解码器的输出转换为字典的概率分布。

该模型的其余部分由对数据执行不同转换的方法构成，这些方法会使用 seq2seq 模型。严格来说，这个类违反了 PyTorch 约定，它覆写了将神经网络应用于数据的 forward 方法。这是有意的，旨在强调以下事实：seq2seq 模型不能解释为输入数据到输出的单个转换。在我们的示例中将以不同的方式使用模型，例如，在 teacher forcing 模式下处理目标序列，使用 argmax 依次解码序列，或执行单个解码步骤。

在第 3 章中提到了 nn.Module 的子类必须覆写 forward() 方法并遵守调用约定通过自定义的 nn.Module 来转换数据。在我们的实现中违反了此规则，但是在当前版本的 PyTorch 中，这是没有问题的，因为 nn.Module 的 __call__() 方法负责调用我们不使用的 PyTorch hook。

但这仍然违反了 PyTorch 约定，这样做是为了方便。

```
def encode(self, x):
    _, hid = self.encoder(x)
    return hid
```

前面的方法执行模型中最简单的操作：将输入序列编码并在 RNN 编码器的最后一步返回隐藏状态。在 PyTorch 中，所有 RNN 类都会返回包含两个对象的元组。元组的第一个值是 RNN 的输出，第二个值是输入序列中最后一项的隐藏状态。我们对编码器的输出不感兴趣，因此只返回隐藏状态。

```
def get_encoded_item(self, encoded, index):
    # For RNN
    # return encoded[:, index:index+1]
    # For LSTM
    return encoded[0][:, index:index+1].contiguous(),\
           encoded[1][:, index:index+1].contiguous()
```

前面的函数是一个工具方法，用于访问输入批中各个组件的隐藏状态。这是必需的，因为我们会在一个调用中对整个批序列进行编码（使用 encode() 方法），但是要对每个批序列分别执行解码。此方法用于提取批中特定元素的隐藏状态（通过 index 参数指定）。详细的提取过程取决于 RNN 实现。例如，LSTM 的隐藏状态被表示为两个张量的元组：单元状态和隐藏状态。但是，对于简单的 RNN 实现来说（例如原始的 nn.RNN 类或更复杂的 torch.nn.GRU）返回单个表示隐藏状态的张量。因此，此方法中封装了这些知识，如果切换了 RNN 的编码器和解码器的底层类型，则应对代码进行调整。

其余方法对应不同形式的解码过程。让我们从 teacher-forcing 模式开始：

```
def decode_teacher(self, hid, input_seq):
    # Method assumes batch of size=1
    out, _ = self.decoder(input_seq, hid)
    out = self.output(out.data)
    return out
```

这是执行解码的最简单、最有效的方法。在这种模式下，我们仅将 RNN 解码器应用于参考序列（训练样本中的回复短语）。

在 teacher-forcing 模式下，每个步骤的输入是已知的。RNN 在步骤之间具有的唯一依赖是其隐藏状态，这使我们能够非常高效地执行 RNN 转换，我们的数据不需要写入写出 GPU，而且转换逻辑是在底层的 CuDNN 库中实现的。

其他解码方法就不是这样了，因为每个解码器的某步输出定义了下一步的输入。输出和输入之间的这种连接是通过 Python 代码完成的，因此解码是逐步执行的，虽然不必传输数据（因为我们所有的张量都已经在 GPU 内存中）。但是，转换流程是由 Python 代码控制的而不是由高度优化的 CuDNN 库控制的。

```
def decode_one(self, hid, input_x):
    out, new_hid = self.decoder(input_x.unsqueeze(0), hid)
    out = self.output(out)
    return out.squeeze(dim=0), new_hid
```

作为一个示例，前述方法执行一个单步的解码。我们为解码器传递隐藏状态（在第一步将其设置为编码序列），并将输入 token 的 embedding 向量作为张量输入。然后，解码器的结果将传给输出投影，以获得字典中每个 token 的原始分数。这不是概率分布，因为我们没有将输出传给 softmax 函数，它只是原始分数（也称为 logits）。该函数的返回结果是 logits 以及解码器返回的新隐藏状态。

```
def decode_chain_argmax(self, hid, begin_emb, seq_len,
                        stop_at_token=None):
    res_logits = []
    res_tokens = []
    cur_emb = begin_emb
```

decode_chain_argmax() 对编码后的序列进行解码，该方法使用 argmax 通过概率分布生成 token 索引。函数参数如下：

- ❏ hid：编码器为输入序列返回的隐藏状态。
- ❏ begin_emb：开始解码时的 #BEG token 的 embedding 向量。
- ❏ seq_len：解码序列的最大长度。如果解码器返回 #END token，则结果序列可能会更短，但不会更长。它有助于在解码器开始无限重复其自身时（这在训练开始时很可能发生）停止解码。
- ❏ stop_at_token：可选的 token ID（通常为 #END token），用于停止解码过程。

该函数应该返回两个值：解码器在每一步返回的 logits 张量，以及生成的 token ID 列表。第一个值将用于训练，因为我们需要输出张量来计算损失，而第二个值传递给性能指标度量函数，在我们的场景下为 BLEU 分数。

```
for _ in range(seq_len):
    out_logits, hid = self.decode_one(hid, cur_emb)
    out_token_v = torch.max(out_logits, dim=1)[1]
    out_token = out_token_v.data.cpu().numpy()[0]

    cur_emb = self.emb(out_token_v)

    res_logits.append(out_logits)
    res_tokens.append(out_token)
    if stop_at_token is not None:
        if out_token == stop_at_token:
            break
return torch.cat(res_logits), res_tokens
```

在每个解码循环迭代中，我们将 RNN 解码器应用于单个 token，并传递解码器的当前隐藏状态（在最开始，它等于编码后的向量）和当前 token 的 embedding 向量。RNN 解码器的输出是一个具有 logits（字典中每个单词的非标准化概率）和新隐藏状态的元组。正如函数名所说，我们使用 argmax 将 logits 转换到解码的 token ID。然后，我们获取解码后 token 的 embedding，将 logits 和 token ID 保存到结果列表中，并检查停止条件。

```
def decode_chain_sampling(self, hid, begin_emb, seq_len,
                          stop_at_token=None):
    res_logits = []
    res_actions = []
    cur_emb = begin_emb

    for _ in range(seq_len):
        out_logits, hid = self.decode_one(hid, cur_emb)
        out_probs_v = F.softmax(out_logits, dim=1)
        out_probs = out_probs_v.data.cpu().numpy()[0]
        action = int(np.random.choice(
            out_probs.shape[0], p=out_probs))
        action_v = torch.LongTensor([action])
        action_v = action_v.to(begin_emb.device)
        cur_emb = self.emb(action_v)
        res_logits.append(out_logits)
        res_actions.append(action)
```

```
        if stop_at_token is not None:
            if action == stop_at_token:
                break
    return torch.cat(res_logits), res_actions
```

下一个也是最后一个函数执行序列解码，它与 decode_chain_argmax() 几乎相同，但是它从返回的概率分布中执行随机采样来代替 argmax。其余逻辑相同。

除了 PhraseModel 类之外，model.py 文件还包含一些用于准备模型的输入的函数，这些函数必须采用张量形式才能使 PyTorch 的 RNN 机制正常工作。

```
def pack_batch_no_out(batch, embeddings, device="cpu"):
    assert isinstance(batch, list)
    # Sort descending (CuDNN requirements)
    batch.sort(key=lambda s: len(s[0]), reverse=True)
    input_idx, output_idx = zip(*batch)
```

此函数将输入批（(phrase, replay) 元组的列表）打包成适合于 encoding 和 encode_chain_* 函数的形式。第一步，我们将对批进行排序，按短语的长度降序排。这是 CuDNN 库的要求，它被 PyTorch 用作 CUDA 后端。

```
# create padded matrix of inputs
lens = list(map(len, input_idx))
input_mat = np.zeros((len(batch), lens[0]), dtype=np.int64)
for idx, x in enumerate(input_idx):
    input_mat[idx, :len(x)] = x
```

然后，我们创建一个维度为 [batch, max_input_phrase] 的矩阵，并将输入短语复制进去。这种形式称为**填充序列**，因为我们的变长序列都用零填充到了最长序列。

```
input_v = torch.tensor(input_mat).to(device)
input_seq = rnn_utils.pack_padded_sequence(
    input_v, lens, batch_first=True)
```

下一步，我们将此矩阵包装到 PyTorch 张量中，并使用 PyTorch RNN 模块中的特殊函数将此矩阵从填充形式转换为所谓的**打包形式**。在打包形式中，我们的序列按列存储（即转置后的形式），并保持每列的长度。

例如，在第一行中，我们具有所有序列中的所有第一个 token；在第二行中，我们从长度大于 1 的序列的第二个位置获得了 token；等等。这种表示方式使 CuDNN 可以非常高效地执行 RNN 处理，一次处理一批序列。

```
# lookup embeddings
r = embeddings(input_seq.data)
emb_input_seq = rnn_utils.PackedSequence(
    r, input_seq.batch_sizes)
return emb_input_seq, input_idx, output_idx
```

在函数的最后，我们将数据从整数 token ID 转换为 embedding，这可以一步完成，因为 token ID 已打包到张量中了。然后，我们返回带有三个元素的结果元组：要传递给编码器的打包序列，以及两个二维列表，分别是输入序列和输出序列的整数 token ID。

```
def pack_input(input_data, embeddings, device="cpu"):
    input_v = torch.LongTensor([input_data]).to(device)
    r = embeddings(input_v)
    return rnn_utils.pack_padded_sequence(
        r, [len(input_data)], batch_first=True)
```

前面的函数用于将编码后的短语（token ID 的列表）转换为适合传给 RNN 的打包序列。

```
def pack_batch(batch, embeddings, device="cpu"):
    emb_input_seq, input_idx, output_idx = pack_batch_no_out(
        batch, embeddings, device)

    # prepare output sequences, with end token stripped
    output_seq_list = []
    for out in output_idx:
        s = pack_input(out[:-1], embeddings, device)
        output_seq_list.append(s)
    return emb_input_seq, output_seq_list, input_idx, output_idx
```

下一个函数使用了 `pack_batch_no_out()` 方法，但除此之外，它将返回的输出索引转换为打包序列列表，以用于 teacher-forcing 训练模式。这些序列丢弃了 #END token。

```
def seq_bleu(model_out, ref_seq):
    model_seq = torch.max(model_out.data, dim=1)[1]
    model_seq = model_seq.cpu().numpy()
    return utils.calc_bleu(model_seq, ref_seq)
```

最后是 `model.py` 中的最后一个函数，该函数使用带有 logits 的张量（由解码器在 teacher-forcing 模式下产生）计算 BLEU 分数。它的逻辑很简单：仅调用 argmax 来获取序列索引，然后使用 `utils.py` 模块中的 BLEU 计算函数。

14.6 数据集探索

从多个角度查看数据集总是一个好主意，例如计算统计数据、绘制数据的各种特征，或者只是观察数据以更好地了解问题和潜在问题。`cor_reader.py` 工具可以进行简单的数据分析。通过使用 `--show-genres` 选项运行它，你将从数据集中获得所有类型，并按照电影数量降序排列，每个类型中都有许多电影。它们的前 10 位显示如下：

```
$ ./cor_reader.py --show-genres
Genres:
drama: 320
thriller: 269
action: 168
comedy: 162
crime: 147
```

```
romance: 132
sci-fi: 120
adventure: 116
mystery: 102
horror: 99
```

--show-dials 选项显示电影中未经任何预处理的对话，显示顺序和数据库中的顺序相同。对话的数量很大，因此最好传入 -g 选项以按类型进行过滤。例如，查看喜剧电影中的两个对话：

```
$ ./cor_reader.py -g comedy --show-dials | head -n 10
Dialog 0 with 4 phrases:
can we make this quick?
roxanne korrine and andrew barrett are having an incredibly horrendous
public break - up on the quad . again .
well , i thought we'd start with pronunciation , if that's okay with you
.
not the hacking and gagging and spitting part . please .
okay ... then how ' bout we try out some french cuisine . saturday ?
night ?

Dialog 1 with two phrases:
you're asking me out . that's so cute . what's your name again ? forget
it .
```

通过传入 --show-train 选项，你可以检查训练对，这些训练对已经按第一个元素（短语）进行了分组，并按答复数降序排列。此数据已应用了单词频率（至少出现 10 次）和短语长度（最多 20 个 token）过滤器。以下是家庭类型电影的一部分输出：

```
$ ./cor_reader.py -g family --show-train | head -n 20
Training pairs (558 total)
0: #BEG yes . #END
 : #BEG but you will not ... be safe ... #END
 : #BEG oh ... oh well then , one more won't matter . #END
 : #BEG vada you've gotta stop this , there's absolutely nothing wrong
with you ! #END
 : #BEG good . #END
 : #BEG he's getting big . vada , come here and sit down for a minute .
#END
 : #BEG who's that with your dad ? #END
 : #BEG for this . #END
 : #BEG didn't i tell you ? i'm always right , you know , my dear ...
aren't i ? #END
 : #BEG oh , i hope we got them in time . #END
 : #BEG oh - - now look at him ! this is terrible ! #END
1: #BEG no . #END
 : #BEG were they pretty ? #END
```

```
: #BEG it's there . #END
: #BEG why do you think she says that ? #END
: #BEG come here , sit down . #END
: #BEG what's wrong with your eyes ? #END
: #BEG maybe we should , just to see what's the big deal . #END
: #BEG why not ? #END
```

如你所见，即使在数据的一个较小子集中，也存在具有多个候选回复的短语。cor_reader.py 支持的最后一个选项是 --show-dict-freq，它计算单词的出现频率，并按照出现的次数显示它们：

```
$ ./cor_reader.py -g family --show-dict-freq | head -n 10
Frequency stats for 772 tokens in the dict
.: 1907
,: 1175
?: 1148
you: 840
!: 758
i: 653
-: 578
the: 506
a: 414
```

14.7 训练：交叉熵

为了训练模型的初步近似值，使用了在 train_crossent.py 中实现的交叉熵方法。在训练过程中，我们会在 teacher-forcing 模式（在解码器的输入中给出目标序列）和 argmax 链解码（每步将序列解码一次，选择在输出的分布中概率最高的 token）之间随机切换。我们会以 50% 的固定概率随机选择这两种训练模式。这样可以结合两种方法的特点：teacher-forcing 的快速收敛和 curriculum learning 的稳定解码。

14.7.1 实现

下面是 train_crossent.py 中交叉熵方法训练的实现。

```
SAVES_DIR = "saves"

BATCH_SIZE = 32
LEARNING_RATE = 1e-3
MAX_EPOCHES = 100

log = logging.getLogger("train")

TEACHER_PROB = 0.5
```

一开始，我们定义交叉熵方法训练步骤的超参数。TEACHER_PROB 定义为每个训练样本随机选择 teacher-forcing 训练的概率。

```
def run_test(test_data, net, end_token, device="cpu"):
    bleu_sum = 0.0
    bleu_count = 0
    for p1, p2 in test_data:
        input_seq = model.pack_input(p1, net.emb, device)
        enc = net.encode(input_seq)
        _, tokens = net.decode_chain_argmax(
            enc, input_seq.data[0:1], seq_len=data.MAX_TOKENS,
            stop_at_token=end_token)
        bleu_sum += utils.calc_bleu(tokens, p2[1:])
        bleu_count += 1
    return bleu_sum / bleu_count
```

每个 epoch 都会调用 `run_test` 方法,以计算保留的测试数据集(默认情况下为已加载数据的 5%)的平均 BLEU 分数。

```
if __name__ == "__main__":
    fmt = "%(asctime)-15s %(levelname)s %(message)s"
    logging.basicConfig(format=fmt, level=logging.INFO)
    parser = argparse.ArgumentParser()
    parser.add_argument(
        "--data", required=True,
        help="Category to use for training. Empty "
            "string to train on full dataset")
    parser.add_argument(
        "--cuda", action='store_true', default=False,
        help="Enable cuda")
    parser.add_argument(
        "-n", "--name", required=True, help="Name of the run")
    args = parser.parse_args()
    device = torch.device("cuda" if args.cuda else "cpu")

    saves_path = os.path.join(SAVES_DIR, args.name)
    os.makedirs(saves_path, exist_ok=True)
```

该程序允许指定我们要训练的电影的类型以及当前训练的名称,该名称将用于 TensorBoard 注释中,并用作模型定期 checkpoint 的目录名称。

```
phrase_pairs, emb_dict = data.load_data(
    genre_filter=args.data)
log.info("Obtained %d phrase pairs with %d uniq words",
        len(phrase_pairs), len(emb_dict))
data.save_emb_dict(saves_path, emb_dict)
end_token = emb_dict[data.END_TOKEN]
train_data = data.encode_phrase_pairs(phrase_pairs, emb_dict)
```

解析完参数后,我们将加载所提供类型的数据集,保存 embedding 字典(这是从 token 的字符串到 token 的整数 ID 的映射),并对短语对进行编码。在这一点上,我们的数据是具有两个元素的元组列表,每个元素都是 token 整数 ID 的列表。

```
rand = np.random.RandomState(data.SHUFFLE_SEED)
rand.shuffle(train_data)
log.info("Training data converted, got %d samples",
         len(train_data))
train_data, test_data = data.split_train_test(train_data)
log.info("Train set has %d phrases, test %d",
         len(train_data), len(test_data))
```

数据加载后，我们将其分为训练 / 测试两部分，然后使用固定的随机种子（以便能够在 RL 训练阶段重复进行相同的打乱操作）打乱数据。

```
net = model.PhraseModel(
    emb_size=model.EMBEDDING_DIM, dict_size=len(emb_dict),
    hid_size=model.HIDDEN_STATE_SIZE).to(device)
log.info("Model: %s", net)
writer = SummaryWriter(comment="-" + args.name)
optimiser = optim.Adam(net.parameters(), lr=LEARNING_RATE)
best_bleu = None
```

然后，我们创建模型，并向其传递 embedding 的维度大小、字典的大小以及编码器和解码器的隐藏状态大小。

```
for epoch in range(MAX_EPOCHES):
    losses = []
    bleu_sum = 0.0
    bleu_count = 0
    for batch in data.iterate_batches(train_data, BATCH_SIZE):
        optimiser.zero_grad()
        input_seq, out_seq_list, _, out_idx = \
            model.pack_batch(batch, net.emb, device)
        enc = net.encode(input_seq)
```

我们的训练循环中将执行固定数量的 epoch，每个 epoch 都对多批编码短语对进行迭代。

对于每一批，我们使用 model.pack_batch() 对其进行打包，该函数将返回打包后的输入序列、打包后的输出序列以及输入和输出两个 token 索引列表。为了获得批中每个输入序列的编码表示形式，我们调用 net.encode()（只是将输入序列传给编码器），并返回上一个 RNN 应用的隐藏状态。此隐藏状态的形状为 (batch_size, model.HIDDEN_STATE_SIZE)，默认情况下为 (16, 512)。

```
net_results = []
net_targets = []
for idx, out_seq in enumerate(out_seq_list):
    ref_indices = out_idx[idx][1:]
    enc_item = net.get_encoded_item(enc, idx)
```

然后，我们分别解码批中的每个序列。也许可以通过某种方式并行化此循环，但是这会使示例的可读性降低。对于批中的每个序列，我们获得 token ID 的参考序列（无须训练 #BEG token）以及编码器创建的输入序列的编码表示。

```
if random.random() < TEACHER_PROB:
    r = net.decode_teacher(enc_item, out_seq)
    bleu_sum += model.seq_bleu(r, ref_indices)
else:
    r, seq = net.decode_chain_argmax(
        enc_item, out_seq.data[0:1],
        len(ref_indices))
    bleu_sum += utils.calc_bleu(seq, ref_indices)
```

在前面的代码中，我们随机决定使用哪种解码方法：teacher forcing 或 curriculum learning。它们的区别仅在于调用的模型方法以及计算 BLEU 分数的方式。对于 teacher forcing 模式，`decode_teacher()` 方法返回大小为 [out_seq_len, dict_size] 的 logits 张量，因此要想计算 BLEU 分数，需要使用来自 `model.py` 模块的函数。在调用 `decode_chain_argmax()` 方法实现的 curriculum learning 中，既返回 logits 张量，又返回输出序列的 token ID 列表，这使我们可以直接计算 BLEU 分数。

```
net_results.append(r)
net_targets.extend(ref_indices)
bleu_count += 1
```

在序列处理结束的地方，我们附加了结果 logits 和参考索引，以供稍后的损失计算使用。

```
results_v = torch.cat(net_results)
targets_v = torch.LongTensor(net_targets).to(device)
loss_v = F.cross_entropy(results_v, targets_v)
loss_v.backward()
optimiser.step()
losses.append(loss_v.item())
```

为了计算交叉熵损失，我们将 logits 张量列表转换为单个张量，并将带有参考 token ID 的列表转换为 PyTorch 张量，并将其放入 GPU 内存中。然后，我们只需要计算交叉熵损失、执行反向传播，并要求优化器调整模型即可。这样就结束了一批的处理。

```
bleu = bleu_sum / bleu_count
bleu_test = run_test(test_data, net, end_token, device)
log.info("Epoch %d: mean loss %.3f, mean BLEU %.3f, "
         "test BLEU %.3f", epoch, np.mean(losses),
         bleu, bleu_test)
writer.add_scalar("loss", np.mean(losses), epoch)
writer.add_scalar("bleu", bleu, epoch)
writer.add_scalar("bleu_test", bleu_test, epoch)
```

处理完所有批后，我们将计算训练时得到的 BLEU 分数的平均值，然后对保留的数据集进行测试，并报告指标。

```
if best_bleu is None or best_bleu < bleu_test:
    if best_bleu is not None:
        out_name = os.path.join(
            saves_path, "pre_bleu_%.3f_%02d.dat" % (
                bleu_test, epoch))
```

```
        torch.save(net.state_dict(), out_name)
        log.info("Best BLEU updated %.3f", bleu_test)
    best_bleu = bleu_test

if epoch % 10 == 0:
    out_name = os.path.join(
        saves_path, "epoch_%03d_%.3f_%.3f.dat" % (
            epoch, bleu, bleu_test))
    torch.save(net.state_dict(), out_name)
```

为了能够对模型进行微调，我们保存了迄今为止看到的最佳 BLEU 测试分数对应的模型的权重。我们还每 10 次迭代保存一次 checkpoint 文件。

14.7.2 结果

以上就是训练代码。要启动它，需要在命令行中传入运行名称并提供类型过滤器。完整的数据集非常大（总共 617 部电影），甚至在 GPU 上也可能需要大量时间来训练。例如，在 GTX 1080 Ti 上，每个 epoch 大约需要 16 分钟，而 100 个 epoch 需要 18 个小时。

通过应用类型过滤器，你可以在电影的子集上进行训练。例如，喜剧类型包括 159 部电影，拥有 22 000 个训练短语对，这比完整数据集中的 150 000 个短语对要少。带有喜剧过滤器的字典大小也要小得多（只有 4905 个单词，而完整数据中有 11 131 个单词）。这将单个 epoch 时间从 16 分钟减少到 3 分钟。要使训练集更小，你可以使用家庭类型，该类型只有 16 部电影，包含 3000 个短语对和 772 个单词。在这种情况下，100 个 epoch 训练只需要 30 分钟。

但是，作为示例，这里展示了对喜剧类型进行训练的方法。程序将 checkpoint 写入 saves/crossent-comedy 目录，而 TensorBoard 指标则写入 runs 目录。

```
$ ./train_crossent.py --cuda --data comedy -n crossent-comedy
2019-11-14 21:39:38,670 INFO Loaded 159 movies with genre comedy
2019-11-14 21:39:38,670 INFO Read and tokenise phrases...
2019-11-14 21:39:42,496 INFO Loaded 93039 phrases
2019-11-14 21:39:42,714 INFO Loaded 24716 dialogues with 93039 phrases,
generating training pairs
2019-11-14 21:39:42,732 INFO Counting freq of words...
2019-11-14 21:39:42,924 INFO Data has 31774 uniq words, 4913 of them
occur more than 10
2019-11-14 21:39:43,054 INFO Obtained 47644 phrase pairs with 4905 uniq
words
2019-11-14 21:39:43,291 INFO Training data converted, got 26491 samples
2019-11-14 21:39:43,291 INFO Train set has 25166 phrases, test 1325
2019-11-14 21:39:45,874 INFO Model: PhraseModel(
  (emb): Embedding(4905, 50)
  (encoder): LSTM(50, 512, batch_first=True)
  (decoder): LSTM(50, 512, batch_first=True)
```

```
(output): Linear(in_features=512, out_features=4905, bias=True)
)
2019-11-14 21:41:30,358 INFO Epoch 0: mean loss 4.992, mean BLEU 0.161,
test BLEU 0.067
2019-11-14 21:43:15,275 INFO Epoch 1: mean loss 4.674, mean BLEU 0.168,
test BLEU 0.074
2019-11-14 21:43:15,286 INFO Best BLEU updated 0.074
2019-11-14 21:45:01,627 INFO Epoch 2: mean loss 4.548, mean BLEU 0.176,
test BLEU 0.092
2019-11-14 21:45:01,637 INFO Best BLEU updated 0.092
```

针对交叉熵训练，会在 TensorBoard 中写入三个指标：损失、训练时的 BLEU 分数和测试时的 BLEU 分数。图 14.7 和图 14.8 是喜剧类型，需要大约三个小时来训练。

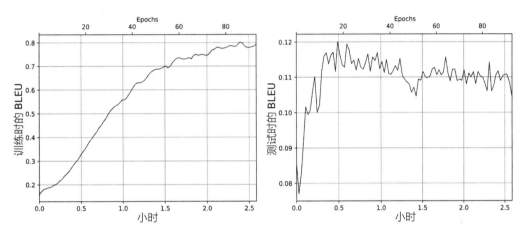

图 14.7　训练时（左）和测试时（右）的 BLEU 分数

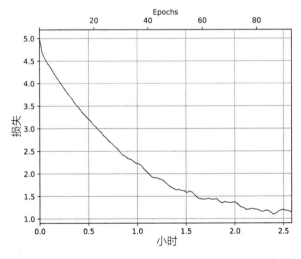

图 14.8　针对喜剧类型电影训练时的交叉熵损失

如你所见，训练数据的 BLEU 分数持续增长，能达到 0.83 左右，但是测试数据集的 BLEU 分数在第 25 个 epoch 后停止增长，并且远不如训练数据的 BLEU 分数。有几个原因。首先，我们的数据集不大，没有足够的代表性以使训练程序泛化要回复的短语，从而在测试数据集上获得良好的成绩。在喜剧类型中，我们有 25 166 个训练对和 1325 个测试对，因此测试对中很有可能包含与训练对完全无关的新短语。发生这种情况是由于对话的高度可变性。我们将在下一节中查看数据。

测试 BLEU 分数偏低的第二个可能原因是：交叉熵训练并未考虑短语可能有多种答复。正如你将在下一节中看到的那样，我们的数据包含多种可选的答复短语。交叉熵试图找到模型的权重，该权重将用于生成与所需输出匹配的输出序列，但是如果所需的输出是随机的，则模型对此无能为力。

测试分数低的另一个原因可能是模型中缺乏适当的正则化，这应该有助于防止过拟合。这部分效果的检验就作为你的练习了。

14.8　训练：SCST

正如我们讨论的那样，将 RL 训练方法应用于 seq2seq 问题有可能改善最终模型。主要原因是：

- ❑ 更好地处理多个目标序列。例如，hi 可以回答为 hi、hello、not interested 等。RL 将解码器视为选择动作的程序，而每个动作都是要生成的 token，这更适用于该问题。
- ❑ 可以直接优化 BLEU 分数，而不是交叉熵损失。使用生成序列的 BLEU 分数作为梯度缩放，我们可以以将模型推向成功序列，并降低不成功序列的可能性。
- ❑ 通过重复解码过程，我们可以生成更多片段进行训练，这将得到更好的梯度估计。
- ❑ 此外，使用 self-critical 序列训练方法，我们几乎可以免费获得基线，而不会增加模型的复杂性，从而进一步提高收敛性。

这些看起来都很不错，下面详细介绍。

14.8.1　实现

RL 训练是在 `train_scst.py` 工具中作为单独的训练步骤实现的。它要求在命令行中传入 `train_crossent.py` 保存的模型文件。

```
SAVES_DIR = "saves"

BATCH_SIZE = 16
LEARNING_RATE = 5e-4
MAX_EPOCHES = 10000
```

与往常一样，我们从超参数开始（省略了导入）。该训练脚本具有相同的超参数。唯一的区别是批大小较小，因为 SCST 的 GPU 内存要求更高，学习率也更低。

```
log = logging.getLogger("train")

def run_test(test_data, net, end_token, device="cpu"):
    bleu_sum = 0.0
    bleu_count = 0
    for p1, p2 in test_data:
        input_seq = model.pack_input(p1, net.emb, device)
        enc = net.encode(input_seq)
        _, tokens = net.decode_chain_argmax(
            enc, input_seq.data[0:1], seq_len=data.MAX_TOKENS,
            stop_at_token=end_token)
        ref_indices = [
            indices[1:]
            for indices in p2
        ]
        bleu_sum += utils.calc_bleu_many(tokens, ref_indices)
        bleu_count += 1
    return bleu_sum / bleu_count
```

上面的函数在每个 epoch 计算测试数据集的 BLEU 分数。它几乎与 train_crossent.py 中的相同，唯一的区别在于测试数据，该数据现在按第一个短语分组。因此，数据的形状现在为 [(first_phrase, [second_phrases])]。与以前一样，我们需要在第二个短语列表中为每个短语删除 #BEG token，BLEU 分数现在由另一个函数计算，该函数接受多个参考序列并从中返回最佳分数。

```
if __name__ == "__main__":
    parser = argparse.ArgumentParser()
    fmt = "%(asctime)-15s %(levelname)s %(message)s"
    logging.basicConfig(format=fmt, level=logging.INFO)
    parser.add_argument(
        "--data", required=True,
        help="Category to use for training. Empty "
             "string to train on full dataset")
    parser.add_argument(
        "--cuda", action='store_true', default=False,
        help="Enable cuda")
    parser.add_argument(
        "-n", "--name", required=True,
        help="Name of the run")
    parser.add_argument(
        "-l", "--load", required=True,
        help="Load model and continue in RL mode")
    parser.add_argument(
        "--samples", type=int, default=4,
        help="Count of samples in prob mode")
    parser.add_argument(
        "--disable-skip", default=False, action='store_true',
        help="Disable skipping of samples with high argmax BLEU")
    args = parser.parse_args()
    device = torch.device("cuda" if args.cuda else "cpu")
```

该工具现在接受三个新的命令行参数: -1、--samples、--disable-skip 传入选项 -1 以提供要加载的模型的文件名,而选项 --samples 用于更改每个训练样本执行的解码迭代次数。使用更多样本将得到更准确的策略梯度估计,但会增加 GPU 内存需求。可以使用最后一个新选项 --disable-skip 禁用跳过具有较高 BLEU 分数的训练样本(默认情况下,阈值为 0.99)。这种跳过功能大大提高了训练速度,因为我们仅对在 argmax 模式下生成的具有不良序列的训练样本进行训练,但是我的实验表明,禁用这种跳过能得到更好的模型质量。

```python
saves_path = os.path.join(SAVES_DIR, args.name)
os.makedirs(saves_path, exist_ok=True)

phrase_pairs, emb_dict = \
    data.load_data(genre_filter=args.data)
log.info("Obtained %d phrase pairs with %d uniq words",
         len(phrase_pairs), len(emb_dict))
data.save_emb_dict(saves_path, emb_dict)
end_token = emb_dict[data.END_TOKEN]
train_data = data.encode_phrase_pairs(phrase_pairs, emb_dict)
rand = np.random.RandomState(data.SHUFFLE_SEED)
rand.shuffle(train_data)
train_data, test_data = data.split_train_test(train_data)
log.info("Training data converted, got %d samples",
         len(train_data))
```

然后,我们以与交叉熵训练相同的方式加载训练数据。下面两行是额外的代码,用于按第一个短语对训练数据进行分组。

```python
train_data = data.group_train_data(train_data)
test_data = data.group_train_data(test_data)
log.info("Train set has %d phrases, test %d",
         len(train_data), len(test_data))

rev_emb_dict = {idx: word for word, idx in emb_dict.items()}

net = model.PhraseModel(
    emb_size=model.EMBEDDING_DIM, dict_size=len(emb_dict),
    hid_size=model.HIDDEN_STATE_SIZE).to(device)
log.info("Model: %s", net)

writer = SummaryWriter(comment="-" + args.name)
net.load_state_dict(torch.load(args.load))
log.info("Model loaded from %s, continue "
         "training in RL mode...", args.load)
```

加载数据后,我们将创建模型并从给定文件加载其权重。

```python
beg_token = torch.LongTensor([emb_dict[data.BEGIN_TOKEN]])
beg_token = beg_token.to(device)
```

在开始训练之前,我们需要一个 ID 为 #BEG token 的特殊张量。它将用于查找

embedding 并将结果传给解码器。

```
with ptan.common.utils.TBMeanTracker(
        writer, 100) as tb_tracker:
    optimiser = optim.Adam(
        net.parameters(), lr=LEARNING_RATE, eps=1e-3)
    batch_idx = 0
    best_bleu = None
    for epoch in range(MAX_EPOCHES):
        random.shuffle(train_data)
dial_shown = False

total_samples = 0
skipped_samples = 0
bleus_argmax = []
bleus_sample = []
```

对于每个 epoch，我们计算样本总数并统计跳过的样本（由于 BLEU 分数较高）。为了跟踪训练过程中 BLEU 的变化，我们保留使用 argmax 生成的序列和通过采样生成的序列的两个 BLEU 分数数组。

```
for batch in data.iterate_batches(
        train_data, BATCH_SIZE):
    batch_idx += 1
    optimiser.zero_grad()
    input_seq, input_batch, output_batch = \
        model.pack_batch_no_out(batch, net.emb, device)
    enc = net.encode(input_seq)

    net_policies = []
    net_actions = []
    net_advantages = []
    beg_embedding = net.emb(beg_token)
```

在每个批的开始，我们打包该批并通过调用 net.encode() 对批的所有第一个序列进行编码。然后，我们声明几个列表，这些列表将在为批中元素单独解码时填充。

```
for idx, inp_idx in enumerate(input_batch):
    total_samples += 1
    ref_indices = [
        indices[1:]
        for indices in output_batch[idx]
    ]
    item_enc = net.get_encoded_item(enc, idx)
```

在前面的循环中，我们开始处理批中的每个元素：我们从参考序列中删除 #BEG token，并获得编码后的批的单个元素。

```
r_argmax, actions = net.decode_chain_argmax(
    item_enc, beg_embedding, data.MAX_TOKENS,
    stop_at_token=end_token)
argmax_bleu = utils.calc_bleu_many(
    actions, ref_indices)
bleus_argmax.append(argmax_bleu)
```

下一步，我们在 argmax 模式下解码批的元素并计算其 BLEU 分数。稍后，此分数将用作 REINFORCE 策略梯度估计的基线。

```
if not args.disable_skip:
    if argmax_bleu > 0.99:
        skipped_samples += 1
        continue
```

如果我们启用了样本跳过功能，并且 argmax BLEU 高于阈值（阈值 0.99 表示序列接近完美匹配），我们将停止此批的元素并转到下一个。

```
if not dial_shown:
    w = data.decode_words(
        inp_idx, rev_emb_dict)
    log.info("Input: %s", utils.untokenize(w))
    ref_words = [
        utils.untokenize(
            data.decode_words(
                ref, rev_emb_dict))
        for ref in ref_indices
    ]
    ref = " ~~|~~ ".join(ref_words)
    log.info("Refer: %s", ref)
    w = data.decode_words(
        actions, rev_emb_dict)
    log.info("Argmax: %s, bleu=%.4f",
             utils.untokenize(w), argmax_bleu)
```

前面的代码段在每个 epoch 中执行一次，并提供一个随机样本输入序列、参考序列以及解码器的结果（序列和 BLEU 分数）。它对训练过程没有用，但是为我们提供了训练期间的信息。

然后，我们需要使用随机采样对批的元素执行几轮解码。默认情况下，此计数为 4 轮，轮数可以使用命令行选项进行调整。

```
for _ in range(args.samples):
    r_sample, actions = \
        net.decode_chain_sampling(
            item_enc, beg_embedding,
            data.MAX_TOKENS,
            stop_at_token=end_token)
    sample_bleu = utils.calc_bleu_many(
        actions, ref_indices)
```

采样解码的调用与 argmax 解码具有相同的参数集，后面跟着一次相同的 calc_bleu_many() 函数调用以获得 BLEU 分数。

```
if not dial_shown:
    w = data.decode_words(
        actions, rev_emb_dict)
    log.info("Sample: %s, bleu=%.4f",
             utils.untokenize(w),
             sample_bleu)
```

```
net_policies.append(r_sample)
net_actions.extend(actions)
adv = sample_bleu - argmax_bleu
net_advantages.extend(
    [adv]*len(actions))
bleus_sample.append(sample_bleu)
```

在解码循环的剩余部分，我们将按需显示解码后的序列并填充列表。为了获得解码时的优势值，我们从随机采样解码的结果中减去通过 argmax 方法获得的 BLEU 分数。

```
    dial_shown = True
if not net_policies:
    continue
```

批处理完成时，我们有几个列表：解码器每个步骤的 logits 列表、这些步骤选择的动作列表（实际上是选择的 token）以及每一步的优势值列表。

```
policies_v = torch.cat(net_policies)
actions_t = torch.LongTensor(
    net_actions).to(device)
adv_v = torch.FloatTensor(
    net_advantages).to(device)
```

返回的 logits 已经在 GPU 内存中，因此我们可以使用 `torch.cat()` 函数将它们组合为单个张量。另外两个列表则需要转换并复制到 GPU 上。

```
log_prob_v = F.log_softmax(policies_v, dim=1)
lp_a = log_prob_v[range(len(net_actions)),
                  actions_t]
log_prob_actions_v = adv_v * lp_a
loss_policy_v = -log_prob_actions_v.mean()

loss_v = loss_policy_v
loss_v.backward()
optimiser.step()
```

当一切准备就绪时，我们可以通过应用 `log(softmax())` 来计算策略梯度，并获取所选动作的值，并根据其优势值进行缩放。这些缩放后对数的负均值将是我们要求优化器最小化的损失。

```
tb_tracker.track("advantage", adv_v, batch_idx)
tb_tracker.track("loss_policy", loss_policy_v,
                 batch_idx)
tb_tracker.track("loss_total", loss_v, batch_idx)
```

作为批处理循环的最后一步，我们将优势值和损失发送到 TensorBoard。

```
bleu_test = run_test(test_data, net,
                     end_token, device)
bleu = np.mean(bleus_argmax)
writer.add_scalar("bleu_test", bleu_test, batch_idx)
writer.add_scalar("bleu_argmax", bleu, batch_idx)
writer.add_scalar("bleu_sample",
                  np.mean(bleus_sample), batch_idx)
```

```
writer.add_scalar("skipped_samples",
                  skipped_samples / total_samples,
                  batch_idx)
writer.add_scalar("epoch", batch_idx, epoch)
log.info("Epoch %d, test BLEU: %.3f",
         epoch, bleu_test)
```

前面的代码在每个 epoch 结束时执行，并计算测试数据集的 BLEU 分数，并将其与训练期间获得的 BLEU 分数一起报告给 TensorBoard。

```
if best_bleu is None or best_bleu < bleu_test:
    best_bleu = bleu_test
    log.info("Best bleu updated: %.4f", bleu_test)
    torch.save(net.state_dict(), os.path.join(
        saves_path, "bleu_%.3f_%02d.dat" % (
            bleu_test, epoch)))
if epoch % 10 == 0:
    torch.save(net.state_dict(), os.path.join(
        saves_path, "epoch_%03d_%.3f_%.3f.dat" % (
            epoch, bleu, bleu_test)))
```

与以前一样，每次测试 BLEU 分数更新最大值或每 10 个 epoch，我们都会编写一个模型 checkpoint。

14.8.2　结果

要运行训练代码，你需要通过 -l 参数指定交叉熵训练时保存的模型。模型训练时的电影类型必须与传给 SCST 训练的类型标志匹配。

```
$ ./train_scst.py --cuda --data comedy -l saves/crossent-comedy/
epoch_020_0.342_0.120.dat -n sc-comedy-test2
2019-11-14 23:11:41,206 INFO Loaded 159 movies with genre comedy
2019-11-14 23:11:41,206 INFO Read and tokenise phrases...
2019-11-14 23:11:44,352 INFO Loaded 93039 phrases
2019-11-14 23:11:44,522 INFO Loaded 24716 dialogues with 93039 phrases,
generating training pairs
2019-11-14 23:11:44,539 INFO Counting freq of words...
2019-11-14 23:11:44,734 INFO Data has 31774 uniq words, 4913 of them
occur more than 10
2019-11-14 23:11:44,865 INFO Obtained 47644 phrase pairs with 4905 uniq
words
2019-11-14 23:11:45,101 INFO Training data converted, got 25166 samples
2019-11-14 23:11:45,197 INFO Train set has 21672 phrases, test 1253
2019-11-14 23:11:47,746 INFO Model: PhraseModel(
  (emb): Embedding(4905, 50)
  (encoder): LSTM(50, 512, batch_first=True)
  (decoder): LSTM(50, 512, batch_first=True)
  (output): Linear(in_features=512, out_features=4905, bias=True)
)
```

```
2019-11-14 23:11:47,755 INFO Model loaded from saves/crossent-comedy/
epoch_020_0.342_0.120.dat, continue training in RL mode...
2019-11-14 23:11:47,771 INFO Input: #BEG no, sir. i'm not going to deny
it. but if you'd just let me explain-- #END
2019-11-14 23:11:47,771 INFO Refer: you better. #END
2019-11-14 23:11:47,771 INFO Argmax: well, you. #END, bleu=0.3873
2019-11-14 23:11:47,780 INFO Sample: that's. i day right. i don't want to
be disturbed first. i don't think you'd be more, bleu=0.0162
2019-11-14 23:11:47,784 INFO Sample: you ask out clothes, don't-? #END,
bleu=0.0527
2019-11-14 23:11:47,787 INFO Sample: it's all of your work. #END,
bleu=0.2182
2019-11-14 23:11:47,790 INFO Sample: come time must be very well. #END,
bleu=0.1890
```

根据我的实验，RL 的微调确实能够提高测试 BLEU 分数和训练 BLEU 分数。例如，图
14.9 显示了喜剧类型的交叉熵训练结果。

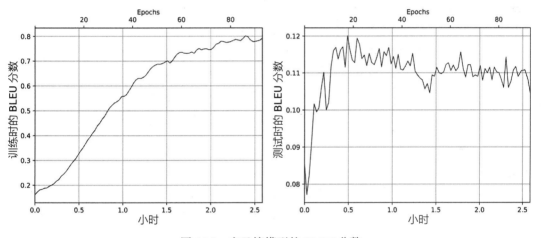

图 14.9　交叉熵模型的 BLEU 分数

从图 14.9 中，你可以看到最佳的测试 BLEU 分数为 0.124，而训练时的 BLEU 分数
到了 0.73 就不再提高了。通过对模型进行微调，在第 20 个 epoch 保存的数据显示（训练
BLEU 为 0.72，测试 BLEU 为 0.121），它能够将测试 BLEU 从 0.124 改进到 0.14。从训练
样本中获得的 BLEU 分数也在增加，并且看起来随着更多的训练可以进一步增加。如图
14.10、图 14.11、图 14.12、图 14.13 和图 14.14 所示。

将相同模型的训练部分分开，但是在 argmax 解码时不跳过具有高 BLEU 分数的训练样
本（使用选项 --disable-skip），我在测试集上能够达到 0.140 BLEU，它的效果不是很
好。但是，正如先前说明的那样，很难对这么少的对话样本进行很好的泛化。

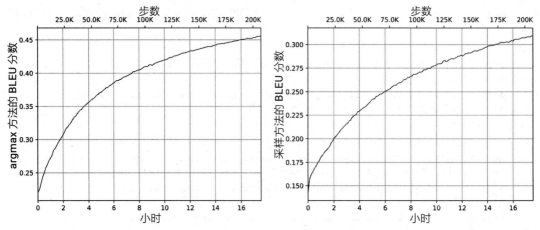

图 14.10 训练时的 BLEU 分数：argmax（左）和采样（右）

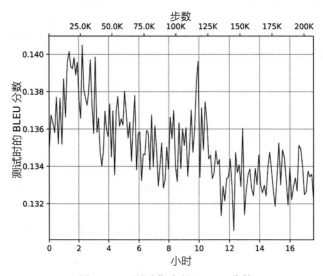

图 14.11 测试集中的 BLEU 分数

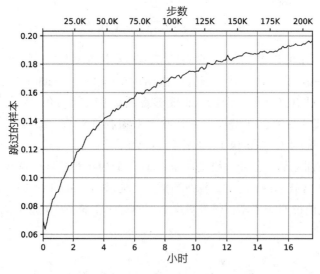

图 14.12 跳过 BLEU 分数过高的训练样本

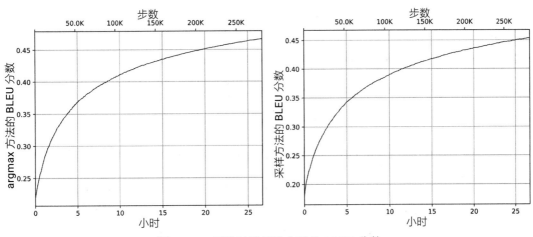

图 14.13　不跳过训练样本时的 BLEU 分数

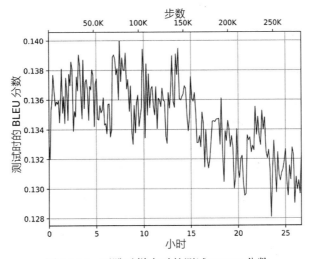

图 14.14　不跳过样本时的测试 BLEU 分数

14.9　经过数据测试的模型

一旦我们准备好模型，就可以根据数据集和自由格式的句子检查它们。在训练期间，两个训练工具（train_crossent.py 和 train_scst.py）会定期保存模型，这是在两种不同情况下发生的：当测试数据集上的 BLEU 分数更新最大值时、每 10 个 epoch 更新一次。两种模型具有相同的格式（由 Torch.save() 方法生成）并包含模型的权重。除权重外，我还将 token 保存到整数 ID 映射中，工具将使用该映射来对短语进行预处理。

为了验证模型，我们有两个工具：data_test.py 和 use_model.py。data_

test.py 加载模型，将其应用于给定类型的所有短语，并报告平均 BLEU 分数。在测试之前，短语对按第一个短语分组。例如，以下是根据喜剧类型训练的两个模型的结果。第一个通过交叉熵方法进行训练，第二个通过 RL 方法进行微调。

```
$ ./data_test.py --data comedy -m saves/xe-comedy/epoch_060_0.112.dat
2019-11-14 22:26:40,650 INFO Loaded 159 movies with genre comedy
2019-11-14 22:26:40,650 INFO Read and tokenise phrases...
2019-11-14 22:26:43,781 INFO Loaded 93039 phrases
2019-11-14 22:26:43,986 INFO Loaded 24716 dialogues with 93039 phrases,
generating training pairs
2019-11-14 22:26:44,003 INFO Counting freq of words...
2019-11-14 22:26:44,196 INFO Data has 31774 uniq words, 4913 of them
occur more than 10
2019-11-14 22:26:44,325 INFO Obtained 47644 phrase pairs with 4905 uniq
words
2019-11-14 22:30:06,915 INFO Processed 22767 phrases, mean BLEU = 0.2175


$ ./data_test.py --data comedy -m saves/sc-comedy2-lr5e-4/
epoch_150_0.456_0.133.dat
2019-11-14 22:34:17,035 INFO Loaded 159 movies with genre comedy
2019-11-14 22:34:17,035 INFO Read and tokenise phrases...
2019-11-14 22:34:20,162 INFO Loaded 93039 phrases
2019-11-14 22:34:20,374 INFO Loaded 24716 dialogues with 93039 phrases,
generating training pairs
2019-11-14 22:34:20,391 INFO Counting freq of words...
2019-11-14 22:34:20,585 INFO Data has 31774 uniq words, 4913 of them
occur more than 10
2019-11-14 22:34:20,717 INFO Obtained 47644 phrase pairs with 4905 uniq
words
2019-11-14 12:37:42,205 INFO Processed 22767 phrases, mean BLEU = 0.4413
```

验证模型的第二种方法是使用脚本 use_model.py，它允许你将任何字符串传递给模型并要求其生成答复：

```
rl_book_samples/Chapter12$ ./use_model.py -m saves/sc-comedy-e40-no-skip/
epoch_080_0.841_0.124.dat -s 'how are you?'
very well. thank you.
```

通过将数字传递给 --self 选项，你可以要求模型将自己的回复作为输入进行处理，换句话说，就是生成一段对话。

```
rl_book_samples/Chapter12$ ./use_model.py -m saves/sc-comedy-e40-no-
skip/epoch_080_0.841_0.124.dat -s 'how are you?' --self 10
very well. thank you.
 okay ... it's fine.
 hey ...
shut up.
```

```
fair enough
 so?
so, i saw my draw
what are you talking about?
just one.
i have a car.
```

默认情况下，生成是使用 argmax 执行的，因此模型的输出始终由输入 token 定义。这并不总是我们想要的，所以我们可以通过传入 --sample 选项为输出添加随机性。在这种情况下，在每个解码器步骤中，将从返回的概率分布中采样下一个 token。

```
rl_book_samples/Chapter12$ ./use_model.py -m saves/sc-comedy-e40-no-
skip/epoch_080_0.841_0.124.dat -s 'how are you?' --self 2 --sample very
well.
very well.
rl_book_samples/Chapter12$ ./use_model.py -m saves/sc-comedy-e40-no-
skip/epoch_080_0.841_0.124.dat -s 'how are you?' --self 2 --sample very
well. thank you.
ok.
```

14.10　Telegram 机器人

最后我们实现了能使用所训练模型的 Telegram 聊天机器人。为了运行它，需要使用 pip install 将 python-telegram-bot 软件包安装到你的虚拟环境中。

启动机器人所需的另一步骤是通过注册新的机器人来获取 API token。文档（见 https://core.telegram.org/bots#6-botfather）中描述了完整的过程。生成的 token 是形式为 110201543:AAHdqTcvCH1vGWJxfSeofSAs0K5PALDsaw 的字符串。

需要将此字符串放在 ~/.config/rl_Chapter14_bot.ini 中的配置文件中，该文件的结构在 Telegram 机器人程序源代码中显示如下。机器人的逻辑与用于实验模型的其他两个工具没有太大区别：它从用户那里接收短语并用解码器生成的序列进行回复。

```python
#!/usr/bin/env python3
# This module requires python-telegram-bot
import os
import sys
import logging
import configparser
import argparse

try:
    import telegram.ext
except ImportError:
    print("You need python-telegram-bot package installed "
          "to start the bot")
    sys.exit()
```

```
from libbots import data, model, utils

import torch

# Configuration file with the following contents
# [telegram]
# api=API_KEY
CONFIG_DEFAULT = "~/.config/rl_Chapter14_bot.ini"

log = logging.getLogger("telegram")


if __name__ == "__main__":
    fmt = "%(asctime)-15s %(levelname)s %(message)s"
    logging.basicConfig(format=fmt, level=logging.INFO)
    parser = argparse.ArgumentParser()
    parser.add_argument(
        "--config", default=CONFIG_DEFAULT,
        help="Configuration file for the bot, default=" +
            CONFIG_DEFAULT)
    parser.add_argument(
        "-m", "--model", required=True, help="Model to load")
    parser.add_argument(
        "--sample", default=False, action='store_true',
        help="Enable sampling mode")
    prog_args = parser.parse_args()
```

该机器人支持两种操作模式：argmax 解码（默认情况下使用）和采样模式。在 argmax 中，机器人对相同短语的回复始终相同。启用采样后，在解码过程中，我们将在每个步骤中从返回的概率分布中采样，这会增加机器人回复的可变性。

```
conf = configparser.ConfigParser()
if not conf.read(os.path.expanduser(prog_args.config)):
    log.error("Configuration file %s not found",
              prog_args.config)
    sys.exit()

emb_dict = data.load_emb_dict(
    os.path.dirname(prog_args.model))
log.info("Loaded embedded dict with %d entries",
         len(emb_dict))
rev_emb_dict = {
    idx: word for word, idx in emb_dict.items()
}
end_token = emb_dict[data.END_TOKEN]

net = model.PhraseModel(
    emb_size=model.EMBEDDING_DIM, dict_size=len(emb_dict),
    hid_size=model.HIDDEN_STATE_SIZE)
net.load_state_dict(torch.load(prog_args.model))
```

在前面的代码中，我们解析配置文件以获得 Telegram API token，加载 embedding 并使用权重初始化模型。我们不需要加载数据集，因为不需要训练。

```
def bot_func(bot, update, args):
    text = " ".join(args)
    words = utils.tokenize(text)
    seq_1 = data.encode_words(words, emb_dict)
    input_seq = model.pack_input(seq_1, net.emb)
    enc = net.encode(input_seq)
```

该函数由 python-telegram-bot 库调用，以通知它有用户向机器人发送短语。在这里，我们获得该短语，将其 token 化，然后将其转换为适合模型的形式。然后，编码器用于获得解码器的初始隐藏状态。

```
if prog_args.sample:
    _, tokens = net.decode_chain_sampling(
        enc, input_seq.data[0:1], seq_len=data.MAX_TOKENS,
        stop_at_token=end_token)
else:
    _, tokens = net.decode_chain_argmax(
        enc, input_seq.data[0:1], seq_len=data.MAX_TOKENS,
        stop_at_token=end_token)
```

接下来，我们根据程序命令行参数调用一种解码方法。在两种情况下，我们得到的结果都是解码序列的整数 token ID 序列。

```
if tokens[-1] == end_token:
    tokens = tokens[:-1]
reply = data.decode_words(tokens, rev_emb_dict)
if reply:
    reply_text = utils.untokenize(reply)
    bot.send_message(chat_id=update.message.chat_id,
                     text=reply_text)
```

得到解码后的序列后，我们需要使用字典将其解码为文本形式，并将回复发送给用户。

```
updater = telegram.ext.Updater(conf['telegram']['api'])
updater.dispatcher.add_handler(
    telegram.ext.CommandHandler('bot', bot_func,
                                pass_args=True))

log.info("Bot initialized, started serving")
updater.start_polling()
updater.idle()
```

最后一段代码是通过 python-telegram-bot 提供的机制注册 bot 函数。要触发它，你需要在 Telegram 聊天中使用 /bot 命令短语。

图 14.15 是经过训练的模型生成的对话的示例。

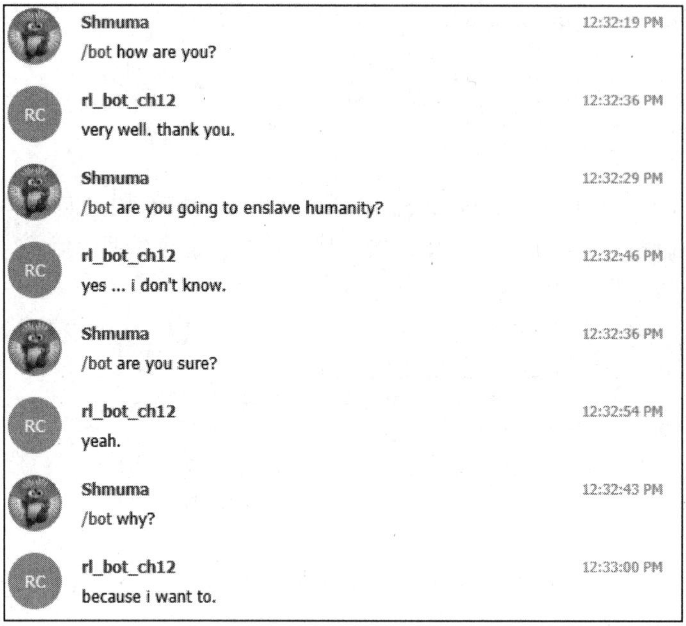

图 14.15　生成的对话

14.11　总结

　　尽管本章中的示例很简单，但 seq2seq 是 NLP 和其他领域中使用非常广泛的模型，因此 RL 方法可能适用于各种各样的问题。在本章中，我们只是简单介绍了深度 NLP 模型及其思想，更深入的内容远远超出了本书的范围。我们介绍了 NLP 模型的基础知识，例如 RNN 和 seq2seq 模型，以及训练它的不同方法。

　　在下一章中，我们将研究 RL 方法在另一个领域中的另一个应用示例：自动化 Web 导航任务。

第 15 章 *Chapter 15*

TextWorld 环境

在第 14 章中，你了解了如何将 RL 方法应用于 NLP 问题，尤其是改进聊天机器人的训练过程。在本章中，我们将继续深入 NLP 领域，并使用 RL 通过 Microsoft Research 发布的称为 TextWorld 的环境来解决基于文本的**文字冒险游戏**。

在本章中，我们将：

❑ 简要介绍文字冒险游戏的历史。

❑ 研究 TextWorld 环境。

❑ 实现简单的基线深度 Q-network（DQN）方法，然后尝试通过使用 RNN 实现命令生成器来对其进行改进。这将很好地说明 RL 如何应用于具有庞大观察空间的复杂环境。

15.1 文字冒险游戏

计算机游戏因其复杂的观察和动作空间、在游戏过程中需要做出的一系列决定以及自然的奖励机制，不仅给参与人员带来了快乐，也给 RL 研究人员带来了令人兴奋的挑战性。

像 Atari 2600 这样的街机游戏只是游戏行业众多游戏类型中的一种。从历史来看，Atari 2600 平台在 20 世纪 70 年代末和 80 年代初达到了顶峰。然后是 Z80 及其克隆的时代，后来发展成我们现在具有 PC 兼容平台和游戏主机的时代。

随着时间的流逝，计算机游戏在图形方面不断变得更加复杂、艳丽和细化，这不可避免地增加了硬件需求。这种趋势使 RL 研究人员和从业者更难将 RL 方法应用于较新的游戏。例如，几乎每个人都可以训练 RL 智能体来解决 Atari 游戏问题，但是对于星际争霸 2 来说，DeepMind 必须利用 GPU 机器集群，消耗数周的电能才能解决。当然，这些实验对于将来的研究是必需的，因为它使我们能检查想法并优化方法，但是例如星际争霸 2 和 Dota 这样的复杂问题，对于大多数人来说，解决它们的代价太大了。

解决此问题有几种方法。第一个是制作复杂性处于 Atari 和星际争霸"中间"的游戏。幸运的是，Z80、NES、Sega 和 C64 平台上确实有成千上万的游戏。

另一种方法是制作具有挑战性的游戏，但要简化环境。例如，有几种 Doom 环境（在 Gym 中可用）使用游戏引擎作为平台，但是目标比原始游戏要简单得多，例如方向导航、收集武器或射击敌人。这些微型游戏在星际争霸 2 中也有。

第三种完全不同的方法是设计另外一种游戏，这种游戏在观察方面可能不是很复杂，但是需要长期计划、对状态空间进行复杂的探索，并且在对象之间具有复杂的交互。这个系列的一个例子就是 Atzari 套件中著名的《蒙特祖玛的复仇》，即使对于现代 RL 方法也仍然具有挑战性。由于硬件需求不大，再加上仍然具有达到 RL 方法极限的复杂性，该方法非常吸引人。

另一个例子是基于文本的游戏，也称为文字冒险游戏。这种类型现在几乎已经被现代游戏和硬件的进步淘汰。但是在 Atari 和 Z80 时代，文字冒险游戏与传统游戏是同时提供的。这些游戏没有使用丰富的图形来显示游戏状态（这对于 20 世纪 70 年代的硬件来说是比较难做到的），而是依靠玩家的思维和想象力。

游戏是通过文本交互进行的，而当前的游戏状态会通过文本描述的方式向玩家提供。例如，你正站在路尽头，背后是一个小的砖砌建筑。在你周围是一片森林。一条小溪从建筑物中流出，并流入一条沟渠中。

如图 15.1 所示，这是 1976 年冒险游戏的开始，是此类游戏中的第一款。游戏中的动作以自由文本命令的形式给出，该命令通常具有简单的结构和有限的单词集，例如"动词 + 名词"。

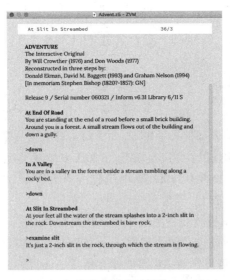

图 15.1　文字冒险游戏过程的一个示例

尽管描述很简单，但在 20 世纪 80 年代和 90 年代初，独立开发者和商业工作室开发了大大小小几千款游戏。那些游戏有时需要数小时的游戏时间，包含成千上万个位置，并且有很多对象要与之交互。

例如，图 15.2 显示了 Infocom 在 1980 年发布的 Zork I 游戏地图的一部分。

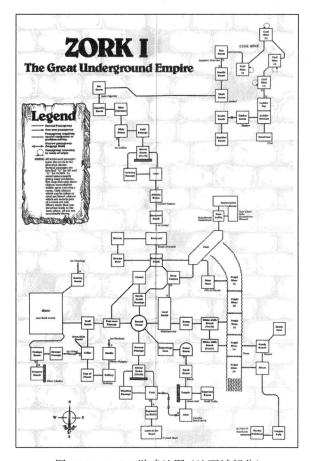

图 15.2　Zork I 游戏地图（地下城部分）

可以想象，此类游戏的挑战几乎可以无限增加，因为对象之间的复杂交互、游戏状态的探索、与其他角色的交流以及其他现实生活场景都可以包括在内。文字冒险游戏档案网站上有许多此类游戏：http://ifarchive.org。

2018 年 6 月，微软研究院发布了一个开源项目，旨在为研究人员和 RL 爱好者提供一种简单的方法，让他们使用熟悉的工具来体验基于文本的游戏。

他们名为 TextWorld 的项目可在 GitHub（https://github.com/microsoft/TextWorld）上找到，该项目提供了以下功能：

❑ 用于文本游戏的 Gym 环境。它支持两种格式的游戏：Z-machine 字节码（支持 1 到

8 版本）和 Glulx 游戏。

❑ 游戏生成器，可让你根据对象的数量、描述的复杂性和任务长度等要求来随机生成任务。

❑ 通过选择可查看的游戏状态来调整（针对生成的游戏）环境的复杂性。例如，可以启用中间奖励，每当智能体朝正确方向迈出一步时，中间奖励就会给智能体一个正向的奖励。下一节将详细介绍。

❑ 各种实用功能，用于处理观察和动作空间、生成的游戏等。

在本章中，我们将探索环境的功能，并实现几种版本的训练代码来解决生成的游戏。游戏的复杂性不会很高，但是你可以将它们用作自己的实验和想法验证的基础。

15.2 环境

在撰写本书时，TextWorld 环境仅支持 Linux 和 macOS 平台，并且内部依赖于 Inform 7 系统（http://inform7.com）。该项目有两个网页：一个是微软研究院网页（https://www.microsoft.com/en-us/research/project/textworld/），其中包含有关环境的常规信息，另一个在 GitHub（https://github.com/microsoft/TextWorld）上描述了安装和用法。让我们从安装开始。

15.2.1 安装

安装指示中建议你可以通过在 Python 虚拟环境中输入 pip install textworld 来安装软件包，但是在撰写本书时，此步骤被 Inform 7 引擎的 URL 更改所阻塞。希望这会在下一个 TextWorld 版本中修复，但是如果你遇到任何问题，可以通过运行 pip install git+https://github.com/microsoft/TextWorld@f1ac489fefeb6a48684ed1 f89422b84b7b4a6e4b 来安装我针对示例测试过的版本。

安装后，该包就可以用 Python 代码导入，它还提供了两个用于生成游戏和玩游戏的命令行实用工具：tw-make 和 tw-play。如果你有野心解决来自 http://ifarchive.org 创建的完整的文字冒险游戏，则你不需要它们，但是在我们简化的示例中，将从人为生成的任务开始。

15.2.2 游戏生成

tw-make 实用工具使你可以生成具有以下特征的游戏：

❑ **游戏场景**：例如，当玩家需要导航场景并找到硬币时，你可以选择使用对象以及动作序列的经典任务，或者选择"硬币收集"场景。

❑ **游戏主题**：你可以设置游戏内部的主题，但目前仅存在"房屋"和"基本"主题。

❑ **对象属性**：可以在对象中包含形容词。例如，打开箱子的可以是"绿色钥匙"，而不仅仅是"钥匙"。

❑ **游戏中并行的任务数量**：默认情况下只有一个正确的动作序列，但是你可以更改此操作并允许游戏具有子目标和替代路径。

❑ **任务的长度**：你可以定义玩家在游戏结束前需要执行多少步。

❑ **随机种子**：你可以使用种子来生成可重复制造的游戏。

生成的游戏格式可以是 Glulx 或 Z-machine，这是标准的虚拟机指令，已广泛用于普通游戏，并被多个文字冒险游戏解释器支持，因此你可以以与普通交互式游戏相同的方式来玩生成的游戏。

让我们生成一些游戏并检查它们的内容：

```
$ tw-make tw-coin_collector --output t1 --seed 10 --level 5 --force-
entity-numbering
Global seed: 10
Game generated: t1.ulx
```

该命令生成三个文件：`t1.ulx`、`t1.ni` 和 `t1.json`。第一个包含要加载到解释器中的字节码，其他的则是扩展的数据，可以在环境中使用这些扩展的数据在游戏过程中提供额外的信息。

要以交互方式玩游戏，可以使用任何支持 Glulx 格式的文字冒险游戏解释器，也可以使用 TextWorld 提供的实用工具 `tw-play`，这可能不是玩文字冒险游戏最方便的方法，但是起码可以检验结果。

```
$ tw-play t1.ulx
Using GitGlulxMLEnvironment.
```

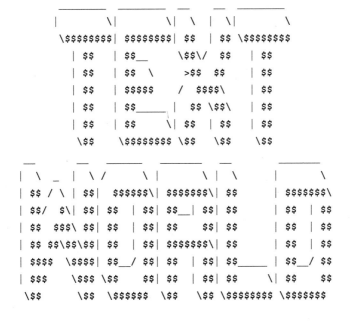

```
Get ready to pick stuff up and put it in places, because you've just
entered
```

```
TextWorld! First step, try to take a trip east. And then, head south.
Next, make

an effort to take a trip south. If you can accomplish that, try to take a
trip

west. With that accomplished, recover the coin from the floor of the
chamber.

Got that? Good!


-= Spare Room =-
You are in a spare room. An usual one.
You don't like doors? Why not try going east, that entranceway is
unblocked.


>
```

输出的译文为：　准备好捡起东西并放在适当的位置，因为你刚刚进入 TextWorld！第一步，尝试东行。然后，向南行。接下来，花时间向南旅行。如果你完成了，尝试向西旅行。完成后，从暗室地板上回收硬币。了解了吗？很好！

空房间

你在一个寻常可见的空房间中。你不喜欢门吗？那为什么不尝试向东走，那个大门是开着的。

在本章中，我们将尝试一些游戏。你需要使用提供的脚本（Chapter15/game/make_games.sh）来生成它们。它使用不同的种子值生成 21 个长度为 5 的游戏，以确保游戏的多样性。

15.2.3　观察和动作空间

生成游戏和玩游戏可能很有趣，但是 TextWorld 的核心价值在于它能够为生成的或现有的游戏提供 RL 接口。让我们看一下如何处理上一节中刚刚生成的游戏：

```
In [1]: import textworld
In [2]: from textworld.gym import register_game
In [3]: import gym
In [4]: env_id = register_game("t1.ulx")
In [5]: env_id
Out[5]: 'tw-v0'
In [6]: env = gym.make(env_id)
In [7]: env
Out[7]: <TimeLimit<TextworldGamesEnv<tw-v0>>>
In [8]: r = env.reset()
In [9]: r
Out[9]:
("\n\n\n                    _____  _____  __      __  _____
\n                    |       \\|        \\|  \\    |  \\|        \\
\n                    \\$$$$$$$$| $$$$$$$$| $$    | $$ \\$$$$$$$$
```

```
\n                          | $$  | $$__      \\$$\\/ $$  | $$
\n                          | $$  | $$ \\      >$$ $$  | $$
\n                          | $$  | $$$$$    / $$$$\\  | $$
\n                          | $$  | $$____ | $$ \\$$\\  | $$
\n                          | $$  | $$   \\| $$  | $$  | $$
\n                          \\$$   \\$$$$$$$$ \\$$   \\$$   \\$$
\n              __        __                           _____
\n             | \\      _ | \\  /      \\    | \\  | \\       |
\\ \n           | $$ / \\ | $$| $$$$$$\\| $$$$$$$\\| $$      |
$$$$$$$\\\n              | $$/  $\\| $$| $$  | $$| $$__| $$| $$      |
$$  | $$\n              | $$ $$$\\ $$| $$  | $$| $$    $$| $$      |
$$  | $$\n              | $$ $$\\$$\$$| $$  | $$| $$$$$$$\\| $$      |
| $$  | $$\n              | $$$$ \\$$$$| $$__/ $$| $$  | $$| $$_____ |
| $$__/ $$\n              | $$$ \\$$$ \\$$  $$| $$  | $$| $$     |
\\| $$  $$\n              \\$$   \\$$ \\$$$$$$ \\$$  \\$$
\\$$$$$$$$ \\$$$$$$$ \n\nGet ready to pick stuff up and put it in places,
because you've just entered TextWorld! First step, try to take a trip
east. And then, head south. Next, make an effort to take a trip south. If
you can accomplish that, try to take a trip west. With that accomplished,
recover the coin from the floor of the chamber. Got that? Good!\n\n-=
Spare Room =-\nYou are in a spare room. An usual one.\n\n\n\nYou don't
like doors? Why not try going east, that entranceway is unblocked.\n\n\
n\n",
      {})
```

输出的译文为：　准备好捡起东西并放在适当的位置，因为你刚刚进入 TextWorld！第一步，尝试东行。然后，向南行。接下来，花时间向南旅行。如果你完成了，尝试向西旅行。完成后，从暗室地板上回收硬币。了解了吗？很好！

空房间

你在一个寻常可见的空房间中。你不喜欢门吗？那为什么不尝试向东走，那个大门是开着的。

现在，我们已经将生成的游戏注册到了 Gym 游戏注册表中，创建了环境并得到初始观察。是的，所有这些混乱的文本都是我们的观察，我们的智能体必须从中选择下一个动作。如果你更仔细地查看 reset() 方法的结果，可能会注意到结果不是字符串，而是带有字符串和字典的元组。

这是 TextWorld 的特殊点之一，使其与 Gym 的 API 不兼容。确实，Env.reset() 必须只返回观察值，但是 TextWorld 返回了观察值和扩展信息（是一个字典）。在后文中，当我们讨论扩展的游戏信息时，将讨论为什么以这种方式实现它。现在，只需要注意 reset() 会返回一个额外的字典，我们将继续探索环境。

```
In [10]: env.observation_space
Out[10]: Word(L=200, V=1250)
In [11]: env.action_space
```

```
Out[11]: Word(L=8, V=1250)
In [12]: env.action_space.sample()
Out[12]: array([ 575,  527,   84, 1177,  543,  702, 1139,  178])
In [13]: type(env.action_space)
Out[13]: textworld.gym.spaces.text_spaces.Word
```

如你所见，观察空间和动作空间均由 TextWorld 库提供的自定义类 Word 表示。该类表示特定词汇表中的变长单词序列。在观察空间中，序列的最大长度为 200（在前面的代码中显示为 L=200），词汇表包含 1250 个 token（V=1250）。对动作空间来说，词汇表是相同的，但是序列更短：最多包含 8 个 token。

如第 14 章所述，NLP 中序列的常规表示形式是词汇表中的 token ID 列表。Word 类的字段提供了对此词汇表的访问。这个类具体包含：

❑ 字典 id2w，将 token ID 映射成单词。

❑ 具有反向映射的字典 w2id。

❑ tokenize() 方法，该方法接受字符串为参数并返回 token 序列。

该功能提供了一种方便有效的方法来处理观察序列和动作序列：

```
In [16]: env.action_space.tokenize("go north")
Out[16]: array([  3, 466, 729,   2])
In [17]: act = env.action_space.sample()
In [18]: act
Out[18]: array([1090,  996,  695, 1195,  447, 1244,   61,  734])
In [19]: [env.action_space.id2w[a] for a in act]
Out[19]: ['this', 'spork', 'modest', "weren't", 'g', "you've", 'amazing',
'noticed']
```

该文本不是很有意义，因为它是从词汇表中随机抽取的。你可能会注意到的另一件事是，"go north" 序列的 token 化版本具有四个 token，而不是两个。这是由于附加了 token（这些 token 是自动添加的）用于代表序列的开始和结束。我们在第 14 章中使用了相同的方法。

15.2.4　额外的游戏信息

在开始规划最初的训练代码之前，我们需要讨论一下 TextWorld 中将要使用到的其他功能。你可能会猜到，即使是一个简单的问题也可能对我们构成很大的挑战。请注意，观察值是大小为 1250 的词汇表中最多包含 200 个 token 的文本序列。动作最多可以包含 8 个 token。生成的游戏具有 5 个可以执行的正确命令。

因此，我们通过随机的方式，找到 $8 \times 5 = 40$ 个 token 的正确序列的概率为 $\frac{1}{1250^{40}} \approx \frac{1}{10^{123}}$。即使是使用速度最快的 GPU，也无法解决这个问题。当然，我们有开始序列和结束序列的 token，可以考虑使用这些 token 来增加成功概率。但是，通过随机探索找到正确的动作顺序的可能性很小。

另一个挑战是环境的部分可观察马尔可夫决策过程（POMDP）性质，这是由于我们通常不会显示游戏中的资产清单。在文字冒险游戏中，通常的做法是仅在某些明确的命令（例如"inventory"）之后才会显示角色拥有的对象。但是我们的智能体不知道以前的状态。因此，从它的角度来看，命令 "take apple" 执行之后的情况与执行之前完全相同（不同之处仅在于在场景描述中不再提及 apple）。我们可以像在 Atari 游戏中那样通过堆叠状态来处理此问题，但是需要明确地进行处理，并且智能体需要处理的信息量也将大大增加。

综上所述，我们应该在环境方面进行一些简化。幸运的是，TextWorld 为我们提供了方便的作弊手段。在游戏注册期间，我们可以传递额外的标志以利用更多结构化的数据来丰富观察空间。这是内部信息列表：

- 对当前房间的单独描述，由 "look" 命令给出的信息。
- 当前的资产清单。
- 当前位置的名称。
- 当前世界的真实状态。
- 最后执行的动作和最后执行的命令。
- 当前状态下允许使用的命令列表。
- 赢得游戏所需执行的动作序列。

此外，除了在每个步骤上提供额外的结构化观察之外，每次我们在正确的方向上移动时，都可以要求 TextWorld 提供中间奖励。你可能会猜到，这对于加速收敛非常有帮助。

在我们可以添加的附加信息中，最有用的功能是可用命令（它将我们的动作空间从 1250^{40} 大幅减少至十几个）以及中间奖励（它们可以指导正确的训练方向）。

为了启用这些附加的信息，我们需要将一个可选参数传给 register_game() 方法：

```
In [1]: from textworld.gym import register_game
In [2]: from textworld.envs.wrappers.filter import EnvInfos
In [3]: import gym
In [4]: env_id = register_game("t1.ulx", request_
infos=EnvInfos(inventory=True, intermediate_reward=True, admissible_
commands=True))
In [6]: env = gym.make(env_id)
In [7]: env.reset()
Out[7]:
("\n\n\n                    _____  _____  __    __  _____
\n                    |       \\|       \\|  \\  |  \\|       \\
\n                    \\$$$$$$$| $$$$$$$| $$  | $$ \\$$$$$$$
\n                      | $$   | $$__     \\$$\\/  $$    | $$
\n                      | $$   | $$  \\     >$$  $$    | $$
\n                      | $$   | $$$$$    / $$$$\\    | $$
\n                      | $$   | $$_____  | $$ \\$$\\   | $$
```

```
\n                       | $$    | $$    \\| $$  | $$   | $$
\n                       \\$$   \\$$$$$$$ \\$$  \\$$   \\$$
\n               __                  __         __          ____
\n              |  \\   _   |  \\ /     \\ |    \\ |  \\     |
 \\ \n          | $$ / \\ | $$| $$$$$$\\| $$$$$$$\\| $$      |
$$$$$$\\\n         | $$/  $\\| $$| $$   | $$| $$__| $$| $$      |
$$  | $$\n         | $$ $$$\\ $$| $$   | $$| $$    $$| $$      |
$$  | $$\n         | $$ $$\\$$\\$$| $$   | $$| $$$$$$$\\| $$      |
| $$  | $$\n         | $$$$  \\$$$$| $$__/ $$| $$    | $$| $$____
| $$__/ $$\n        | $$$  \\$$$ \\$$    $$| $$  | $$| $$    $$\n
 \\| $$    $$\n        \\$$    \\$$  \\$$$$$$  \\$$   \\$$
\\$$$$$$$ \\$$$$$$ \n\nGet ready to pick stuff up and put it in places,
because you've just entered TextWorld! First step, try to take a trip
east. And then, head south. Next, make an effort to take a trip south. If
you can accomplish that, try to take a trip west. With that accomplished,
recover the coin from the floor of the chamber. Got that? Good!\n\n-=
Spare Room =-\nYou are in a spare room. An usual one.\n\n\nYou don't
like doors? Why not try going east, that entranceway is unblocked.\n\n\
n\n",

 {'inventory': 'You are carrying nothing.\n\n\n',
  'admissible_commands': ['go east', 'inventory', 'look'],
  'intermediate_reward': 0})
```

如你所见，该环境现在在字典中提供了以前没有的其他信息。在这种状态下，只有 3 个命令有意义。让我们尝试第一个。

```
In [8]: env.step("go east")
Out[8]:
("\n-= Attic =-\nYou make a grand eccentric entrance into an attic.\n\
n\n\nYou need an unblocked exit? You should try going south. You don't
like doors? Why not try going west, that entranceway is unblocked.\n\
n\n",

 0,

 False,

 {'inventory': 'You are carrying nothing.\n\n\n',
  'admissible_commands': ['go south', 'go west', 'inventory', 'look'],
  'intermediate_reward': 1})
```

输出的译文为：　阁楼

以一个古怪的姿态进入阁楼

你需要一个畅通无阻的出口吗？你应该尝试往南走。你不喜欢门吗？

那为什么不尝试向西走，那个大门是开着的

你什么都没有携带

该命令已被接受，我们得到的中间奖励为 1。好的，这非常棒。现在，我们拥有了一切所需的东西，可以实现第一个基线 DQN 智能体来解决 TextWorld 问题了！

15.3　基线 DQN

在这个问题上，主要的挑战在于不方便的观察和动作空间。如前所述，文本序列本身可能会成为一个问题。序列长度的可变性可能会导致 RNN 中梯度消失和爆炸、训练缓慢以及难收敛问题。除此之外，TextWorld 环境为我们提供了一些需要单独处理的序列。例如，对于智能体来说，场景描述字符串的含义可能与描述所有物清单的字符串的含义完全不同。

如前所述，另一个障碍是动作空间。正如你在上一节中看到的，TextWorld 可能会向我们提供每个状态下可以执行的命令列表。它显著减少了我们需要从中进行动作选择的动作空间大小，但是还存在其他复杂性。其中之一是允许的命令列表会随状态而变化（因为不同的位置可能允许执行不同的命令）。另一个问题是允许的命令列表中的每个条目都是一个单词序列。

我们可能可以通过构建包含所有可能的命令的字典，并将其用作离散的、固定大小的动作空间来消除这两种差异。在简单的游戏中这可能可行，因为位置和对象的数量不是那么大。你可以尝试将其作为练习，但是我们将走另一条路。

到目前为止，你仅看到具有少量预定义动作的离散动作空间，这影响了 DQN 的架构：网络的输出一次预测了所有动作中的 Q 值，这对训练和模型应用来说都很方便（因为我们需要所有动作的所有 Q 值才能找到 argmax）。但是 DQN 架构的选择不是由方法决定的，因此，如果需要，我们可以对其进行调整。可变动作数的问题可以通过这种方式解决。为了更好地了解操作方法，让我们检查一下 TextWorld 基线 DQN 的架构，如图 15.3 所示。

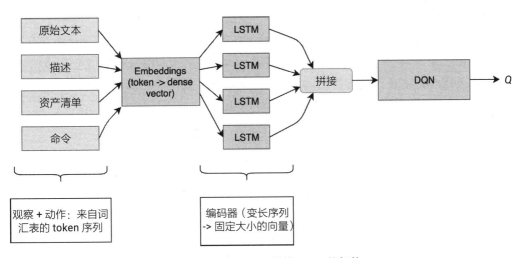

图 15.3　TextWorld 基线 DQN 的架构

图 15.3 的主要部分被预处理占据。在网络的输入部分（左侧区域），我们获得了观察的各个部分（"原始文本""描述"和"资产清单"）的可变序列以及一个要评估的动作命令的序列。该命令将从可使用的命令列表中获取，我们网络的目标是为当前的游戏状态和此特

定命令预测一个 Q 值。这种方法与之前使用的 DQN 不同，但是由于我们事先不知道每种状态下需要评估哪些命令，因此将分别评估每个命令。

这四个输入序列（就是我们词汇表中的 token ID 列表）将通过 embedding 层传递，然后喂给各自的 LSTM RNN。我们在第 14 章中讨论了 embedding 和 RNN，因此，如果你不熟悉这些 NLP 概念，可以查看相应部分。

LSTM 网络（在图中称为"编码器"）的目标是将变长序列转换为固定大小的向量。每个输入端都经过自己的带权重的 LSTM 处理，这将允许网络从不同的输入序列捕获不同的数据。

编码器的输出被合并成一个向量，并传给主 DQN 网络。由于我们将变长序列转换为了固定大小的向量，因此 DQN 网络很简单：只有几个前馈层并产生单个 Q 值。这在计算上效率较低，但是对于基线来说已经足够了。

完整的源代码在 Chapter15 目录中，它包含以下模块：

❑ train_basic.py：基线训练程序。

❑ lib/common.py：用于设置 Ignite 引擎和超参数的公用工具。

❑ lib/preproc.py：预处理管道，包括 embedding 和编码器类。

❑ lib/model.py：DQN 模型和 DQN 智能体以及它们的帮助函数。

为了简化内容，本章将不提供完整的源代码。只有最重要或最棘手的部分会在后续部分中进行说明。

15.3.1 观察预处理

让我们从管道的最左侧开始。在输入部分，针对单个状态的观察和要评估的命令，我们将要获得几个 token 列表。但是，正如你已经看到的，TextWorld 环境会生成带有扩展信息的字符串和字典，因此我们需要将字符串 token 化，并丢弃不相关的信息。这是 TextWorldPreproc 类的职责，该类在 lib/preproc.py 模块中定义：

```
class TextWorldPreproc(gym.Wrapper):

    log = logging.getLogger("TextWorldPreproc")

    def __init__(self, env: gym.Env, encode_raw_text: bool = False,
                 encode_extra_fields: Iterable[str] = (
                         'description', 'inventory'),
                 use_admissible_commands: bool = True,
                 use_intermediate_reward: bool = True,
                 tokens_limit: Optional[int] = None):
        super(TextWorldPreproc, self).__init__(env)
        if not isinstance(env.observation_space, tw_spaces.Word):
            raise ValueError(
                "Env should expose textworld obs, "
                "got %s instead" % env.observation_space)
        self._encode_raw_text = encode_raw_text
```

```
self._encode_extra_field = tuple(encode_extra_fields)
self._use_admissible_commands = use_admissible_commands
self._use_intermedate_reward = use_intermediate_reward
self._num_fields = len(self._encode_extra_field) + \
                        int(self._encode_raw_text)
self._last_admissible_commands = None
self._last_extra_info = None
self._tokens_limit = tokens_limit
self._cmd_hist = []
```

该类实现了 gym.Wrapper 接口，因此它将以我们需要的方式转换 TextWorld 环境的观察和动作。构造函数可以设置几个标志，从而简化之后的实验。例如，你可以禁用允许的命令或中间奖励、设置 token 的限制长度或更改要处理的观察字段集。

```
@property
def num_fields(self):
    return self._num_fields

def _encode(self, obs: str, extra_info: dict) -> dict:
    obs_result = []
    if self._encode_raw_text:
        tokens = self.env.observation_space.tokenize(obs)
        if self._tokens_limit is not None:
            tokens = tokens[:self._tokens_limit]
        obs_result.append(tokens)
    for field in self._encode_extra_field:
        extra = extra_info[field]
        tokens = self.env.observation_space.tokenize(extra)
        if self._tokens_limit is not None:
            tokens = tokens[:self._tokens_limit]
        obs_result.append(tokens)
    result = {"obs": obs_result}
    if self._use_admissible_commands:
        adm_result = []
        for cmd in extra_info['admissible_commands']:
            cmd_tokens = self.env.action_space.tokenize(cmd)
            adm_result.append(cmd_tokens)
        result['admissible_commands'] = adm_result
        self._last_admissible_commands = \
            extra_info['admissible_commands']
    self._last_extra_info = extra_info
    return result
```

_encode 方法是观察转换的核心。它接受观察字符串和附加信息字典为参数，并返回一个具有以下键的字典：

❏ obs：输入序列 token ID 列表的列表。

❏ admissible_commands：当前状态下可用命令的列表。每个命令都被 token 化并转换为 token ID 列表。

此外，该方法还可以记住附加的信息字典和原始允许的命令列表。这不是训练必需的，但在模型应用时可用于通过命令索引取回命令文本。

```
def reset(self):
    res = self.env.reset()
    self._cmd_hist = []
    return self._encode(res[0], res[1])

def step(self, action):
    if self._use_admissible_commands:
        action = self._last_admissible_commands[action]
        self._cmd_hist.append(action)
    obs, r, is_done, extra = self.env.step(action)
    if self._use_intermedate_reward:
        r += extra.get('intermediate_reward', 0)
    if self._reward_wrong_last_command is not None:
        # that value is here if we gave a nonsense command
        if extra.get('last_command', '') == 'None':
            r += self._reward_wrong_last_command
    new_extra = dict(extra)
    fields = list(self._encode_extra_field)
    fields.append('admissible_commands')
    fields.append('intermediate_reward')
    for f in fields:
        if f in new_extra:
            new_extra.pop(f)
    return self._encode(obs, extra), r, is_done, new_extra
```

两个公有方法 reset() 和 step() 使用 _encode() 方法进行观察的转换。
可用的命令启动后，动作应该是命令列表中的索引，而不是命令文本。

```
@property
def last_admissible_commands(self):
    if self._last_admissible_commands:
        return tuple(self._last_admissible_commands)
    return None

@property
def last_extra_info(self):
    return self._last_extra_info
```

最后，有两个可以访问记忆状态的属性。为了说明应该如何使用此类以及如何对观察
进行处理，让我们查看下面这个小型的交互式会话：

```
In [1]: from textworld.gym import register_game
In [2]: import gym
In [3]: from lib import preproc
In [4]: from textworld.envs.wrappers.filter import EnvInfos
In [5]: env_id = register_game("games/simple1.ulx", request_
infos=EnvInfos(inventory=True, intermediate_reward=True, admissible_
commands=True, description=True))
In [6]: env = gym.make(env_id)
In [7]: env.reset()
Out[7]:
("\n\n\n
```

```
\n                         |        \\|        \\| \\ | \\|        \\
\n                     \\$$$$$$$| $$$$$$$| $$  | $$ \\$$$$$$$$
\n                     | $$  | $$__    \\$$\\\/ $$  | $$
\n                     | $$  | $$ \\    >$$ $$  | $$
\n                     | $$  | $$$$$    / $$$$\\   | $$
\n                     | $$  | $$____ | $$ \\$$\\   | $$
\n                     | $$  | $$    \\| $$ | $$  | $$
\n                     \\$$   \\$$$$$$$$ \\$$  \\$$    \\$$
\n                   __     __    __     __       _____
\n                  | \\   _ | \\ /     \\ |     | \\ | \\        |
\\ \n                  | $$ / \\ | $$| $$$$$$\\\| $$$$$$$\\\| $$        |
$$$$$$$\\\n              | $$/  $\\\| $$| $$  | $$| $$__| $$| $$        |
$$  | $$\n                | $$ $$$\\ $$| $$  | $$| $$    $$| $$        |
$$  | $$\n                | $$ $$\\$$\\$$| $$  | $$| $$$$$$$\\\| $$        |
| $$  | $$\n                  | $$$$ \\$$$$| $$__/ $$| $$  | $$| $$_____
| $$__/ $$\n                  | $$$  \\$$$ \\$$   $$| $$  | $$| $$
\\\| $$ $$\n                  \\$$   \\$$ \\$$$$$$ \\$$  \\$$
\\$$$$$$$$ \\$$$$$$$$ \n\nWelcome to TextWorld! Here is your task for
```

today. First off, if it's not too much trouble, I need you to take a trip east. Then, take a trip north. And then, take the insect from the case. After that, go to the south. Then, sit the insect on the stand inside the studio. And if you do that, you're the winner!\n\n-= Spare Room =-\nYou find yourself in a spare room. A typical kind of place.\n\nYou rest your hand against a wall, but you miss the wall and fall onto a rectangular locker.\n\nThere is an unguarded exit to the east. You don't like doors? Why not try going south, that entranceway is unblocked.\n\nThere is a rectangular key on the floor.\n\n\n\n",

{'description': "-= Spare Room =-\nYou find yourself in a spare room. A typical kind of place.\n\nYou rest your hand against a wall, but you miss the wall and fall onto a rectangular locker.\n\nThere is an unguarded exit to the east. You don't like doors? Why not try going south, that entranceway is unblocked.\n\nThere is a rectangular key on the floor.\n\n",

　'inventory': 'You are carrying:\n a pair of headphones\n a whisk\n\n',

　'admissible_commands': ['drop pair of headphones',
　'drop whisk',
　'examine pair of headphones',
　'examine rectangular key',
　'examine rectangular locker',
　'examine whisk',
　'go east',
　'go south',
　'inventory',
　'look',
　'open rectangular locker',
　'take rectangular key'],
　'intermediate_reward': 0})

输出的译文为： 欢迎来到 TextWorld！这是你今天的任务。如果不嫌麻烦，我需要你
向东行。然后向北旅行。再然后，从箱子中取出昆虫。之后向南行。
接着将昆虫放在工作室内的架子上。如果你都做到了，你就是赢家！
空房间
你发现自己在一个空房间中。一个很普通的地方。
你想将手靠在墙上，但没靠准，跌落到了矩形储物柜上。
东部是没有人看守的出口。你不喜欢门吗？为什么不尝试往南走，那
里畅通无阻。
地板上有一个矩形钥匙。
丢掉耳机
丢掉毛掸子
检查耳机
检查矩形钥匙
检查矩形储物柜
检查毛掸子
向东行
向南行
资产清单
四处观望
打开矩形储物柜
捡起矩形钥匙

这就是从 TextWorld 环境获得的原始观察结果。让我们应用预处理器：

```
In [13]: pr_env = preproc.TextWorldPreproc(env)
In [14]: pr_env.reset()
Out[14]:
{'obs': [array([<values hidden>]),
  array([ 3, 1240, 78, 1, 35, 781, 747, 514, 35, 1203,  2])],
 'admissible_commands': [array([ 3, 342, 781, 747, 514,  2]),
  array([ 3, 342, 1203,  2]),
<more commands here>
  array([ 3, 1053, 871, 588,  2])]}
```

让我们尝试执行一些动作。0 号动作对应于允许的命令列表中的第一个条目，在此示例
中为 "丢弃耳机"。

```
In [15]: pr_env.step(0)
Out[15]:
({'obs': [array([<values hidden>]),
   array([ 3, 1240, 78, 1, 35, 1203,  2])],
```

```
    'admissible_commands': [array([   3,  342, 1203,    2]),
    array([  3,  383,  781,  747,  514,    2]),
<more commands here>
    array([   3, 1053,  871,  588,    2])]},
 0,
 False,
 {})
In [17]: pr_env.last_extra_info['inventory']
Out[17]: 'You are carrying:\n  a whisk\n\n\n'
```

如你所见，我们不再拥有耳机，但是由于中间奖励是 0，因此这不是正确的选择。

好吧，这种表示形式仍然无法直接喂给神经网络，但它更接近我们想要的形式。

15.3.2　embedding 和编码器

预处理管道中的下一步在两个类中实现：

❑ Encoder：LSTM 单元的包装器，可以将一个序列（应用 embedding 后）转换为固定大小的向量。

❑ Preprocessor：它负责 embedding 的应用以及具有相应编码器类的单个序列转换。

Encoder 类更简单，让我们从它开始：

```
class Encoder(nn.Module):
    def __init__(self, emb_size: int, out_size: int):
        super(Encoder, self).__init__()
        self.net = nn.LSTM(
            input_size=emb_size, hidden_size=out_size,
            batch_first=True)

    def forward(self, x):
        self.net.flatten_parameters()
        _, hid_cell = self.net(x)
        return hid_cell[0].squeeze(0)
```

逻辑很简单：应用 LSTM 层并在处理序列后返回其隐藏状态。该逻辑与第 14 章中实现 seq2seq 的架构时一样。

Preprocessor 类有一点复杂，因为它结合了多个 Encoder 实例，并且还负责 embedding 处理：

```
class Preprocessor(nn.Module):
    def __init__(self, dict_size: int, emb_size: int,
                 num_sequences: int, enc_output_size: int):
        super(Preprocessor, self).__init__()

        self.emb = nn.Embedding(num_embeddings=dict_size,
                                embedding_dim=emb_size)
```

```
        self.encoders = []
        for idx in range(num_sequences):
            enc = Encoder(emb_size, enc_output_size)
            self.encoders.append(enc)
            self.add_module(f"enc_{idx}", enc)
        self.enc_commands = Encoder(emb_size, enc_output_size)
```

在构造函数中，我们创建一个 embedding 层，该层将字典中的每个 token 映射成固定大小的密集向量。然后，我们为每个输入序列创建 Encoder 的 num_sequences 实例，并创建一个单独的实例来编码 token。

```
    def _apply_encoder(self, batch: List[List[int]],
                       encoder: Encoder):
        dev = self.emb.weight.device
        batch_t = [self.emb(torch.tensor(sample).to(dev))
                   for sample in batch]
        batch_seq = rnn_utils.pack_sequence(
        batch_t, enforce_sorted=False)
    return encoder(batch_seq)
```

_apply_encoder() 内部方法获取一批序列（每个序列都是 token ID 的列表），并使用编码器对其进行转换。如果你还记得，在第 14 章中，我们需要在 RNN 应用之前对一批变长序列进行排序。从 PyTorch 1.0 开始不再需要这么做，因为排序和转换由 PackedSequence 类在内部处理。要启用此功能，我们需要传入 enforce_sorted=False 参数。

```
    def encode_sequences(self, batches):
        data = []
        for enc, enc_batch in zip(self.encoders, zip(*batches)):
            data.append(self._apply_encoder(enc_batch, enc))
        res_t = torch.cat(data, dim=1)
        return res_t

    def encode_commands(self, batch):
        return self._apply_encoder(batch, self.enc_commands)
```

该类的两个公有方法只是调用 _apply_encoder() 方法来转换输入序列和命令。在处理序列时，我们沿第二维将批串联起来，以将各个编码器产生的固定大小的向量组合为单个向量。

现在，让我们看看应该如何应用 Preprocessor 类：

```
In [1]: from textworld.gym import register_game

In [2]: import gym

In [3]: from lib import preproc

In [4]: from textworld.envs.wrappers.filter import EnvInfos

In [5]: env_id = register_game("games/simple1.ulx", request_
infos=EnvInfos(inventory=True, intermediate_reward=True, admissible_
commands=True, description=True))
```

```
In [6]: env = gym.make(env_id)
In [7]: env = preproc.TextWorldPreproc(env)
In [8]: prep = preproc.Preprocessor(dict_size=env.observation_space.
vocab_size, emb_size=10, num_sequences=env.num_fields, enc_output_
size=20)
In [9]: prep
Out[9]:
Preprocessor(
  (emb): Embedding(1250, 10)
  (enc_0): Encoder(
    (net): LSTM(10, 20, batch_first=True)
  )
  (enc_1): Encoder(
    (net): LSTM(10, 20, batch_first=True)
  )
  (enc_commands): Encoder(
    (net): LSTM(10, 20, batch_first=True)
  )
)
```

我们创建了一个 Preprocessor 实例，它包含大小为 10 的 embedding，还将两个输入序列和命令文本编码为大小为 20 的向量。要使用它，需要将输入的批传给其中一个公有方法。

```
In [10]: obs = env.reset()
In [11]: prep.encode_sequences([obs['obs']])
Out[11]: torch.Size([1, 40])
In [12]: prep.encode_commands(obs['admissible_commands']).size()
Out[12]: torch.Size([12, 20])
```

输出的大小符合我们的预期，因为两个序列的单个观察为 $2 \times 20 = 40$ 个数字，并且长度为 12 的命令列表被编码为形状是 (12, 20) 的张量。

15.3.3　DQN 模型和智能体

经过所有这些准备，DQN 模型很明显了：它应该接受 num_sequences × encoder_size 的向量并产生一个标量值。但该 DQN 模型与之前接触的其他 DQN 模型在应用方式上有所不同。

```
class DQNModel(nn.Module):
    def __init__(self, obs_size: int, cmd_size: int,
                 hid_size: int = 256):
        super(DQNModel, self).__init__()

        self.net = nn.Sequential(
            nn.Linear(obs_size + cmd_size, hid_size),
            nn.ReLU(),
```

```
            nn.Linear(hid_size, 1)
        )
    def forward(self, obs, cmd):
        x = torch.cat((obs, cmd), dim=1)
        return self.net(x)

    @torch.no_grad()
    def q_values(self, obs_t, commands_t):
        result = []
        for cmd_t in commands_t:
            qval = self(obs_t, cmd_t.unsqueeze(0))[0].cpu().item()
            result.append(qval)
        return result
```

forward() 方法接受两个批（观察和命令），并根据这两个输入生成一批 Q 值。另一个方法 q_values()，以 Preprocessor 类产生的观察和编码后的命令张量为参数，并应用模型为每个命令返回 Q 值列表。

最后一个值得展示的类是 PTAN 智能体，该智能体将所有逻辑组合在一起并将环境的观察结果（在经过 TextWorldPreproc 类处理之后）转换为要执行的动作列表。

```
class DQNAgent(ptan.agent.BaseAgent):
    def __init__(self, net: DQNModel,
                 preprocessor: preproc.Preprocessor,
                 epsilon: float = 0.0, device="cpu"):
        self.net = net
        self._prepr = preprocessor
        self._epsilon = epsilon
        self.device = device

    @property
    def epsilon(self):
        return self._epsilon

    @epsilon.setter
    def epsilon(self, value: float):
        if 0.0 <= value <= 1.0:
            self._epsilon = value

    @torch.no_grad()
    def __call__(self, states, agent_states=None):
        if agent_states is None:
            agent_states = [None] * len(states)

        # for every state in the batch, calculate
        actions = []
        for state in states:
            commands = state['admissible_commands']
            if random.random() <= self.epsilon:
                actions.append(random.randrange(len(commands)))
            else:
                obs_t = self._prepr.encode_sequences(
                    [state['obs']]).to(self.device)
```

```
                    commands_t = self._prepr.encode_commands(commands)
                    commands_t = commands_t.to(self.device)
                    q_vals = self.net.q_values(obs_t, commands_t)
                    actions.append(np.argmax(q_vals))
            return actions, agent_states
```

逻辑非常简单，但是仍然展示了预处理管道和 DQN 模型的组合方式。

15.3.4　训练代码

在完成所有准备工作和预处理之后，其余部分几乎与我们之前介绍的内容相同，因此，我不再重复训练代码，将仅描述训练逻辑。

要训练模型，必须使用 Chapter15/train_basic.py 工具。它允许我们通过几个命令行参数来更改训练行为：

- ❑ -g 或 --game：这是 games 目录中游戏文件的前缀。提供的脚本生成了几个名为 simpleNN.ulx 的游戏，其中 NN 是游戏种子。
- ❑ -s 或 --suffices：这是训练期间要使用的游戏数。如果指定为 1（这是默认值），则仅对文件 simple1.ulx 进行训练。如果给出选项 -s 10，则将注册 10 个索引为 1 到 10 的游戏并将其用于训练。此选项用于泛化实验，将在下一节中说明。
- ❑ -v 或 --validation：这是用于验证的游戏后缀。默认情况下是 -val，它指定了一个游戏文件，该文件将用于检查训练后的智能体的泛化能力。
- ❑ --params：指定要使用的超参数。lib/common.py 中定义了两个集合：small 和 medium。第一个集合的 embedding 维度和编码器的向量维度更小，用于快速求解一些游戏。但是，当用很多游戏来训练时，此集合将很难收敛。
- ❑ --cuda：启用 CUDA 来训练。
- ❑ -r 或 --run：这是运行的程序名，并将作为保存目录和 TensorBoard 的名称。

在训练期间，每 100 次训练迭代进行一次验证，它会在当前网络上验证游戏。奖励和步骤数记录在 TensorBoard 中，有助于我们了解智能体的泛化能力。众所周知，RL 中的泛化是一个大问题。在有限的轨迹范围内，训练过程倾向于过拟合某些状态，使之不能保证在未见过的游戏中表现良好。与通常不会发生很大变化的 Atari 游戏相比，文字冒险游戏的可变性可能更高，这是因为它们的任务、对象和交流方式都不同。因此，检验我们的智能体如何在游戏之间进行泛化是一个有趣的实验。

15.3.5　训练结果

默认情况下，脚本 games/make_games.sh 会生成 20 个游戏，名称从 simple1.ulx 一直到 simple20.ulx，外加一个用于验证的游戏：simple-val.ulx。

首先，让我们使用 small 超参数集在一个游戏上训练智能体：

```
$ ./train_basic.py  -s 1 --cuda -r t1
```

选项 -s 指定将用于训练的游戏数。在这种情况下将只使用一个游戏。当游戏中的平均步数降到 10 以下时，训练就会停止，这意味着智能体已找到正确的执行序列，可以高效地完成游戏了。

在游戏数量为 1 的情况下，解决游戏仅需半小时，大约需要 300 片段。图 15.4 显示了训练过程中奖励和步数的动态变化。

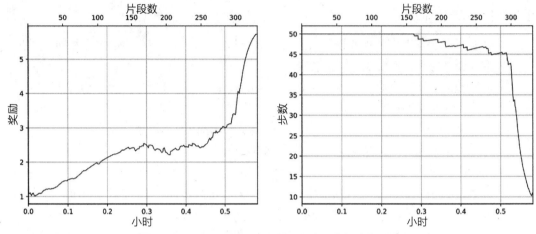

图 15.4   在一个游戏上训练的奖励和步数动态变化

但是，如果我们查看验证奖励（在游戏 simple-val.ulx 上获得的奖励），会发现它随着时间的流逝并没有任何提升。在我的案例中（如图 15.5 所示），验证时，智能体由于做了一些奇怪的事情而获得了负奖励。

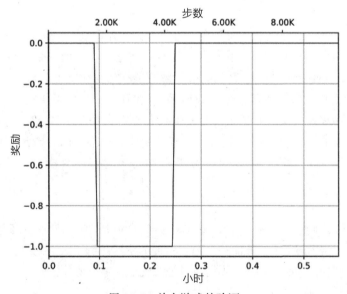

图 15.5   单个游戏的验证

如果我们尝试增加用于训练的游戏数量，那么将需要更多时间才能收敛，因为网络需要发现处于不同状态的更多动作序列。图 15.6 是 10 个游戏的奖励和步数的动态变化（传入了 -s 10 选项）。

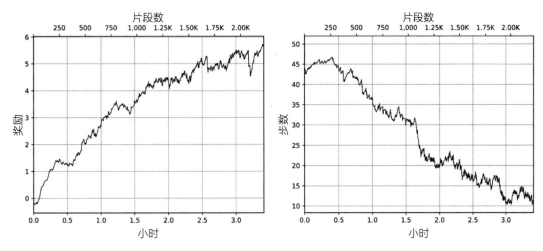

图 15.6　10 个游戏时的奖励和步数动态变化

如你所见，需要三个多小时才能收敛，而我们的 small 超参数集仍然可以在训练期间针对 10 个游戏提升性能。不幸的是，验证指标仍然不好。如图 15.7 所示，在训练过程中，该网络能够执行一次正确的动作（总共要正确执行 5 次），但是并没有随着时间的推移而持续改善。

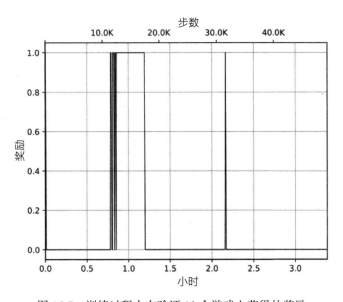

图 15.7　训练过程中在验证 10 个游戏上获得的奖励

增加游戏数量对改善这种情况并无太多助益：智能体仍然可以提高所有游戏的奖励，但是收敛所需的时间更长。然而，验证游戏仍然只正确执行了一步。

为了增加网络容量，我尝试了一组更大的超参数，这些参数既具有较大的 embedding 维数（128 对，之前为 20），又具有较大的编码器向量大小（256 对，之前为 20）。它还具有较大的重播大小，并且使 epsilon 参数退火的时间更长。要切换到这组超参数，需要使用命令行选项 --params medium。此选项指定 lib/common.py 中定义的字典条目，因此你可以添加自己的超参数集进行实验。

为了比较增加模型容量的效果，图 15.8 是通过在 medium 和 small 超参数集中进行 25 个游戏的训练而获得的。

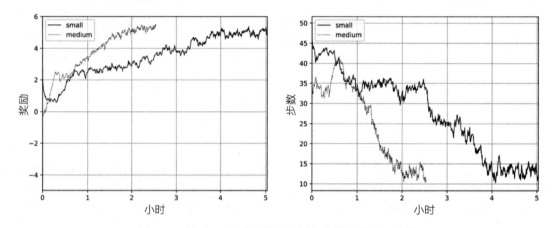

图 15.8　针对 25 个游戏使用不同超参数的奖励和步数

如你所见，大网络解决游戏的速度几乎比小网络快两倍。但图 15.9 显示了相反的结果。小网络比中网络具有更好的验证分数，这也不奇怪，因为大网络具有更多容量来过拟合训练的片段。

小网络需要在它看过的所有状态中找到一种有效表示，这在未见过的游戏中很有用。

最终收获是，如果你的设置允许在环境的所有情况下进行训练，则可以考虑增加网络规模以更快地学习。但是，如果有新的和不寻常的事情发生，用更长的时间训练一个较小的网络，以最终获得一个鲁棒性更好的网络可能会更安全。当然，这不是解决 RL 泛化并处理未见过的数据这一棘手问题的通用解决方案，但也算是你可以记下的一些要点。

图 15.10 显示了我最后一次极端实验的结果，使用了 medium 超参数在 200 个游戏上进行训练。它能够解决所有游戏，但花费了大约 12 个小时才收敛。

但不幸的是，即使游戏数量很多，验证时也无法在任何片段上获得高于 1 的奖励（见图 15.11）。也许需要更多的游戏，或者代码中存在一些错误，又或者需要其他改进。总体而言，仍有很大的实验空间。例如，如果在验证期间，智能体陷入某种状态并选择一次又一次地执行相同的动作，则可以把它从此局部最优值中推出去，选择第二大的 Q 值。

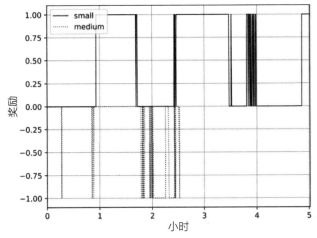

图 15.9　针对 25 个游戏使用不同超参数的验证奖励

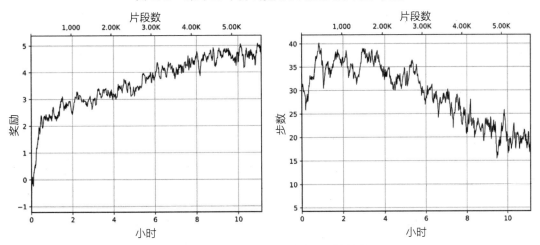

图 15.10　针对 200 个游戏的训练结果

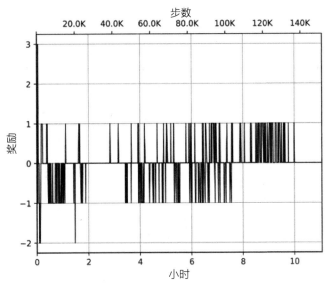

图 15.11　针对 200 个游戏的验证

15.4 命令生成模型

在本节中，我们将使用一个额外的子模块扩展基线模型，该子模块将生成 DQN 网络应评估的命令。在基线模型中，命令是从允许的命令列表中获取的，而这些命令列表是从环境的扩展信息中获取的。但是也许我们可以使用第 14 章介绍的相同技术从观察中生成命令。

新模型的架构如图 15.12 所示。

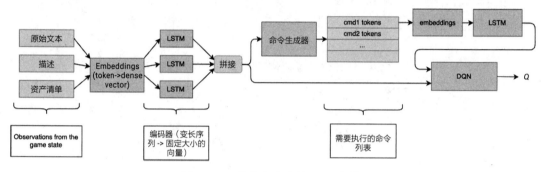

图 15.12 带命令生成的 DQN 架构

与图 15.3 相比，这里有一些更改。首先，我们的预处理器管道不再在输入中接受命令序列。其次，预处理器的输出现在不仅传给 DQN 模型，而且还分给了"命令生成器"子模块。

这个新的子模块的职责是产生一些命令，这些命令将由 DQN 网络评估以获得潜在的奖励。生成命令后，LSTM 编码器将用与之前相同的方式（将序列转换为固定大小的命令表示形式）对其进行处理。

放大来看，"命令生成器"子模块包括 LSTM 网络以及一个单层前馈网络，可将 LSTM 的输出转换为单词概率 logits。图 15.13 显示了"命令生成器"的结构：

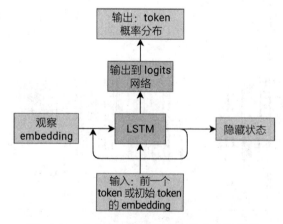

图 15.13 命令生成器的内部结构和连接情况

该模型与我们在第 14 章中的示例中使用的模型非常相似。在命令生成器应用的第一步，我们将编码器产生的观察向量喂给 LSTM 的隐藏状态。在输入侧，它将获得一个特殊的序列开始 token。LSTM 的输出由前馈网络进行转换，前馈网络会根据 token 词汇表产生概率分布。为了获得实际产生的 token，我们从此分布中采样，然后将该 token 作为输入传给后续步骤。一些输出 token 被特殊对待。例如，序列结尾 token 用作命令之间的分隔符。因此，基本上，这只是应用于我们游戏命令的经典的从左往右的语言模型。

示例的训练将分两步完成：

第一步，我们将使用游戏状态和环境提供的可用命令对语言模型和预处理器进行预训练。它的训练目标为经典的交叉熵损失，也就是由命令生成器生成的命令与真实的可允许命令列表之间的交叉熵损失。当可以生成游戏可理解的命令时，我们将进入下一个训练步骤。

第二步，我们将冻结预处理器和命令生成器网络的权重，并训练命令编码器和 DQN 网络。

这不是唯一的选择，我甚至不确定这是否是最佳的选择。选择它是为了简单起见，你可以随时尝试并试验自己的想法。

由于代码复杂且冗长，因此在以下部分中，我仅包含实现的重要部分。完整的示例代码可以在 Chapter15/train_lm.py 及其依赖的模块中找到。

15.4.1　实现

让我们从命令生成器开始，因为它是此示例中最复杂的新功能。它位于 lib/model.py 的 CommandModel 类中。

```python
class CommandModel(nn.Module):
    def __init__(self, obs_size: int, dict_size: int,
                 embeddings: nn.Embedding, max_tokens: int,
                 max_commands: int, start_token: int,
                 sep_token: int):
        super(CommandModel, self).__init__()

        self.emb = embeddings
        self.max_tokens = max_tokens
        self.max_commands = max_commands
        self.start_token = start_token
        self.sep_token = sep_token

        self.rnn = nn.LSTM(
            input_size=embeddings.embedding_dim,
            hidden_size=obs_size, batch_first=True)
        self.out = nn.Linear(in_features=obs_size,
                             out_features=dict_size)
```

构造函数接受很多参数，这些参数定义了输入的观察向量的维数、token 数、要使用的

embedding 以及起始 token 和分隔 token 的 ID。`max_tokens` 和 `max_commands` 参数指定每个命令生成器中 token 的限制以及我们要生成的命令数。这些限制是必需的，因为我们的命令模型很容易就走火入魔开始生成很长的命令，这没有太大意义。因为我们的游戏通常只有很短的命令，因此可以提前设置此限制。在构造函数的主体中，我们同时创建 LSTM 和输出转换层。

```
def forward(self, input_seq, obs_t):
    hid_t = obs_t.unsqueeze(0)
    output, _ = self.rnn(input_seq, (hid_t, hid_t))
    return self.out(output)
```

`forward` 方法非常简单，但这导致了类中 `commands()` 方法的复杂与冗长。在前向传播中，我们应用 LSTM 并将观察向量传给隐藏状态。LSTM 层在隐藏状态下有两个张量：一个是隐藏状态，另一个是单元状态。为简单起见，我将观察直接传给这两个输入，但这可能不是最佳选择。使用零张量作为单元状态可能会更好。

现在将介绍该类中的最后一个方法，该方法为一批观察生成命令。此方法很复杂，因为我们逐个 token 地生成命令，并且需要跟踪序列结束条件。

```
def commands(self, obs_batch):
    batch_size = obs_batch.size(0)
    commands = [[] for _ in range(batch_size)]
    cur_commands = [[] for _ in range(batch_size)]

    inp_t = torch.full((batch_size, ), self.start_token,
                       dtype=torch.long)
    inp_t = inp_t.to(obs_batch.device)
    inp_t = self.emb(inp_t)
    # adding time dimension (dim=1, as batch_first=True)
    inp_t = inp_t.unsqueeze(1)
    # hidden state is inserted on first dim
    p_hid_t = obs_batch.unsqueeze(0)
    hid = (p_hid_t, p_hid_t)
```

首先，创建已完成命令的列表以及当前正在构建的命令的列表。然后创建一个张量 `inp_t`，在第一步中，该张量对于批中的所有条目具有相同的 token：开始 token。LSTM 层的隐藏状态是根据输入的观察构造的。

```
while True:
    out, hid = self.rnn(inp_t, hid)
    out = out.squeeze(1)
    out_t = self.out(out)

    cat = t_distr.Categorical(logits=out_t)
    tokens = cat.sample()
```

在每次循环迭代中，我们将 LSTM 应用于当前 token，将 LSTM 的输出转换成概率分布，构造工具类 `torch.distributions.Categorical`，并从该分布中采样下一个 token。输出是含所有采样 token 的 `LongTensor` 批。

```
for idx, token in enumerate(tokens):
    token = token.item()
    cur_commands[idx].append(token)
    if token == self.sep_token or \
            len(cur_commands[idx]) >= self.max_tokens:
        if cur_commands[idx]:
            l = len(commands[idx])
            if l < self.max_commands:
                commands[idx].append(
                    cur_commands[idx])
            cur_commands[idx] = []
        if token != self.sep_token:
            tokens[idx] = self.sep_token
```

然后，我们针对产生的批中的每个 token 进行迭代，并填充我们的命令列表。当 LSTM 生成的命令超出我们的限制时，需要处理这种情况并停止生成命令序列。

```
if min(map(len, commands)) == self.max_commands:
    break
# convert tokens into input tensor
inp_t = self.emb(tokens)
    inp_t = inp_t.unsqueeze(1)
return commands
```

在循环的最后，我们检查是否有足够的命令，如果足够，返回它们。

下一个新类是使用命令生成器将观察结果转换为动作的智能体。如果你还记得的话，在本章开始时，你看到了 TextWorldPreproc 类，其职责之一是将动作空间从自由文本字符串转换为允许的命令列表中的索引。在本节将生成命令，而不是从允许的命令列表中选择命令，因此可以在 TextWorldPreproc 构造函数中使用 use_admissible_commands=False 选项禁止对环境的动作空间进行这种转换。除此之外，此预处理器类已扩展了检查生成的命令对环境没有意义的情况。在这种情况下，我们会给智能体一个小的负奖励（检查一下 TextWorldPreproc 类中是如何处理 reward_wrong_last_command 选项的）。

以下代码是 CmdAgent 类，该类在预训练阶段使用。它的职责是使用预处理器管道生成观察向量、生成命令列表，并在环境中返回随机选择的命令。

```
class CmdAgent(ptan.agent.BaseAgent):
    def __init__(self, env, cmd: CommandModel,
                 preprocessor: preproc.Preprocessor,
                 device = "cpu"):
        self.env = env
        self.cmd = cmd
        self.prepr = preprocessor
        self.device = device

    @torch.no_grad()
    def __call__(self, states, agent_states=None):
        if agent_states is None:
            agent_states = [None] * len(states)
```

```
        actions = []
        for state in states:
            obs_t = self.prepr.encode_sequences(
                [state['obs']]).to(self.device)
            commands = self.cmd.commands(obs_t)[0]
            cmd = random.choice(commands)
            tokens = [
                self.env.action_space.id2w[t]
                for t in cmd
                if t not in {self.cmd.sep_token,
                                self.cmd.start_token}
            ]
            action = " ".join(tokens)
            actions.append(action)
        return actions, agent_states
```

代码不是很复杂，不做太多解释。

预训练阶段的最后一部分是计算损失的方式。那是 lib/model.py 中的 pretrain_loss 函数的职责。

```
def pretrain_loss(cmd: CommandModel, commands: List,
                    observations_t: torch.Tensor):
    commands_batch = []
    target_batch = []
    min_length = None

    for cmds in commands:
        inp = [cmd.start_token]
        for c in cmds:
            inp.extend(c[1:])
        commands_batch.append(inp[:-1])
        target_batch.append(inp[1:])
        if min_length is None or len(inp) < min_length:
            min_length = len(inp)

    commands_batch = [c[:min_length-1]
                        for c in commands_batch]
    target_batch = [c[:min_length-1]
                        for c in target_batch]
```

在函数的前半部分，我们获取输入批，其中每一项都是命令列表，将此列表线性化成我们期望命令生成器学习的单个序列。由于每个命令都包含开始序列 token 和停止序列 token，因此我们在目标序列和输入序列中将其删除。然后用最短的序列长度裁剪批。

```
    commands_t = torch.tensor(commands_batch, dtype=torch.long)
    commands_t = commands_t.to(observations_t.device)
    target_t = torch.tensor(target_batch, dtype=torch.long)
    target_t = target_t.to(observations_t.device)
    input_t = cmd.emb(commands_t)
    logits_t = cmd(input_t, observations_t)
    logits_t = logits_t.view(-1, logits_t.size()[-1])
    target_t = target_t.view(-1)
    return F.cross_entropy(logits_t, target_t)
```

准备步骤完成后，我们使用命令生成器将序列转换为张量，应用 embedding、并将结果转换为 logits。然后，我们应用交叉熵损失来让命令生成器向所需序列靠近。

15.4.2　预训练结果

默认情况下，程序 train_lm.py 启动命令生成器模式的预训练，并且一旦达到 -0.5 的平均收益，就会切换到 DQN 训练。在训练过程中，初始奖励从 -5 开始，因为环境中存在 50 个步骤，对于环境无法理解的每个错误命令，智能体将获得 -0.1 的奖励。因此，获得 -0.5 的平均奖励意味着我们的命令生成器足以生成有效的命令，这些命令不一定能带来积极的奖励，但至少对 TextWorld 环境来说是有意义的。

针对单个游戏在预训练阶段使用超参数 small 和 medium 得到的奖励和损失如图 15.14 与图 15.15 所示。

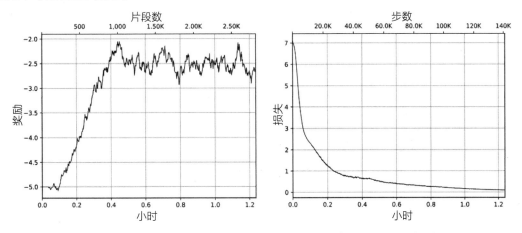

图 15.14　针对单个游戏在预训练阶段使用 small 超参数得到的奖励和损失

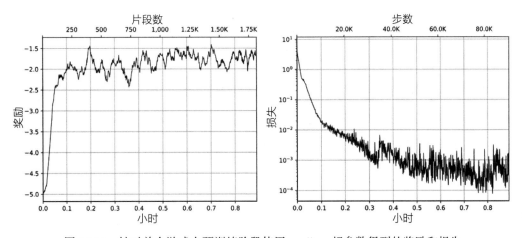

图 15.15　针对单个游戏在预训练阶段使用 medium 超参数得到的奖励和损失

从这些结果来看，很明显，medium 超参数集具有更强大的数据学习能力，这表明模型的复杂性进一步增加了（留给读者去探索）。另一个不太明显的结论是，预训练比基线训练快得多。从指标来看，预训练的速度约为每秒 35 次观察，而基线约为每秒 5 次。

随着用于训练的游戏数量增加，中小模型之间的差异更加明显。例如，图 15.16 显示了针对 5 个游戏的两种设置之间的差别。

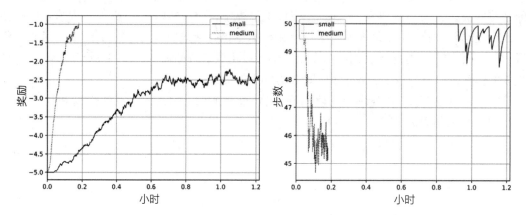

图 15.16　针对 5 个游戏不同模型大小的奖励和步数

15.4.3　DQN 训练代码

训练的第二阶段在命令生成器已掌握生成足够好的命令序列以至于环境不会太惊讶之后开始。在此阶段，我们冻结预处理器管道和命令生成器，并开始以与基线版本相同的方式训练 DQN 和命令编码器神经网络。但是代码有所不同，因为我们的架构已被修改了。例如，智能体现在需要让命令生成器生成由 DQN 神经网络评估的命令列表。新智能体已在 lib/model.py 中的 CmdDQNAgent 类中实现了。逻辑非常简单，此处不再赘述。

大家可能对如何计算损失感兴趣。它通过两个函数实现：lib/model.py 中的 unpack_batch_dqncmd 和 calc_loss_dqncmd。

```
@torch.no_grad()
def unpack_batch_dqncmd(batch, prep: preproc.Preprocessor,
                        cmd: CommandModel,
                        cmd_encoder: preproc.Encoder,
                        net: DQNModel, env: gym.Env):
    observations, taken_actions, rewards = [], [], []
    not_done_indices, next_observations = [], []

    for idx, exp in enumerate(batch):
        observations.append(exp.state['obs'])
        taken_actions.append(
            env.action_space.tokenize(exp.action))
        rewards.append(exp.reward)
        if exp.last_state is not None:
```

```
                not_done_indices.append(idx)
                next_observations.append(exp.last_state['obs'])

        observations_t = prep.encode_sequences(observations)
        next_q_vals = [0.0] * len(batch)
        if next_observations:
            next_observations_t = \
                prep.encode_sequences(next_observations)
            next_commands = cmd.commands(next_observations_t)

            for idx, next_obs_t, next_cmds in \
                    zip(not_done_indices,
                        next_observations_t,
                        next_commands):
                next_embs_t = prep._apply_encoder(
                    next_cmds, cmd_encoder)
                q_vals = net.q_values_cmd(next_obs_t, next_embs_t)
                next_q_vals[idx] = max(q_vals)

        return observations_t, taken_actions, rewards, next_q_vals
```

　　unpack_batch_dqncmd 函数的职责是为转换的下一个状态准备观察张量、已执行的 token 化命令列表、立即奖励以及最佳 Q 值（最复杂的）。为了获得最佳 Q 值，我们为下一个状态生成命令，使用 DQN 对其进行评估，然后获取最大的 Q 值。

```
def calc_loss_dqncmd(batch, preprocessor, cmd,
                     cmd_encoder, tgt_cmd_encoder,
                     net, tgt_net, gamma, env, device="cpu"):
    obs_t, commands, rewards, next_best_qs = unpack_batch_dqncmd(
        batch, preprocessor, cmd, tgt_cmd_encoder, tgt_net, env)
    cmds_t = preprocessor._apply_encoder(commands, cmd_encoder)
    q_values_t = net(obs_t, cmds_t)
    tgt_q_t = torch.tensor(rewards) + \
              gamma * torch.tensor(next_best_qs)
    tgt_q_t = tgt_q_t.to(device)
    return F.mse_loss(q_values_t.squeeze(-1), tgt_q_t)
```

　　为了计算损失，我们将批拆包，将编码器应用于执行的命令，并使用 Bellman 方程计算网络产生的值和近似 Q 值之间的均方误差。这里没有新内容，但是你需要注意梯度。例如，在 unpack_batch_dqncmd 中应用命令编码器可能很诱人，却是错误的，因为它将阻止命令编码器中的梯度积累，这不是我们想要的。

15.4.4　DQN 训练结果

　　在预训练步骤达到 –0.5 的平均奖励后（如果你等得无聊了，可以在控制台中按 Ctrl + C），它将切换到 DQN 训练。在此之前，它将保存命令生成器和预处理器的权重，因此之后可以通过在 --load-cmd 命令行选项中传入保存目录来加载它们。

　　图 15.17 和图 15.18 显示了我使用不同大小的模型进行实验的结果。

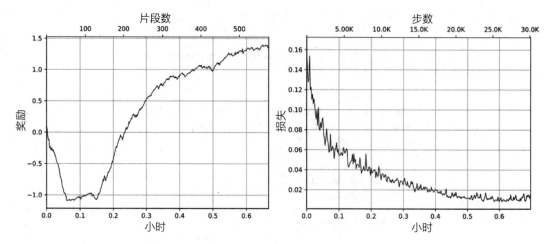

图 15.17　针对单个游戏，使用 small 超参数训练 DQN 时的奖励和损失

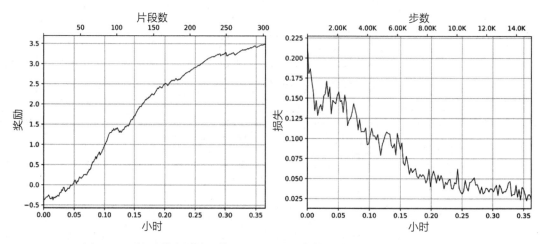

图 15.18　针对单个游戏，使用 medium 超参数训练 DQN 时的奖励和损失

从这些图中，你可以看到与之前一样的结果：较大的神经网络的学习能力更高（较大的神经网络仅花费了 30 分钟即可获得 3.5 的平均奖励）。 DQN 步骤的性能约为每秒 12 个观察值。

在泛化方面，结果仍然不是很好。小型神经网络在训练过程中显示出了一定的进步，但是并不是持续的进步。图 15.19 显示了两个网络的验证奖励。

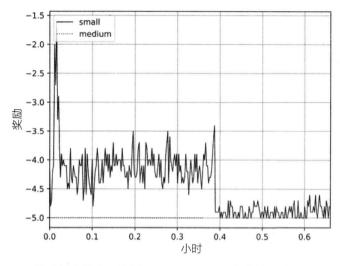

图 15.19　针对单个游戏，使用 small 和 medium 超参数训练时的验证奖励

15.5　总结

在本章中，你已经了解了如何将 DQN 应用于文字冒险游戏，它处在 RL 和 NLP 的交集中，是一个有趣且具有挑战性的领域。你学习了如何使用 NLP 工具处理复杂的文本数据，并在有趣且具有挑战性的文字冒险游戏环境中进行了实验，并为将来各种实验机会打下了基础。

在下一章中，我们将继续探索"RL 的广泛使用场景"并检查该方法在 Web 自动化中的适用性。

Web 导航

现在，我们将开始研究强化学习的另一个实际应用：Web 导航和浏览器自动化。

在本章中，我们将：

❏ 讨论通用的 Web 导航和浏览器自动化的实际应用。

❏ 探索如何通过 RL 方法解决 Web 导航问题。

❏ 深入研究由 OpenAI 实现的一个非常有趣但常被忽略且被抛弃的 RL 基准，称为**比特迷你世界**（Mini World of Bits，MiniWoB）。

16.1 Web 导航简介

网页在发明之初是几个由超链接互联的纯文本网页。如果你对其感到好奇，可以找到第一个网页的首页：http://info.cern.ch/。该网页包含文本和链接。你唯一可以做的就是阅读文本，然后单击链接在页面之间跳转。

几年后的 1995 年，互联网工程任务组（IETF）发布了 HTML 2.0 规范，对 Tim Berners-Lee 发明的原始版本进行了很多扩展。扩展包括表单和表单元素，这些表单和表单元素允许网页作者向其网站添加行为。用户可以输入和更改文本、切换复选框、选择下拉列表以及单击按钮。控件集类似于 GUI 应用程序控件的简约版。不同的是，这是在浏览器窗口内发生的，并且用户进行交互的数据和 UI 控件都是由服务器页面定义的，而不是由本地安装的应用程序定义的。

现在我们的浏览器中运行着 JavaScript、HTML5 canvas 和 Office 应用程序。桌面和网页之间的边界变得非常模糊，你甚至可能不知道使用的应用程序是 HTML 页面还是本机应用程序。但不变的是浏览器能够理解 HTML 并使用 HTTP 与外界通信。

Web 导航的核心定义为用户与一个或多个网站进行交互的过程。用户可以单击链接、键入文本或执行任何其他操作以达到某个目标。例如，发送电子邮件、找出法国大革命的确切日期或查看最新的 Facebook 通知。所有这一切都将使用 Web 导航来完成，这就产生了一个问题：我们的程序可以学习如何做到同样的事吗？

16.1.1　浏览器自动化和 RL

长期以来，自动化网站交互着重于网站测试和网页抓取这类很实际的任务。当你（或其他人）开发了一个复杂网站，并且想确保该网站能够实现其应有的功能时，网站测试尤其重要。例如，如果你有一个重新设计的登录页面并准备好在生产环境的网站上部署，那么你要确保在用户输入错误密码、单击**忘记密码**等操作后，该新设计会做出合理而正确的反应。复杂的网站可能包含成百上千的用例，应在每个发行版上对其进行测试，因此所有这些功能都应自动化。

网页抓取解决了从网站大规模提取数据的问题。例如，如果你要构建一个系统来汇总城镇中所有比萨店的所有价格，则可能需要处理数百个不同的网站，这在构建和维护方面可能会出现问题。网页抓取工具试图解决与网站交互的问题。它们包含从简单的 HTTP 请求和之后的 HTML 解析到完全模拟用户鼠标移动、单击按钮、进行思考等各种功能。

通常，使用标准的浏览器自动化方法，你可以通过程序控制真正的浏览器（例如 Chrome 或 Firefox），该程序可以观察网页数据（例如文档对象模型（DOM）树和对象在屏幕上的位置），并执行一些操作（例如移动鼠标、按下某些键、按下**后退**按钮或仅执行一些 JavaScript 代码）。与 RL 问题的关联是显而易见的：我们的智能体通过执行动作并观察某些状态来与网页和浏览器进行交互。奖励不是很明确，应该针对特定任务而设置，例如成功填写所需信息或按需到达页面。

系统中的实际应用应该可以学到与之前的用例相关的浏览器任务。例如，在大型网站的网络测试中使用低级浏览器操作（例如“将鼠标向左移动 5 个像素，然后按左键”）来定义测试过程非常烦琐。你想要做的是给系统做一些演示，让它在所有类似情况下泛化并重复示例操作，或者至少使其足够健壮以在 UI 重新设计、按钮文字更改等情况下完成任务。此外，在许多情况下，你可能事先不知道问题。例如，当你希望系统探索网站的弱点（例如安全漏洞）时，RL 智能体可以非常快速（可以比人类快得多）地尝试许多奇怪的动作。当然，用于安全测试的动作空间很大，因此随机单击相比经验丰富的人工测试人员不会具有很大的竞争力。在那种情况下，基于 RL 的系统可能会结合人类的先验知识和经验，但仍保持探索能力并从中进行学习。

可以从 RL 浏览器自动化中受益的另一个潜在领域是网页数据的抓取和提炼。例如，你可能想从成千上万个不同的网站（例如酒店网站、汽车租赁代理商或其他全球性业务）中提取一些数据。很多时候，在你获得所需的数据之前，需要填写带有各种参数的表格，而考虑到不同网站的设计、布局和自然语言的灵活性，这是一项非常烦琐的任务。针对这类任务，RL 智能体可以通过可靠且大规模地提取数据来节省大量时间和精力。

16.1.2　MiniWoB 基准

RL 浏览器自动化的潜在实际应用很有吸引力，但有一个非常严重的缺点：这类任务复杂度太高，无法用于研究和方法比较。实际上，实现完整的网页抓取系统可能需要团队花费数月的时间，并且大多数问题不会与 RL 直接相关，例如数据收集、浏览器引擎通信、输入和输出表示以及很多真实生产系统开发涉及的其他问题。

要解决所有这些问题，我们很容易一叶障目。这就是研究人员喜欢基准测试数据集（例如 MNIST、ImageNet、Atari 套件等）的原因。但是，并非每个问题都能成为一个好的基准。 一方面，它应该足够简单以允许快速进行实验以及方法之间的比较。另一方面，基准测试必须具有挑战性，并留有提升的空间。例如，Atari 基准测试包括各种各样的游戏，从可以在半小时内解决的非常简单的游戏（如 Pong），到尚未完美解决的相当复杂的游戏（例如《蒙特祖玛的复仇》，它需要针对动作进行复杂设计）。

据我所知，对于浏览器自动化领域只有一个这样的基准，更糟糕的是，RL 社区很不应该地忘记了这个基准。为了解决此类问题，我们将在本章中展示该基准。先从它的历史开始谈起。

2016 年 12 月，OpenAI 发布了一个名为 MiniWoB 的数据集，其中包含 80 个基于浏览器的任务。这些任务是在像素级别上观察到的（严格来说，除了像素之外，还会将任务的文本描述提供给智能体），并使用虚拟网络计算（VNC）（https://en.wikipedia.org/wiki/Virtual_Network_Computing）客户端与键盘和鼠标进行通信。VNC 是标准的远程桌面协议，通过该协议，VNC 服务器允许客户端通过网络在服务器的 GUI 应用程序上使用鼠标和键盘。

在复杂性和智能体所需执行的动作方面，这 80 个任务相差很大。某些任务即使是对 RL 来说也非常简单，例如"单击对话框的关闭按钮"或"按下某个按钮"，而某些任务则需要多个步骤，例如"打开折叠的组并单击带有一些文本的链接"或"使用日期选择器选择特定日期"（并且该日期是在每个片段中随机生成的）。有些任务对人类来说很简单，但是需要字符识别，例如"选择带有特定文本的复选框"（并且文本是随机生成的）。图 16.1 显示了一些 MiniWoB 问题。

不幸的是，尽管 MiniWoB 具有出色的构想和挑战性，但在第一个发行版之后，它差不多就被 OpenAI 放弃了。为了纠正其中的一些错误，在本章中，我们将仔细研究该基准测试，并学习如何编写智能体来解决某些任务。我们还将讨论如何提取、预处理以及将人类示例纳入训练过程，并检查其对智能体最终性能的影响。

在进入智能体的 RL 部分之前，我们需要了解 MiniWoB 的工作方式。为此，我们需要仔细研究 OpenAI Gym 的一个扩展，称为 OpenAI Universe。

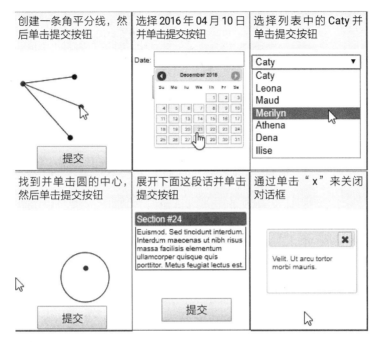

图 16.1　MiniWoB 环境

16.2　OpenAI Universe

OpenAI Universe（可从 https://github.com/openai/universe 获得）的核心思想是使用 Gym 提供的相同核心类将通用 GUI 应用程序包装到 RL 环境中。为此，它使用 VNC 协议与 Docker（运行轻量级容器的标准方法）容器内运行的 VNC 服务器通信，将鼠标和键盘操作暴露给 RL 智能体，并提供 GUI 应用程序图像作为观察。

奖励由额外运行在同一容器中的小型奖励器守护进程提供，并基于此奖励器的判断为智能体提供标量奖励值。可以在本地或通过网络启动多个容器，以并行地收集片段数据，就像我们在第 13 章中启动多个 Atari 模拟器以提高 A3C 方法的收敛速度一样。图 16.2 说明了该架构。

这种架构允许将第三方应用程序快速集成到 RL 框架中，因为你无须对应用程序本身进行任何更改。你只需要将其打包为 Docker 容器，并编写一个使用小型文本协议进行通信的相对较小的奖励器守护进程即可。另一方面，与 Atari 游戏相比，这种方法的资源消耗要大得多，因为 Atari 游戏的模拟器相对较轻量，并且完全在 RL 智能体进程的内部运行。VNC 方法要求 VNC 服务器与应用程序同时启动，并且 RL 智能体与应用程序的通信速率由 VNC 服务器速度和网络吞吐量（对于远程 Docker 容器而言）定义。

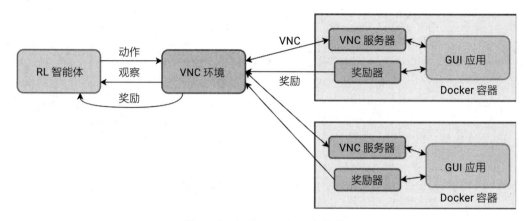

图 16.2　OpenAI Universe 架构

16.2.1　安装

由于 Universe 和 MiniWoB 都被弃用了，它们的依赖很长时间都没有更新，因此你为本书示例创建的主要环境在这里不起作用。特别是 Universe 依赖旧版本的 Gym（具有一系列不兼容的更改）。要解决此问题，你可以使用 Universe 和旧版本 Gym 创建一个单独的 Python 环境，但要使用最新的 PTAN 和 PyTorch 版本。为此，你可以创建一个全新的 Python 3.6 虚拟环境（更高版本的 Python 将无法工作），使用 `pip install universe` 安装好 Universe，然后再安装其他依赖项，例如 PTAN 和 PyTorch。

如果你使用的是 Anaconda（强烈推荐），则可以使用命令 `conda env create -f Chapter13/environment.yml` 创建环境，这将创建一个名为 `rl_book_ch16` 的新环境，并安装好所有依赖项。

无论如何，这都是由于 MiniWoB 支持的终止而造成的麻烦。斯坦福大学 NLP Group 尝试继续开发 MiniWoB，称为 MiniWoB++（https://github.com/stanfordnlp/miniwob-plusplus），但由于底层平台发生了重大变化（MiniWoB++ 使用 Selenium（https://selenium.dev/）进行浏览器自动化），本章中的部分示例需要进行大量重写。

Universe 所需的另一个组件是 Docker，它可以在大多数现代操作系统上使用。请参照 Docker 的官网（https://www.docker.com）安装它。Universe 为你提供了启动容器的灵活性（在哪里启动以及如何启动），因此你的智能体可以连接到安装了 Docker 的一台或多台远程计算机上。要检查 Docker 是否已启动并正在运行，可尝试使用命令 `docker ps`，该命令会显示正在运行的容器。

16.2.2　动作与观察

与迄今为止试验过的 Atari 游戏或其他 Gym 环境相比，Universe 暴露了更为通用的动作空间。Atari 游戏使用了 6 ~ 7 个独立的动作，分别对应于控制器的按钮和操纵杆方向。CartPole 的动作空间更小，只有两个动作可用。但是，VNC 可以为我们的智能体提供更高的灵活性。首先，它暴露了带有控制键的全键盘（并且每个键都有按下 / 弹起两个状态）。因此，你的智能体可以决定同时按下 10 个按钮（从 VNC 的角度来看这完全是可以的）。动作空间的第二部分是鼠标：你可以将鼠标移动到任意坐标并控制其按键的状态。这大大增加了智能体需要通过学习去处理的动作空间的维度。

除了较大的动作空间外，与 Gym 环境相比，Universe 环境的环境语义也略有不同。区别在于两个方面。第一个是观察值、动作和奖励的向量化表示。如图 16.2 所示，一个环境可以连接到运行同一应用程序的多个 Docker 容器，并并行地收集经验。这种并行通信允许策略梯度方法获得更多不同的训练样本，但是现在我们需要在调用 env.step() 时指定将动作发送给哪个确切的应用程序。为了解决这个问题，Universe 环境的 step() 方法需要的不是执行单个动作，而是执行每个连接的容器的动作列表。此函数的返回也被向量化，现在由一个列表元组组成：(observations, rewards, done_flags, infos)。

第二个区别是由 VNC 协议的观察和动作的异步性质决定的。在 Atari 环境中，step() 的每个调用都会触发对模拟器的请求，以将其向前移动一个时钟周期（即 1/25 秒），因此我们的智能体可以阻塞模拟器一段时间，并且这个过程对运行的游戏是完全透明的。对于 VNC，情况并非如此。由于 GUI 应用程序与客户端并行运行，因此我们无法再阻塞它。如果我们的智能体决定考虑一会儿，它可能会错过那段时间发生的观察结果。

观察结果的异步性质也意味着会出现容器尚未准备就绪或处于重置过程中的情况。在这种情况下，观察值可以特别指定为 None，并且这些情况需要由智能体处理。

16.2.3　创建环境

要创建 Universe 环境，你需要像以前一样使用环境 ID 调用 gym.make()。例如，MiniWoB 问题集中的一个非常简单的问题是 wob.mini.ClickDialog-v0，它要求你通过单击 × 按钮关闭对话框。但是，在可以使用该环境之前，你需要通过指定所需容器实例的位置和数量来配置它。环境中有一个称为 configure() 的特殊方法，需要在调用环境的任何其他方法之前调用它。它接受几个参数。

最重要的参数如下：

❏ remotes：可以是数字或字符串。如果将其指定为数字，则它将给出环境需要启动的本地容器的数量。如果是字符串，此参数可以以 vnc://host1:port1+port2,host2:port1+port2 的形式指定环境需要连接的已运行容器的 URL。第一个端口是 VNC 协议端口（默认为 5900）。第二个端口是奖励器守护进程的端口（默认为 15900）。可以在 Docker 容器启动时重新指定这两个端口。

❏ fps：用于提供智能体观察的预期每秒帧数（FPS）。

❏ vnc_kwargs：该参数必须是一个字典，带有额外的 VNC 协议参数，用于定义压缩级别和要传输给智能体的图像的质量。这些参数对于性能来说非常重要，尤其是对于在云中运行的容器而言。

为了说明这一点，让我们考虑一个非常简单的程序，该程序以 ClickDialog 问题启动单个容器，并以图像的形式获得其第一次观察结果。该示例在 Chapter16/adhoc/wob_create.py 中。

```python
#!/usr/bin/env python3
import gym
import universe
import time

from PIL import Image
```

这个例子非常简单，因此我们只需要很少的依赖包。尽管未使用 universe 软件包，但仍需要导入它，因为使用此导入命令后，它将在 Gym 中注册其环境。

```python
if __name__ == "__main__":
    env = gym.make("wob.mini.ClickDialog-v0")

    env.configure(remotes=1, fps=5, vnc_kwargs={
        'encoding': 'tight', 'compress_level': 0,
        'fine_quality_level': 100, 'subsample_level': 0
    })
    obs = env.reset()
```

接下来，我们创建环境，并要求它进行自我配置。传递的参数指定了将仅启动一个本地容器（5 FPS），并且 VNC 连接将以不进行图像压缩的形式运行。这将意味着会在 VNC 服务器和 VNC 客户端之间传递大量流量，从而防止图像出现压缩失真。这对于使用相对较小的字体来显示文本的 MiniWoB 问题来说是必要的。

```python
while obs[0] is None:
    a = env.action_space.sample()
    obs, reward, is_done, info = env.step([a])
    print("Env is still resetting...")
    time.sleep(1)
```

当我们的唯一观察结果为 None 时（由于仅要求运行一个远程容器，所以我们期望返回的列表中仅观察到一个结果），我们将随机动作传给环境，等待图像出现。

```python
print(obs[0].keys())
im = Image.fromarray(obs[0]['vision'])
im.save("image.png")
env.close()
```

最后，当我们从服务器获取图像时，将其保存为 PNG 文件，如图 16.3 所示。在 MiniWoB 问题中，图像不是我们得到的唯一观察结果。实际上，从环境中观察到的是一个包含两个条目的字典：vision（包含带有屏幕像素的 NumPy 数组）和 text（包含问题的文本描述）。对于某些问题仅需要图像，而对于 MiniWoB 套件中的某些任务，文本包含解决问题的基本信息，例如单击哪个颜色区域或需要选择什么日期。由于观察的原始分辨率为 1024×768，因此图 16.3 是经过裁剪的。

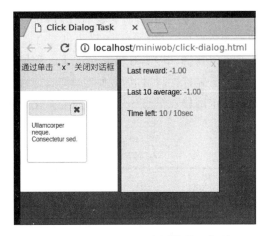

图 16.3 MiniWoB 观察图像的一部分

16.2.4 MiniWoB 的稳定性

我对 OpenAI 发布的原始 MiniWoB Docker 镜像进行过试验，发现了一个严重的问题：有时控制容器内浏览器的服务器端 Python 脚本会崩溃。这会导致训练出现问题，因为我们的环境失去了与容器的连接，并且训练停止了。此问题的解决方案只需要更改一行代码，但是由于 OpenAI 不再支持 MiniWoB 并且不接受修复，因此这变得很复杂。要解决此问题，必须在容器内应用补丁。还有另一个与人类演示相关的小补丁，它解决了在片段之间覆盖记录文件的问题。具有这两个修复的补丁镜像已推送到我的 Docker Hub 仓库中，并且可以通过 `shmuma/miniwob:v2` 标签使用，因此你可以使用它代替原始的 `quay.io/openai/universe.world-of-bits:0.20.0` 镜像。如果你很好奇，我已将补丁以及有关如何应用它们的说明放置在代码示例仓库中：`Chapter16/wob_fixes`。

16.3 简单的单击方法

第一个示例是实现一个简单的 A3C 智能体，该智能体在给定图像观察后决定应单击的位置。这种方法只能解决整个 MiniWoB 套件的一小部分问题，我们稍后将讨论这种方法的局限性。目前，它能使我们对问题有更好的了解。

与第 15 章一样，由于篇幅所限，我不会在此处放置完整的源代码。我们将重点介绍最重要的功能，对其余内容进行概述。完整的源代码可在 GitHub 仓库中找到。

16.3.1 网格动作

我们在谈论 Universe 的架构和组织时，提到了动作空间的丰富性和灵活性为 RL 智能体创造了很多挑战。MiniWoB 在浏览器中的活动区域仅为 160×210（与 Atari 模拟器具有完全相同的尺寸），但是即使面积很小，我们的智能体也可能会被要求移动鼠标、执行单击、拖动对象等。仅鼠标本身就难以掌握，因为在极端情况下，智能体可以执行近乎无限数量的不同动作，例如在某个点按下鼠标按键并将鼠标拖动到其他位置。在我们的示例中，将仅考虑活动网页区域内某些固定网格点的点击，从而大大简化问题。我们的动作空间简图如图 16.4 所示。

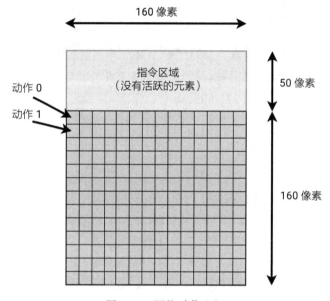

图 16.4　网格动作空间

这种方法已经在 Universe 中作为动作包装器实现：universe.wrappers.experimental.action_space.SoftmaxClickMouse。它具有 MiniWoB 环境的所有默认预设：向右偏移 10 像素、向下偏移 75 像素的 160×210 区域（以消除浏览器的框架）。动作网格为 10×10，共有 256 个最终动作供你选择。

除了动作预处理器外，我们当然还需要观察预处理器，因为来自 VNC 环境的输入图像是一个 $1024 \times 768 \times 3$ 的张量，但是 MiniWoB 的活动区域仅为 210×160。没有合适的预定义裁剪器，因此我将自己实现 lib.wob_vnc.MiniWoBCropper 类，该类位于 Chapter16/lib/wob_vnc.py 库模块中。它的代码非常简单，如下所示：

```
WIDTH = 160
HEIGHT = 210
X_OFS = 10
Y_OFS = 75
```

```
class MiniWoBCropper(vectorized.ObservationWrapper):
    def __init__(self, env, keep_text=False):
        super(MiniWoBCropper, self).__init__(env)
        self.keep_text = keep_text

    def _observation(self, observation_n):
        res = []
        for obs in observation_n:
            if obs is None:
                res.append(obs)
                continue
            img = obs['vision'][Y_OFS:Y_OFS+HEIGHT,
                                X_OFS:X_OFS+WIDTH, :]
            img = np.transpose(img, (2, 0, 1))
            if self.keep_text:
                t_fun = lambda d: d.get('instruction', '')
                text = " ".join(map(t_fun, obs.get('text', [{}])))
                res.append((img, text))
            else:
                res.append(img)
        return res
```

构造函数中可选的 `keep_text` 参数使该模式能够保留问题的文本描述。目前我们不需要它，我们的第一个版本的智能体将始终禁用它。在此模式下，`MiniWoBCropper` 返回形状为 (3,210,160) 的 NumPy 数组。

16.3.2　示例概览

通过做出有关动作和观察的决策，我们的下一步很简单。我们将使用 A3C 方法来训练智能体，该智能体应从 160×210 的观察中确定要单击哪个网格单元。除了策略（即在 256 个网格单元上的概率分布）之外，我们的智能体还估计状态的价值，该值将用作策略梯度估计中的基线。

此示例有几个模块：

❑ `Chapter16/lib/common.py`：本章示例之间共享的方法，包含已经熟悉的 `RewardTracker` 和 `unpack_batch` 函数。

❑ `Chapter16/lib/model_vnc.py`：包含模型的定义，将在 16.3.3 节中展示。

❑ `Chapter16/lib/wob_vnc.py`：包含特定于 MiniWoB 的代码，例如观察裁剪器、环境配置方法和其他实用工具函数。

❑ `Chapter16/wob_click_train.py`：用于训练模型的脚本。

❑ `Chapter16/wob_click_play.py`：该脚本加载模型权重并在单个环境中使用它们、记录观察结果并计算奖励相关的统计数据。

16.3.3　模型

该模型非常简单，并使用了与其他 A3C 示例相同的模式。我没有花很多时间来优化和微调架构及超参数，因此最终结果相比我的结果可能会有很明显的提升。以下是具有两个卷积层、一个单层策略和价值输出端的模型定义。

```python
class Model(nn.Module):
    def __init__(self, input_shape, n_actions):
        super(Model, self).__init__()

        self.conv = nn.Sequential(
            nn.Conv2d(input_shape[0], 64, 5, stride=5),
            nn.ReLU(),
            nn.Conv2d(64, 64, 3, stride=2),
            nn.ReLU(),
        )

        conv_out_size = self._get_conv_out(input_shape)
        self.policy = nn.Linear(conv_out_size, n_actions)
        self.value = nn.Linear(conv_out_size, 1)

    def _get_conv_out(self, shape):
        o = self.conv(torch.zeros(1, *shape))
        return int(np.prod(o.size()))

    def forward(self, x):
        fx = x.float() / 256
        conv_out = self.conv(fx).view(fx.size()[0], -1)
        return self.policy(conv_out), self.value(conv_out)
```

16.3.4 训练代码

训练脚本位于 Chapter16/wob_click_train.py 中，但我将其放在此处是因为它包含了一些 Universe 特定和 MiniWoB 特定的代码片段。该脚本可以以两种模式工作：带人类演示和不带人类演示。当前，我们仅考虑从头开始训练，然后忽略一些与演示有关的代码。我们将在之后合适的小节中进行介绍。

```python
import os
import gym
import random
import universe
import argparse
import numpy as np
from tensorboardX import SummaryWriter

from lib import wob_vnc, model_vnc, common, vnc_demo

import ptan

import torch
import torch.nn.utils as nn_utils
import torch.nn.functional as F
import torch.optim as optim
```

除了新的 universe 之外，使用到的模块没什么可说的。universe 看起来可能未被使用，但是你仍然需要导入它。如前所述，在导入时，它会在 Gym 的仓库中注册新环境，以便可以在 gym.make() 调用时使用它们。

```
REMOTES_COUNT = 8
ENV_NAME = "wob.mini.ClickDialog-v0"
GAMMA = 0.99
REWARD_STEPS = 2
BATCH_SIZE = 16
LEARNING_RATE = 0.0001
ENTROPY_BETA = 0.001
CLIP_GRAD = 0.05
DEMO_PROB = 0.5
SAVES_DIR = "saves"
```

除了几个超参数是新的，超参数部分大体相同。首先，REMOTES_COUNT 指定我们将尝试连接的 Docker 容器的数量。默认情况下，我们的训练脚本假定这些容器已经在一台机器上启动，并且可以通过预定义的端口（VNC 连接为 5900..5907，奖励器守护进程为 15900..15907）连接它们。我们将在下一节中介绍启动容器的详细信息。

参数 ENV_NAME 指定了我们将尝试解决的问题，可以使用命令行参数对其进行重新定义。问题 ClickDialog 非常简单，可以通过单击对话框的关闭按钮来给予智能体奖励。

```
if __name__ == "__main__":
    parser = argparse.ArgumentParser()
    parser.add_argument("-n", "--name", required=True,
                        help="Name of the run")
    parser.add_argument("--cuda", default=False,
                        action='store_true', help="CUDA mode")
    parser.add_argument("--port-ofs", type=int, default=0,
                        help="Offset for container's ports, "
                             "default=0")
    parser.add_argument("--env", default=ENV_NAME,
                        help="Environment name to solve, "
                             "default=" + ENV_NAME)
    parser.add_argument("--demo", help="Demo dir to load. "
                                       "Default=No demo")
    parser.add_argument("--host", default='localhost',
                        help="Host with docker containers")
    args = parser.parse_args()
    device = torch.device("cuda" if args.cuda else "cpu")
```

我们有许多命令行选项，你可以使用它们来调整训练行为。只有一个必填选项可以传递运行名称，该名称将用于 TensorBoard 以及保存模型权重的目录。

现在应忽略参数 --demo，因为它与人类演示有关。

```
env_name = args.env
if not env_name.startswith('wob.mini.'):
    env_name = "wob.mini." + env_name

name = env_name.split('.')[-1] + "_" + args.name
```

```
writer = SummaryWriter(comment="-wob_click_" + name)

saves_path = os.path.join(SAVES_DIR, name)

os.makedirs(saves_path, exist_ok=True)
```

解析完参数后，我们将环境名称标准化（所有 MiniWoB 环境均以 wob.mini. 前缀开头，因此我们不需要在命令行中指定它），启动 TensorBoard 的 writer 并为模型创建目录。

```
demo_samples = None
if args.demo:
    demo_samples = vnc_demo.load_demo(args.demo, env_name)
    if not demo_samples:
        demo_samples = None
    else:
        print("Loaded %d demo samples, will use them "
              "during training" % len(demo_samples))
```

前面的代码与人类演示有关，现在应该忽略它。

```
env = gym.make(env_name)
env = universe.wrappers.experimental.SoftmaxClickMouse(env)
env = wob_vnc.MiniWoBCropper(env)
wob_vnc.configure(env, wob_vnc.remotes_url(
    port_ofs=args.port_ofs, hostname=args.host,
    count=REMOTES_COUNT))
```

为了准备环境，我们要求 Gym 来创建它，将其包装到前面描述的 SoftmaxClickMouse 包装器中，然后应用裁剪器。但是，环境尚未准备就绪。要完成初始化，我们需要使用 wob_vnc 模块中的工具函数对其进行配置。它们的目标是使用指定 VNC 连接参数的参数来调用 env.configure() 方法，连接参数的类型有图像质量、压缩级别以及要连接的 Docker 容器的地址等。这些连接端点是由 wob_vnc.remotes_url() 函数生成的特殊格式的 URL 指定的。

该 URL 的形式为 vnc://host:port1+port2,host:port1+port2，并允许单个环境与在多个主机上运行的任意数量的 Docker 容器进行通信。

```
net = model_vnc.Model(input_shape=wob_vnc.WOB_SHAPE,
                      n_actions=env.action_space.n).to(device)
print(net)
optimizer = optim.Adam(net.parameters(),
                       lr=LEARNING_RATE, eps=1e-3)

agent = ptan.agent.PolicyAgent(
    lambda x: net(x)[0], device=device, apply_softmax=True)
exp_source = ptan.experience.ExperienceSourceFirstLast(
    [env], agent, gamma=GAMMA, steps_count=REWARD_STEPS,
    vectorized=True)
```

在开始训练之前，我们从 PTAN 库中创建模型、智能体和经验源。这里唯一的新东西是 vectorized=True 参数，它告诉经验源我们的环境是向量化的，并在一次调用中返回多个结果。

```
best_reward = None
with common.RewardTracker(writer) as tracker:
    with ptan.common.utils.TBMeanTracker(
            writer, batch_size=10) as tb_tracker:
        batch = []
        for step_idx, exp in enumerate(exp_source):
            rewards_steps = exp_source.pop_rewards_steps()
            if rewards_steps:
                rewards, steps = zip(*rewards_steps)
                tb_tracker.track("episode_steps",
                                 np.mean(steps), step_idx)

                mean_reward = tracker.reward(np.mean(rewards),
                                             step_idx)
                if mean_reward is not None:
                    if best_reward is None or \
                            mean_reward > best_reward:
                        if best_reward is not None:
                            name = "best_%.3f_%d.dat" % (
                                mean_reward, step_idx)
                            fname = os.path.join(
                                saves_path, name)
                            torch.save(net.state_dict(), fname)
                            print("Best reward updated: %.3f "
                              "-> %.3f" % (
                            best_reward, mean_reward))
                        best_reward = mean_reward
            batch.append(exp)
            if len(batch) < BATCH_SIZE:
                continue
```

在训练循环的开始，我们要求经验源提供新的经验对象并将其打包成批。同时，我们跟踪平均未折扣的奖励，如果更新了奖励最大值，则保存模型的权重。

```
if demo_samples and random.random() < DEMO_PROB:
    random.shuffle(demo_samples)
    demo_batch = demo_samples[:BATCH_SIZE]
    model_vnc.train_demo(
        net, optimizer, demo_batch, writer,
        step_idx, device=device)
```

前面的代码与人类演示有关，现在应该忽略它。

```
states_v, actions_t, vals_ref_v = \
    common.unpack_batch(
        batch, net, device=device,
        last_val_gamma=GAMMA ** REWARD_STEPS)
batch.clear()
```

批完成后，我们将其解压缩成单独的张量并执行 A3C 训练过程：计算价值损失以提升价值输出端的估计，并使用价值作为优势值的基线来计算策略梯度。

```
optimizer.zero_grad()
logits_v, value_v = net(states_v)

loss_value_v = F.mse_loss(
    value_v.squeeze(-1), vals_ref_v)

log_prob_v = F.log_softmax(logits_v, dim=1)
adv_v = vals_ref_v - value_v.detach()
lpa = log_prob_v[range(BATCH_SIZE), actions_t]
log_prob_actions_v = adv_v * lpa
loss_policy_v = -log_prob_actions_v.mean()

prob_v = F.softmax(logits_v, dim=1)
ent_v = prob_v * log_prob_v
entropy_loss_v = ENTROPY_BETA * ent_v
entropy_loss_v = entropy_loss_v.sum(dim=1).mean()
```

为了提高探索效率，我们将计算得出的熵损失作为策略的缩放后负熵。

```
loss_v = loss_policy_v + entropy_loss_v + \
         loss_value_v
loss_v.backward()
nn_utils.clip_grad_norm_(
    net.parameters(), CLIP_GRAD)
optimizer.step()

tb_tracker.track("advantage", adv_v, step_idx)
tb_tracker.track("values", value_v, step_idx)
tb_tracker.track("batch_rewards", vals_ref_v,
                 step_idx)
tb_tracker.track("loss_entropy", entropy_loss_v,
                 step_idx)
tb_tracker.track("loss_policy", loss_policy_v,
                 step_idx)
tb_tracker.track("loss_value", loss_value_v,
                 step_idx)
tb_tracker.track("loss_total", loss_v, step_idx)
```

然后，我们使用 TensorBoard 跟踪关键指标，以便在训练期间对其进行监控。

16.3.5 启动容器

在开始训练前，你需要启动具有 MiniWoB 的 Docker 容器。Universe 提供了选项来自动启动它们。为此，你需要将一个整数值传给 env.configure()。例如，env.configure(remotes=4) 将在本地启动四个带 MiniWoB 的 Docker 容器。

虽然此启动模式很简单，但也存在一些缺点：

❑ 你无法控制容器的位置，因此所有容器都将在本地启动。当你希望它们在远程计算机或多台计算机上启动时，这种方式就很不方便了。

❑ 默认情况下，Universe 启动 quay.io（在撰写本书时，其镜像为 quay.io/openai/universe.world-of-bits，版本是 0.20.0）发布的容器，该容器在计算奖励时存在严重错误。因此，你的训练过程可能会时不时崩溃，这对于需要花费数天时间的训练来说不是很好。env.configure() 有一个名为 docker_image 的选项，它允许你重新定义用于启动的镜像，但是需要将该镜像硬编码在代码中。

❑ 容器元组的启动是有开销的，因此你的训练必须等待所有容器启动之后才能开始。

作为替代方案，我发现提前启动 Docker 容器更加灵活。在这种情况下，你需要向 env.configure() 传递一个 URL，将环境指向它必须连接的主机和端口。要启动容器，需要运行以下命令：

```
docker run -d -p 5900:5900 -p 15900:15900--privileged --ipc host --cap-
add SYS_ADMIN <CONTAINER_ID> <ARGS>
```

参数的含义如下：

1) -d 在分离模式下启动容器。为了能够查看容器的日志，可以将此选项替换为 -t。在这种情况下，容器将以交互方式启动，并可以按 Ctrl + C 停止。

2) -p SRC_PORT:TGT_PORT 将源端口从容器的主机转发到容器内的目标端口。此选项使你可以在一台计算机上启动多个 MiniWoB 容器。每个容器都会在 5900 端口上启动 VNC 服务器，并在 15900 端口上启动奖励器守护进程。参数 -p 5900:5900 使 VNC 服务器在主机（运行容器的计算机）的 5900 端口上启动。对于第二个容器，你应该传递 -p 5901:5900，这使其在 5901 端口上启动，而不是在已占用的 5900 端口上启动。奖励器也是如此：在容器内部，它监听 15900 端口。通过提供 -p 选项，你可以将连接从主机端口转发到容器的端口。

3) --privileged 允许容器访问主机的设备（MiniWoB 启动时使用此选项可能是因为有一些 VNC 服务器有需要）。

4) --ipc host 使容器能够与主机共享进程间通信（IPC）命名空间。

5) --cap-add SYS_ADMIN 扩展了容器的能力，以执行主机设置的扩展配置。

6) <CONTAINER_ID> 是容器的标识符。在这里是 shmuma/miniwob:v2，它是原始 quay.io/openai/universe.world-of-bits:0.20.0 的修订版本。关于 MiniWoB 的稳定性见 16.2.4 节。

7) <ARGS> 使你可以将额外的参数传递给容器以更改其操作模式。稍后我们将需要用它来记录人类演示。目前，它可以为空。

就是这些了！我们的训练脚本期望运行在 8 个容器中，分别在 5900-5907 端口和 15900-15907 端口上。例如，要启动它们，我使用以下命令（也是在 Chapter16/adhoc/start_docker.sh 中）：

```
#!/usr/bin/env bash
for i in 'seq 0 7'; do
    p1=$((5900+i))
    p2=$((15900+i))
    docker run -d -p $p1:5900 -p $p2:15900 --privileged \
        --ipc host --cap-add SYS_ADMIN shmuma/miniwob run -f 20
done
```

所有这些容器都将在后台启动，并且可以用 docker ps 命令展示（如图 16.5 所示）。

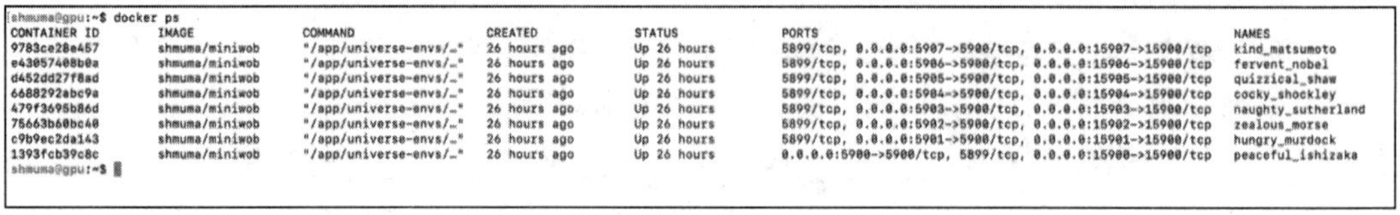

```
shmuma@gpu:~$ docker ps
CONTAINER ID  IMAGE           COMMAND                CREATED        STATUS        PORTS                                                                    NAMES
9783ce28e457  shmuma/miniwob  "/app/universe-envs/_"  26 hours ago   Up 26 hours   5899/tcp, 0.0.0.0:5907->5900/tcp, 0.0.0.0:15907->15900/tcp              kind_matsumoto
e43057408b0a  shmuma/miniwob  "/app/universe-envs/_"  26 hours ago   Up 26 hours   5899/tcp, 0.0.0.0:5906->5900/tcp, 0.0.0.0:15906->15900/tcp              fervent_nobel
d452dd27f8ad  shmuma/miniwob  "/app/universe-envs/_"  26 hours ago   Up 26 hours   5899/tcp, 0.0.0.0:5905->5900/tcp, 0.0.0.0:15905->15900/tcp              quizzical_shaw
6688292abc9a  shmuma/miniwob  "/app/universe-envs/_"  26 hours ago   Up 26 hours   5899/tcp, 0.0.0.0:5903->5900/tcp, 0.0.0.0:15903->15900/tcp              cocky_shockley
479f3695b86d  shmuma/miniwob  "/app/universe-envs/_"  26 hours ago   Up 26 hours   5899/tcp, 0.0.0.0:5903->5900/tcp, 0.0.0.0:15903->15900/tcp              naughty_sutherland
75663b60bc48  shmuma/miniwob  "/app/universe-envs/_"  26 hours ago   Up 26 hours   5899/tcp, 0.0.0.0:5902->5900/tcp, 0.0.0.0:15902->15900/tcp              zealous_morse
c9b9ec2da143  shmuma/miniwob  "/app/universe-envs/_"  26 hours ago   Up 26 hours   5899/tcp, 0.0.0.0:5901->5900/tcp, 0.0.0.0:15901->15900/tcp              hungry_murdock
1393fcb39c0c  shmuma/miniwob  "/app/universe-envs/_"  26 hours ago   Up 26 hours   0.0.0.0:5900->5900/tcp, 5899/tcp, 0.0.0.0:15900->15900/tcp              peaceful_ishizaka
shmuma@gpu:~$
```

图 16.5　docker ps 的输出

16.3.6　训练过程

当容器启动并准备好时，你就可以开始训练了。一开始它显示连接状态相关的消息，但最后它开始报告有关片段的统计信息。

```
$ ./wob_click_train.py -n t2 --cuda
[2018-01-29 14:27:48,545] Making new env: wob.mini.ClickDialog-v0
[2018-01-29 14:27:48,547] Using SoftmaxClickMouse with action_region=
(10, 125, 170, 285), noclick_regions=[]
[2018-01-29 14:27:48,547] SoftmaxClickMouse noclick regions removed
0 of 256 actions
[2018-01-29 14:27:48,548] Writing logs to file: /tmp/universe-9018.log
[2018-01-29 14:27:48,548] Using the golang VNC implementation
[2018-01-29 14:27:48,548] Using VNCSession arguments: {'compress_level':
0, 'subsample_level': 0, 'encoding': 'tight', 'start_timeout': 21,
'fine_quality_level': 100}. (Customize by running "env.configure (vnc_
kwargs={...})"
[2018-01-29 14:27:48,579] [0] Connecting to environment: vnc://
localhost:5900 password=openai.
[2018-01-29 14:27:52,218] Throttle fell behind by 1.06s; lost 5.32 frames
[2018-01-29 14:27:52,955] [1:localhost:5901] Initial reset complete:
episode_id=17803
37: done 1 games, mean reward 0.686, speed 11.77 f/s
52: done 2 games, mean reward 0.447, speed 28.29 f/s
72: done 3 games, mean reward -0.035, speed 33.24 f/s
98: done 4 games, mean reward -0.130, speed 25.92 f/s
125: done 5 games, mean reward -0.015, speed 33.64 f/s
146: done 6 games, mean reward 0.137, speed 26.18 f/s
```

如果需要，可以使用 VNC 客户端（例如 TurboVNC）手动连接到容器内的 VNC 服务器。大多数环境提供了方便的浏览器内的 VNC 客户端：http://localhost:15900/viewer/?password=openai。

默认情况下，训练过程将启动 ClickDialog-v0 环境，该环境应花费 10 万 ~ 20 万步才能达到 0.8 ~ 0.99 的平均奖励。收敛动态如图 16.6 ~ 图 16.8 所示。

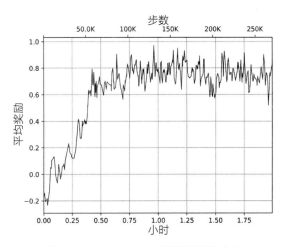

图 16.6　ClickDialog 问题的奖励动态

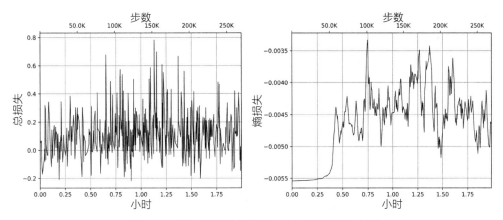

图 16.7　训练期间的总损失（左）和熵损失（右）

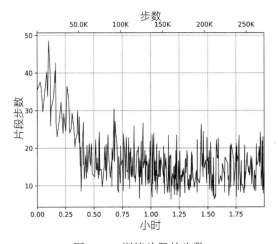

图 16.8　训练片段的步数

图 16.8 显示了智能体在片段结束之前会执行的平均动作数。理想情况下，对于此问题，计数应为 1，因为智能体所需采取的唯一动作是单击对话框的关闭按钮。但是，实际上，智能体在片段结束之前看到了 7 ~ 9 帧。发生这种情况的原因有两个：对话框关闭按钮上的叉号可能会延迟出现，并且浏览器处于容器内，会在智能体单击和奖励器注意到这一点之前增加一个时间间隔。无论如何，在大约 10 万帧（8 个容器，大约半小时）中，训练过程收敛到一个很好的策略，该策略可以在大多数时间关闭对话框。

16.3.7 检查学到的策略

为了能够窥探智能体的行为，有一个工具可以从文件中加载模型权重并运行多个片段，然后记录屏幕快照以及智能体的观察和选择的动作。该工具为 `Chapter16/wob_click_play.py`，它连接到第一个容器（5900 和 15900 端口），在本地计算机上运行并接受以下参数：

- ❑ `-m`：要加载的模型所对应的文件名。
- ❑ `--save <IMG_PREFIX>`：如果指定这个参数，则将每个观察值保存在单独的文件中。该参数指定路径前缀。
- ❑ `--count`：设置要运行的片段数。
- ❑ `--env`：设置要使用的环境名称，默认情况下为 `ClickDialog-v0`。
- ❑ `--verbose`：指定后显示每一步（包含奖励）、`done` 标识和内部信息。

这对于在训练期间检查（甚至调试）智能体在不同状态下的行为很有用。例如，在 `ClickDialog` 上训练的最佳模型向我们显示了以下内容：

```
rl_book_samples/Chapter16$ ./wob_click_play.py -m saves/ClickDialog-v0_
t1/best_1.047_209563.dat --count 5

[2018-01-29 15:43:57,188] [0:localhost:5900] Sending reset for env_
id=wob.mini.ClickDialog-v0 fps=60 episode_id=0

[2018-01-29 15:44:01,223] [0:localhost:5900] Initial reset complete:
episode_id=288

Round 0 done
Round 1 done
Round 2 done
Round 3 done
Round 4 done
Done 5 rounds, mean steps 6.40, mean reward 0.734
```

要检查智能体的动作，可以传入 `--save` 选项，它指定要保存的图像的前缀。智能体执行的单击动作所在的位置会显示为一个圆圈。右侧区域包含有关上一次奖励和超时前剩余时间的技术信息。例如，图 16.9 显示了其中一张保存的图像。

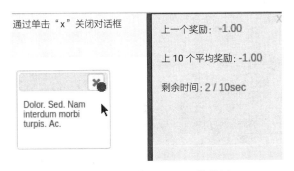

图 16.9　智能体动作的屏幕截图

16.3.8　简单单击的问题

不幸的是，该方法只能用于解决相对简单的问题，例如 ClickDialog。如果你尝试将其用于更复杂的任务，它们无法收敛。原因可能有很多。首先，我们的智能体是无状态的，这基本上意味着它仅根据观察结果来决定动作，而不考虑其先前的动作。你可能还记得在第 1 章中，我们讨论了马尔可夫决策过程（MDP）的马尔可夫性质，马尔可夫性质使我们能够抛弃所有以前的历史，仅关注当前的观察。即使在 MiniWoB 的相对简单的问题中，也可能会违反马尔可夫性质。例如，存在一个名为 ClickButtonSequence-v0 的问题（图 16.10 显示了屏幕截图），该问题要求智能体首先单击 ONE 按钮，然后单击 TWO 按钮。即使智能体可以随机地按所需顺序单击，也无法从单个图像中区分出下一步需要单击哪个按钮。

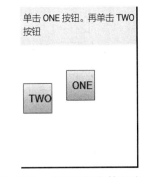

图 16.10　无状态智能体很难处理的环境示例

尽管此问题很简单，但我们无法使用 RL 方法来解决，因为 MDP 定理已不再适用。此类问题称为部分可观察的 MDP 或 POMDP，而针对它们的通用解决方法是允许智能体保持某种状态。这里的挑战是在仅保留最少的相关信息和将所有内容添加到观察值中（智能体将淹没在不相关的信息中）之间找到平衡。

我们的示例可能面临的另一个问题是，解决问题所需的数据可能没有在图像中呈现，也可能只是数据不方便获取。例如，有两个问题：ClickTab 和 ClickCheckboxes。在第一个问题中，你需要单击三个页签中的一个，但是该问题每次都会随机选择需要单击的页签。描述中显示了需要单击的页签（在文本观察中提供，并显示在环境页面的顶部），但是智能体仅看到像素，这使得它很难将顶部微小的数字变化和随机选择的需单击的页签联系起来。对于 ClickCheckboxes 问题，情况甚至更糟，智能体需要单击几个带有随机生成文本的复选框。防止对该问题过拟合的一种可能选择是使用某种**光学字符识别**（Optical

Character Recognition，OCR）网络将观察中的图像转换为文本形式。图 16.11 显示了这两个问题的示例。

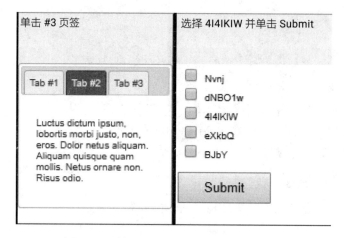

图 16.11 体现文本描述重要性的环境示例

另一个问题可能与智能体需要探索的动作空间的维度有关。即使对于单击问题，动作的数量也可能非常大，因此智能体可能需要很长时间才能发现行为模式。此处可能的解决方案之一是将人类演示合并到训练中。例如，在图 16.12 中，存在一个称为 CountSides-v0 的问题。此处的目标是单击与所示形状的边数相对应的按钮。

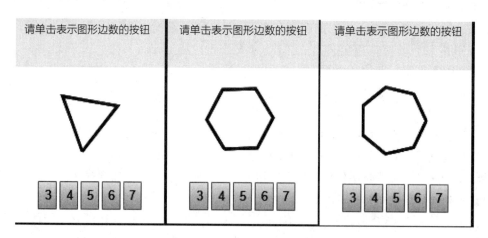

图 16.12 CountSides 环境的屏幕截图

我尝试从头开始训练智能体，经过一天的训练，进度几乎为零。但是，在添加了数十个正确单击示例之后，用 15 分钟的训练就成功解决了该问题。当然，也许我的超参数不够好，但是，演示的效果还是很不错的。在本章的下一个示例中，我们将研究如何记录和注入人类演示来改善收敛。

16.4　人类演示

人类演示背后的想法很简单：为了帮助智能体发现解决任务的最佳方法，我们向它展示了一些我们认为是问题所必需的动作的示例。这些示例可能不是最佳解决方案，也不是 100% 准确的，但是它们足以显示智能体可以探索的方向。

实际上，这是很自然的事情，因为所有人类学习都是基于老师、父母或其他人给出的一些示例。这些示例可以是书面形式（例如，书籍），也可以是演示（例如，舞蹈课），需要重复几次才能正确掌握。这种训练形式比随机搜索更为有效。试想一下，仅凭试错就学会如何刷牙会多么复杂和漫长。当然，通过演示进行学习存在危险，因为演示可能是错误的，也可能不是解决问题的最有效方法。但总的来说，它比随机搜索要有效得多。

我们之前的所有示例均没有使用先验知识，并从随机权重的初始化开始，这导致在训练开始时执行的动作都是随机选取的。

经过几次迭代后，智能体发现某些状态下的某些动作（通过 Q 值或具有较高优势值的策略）给出了更可观的结果，并开始偏爱这些动作。最终，这个过程得到了一个一定意义上的最优策略，最终给智能体带来了很高的奖励。当我们的动作空间维度很低并且环境的行为不是很复杂时，它可以很好地工作，但是将动作数量加倍至少会导致所需观察值也翻倍。对于 clicker 智能体，有 256 个不同的动作对应于活动区域中 10×10 的网格，这比 CartPole 环境中的动作多 128 倍。训练过程很漫长并且可能根本无法收敛，这不足为奇。

维度问题可以通过多种方式解决，例如更智能的探索方法、具有更好采样效率的训练（例如，one-shot learning）、合并先验知识（例如，迁移学习）以及其他方式。有许多研究致力于使 RL 越来越好，并且肯定会有许多突破。在本节中，我们将尝试更传统的方法，将记录的人类演示融入训练过程。

你可能还记得我们关于在线策略和离线策略方法的讨论（详见第 4 章和第 8 章）。这与我们的人类演示非常相似，严格来说，我们不能将离线策略数据（人类的观察－行动对）用于在线策略的方法（在我们的示例中为 A3C）。这是由于在线策略方法的性质：它们使用从当前策略收集的样本来估计当前策略的梯度。如果我们只是将人工记录的样本加入训练过程，则估计的梯度将与人工策略相关，但与我们由 NN 给出的当前策略无关。为了解决这个问题，我们需要稍稍作弊并从监督学习的角度看问题。具体来说，我们将使用对数似然目标来推动 NN 采取人类演示所执行的动作。

在深入了解实现细节之前，我们需要解决一个非常重要的问题：如何以最方便的形式获得人类演示？

16.4.1　录制人类演示

没有通用的方法来记录人类演示，因为它们取决于观察和动作空间的细节。但是，从更高的角度来看，我们应该保存人类或其他智能体（我们想记录动作的人或智能体）的信息，还要保存他们采取的动作的信息。

例如，如果要获取某人玩的 Atari 游戏会话，则需要保存屏幕图像以及在该屏幕上按下的按钮。

在 OpenAI Universe 环境中有一个优雅的解决方案，它基于 VNC 协议并用作通用传输。为了保存人类演示，我们需要捕获服务器发送到 VNC 客户端的屏幕，以及客户端发送到服务器的鼠标和键盘操作。MiniWoB 为此基于 VNC 协议代理提供了内置的能力，如图 16.13 所示。

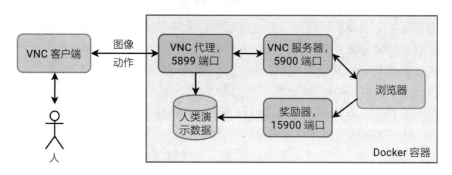

图 16.13　演示录制的架构

默认情况下，容器启动时不会启动 VNC 代理，但它具有单独的演示模式。要在启动容器的时候启动代理，需要将参数 `demonstration -e ENV_NAME` 传给容器。你还需要传入端口转发的参数，以使容器外部可以使用 5899 端口（VNC 代理监听的端口）。用于 `ClickTest2` 环境在录制模式下启动容器的完整命令行如下所示（也通过 `Chapter16/adhoc/start_docker_demo.sh` 提供）：

```
docker run -e TURK_DB='' -p 5899:5899 --privileged --ipc host --cap-add
SYS_ADMIN shmuma/miniwob:v2 demonstration -e wob.mini.ClickTest2-v0
```

参数 `TURK_DB` 是必需的，它可能与 Mechanical Turk 有关，OpenAI 使用它来收集用于内部实验的人类演示。不过，尽管 OpenAI 承诺会发布这些人类示例，但其实并没有发布。因此，获取人类演示的唯一方法是自己录制。

启动容器后，你可以使用任何喜欢的 VNC 客户端连接到它。Linux、Windows 和 Mac 都有可用的方法。你应该连接到容器所在主机的 5899 端口上。连接密码为 `openai`。连接后，你应该会看到在启动容器时所指定环境的浏览器窗口。

现在你可以开始解决问题了，但不要忘记，你的所有操作都会被记录并在之后的训练期间使用。因此你的操作应高效且不包含任何不相关的操作，例如，在错误的位置处单击。当然，你可以在这种嘈杂的人类演示中进行实验，以检查训练的鲁棒性。解决问题的时间也很有限，对于大多数环境而言只有 10 秒。超时后，问题将重新开始，你将获得 −1 的奖励。如果你看不到鼠标指针，则应在 VNC 客户端中启用**本地鼠标渲染**模式。

　　录制完一些人类演示后，你可以断开与服务器的连接并复制录制的数据。记住，只有在容器处于活跃状态时才会保留你的记录。记录的数据放置在容器文件系统内的 /tmp/demo 文件夹中，但是你可以使用 docker exec 命令查看文件（下面的 80daf4b8f257 是在演示模式下启动的容器 ID）：

```
$ docker exec -t 80daf4b8f257 ls -laR /tmp/demo
/tmp/demo:
total 20
drwxr-xr-x 3 root root 4096 Jan 30 17:06 .
drwxrwxrwt 19 root root 4096 Jan 30 17:07 ..
drwxr-xr-x 2 root root 4096 Jan 30 17:07
1517332006-fprnte8qiy3af3-0
-rw-r--r-- 1 nobody nogroup 20 Jan 30 17:09 env_id.txt
-rw-r--r-- 1 root root 531 Jan 30 17:09 rewards.demo

/tmp/demo/1517332006-fprnte8qiy3af3-0:
total 35132
drwxr-xr-x 2 root root 4096 Jan 30 17:07 .
drwxr-xr-x 3 root root 4096 Jan 30 17:06 ..
-rw-r--r-- 1 root root 51187 Jan 30 17:07 client.fbs
-rw-r--r-- 1 root root 20 Jan 30 17:07 env_id.txt
-rw-r--r-- 1 root root 5888 Jan 30 17:07 rewards.demo
-rw-r--r-- 1 root root 35900918 Jan 30 17:07 server.fbs
```

　　一个单独的 VNC 会话保存在 /tmp/demo 文件夹中的单个子目录中，因此你可以将同一容器用于多个记录会话。要复制数据，可以使用 docker cp 命令：

```
docker cp 80daf4b8f257:/tmp/demo .
```

　　一旦获得原始数据文件，就可以将它们用于训练，但是首先让我们谈谈数据格式。

16.4.2　录制的格式

对于每个客户端连接，VNC 代理会记录四个文件：

❑ env_id.txt：用于记录人类演示的环境 ID 的文本文件。当你有多个人类演示数据的目录时，这对于过滤来说很有帮助。

❑ rewards.demo：带有奖励器守护进程记录的事件的 JSON 文件。这包括来自环境的带有时间戳的事件，例如，文本描述的更改、获得的奖励等。

❑ client.fbs：二进制格式，其中包含由客户端发送到 VNC 服务器的事件。它内部包含原始 VNC 协议消息（称为**远程帧缓冲协议（Remote Framebuffer Protocol，RFP）**）的时间戳。

❑ server.fbs：二进制格式，包含 VNC 服务器发送到客户端的数据。它的格式与

client.fbs 相同，但是消息集不同。

这里最棘手的文件是 client.fbs 和 server.fbs，因为它们是二进制文件，并且该格式没有方便的 reader（至少我不知道这样的库）。VNC 协议在请求注解（RFC）6143 中进行了标准化，并称为 RFP，可在 IETF 网站 https://tools.ietf.org/html/rfc6143 上获取。该协议定义了 VNC 客户端和服务器可以交换（向用户提供远程桌面）的消息集。客户端可以发送键盘或鼠标事件，服务器负责发送桌面图像，以允许客户端查看应用程序的最新视图。为了改善低速网络链接上的用户体验，服务器通过可选的图像压缩以及仅发送 GUI 桌面的关键（修改）部分来优化传输。

为了使演示记录可用于 RL 智能体训练，我们需要将此 VNC 格式转换为一组图像以及在图像生成时产生的用户事件。为此，我使用 Kaitai Struct 二进制解析器语言（项目网站为 http://kaitai.io/）实现了一个小型 VNC 协议解析器，该解析器语言提供了一种使用声明性 YAML 格式化语言解析复杂二进制文件格式的便捷方法。如果你感到好奇，客户端和服务器消息的源文件位于 Chapter16/ksy 目录中。

与演示格式相关的 Python 代码位于 Chapter16/lib/vnc_demo.py 模块中，该模块包含用于演示目录的高级函数加载器，以及用于解释内部二进制格式的一组低级方法。加载器函数 vnc_demo.load_demo() 返回的结果是元组列表。每个元组都包含一个 NumPy 数组，其中包含 MiniWoB 模型使用的观察结果以及执行的鼠标动作的索引。

要检查示例数据，有一个小工具：Chapter16/adhoc/demo_dump.py，它将演示目录中的 client.fbs 和 server.fbs 加载，并将演示样本转存为图像文件。用于将我记录的演示转换为图像的命令行示例如下所示：

```
rl_book_samples/Chapter16$ ./adhoc/demo_dump.py -d data/demo-CountSides/
-e wob.mini.CountSides-v0 -o count
[2018-01-30 12:44:11,794] Making new env: wob.mini.CountSides-v0
[2018-01-30 12:44:11,796] Using SoftmaxClickMouse with action_region=
(10, 125, 170, 285), noclick_regions=[]
[2018-01-30 12:44:11,797] SoftmaxClickMouse noclick regions removed
0 of 256 actions Loaded 64 demo samples
[2018-01-30 12:44:12,191] Making new env: wob.mini.CountSides-v0
[2018-01-30 12:44:12,192] Using SoftmaxClickMouse with action_region=
(10, 125, 170, 285), noclick_regions=[]
[2018-01-30 12:44:12,192] SoftmaxClickMouse noclick regions removed
0 of 256 actions
```

此命令产生了 64 个带有 count 前缀的图像文件。图 16.14 是此工具生成的图像示例，显示了我记录的演示。

该记录的二进制数据位于 Chapter16/demos/demoCountSides.tar.gz 中，在使用前你需要先解包。需要说明，我对 VNC 协议读取的实现是实验性的，仅适用于 0.20.0 版本的 MiniWoB 镜像中使用的 VNC 代理生成的文件，并不完全符合 VNC 协议 RFC。此外，读取过程是硬编码的，用于我们的动作空间转换，不会产生如鼠标移动、按键和其他事件。如果你认为应该将其扩展到更通用的情况，欢迎你来贡献代码。

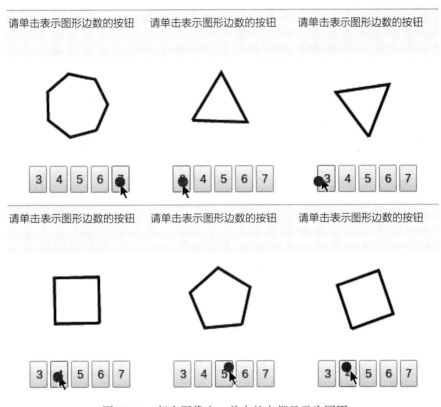

图 16.14　每个图像中，单击的点都显示为圆圈

16.4.3　使用演示进行训练

　　既然我们知道如何记录和加载演示数据，仅需回答一个问题：如何修改训练过程以包含人类演示？最简单的解决方案（其效果出乎意料的好）是使用在第 14 章中训练聊天机器人所使用的对数似然目标。为此，我们需要将 A3C 模型视为一个分类问题，在其策略输出端中对输入的观察结果进行分类。在最简单的形式中，价值输出端将不参与训练，但实际上，训练它并不难：我们知道在演示过程中获得的奖励，因此需要的就是计算每个观察到片段结束时的带折扣奖励。

　　为了查看它的实现方式，让我们回到在 Chapter16/wob_click_train.py 的描述中跳过的代码段。首先，我们可以通过在命令行中传入 --demo <DIR> 选项来传入带有演示数据的目录。这将启用以下代码块上所示的分支，代码将从指定的目录加载演示样本。vnc_demo.load_demo() 函数足够智能，可以从任何级别的子目录中自动加载人类演示，因此你只需传入放置演示的目录即可。

```
demo_samples = None
if args.demo:
    demo_samples = vnc_demo.load_demo(args.demo, env_name)
    if not demo_samples:
        demo_samples = None
    else:
        print("Loaded %d demo samples, will use them "
              "during training" % len(demo_samples))
```

与演示训练相关的第二段代码在训练循环内，并在正常批之前执行。使用演示来训练是有概率的（默认为 0.5），并由 DEMO_PROB 超参数指定。

```
if demo_samples and random.random() < DEMO_PROB:
    random.shuffle(demo_samples)
    demo_batch = demo_samples[:BATCH_SIZE]
    model_vnc.train_demo(
        net, optimizer, demo_batch, writer,
        step_idx, device=device)
```

逻辑很简单：我们使用 DEMO_PROB 从演示数据中对 BATCH_SIZE 样本进行采样，并使用批执行一轮网络训练。实际的训练由 model_vnc.train_demo() 函数执行，如下所示：

```
def train_demo(net, optimizer, batch, writer, step_idx,
               preprocessor=ptan.agent.default_states_preprocessor,
               device="cpu"):
    batch_obs, batch_act = zip(*batch)
    batch_v = preprocessor(batch_obs)
    if torch.is_tensor(batch_v):
        batch_v = batch_v.to(device)
    optimizer.zero_grad()
    ref_actions_v = torch.LongTensor(batch_act).to(device)
    policy_v = net(batch_v)[0]
    loss_v = F.cross_entropy(policy_v, ref_actions_v)
    loss_v.backward()
    optimizer.step()
    writer.add_scalar("demo_loss", loss_v.item(), step_idx)
```

训练代码简单明了。我们将批拆分为观察值和动作列表，对观察值进行预处理以将其转换为 PyTorch 张量，然后将其放置在 GPU 上。然后，我们要求 A3C 网络返回策略，并计算结果与期望动作之间的交叉熵损失。从优化的角度来看，我们正在将网络推向演示所采取的动作。

16.4.4　结果

为了检查示例的效果，我对 CountSides 问题使用了相同的超参数进行了两组训练：一种在没有演示的情况下进行，另一种使用了 64 次单击演示。

要在没有人类演示的情况下开始训练，需使用以下命令行：

```
$ ./wob_click_train.py --cuda -n v1-nodemo --env CountSides-v0
```

为了将录制的演示加入训练过程，需要像这样开始训练：

```
$ ./wob_click_train.py --cuda -n v1-demo --env CountSides-v0 --demo demos
```

需要将归档文件 demos/demo-CountSides.tar.gz 解压缩到 demos 目录中。

区别很大。从头开始的训练经过 15 个小时的训练和 220 万帧后达到了 –0.4 的最佳平均奖励，从训练动态看没有任何显著提升。图 16.15 ~ 图 16.17 是不带人类演示的训练图。

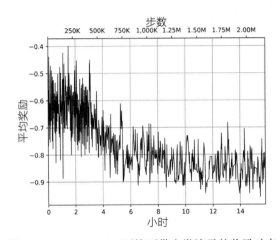

图 16.15　CountSides 环境不带人类演示的奖励动态

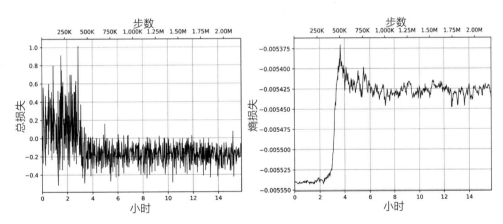

图 16.16　训练时的总损失（左）和熵损失（右）

在仅添加了 64 个演示样本之后，仅经过 2 万帧训练就能获得 1.65 的平均奖励。高熵损失（如图 16.18 ~ 图 16.20 所示）表明该智能体对其动作非常确定。

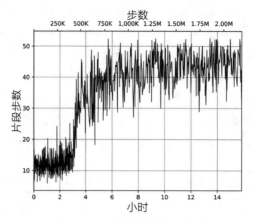

图 16.17　训练片段的长度

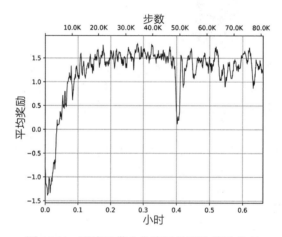

图 16.18　训练时带人类演示的平均奖励动态

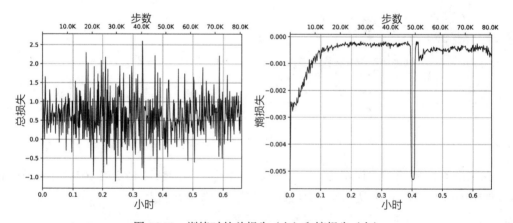

图 16.19　训练时的总损失（左）和熵损失（右）

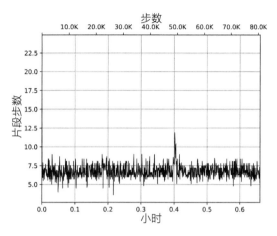

图 16.20 训练片段的长度

如图 16.20 所示，训练片段的长度在训练开始后从 20 迅速下降到了 6，下降太快了以至于在图上都看不见。

为了有个总览的效果，以下是结合两种训练的同类型图表（见图 16.21 ~ 图 16.23）。

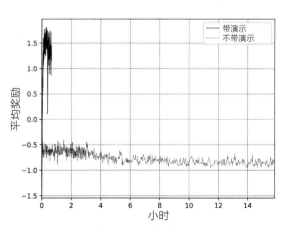

图 16.21 带演示和不带演示的平均奖励

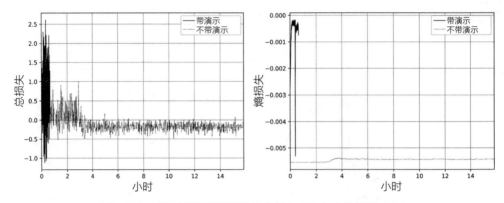

图 16.22　带演示和不带演示的总损失（左）和熵损失（右）

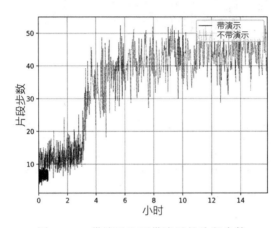

图 16.23　带演示和不带演示的片段步数

16.4.5　井字游戏问题

为了检查人类演示对训练的影响，我从 MiniWoB 中使用了一个更复杂的问题：井字游戏。我记录了一些演示（可在 Chapter16/demos/demo-TicTacToe.tgz 中找到），其中包括近 200 个动作，其中一些示例如图 16.24 所示。

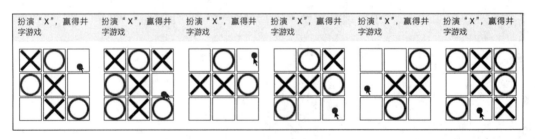

图 16.24　带人类动作的井字游戏环境

　　经过一个小时的训练，智能体能够获得 0.05 的平均奖励，这意味着它赢多输少。训练动态如图 16.25 ~ 图 16.27 所示。为了提升探索能力，2.5 万帧后，演示训练的概率从 0.5 降低到 0.01。当然，奖励图的嘈杂表明了该策略远远没到始终优于 MiniWoB 人工智能的程度。

　　使用 wob_click_play.py，我们可以逐步检查智能体的动作。例如，图 16.28 ~ 图 16.30 是平均奖励为 0.187 的最佳模型玩的一些游戏。

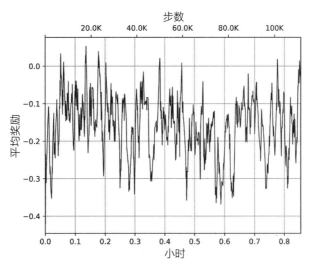

图 16.25　井字游戏的平均奖励动态

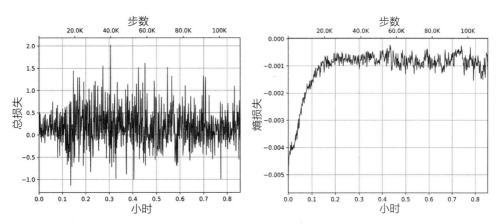

图 16.26　总损失（左）和熵损失（右）

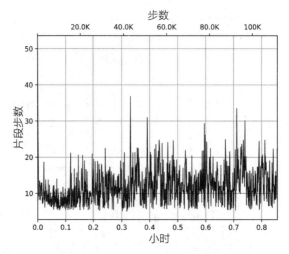

图 16.27 训练片段的长度

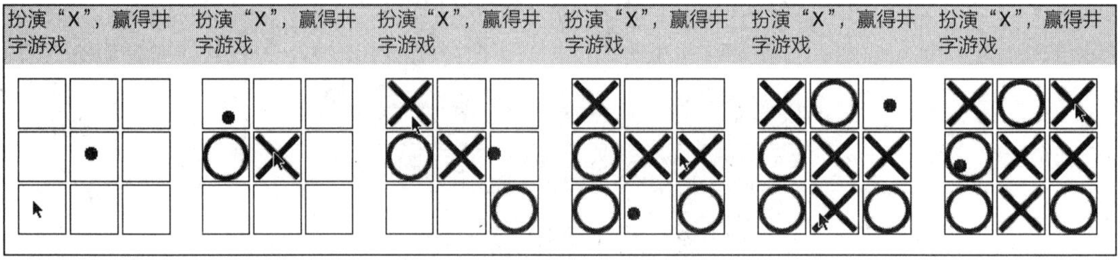

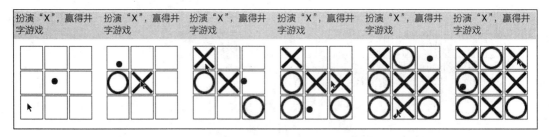

图 16.28 智能体玩的游戏

图 16.29 智能体玩的第二局游戏

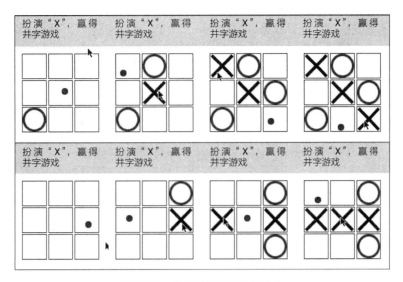

图 16.30　智能体玩的更多游戏

16.5　添加文字描述

作为本章的最后一个示例，我们将问题的文本描述添加到模型的观察值中。我已经提到过，某些问题的文本描述中包含了重要信息，例如需要单击的页签的索引或智能体需要检查的条目列表。相同的信息都会在图像观察值的顶部显示，但像素并不总是简单文本的最佳表示方式。

要将文本考虑进去，我们需要将模型的输入从仅使用图像扩展到使用图像和文本数据。我们在上一章中已经处理过文本，因此循环神经网络（RNN）是一个显而易见的选择（对于这样的问题，也许不是最好的选择，但它具有足够的灵活性和可扩展性）。

16.5.1　实现

我不会详细介绍该示例，将仅关注实现中最重要的方面（完整的代码在 Chapter16/wob_click_mm_train.py 中）。与 clicker 模型相比，扩展文本需要添加的内容不会太多。

首先，我们应该要求包装器 MiniWoBCropper 保留从观察中获得的文本。该类的完整源代码已在本章前面部分显示过了。为了保留文本，我们应该将 keep_text=True 传给 wrapper 的构造函数，这会使该类返回带有 NumPy 数组和文本字符串的元组，而不仅仅是之前只带有图像的 NumPy 数组。

然后，我们需要修改模型以能够处理该元组，而不只是 NumPy 数组的批。具体需要在两个地方做修改：在智能体中（当我们使用模型选择动作时）和在训练代码中。为了以模型友好的方式适配观察，我们可以使用 PTAN 库的特殊功能：preprocessor。核心思想很简单：`preprocessor` 是一个可调用的函数，需要将观察列表转换成可以被模型使用的形式。默认情况下，`preprocessor` 将 NumPy 数组的列表转换为 PyTorch 张量，并可选地将其复制到 GPU 内存中。但是，有时需要进行更复杂的转换，例如我们现在这种情况，需要将图像打包到张量中，但是文本字符串需要特殊处理。在这种情况下，你可以重新定义默认的 `preprocessor` 并将其传给 `ptan.Agent` 类。

从理论上讲，由于 PyTorch 的灵活性，可以将 `preprocessor` 的功能移入模型本身，但是在观察值只是 NumPy 数组的情况下，默认的 `preprocessor` 可以简化我们的工作。以下是从 `Chapter16/lib/model_vnc.py` 模块获取的 `preprocessor` 类源代码：

```
MM_EMBEDDINGS_DIM = 50
MM_HIDDEN_SIZE = 128
MM_MAX_DICT_SIZE = 100

TOKEN_UNK = "#unk"

class MultimodalPreprocessor:
    log = logging.getLogger("MulitmodalPreprocessor")

    def __init__(self, max_dict_size=MM_MAX_DICT_SIZE,
                 device="cpu"):
        self.max_dict_size = max_dict_size
        self.token_to_id = {TOKEN_UNK: 0}
        self.next_id = 1
        self.tokenizer = TweetTokenizer(preserve_case=True)
        self.device = device
```

在构造函数中，我们创建从 token 到标识符（将被动态扩展）的映射，并创建 `nltk` 包中的 tokenizer。

```
    def __len__(self):
        return len(self.token_to_id)

    def __call__(self, batch):
        tokens_batch = []
        for img_obs, txt_obs in batch:
            tokens = self.tokenizer.tokenize(txt_obs)
            idx_obs = self.tokens_to_idx(tokens)
            tokens_batch.append((img_obs, idx_obs))
        # sort batch decreasing to seq len
        tokens_batch.sort(key=lambda p: len(p[1]), reverse=True)
        img_batch, seq_batch = zip(*tokens_batch)
        lens = list(map(len, seq_batch))
```

预处理器的目标是将一批 (image, text) 元组转换为两个对象：第一个必须是具有图像数据并且形状为 (batch_size, 3, 210, 160) 的张量，第二个必须以打包序列的形式包含来自文本描述的一批 token。打包序列是适用于 RNN 高效处理的 PyTorch 数据结构。我们在第 14 章中讨论过这一点。

作为转换的第一步，我们将文本字符串 token 化为 token，然后将每个 token 转换为整数 ID 列表。然后，我们按 token 长度降序的方式对批进行排序，这是基础 cuDNN 库高效处理 RNN 的前提。

```
img_v = torch.FloatTensor(img_batch).to(self.device)
```

在上一行代码中，我们将图像观察转换为单个张量。

```
seq_arr = np.zeros(shape=(len(seq_batch),
                          max(len(seq_batch[0]), 1)),
                   dtype=np.int64)
for idx, seq in enumerate(seq_batch):
    seq_arr[idx, :len(seq)] = seq
    # Map empty sequences into single #UNK token
    if len(seq) == 0:
        lens[idx] = 1
```

要创建打包序列类，我们首先需要创建一个填充序列张量，它是 (batch_size, len_of_longest_seq) 的矩阵。我们将序列的 ID 复制到此矩阵中。

```
seq_v = torch.LongTensor(seq_arr).to(self.device)
seq_p = rnn_utils.pack_padded_sequence(
    seq_v, lens, batch_first=True)
return img_v, seq_p
```

最后，我们从 NumPy 矩阵创建张量，并使用 PyTorch 的工具函数将它们转换为打包形式。转换的结果是两个对象：图像张量和 token 化的文本打包序列。

```
def tokens_to_idx(self, tokens):
    res = []
    for token in tokens:
        idx = self.token_to_id.get(token)
        if idx is None:
            if self.next_id == self.max_dict_size:
                self.log.warning(
                    "Maximum size of dict reached, token "
                    "'%s' converted to #UNK token", token)
                idx = 0
            else:
                idx = self.next_id
                self.next_id += 1
                self.token_to_id[token] = idx
        res.append(idx)
    return res
```

前面的工具函数需要将 token 列表转换为 ID 列表。棘手的是，我们无法预先知道文本描述的字典大小。一种方法是在字符级别上工作，将单个字符输入 RNN，但这会导致序列处理时间太长。另一种解决方案是硬编码一些合理的字典大小（例如 100 个 token），然后将 token ID 动态分配给我们从未见过的 token。本实现使用了后一种方法，但它可能不适用于文本描述中包含随机生成字符串的 MiniWoB 问题。

```
def save(self, file_name):
    with open(file_name, 'wb') as fd:
```

```
        pickle.dump(self.token_to_id, fd)
        pickle.dump(self.max_dict_size, fd)
        pickle.dump(self.next_id, fd)
    @classmethod
    def load(cls, file_name):
        with open(file_name, "rb") as fd:
            token_to_id = pickle.load(fd)
            max_dict_size = pickle.load(fd)
            next_id = pickle.load(fd)

            res = MultimodalPreprocessor(max_dict_size)
            res.token_to_id = token_to_id
            res.next_id = next_id
            return res
```

由于 token 到 ID 的映射是动态生成的，因此 preprocessor 必须提供一种方式能将状态保存到文件中和从文件中加载该状态。前面的两个函数正是实现保存和加载的。下一个难题是模型类本身，它是我们使用的模型的扩展版本：

```
class ModelMultimodal(nn.Module):
    def __init__(self, input_shape, n_actions,
                 max_dict_size=MM_MAX_DICT_SIZE):
        super(ModelMultimodal, self).__init__()

        self.conv = nn.Sequential(
            nn.Conv2d(input_shape[0], 64, 5, stride=5),
            nn.ReLU(),
            nn.Conv2d(64, 64, 3, stride=2),
            nn.ReLU(),
        )

        conv_out_size = self._get_conv_out(input_shape)

        self.emb = nn.Embedding(max_dict_size, MM_EMBEDDINGS_DIM)
        self.rnn = nn.LSTM(MM_EMBEDDINGS_DIM, MM_HIDDEN_SIZE,
                           batch_first=True)

        self.policy = nn.Linear(
            conv_out_size + MM_HIDDEN_SIZE*2, n_actions)
        self.value = nn.Linear(
            conv_out_size + MM_HIDDEN_SIZE*2, 1)
```

区别在于新的 embedding 层，该层将整数 token ID 转换为密集的 token 向量和 LSTM RNN。

卷积层和 RNN 层的输出被合并，然后喂到策略和价值输出端中，因此其输入的维度是图像和文本特征的组合维度。

```
    def _get_conv_out(self, shape):
        o = self.conv(torch.zeros(1, *shape))
        return int(np.prod(o.size()))
```

```
def _concat_features(self, img_out, rnn_hidden):
    batch_size = img_out.size()[0]
    if isinstance(rnn_hidden, tuple):
        flat_h = list(map(lambda t: t.view(batch_size, -1),
                          rnn_hidden))
        rnn_h = torch.cat(flat_h, dim=1)
    else:
        rnn_h = rnn_hidden.view(batch_size, -1)
    return torch.cat((img_out, rnn_h), dim=1)
```

前面的函数将图像和 RNN 特征组合到单个张量中。

```
def forward(self, x):
    x_img, x_text = x
    assert isinstance(x_text, rnn_utils.PackedSequence)

    # deal with text data
    emb_out = self.emb(x_text.data)
    emb_out_seq = rnn_utils.PackedSequence(
        emb_out, x_text.batch_sizes)
    rnn_out, rnn_h = self.rnn(emb_out_seq)

    # extract image features
    fx = x_img.float() / 256
    conv_out = self.conv(fx).view(fx.size()[0], -1)

    feats = self._concat_features(conv_out, rnn_h)
    return self.policy(feats), self.value(feats)
```

在 forward 函数中，我们期望 preprocessor 处理两个对象：具有输入图像的张量和批的打包序列。图像是通过卷积处理的，文本数据被喂给了 RNN。然后将两个结果组合起来并计算策略和价值的结果。

这就是大部分新代码。训练 Python 脚本 wob_click_mm_train.py 基本上就是 wob_click_train.py 的复制品，只是创建 preprocessor 时有微小差异。keep_text=True 被传给 MiniWoBCropper() 构造函数，以及有些其他小改动。

16.5.2　结果

我在环境 ClickButton-v0 上进行了一些实验，其目的是在几个随机按钮之间进行选择。图 16.31 显示了一些记录的人类演示。

即使有人类演示，没有文本描述的模型也可以达到 0.5 的平均奖励，这仍然比随机单击策略要好，但与最佳策略相去甚远。

图 16.32 ~ 图 16.34 显示的是训练动态。

此外，用文本描述丰富过后的智能体的表现更差（100 个片段的最佳平均奖励为 0.45）。如图 16.35 ~ 图 16.37 所示。

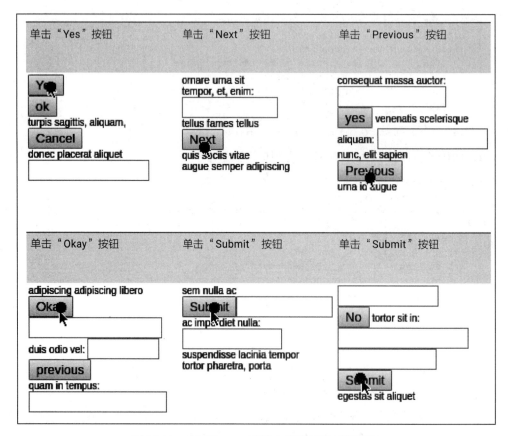

图 16.31 ClickButton 环境人类演示的屏幕截图

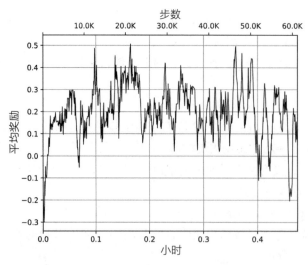

图 16.32 没有文本描述的 ClickButton 环境的奖励

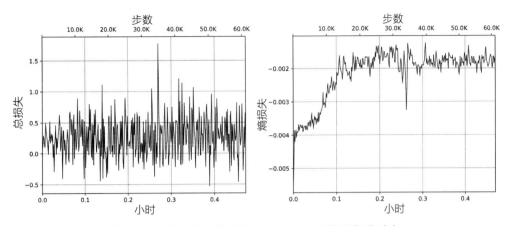

图 16.33　没有文本描述的 ClickButton 环境的损失动态

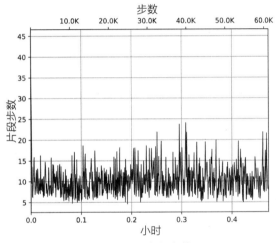

图 16.34　片段步数

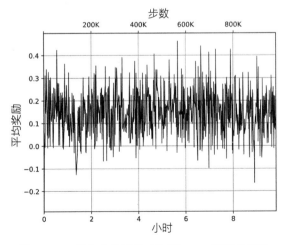

图 16.35　带文本描述的 ClickButton 环境的奖励

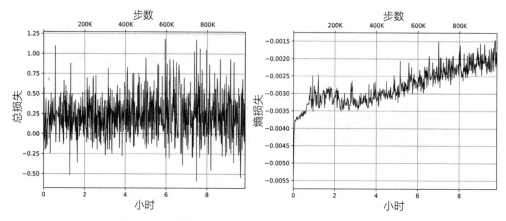

图 16.36　带文本描述的 ClickButton 环境的损失动态

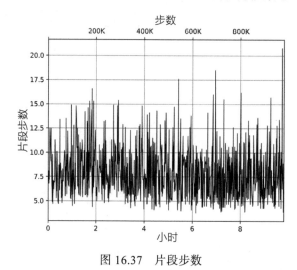

图 16.37　片段步数

两种模型的奖励动态都非常嘈杂，这表明可能调整超参数或增加并行环境的数量可能会有所帮助。

16.6　可以尝试的事情

在本章中，我们仅涉及 80 个 MiniWoB 问题中 6 个最简单的环境，因此前面还有很多未知的领域。如果你想练习，可以尝试以下几项：

❑ 通过噪声单击来测试演示的鲁棒性。

❑ 使用演示数据对 A3C 价值输出端进行训练。

❑ 实现更复杂的鼠标控制，例如将鼠标向左 / 右 / 上 / 下移动 N 个像素。

❑ 使用一些预训练的 OCR 网络（或自己训练的！）从观察中提取文本信息。

❑ 选择其他环境并尝试解决它们。里面存在一些非常棘手和有趣的问题，例如通过拖放操作对条目进行排序或使用复选框重复给定的模式。

❑ 研究来自斯坦福大学 NLP Group 的 MiniWoB++（https://stanfordnlp.github.io/miniwob-plusplus/）。它将需要学习和编写新的包装器。如前所述，Selenium 被用于浏览器，而不是使用带 VNC 和容器的 Universe 方法。

❑ 另一个具有挑战性的问题是使用 Q-learning 来解决 MiniWoB 任务。在 RLSS 2019（https://rlss.inria.fr/）中，我尝试将 MiniWoB 用作练习课程之一。尽管我付出了所有努力，但即使是在 CloseDialog 之类的简单问题上，DQN 也未能收敛。这可能是由于某些软件 bug（但是，我已经付出了所有努力，还是没有找到），或者存在一些更根本的问题。你可以在以下 GitHub 仓库中找到 RLSS 2019 课程的练习资料：https://github.com/yfletberliac/rlss-2019。MiniWoB 的笔记可在 `labs/final_project/ MiniWoB`（https://github.com/yfletberliac/rlss-2019/tree/master/labs/final_project/MiniWoB）子目录中找到。

16.7 总结

在本章中，你了解了 RL 方法在浏览器自动化中的实际应用，并使用了 OpenAI 的 MiniWoB 基准。本章总结了本书的第三部分。下一部分将致力于连续动作空间、非梯度方法以及其他更高级的 RL 方法相关的更复杂和最新的方法。

在下一章中，我们将从理论和实践的角度研究连续控制问题，它们是 RL 很重要的子领域。

Chapter 17 | 第 17 章

连续动作空间

本章开始介绍本书的高级 RL 部分，会从之前简单介绍过的一个问题开始：当环境的动作空间不离散时该如何处理。在本章中，你将熟悉在这种情况下出现的挑战并学习如何解决它们。

连续动作空间问题在理论上和实践上都是 RL 的重要子领域，因为它们在多个方面具有重要的应用，例如机器人技术（是第 18 章的主题）、控制问题以及我们与物理对象进行交互的其他领域。

在本章中，我们将：

❑ 涵盖连续动作空间为何重要、它与离散动作空间有何不同，以及在 Gym API 中的实现方式。

❑ 讨论将 RL 方法应用到连续控制的领域。

❑ 查看解决四足机器人问题的三种不同算法。

17.1 为什么会有连续的空间

到目前为止，我们在本书中看到的所有示例都具有离散的动作空间，因此你可能会产生错觉：离散的动作占主导地位。这是一个非常有偏见的观点，仅反映了我们从领域中选取的测试问题的范围。除了 Atari 游戏和简单经典的 RL 问题（从少量分散的集合中进行选择）外，还有许多任务需要处理其他的问题。

举个例子，想象一个简单的机器人，它只有一个可控制的关节，可以在一定范围内旋转。通常，要控制一个物理关节，你必须指定目标位置或所施加的力。

在这两种情况下，你都需要指定一个连续值。该值与离散动作空间有根本的不同，因为你可以进行决策的一组值可能是无限的。例如，你可以要求关节移动到 13.5° 角或 13.512° 角，结果可能会有所不同。当然，系统总是存在一些物理限制。你不能以无限的精度指定动作，但是潜在值的大小仍然非常大。

实际上，当你需要与物理世界进行交互时，连续动作空间比离散动作集的可能性要大得多。例如，机器人的各种控制系统（例如加热 / 冷却控制器）。RL 的方法可以应用于此领域，但是在使用 A2C 或 DQN 方法之前，你需要考虑一些细节。

在本章中，我们将探讨如何处理这类问题。这将是学习此非常有趣且重要的 RL 领域一个很好的起点。

17.1.1　动作空间

连续动作空间与离散动作空间的根本和明显区别是其连续性。离散动作空间的动作定义为离散的、互斥的选项集（例如，{left, right}，其中仅包含两个元素），相比之下，连续动作的值选自某个范围（例如，$[0\cdots1]$，其中包含无限个元素，例如，0.5、$\dfrac{\sqrt{3}}{2}$ 和 $\dfrac{\pi^3}{e^5}$）。在每个时间步骤上，智能体都需要选择动作的具体值并将其传给环境。

在 Gym 中，连续动作空间表示为 gym.spaces.Box 类，在第 2 章中我们讨论观察空间时进行了描述。你可能还记得 Box 包含一组带有形状和边界的值。例如，来自 Atari 模拟器的每个观察结果都表示为 Box(low=0, high=255, shape=(210, 160, 3))，这意味着 100 800 个值被组织为了 3D 张量，其值范围为 0 ~ 255。

动作空间中不太可能使用如此大量的动作。例如，我们将用作测试环境的四足机器人有 8 个连续动作，分别对应 8 个发动机，每条腿两个。对于这种环境，动作空间将定义为 Box(low=-1, high=1, shape=(8,))，这意味着必须在每个时间戳中选择范围为 –1 ~ 1 的 8 个值来控制机器人。

在这种情况下，每一步传给 env.step() 的动作将不再是整数。它将是某种形状的 NumPy 向量，每一维都是一个独立动作。当然，当动作空间是离散动作和连续动作的组合时，可能会有更复杂的情况，可以用 gym.spaces.Tuple 类表示。

17.1.2　环境

大多数包含连续动作空间的环境都与物理世界有关，因此通常使用物理模拟。有许多可以模拟物理过程的软件包，从非常简单的开源工具到可以模拟多物理场过程（例如流体、燃烧和强度模拟）的复杂商业软件包。

就机器人技术而言，MuJoCo 是最受欢迎的软件包之一，它的全称为 Multi-Joint dynamics with Contact（http://www.mujoco.org）。这是一个物理引擎，你可以在其中定义系统组件及其相互作用和属性。然后，模拟器负责通过考虑你的干预并根据组件的参数（通常是位置、速度和加速度）来解决系统 。这使其成为理想的 RL 环境的游乐场，因为你可以定义相当复杂的系统（例如，多足机器人、机械臂或类人动物），然后将观察结果输入 RL 智能体，以获取相应动作。

不过，MuJoCo 不是免费的，它需要 license。网站上可以试用 license 一个月，但试用后，将需要完整的 license。MuJoCo 开发人员为学生提供免费的 license，但施加了不同的限制。对于毕业后的 RL 爱好者来说，购买 license 可能有点奢侈了，因为有一个名为 PyBullet 的开源替代方案，可以免费提供类似的功能（可能速度或准确性会差一些）。

PyBullet 在 https://github.com/bulletphysics/bullet3 上，可以通过在虚拟环境中运行 `pip install pybullet` 进行安装。以下代码（在 `Chapter17/01_check_env.py` 中）使你可以检查 PyBullet 是否起作用。它查看动作空间，并渲染了本章实验环境中的一张图像。

```python
import gym
import pybullet_envs

ENV_ID = "MinitaurBulletEnv-v0"
RENDER = True

if __name__ == "__main__":
    spec = gym.envs.registry.spec(ENV_ID)
    spec._kwargs['render'] = RENDER
    env = gym.make(ENV_ID)

    print("Observation space:", env.observation_space)
    print("Action space:", env.action_space)
    print(env)
    print(env.reset())
    input("Press any key to exit\n")
    env.close()
```

启动该程序后，它应打开带有我们四足机器人的 GUI 窗口，如图 17.1 所示，之后我们将训练它如何移动。

此环境提供 28 个数字作为观察值。它们对应于机器人的不同物理参数：速度、位置和加速度。你可以查看 `MinitaurBulletEnv-v0` 的源代码以获取详细信息。动作空间是 8 个数字，定义了发动机的参数。每条腿有两个（每个膝盖有一个）。环境的奖励是机器人行进的距离减去所消耗的能量。

```
rl_book_samples/Chapter17$ ./01_check_env.py
[2019-11-15 15:02:14,305] Making new env: MinitaurBulletEnv-v0
pybullet build time: Nov 12 2019 14:02:55
...
Observation space: Box(28,) Action space: Box(8,)
<TimeLimit<MinitaurBulletEnv<MinitaurBulletEnv-v0>>>
[ 1.47892781e+00  1.47092442e+00  1.47486159e+00  1.46795948e+00
  1.48735227e+00  1.49067837e+00  1.48767487e+00  1.48856073e+00
  1.22760518e+00  1.23364264e+00  1.23980635e+00  1.23808274e+00
```

```
      1.23863620e+00 1.20957165e+00 1.22914063e+00 1.21966631e+00
      5.27463590e-01 5.87924378e-01 5.56949063e-01 6.10125678e-01
      4.58817873e-01 4.37388898e-01 4.57652322e-01 4.52128593e-01
     -3.00935339e-03 1.04264007e-03 -2.26649036e-04 9.99994903e-01]
    Press any key to exit
```

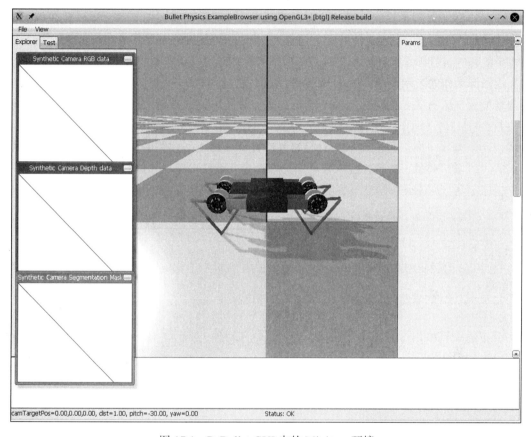

图 17.1　PyBullet GUI 中的 Minitaur 环境

17.2　A2C 方法

我们将应用于行走机器人问题的第一种方法是 A2C，在本书的第三部分中曾使用它进行了实验。选择这种方法是因为 A2C 很容易适应连续动作领域。快速回忆一下，A2C 的想法是将策略梯度估计为 $\nabla J = \nabla_\theta \log \pi_\theta(a|s)(R-V_\theta(s))$。策略 π_θ 是在给定观察状态下提供的动作概率分布。$V_\theta(s)$ 称为 critic，等于状态的价值，使用 critic 的返回值与 Bellman 方程估计的值之间的均方误差（MSE）损失进行训练。为了提高探索效率，通常将熵奖励（entropy bonus）$L_H = \pi_\theta(s)\log \pi_\theta(s)$ 加到损失中。

显然，actor-critic 的价值输出端针对连续动作将保持不变。唯一受影响的是策略的表示形式。在你已见过的离散情况中，我们只有一个动作带有多个互斥的离散值。对于这种情况，策略的表示形式很明显是所有动作的概率分布。

在连续的情况下，我们通常有好几个动作，每个动作都可以取某个范围内的值。考虑到这一点，最简单的策略表示形式就是每个动作返回的值。这些值不应与状态价值 $V(s)$ 混淆，状态价值 $V(s)$ 表示我们可以从状态中获得多少奖励。为了说明不同之处，让我们想象一个简单的汽车转向案例（只能转动方向盘）。每时每刻的动作都是车轮角度（动作值），但是每个状态的价值都是来自该状态的潜在折扣奖励，这是完全不同的事情。

返回到动作的表示选项，第 11 章中介绍过，将动作表示为具体值具有几个缺点，这主要与环境的探索有关。更好的选择是随机选择。最简单的选择是让神经网络返回高斯分布的参数。对于 N 个动作，这将是两个大小为 N 的向量。第一个向量是平均值 μ，第二个向量将包含方差 σ^2。在这种情况下，我们的策略将表示为由不相关的、正态分布的随机变量组成的 N 维随机向量，并且神经网络可以选择每个变量的均值和方差。

根据定义，高斯分布的概率密度函数为：

$$f(x \mid \mu, \sigma^2) = \frac{1}{\sqrt{2\pi\sigma^2}} e^{\frac{(x-\mu)^2}{2\sigma^2}}$$

我们可以直接使用此公式来获得概率，但是为了提高数值稳定性，可以进行一些数学运算并简化 $\log\pi_\theta(a|s)$ 的表达式。$\log\pi_\theta(a|s)$ 的最终结果将是：$\log\pi_\theta(a \mid s) = -\frac{(x-\mu)^2}{2\sigma^2} - \log\sqrt{2\pi\sigma^2}$。

高斯分布的熵可以用微分熵定义获得：$\sqrt{2\pi e\sigma^2}$。现在，我们拥有了实现 A2C 方法所需的一切。让我们开始吧。

17.2.1 实现

完整的源代码在 Chapter17/02_train_a2c.py、Chapter17/lib/model.py 和 Chapter17/lib/common.py 中。你已经熟悉了大多数代码，因此以下仅包括不同的部分。让我们从 Chapter17/lib/model.py 中定义的模型类开始：

```
HID_SIZE = 128

class ModelA2C(nn.Module):
    def __init__(self, obs_size, act_size):
        super(ModelA2C, self).__init__()
    self.base = nn.Sequential(
        nn.Linear(obs_size, HID_SIZE),
        nn.ReLU(),
    )
    self.mu = nn.Sequential(
        nn.Linear(HID_SIZE, act_size),
        nn.Tanh(),
```

```
    )
    self.var = nn.Sequential(
        nn.Linear(HID_SIZE, act_size),
        nn.Softplus(),
    )
    self.value = nn.Linear(HID_SIZE, 1)
```

如你所见，我们的网络具有三个输出端，而不是离散版本 A2C 中的两个输出端。前两个输出端返回动作的平均值和方差，而最后一个输出端是 critic 输出端，返回状态的价值。返回的平均值使用双曲正切的激活函数，被压缩成范围为 –1 ~ 1 的值。方差使用 softplus 激活函数 $\log(1+e^x)$ 进行转换，具有平滑线性整流单元（ReLU）函数的形状。这种激活有助于使我们的方差为正。价值输出端和平常一样，没有应用激活函数。

```
def forward(self, x):
    base_out = self.base(x)
    return self.mu(base_out), self.var(base_out), \
           self.value(base_out)
```

转换是显而易见的：首先应用公共层，然后计算每个输出端。

```
class AgentA2C(ptan.agent.BaseAgent):
    def __init__(self, net, device="cpu"):
        self.net = net
        self.device = device

    def __call__(self, states, agent_states):
        states_v = ptan.agent.float32_preprocessor(states)
        states_v = states_v.to(self.device)

        mu_v, var_v, _ = self.net(states_v)
        mu = mu_v.data.cpu().numpy()
        sigma = torch.sqrt(var_v).data.cpu().numpy()
        actions = np.random.normal(mu, sigma)
        actions = np.clip(actions, -1, 1)
        return actions, agent_states
```

下一步是实现 PTAN Agent 类，该类用于将观察结果转换为动作。在离散情况下，我们使用了 ptan.agent.DQNAgent 和 ptan.agent.PolicyAgent 类，但是对于我们的问题，需要编写自己的类，这并不复杂，只需编写一个从 ptan.agent.BaseAgent 派生的类，并覆盖 __call__ 方法（将观察结果转换为动作）即可。

在上一个类中，我们从神经网络获取均值和方差，并使用 NumPy 函数对正态分布进行采样。为了防止动作超出环境的 –1 ~ 1 范围，我们使用 np.clip，它将用 –1 替换所有小于 –1 的值，并用 1 替换大于 1 的值。agent_states 未被使用，但在动作选择时需要将其返回，因为 BaseAgent 支持保持智能体的状态。在下一节中，当我们需要使用 Ornstein-Uhlenbeck（OU）过程来实现随机探索时，它将变得很方便。

有了模型和智能体，我们现在可以进入在 Chapter17/02_train_a2c.py 中定义的训练过程。它由训练循环和两个函数组成。第一个函数用于在单独的测试环境上执行模型的周期性测试。在测试期间，我们不需要进行任何探索。我们将直接使用模型返回的平均值，而无须进行任何随机抽样。测试函数如下：

```
def test_net(net, env, count=10, device="cpu"):
    rewards = 0.0
    steps = 0
    for _ in range(count):
        obs = env.reset()
        while True:
            obs_v = ptan.agent.float32_preprocessor([obs])
            obs_v = obs_v.to(device)
            mu_v = net(obs_v)[0]
            action = mu_v.squeeze(dim=0).data.cpu().numpy()
            action = np.clip(action, -1, 1)
            obs, reward, done, _ = env.step(action)
            rewards += reward
            steps += 1
            if done:
                break
    return rewards / count, steps / count
```

训练模块中定义的第二个函数需要计算给定策略下所执行动作的对数。公式已在前面给出，该函数是该公式的直接实现。

唯一的细微差别是使用了 `torch.clamp()` 函数来防止返回的方差太小时将除以 0。

```
def calc_logprob(mu_v, var_v, actions_v):
    p1 = -((mu_v - actions_v) ** 2) / (2*var_v.clamp(min=1e-3))
    p2 = -torch.log(torch.sqrt(2 * math.pi * var_v))
    return p1 + p2
```

与往常一样，训练循环将创建神经网络和智能体，然后实例化两步经验源和优化器。使用的超参数如下所示。它们没有经过很多调整，因此有足够的优化空间。

```
ENV_ID = "MinitaurBulletEnv-v0"
GAMMA = 0.99
REWARD_STEPS = 2
BATCH_SIZE = 32
LEARNING_RATE = 5e-5
ENTROPY_BETA = 1e-4

TEST_ITERS = 1000
```

用于对收集的批执行优化步骤的代码与我们在第 12 章和第 13 章中实现的 A2C 训练非常相似。区别仅在于我们使用了 `calc_logprob()` 函数和熵奖励的不同表达式，如下所示：

```
states_v, actions_v, vals_ref_v = \
    common.unpack_batch_a2c(
        batch, net, device=device,
        last_val_gamma=GAMMA ** REWARD_STEPS)
batch.clear()
```

```
optimizer.zero_grad()
mu_v, var_v, value_v = net(states_v)

loss_value_v = F.mse_loss(
    value_v.squeeze(-1), vals_ref_v)

adv_v = vals_ref_v.unsqueeze(dim=-1) - \
        value_v.detach()
log_prob_v = adv_v * calc_logprob(
    mu_v, var_v, actions_v)
loss_policy_v = -log_prob_v.mean()
ent_v = -(torch.log(2*math.pi*var_v) + 1)/2
entropy_loss_v = ENTROPY_BETA * ent_v.mean()

loss_v = loss_policy_v + entropy_loss_v + \
        loss_value_v
loss_v.backward()
optimizer.step()
```

每 TEST_ITERS 帧都将测试模型，并在获得最佳奖励的情况下保存模型权重。

17.2.2　结果

与我们将在本章中介绍的其他方法相比，A2C 在最佳奖励和收敛速度方面均显示出最差的结果。这可能是由于用于收集经验的环境单一，这是策略梯度（PG）方法的弱点。因此，你可能想检查多个（8 个或更多）并行环境对 A2C 的影响。

为了开始训练，我们需要通过 -n 参数传入运行名称，该名称将在 TensorBoard 以及一个新目录中使用以保存模型。--cuda 选项可启用 GPU 的使用，但是由于输入的维度较小且网络规模很小，因此速度将仅略微加快。训练的示例输出如下所示：

```
Chapter17$ ./02_train_a2c.py -n test
pybullet build time: Nov 12 2019 14:02:55
ModelA2C(
  (base): Sequential(
    (0): Linear(in_features=28, out_features=128, bias=True)
    (1): ReLU()
  )
  (mu): Sequential(
    (0): Linear(in_features=128, out_features=8, bias=True)
    (1): Tanh()
  )
  (var): Sequential(
    (0): Linear(in_features=128, out_features=8, bias=True)
    (1): Softplus(beta=1, threshold=20)
  )
  (value): Linear(in_features=128, out_features=1, bias=True)
)
```

```
Test done is 20.32 sec, reward -0.786, steps 443
122: done 1 episodes, mean reward -0.473, speed 5.69 f/s
1123: done 2 episodes, mean reward -2.560, speed 27.54 f/s
1209: done 3 episodes, mean reward -1.838, speed 176.22 f/s
1388: done 4 episodes, mean reward -1.549, speed 137.63 f/s
```

经过 600 万帧（18 个小时的优化）的训练后，训练过程中的测试达到了 1.3 的最佳成绩，这并不是很令人印象深刻。图 17.2 与图 17.3 显示了训练和测试过程中的奖励和片段步数：

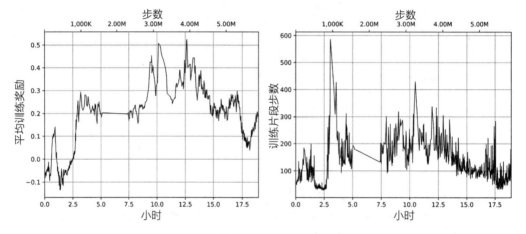

图 17.2 训练片段的奖励（左）和步数（右）

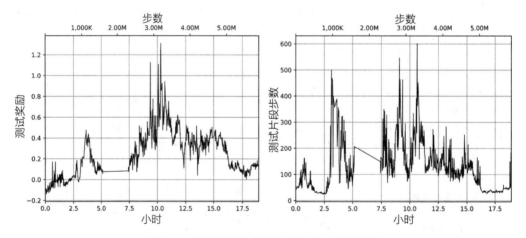

图 17.3 测试片段的奖励（左）和步数（右）

图 17.2 右侧显示了片段结束前执行的平均步数。环境的时间限制为 1000 步，因此所有低于 1000 步的片段都表明该片段是由于环境检查而停止的（对于大多数环境，它们会检查是否存在自损坏，如果存在则会停止模拟）。图 17.3 显示了测试过程中获得的平均奖励和步数。

17.2.3　使用模型并录制视频

如你先前所见，物理模拟器可以渲染环境状态，这使得我们可以看到训练后的模型的行为。为此，对于我们的 A2C 模型，有一个工具 Chapter17/03_play_a2c.py。其逻辑与 test_net() 函数中的逻辑相同，因此这里不显示其代码。要启动它，你需要通过 -m 选项将模型文件传入，并通过 -r 选项将目录名称传入，它将创建该名称的目录来保存视频。为了渲染图像，PyBullet 需要使用 OpenGL，因此你需要通过使用 Xvfb 在 headless 服务器上录制视频：

```
xvfb-run -s "-screen 0 640x480x24 +extension GLX" ./03_play_a2c.py -m
model.dat -r dest-dir
```

Chapter17/adhoc/record_a2c.sh 中有执行此操作的脚本。例如，我从 A2C 训练中获得的最佳模型输出了以下内容：

```
Chapter17$ ./adhoc/record_a2c.sh res/a2c-t1-long/a2c-t1/
best_+1.188_203000.dat a2c-res/
pybullet build time: Nov 12 2019 14:02:55
In 738 steps we got 1.261 reward
```

在指定的目录中，将录制带有智能体活动的视频。

17.3　确定性策略梯度

我们将要研究的下一个方法是确定性策略梯度（deterministic Policy gradient），它是一种 actor-critic 方法，但具有很好的离线策略性质。以下是我对严格证明的宽泛解释。如果你想深入了解此方法的核心内容，可以随时参考 David Silver 和其他人的论文 "Deterministic Policy Gradient Algorithms"（于 2014 年发布，见 http://proceedings.mlr.press/v32/silver14.pdf）和 Timothy P. Lillicrap 等人在 2015 年发表的论文 "Continuous Control with Deep Reinforcement Learning"（https://arxiv.org/abs/1509.02971）。

说明该方法的最简单方式是与 A2C 方法进行比较。在这种方法中，actor 估计了随机策略，它返回离散动作或正态分布参数（如前所述）的概率分布。在这两种情况下，我们的策略都是随机 的，所以换句话说，我们执行的动作是从这种分布中采样得到的。

确定性策略梯度也属于 A2C 系列，但该策略是确定性的，这意味着它直接根据状态提供了需要执行的动作。这使得我们可以将链式规则应用于 Q 值，并且通过最大化 Q，该策略也能得到提升。为了理解这一点，让我们看一下 actor 和 critic 在连续动作域中是如何联系在一起的。

先从比较简单的 actor 开始。我们想要的是针对每个给定状态需要执行的动作。在连续动作域中，每个动作都是一个数字，因此 actor 神经网络将状态作为输入并返回 N 个值，每个动作一个。这种映射将是确定性的，因为如果输入相同，则相同的神经网络将始终返回相同的输出（我们不会使用 dropout 或类似的东西，而是使用普通的前馈网络）。

现在，让我们看看 critic。critic 的作用是估计 Q 值，就是在某些状态下所执行动作的带折扣奖励。但是，我们的动作是数字向量，因此我们的 critic 神经网络现在接受两个输入：状态和动作。critic 的输出将是单个数字，对应到 Q 值。这种架构与 DQN 不同，后者的动作空间是离散的，并且为了提高效率，在一次输入后返回了所有动作的值。该映射也是确定性的。

因此，我们有两个函数——将状态转换为动作的 actor：$\mu(s)$，通过状态和动作为我们提供 Q 值的 critic：$Q(s, a)$。我们可以将 actor 函数替换为 critic，并仅使用一个状态作为输入参数来获得表达式：$Q(s, \mu(s))$。最后神经网络看起来只是一个函数。

现在，critic 的输出为我们提供了最先要最大化的实体的近似值：带折扣的总奖励。该值不仅取决于输入状态，还取决于 actor 和 critic 神经网络的参数：θ_μ、θ_Q。在优化的每个步中，我们都希望改变 actor 的权重以提高获得的总奖励。用数学术语来说，我们需要策略梯度。

David Silver 在其确定性策略梯度定理中证明了随机策略梯度等同于确定性策略梯度。换句话说，为了改进策略，我们只需要计算 $Q(s, \mu(s))$ 函数的梯度即可。通过应用链式规则，我们得到梯度：$\nabla_a Q(s, a) \nabla_{\theta_\mu} \mu(s)$。

请注意，尽管 A2C 和深度确定性策略梯度（DDPG）方法都属于 A2C 系列，但它们使用 critic 的方式却有所不同。在 A2C 中，我们将 critic 用作从经验轨迹中所获得奖励的基线，因此 critic 是可选的（没有它，我们将获得 REINFORCE 方法），只是用于提高稳定性。由于 A2C 中的策略是随机的，因此会发生这种情况，这阻碍了反向传播功能（我们无法对随机采样的步骤进行微分）。

在 DDPG 中，critic 的使用方式有所不同。由于我们的策略是确定性的，因此可以根据 Q 来计算梯度，Q 是从 critic 神经网络中获得的，该 critic 神经网络使用了 actor 产生的动作（见图 17.4），因此整个系统是可微的，可以通过随机梯度下降（SGD）进行端到端的优化。要更新 critic 神经网络，我们可以使用 Bellman 方程来找到 $Q(s, a)$ 的近似值并最小化 MSE 目标。

所有这些可能看起来有些神秘，但背后却隐藏着一个非常简单的想法：就像我们在 A2C 中所做的那样，对 critic 进行更新，并以使 critic 的输出最大化的方式对 actor 进行更新。这种方法的优点在于它是离线策略的，这意味着我们现在可以使用巨大的回放缓冲区以及在 DQN 训练中使用的其他技巧。非常酷，对不对？

17.3.1 探索

我们为所有这些好处付出的代价是策略现在是确定性的，因此我们必须以某种方式探索环境。我们可以通过在将 actor 返回的动作传给环境之前，向其中添加噪声来实现探索。这里有几个选项。最简单的方法是将随机噪声添加到动作中：$\mu(s)+\varepsilon N$。我们将在本章要研究的下一种方法中使用它。

更好的探索方法是使用前面提到的随机模型，该模型在金融和其他处理随机过程（OU 过程）的领域中非常流行。该过程模拟了摩擦力作用下块状布朗粒子的速度，并由以下随机微分方程定义：$\partial x_t = \theta(\mu - x_t)\partial t + \sigma \partial W$，其中 θ、μ 和 ∂ 是过程参数，W 是维纳过程。在离散时间情况下，OU 过程可以写成 $x_{t+1} = x_t + \theta(\mu - x_t) + \sigma N$。该方程式表示通过上一个噪声值加上一个正态噪声 N，生成的下一个噪声值。为了探索，我们将 OU 过程的值添加到 actor 返回的动作中。

17.3.2　实现

此示例包含三个源文件：

❑ Chapter17/lib/model.py：包含模型和 PTAN 智能体。

❑ Chapter17/lib/common.py：包含用于解包批的函数。

❑ Chapter17/04_train_ddpg.py：包含启动代码和训练循环。

在这里，我将仅显示代码的重要部分。该模型由 actor 和 critic 两个独立的神经网络组成，并且遵循前面提到的 "Continuous Control with Deep Reinforcement Learning" 论文中的架构。该 actor 非常简单，是包含两个隐藏层的前馈神经网络。输入是一个观察向量，而输出是具有 N 个值的向量，每个动作对应一个值。输出动作通过双曲正切进行非线性变换，以将值压缩到 –1 ~ 1 的范围。

critic 有点不寻常，因为它包括观察和动作两条独立路径，并且这些路径被组合在一起并转换为一个数字作为的 critic 的输出。图 17.4 是两个神经网络的结构图。

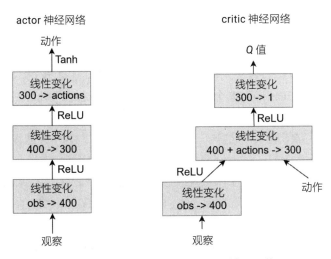

图 17.4　DDPG 的 actor 和 critic 神经网络

这两个类的代码都很简单明了：

```python
class DDPGActor(nn.Module):
    def __init__(self, obs_size, act_size):
        super(DDPGActor, self).__init__()

        self.net = nn.Sequential(
            nn.Linear(obs_size, 400),
            nn.ReLU(),
            nn.Linear(400, 300),
            nn.ReLU(),
            nn.Linear(300, act_size),
            nn.Tanh()
        )

    def forward(self, x):
        return self.net(x)


class DDPGCritic(nn.Module):
    def __init__(self, obs_size, act_size):
        super(DDPGCritic, self).__init__()

        self.obs_net = nn.Sequential(
            nn.Linear(obs_size, 400),
            nn.ReLU(),
        )

        self.out_net = nn.Sequential(
            nn.Linear(400 + act_size, 300),
            nn.ReLU(),
            nn.Linear(300, 1)
        )

    def forward(self, x, a):
        obs = self.obs_net(x)
        return self.out_net(torch.cat([obs, a], dim=1))
```

critic 的 `forward()` 函数首先用其较小的网络对观察进行转换，然后将输出和给定的动作进行组合，以将其转换为单个 Q 值。若要将 actor 神经网络与 PTAN 经验源一起使用，我们需要定义一个将观察结果转化为动作的智能体类。此类是放置 OU 探索过程最方便的地方，但是要更方便地执行此操作，我们还应该使用 PTAN 智能体的一个功能：可选状态。

这个想法很简单：我们的智能体将观察结果转化为动作。但是，如果需要记住两次观察之间的某些东西怎么办？到目前为止，我们所有的示例都是无状态的，但有时这还不够。OU 的问题在于我们必须跟踪观察值之间的 OU 值。

有状态智能体的另一个非常有用的情况是部分可观察的马尔可夫决策过程（POMDP），在第 16 章中已简要提到。当智能体观察到的状态不符合马尔可夫性质并且不包含将一个状态与另一个状态区分开的完整信息时，这样的马尔可夫决策过程就是 POMDP。在这种情况下，我们的智能体需要沿着轨迹跟踪状态才能知道执行什么动作。

实现用 OU 进行探索的智能体的代码如下所示：

```
class AgentDDPG(ptan.agent.BaseAgent):
    def __init__(self, net, device="cpu", ou_enabled=True,
                 ou_mu=0.0, ou_teta=0.15, ou_sigma=0.2,
                 ou_epsilon=1.0):
        self.net = net
        self.device = device
        self.ou_enabled = ou_enabled
        self.ou_mu = ou_mu
        self.ou_teta = ou_teta
        self.ou_sigma = ou_sigma
        self.ou_epsilon = ou_epsilon
```

构造函数接受很多参数，其中大多数是 OU 的默认值，该默认值取自前面提到的论文 "Continuous Control with Deep Reinforcement Learning"。

```
    def initial_state(self):
        return None
```

此方法派生自 BaseAgent 类，并且在新片段开始时必须返回智能体的初始状态。由于我们的初始状态必须具有与动作相同的维度（我们希望对环境的每个动作都具有单独的探索轨迹），因此将状态的初始化推迟到 __call__ 方法，如下所示：

```
    def __call__(self, states, agent_states):
        states_v = ptan.agent.float32_preprocessor(states)
        states_v = states_v.to(self.device)
        mu_v = self.net(states_v)
        actions = mu_v.data.cpu().numpy()
```

此方法是智能体的核心，其目的是将观察到的状态和内部智能体状态转换为动作。第一步，我们将观察结果转换为适当的形式，并要求 actor 神经网络将其转换为确定性操作。其余方法是通过应用 OU 过程来添加探索噪声。

```
        if self.ou_enabled and self.ou_epsilon > 0:
            new_a_states = []
            for a_state, action in zip(agent_states, actions):
                if a_state is None:
                    a_state = np.zeros(
                        shape=action.shape, dtype=np.float32)
                a_state += self.ou_teta * (self.ou_mu - a_state)
                a_state += self.ou_sigma * np.random.normal(
                    size=action.shape)
```

在此循环中，我们遍历观察结果和前一调用的智能体状态列表，并更新 OU 过程值，它是前面公式的直接实现。

```
        action += self.ou_epsilon * a_state
        new_a_states.append(a_state)
```

循环的最后，我们将 OU 过程中的噪声添加到动作中，并保存噪声值以用于下一步。

```
else:
    new_a_states = agent_states

actions = np.clip(actions, -1, 1)
return actions, new_a_states
```

最后，我们裁剪动作以强制它们落入 –1 ~ 1 范围内，否则 PyBullet 将引发异常。

DDPG 实现的最后一部分是 Chapter17/04_train_ddpg.py 文件中的训练循环。为了提高稳定性，我们为 actor 和 critic 都使用了具有 100 000 个状态转移的回放缓冲区和目标神经网络技术。我们在第 16 章中进行过讨论。

```
act_net = model.DDPGActor(
    env.observation_space.shape[0],
    env.action_space.shape[0]).to(device)
crt_net = model.DDPGCritic(
    env.observation_space.shape[0],
    env.action_space.shape[0]).to(device)
print(act_net)
print(crt_net)
tgt_act_net = ptan.agent.TargetNet(act_net)
tgt_crt_net = ptan.agent.TargetNet(crt_net)

writer = SummaryWriter(comment="-ddpg_" + args.name)
agent = model.AgentDDPG(act_net, device=device)
exp_source = ptan.experience.ExperienceSourceFirstLast(
    env, agent, gamma=GAMMA, steps_count=1)
buffer = ptan.experience.ExperienceReplayBuffer(
    exp_source, buffer_size=REPLAY_SIZE)
act_opt = optim.Adam(act_net.parameters(), lr=LEARNING_RATE)
crt_opt = optim.Adam(crt_net.parameters(), lr=LEARNING_RATE)
```

我们还使用了两个不同的优化器来简化 actor 和 critic 训练时处理梯度的方式。最有趣的代码在训练循环中。在每次迭代中，我们将经验存储到回放缓冲区中并采样训练批：

```
batch = buffer.sample(BATCH_SIZE)
states_v, actions_v, rewards_v, \
dones_mask, last_states_v = \
    common.unpack_batch_ddqn(batch, device)
```

然后，执行两个单独的训练步骤。为了训练 critic，我们需要使用单步 Bellman 方程来计算目标 Q 值，并将目标 critic 神经网络作为下一个状态的近似值。

```
# train critic
crt_opt.zero_grad()
q_v = crt_net(states_v, actions_v)
last_act_v = tgt_act_net.target_model(
    last_states_v)
q_last_v = tgt_crt_net.target_model(
    last_states_v, last_act_v)
q_last_v[dones_mask] = 0.0
q_ref_v = rewards_v.unsqueeze(dim=-1) + \
        q_last_v * GAMMA
```

获得参考值后，我们可以计算 MSE 损失，并要求 critic 的优化器调整 critic 的权重。整个过程类似于 DQN 的训练。

```
critic_loss_v = F.mse_loss(q_v, q_ref_v.detach())
critic_loss_v.backward()
crt_opt.step()
tb_tracker.track("loss_critic",
                critic_loss_v, frame_idx)
tb_tracker.track("critic_ref",
                q_ref_v.mean(), frame_idx)
```

在 actor 的训练步骤中，我们需要朝着增加 critic 输出的方向更新 actor 的权重。因为 actor 和 critic 都被表示为可微分的函数，所以我们要做的只是将 actor 的输出传给 critic，然后最小化 critic 返回值的负值。

```
# train actor
act_opt.zero_grad()
cur_actions_v = act_net(states_v)
actor_loss_v = -crt_net(states_v, cur_actions_v)
actor_loss_v = actor_loss_v.mean()
```

critic 的这种负输出可以被当作是一种损失，将其反向传播给 critic 神经网络，最后传给 actor。我们不想触及 critic 的权重，因此很重要的是，我们仅要求 actor 的优化器执行优化步骤。critic 的权重仍将保留此次调用产生的梯度，但在下一步的优化步骤中它们将被丢弃。

```
actor_loss_v.backward()
act_opt.step()
tb_tracker.track("loss_actor",
                actor_loss_v, frame_idx)
```

作为训练循环的最后一步，我们以一种不寻常的方式执行目标神经网络的更新。以前，我们每隔 n 步会将优化后的神经网络的权重同步到目标神经网络中。在连续动作问题中，这种同步没有所谓的软同步表现得好。在每个步骤都执行软同步，但是只有一小部分优化后的神经网络权重被添加到目标神经网络中。这使得能从旧权重平稳过渡到新权重。

```
tgt_act_net.alpha_sync(alpha=1 - 1e-3)
tgt_crt_net.alpha_sync(alpha=1 - 1e-3)
```

17.3.3　结果

可以使用与 A2C 示例相同的方式来启动代码：你需要传入运行名称和可选的 --cuda 标志。我的实验表明，使用 GPU 可使速度提高约 30%，因此，如果你比较着急，可以使用 CUDA，但提高的速度并不像 Atari 游戏中所看到的那样大。

经过大约一天时间以及 500 万帧观察的训练，DDPG 算法能够在 10 个测试片段中达到 6.5 的平均奖励，这对比 A2C 结果来说是一个提升。训练动态如图 17.5 与图 17.6 所示。

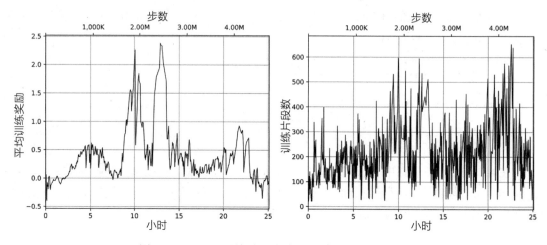

图 17.5 DDPG 训练时的奖励（左）和片段步数（右）

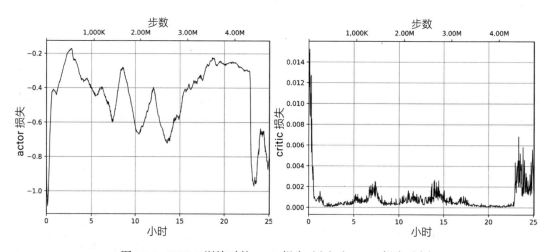

图 17.6 DDPG 训练时的 actor 损失（左）和 critic 损失（右）

episode_steps 值显示了我们用于训练的片段的平均长度。critic 损失是 MSE 损失，应该是比较低的，你应该还记得，actor 损失是 critic 的负输出，因此，损失越小，actor 可以（可能）获得的奖励就越高。

从图 17.5 与图 17.6 中可以看出，训练不是很稳定并且有很多噪声。

图 17.7 中的噪声也很多。

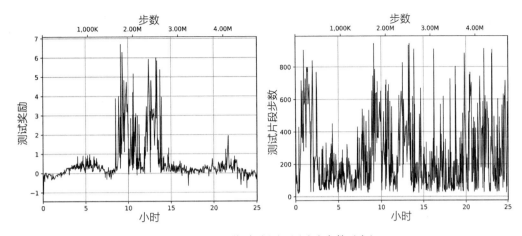

图 17.7　测试奖励（左）和测试步数（右）

17.3.4　视频录制

为了检查训练后的智能体的表现，我们可以像录制 A2C 智能体一样录制视频。对于 DDPG，有一个单独的工具 `Chapter17/05_play_ddpg.py`，它与 A2C 方法几乎相同，只是对 actor 使用了不同的类。模型的结果如下：

```
rl_book_samples/Chapter17$ adhoc/record_ddpg.sh saves/ddpg-t5-simpler-
critic/best_+3.933_2484000.dat res/play-ddpg
pybullet build time: Nov 12 2019 14:02:55
In 1000 steps we got 5.346 reward
```

17.4　分布的策略梯度

作为本章的最后一种方法，我们将看一下由 Gabriel Barth-Maron、Matthew W.Hoffman 等人于 2018 年发布的论文" Distributed Distributional Deterministic Policy Gradients "（https:// arxiv.org/abs/1804.08617）。

该方法的全称是 distributed distributional deep deterministic policy gradients，简称 D4PG。作者对 DDPG 方法提出了一些改进，以提高稳定性、收敛性和采样效率。

首先，他们吸收了 Marc G.Bellemare 等人于 2017 年发布的论文" A Distributional Perspective on Reinforcement Learning "（https://arxiv.org/abs/1707.06887）中提出的 Q 值的分布表示形式。我们在第 8 章中讨论过这种方法，所以请回顾第 8 章或参阅 Bellemare 的原始论文以获取详细信息。其核心思想是用概率分布替换 critic 的单个 Q 值。将 Bellman 方程替换为 Bellman 运算符，该运算符以类似的方式转换分布表示的 Q 值。

第二个改进是使用 n 阶 Bellman 方程，该方程可展开以加速收敛（详见第 8 章）。

与原始 DDPG 方法相比，另一项改进是使用了带优先级的回放缓冲区而不是统一采样的缓冲区。因此，严格来说，作者从 Matteo Hassel 等人的论文" Rainbow: Combining Improvements in Deep Reinforcement Learning"（该论文于 2017 年发布（https://arxiv.org/abs/1710.02298））中吸收了相关的改进，并对 DDPG 方法进行了适配。结果令人印象深刻：这种组合在一系列连续控制问题中都得到了最好的结果。让我们尝试重新实现该方法并检验一下效果。

17.4.1 架构

最显著的变化是 critic 的输出。现在，它不返回给定状态和动作的单个 Q 值，而是返回 N_ATOMS 个值，该值对应于预定义范围中的值的概率。在我的代码中，我使用了 N_ATOMS=51 且分布范围为 Vmin=-10 和 Vmax=10，因此 critic 返回 51 个数字，表示带折扣的奖励会落入 [–10, –9.6, –9.2, ⋯, 9.6, 10] 中。

D4PG 和 DDPG 之间的另一个区别是探索。DDPG 使用 OU 过程进行探索，但据 D4PG 的作者称，他们同时尝试了在动作中添加 OU 以及简单的随机噪声，结果是相同的。因此，他们在本文中使用了一种更简单的方法进行探索。

代码中的最后一个显著差异与训练有关，因为 D4PG 使用交叉熵损失来计算两个概率分布之间的差异（由 critic 返回并由 Bellman 运算符得出）。为了使两个分布的原子对齐，与 Bellemare 在原始论文中的使用方式相同，他们使用了分布投影。

17.4.2 实现

完整的源代码位于 Chapter17/06_train_d4pg.py、Chapter17/lib/model.py 和 Chapter17/lib/common.py 中。与以前一样，我们从模型类开始。actor 类具有完全相同的架构，因此在训练类中将使用 DDPGActor。critic 的隐藏层大小和数量与之前相同。但是，输出不是单个数字，而是 N_ATOMS 个数字。

```python
class D4PGCritic(nn.Module):
    def __init__(self, obs_size, act_size,
                 n_atoms, v_min, v_max):
        super(D4PGCritic, self).__init__()

        self.obs_net = nn.Sequential(
            nn.Linear(obs_size, 400),
            nn.ReLU(),
        )

        self.out_net = nn.Sequential(
            nn.Linear(400 + act_size, 300),
            nn.ReLU(),
            nn.Linear(300, n_atoms),
        )
```

```
        delta = (v_max - v_min) / (n_atoms - 1)
        self.register_buffer("supports", torch.arange(
            v_min, v_max + delta, delta))
```

我们还创建了支持奖励的 PyTorch 辅助缓冲区，该缓冲区将用于从概率分布中获取单个均值 Q 值。

```
    def forward(self, x, a):
        obs = self.obs_net(x)
        return self.out_net(torch.cat([obs, a], dim=1))

    def distr_to_q(self, distr):
        weights = F.softmax(distr, dim=1) * self.supports
        res = weights.sum(dim=1)
        return res.unsqueeze(dim=-1)
```

如你所见，softmax 不是神经网络的一部分，因为我们将在训练期间使用更稳定的 log_softmax() 函数。因此，当我们想要获得实际概率时，需要应用 softmax()。D4PG 的智能体类要简单得多，并且没有要跟踪的状态。

```
class AgentD4PG(ptan.agent.BaseAgent):
    def __init__(self, net, device="cpu", epsilon=0.3):
        self.net = net
        self.device = device
        self.epsilon = epsilon

    def __call__(self, states, agent_states):
        states_v = ptan.agent.float32_preprocessor(states)
        states_v = states_v.to(self.device)
        mu_v = self.net(states_v)
        actions = mu_v.data.cpu().numpy()
        actions += self.epsilon * np.random.normal(
            size=actions.shape)
        actions = np.clip(actions, -1, 1)
        return actions, agent_states
```

对于要转换为动作的每个状态，智能体都会应用 actor 神经网络，并将高斯噪声添加到动作中，并按 epsilon 值进行缩放。在训练代码中，我们具有如下所示的超参数。我使用了一个较小的 10 万大小的回放缓冲区，它工作得很正常（在 D4PG 论文中，作者在缓冲区中保存了 100 万状态转移。）缓冲区中会预先填充来自环境的 1 万个样本，然后才开始训练。

```
ENV_ID = "MinitaurBulletEnv-v0"
GAMMA = 0.99
BATCH_SIZE = 64
LEARNING_RATE = 1e-4
REPLAY_SIZE = 100000
REPLAY_INITIAL = 10000
REWARD_STEPS = 5

TEST_ITERS = 1000
```

```
Vmax = 10
Vmin = -10
N_ATOMS = 51
DELTA_Z = (Vmax - Vmin) / (N_ATOMS - 1)
```

对于每个训练循环，我们都执行与之前相同的两个步骤：训练 critic 和 actor。区别在于计算 critic 的损失的方式。

```
batch = buffer.sample(BATCH_SIZE)
states_v, actions_v, rewards_v, \
dones_mask, last_states_v = \
    common.unpack_batch_ddqn(batch, device)

# train critic
crt_opt.zero_grad()
crt_distr_v = crt_net(states_v, actions_v)
last_act_v = tgt_act_net.target_model(
    last_states_v)
last_distr_v = F.softmax(
    tgt_crt_net.target_model(
        last_states_v, last_act_v), dim=1)
```

作为 critic 训练的第一步，我们要求它返回状态和所执行动作的概率分布。该概率分布将用作交叉熵损失计算中的输入。要获得目标概率分布，我们需要用批中最后的状态计算分布，然后执行该分布的 Bellman 投影。

```
proj_distr_v = distr_projection(
    last_distr_v, rewards_v, dones_mask,
    gamma=GAMMA**REWARD_STEPS, device=device)
```

此投影功能有点复杂，将在训练循环代码之后进行说明。现在，只需要知道它计算 last_states 概率分布的转换，该转换根据立即奖励进行平移并以折扣因子进行缩放。结果是我们希望神经网络返回的目标概率分布。由于在 PyTorch 中没有通用的交叉熵损失函数，我们通过将输入概率的对数乘以目标概率来手动计算。

```
prob_dist_v = -F.log_softmax(
    crt_distr_v, dim=1) * proj_distr_v
critic_loss_v = prob_dist_v.sum(dim=1).mean()
critic_loss_v.backward()
crt_opt.step()
```

actor 的训练要简单得多，与 DDPG 方法的唯一区别是使用了 distr_to_q() 函数，该函数使用支持原子将概率分布转换为单个 Q 值均值。

```
# train actor
act_opt.zero_grad()
cur_actions_v = act_net(states_v)
crt_distr_v = crt_net(states_v, cur_actions_v)
actor_loss_v = -crt_net.distr_to_q(crt_distr_v)
actor_loss_v = actor_loss_v.mean()
actor_loss_v.backward()
act_opt.step()
```

```
tb_tracker.track("loss_actor", actor_loss_v,
                 frame_idx)
```

现在要展现 D4PG 实现中最复杂的代码了：使用 Bellman 运算符进行概率投影。在第 8 章中已经对此进行了解释，但是该函数比较棘手，因此我们再解释一次。该函数的总体目标是计算 Bellman 运算符的结果，并将结果概率分布投影到与原始分布一样的支持原子。Bellman 运算符具有 $Z(x, a) \overset{D}{=} R(x, a) + \gamma Z(x', a')$ 的形式，并且能转换概率分布。

```
def distr_projection(next_distr_v, rewards_v, dones_mask_t,
                     gamma, device="cpu"):
    next_distr = next_distr_v.data.cpu().numpy()
    rewards = rewards_v.data.cpu().numpy()
    dones_mask = dones_mask_t.cpu().numpy().astype(np.bool)
    batch_size = len(rewards)
    proj_distr = np.zeros((batch_size, N_ATOMS), dtype=np.float32)
```

首先，我们将提供的张量转换为 NumPy 数组，并为结果的投影分布创建一个空数组。

```
for atom in range(N_ATOMS):
    tz_j = np.minimum(Vmax, np.maximum(
        Vmin, rewards + (Vmin + atom * DELTA_Z) * gamma))
```

在循环中，我们先遍历原子，并且在考虑 Vmin...Vmax 的值范围的情况下，通过 Bellman 运算符计算原子应该被投影到的位置。

```
b_j = (tz_j - Vmin) / DELTA_Z
```

前一行计算此投影值所属的原子索引。当然，该值可能落在两个原子之间，因此在这种情况下，我们将该值按比例投影到两个原子上。

```
l = np.floor(b_j).astype(np.int64)
u = np.ceil(b_j).astype(np.int64)
eq_mask = u == l
proj_distr[eq_mask, l[eq_mask]] += \
    next_distr[eq_mask, atom]
```

极少数情况下投影值会恰好落在原子上，上述代码处理了这种情况。在这种情况下，我们只需将值添加给原子。当然，我们处理的是批，因此某些示例可能符合这种情况，但有些可能不符合。这就是为什么我们需要计算 mask 并对其进行过滤。

```
ne_mask = u != l
proj_distr[ne_mask, l[ne_mask]] += \
    next_distr[ne_mask, atom] * (u - b_j)[ne_mask]
proj_distr[ne_mask, u[ne_mask]] += \
    next_distr[ne_mask, atom] * (b_j - l)[ne_mask]
```

作为循环的最后一步，我们需要处理投影值在两个原子之间的情况。我们计算比例并在两个原子之间分配投影值。

```
if dones_mask.any():
    proj_distr[dones_mask] = 0.0
```

```
tz_j = np.minimum(Vmax, np.maximum(
    Vmin, rewards[dones_mask]))
b_j = (tz_j - Vmin) / DELTA_Z
```

在这个分支中，我们处理当片段结束并且预期分布仅包含一个与获得的奖励原子相对应的条纹的情况。在这里，我们执行与以前相同的动作，但是我们的源分布只是奖励。

```
l = np.floor(b_j).astype(np.int64)
u = np.ceil(b_j).astype(np.int64)
eq_mask = u == l
eq_dones = dones_mask.copy()
eq_dones[dones_mask] = eq_mask
if eq_dones.any():
    proj_distr[eq_dones, l[eq_mask]] = 1.0
ne_mask = u != l
ne_dones = dones_mask.copy()
ne_dones[dones_mask] = ne_mask
if ne_dones.any():
    proj_distr[ne_dones, l[ne_mask]] = (u - b_j)[ne_mask]
    proj_distr[ne_dones, u[ne_mask]] = (b_j - l)[ne_mask]
```

在函数的最后，我们将分布打包到 PyTorch 张量中并将其返回：

```
return torch.FloatTensor(proj_distr).to(device)
```

17.4.3 结果

D4PG 方法在收敛速度和获得的奖励上均显示出最佳结果。经过 7 个小时的训练、大约 100 万次观察，它的平均测试奖励达到了 7.2。训练过程比本章中的其他方法稳定得多，但是不同实验的结果差异很大。例如，代码相同的情况下，我为本书第一版所做的实验经过 200 万次观察后达到了 12.9 的奖励。

图 17.8 ~ 图 17.10 是与先前方法相同形式的训练动态图。

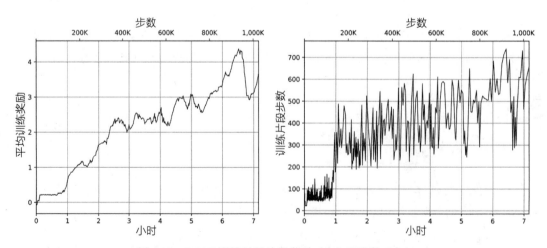

图 17.8　D4PG 训练时的片段奖励（左）和步数（右）

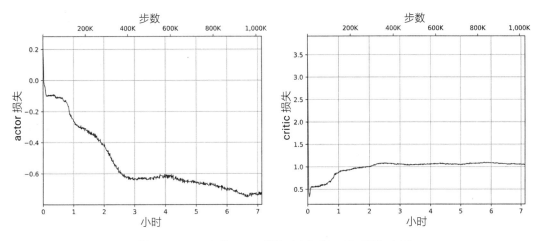

图 17.9　D4PG 的 actor 损失（左）和 critic 损失（右）

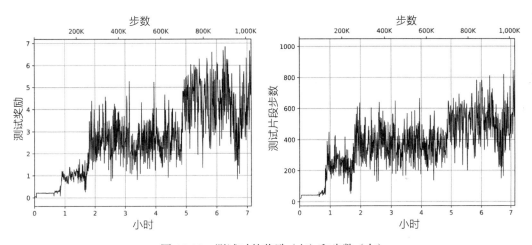

图 17.10　测试时的奖励（左）和步数（右）

17.4.4　视频录制

要录制模型的活动视频，可以使用 Chapter17/05_play_ddpg.py 工具，因为 actor 的架构是完全相同的。训练后获得 12.9 分的最佳模型的视频可以在这里找到：https://youtu.be/BMt40odLfyk。

17.5　可以尝试的事情

以下是你可以做的事情，可以增进你对该主题的理解：

1）在 D4PG 代码中，我使用了一个简单的回放缓冲区，它足以对 DDPG 进行良好的改进。你可以尝试按照与第 8 章中相同的方式将示例切换到带优先级的回放缓冲区，然后检查效果。

2）还有许多有趣且充满挑战的环境。例如，你可以从其他 PyBullet 环境开始，但也可以使用 DeepMind Control Suite（见 Tassa、Yuval 等人发表的"DeepMind Control Suite"，arXiv abs/1801.00690（2018））、Gym 中基于 MuJoCo 的环境以及许多其他环境。

3）你可以申请 MuJoCo 的试用许可证，并将其稳定性、性能和产生的策略与 PyBullet 进行比较。

4）你可以参加 NIPS-2017 极富挑战性的 *Learning to Run* 竞赛（该竞赛也在 2018 年和 2019 年进行，并存在更多具有挑战性的问题），你将获得一个人体模拟器，并且你的智能体需要弄清楚如何移动它。

17.6　总结

在本章中，我们使用 RL 方法快速浏览了非常有趣的连续控制领域，并针对一个四足机器人的问题检查了三种不同的算法。我们在训练过程中使用了模拟器，但其实 Ghost Robotics 公司生产了该机器人的现实版本（你可以在 YouTube 上观看该很酷的视频：https://youtu.be/bnKOeMoibLg）。我们在此环境中应用了三种训练方法：A2C、DDPG 和 D4PG（达到了最佳效果）。

在下一章中，我们将继续探索连续动作域并学习机器人技术中的强化学习。

第 18 章 *Chapter 18*

机器人技术中的强化学习

由于以下几个原因，本章与书中其他章稍有不同：

❑ 我花了将近四个月的时间来收集所有材料、进行实验、编写示例等。

❑ 这是我们尝试超越模拟环境进军物理世界的唯一章节。

❑ 在本章中，我们将使用易于获得且价格便宜的组件构建一个小型机器人，并使用 RL 方法对其进行控制。

该主题从多个方面看都是一个令人惊奇且引人入胜的领域，短短一章难以涵盖完整的内容。因此，本章并不提供机器人技术领域的完整知识。而只做简短的介绍，展示了使用商用组件可以完成的工作，并概述了将来可以实验和研究的方向。

18.1　机器人与机器人学

我敢肯定你知道"机器人"一词的含义，并且已经在现实生活和科幻电影中看过它们。除了虚构的机器人外，还有很多工业机器人（如"特斯拉装配线"）、军用机器人（可在网上搜索波士顿动力的视频）、农业机器人、医药机器人，以及家用机器人。扫地机器人、现代咖啡机、3D 打印机等应用都带有逻辑复杂的独有机制，并且是由某种软件驱动的。在较高的层次上，这些机器人都有共同的特性，我们将在后面进行讨论。当然，这种分类并不完美。通常，会有许多特例可能满足给定标准，但仍然很难被视为机器人。

首先，机器人通过某种传感器或其他通信方式与周围的世界相连。如果没有这种连接，机器人将无法对外部事件做出充分反应，只是无用的瞎子。传感器的种类繁多，从简单到复杂，从便宜到昂贵。以下示例只是一小部分：

❑ **具有两种状态（打开和关闭）的简单按钮**：在简单情况下检测与对象的物理接触时，

这会是一种非常流行的解决方案。例如，3D 打印机通常具有所谓的挡块，挡块只是在运动部件达到某些边界限制时触发的按钮。发生这种情况时，内部软件（也称为固件）会对此事件做出反应，例如，停止发动机。

❑ **距离传感器**：这些距离传感器使用声波或激光测量前方物体到传感器的距离。例如，扫地机器人通常具有"悬崖探测器"，以防止自己掉下楼梯。这只是一个激光距离传感器，可测量到机器人下方地板的距离。如果该距离突然变大，则机器人会知道前进是危险的，从而做出适当的反应。

❑ **光学雷达（LiDAR）传感器**：这是距离传感器的更复杂和更昂贵的版本，不同之处在于传感器会旋转，因此会不断在水平面上扫描物体。传感器的输出是由一个个点构成的流（所谓的"点云"），显示了机器人与周围障碍物的距离。LiDAR 在自动驾驶汽车中非常流行，因为它们提供了有关障碍物的可靠信息流，但是由于复杂的机械结构和光学结构，它们非常昂贵。

❑ **摄像头**：此类传感器以与现代智能手机相同的方式用流传输视频，但是流通常必须由机器人的软件进行处理以检测诸如拐角或猫之类的物体。视频处理的计算量非常巨大，因此必须使用专用硬件，例如嵌入式图形处理单元或其他神经网络加速器。好消息是，摄像头的价格可能非常便宜，并且可以提供外界的丰富信息流。

❑ **物理传感器**：此类别包括加速度测量计、数字陀螺仪、磁力计、压力传感器、温度计等。它们测量机器人周围世界的物理参数，通常非常紧凑、便宜且易于使用。通常，所有细节和复杂性都隐藏在小小的芯片中，使用某种通信协议以数字形式提供测量结果。这种传感器在业余爱好者中非常流行，并且可以在各种各样的玩具、电子消费产品和 DIY 项目中找到。例如，无人机可以使用压力传感器测量高度，使用磁力计确定水平方向，并使用 GPS 接收器定位自身。

该列表可以继续，但是我想你已经了解了！

机器人的第二个共同特性是，它们通常有一种影响外界的方法。这可能很明显，例如打开电机或使灯闪烁。但也可能非常复杂，例如根据跟踪的位置旋转天线，或者像 NASA 的旅行者一号探测器一样，向 200 亿公里外的地球发送无线电信号。针对这组特性来说，我们有各种各样的方式可以使机器人影响外界。以下是一些示例：

❑ 各种电机和执行器，包括非常便宜的小型伺服电机、3D 打印机中使用的步进电机，以及工业机器人中使用的非常复杂和精确的执行器。

❑ 产生声音和光，例如使 LED 闪烁或打开蜂鸣器。这些通常用于在某种条件下吸引人们的注意。因为这是最简单的外部设备之一，所以 LED 的闪烁通常被用作电子项目的业余爱好者的"Hello, World!"应用。

❑ 加热器、水泵、洒水器或打印机。

第三组特性涉及某种将传感器和执行器连接在一起以解决实际任务的软件。机器人背后的想法是解放人们的双手。机器人可能用于一些琐碎的事情（例如根据时间表和计时器拉起百叶窗），或者非常复杂的事情（例如 NASA 的火星漫游者好奇号）。从 Rob Manning 和 William L. Simon 合著的 *Mars Rover Curiosity* 一书中得知，由于信号传输延迟，漫游者的动作无法在地球上完全控制。因此会每天在任务控制中心创建一个非常复杂的半自动化程序，并将其上传到机器人上。然后，在执行过程中，机器人会考虑周围的环境，因此在执行动作上有一定的自由度。

在自动控制之前，人们会根据自己的知识和目标拉动操纵杆和旋钮。这项工作已被自动化软件取代了，从而取代或减轻了人们对流程的直接影响。这种理解可能与"机器人"一词的普遍理解不一致，但实际上，像自动浇水机以及业务爱好者将相机连接到打印机的项目（可以检测、拍摄和打印附近经过的猫的照片）也可以视为机器人。

18.1.1　机器人的复杂性

现在，让我们考虑这些与本书的主题之间的关系。连接在于控制软件的复杂性。为了说明这一点，让我们考虑一个自动百叶窗开启器的简单示例，它可能是"智能家居"解决方案的一部分，解决了早上打开百叶窗和晚上关闭百叶窗的任务。它应该有一个可以拉开和关闭百叶窗的电机，以及一个检测太阳何时发光的光传感器。

即使在这样简单的操作中，逻辑和极端情况也可能是非常复杂的。例如，你需要考虑季节变化：在夏天，太阳升起的时间可能太早，此时打开百叶窗时间还早；而在冬天，太阳升起的时间可能太晚，打开百叶窗时已经快迟到了。

（传感器和执行器）与物理世界额外的复杂性增加了的连接。传感器返回的值通常包括噪声，噪声会添加到要测量的基础物理值中。这种噪声是读数差异的来源。传感器的不同实例也可能由于制造过程的不同而导致读数出现偏差。这种差异和偏差都需要通过执行传感器校准在软件中解决。

复杂性也可能来自意想不到的方向。例如，光传感器可能会随着时间变脏，因此其读数可能会发生变化；电机可能卡住；不同电机单元之间可能存在机械差异等。我们还没有考虑过日食，虽然不那么频繁，但是仍然会发生，因此也需要加以考虑。所有这些细节都可能导致我们的系统尽管在实验室中运行良好，但在安装后仍然会产生奇怪的结果。这些只是在自动百叶窗的简单示例中出现的情况，想象一下制造一个可以像人类一样行走的机器人有多少种极端的情况！

开发此类系统的另一个令人头疼的点是，由于功率、空间和重量的限制，计算资源通常会受到严重限制。例如，即使是功能强大的 32 位单片机也可能只拥有不到 1MB 的内存，因此控制软件通常是用 C 之类的底层语言编写的，甚至要用机器代码编写，这使得复杂逻辑的实现更加棘手。

另一方面，机器学习方法开发的软件可以提供（或至少有望实现）更好的方式来处理这种复杂、噪声多且定义不完整的问题：我们可以从某种输入和输出中学习一个函数，而不是编写复杂的代码或手动处理所有特殊情况和条件！只要有足够的时间和数据，我们就可以捕获所有细节，而无须手动编写大量规则。

这听起来很吸引人，尤其是对于我们熟悉的 RL 问题设置：我们有从传感器中得到的观察，可以使用执行器执行动作，并且需要定义与要解决的问题相关的某种高级奖励。将所有这些内容插入某种 RL 方法中！当然，我简化了很多东西。还有很多细节没有讨论，但总体思路和联系应该显而易见。

现在，开始检查我们的设置并追求本章的目标：将 RL 方法应用于简单的机器人问题。

18.1.2 硬件概述

本书的目标是使 RL 方法可供广大业余爱好者、发烧友和研究人员使用。这就是示例选择、复杂性、软件要求（例如，使用开源 PyBullet 代替商业 MuJoCo），以及影响本书内容的其他因素的原动力。尽管大多数示例都需要 GPU，但它们仍然不需要极高的性能。在云上租用一个 GPU 就足够了。不过，在机器人技术领域，你无法以与申请强大 GPU 实例相同的方式租用硬件。你仍然需要购买开发板、传感器和执行器才能使用它们。

好消息是，像 Arduino 和 Raspberry Pi 这样的现代电子产品和业余爱好者平台通常价格便宜且功能强大，足以满足我们的需求。在线商店包含成千上万个组件，你可以用这些组件组装小型的工作机器人，价格在 100 美元上下，只需要少量焊接甚至无须焊接（这取决于开发板的型号）。本章中的项目将是一个小型的四足机器人，其灵感来自上一章的 Minitaur 平台。

你可能还记得 Minitaur 是由 Ghost Robotics 开发的真正的机器人，这是一家位于费城的公司，为军事、工业和其他领域开发四足机器人。如果你感到好奇，可以查看 YouTube 频道（https://www.youtube.com/channel/UCG4Xp4nghgyWK4ud5Xbo-4g）。最近，谷歌研究人员使用该机器人对模拟器中学习到的策略到真实硬件的可移植性进行了实验（见 Jie Tan 等人于 2018 年 5 月发表的论文"Sim-to-Real: Learning Agile Locomotion For Quadruped Robots"，arXiv:1804.1033）。

不过，Minitaur 机器人仍然太大并且对于发烧友来说价格昂贵。因此，在我的工作中，我决定牺牲机器的实用性，以使其尽可能便宜。

从宏观来看，机器人由四个部分组成：

- ❏ **开发板**：基于 STM32F405 的开发板，与 MicroPython 兼容（为嵌入式应用程序设计的 Python 简化版本：http://micropython.org）。我使用的开发板的价格约为 25 美元，但我见过售价仅为 15 美元的版本。
- ❏ **传感器**：具有四个传感器芯片的集成板，可提供加速度计、陀螺仪、磁力计和气压计。所有这些传感器都可在一根内部集成电路（I2C）总线上使用。价格约为 15 美元。
- ❏ **伺服电机**：可以在 AliExpress 或其他折扣零售商处购买的四个非常便宜的由脉冲宽度调制（PWM）驱动的伺服电机。它们不是很可靠，但是非常适合我们。价格为每个伺服器 2 美元。

❑ **框架**：3D 打印的框架，用于将所有组件安装在一起。3D 打印服务的价格可能差别比较大，但大约为 5 美元，因为框架很小，需要用到的塑料很少。

因此，最终价格几乎不超过 70 美元，这比 Minitaur 的数千美元甚至比乐高 Mindstorms 的 500 美元（对于 RL 应用程序也有一点限制）要便宜得多。

18.1.3　平台

如前所述，对于机器人的大脑，我使用了 MicroPython 兼容板和 STM32F405 ARM 处理器。该板有多种版本，具有不同的尺寸和价格，但是由于尺寸不是主要问题，因此你可以使用任何兼容的版本，只要稍微调整一下框架就行。

我使用的开发板版本是 AliExpress 上的" The Latest PyBoard V1.1 MicroPython Development Board STM32F405 OpenMV3 Cam M7"（如图 18.1 所示）。该系列板的优势在于虽然处理器功能强大，具有 168MHz 的工作频率和 512KB 的内存，但是该板仍然小巧轻便，可以使用小型伺服器。此外，该开发板（与大多数 pyboard 一样）具有 MicroSD 插槽，能够显著增加用于程序和其他数据的存储空间。这样很好，因为我们可能想将录制的观察结果保存在机器人身上，并且按照嵌入式的标准来说，我们的 NN 模型非常庞大。pyboard 通常带有一部分作为文件系统暴露的内部闪存，但是它很小，因此确实需要 SD 卡。

图 18.1　主开发板

该板有一个缺点：因为它不是由 MicroPython 作者编写的原始 pyboard，因此它具有不同的引脚名称，并且 SD 卡的接线略有不同。该开发板附带的原始固件可以正常工作，但是如果要升级版本或使用自定义固件，则需要对开发板定义文件进行修改。对于这个特定的开发板，我将需要进行的更改以及如何使用它们的详细说明放在 Chapter18/micropython 目录中。但是，如果你的开发版和我的不同，则需要自己进行相应更改。

作为替代方案，你可以考虑使用原始的 MicroPython pyboard，不过它的价格昂贵，但具有 MicroPython 源代码的现成支持。在我看来，这并不重要，但是如果你之前没有做过任何与硬件相关的事情（例如单片机编程），则可能会很有用。还有其他兼容 MicroPython 的开发板。例如，在该项目一开始，我使用了 HydraBus，它具有完全相同的 ARM 处理器，但是尺寸更大。如果你足够勇敢并且经验丰富，甚至可以考虑使用基于 ESP8266 的硬件，MicroPython 也支持该硬件，并提供 Wi-Fi 连接。但是，它使用不同的处理器并且具有较少的 IO 端口，因此可能需要进行一些代码修改。

18.1.4 传感器

机器人应该感知外部世界，正如我们已经讨论的那样，有很多方法可以做到这一点。在我们的小项目中将使用一组标准传感器，也称为**惯性测量单元（Inertial Measurement Unit，IMU）**。在过去，IMU 算是复杂的机械设备且难以生产，其检测目标是力、角速度和物体在地球磁场中的方向。

如今，这三个传感器已实现为紧凑型芯片，这些芯片使用材料中的特定电子效应进行测量并以数字或模拟形式提供结果。这使它们在各种项目中使用时更加紧凑、坚固和方便。一个现代的 IMU 板如图 18.2 所示，它包括以下传感器芯片（所有 STMicroelectronics 半导体，它们是板卡顶部的四个小方块）：

- **加速度计**（LIS331DLH 芯片）可在三个轴上测量高达 ±8g 的加速度，具有 16 位的测量分辨率，并可承受 10 000g 的冲击。例如，iPhone 4S 中安装了相同的加速度计。
- **陀螺仪**（L3G4200D 芯片）可测量所有三个轴上的角速度，并且每秒可测量高达 2000 度，这是相当快的旋转速度（超过 300r/min）。
- **磁力计**（LIS3MDL 芯片）根据它的轴测量磁场方向，因此它基本上会显示北的方向。
- **气压计**（LPS331AP 芯片）测量大气压，可以用来获取当前高度。该芯片对我们的目标没有用，因为其测量精度不超过 30cm。由于我们的机器人不会从屋顶跳下，因此不会使用此传感器，但是在其他情况下（例如对于无人机或飞机模型），了解高度可能至关重要。

在我的特殊情况下，我使用了俄罗斯生产的用于 Amperka 套件的板卡（如图 18.2 所示）。如果你居住在俄罗斯以外的地方，可能很难获得这个特定板卡，但是你可以找到很多其他选择。所有这些芯片都提供数字接口并共享相同的 I2C 总线，因此，要连接所有四个传感器，只需要四根电线（两根用于电源，两根用于通信）。使用集成的 IMU 板卡不是必需的。你可以使用带有单独传感器的独立板卡或在原始 pyboard 上安装的加速度计获得相同的结果。重要的是传感器芯片的接口和功能。通常，I2C 或串行外设接口（SPI）是最流行和最方便的数字接口。

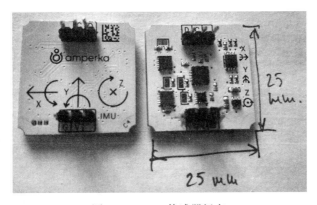

图 18.2　IMU 传感器板卡

　　你可能还希望将许多其他传感器附加到设计中，包括前面列表中的传感器，但是所要求的处理能力也会相应提高。

18.1.5　执行器

　　我们针对机器人的最初想法是让其运动，从而优化制定的一些高级奖励。要与物理世界互动，我们就需要某种执行器，其实有很多选择。DIY 项目中最便宜和最受欢迎的选择是上述伺服电机（或简称为伺服器）。伺服器可能具有不同的接口、内部机制和特性，但最常见的是 PWM 控制的模拟伺服器。稍后我们将讨论这意味着什么，但就目前而言，知道可以通知伺服器旋转或保持所需的角度并且它能执行就足够了。

　　在我的设计中，我使用了标有 GH-S37A 的小型且非常便宜的伺服器（如图 18.3 所示）。它们不是很可靠，因此你可能需要在实验期间更换其中一两个。你可能会考虑其他选择，例如更大的带有金属齿轮的伺服器，它们更可靠，功能更强大，但成本更高且消耗更多电。

图 18.3　模拟伺服器电机

另一个经济实惠的选择是使用步进马达（通常使用 3D 打印机构建）。它们消耗的功率更多，并且需要专用的驱动板卡，但是它们比模拟伺服器更为精确。例如，Ghost Robotics 的 Minitaur 就是使用步进马达制造的。

18.1.6　框架

列表中的最后一个组件是框架或基座，这是所有硬件设计中的重要组成部分，因为所有组件都需要安装在其上。这对于要移动的机器人至关重要，因此所有执行器、控制板和传感器都必须可靠地连接在一起。同时，基座必须轻巧。否则，重量会限制机器人的运动能力。不久前，人们使用木头、金属甚至纸板来制作框架，而这些选择仍然存在。但是，如今我们有一个非常不错的选择：3D 打印，它比旧式解决方案具有很多优势。

首先，塑料是轻量级的，你可以在设计中选择填充级别（内部填充塑料的比例）并使之更轻。同时，如果进行了适当的设计，结果将非常强大。当你需要可靠而坚固的产品时，塑料无法与金属竞争，但是在大多数情况下，这是不需要的。

其次，它大大简化了设计和制造过程。你可以使用开源工具制作设计原型，将其发送到打印机，然后在几分钟或几小时内（取决于大小和复杂性）将结果呈现在手中。此外，如果需要，你可以轻松地完善设计。与木材加工（更不用说金属）相比，这为设计迭代提供了显著的速度优势。

最后（非常重要），在计算机上绘制一些东西然后看着设计从无到有很有趣。你仍然需要学习基本的 3D 设计软件，学习如何准备要打印的模型，以及设计过程中的关键决策，但这仍然是一个非常有趣的活动。在 https://www.thingiverse.com/ 等网站上，你可以找到人们正在创建、共享和改进的许多 3D 打印设计。在本章的准备过程中，我开始尝试 3D 打印，它很快成了我的重要爱好。如果你有兴趣，可以在以下位置找到我的个人设计：https://www.thingiverse.com/shmuma/designs。

要为你的机器人制作框架，需要使用相应的软件包进行设计。软件包有多种选择，从针对儿童的非常简单的基于浏览器的设计应用程序（使你可以将简单的形状组合在一起）到全功能的商用软件包（用于绘制汽车或飞机引擎等复杂的东西）。为了我们的目的，我们需要介于两者之间的东西，这里有很多选择。

我个人最喜欢的交互式设计是 Autodesk 的 Fusion 360，它是免费的并且相对简单，但是它功能强大且是以面向工程设计为目的的（与 Blender 等 3D 建模工具相比）。对于软件开发人员来说，另一个可能更简单的选择是 OpenSCAD，它不提供丰富的交互式设计工具，而是提供一种用于描述 3D 形状的专用编程语言。然后将该程序"编译"为可以打印的 3D 对象。这个概念确实很酷并且非常灵活，但是需要一些时间来掌握。如果你好奇，可以查看 https://www.openscad.org/ 或 https://www.thingiverse.com/groups/openscad/things 以获取此类设计的示例。

我的用于固定各组件的机器人框架是使用 OpenSCAD 设计的，框架的完整源代码位于 Chapter18/stl/frame_short_legs_pyboard.scad 中。图 18.4 和图 18.5 显示了框架的最终版本和设计过程。除了源代码，我还在 Chapter18/stl/frame_short_legs_pyboard.stl 中提供了框架的 STL 格式。

这是用于打印 3D 模型的标准格式，但是很难对其进行修改。因此，如果要根据开发板尺寸调整模型，则需要安装 OpenSCAD，调整源代码，然后将模型导出为 STL 文件。

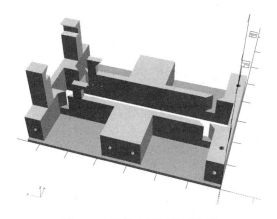

图 18.4　机器人框架的渲染图

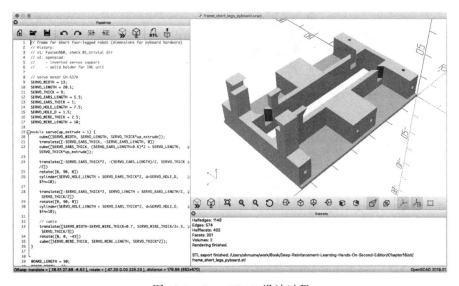

图 18.5　OpenSCAD 设计过程

一旦准备好 STL 文件就可以打印它，有几种方式可以选择。一种选择是使用公司（可能是某些本地公司或基于 Web 的全球服务提供商）的服务打印 3D 模型。在这种情况下，你通常需要上载 STL 文件，填写带有打印选项（例如颜色、材料、填充级别等）的表格，付款，然后等待结果被邮寄给你。

另一种选择是使用附近的 3D 打印机。如今，学校、大学实验室或黑客空间都配备了 3D 打印机。在这种情况下，你将需要使用 STL 文件准备打印机固件的输入。此输入称为 G 代码，其中包含许多针对特定打印机的低级指令，例如，在此坐标处移动或凸出一定数量的塑料。将 STL 文件转换为 G 代码的过程称为 slicing（切片），因为熔融沉积成型（FDM）打印机逐层生产对象，因此 3D 模型需要切成不同层。为此，使用了称为切片器的专用软件包。如果你以前从未进行过 3D 打印，则可能想请熟悉特定打印机设置的人员提供帮助，因为切片过程中会有大量影响结果的选项和参数，例如，层厚和特定的塑料参数。另一方面，你绝对不需要这方面的博士学位。在线上有很多信息，整个过程是很合逻辑的，学习一些时间就能掌握。

此框架设计非常易于打印，不需要支撑（用额外的塑料支撑悬垂部件，因为 3D 打印机无法在空中打印），并且通常可以在一小时到一个半小时内打印，具体取决于打印机设置。生成的框架如图 18.6 所示。

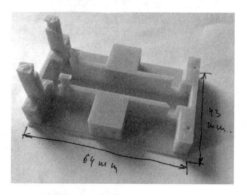

图 18.6　打印的机器人框架

为了让你大致了解组装后成品的样子，我提供了图 18.7。连接过程的详细信息将在下一节中介绍，然后我们开始对硬件进行编程。

图 18.7　组装完成（基本完成）后的机器人，准备好统治世界了（还需要接入电源）

18.2　第一个训练目标

现在，让我们讨论一下希望机器人做什么以及如何让它做到。不难发现所描述的硬件的潜在功能非常有限：

❑ **只有四个伺服器，它们的旋转角度有限制：** 这使我们的机器人的运动高度依赖于与表面的摩擦，因为它无法抬起自己的腿，Minitaur 机器人也是如此，它每条腿上固定了两个电机。

❑ **硬件比较弱：** 内存有限，CPU 速度不是很快，并且没有硬件加速器。在接下来的部分中，我们将研究如何在一定程度上应对这些限制。

❑ **除微型 USB 接口外，没有其他外部连接：** 某些开发板可能具有 Wi-Fi 硬件，可用于减轻 NN 推理的负担，将推理能力放到更强大的机器上，但是在本章的示例中，我将不走这条路。这可能会是一个有趣的项目：将 ESP8266 开发板（这是一种非常流行的具有嵌入式 Wi-Fi 连接的单片机）添加到机器人中（甚至可以使用 ESP8266 板作为主开发板）并使其具备无线连接的能力。

本章的目的不是要描述如何在地下室中构建自己的 T800 终结者，而是说明如何从零开始使用 RL 方法对非常简单的机器人进行编程。该特定机器人的结果可能不会令人印象深刻，但是当你熟悉该过程后，更容易在各个方向上扩展功能，例如，使用额外的伺服器、构建更复杂的机制、添加传感器、使用外部 GPU 甚至使用现场可编程门阵列（FPGA）进行 NN 加速等。

在此之前，我们需要解决一些基本问题，例如，从传感器获取数据，控制伺服器，将策略部署在硬件上，确定推理循环将是什么样的，以及训练策略。对于初学者来说，这些问题是很不容易的，因此我们将设定一个非常简单的目标并实现它，从而帮助你在此过程中获得经验和自信。第一个目标很简单：让机器人从躺着的姿势站起来。一方面，这是微不足道的，因为要站起来，机器人只需要将伺服器移动到固定位置并将其保持在该位置即可。另一方面，用 RL 术语表示该目标非常简单，并且可以在硬件上轻松检验训练后的策略。

除了目标之外，我们还需要对训练过程进行选择。我们基本上有两个选择。第一种选择是在硬件上进行实时训练，从连接的传感器收集观察结果，将实际命令传递给伺服器，并测量目标结果（在我们的示例中，是机器人框架到地面的距离）。显然，我们的硬件对于深度学习而言太弱了，即使我们升级了硬件，也无法使 PyTorch 在这种专用单片机上工作。

如果极端点，可以在原始 Python 或低级固件上实现你自己的反向传播版本，但这比原定目标要复杂得多。如果你对此感到好奇，那么斯坦福大学 CS231n 深度学习课程的一项家庭作业就是仅使用 NumPy 库实现 NN 训练，这很难正确实现，但这是一个非常有用的练习，有助于你理解底层发生了什么。

作为一种变通方法，我们可以使用 Wi-Fi 或其他通信方式将观察结果传输到某个"大型计算机"以训练策略,然后将权重发送回机器人以执行,但是正如我已经提到的,我们的硬件缺少 Wi-Fi 连接。

除了计算复杂性外,实时硬件训练还存在其他问题,例如,硬件安全性(防止机器人在训练期间损坏)、采样效率以及获得可靠奖励信息的必要性。最后一点可能很难解决,因为机器人本身无法准确测量高度,因此需要一些外部硬件来估算奖励。

训练的另一个选择是使用模拟器,与上一章使用的 PyBullet 方法相同。在那种情况下,训练是在模拟的物理世界中进行的,而关于该物理世界我们拥有完整的信息,因此衡量奖励是很轻松的。这里唯一棘手的事情是如何获得对应于真实世界的准确模型。正如你将在18.3 节中看到的那样,即使对于小型机器人的简单结构而言,它也可能相当复杂。尽管如此,此方法看起来比在真实硬件上完成所有操作都更简单,但你仍可以在自己的实验中尝试其他方法。最后,本章并不是机器人技术问题的完整解决方案,而只是可能实现方式的概述。

18.3　模拟器和模型

在本节中,我们将介绍如何获取将在硬件上部署的策略。如前所述,我们将使用物理模拟器(在本例中为 PyBullet)来模拟机器人。我不会详细介绍如何设置 PyBullet,首先开始研究代码和模型定义。

在上一章中,我们使用了准备好的机器人模型(例如 Minitaur 和 HalfCheetah),它们暴露了熟悉且简单的 Gym 界面、奖励、观察和行动。现在我们有了定制的硬件,并制定了自己的奖励目标,因此我们需要自己完成所有事情。根据我的个人实验,实现低级机器人模型并将其包装在 Gym 环境中非常复杂。包括以下几个原因:

❑ 从软件工程师的角度来看,PyBullet 类非常复杂且设计不良。它们包含许多副作用。例如,一些会影响方法行为的字段、非显而易见的执行流程以及过于复杂和混乱的逻辑。文档几乎是缺失的,因此唯一的信息来源是源代码中给出的现有模型,这不是学习的最佳方法。所有这些导致我在得到可行的解决方案之前产生了很多错误,不得不花时间来解决它们。

❑ 在内部,PyBullet 使用 C++ 编写的 Bullet 库并提供通用的物理模拟器。 Bullet 包含方法和总体结构的文档,但它不容易阅读,并且完整度很低。

❑ 要定义模型,需要提供机器人的几何形状和环境,还需要定义所有执行器和你要模拟的模型的特性,例如,摩擦力、执行器类型、参数、质量、惯性力矩等。有多种格式可以用于描述模型结构:URDF(统一机器人描述格式)、MJCF(MuJoCo XML 格式)和其他格式。我发现他们都不容易编写,因为我需要在非常低的级别定义所有属性。事实证明,MuJoCo 格式的文档稍微好一些,因此我将其用于机器人的定义,但是即使对于我们的简单设计来说,了解文件格式的要求以及描述几何形状和执行器仍然很痛苦。也许我错过了一些能简化过程的酷炫工具，但是我研究了几种替代方法，发现没有什么比在文本编辑器中编写 MuJoCo XML 文件更好的了。这种方式复杂且冗长，因此对于更复杂的设计显然需要更好的解决方案。

❏ 我在 Bullet 和 PyBullet 中遇到过 bug。由于 Bullet 将 MuJoCo 文件格式导成其自己的表示形式，因此它不支持 MuJoCo 的所有功能。即使对于受支持的部分，它也可能突然无法加载或出现异常，这并没有简化设计过程。

可能存在更好的替代方案。有些人使用虚幻引擎之类的游戏引擎进行物理模拟（这意味着游戏行业逐渐发展为可以模拟具有与专业模拟器相同质量的真实世界），但是我没有研究过这种替代方法。

完整的 PyBullet 环境包含在两个文件中：`Chapter18/lib/microtaur.py` 和 `Chapter18/models/four_short_legs.xml`。Python 模块遵循其他 PyBullet 机器人环境的结构，包括两个类：

❏ `FourShortLegsRobot`：继承自 `pybullet_envs.robot_bases.MJCFBasedRobot` 类。能加载 XML 格式的 MuJoCo 模型，并负责机器人的低级控制。例如，设置伺服器位置、获取关节方向以及从内部 PyBullet 状态收集观察向量。

❏ `FourShortLegsEnv`：继承自 `pybullet_envs.env_bases.MJCFBaseBulletEnv` 类，并为机器人提供了与 Gym 兼容的接口。它使用 `FourShortLegsRobot` 类获取观察值、应用动作并获得奖励值。

除了这两个类之外，还有第三个类 `FourShortLegsRobotParametrized`，该类将 `FourShortLegsRobot` 子类化，并允许用户重新定义 XML 模型文件的内部参数。它不会在本章的示例中使用，因为当我在实验过程中尝试使 PyBullet 模型的模拟更加逼真时，它并没有起到作用。如果你想尝试这种优化，我已经为这个类提供了相应的模板文件：`Chapter18/models/four_short_legs.xml.tmpl`。

18.3.1　模型定义文件

`FourShortLegsRobot` 的逻辑在很大程度上取决于基础的 MuJoCo 模型文件，因此让我们开始吧。MuJoCo 支持的所有标签的完整规范在此处提供：http://mujoco.org/book/XMLreference.html。它对 MuJoCo 使用的文件格式进行了详尽说明，记载了如何描述环境、对象属性及其交互方式。由于我不是 MuJoCo 的专家，因此不会向你提供完整的说明。以下是机器人的几何形状的定义，附有我的注释：

```
<mujoco model="four_short_legs">
    <compiler inertiafromgeom="true" settotalmass="0.05"/>
```

在最外层的标签中，文件指定了模型的名称。第二行包含解析器和编译器的选项，这些选项负责从文件的语句中组合内部对象。该标签可能包含几个影响整体模型的选项。在我们的文件中提供了两个参数：`inertiafromgeom="true"` 表示编译器需要从基础几何中推演惯性；`settotalmass="0.05"` 以千克为单位定义了机器人的总质量。根据我的厨房秤称量结果，组装好的机器人的重量为 50 克。惯性属性对于从模拟中获得真实结果可能非常重要，因此改进模型的第一步可能是禁用自动惯性推导并明确指定。

```
<default>
    <joint armature="0" damping="1" limited="true"
frictionloss="0"/>
    <geom friction="0.5 0.1 0.1"/>
    <position kp="10"/>
</default>
```

`default` 部分包含一些默认参数，用于所有适用的对象。在这里，我们定义对象中关节的参数。我们的机器人有 5 个关节：四个是可旋转的腿，一个是将 IMU 传感器连接到机器人框架的固定关节。

参数 `geom` 为所有的几何体设置摩擦参数。模拟器要处理三类不同类型的摩擦，对应着参数中的三个值：滑动摩擦、扭转摩擦和滚动摩擦。该参数还可以被优化和改进。

`default` 部分中给出的最后一个参数适用于我们的伺服器，即位置伺服器。MuJoCo 支持多种旋转执行器（它们称为"铰链关节"），你可以为其设置各种控制参数。这些参数可以是位置（当你设置执行器需要获得的角度时）、速度或力。

不同类型的执行器以不同的方式控制。例如，简单的电机具有与施加到电机的电压成比例的旋转速度，因此速度参数是最合适的。在我们的例子中有一个位置伺服系统，我们只是告诉它需要保持的角度，所以该执行器将通过位置控制。有许多内部参数定义了执行器动力学的复杂细节，因此，要获得准确的模型，需要对它们进行测量或从执行器规格中获取并应用它们。在比较外行的方法中，我们仅使用默认值，并且指定的唯一参数是 `kp="10"`，该参数设置所谓的位置反馈增益，该位置反馈增益指定了为了达到所需的位置，在电机上施加的力的系数。

```
<option gravity="0 0 -9.8" integrator="RK4" timestep="0.02"/>
<size nstack="3000"/>
```

文件 header 中的最后两个参数是控制选项，用于指定重力方向、时间步长和使用的内部积分器。当我们将该文件加载到 PyBullet 中时，可能仅考虑重力。然而，我从其他文件中复制了其他选项，指定它们不会有任何危害。`nstack` 参数为模型解释器指定了预分配堆栈的大小。

```
<worldbody>
    <!--<geom name="ground" type="plane" pos="0 0 0"/>-->
    <body name="base" pos="0 0 0.01">
        <geom name="base" pos="0 0 0.0" type="box"
            size="0.032 0.032 0.01" euler="0 0 0"/>
```

`worldbody` 标记开始文件的主要部分，描述了模型的各个部分、它们的几何形状以及它们之间的相互作用。第一个（被注释了）几何对象定义了地平面。我将其注释掉是因为 PyBullet 类自动添加了地平面，但是如果要将其加载到另一个系统中，则需要该平面。否则，机器人将掉入"虚无"中。

下一个标签指定框架主体，该框架主体平放在地平面上。框架的几何形状设置为
type="box"。size 参数定义了 box 一半的尺寸，虽然不是很方便，但这是 MuJoCo 文
件格式的要求。我们的框架（包括已安装的伺服器）为 64mm × 64mm，高约 20mm，因此，
将这些尺寸除以 2，就可以得到几何尺寸。euler 参数指定几何体围绕 XYZ 轴的旋转角
度。我们的框架没有旋转，所以该参数都是零。如果你无法从坐标中想象我们的模型，可
以查看图 18.8，该图显示了机器人的初始位置，或者可以尝试使用 Chapter18/show_
model.py 工具（稍后介绍）。

```
<body name="leg_rb" pos="0.035 -0.022 -0.005">
    <joint axis="1 0 0" name="servo_rb" pos="0 0 0"
          range="0 180" type="hinge"/>
    <geom fromto="0 -0.013 0 0 0.013 0" name="leg"
          size="0.003 0.002" type="capsule"/>
</body>
<body name="leg_rf" pos="0.035 0.022 -0.005">
    <joint axis="1 0 0" name="servo_rf" pos="0 0 0"
          range="-180 0" type="hinge"/>
    <geom fromto="0 -0.013 0 0 0.013 0" name="leg"
          size="0.003 0.002" type="capsule"/>
</body>
<body name="leg_lb" pos="-0.035 -0.022 -0.005">
    <joint axis="1 0 0" name="servo_lb" pos="0 0 0"
          range="0 180" type="hinge"/>
    <geom fromto="0 -0.013 0 0 0.013 0" name="leg"
          size="0.003 0.002" type="capsule"/>
</body>
<body name="leg_lf" pos="-0.035 0.022 -0.005">
    <joint axis="1 0 0" name="servo_lf" pos="0 0 0"
          range="-180 0" type="hinge"/>
    <geom fromto="0 -0.013 0 0 0.013 0" name="leg"
          size="0.003 0.002" type="capsule"/>
</body>
```

在 base 对象内部，我们有四个子实体，它们定义了机器人的腿。除了指定每条腿位于
何处的位置属性外，所有属性都具有相同的参数。为了理解坐标，你需要知道子实体的位
置是相对于父实体的几何位置偏移得到的相对位置。因此，每条腿的 Z 坐标设置为 –0.005，
而不是 0.005。

每条腿都由带有 name 属性的 body 部分指定。使用该名称，我们将能够在模拟过程
中检查其属性。在每条腿的 body 标签中，我们有两个参数。joint 参数用于设置相应伺服
执行器的类型、位置和范围。我们所有的关节都沿着 X 轴对齐，所以有 axis="1 0 0"。
另外，我们需要使用 geom 参数指定腿部的几何形状。在我们的例子中，机器人的腿的最
简单近似为 type="capsule"，这是具有指定尺寸的圆柱体。

```
<!-- IMU sensor box -->
<body name="IMU" pos="0.0025 0.03 0.02" euler="0 0 0">
    <geom name="IMU" pos="0 0 0" type="box"
            size="0.02 0.02 0.003" euler="0 0 0"/>
    <joint armature="0" damping="0" limited="false"
            axis="0 0 0" name="IMUroot" pos="0 0 0"
            stiffness="0" type="fixed"/>
</body>
    </body>
</worldbody>
```

机器人的最后一个子实体是传感器板，它由一个单独的盒子表示，该盒子向框架的前方偏移并抬高了一点。这个盒子通过 `type="fixed"` 的特殊关节固定到基础框架，该关节指定两个实体的刚性连接。传感器板由单独的实体建模，因为它将获得加速度和方向作为我们的观察。

```
<actuator>
    <position joint="servo_rb" name="servo_rb"/>
    <position joint="servo_rf" name="servo_rf"/>
    <position joint="servo_lb" name="servo_lb"/>
    <position joint="servo_lf" name="servo_lf"/>
</actuator>
</mujoco>
```

在文件的末尾，`worldbody` 标签的外面，我们定义在模型中用到的执行器的关节和类型。如前所述，我们使用的位置伺服器需要旋转一定角度。因此，执行器是定位的。在图18.8 中，你可以看到由我们刚刚描述的文件对应的渲染模型。该模型可能看起来很傻，但是包含用 RL 训练机器人所需的所有重要部分。

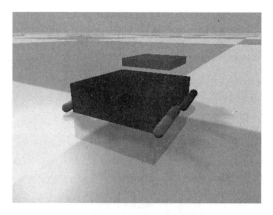

图 18.8　PyBullet 世界中机器人模型的初始位置

18.3.2　机器人类

机器人模型的低级行为由 Chapter18/lib/microtaur.py 中的 FourShortLegsRobot

类定义。此类继承自 PyBullet 中的 MJCFBasedRobot 类，该类提供了加载 MuJoCo 文件以及连接模型组件的能力。不幸的是，MJCFBasedRobot 及其父类 XmlBasedRobot 的代码质量非常低，这使得实现自定义包装器时异常痛苦。我花了一些时间使此类正常工作。希望我的修改可以为你的实验节省一些时间。

让我们仔细思考一下这个类。从宏观上讲，它的责任是将 XML 文件加载到 PyBullet 中，并允许我们将动作向量应用于执行器，并向 PyBullet 请求我们需要的观察结果。要实现这些功能，我们可以重新定义父类的某些方法并指定我们自己的方式来处理 PyBullet 的底层细节（例如，关节位置）。

```python
class FourShortLegsRobot(robot_bases.MJCFBasedRobot):
    IMU_JOINT_NAME = "IMUroot"
    SERVO_JOINT_NAMES = ('servo_rb', 'servo_rf',
                         'servo_lb', 'servo_lf')

    def __init__(self, time_step: float, zero_yaw: bool):
        action_dim = 4
        # current servo positions + pitch, roll and yaw angles
        obs_dim = 4 + 3

        super(FourShortLegsRobot, self).__init__(
            "", "four_short_legs", action_dim, obs_dim)
        self.time_step = time_step
        self.imu_link_idx = None
        self.scene = None
        self.state_id = None
        self.pose = None
        self.zero_yaw = zero_yaw
```

在构造函数中，我们将许多参数传给父构造函数，例如，机器人的名称、动作和观察维度。尽管这些类在 PyBullet 的类层次结构中都很基础，但它们创建了 Gym 动作和观察空间。它们没有被使用，这是这些类不良设计的第一个明显示例。不过我们稍后会看到更多。

在我们的构造函数中，我们需要模拟环境中的时间步长，以及 zero_yaw 标志，用于控制观察计算（稍后将进行说明）。动作空间包含四个数字，用于指定伺服器的旋转角度。为了简化机器人的工作，位于后面的伺服器沿逆时针方向（相对于 Y 轴的方向）旋转，但机器人正面的伺服器沿顺时针方向旋转。这使机器人更容易上升（即使伺服旋转角度很小）。而如果旋转过度了，它也只会向前或向后滑动。观察向量由四个当前伺服位置加上机器人框架的朝向组成，每个观察都会提供 7 个数字。

```python
    def get_model_dir(self):
        return "models"

    def get_model_file(self):
        return "four_short_legs.xml"
```

```
# override reset to load model from our path
def reset(self, bullet_client):
    self._p = bullet_client
    if not self.doneLoading:
        self._p.setAdditionalSearchPath(self.get_model_dir())
        self.objects = self._p.loadMJCF(self.get_model_file())
        assert len(self.objects) == 1
        self.parts, self.jdict, \
        self.ordered_joints, self.robot_body = \
            self.addToScene(self._p, self.objects)

        self.imu_link_idx = self._get_imu_link_index(
            self.IMU_JOINT_NAME)
        self.doneLoading = 1
        self.state_id = self._p.saveState()
    else:
        self._p.restoreState(self.state_id)
    self.robot_specific_reset(self._p)
    self.pose = self.robot_body.pose()
    return self.calc_state()
```

reset() 方法重写了父类方法，负责加载 MJCF 文件并在类内部注册已加载的机器人部件。我们只加载一次文件。如果已经加载过，将从先前保存的检查点恢复 PyBullet 模拟器状态。

```
def _get_imu_link_index(self, joint_name):
    for j_idx in range(self._p.getNumJoints(self.objects[0])):
        info = self._p.getJointInfo(self.objects[0], j_idx)
        name = str(info[1], encoding='utf-8')
        if name == joint_name:
            return j_idx
    raise RuntimeError
```

前面的代码显示了通过关节名称找到 IMU 链接索引的内部方法。我们将在其他辅助方法中使用此索引来获取 IMU 的位置和方向。

```
def _joint_name_direction(self, j_name):
    # forward legs are rotating in inverse direction
    if j_name[-1] == 'f':
        return -1
    else:
        return 1
```

该方法返回应用于伺服关节的方向乘法器。正如我已经提到的，前面的执行器的旋转方向与后面的伺服器的旋转方向相反。

```
def calc_state(self):
    res = []
    for idx, j_name in enumerate(self.SERVO_JOINT_NAMES):
        j = self.jdict[j_name]
        dir = self._joint_name_direction(j_name)
        res.append(j.get_position() * dir / np.pi)
```

```
    rpy = self.pose.rpy()
    if self.zero_yaw:
        res.extend(rpy[:2])
        res.append(0.0)
    else:
        res.extend(rpy)
    return np.array(res, copy=False)
```

calc_state() 方法根据当前模型的状态返回观察向量。前四个值是伺服器角度（位置被标准化为 0 ~ 1 的范围）。观察向量中的最后三个值是空间中基本方向的角度（以弧度为单位）：侧倾、俯仰和偏航值。如果参数 zero_yaw（传给构造函数的参数）为 True，则偏航分量将为零。这背后的原因将在 18.5 节中进行解释，那时我们将开始处理实际硬件的观察和可转移的策略。

```
def robot_specific_reset(self, client):
    for j in self.ordered_joints:
        j.reset_current_position(0, 0)


def apply_action(self, action):
    for j_name, act in zip(self.SERVO_JOINT_NAMES, action):
        pos_mul = self._joint_name_direction(j_name)
        j = self.jdict[j_name]
        res_act = pos_mul * act * np.pi
        self._p.setJointMotorControl2(
            j.bodies[j.bodyIndex], j.jointIndex,
            controlMode=p.POSITION_CONTROL,
            targetPosition=res_act, targetVelocity=50,
            positionGain=1, velocityGain=1, force=2,
            maxVelocity=100)
```

最后两种方法用于重置机器人（将执行器设置到初始位置）和执行动作。动作值应在 0 ~ 1 的范围内，它定义了伺服器旋转的比例以此指定伺服器的位置。

这就是 FourShortLegsRobot 类的全部了。你可能会猜到，它在我们的训练过程中不是很有用，但它可以为更高级的 Gym 环境提供基础功能。

环境在该文件的第二个类中定义：FourShortLegsEnv。

```
class RewardScheme(enum.Enum):
    MoveForward = 0
    Height = 1
    HeightOrient = 2


class FourShortLegsEnv(env_bases.MJCFBaseBulletEnv):
    HEIGHT_BOUNDARY = 0.035
    ORIENT_TOLERANCE = 1e-2

    def __init__(self, render=False, target_dir=(0, 1),
                 timestep: float = 0.01, frameskip: int = 4,
                 reward_scheme: RewardScheme =
                     RewardScheme.Height,
                 zero_yaw: bool = False):
```

```
self.frameskip = frameskip
self.timestep = timestep / self.frameskip
self.reward_scheme = reward_scheme
robot = FourShortLegsRobot(self.timestep,
    zero_yaw=zero_yaw)
super(FourShortLegsEnv, self).__init__(robot,
    render=render)
self.target_dir = target_dir
self.stadium_scene = None
self._prev_pos = None
self._cam_dist = 1
```

该类支持几种奖励方案，稍后将对其进行描述。除此之外，构造函数还支持渲染，设置时间戳并设置 frameskip。

```
def create_single_player_scene(self, bullet_client):
    self.stadium_scene =
            scene_stadium.SinglePlayerStadiumScene(
        bullet_client, gravity=9.8, timestep=self.timestep,
        frame_skip=self.frameskip)
    return self.stadium_scene
```

父类的 reset() 方法调用了前面的方法来创建机器人场景（丑陋设计的另一个例子！）：地平面和模拟器实例。

```
def _reward_check_height(self):
    return self.robot.get_link_pos()[-1] >
        self.HEIGHT_BOUNDARY
def _reward_check_orient(self):
    orient = self.robot.get_link_orient()
    orient = p.getEulerFromQuaternion(orient)
    return (abs(orient[0]) < self.ORIENT_TOLERANCE) and \
            (abs(orient[1]) < self.ORIENT_TOLERANCE)
```

有两个内部方法可以计算不同奖励方案中的奖励。首先检查机器人的基本高度是否超过指定的高度。由于高度是用 IMU 单元测量的，而它位于机器人框架的上方，所以边界值为距离地面 35 毫米。如果你对模型中的高度感到好奇，可以尝试使用 Chapter18/show_model.py 工具来输出高度。我的测试表明，在平躺状态下，IMU 高度为 30 毫米（0.03 米），在站立状态下为 41 毫米（0.0409 米）。当智能体到达完全站立位置的一半时，我们便开始给予它奖励。

第二种方法检查侧倾角和俯仰角是否小于容忍范围，这实际上意味着我们的基座几乎与地面平行。

```
def _reward(self):
    result = 0
    if self.reward_scheme == RewardScheme.MoveForward:
        pos = self.robot.get_link_pos()
        if self._prev_pos is None:
            self._prev_pos = pos
            return 0.0
```

```
        dx = pos[0] - self._prev_pos[0]
        dy = pos[1] - self._prev_pos[1]
        self._prev_pos = pos
        result = dx * self.target_dir[0] + \
                 dy * self.target_dir[1]
    elif self.reward_scheme == RewardScheme.Height:
        result = int(self._reward_check_height())
    elif self.reward_scheme == RewardScheme.HeightOrient:
        cond = self._reward_check_height() and \
               self._reward_check_orient()
        result = int(cond)
    return result
```

此函数也是内部函数，负责根据给定的奖励方案计算奖励值。如果选择了 Move-
Forward 方案，则机器人在给定方向（默认值为 Y 轴）上移动得越远会获得越多的奖励。
如果基座高于阈值，则 Height 奖励方案的奖励为 1。

第三个奖励方案 HeightOrient 几乎相同，但是除了高度边界外，它还检查底座是否
与地面平行。

```
def step(self, action):
    self.robot.apply_action(action)
    self.scene.global_step()
    return self.robot.calc_state(), self._reward(), False, {}


def reset(self):
    r = super(FourShortLegsEnv, self).reset()
    if self.isRender:
        distance, yaw = 0.2, 30
        self._p.resetDebugVisualizerCamera(
            distance, yaw, -20, [0, 0, 0])
    return r


def close(self):
    self.robot.close()
    super(FourShortLegsEnv, self).close()
```

该类的其余部分只是将已经讨论过的函数的功能结合起来，此处不再赘述。

18.4　DDPG 训练和结果

为了使用我们的模型来训练策略，我们将使用**深度确定性策略梯度**（Deep Deterministic
Policy Gradients，DDPG）。我们已经在第 17 章中详细介绍过了，不会在这里花时间展示代
码（代码位于 Chapter18/train_ddpg.py 和 Chapter18/lib/ddpg.py 中）。为了进行
探索，以与 Minitaur 模型相同的方式使用了 Ornstein-Uhlenbeck 过程。

我唯一要强调的是模型的大小，为了满足我们的硬件限制，其中的 actor 有意减少了一
部分。actor 有一个具有 20 个神经元的隐藏层，仅提供了 28×20 和 20×4 的两个矩阵（并

不计算 bias)。由于观察需要堆叠,输入维度为 28,会将四个过去的观察一起传给模型。这种降维可使训练变得非常快,无须使用 GPU 即可完成训练。

要训练模型,你应该运行 train_ddpg.py 程序,该程序接受以下参数:

❑ -n (--name):运行时的名称,在 TensorBoard 指标和保存目录中使用。

❑ --cuda:启用 GPU,在该示例下几乎没有用。

❑ --reward:训练期间要使用的奖励方案,可以是 MoveForward、Height 或 HeightOrient。

❑ --zero-yaw:它允许用零值替代观察的偏航角度。

稍后将对 --zero-yaw 选项和 HeightOrient 奖励方案的动机进行解释,彼时我们要了解执行策略的实际硬件。目前,仅 Height 奖励目标就足够了。

要获得我们第一个“站起来”的策略,你应该使用 ./train_ddpg.py -n some_name -reward Height,它会很快收敛,并在 20 ~ 30 分钟内产生一个模型文件,能在测试过程中获得 996 ~ 998 的奖励。考虑到环境将时间步数限制为 1000 个步长,这意味着在约 99.7% 的时间步长内,机器人的 IMU 都高于阈值,这几乎很完美了。

图 18.9 ~ 图 18.11 是我从实验中获得的收敛图。

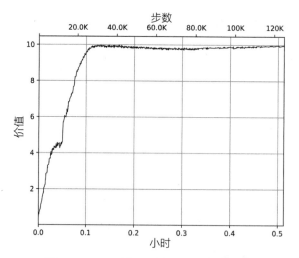

图 18.9　critic 神经网络预测的参考价值

每次从测试中获得新的最佳奖励时,actor 模型就会被保存到文件中。要检查运行中的机器人的模型,可以使用 Chapter18/show_model.py 工具。它接受以下命令行参数:

❑ -m (--model):要加载的文件名,用于根据观察结果推断动作。该参数是可选的。如果未给出,则执行固定动作(默认情况下为 0.0)的模型会被使用。

❑ -v (--value):要执行的动作的固定值。默认情况下,它等于 0.0。这个参数允许我们尝试不同的腿部旋转。

❏ -r（--rotate）：如果给定，则设置腿索引（0 ~ 3）从而来来回回地旋转。这使
我们可以检查模拟的模型的动态行为。

❏ --zero-yaw：会将 zero_yaw=True 传给环境。

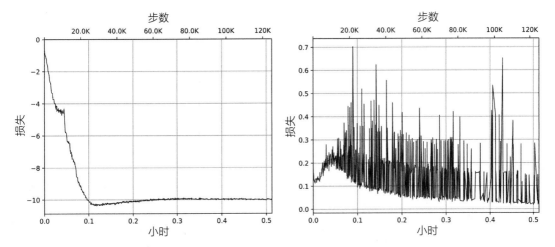

图 18.10　actor（左）和 critic（右）的损失图

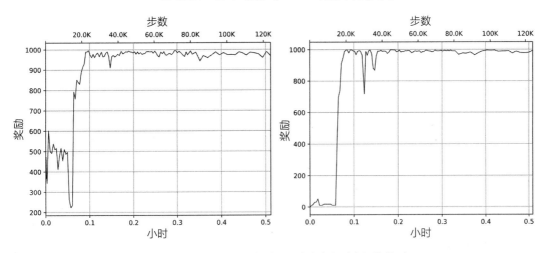

图 18.11　训练片段（左）和测试片段（右）的奖励

该工具可用于不同的目的。首先，它允许我们试验机器人模型（例如，检查机器人的几
何形状），验证所使用的奖励方案，并在动态中查看当一只腿旋转时发生的情况。对于这种
情况，不应将训练好的模型文件用 -m 选项传入。例如，图 18.12 是通过 -v 给 3D 模型传
入不同值的屏幕截图。

show_model.py 工具的另一个应用场景是检查训练后策略的实际效果。为此，你应
该通过 -m 命令行参数传入已保存的 actor 模型文件。在这种情况下，将加载模型并将其用

于通过每个步骤的观察值获取动作。

图 18.12　3D 机器人模型执行不同动作：0.4（左）和 0.9（右）

通过检查训练中保存的多个模型中的一个模型，你可能会注意到我们的机器人的行为类似于现实，但有时它们很奇怪。例如，当腿部突然旋转时，模型可能会显示出弹性跳动。这是由 MJCF 文件参数中的缺陷引起的。我们的执行器参数很可能与现实不符，惯性属性也可能不准确。尽管如此，我们还是取得了一些成果，这是一个很好的开始。现在的问题是：我们如何将策略转移到实际硬件上？让我们尝试一下！

18.5　控制硬件

在本节中，我将描述如何在实际硬件上使用经过训练的模型。

18.5.1　MicroPython

长期以来，嵌入式软件开发中的唯一选择是使用低级语言，例如，C 或汇编语言。这背后有充分的理由：有限的硬件能力、功率效率限制以及可预见到的处理现实事件的必要性。使用低级语言，你通常可以完全控制程序执行，并且可以优化算法的每个细微细节。

不利之处在于开发过程的复杂性，它很棘手、容易出错且冗长。即使对于效率标准不高的业余爱好者的项目，像 Arduino 这样的平台也只提供了相当有限的语言集，通常包括 C 和 C++。

MicroPython（http://micropython.org）通过将 Python 解释器引入微控制器提供了低级开发的替代方法。当然它也有一些限制：受支持的开发板不是很多，Python 标准库没有完全移植，并且仍然存在内存压力。但是对于非关键的应用程序和快速的原型制作，MicroPython 提供了一种非常好的替代低级语言的方法。如果你有兴趣，可以在 http://micropython.org 上找到有关该项目的完整文档。在这里，我将简要介绍 MicroPython 的功能和局限性以帮助你入门。

通常，MicroPython 作为特定开发板的固件提供。在购买开发板时，它已经具有预先刷入的镜像，因此你只需为其供电即可。但是如果要安装最新版本，则需要知道如何构建和刷新最新固件。文档中描述了此过程，因此此处不再重复。

　　大多数 pyboard 都是通过微型 USB 接口供电的，该接口还提供了与开发板的通信通道。某些开发板（例如，我在本项目中使用的开发板）可能有一个额外的电池插槽，可以支持开发板独立使用（在图 18.1 中，该插槽位于开发板的左上角，靠近微型 USB 插槽）。

　　将开发板连接到计算机后，它将公开一个可以使用任何串行通信客户端连接的串行接口。在使用 macOS 时通常会使用通过 brew 端口安装的 screen 工具。要进行连接，需要将 USB 接口设备文件传入该工具。

```
$ screen /dev/tty.usbmodem314D375A30372
MicroPython v1.11 on 2019-08-19; PYBv1.1 with STM32F405RG
Type "help()" for more information.
>>>
```

　　如你所见，它提供了普通的 Python REPL，使用它可以立即与开发板进行通信。除了串行接口外，该开发板还提供了一个大容量存储设备，可用于将程序和库放置到开发板上。如果连接了 microSD 卡，则该卡会显示出来。另外，内部主板的闪存（通常很小）可用于操作系统。

　　下面显示了在两种不同情况下（在开发板上插入 microSD 卡时以及未插入时）如何使磁盘对操作系统可见：

```
$ df -h
Filesystem     Size   Used   Avail Capacity   iused ifree %iused  Mounted on
/dev/disk2s1 3.7Gi   3.6Mi 3.7Gi         1%       0     0   100%  /Volumes/NO
NAME
$ df -h
Filesystem     Size   Used   Avail Capacity   iused ifree %iused  Mounted on
/dev/disk2s1  95Ki   6.0Ki  89Ki         7%     512     0   100%  /Volumes/
PYBFLASH
```

　　如你所见，内部闪存非常小，对于简单的项目来说还可以，但是要想有更大的存储，应使用 microSD 卡。Python 程序也可以在 /sd 挂载点下访问此 SD 卡，因此你的程序可能会使用该卡进行读写。以下是一个交互式会话的示例，显示了来自 MicroPython 解释器的文件系统结构：

```
MicroPython v1.11 on 2019-08-19; PYBv1.1 with STM32F405RG
Type "help()" for more information.
>>> import os
>>> os.listdir("/")
['flash', 'sd']
>>> os.listdir("/flash")
['boot.py', 'main.py', 'pybcdc.inf', 'README.txt']
>>> os.listdir("/sd")
['.Spotlight-V100', 'zero.py', 'run.py', 'libhw', 'bench.py', 'obs.py']
>>> os.listdir("/sd/libhw")
```

```
['sensors.py', '__init__.py', 't1.py', 'nn.py', 'hw_sensors', 'sensor_
buffer.py', 'postproc.py', 'servo.py', 't1zyh.py', 't1zyho.py']
>>> import sys
>>> sys.path
['', '/sd', '/sd/lib', '/flash', '/flash/lib']
>>>
MPY: sync filesystems
MPY: soft reboot
MicroPython v1.11 on 2019-08-19; PYBv1.1 with STM32F405RG
Type "help()" for more information.
>>>
```

最后一行按了 Ctrl+D，将重新启动解释器并重新挂载文件系统。从前面的内容中可以看到，Python 路径同时包含闪存和 SD 卡的根目录，这提供了一种简单的方法来检查硬件上的程序：连接开发板，将程序文件和库放在 SD 卡上（或闪存中），从操作系统中取消磁盘挂载（这是刷新缓冲区的必需操作），在解释器中按 Ctrl+D 后，所有新文件就都可以执行了。如果将文件命名为 boot.py 或 main.py，它将在重置或开机后自动执行。

MicroPython 支持大多数 Python 3 方言，其中部分标准库是可用的，但仍然有些模块可能会缺失或受限制。通常，鉴于开发板中的内存有限，这不是一个大问题。在实验中，我只发现了一个与标准 Python 库的区别。它与 collection.deque 类（该类具有不同的构造函数和有限的功能）有关。其余部分的工作原理相同，当然，你可能会遇到一些限制。在这种情况下，你可以实现一些变通方法。MicroPython 是一个开源项目，希望每个人都可以做出贡献并使其变得更好。

除了标准库和核心语言兼容性以外，MicroPython 还提供了一组语言扩展和额外的库，以方便我们在处理单片机时控制底层硬件。所有这些扩展都包含在文档中，我们稍后将在处理传感器和计时器之类的低级内容时使用其中的一些扩展。以下是附加功能的列表，没有按任何特定顺序排列：

❑ GPIO（通用输入/输出）访问开发板上的所有引脚，并能访问硬件暴露的一些方法。主类是 pyb.Pin。
❑ 访问硬件暴露的毫秒和微秒计时器。
❑ 类 pyb.Timer，它允许你在计时器事件上触发回调。
❑ 使用硬件 PWM 通道，可以减轻程序控制时序时的负担。我们将使用此功能来驱动伺服器。
❑ 支持通用通信协议，例如，通用异步收发传输器（Universal Asynchronous Receiver-Transmitter，UART）、I2C、SPI 和 CAN（Controller Area Network，控制器局域网），这些协议在硬件支持的情况下会直接使用硬件。
❑ 用 Python 编写中断处理程序，虽然有一些限制，但仍然是对外部事件做出反应的非常有用的方法。

❑ MicroPython 装饰器（`@micropython.native` 和 `@micropython.viper`），用于将函数从 Python 字节码切换到 native 指令，有时可能会加快代码的执行速度。

❑ 可以在非常低的级别（内存寄存器）上使用硬件，有时这是最小化响应时间所必需的。

综上所述，现在让我们从传感器开发板提供的观察信息开始，看看如何在 MicroPython 上实现我们的机器人。

18.5.2　处理传感器

如前所述，我在实验中使用的传感器安装在单块开发板中，在同一 I2C 总线上暴露四个芯片。在电子世界中，相关组件的文档以数据表的形式呈现，文档（通常为 PDF）中带有组件的详细规格：尺寸、电气特性、适用性限制，以及芯片功能的详细规范。LED 或晶体管等简单组件在数据表中可能就有 10 ~ 20 页，而复杂电子组件（如单片机）的文档可能会覆盖数千页。因此，我们很容易迷失在大量信息中。但是，数据表是有关电子设备详细信息的高价值知识来源。

就我而言，开发板上安装的所有四个传感器都是由 STMicroelectronics 这家公司制造的，因此他们为内部寄存器提供了统一的接口和相似的语义，这简化了我的实验和内部处理流程。正如我之前在 18.1.4 节中解释的那样，具体传感器集如下：

❑ 加速度计 LIS331DLH。

❑ 陀螺仪 L3G4200D。

❑ 磁力计 LIS3MDL。

❑ 气压计 LPS331AP。

平均而言，每个传感器的数据表有 40 页，而且这些文档中的大部分内容与我们无关，因为除了我们真正需要的基本功能之外，它们还包含有关物理特性和电气特性的信息，以及我们并不真正感兴趣的规范，例如特殊条件下的中断。在我们的示例中，所有传感器通信都很简单。我们将执行以下操作：

❑ 通过设置测量方案来初始化传感器（它们都支持不同的测量范围）。

❑ 定期从传感器读取数值。

I2C 总线

要开始使用传感器，我们需要了解所有传感器都会连接的总线。在我的示例中是 I2C，这是在数字电子组件之间建立低速通信的一种流行方式。总线本身非常简单，使用两条线进行通信。一根线就是所谓的 clock，通常缩写为 SCL，用于将 slave 设备和总线的 master 设备进行同步。另一根线用于串行数据传输，通常称为 SDA。假设电源通过另外两根电线（+3.3V 和地线）传输，则传感器板上仅连接了四个连接器。

一个 pyboard 通常具有大量的 +3.3v 和接地引脚。就 SDA 和 SCL 线而言，几乎可以使用任何 GPIO 引脚。在我的示例中具有以下连接：

- ❑ SCL 连接到引脚 Y11，该引脚在开发板上标记为 P0，但 MicroPython 固件将其称为 Y11 或 B0。
- ❑ SDA 连接到引脚 X12。在我的开发板上，它的名称为 P1，但是固件可以将其用作 X12 或 C5。

可能需要花费一些时间来弄清楚开发板上的引脚和它们的固件名称之间的连接，特别是如果你的开发板上不是官方的 MicroPython 板（我的情况就是如此）。为此，我使用 LED 连接到目标引脚，然后通过打开和关闭引脚以获取名称。你可以从 REPL 获取开发板上所有引脚的列表，因为 pyb.Pin 类包含固件已知的所有 GPIO 引脚的列表。REPL 还支持 tab 补全，这很方便。以下显示了如何获取引脚名称和更改特定引脚状态的示例。可以通过读取 GPIO 引脚状态而不是点亮 LED 来自动执行此检测。

```
MicroPython v1.11 on 2019-08-19; PYBv1.1 with STM32F405RG
Type "help()" for more information.
>>> import pyb
>>> pyb.Pin.board.
__class__       __name__        LED_BLUE        LED_GREEN
LED_RED         LED_YELLOW      MMA_AVDD        MMA_INT
SD              SD_CK           SD_CMD          SD_D0
SD_D1           SD_D2           SD_D3           SD_SW
SW              USB_DM          USB_DP          USB_ID
USB_VBUS        X1              X10             X11
X12             X17             X18             X19
X2              X20             X21             X22
X3              X4              X5              X6
X7              X8              X9              Y1
Y10             Y11             Y12             Y2
Y3              Y4              Y5              Y6
Y7              Y8              Y9
```

在此按下 Tab 键后，解释器将显示它知道的 GPIO 引脚列表。要打开和关闭特定的引脚，你只需要创建类的实例并通过调用 on() 或 off() 方法来更改引脚状态。

```
>>> p = pyb.Pin('X11', pyb.Pin.OUT)
>>> p
Pin(Pin.cpu.C4, mode=Pin.OUT)
>>> p.on()
>>> p.off()
>>>
```

选择用于传感器通信的引脚时，唯一的限制是要避免使用用于 microSD 卡通信的引脚。SD 卡通过 7 个引脚连接到微控制器，因此，如果你偶尔将相同的引脚用于传感器，则 SD

卡的操作可能会失败。要弄清楚 SD 卡使用了哪些引脚，可以查看 pyboard 的文档。官方的
pyboard 上非常清晰地说明了哪些引脚连接到哪些外围设备。例如，以下是最新的 PYBv1.1
的说明：http://micropython.org/resources/pybv11-pinout.jpg。

　　如果你使用的是非官方主板，那也没关系。你可以使用固件找出 SD 卡占用的引脚。
board 命名空间中的 pyb.Pin 类不仅列出了原始 GPIO 引脚名称，而且还列出了它们
的别名。所有以 SD 前缀开头的名称都是 SD 卡使用的引脚。以下是我的开发板上显示的
列表：

```
>>> pyb.Pin.board.SD
Pin(Pin.cpu.A15, mode=Pin.IN, pull=Pin.PULL_UP)
>>> pyb.Pin.board.SD_CK
Pin(Pin.cpu.C12, mode=Pin.ALT, pull=Pin.PULL_UP, af=12)
>>> pyb.Pin.board.SD_CMD
Pin(Pin.cpu.D2, mode=Pin.ALT, pull=Pin.PULL_UP, af=12)
>>> pyb.Pin.board.SD_D0
Pin(Pin.cpu.C8, mode=Pin.ALT, pull=Pin.PULL_UP, af=12)
>>> pyb.Pin.board.SD_D1
Pin(Pin.cpu.C9, mode=Pin.ALT, pull=Pin.PULL_UP, af=12)
>>> pyb.Pin.board.SD_D2
Pin(Pin.cpu.C10, mode=Pin.ALT, pull=Pin.PULL_UP, af=12)
>>> pyb.Pin.board.SD_D3
Pin(Pin.cpu.C11, mode=Pin.ALT, pull=Pin.PULL_UP, af=12)
```

　　你不应该使用带有 cpu 前缀的引脚名称，例如 cpu.A15 或 cpu.C12。当然，如果不
使用 SD 卡，则可以根据需要使用这些引脚。

　　当使用非官方的 MicroPython 兼容开发板升级固件，但开发板定义文件（定义了低级单
片机引脚的所有别名）是错误的时候，情况可能更加有趣。重新刷新后，它可能最终变得无
法使用 SD 卡。但这通常很容易通过更改 MicroPython 源代码树中开发板定义文件中的几行
代码来解决。对于我的开发板，我将修复程序放置在 Chapter18/micropython 目录中，
以使 SD 卡能够工作。

　　无论如何，我希望你现在已经选择了用于 SDA 和 SCL 的引脚。在传感器开发板这
边，连接要容易得多。我的开发板上有四个引脚的明确标记，分别为 V=3.3V、G=Ground、
D=Data 和 C=Clock。

　　连接传感器后，借助现有的 MicroPython 类，与开发板通信非常简单。对于 I2C 通信，
有一个方便的类可以用来扫描连接的传感器，以及从传感器接收数据和向传感器发送数据。
如果你的传感器支持其他总线类型（例如，SPI），MicroPython 可能也支持它。

　　以下是对与传感器开发板连接的设备进行设备扫描的示例：

```
>>> from machine import I2C
>>> i2c = I2C(freq=400000, scl='Y11', sda='X12')
```

```
>>> i2c.scan()
[24, 28, 92, 104]
```

我们有四个数字，分别对应开发板上每个传感器的 I2C 总线 ID。如果没有结果或数量过多，请检查接线。我的传感器的数据表包括这些总线 ID 的默认值以及如何更改它们的说明，如果你的单片机需要与多个相同的传感器通信，这可能会很方便。但是，在我们的示例中这不是必需的。如果你有兴趣，互联网上有很多关于 I2C 总线内部结构的信息。为了说明背后发生的许多事情，图 18.13 显示了 i2c.scan() 命令期间 SDA 和 SCL 线的波形图。

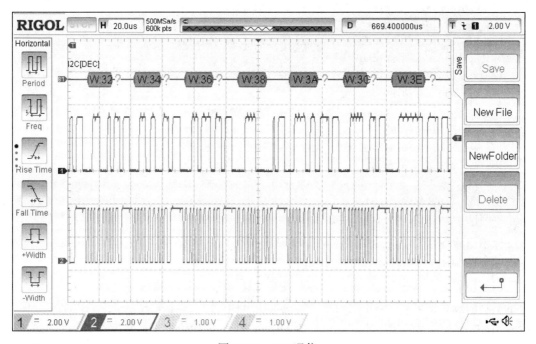

图 18.13　I2C 通信

传感器初始化和读数

我们已经找到了传感器的总线 ID，现在对它们执行一些有用的操作。在最简单的操作模式下，所有这些传感器都代表某种存储设备，暴露了一组你可以使用 I2C 命令读写的寄存器。命令和寄存器地址的详细说明取决于设备，并在数据表中进行了说明。

我不会提供所有传感器和寄存器相关的完整信息，尤其是考虑到你们的传感器可能有所不同。我会通过几个简单的示例说明如何从一个传感器读写一些寄存器。然后，我们将研究为简化与这些传感器的通信而编写的类。这些类可以在 Chapter18/hw/libhw/hw_sensor 包中找到，为我们所有的传感器提供了统一的接口。

在查看类之前，让我们研究一下一般如何进行通信。I2C 类提供了三组处理 I2C 总线的方法：

- ❑ 原始方法：start()、stop()、readinto() 和 write() 在非常低的级别上操作总线。对它们的详细解释远远超出了本书的范围，但是总的来说，这些方法允许总线控制器与连接的设备进行数据传输。
- ❑ 标准操作：readfrom()、writeto() 及其变体。这些方法与指定的 slave 设备交换数据。
- ❑ 内存操作：readfrom_mem() 和 writeto_mem() 与提供了存储设备（一组可以读入的寄存器）接口的 slave 设备一起工作。这就是适合我们的情况，因此我们将使用这些方法进行通信。

数据表详细描述了芯片暴露的所有寄存器及其地址和功能。我们以最简单的寄存器 WHO_AM_I 为例进行说明，该寄存器在我所有传感器上的地址均为 0x0F（由于所有传感器均由同一家公司生产，因此存在某种统一形式）。根据数据表，这是一个只读的 8 位寄存器，用于保存设备标识值。对于 LIS331DLH，它的值应为 0x32。让我们检查一下。

```
MicroPython v1.11 on 2019-08-19; PYBv1.1 with STM32F405RG
Type "help()" for more information.
>>> from machine import I2C
>>> i2c = I2C(freq=400000, scl='Y11', sda='X12')
>>> i2c.scan()
[24, 28, 92, 104]
>>> i2c.readfrom_mem(24, 0x0F, 1)
b'2'
>>> ord(i2c.readfrom_mem(24, 0x0F, 1))
50
>>> hex(50)
'0x32'
```

函数 readfrom_mem() 接受三个参数：设备总线 ID、要读取的寄存器以及以字节为单位的长度。结果是一个字节串，我们将使用 ord() 函数对其进行转换。我们很幸运，因为检查出的第一个设备就是预期 WHO_AM_I=0x32 的加速度计。让我们检查其他传感器：

```
>>> hex(ord(i2c.readfrom_mem(24, 0x0F, 1)))
'0x32'
>>> hex(ord(i2c.readfrom_mem(28, 0x0F, 1)))
'0x3d'
>>> hex(ord(i2c.readfrom_mem(92, 0x0F, 1)))
'0xbb'
>>> hex(ord(i2c.readfrom_mem(104, 0x0F, 1)))
'0xd3'
>>>
```

如你所见，该寄存器中的值与 I2C 总线 ID 不相关。使用 writeto_mem() 方法可以以类似的方式执行对设备的写入操作，但是除了传入要接收的字节数之外，你还需要传入一个字节串，其中包含要写入的数据。

为了练习，让我们初始化加速度计。根据数据表，为了启用操作，我们需要将 CTRL_REG1（地址为 0x20）设置为适当的值。当 8 位寄存器中的不同位负责不同的功能时，该寄存器具有位字段结构：

- ❏ 位 8-6：功耗模式选择。正常操作对应于值 001。
- ❏ 位 5-4：数据速率选择。它定义将在内部寄存器中更新的测量频率。共有四种不同的数据速率：50Hz、100Hz、400Hz 和 1000Hz。我们不需要非常频繁的更新，因此 100Hz 绰绰有余。根据数据表中的表格，我们需要写入值 01 才能切换到 100Hz 模式。
- ❏ 位 3：启用或禁用 Z 轴测量。
- ❏ 位 2：启用 Y 轴测量。
- ❏ 位 1：启用 X 轴测量。

对于我们的用例，我们需要所有三个轴、数据速率为 100Hz、电源模式为正常。通过将所有位组合在一起，我们得到的值为 0b00101111，该值等于十进制值 47。该寄存器被标记为可读写，因此我们可以检查值是否确实已更新。

```
>>> ord(i2c.readfrom_mem(24, 0x20, 1))
7
>>> bin(7)
'0b111'
>>> i2c.writeto_mem(24, 0x20, bytes([47]))
>>> ord(i2c.readfrom_mem(24, 0x20, 1))
47
>>> bin(47)
'0b101111'
```

是的，它是有效的。最初，它处于休眠状态，频率为 50Hz，并且启用了所有轴。初始化之后，设备开始每秒测量 100 次加速度，并将测量结果保存在其内部寄存器中。我们唯一需要做的就是定期阅读它们。为此，需要进行一些数学运算，因为测量结果以二进制补码的形式存储在 16 位寄存器中，这是一种以无符号格式存储有符号数字的方法。

另外，原始测量值是整数，但是加速度通常是浮点数。因此，在使用测量之前，我们需要将测量结果除以一个比例。实际比例取决于测量范围，可以通过写入另一个控制寄存器 CTRL_REG4 来选择。我们的加速度计支持三种操作等级：±2g、±4g 和 ±8g。当然，由于位数是固定的，因此范围越大意味着测量精度越低。由于我们的机器人不会撞到什么东西，因此将使用 ±2g 模式。该寄存器还负责设备的其他设置，但是我不打算介绍它们。如有兴趣，你可以查看数据表来了解。

以下是如何从 Z 轴读取加速度值的示例。经过所有转换后，我们应得到 9.8 的测量值。

```
>>> from machine import I2C
>>> i2c = I2C(freq=400000, scl='Y11', sda='X12')
>>> i2c.writeto_mem(24, 0x20, bytes([47]))
>>> i2c.writeto_mem(24, 0x23, bytes([128]))
>>> v = ord(i2c.readfrom_mem(24, 0x2C, 1)) + 256 * ord(i2c.readfrom_
mem(24, 0x2D, 1))
>>> v
16528
>>> v = -(0x010000-v) if 0x8000 & v else v
>>> v
16528
>>> v /= 16380
>>> v
1.009035
```

为了进行额外检查，我将机器人上下颠倒，并将其放倒。

```
>>> v = ord(i2c.readfrom_mem(24, 0x2C, 1)) + 256 * ord(i2c.readfrom_
mem(24, 0x2D, 1))
>>> v = -(0x010000-v) if 0x8000 & v else v
>>> v /= 16380
>>> v
-0.809768
>>> v = ord(i2c.readfrom_mem(24, 0x2C, 1)) + 256 * ord(i2c.readfrom_
mem(24, 0x2D, 1))
>>> v = -(0x010000-v) if 0x8000 & v else v
>>> v /= 16380
>>> v
0.01855922
>>>
```

看起来很不错。

传感器类和计时器读数

逐一读取数值不是很高效，特别是如果我们要经常读数并对其进行一些转换，例如，将值平滑化，因为原始传感器读数可能会有噪声。此外，拥有统一的传感器 API 会很好，这样我们就可以使用传感器而无须过多地研究底层细节。在这种情况下，如果你使用其他传感器，则只需要编写一个小类来处理它并将其插入系统即可。

我实现了这样的类，但不会详细描述它们。我将仅涉及 API 和基本的设计假设，并说明它们的使用方法。完整的源代码在 Chapter18/hw 中（这个目录包含项目中与硬件相关的部分，其内容应复制到 microSD 卡的根目录中）。

首先，我需要描述传感器的使用方式。我们将使用计时器中断，而不是在程序的主循环中不断查询传感器（也称为轮询模式）。我们将建立一个将以指定的频率（例如每秒 100

次）被调用的函数。该函数的工作是查询我们需要的所有传感器，并将这些值存储在特殊的缓冲区中。这种方法的好处是可以按可预测的时间间隔收集数据，而不是在程序的每个循环中收集数据（可能会因 IO、NN 推理或其他因素而延迟）。但是此方法也有一些限制，你需要在代码中加以考虑。

首先，中断处理程序需要尽可能短，并执行所需的最少工作，然后退出。这是由中断处理程序的性质导致的，中断处理程序在某些事件（在本例中为计时器过期）中中断主代码的工作流。如果你的中断处理程序的工作时间超过计时器间隔（1/100 秒），则在你的处理期间可能会触发另一个中断调用，这可能会造成混乱。

中断处理程序的另一个限制是特定于 MicroPython 的：在中断例程中，你无法分配新的内存，只能使用现有的预分配缓冲区。有时，这种限制可能会导致令人惊讶的结果，因为 Python 会自动分配内存，而这很可能会在无辜的操作（例如浮点计算）上发生。这是由 Python 中实现浮点数的方式引起的，意味着你无法在中断处理程序中执行浮点数运算。但只要在实现的时候谨慎一些，满足此要求并使用中断处理程序并不是很复杂。

以下是我们如何在 MicroPython 中使用计时器中断的示例，以及由于浮点操作而导致的此类意外内存分配的示例：

```
>>> f = lambda t: print("Hello!")
>>> t = pyb.Timer(1, freq=2, callback=f)
>>> Hello!
Hello!
Hello!
Hello!
>>> t.deinit()
>>>
>>> f = lambda t: print(2.0/1.0)
>>> t = pyb.Timer(1, freq=2)
>>> t.callback(f)
>>> uncaught exception in Timer(1) interrupt handler
MemoryError:
```

使用计时器中断实现传感器查询的类在模块 Chapter18/hw/libhw/sensor_buffer.py 中。由于计时器回调的局限性，它的逻辑比较复杂，但接口相当简单。要创建 SensorsBuffer 类（稍后将介绍这些类），需要用到一个传感器对象实例列表、要使用的计时器的索引、轮询频率、一个批的大小以及循环缓冲区中的批的数量。每个批都是我们要查询的所有传感器的后续度量的列表。缓冲区是批的列表，因此整个缓冲区的容量是在创建缓冲区时定义的。当然，我们的内存是有限的，因此需要小心分配过多的内存用于传感器读取。例如，我们有一个加速度计，想每秒查询 100 次。我们也知道将至少每秒处理一次缓冲区。在这种情况下，我们可以创建一个批大小等于 10 且总批数为 10 的缓冲区。使用这些设置，缓冲区将保留一秒钟内的数据读数。

下面是如何创建此缓冲区的示例。为了使该示例生效，你需要将 Chapter18/hw 目录复制到 microSD 卡的根目录中，并使用相同类型的传感器。

```
>>> from machine import I2C
>>> i2c = I2C(freq=400000, scl='Y11', sda='X12')
>>> i2c.scan()
[24, 28, 92, 104]
>>> from libhw.hw_sensors.lis331dlh import Lis331DLH
>>> accel = Lis331DLH(i2c)
>>> accel.query(Lis331DLH.decode)
[0.01660562, -0.03028083, 1.029548]
```

这就是我们的加速度传感器。让我们将其附加到缓冲区中：

```
>>> from libhw.sensor_buffer import SensorsBuffer
>>> buf = SensorsBuffer([accel], 1, freq=100, batch_size=10, buffer_
size=10)
>>> buf.start()
>>> for b in buf:
...     print(b)
...
[bytearray(b''\x00\x10\xfe0B'), bytearray(b'0\x00@\xfe\xd0A'),
bytearray(b'\xb0\x00\xf0\xfd\xb0A'), bytearray(b'\x80\x00\x00\xfe\
xc0A'), bytearray(b'0\x00 \xfe\xc0A'), bytearray(b'0\x00p\xfe\x90A'),
bytearray(b'\xa0\x000\xfe\xa0A'), bytearray(b'P\x00 \xfe\x10B'),
bytearray(b'\xa0\x000\xfe\xe0A'), bytearray(b'0\x00 \xfe\x10B')]
```

缓冲区提供了迭代器接口，会生成在缓冲区中存储的所有批。批中的每个条目都是原始传感器读数，即从传感器的寄存器中直接读到的数（由于无法在计时器回调中使用浮点运算，因此无法将原始字节转换为浮点数）。此转换需要在读取期间完成。

```
>>> for b in buf:
...     for v in b:
...         data = Lis331DLH.decode(v)
...         print(data)
...
[0.06544567, -0.4610501, 0.9094017]
[0.05567766, -0.4620269, 0.9084249]
[0.05763126, -0.4551893, 0.9045177]
[0.06446887, -0.4630037, 0.9054945]
[0.05665446, -0.4590965, 0.9064713]
[0.06056166, -0.4561661, 0.9025641]
[0.05958486, -0.4581197, 0.9064713]
[0.06056166, -0.4561661, 0.9113553]
[0.05958486, -0.4581197, 0.9074481]
[0.05958486, -0.4649573, 0.9094017]
```

主程序需要定期从缓冲区中获取数据。否则，来自传感器的新值可能会覆盖现有数据（因为缓冲区是循环的）。

现在让我们讨论通用的传感器接口，它非常简单。顶部是 libhw/sensors.py 中定义的抽象类 Sensor。基类负责分配缓冲区（用于存储传感器的读数），并定义了以下抽象方法（这些方法必须由子类重新定义）：

- ❑ __len__() 必须返回原始传感器读数的长度（以字节为单位）。不同的传感器提供不同数量的数据。例如，我的加速度计为每个轴返回三个 16 位值，但是我的磁力计返回四个值，因为它包含一个内部温度寄存器，该寄存器的读数也被暴露出来了。
- ❑ refresh() 必须从底层传感器获取新数据并将其存储在内部缓冲区中。
- ❑ decode(buf) 是一个类方法，需要将字节形式的读数转换为浮点数列表。

观察值

我们正在缓慢但明确地接近主要目标：从传感器获得观察值。作为第一个非常简单的示例，我将仅使用加速度计读数，该读数将用于估算机器人的侧倾角和俯仰角。"侧倾"是指沿着机器人的轴旋转（我的 Y 轴），"俯仰"是指围绕在水平面垂直于侧倾轴（定义了机器人的倾斜度）的轴旋转（我的 X 轴）。

第三角（即所谓的偏航角或绕 Z 轴旋转的角）不可能仅通过加速度计可靠地估计。但是，存在一些方法可以通过组合加速度计和陀螺仪的读数来找到所有三个旋转角度，但是此实现留给进阶读者作为练习。你可能会发现这篇文章很有用：https://www.monocilindro.com/2016/06/04/how-to-calculate-tait-bryan-angles-acceleration-and-gyroscope-sensors-signal-fusion/。

我在代码中使用了一种简单的方法，即通过比较不同角度上的加速度计读数仅给出侧倾角和俯仰角。读数后的处理代码在 Chapter18/hw/libhw/postproc.py 中。

```
def pitch_roll_simple(gx, gy, gz):
    g_xz = math.sqrt(gx*gx + gz*gz)
    pitch = math.atan2(gy, g_xz)
    roll = math.atan2(-gx, gz)
    return pitch, roll
```

此函数根据加速度的浮点读数计算俯仰角和侧倾角。

```
class PostPitchRoll:
    SMOOTH_WINDOW = 50

    def __init__(self, buffer, pad_yaw):
        assert isinstance(buffer, SensorsBuffer)
        assert len(buffer.sensors) == 1
        assert isinstance(buffer.sensors[0],
                          hw_sensors.lis331dlh.Lis331DLH)
        self.buffer = buffer
        self.smoother = Smoother(self.SMOOTH_WINDOW, components=3)
        self.pad_yaw = pad_yaw
```

```
def __iter__(self):
    for b_list in self.buffer:
        for b in b_list:
            data = hw_sensors.lis331dlh.Lis331DLH.decode(b)
            self.smoother.push(data)
            pitch, roll = \
                pitch_roll_simple(*self.smoother.values())
            res = [pitch, roll]
            if self.pad_yaw:
                res.append(0.0)
            yield res
```

该类接收缓冲区作为参数（缓冲区应该仅连接了加速度传感器），并将缓冲区中的数据转换为俯仰值和侧倾值。在计算这些角度分量之前，通过移动平均方法对读数进行平滑处理，该方法由同一个 postproc.py 文件中的 Smoother 类实现。该方法无法估计偏航角，但我们的模型希望有偏航角，因此将零作为偏航角。

为了测试此代码，我在 Chapter18/hw/obs.py 中写了一个小工具，它接受所有的类，但仅在控制台上显示俯仰角和侧倾角。代码非常简单，如下所示：

```
import pyb
from machine import I2C
from libhw.hw_sensors import lis331dlh as lis
from libhw.sensor_buffer import SensorsBuffer
from libhw.postproc import PostPitchRoll
SDA = 'X12'
SCL = 'Y11'

def run():
    i2c = I2C(freq=400000, scl=SCL, sda=SDA)
    acc = lis.Lis331DLH(i2c)
    buf = SensorsBuffer([acc], timer_index=1, freq=100,
                        batch_size=10, buffer_size=100)
    post = PostPitchRoll(buf, pad_yaw=True)
    buf.start()
    try:
        while True:
            for v in post:
                print("pitch=%s, roll=%s, yaw=%s" % tuple(v))
    finally:
        buf.stop()
```

让我们在硬件上对其进行测试。

```
>>> import obs
>>> obs.run()
pitch=-0.4448922, roll=-0.2352999, yaw=0.0
pitch=-0.4403271, roll=-0.2364806, yaw=0.0
pitch=-0.440678, roll=-0.237506, yaw=0.0
pitch=-0.4407347, roll=-0.2369987, yaw=0.0
pitch=-0.4420413, roll=-0.2360859, yaw=0.0
```

```
pitch=-0.4424292, roll=-0.2354495, yaw=0.0
pitch=-0.4430317, roll=-0.2366674, yaw=0.0
```

显示的角度以弧度为单位，并且应随着你朝不同的方向倾斜传感器的开发板而改变。

18.5.3 驱动伺服器

我们的伺服器既简单又便宜，因此可以通过 PWM 进行控制，PWM 是此类执行器中最流行的方法。这种方法的思想非常简单：通过数字信号控制伺服器的角度，数字信号具有固定周期的脉冲形式，通常为 50Hz。由于我们的信号是数字信号，因此可能仅处于 0 或 1 的状态，但是信号处于状态 1 的时间与处于状态 0 的时间的比率可能会有所不同。该比率（也称为占空比）控制伺服器的角度。

由于此方法在玩具模型、航空、机器人技术等应用中非常流行，所以此处存在一定程度的兼容性，你可以在你的无线电遥控的汽车模型中替换掉伺服器，并确定它与其余的汽车电子设备是兼容的。像往常一样，它可能会有一些变化，但是通常情况下它是能工作的。

位置控制伺服器的标准参数可以在网上轻松找到，通常如下：脉冲间隔为 50Hz（即 20 毫秒）、零角度约对应于 3% 的占空比（大约为 600μs）、最大角度（通常为 180°）约为 12% 的占空比（即 2.4ms）。具体时间可能在伺服器之间略有不同。我发现我的最小角度达到了 2.3% 的占空比，最大角度达到了 12.6% 的占空比。

为了说明这一点，图 18.14 和图 18.15 显示了设置在不同位置的三个伺服器的波形图。顶部的伺服器处于最小角度，中间的伺服器处于 50% 位置，而底部的伺服器处于最大角度。

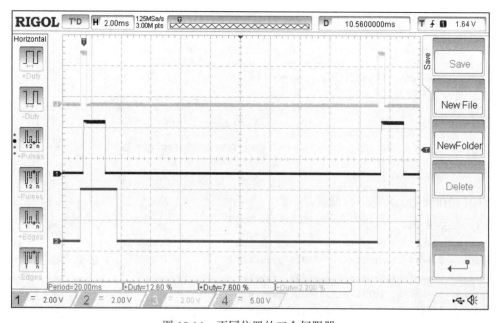

图 18.14　不同位置的三个伺服器

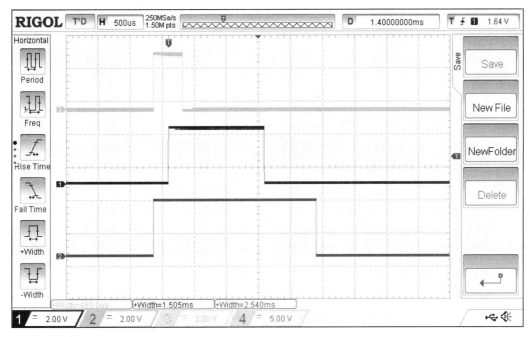

图 18.15　三个相同的伺服器，只不过放大了信号，底部图例切换到计时

在进入软件部分之前，需要对硬件进行一些说明。我们的伺服器具有三个连接器：电源（通常为红色电线）、接地端（黑色）和控制端（白色）。伺服器可以在 +3.3V 或 + 5V 的电压下正常工作。唯一可能的问题是，伺服器包含小型电机，这可能会耗尽 USB 接口的功率。

我的测量结果显示，来自四个伺服器的峰值电流不超过 0.7A，这对于大多数 USB 接口都是够用的，但是由于这种消耗会发生短峰值（当伺服器需要突然旋转），这可能会给 USB 信号引入噪声，计算机和开发板之间的通信信息可能会丢失。

为了解决这个问题，存在几种简单的解决方案。首先，伺服器可以通过不同的 USB 端口供电。这将增加接到机器人的电线数量，但会有所帮助。我尝试过的另一种方法（效果很好）是在伺服器的电源和地线之间添加一个电容器。我使用了 100μF 的电容器，该电容器可以用作滤波器并平滑功率峰值。一个电容器和一条短的 USB 电缆相结合解决了我的问题，即使在所有四个伺服器突然移动的情况下，连接也能可靠地工作。

也许更好的解决方案是将与机器人的连接切换成无线连接（在机器人上添加相应的电池）。这些尝试可能会出现在我的下一个版本中。

现在的问题是：如何生成这样的脉冲来驱动我们的四个伺服器？最明显但不是很可靠的方法是在主循环中驱动与伺服器相连的引脚，使其不停打开和关闭。这种方法的问题在于时序需要很精确：如果脉冲由于某种原因而延迟，则伺服器可能会突然跳到错误的位置。由于 Python 并不是一种很快速的语言，因此生成特定宽度的稳定脉冲可能会比较棘手。

伺服器控制不是唯一的问题。除了控制伺服器之外，我们还需要查询传感器、处理它们的读数并使用神经网络进行推理。处理所有这些任务并确保四个 PWM 信号的精确定时可能太复杂了。

更好的方法是使用计时器中断，可以将其设置为周期性触发，然后检查所需的伺服器引脚信号并进行更改。我在实验开始时就采用了这种方法，并且效果很好。如果你很好奇，可以驱动多个伺服器的类的源代码就在 Chapter18/hw/libhw/servo.py 模块中，叫作 ServoBrainOld。该代码使用多个计时器：其中一个计时器用于驱动 50Hz 脉冲，另外几个计时器（每个被控制的伺服器各一个）负责测量信号应该在高状态的时间。这种方法是有效的，但是与传感器读数一起工作时，伺服器的控制变得不是很可靠了。伺服器有时会跳到错误的位置。这可能是由于计时器中断重叠或计算中存在错误引起的。

为了解决这个问题，我找到了第三种解决方案（我个人认为是最好的方案）：使用单片机自身实现的 PWM 硬件来进行伺服器控制。该方案也需要设置计时器，但目的不是为了在特定间隔内触发我们的函数，而是利用计时器的额外功能直接自行产生 PWM 信号。我们唯一需要做的是正确配置计时器并设置想要生成的占空比。从那一刻起，所有脉冲将由硬件生成，而无须我们进行控制。如果希望伺服器跳到另一个位置，只需要设置一个不同的计时器占空比即可。

要了解其工作原理，我们需要更深入地了解正在使用的单片机硬件。STM32F4xx 单片机具有多达 14 个不同的定时器，其中一些支持多达四个通道，每个通道都可以通过特定方式进行配置。例如，计时器的一个通道可能会在某个引脚上产生特定间隔的 PWM 脉冲，但是同一计时器的另一个通道可能会产生不同长度的脉冲，这使我们可以通过硬件来驱动数十个伺服器，而完全不需要 CPU 参与。尽管没有非常详细的文档，但 MicroPython 支持控制计时器通道。

以下示例显示了如何驱动一个连接到引脚 B6（在我的开发板上标记为 P26）的伺服器：

```
>>> import pyb
>>> t = pyb.Timer(4, freq=50)
>>> p = pyb.Pin("B6", pyb.Pin.OUT)
>>> ch = t.channel(1, pyb.Timer.PWM, pin=p)
>>> ch
TimerChannel(timer=4, channel=1, mode=PWM)
>>> p
Pin(Pin.cpu.B6, mode=Pin.ALT, af=Pin.AF2_TIM4)
>>> t
Timer(4, freq=50, prescaler=124, period=13439, mode=UP, div=1)
>>> ch.pulse_width_percent(3)
>>> ch.pulse_width_percent(12)
>>> ch.pulse_width_percent((12+3)/2)
```

在 ch.pulse_width_percent(3) 行之后，伺服器应移动到最小角度；第二条命令将其设置到最大位置；最后一行将其设置到中间。

　　要查找哪些引脚具有特定的计时器和通道索引，可以使用特定单片机上的数据表，其中包括某硬件的具体芯片相关的详细信息。与系列参考手册（STM32F405 有 1700 页）相比，数据表（https://www.st.com/resource/en/datasheet/stm32f405rg.pdf）只有 200 页，表 9 中列出了与单片机引脚相关的所有计时器和通道索引（感谢 Ernest Gungl 为我指出了查找计时器和通道索引的正确方法）。

　　我的一组引脚被保存为一个常量，位于 servo.py 文件中，并将引脚名称映射成（计时器，通道）对。

```
_PINS_TO_TIMER = {
    "B6": (4, 1),
    "B7": (4, 2),
    "B8": (4, 3),
    "B9": (4, 4),
    "B10": (2, 3),
    "B11": (2, 4),
}
```

　　我还发现，将四个伺服器放在一个计时器上并不是最好的主意，因为它们并不总是起作用。因此，在我的硬件中，我将两个伺服器连接到引脚 B6 和 B7，由计时器 4 驱动，另外两个伺服器连接到引脚 B10 和 B11，由计时器 2 控制。

　　实现此方法的类称为 ServoBrain，位于 servo.py 模块中。因为它很简单，所以我将只展示如何使用它。

```
>>> from libhw import servo
>>> PINS = ["B6", "B7", "B10", "B11"]
>>> ch = servo.pins_to_timer_channels(PINS)
>>> ch
[('B6', (4, 1)), ('B7', (4, 2)), ('B10', (2, 3)), ('B11', (2, 4))]
>>> brain = servo.ServoBrain()
>>> brain.init(ch)
>>> brain.positions
[0.0, 0.0, 0.0, 0.0]
>>> brain.positions = [0.5, 1, 0.2, 0]
>>> brain.deinit()
>>>
```

　　首先，我们建立引脚名称到（计时器，通道）的映射。然后，创建并初始化伺服控制器。之后，我们读取最后的位置并使用 positions 属性更改它们。每个伺服器的位置由 0 ~ 1 的浮点数控制。

　　此外，文件 Chapter18/hw/zero.py 中包含几个可用于伺服器实验的辅助方法，例如，缓慢地旋转特定的腿（函数 cycle()）、使机器人从平躺位置跳到站立位置（函数 stand()），或将伺服器设置到特定位置并保持不动。

在我的设计中，前面的伺服器上下颠倒了，这意味着它们的方向需要反转。`ServoBrain`类通过在 init 方法中接受可选的布尔列表来支持这一点。

看来你已经知道如何查询传感器并更改伺服器的位置了。接下来介绍如何应用我们的模型，即将观察值和动作关联上。

18.5.4　将模型转移至硬件上

使用 DDPG 方法训练的模型包括两个部分：actor 神经网络和 critic 神经网络。actor 接受观察向量，并返回我们需要采取的行动。critic 接受观察值和 actor 返回的动作，并预测某个状态下的动作可能带给我们的价值。当训练完成后，我们就不再需要 critic 神经网络了。最终的成果仅是 actor 模型。

实际上，我们的 actor 模型只是一堆矩阵，该矩阵对堆叠的观察值输入向量进行转换，以生成四个分量的动作向量，每个值都是相应伺服器电机的旋转角度。这是 PyTorch 显示的 actor 神经网络的结构：

```
DDPGActor(
  (net): Sequential(
    (0): Linear(in_features=28, out_features=20, bias=True)
    (1): ReLU()
    (2): Linear(in_features=20, out_features=4, bias=True)
    (3): Tanh()
  )
)
```

当在大型计算机上使用模拟器工作时，我们会导入 PyTorch、加载权重、然后使用模型类进行推理。不幸的是，在 MicroPython 中，我们无法实现相同的操作，因为我们没有为单片机移植 PyTorch。即使移植了 PyTorch，由于内存限制太低，仍然无法使用 PyTorch。为了解决这个问题，我们需要降低抽象层次，并将模型作为矩阵来使用。在该级别上进行推断，我们需要将观察向量（具有 $7 \times 4=28$ 个数字）乘以权重矩阵的第一层（28×20），再添加 bias 向量，并应用 ReLU 来非线性化结果。这将是一个有 20 个数字的向量，应将其传给第二层，也就是再次将其乘以大小为 20×4 的权重矩阵。然后，我们将添加 bias，在 tanh 非线性化之后，它将为我们提供输出。

像 numpy 这样的库具有非常高效且高度优化的矩阵乘法例程，这不足为奇，因为这些例程有数十年的历史，最聪明的计算机科学家为了让它们达到最佳性能进行了大量优化。我们还是不够幸运，因为 NumPy 也不适用于 MicroPython。在实验过程中，我快速进行了一些研究，发现了唯一一个在原始的 Python 上实现的矩阵运算的库（https://github.com/jalawson/ulinalg），它已经很旧了，并已经有一段时间没有维护了。

经过一些快速的基准测试之后，事实证明，我的矩阵乘法函数比 ulinalg 提供的版本快大约 10 倍（主要是避免了将数据复制到临时列表中）。

在模型推断过程中使用的函数在模块 Chapter18/hw/libhw/nn.py 中。代码如下所示。

```
import math as m

def matmul(a, b):
    res = []
    for r_idx, a_r in enumerate(a):
        res_row = [
            sum([a_v * b_r[b_idx] for a_v, b_r in zip(a_r, b)])
            for b_idx in range(len(b[0]))
        ]
        res.append(res_row)
    return res
```

函数 matmul() 提供了矩阵乘法的简单实现。为了更好地支持模型的形状，第一个参数的形状应为 (n,m)，第二个矩阵的形状应为 (m,k)。最终生成的矩阵将具有 (n,k) 的形状。以下是其用法的简单示例。模块 t1 包含导出的模型，稍后将进行介绍。

```
>>> from libhw import nn, t1
>>> len(t1.WEIGHTS[0][0])
20
>>> len(t1.WEIGHTS[0][0][0])
28
>>> b = [[0.0]]*28
>>> nn.matmul(t1.WEIGHTS[0][0], b)
[[0.0], [0.0], [0.0], [0.0], [0.0], [0.0], [0.0], [0.0], [0.0], [0.0],
[0.0], [0.0], [0.0], [0.0], [0.0], [0.0], [0.0], [0.0], [0.0], [0.0]]
>>> r = nn.matmul(t1.WEIGHTS[0][0], b)
>>> len(r)
20
>>>
```

nn.py 模块中的下一个函数实现了两个矩阵的 in-place 求和。在操作时需要将第二个矩阵转置。这不是很高效，因为此函数的唯一用途是添加 bias 向量，而该 bias 向量可能可以在模型导出期间进行转置，但是我并未对代码进行太多优化。如果你愿意，可以尝试一下。

```
def matadd_t(a, b):
    for a_idx, r_a in enumerate(a):
        for idx in range(len(r_a)):
            r_a[idx] += b[idx][a_idx]
    return a
```

下面是使用此函数的示例：

```
>>> len(t1.WEIGHTS[0][1])
1
>>> len(t1.WEIGHTS[0][1][0])
20
>>> nn.matadd_t(r, t1.WEIGHTS[0][1])
```

```
[[0.7033747], [0.9434632], [-0.4041394], [0.6279096], [0.1745763],
[0.9096519], [0.375916], [0.6591344], [0.1707696], [0.5205367],
[0.2283022], [-0.1557583], [0.1096208], [-0.295357], [0.636062],
[0.2571596], [0.7055011], [0.7361195], [0.3907547], [0.6808118]]
>>> r
[[0.7033747], [0.9434632], [-0.4041394], [0.6279096], [0.1745763],
[0.9096519], [0.375916], [0.6591344], [0.1707696], [0.5205367],
[0.2283022], [-0.1557583], [0.1096208], [-0.295357], [0.636062],
[0.2571596], [0.7055011], [0.7361195], [0.3907547], [0.6808118]]
```

该操作是 in-place 的以避免分配额外的内存。下一组方法用于模型中的非线性化。

```
def apply(m, f):
    for r in m:
        for idx, v in enumerate(r):
            r[idx] = f(v)
    return m
```

此方法对矩阵的每个元素 in-place 地应用函数。

```
def relu(x):
    return apply(x, lambda v: 0.0 if v < 0.0 else v)

def tanh(x):
    return apply(x, m.tanh)
```

前面的两个函数使用 apply() 方法实现 ReLU 和 tanh 非线性化，它们的实现应该很明显。

```
def linear(x, w_pair):
    w, b = w_pair
    return matadd_t(matmul(w, x), b)
```

最后一个方法组合了 matmul 和 matadd_t 函数，将线性层转换应用于输入矩阵 x。第二个参数 w_pair 应该包含具有权重矩阵和 bias 的元组。

模型导出

为了转换从训练中获得的模型，我编写了一个特殊的工具：Chapter18/export_model.py。它的任务是加载模型文件并生成 Python 模块，该模块包含模型的权重以及一些将观察向量转换为要执行的动作的函数。这是元编程的经典示例，也就是用一个程序生成另一个程序。逻辑不是很复杂，如下所示：

```
import pathlib
import argparse
import torch
import torch.nn as nn
from lib import ddpg

DEFAULT_INPUT_DIM = 28
ACTIONS_DIM = 4
```

最初，我们导入所需的模块并定义常量。该工具不是很通用，并且输出尺寸是硬编码的（可以从命令行中重新定义输入大小）。

```
def write_prefix(fd):
    fd.write("""from . import nn

""")
```

write_prefix 函数应该写入模块的开始部分，并且仅写入我们将使用的唯一模块的导入。为了满足 PEP8 标准，我们编写了额外的空行，尽管这可能是多余的。

```
def write_weights(fd, weights):
    fd.write("WEIGHTS = [\n")
    for w, b in weights:
        fd.write("(%s, [%s]),\n" % (
            w.tolist(), b.tolist()
            ))
    fd.write("]\n")
```

下一个函数 write_weights 应该写入我们的 NN 参数的列表声明。输入参数 weights 应该是一个元组列表，其中每个元组都包含特定层的参数。元组应包含两个 NumPy 数组，第一个是具有线性层权重的矩阵，第二个是 bias 向量。

```
def write_forward_pass(fd, forward_pass):
    fd.write("""

def forward(x):
""")

    for f in forward_pass:
        fd.write("    %s\n" % f)

    fd.write("    return x\n")
```

write_forward_pass 函数在模块中生成 forward() 函数，该函数将输入向量转换为 NN 的输出。它接受文件描述符作为参数，并向其中写入生成的文本和神经网络组成的步骤列表。稍后将描述生成此列表的方式，但是目前，重要的是它必须包含能逐行执行的合法 Python 代码，以根据 NN 的结构来对输入 x 进行转换。

```
def write_suffix(fd, input_dim):
    fd.write(f"""

def test():
    x = [[0.0]] * {input_dim}
    y = forward(x)
    print(y)


def show():
    for idx, (w, b) in enumerate(WEIGHTS):
        print("Layer %d:" % (idx+1))
        print("W: (%d, %d), B: (%d, %d)" % (len(w), len(w[0]),
            len(b), len(b[0])))

""")
```

该工具中的最后一个函数生成模块的两个函数：test()（将神经网络应用于零向量）和 show()（显示权重的结构）。

最后，让我们看一下该工具的主体：

```
if __name__ == "__main__":
    parser = argparse.ArgumentParser()
    parser.add_argument("-m", "--model", required=True,
        help="Model data file to be exported")
    parser.add_argument("-o", "--output", required=True,
        help="Name of output python file to be created")
    parser.add_argument("--input-dim", type=int,
                        default=DEFAULT_INPUT_DIM,
                        help="Dimension of the input,
                        default=%s" % DEFAULT_INPUT_DIM)
    args = parser.parse_args()
    output_path = pathlib.Path(args.output)
```

首先，我们解析该工具的参数，这使我们可以指定要转换的模型文件名，以及要生成的输出 Python 模块的文件名。此外，我们重新定义了输入的维度。

```
act_net = ddpg.DDPGActor(args.input_dim, ACTIONS_DIM)
act_net.load_state_dict(torch.load(
    args.model, map_location=lambda storage, loc: storage))
```

下一步是构造 actor 模块，并从参数给出的文件中加载权重。

```
weights_data = []
forward_pass = []

for m in act_net.net:
    if isinstance(m, nn.Linear):
        w = [m.weight.detach().numpy(),
             m.bias.detach().numpy()]
        forward_pass.append(
            f"x = nn.linear(x, WEIGHTS[{len(weights_data)}])")
        weights_data.append(w)
    elif isinstance(m, nn.ReLU):
        forward_pass.append("x = nn.relu(x)")
    elif isinstance(m, nn.Tanh):
        forward_pass.append("x = nn.tanh(x)")
    else:
        print('Unsupported layer! %s' % m)
```

现在，我们将进入工具的核心逻辑。我们迭代 actor 神经网络并检查其结构。根据每一层的类别，我们填充两个列表：weights_data 和 forward_pass。第一个列表 weights_data 包含线性层参数的元组：weight 和 bias。目前仅支持 Linear 层，因此如果要导出卷积层，则需要扩展该工具。另一个列表 forward_pass 包含要应用的 Python 转换逻辑的字符串。该列表将传入我们刚刚看到的 write_forward_pass 函数。在这些转换中，我们使用的是 nn.py 模块中的方法。

```
with output_path.open("wt", encoding='utf-8') as fd_out:
    write_prefix(fd_out)
    write_weights(fd_out, weights_data)
    write_forward_pass(fd_out, forward_pass)
    write_suffix(fd_out, args.input_dim)
```

最后，我们使用刚刚定义的函数打开输出文件并逐部分写入。生成的模块可以复制到我们机器人的 microSD 卡上，并用于将观察结果转换为动作。

基准测试

最初，我对单片机及时执行 NN 推理的能力非常怀疑，因此编写了一个简单的工具来检查推理的速度。该工具位于文件 Chapter18/hw/bench.py 中，仅在循环中执行推理，从而测量每个循环花费的时间。该程序在我的硬件上的运行结果如下所示：

```
>>> import bench
>>> bench.run()
17096
19092
16911
19100
16902
19105
16962
```

循环中显示的数字为微秒，因此推理需要 17 ~ 19 毫秒，相当于每秒 53 ~ 59 个推理。这令人惊喜，因为它远远超出了我们的需要。当然，我们的模型非常简单，仅包含 664 个参数。对于较大的模型，可能需要一些优化。现在，我想展示一些可以使你的模型更快并且使用更少的内存的方法。

首先，通过使用 MicroPython 装饰器来生成单片机的 native 代码（而不是 Python 字节码），可以提高性能。装饰器有 @micropython.native 和 @micropython.viper，它们包含在文档中，网址为 http://docs.micropython.org/zh/latest/reference/speed_python.html。

显著加快代码速度的另一种可能方法是将推理从 Python 转移到固件。在那种情况下，矩阵乘法将需要用 C 实现，并且权重可以内置到固件中。这种方法的另一个好处是可以使用底层硬件的本地浮点数计算，而不是使用模拟的 Python 浮点数技术。这种方法可能有点复杂，但是它有望在性能和内存使用方面实现最大的改进。下面的文档部分提供了有关使用汇编器进行本地浮点数计算的信息：http://docs.micropython.org/en/latest/reference/isr_rules.html#overcoming-the-float-limitation。（是的，你可以在汇编中编写 MicroPython 函数！）

更简单的选择是使用定点运算而不是浮点运算。在这种情况下，你的转换可以以整数形式进行，并且仅在最后一步转换为浮点计算。但是你需要小心神经网络中可能发生的溢出情况。

你可能会遇到的另一个问题是权重可用的内存数量。在我的代码中，权重存储在模块文本中，因此在导入期间，解释器需要解析此文本以获取权重的 Python 表示形式。对于较大的模型，可能会很快达到解释器和可用内存的极限。MicroPython 文档概述了减少解析器和中间表示所需的内存数量的可能方法：http://docs.micropython.org/en/latest/reference/packages.html。其中涵盖了一种预编译模块并将其捆绑到固件中的方法，以使其不再占用 RAM 而是位于闪存 ROM 中。这是完全有道理的，因为权重不应该被更改。

18.5.5 组合一切

结合所有准备工作，我们希望将所有三个部分组合起来：来自传感器的观察结果被送到神经网络中，这将产生由伺服器执行的动作。实现代码在 Chapter18/hw/run.py 中，并且需要 libhw 包和转换为 Python 代码的 actor 模型。该 Python 源码的命名没有限制，但需要将其放置在 microSD 卡上的 libhw 目录中。

在演示中，我包括了三个模型，分别为 t1.py、t1zyh.py 和 t1zyho.py。如果需要，你也可以使用它们。run.py 程序定义了唯一一个函数 run()，该函数接受一个参数：用于推理的模块的名称。它应该是模块的名称，而不是文件名，即不带 .py 后缀。

run.py 的源代码很短，如下所示。

```
import pyb
import utime
from machine import I2C
from libhw.hw_sensors import lis331dlh as lis
from libhw.sensor_buffer import SensorsBuffer
from libhw.postproc import PostPitchRoll
from libhw import servo


SDA = 'X12'
SCL = 'Y11'
PINS = ["B6", "B7", "B10", "B11"]
INV = [True, False, True, False]
STACK_OBS = 4
```

一开始，它会导入我们需要的所有内容，并定义各种常量：传感器开发板和伺服器的引脚名称、要在特定方向上反转的腿列表以及观察堆叠的深度。你可能需要调整这些参数以适应你的硬件。

```
def do_import(module_name):
    res = __import__("libhw.%s" % module_name,
                     globals(), locals(), [module_name])
    return res
```

然后，定义了一个简短但巧妙的辅助函数。我们不想不断更改用于推理的模块名称，因此该名称将作为变量传递。Python 提供了一种导入模块的方法，模块的名称以变量的形式中给出。这种方法使用 importlib 模块完成。但是，MicroPython 缺少此模块，因此必须使用另一种方法。这种方法使用 __import__ 内置函数，可以完成相同的操作。因此，此 do_import 辅助函数将调用此内置函数并返回模块实例。

```
def run(model_name):
    model = do_import(model_name)

    i2c = I2C(freq=400000, scl=SCL, sda=SDA)
    acc = lis.Lis331DLH(i2c)
    buf = SensorsBuffer([acc], timer_index=1, freq=100,
                        batch_size=10, buffer_size=100)
    post = PostPitchRoll(buf, pad_yaw=True)
    buf.start()
    ch = servo.pins_to_timer_channels(PINS)
    brain = servo.ServoBrain()
    brain.init(ch, inversions=INV)
```

在 main 函数的开始，我们导入推理模块并构造硬件类：我们连接到 I2C 总线，创建包装在传感器缓冲区中的传感器，并创建一个伺服控制器。

```
obs = []
obs_len = STACK_OBS*(3+4)
frames = 0
frame_time = 0
ts = utime.ticks_ms()

try:
    while True:
        for v in post:
            for n in brain.positions:
                obs.append([n])
            for n in v:
                obs.append([n])
            obs = obs[-obs_len:]
```

在循环中，我们构造观察向量，该向量由伺服器的四个当前位置以及后续处理器生成的侧倾、俯仰和偏航三个值组成。将这 7 个值堆叠起来，以形成观察值中的 28 个值。为了获得它们，我们组织了一个滑动窗口以保留四个最新的观察值。

```
if len(obs) == obs_len:
    frames += 1
    frame_time += utime.ticks_diff(
                utime.ticks_ms(), ts)
    ts = utime.ticks_ms()
    res = model.forward(obs)
    pos = [v[0] for v in res]
    print("%s, FPS: %.3f" % (pos,
            frames*1000/frame_time))
    brain.positions = pos
```

当观察准备就绪时，我们使用 model.forward() 方法进行推理。然后，对结果执行一些转换，并将其分配给伺服控制器的 positions 属性以驱动伺服器。

为了满足我们的好奇心，还对性能进行了监控。

```
finally:
    buf.stop()
    brain.deinit()
```

最后，当按下 Ctrl+C 组合键时，我们将停止传感器缓冲区填充以及驱动伺服器的计时器。

这是我的硬件上执行的部分会话：

```
>>> import run
>>> run.run("t1")
[0.02104034, 0.5123497, 0.6770669, 0.2932276], FPS: 22.774
[-0.5350959, -0.8016349, -0.3589837, 0.454527], FPS: 22.945
[0.1015142, 0.9643133, 0.5971705, 0.5618412], FPS: 23.132
[-0.6485986, -0.7048597, -0.4380577, 0.5697376], FPS: 23.256
[-0.2681193, 0.9673722, 0.5179501, 0.4708525], FPS: 23.401
```

如你所见，完整的代码每秒可以执行约 23 次操作，这对于如此有限的硬件来说还算不错。

18.6 策略实验

我训练的第一个模型是使用 Height 目标完成的，并且没有将偏航分量归零。有关执行该策略的机器人的视频，请访问网址 https://www.youtube.com/watch?v=u5rDogVYs9E。它的动作不是很自然。特别是右前腿根本没有动。该模型由源代码中的 Chapter18/hw/libhw/t1.py 提供。

由于这可能与偏航观察分量有关，而这在训练时和推理时有所不同，因此使用 --zero-yaw 命令行选项对模型进行了重新训练。结果要好一些：现在所有的腿都在运动，但是机器人的动作仍然不是很稳定。视频网址为 https://www.youtube.com/watch？v=1JVVnWNRi9k。使用的模型在 Chapter18/hw/libhw/t1zyh.py 中。

第三个实验是使用不同的训练目标 HeightOrient 进行的，该目标不仅考虑了模型的高度，还检查了机器人的身体是否与地面平行。可以在 Chapter18/hw/libhw/t1zyho.py 中找到模型文件。该模型最终产生了我期望的结果：机器人能够站立并可以保持站立状态。视频网址为 https://www.youtube.com/watch?v=_eA4Dq8FMmo。

我还对 MoveForward 目标进行了一些实验，但是即使在模拟中，生成的策略看起来也很奇怪。这很可能是由不良的模型参数造成的，需要对其进行改进以使机器人模拟更加真实。但是在实验过程中获得了相当可笑的结果。初始版本的代码在奖励目标中包含了一个错误，因此该机器人会因侧向移动而不是向前移动而获得奖励。有关最佳策略的视频，请访问网址 https://www.youtube.com/watch?v=JFGFB8pDY0Y。显然，优化后能够找到使错误奖励目标最大化的策略，这再次说明了奖励对于 RL 问题的重要性。

18.7　总结

这个领域非常有趣。我们只是触及了冰山一角，向你展示了以后你自己的实验和项目的方向。本章的目的不是要构建一个能够站立的机器人，因为这可以以一种更轻松、更有效的方式来完成。真正的目标是展示如何将 RL 思维方式应用于机器人问题，以及如何使用真实硬件进行实验而无须使用昂贵的机械臂、复杂的机器人等。

在下一章中，我们将通过检查一组不同的改进来继续探索连续控制问题：置信域。

置信域：PPO、TRPO、ACKTR 及 SAC

接下来，我们将研究用于提高随机策略梯度方法的稳定性的方法。为了使策略改进更加稳定，已经存在很多尝试了，在本章中，我们将重点介绍三种方法：

- 近端策略优化（PPO）。
- 置信域策略优化（TRPO）。
- 使用了 Kronecker-factored trust region（ACKTR）的 A2C。

此外，我们将这些方法与一种相对较新的离线策略方法（称为 soft actor-critic（SAC））进行比较，该方法是第 17 章中所述的深度确定性策略梯度（DDPG）方法的衍生方法。为了将它们与 A2C 基线进行比较，我们将使用 OpenAI 创建的 Roboschool 库中的几种环境。

我们将要研究的方法的总体动机是在训练过程中提高策略更新的稳定性。这是一个难题：一方面，我们希望尽可能快地进行训练，并在随机梯度下降（SGD）更新期间更新一大步。另一方面，对策略进行较大的更新通常不是一个好主意。策略是非线性很强的东西，因此较大的更新可能会破坏刚刚学习到的策略。

在强化学习的场景中，情况可能变得更糟，因为一旦对策略进行错误的更新，就无法从后续更新中恢复。相反，不良的策略会带来不良的经验样本，我们将在后续的训练步骤中使用这些样本，这可能会完全破坏我们的策略。因此，无论如何也要避免太大的更新。

一种简单的解决方案是在 SGD 期间使用小的学习率来执行小步更新，但这会大大降低收敛速度。

为了打破这种恶性循环，研究人员进行了数次尝试，以评估策略更新对未来结果的影响。流行的方法之一是置信域优化扩展，它会限制优化过程中执行的更新，以限制其对策略产生的影响。主要思想是通过检查新旧策略之间的 Kullback-Leibler（KL）散度，防止在损失优化期间进行过大的策略更新。当然，这是一个非常简单粗暴的解释，但可以帮助你理解该思想，尤其是因为这些方法有很复杂的数学形式（尤其是 TRPO）。

19.1　Roboschool

为了试验本章中的方法，我们将使用 Roboschool，它使用 PyBullet 作为物理引擎，并具有 13 个复杂性各异的环境。PyBullet 具有相似的环境，但是在撰写本书时，由于其内部的 OpenGL 问题，无法创建处于同一环境的多个实例。

在本章中，我们将探讨两个问题：模拟两足动物的 RoboschoolHalfCheetah-v1 和模拟四足动物的 RoboschoolAnt-v1。它们的状态和动作空间与我们在第 17 章中看到的 Minitaur 环境非常相似：状态包括关节的特征，而动作是激活这些关节的操作。两者的目标都是在最大限度地减少所消耗能量的情况下，尽可能地移动。图 19.1 显示了两种环境。

图 19.1　两个 Roboschool 环境的屏幕截图：RoboschoolHalfCheetah 和 RoboschoolAnt

要安装 Roboschool，你需要按照 https://github.com/openai/roboschool 上的说明进行操作。需要在系统中安装额外的组件，并构建和使用经过修改的 PyBullet。

安装 Roboschool 之后，你应该能够在代码中使用 `import roboschool` 来访问新环境。

安装可能不太容易和顺利。例如，在我的系统上需要从源代码构建软件包，因为预编译的 Python 软件包具有较新版本的 libc 作为依赖项。具体的安装过程可参考 GitHub 中的说明。

19.2　A2C 基线

为了建立基线结果，我们将以与上一章中的代码非常相似的方式使用 A2C 方法。

19.2.1　实现

完整的源代码在文件 `Chapter19/01_train_a2c.py` 和 `Chapter19/lib/model.py`

中。此基线与我们在上一章中使用的版本之间存在一些差异。首先，它有 16 个并行环境用于在训练期间收集经验。第二个区别是模型结构和探索的方式。为了说明它们，让我们看一下模型和智能体类。

actor 和 critic 都被放在了单独的神经网络中，没有共享权重。它们遵循上一章中使用的方法，critic 估计动作的均值和方差。但是，现在方差不再是基础神经网络的一个单独的输出端了，它只是模型的一个参数。该参数将在 SGD 训练期间进行调整，但并不依赖于观察结果。

```python
HID_SIZE = 64

class ModelActor(nn.Module):
    def __init__(self, obs_size, act_size):
        super(ModelActor, self).__init__()

        self.mu = nn.Sequential(
            nn.Linear(obs_size, HID_SIZE),
            nn.Tanh(),
            nn.Linear(HID_SIZE, HID_SIZE),
            nn.Tanh(),
            nn.Linear(HID_SIZE, act_size),
            nn.Tanh(),
        )
        self.logstd = nn.Parameter(torch.zeros(act_size))
    def forward(self, x):
        return self.mu(x)
```

actor 神经网络具有两个隐藏层，每个隐藏层包含 64 个神经元，每个神经元都具有 tanh 非线性化。方差被建模为单独的神经网络参数，并被解释为标准偏差的对数。

```python
class ModelCritic(nn.Module):
    def __init__(self, obs_size):
        super(ModelCritic, self).__init__()

        self.value = nn.Sequential(
            nn.Linear(obs_size, HID_SIZE),
            nn.ReLU(),
            nn.Linear(HID_SIZE, HID_SIZE),
            nn.ReLU(),
            nn.Linear(HID_SIZE, 1),
        )

    def forward(self, x):
        return self.value(x)
```

critic 神经网络也具有两个相同大小的隐藏层，以及一个输出值，这是 $V(s)$（状态的带折扣的值）的估计值。

```python
class AgentA2C(ptan.agent.BaseAgent):
    def __init__(self, net, device="cpu"):
        self.net = net
```

```
        self.device = device

    def __call__(self, states, agent_states):
        states_v = ptan.agent.float32_preprocessor(states)
        states_v = states_v.to(self.device)

        mu_v = self.net(states_v)
        mu = mu_v.data.cpu().numpy()
        logstd = self.net.logstd.data.cpu().numpy()
        rnd = np.random.normal(size=logstd.shape)
        actions = mu + np.exp(logstd) * rnd
        actions = np.clip(actions, -1, 1)
        return actions, agent_states
```

将状态转换为动作的智能体也可以通过另一种简单的方式来工作：它可以从状态获取预测的平均值，并以 logstd 参数的当前值所指示的方差来应用噪声。

19.2.2　结果

默认情况下使用 RoboschoolHalfCheetah-v1 环境，但是要进行一些更改，可以将 -e 参数与所需的环境 ID 一起传入。要开始 HalfCheetah 优化，应使用以下命令行：

```
$ ./01_train_a2c.py --cuda -n t1
ModelActor(
  (mu): Sequential(
    (0): Linear(in_features=26, out_features=64, bias=True)
    (1): Tanh()
    (2): Linear(in_features=64, out_features=64, bias=True)
    (3): Tanh()
    (4): Linear(in_features=64, out_features=6, bias=True)
    (5): Tanh()
  )
)
ModelCritic(
  (value): Sequential(
    (0): Linear(in_features=26, out_features=64, bias=True)
    (1): ReLU()
    (2): Linear(in_features=64, out_features=64, bias=True)
    (3): ReLU()
    (4): Linear(in_features=64, out_features=1, bias=True)
  )
)
Test done in 0.14 sec, reward 3.199, steps 18
854: done 44 episodes, mean reward -9.703, speed 853.93 f/s
2371: done 124 episodes, mean reward -6.723, speed 1509.12 f/s
3961: done 204 episodes, mean reward -4.228, speed 1501.50 f/s
```

```
5440: done 289 episodes, mean reward -8.149, speed 1471.60 f/s
6969: done 376 episodes, mean reward -6.250, speed 1501.39 f/s
```

以下是我在进行 1 亿次观察之后获得的收敛图，它花费了不到一天的训练时间。现在的动态表明该策略可以通过花更多时间进行优化来进一步改进，但出于我们方法比较的目的，这样就足够了。当然，如果你好奇并且有足够的时间，可以运行更长的时间，以找到策略停止改进的关键时间点。

根据研究论文，HalfCheetah 的最高分数为 4000 ～ 5000。如图 19.2 ～ 图 19.5 所示。

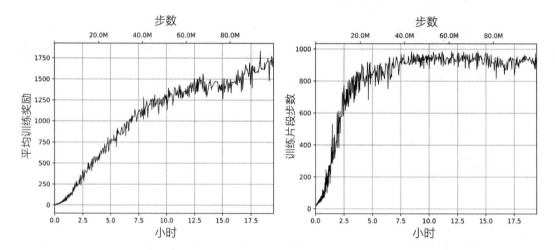

图 19.2　A2C 在 HalfCheetah 上训练时的训练奖励（左）和片段长度（右）

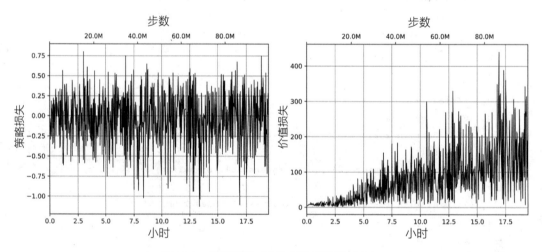

图 19.3　策略损失（左）和价值损失（右）

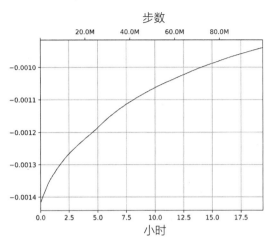

图 19.4　训练时熵损失

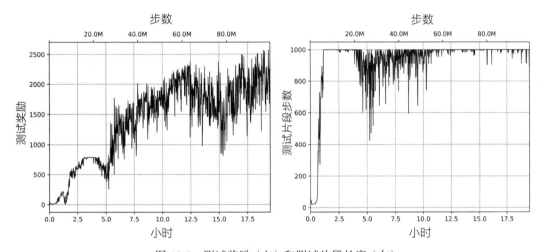

图 19.5　测试奖励（左）和测试片段长度（右）

图 19.5 显示出了更好的奖励，因为在训练片段中没有将噪声注入动作中，但是总的来说，训练片段中有类似的动态。

用于比较的另一个环境是 RoboschoolAnt-v1，应在命令行中显式地指定环境名称来启动，如下所示：

```
$ ./01_train_a2c.py --cuda -n t1 -e RoboschoolAnt-v1
```

这个环境的速度较慢，因此 19 小时的优化得到了 8.5 亿观察值，如图 19.6 ~ 图 19.9 所示。

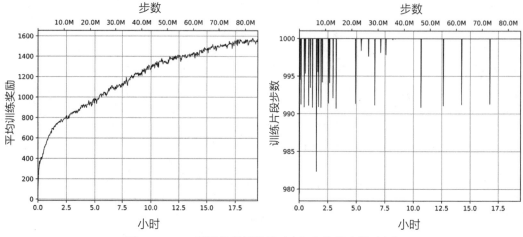

图 19.6 Ant 环境的训练奖励（左）和片段步数（右）

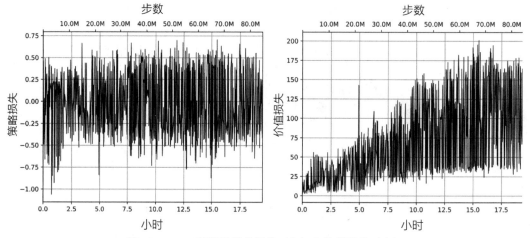

图 19.7 Ant 环境的策略损失（左）和价值损失（右）

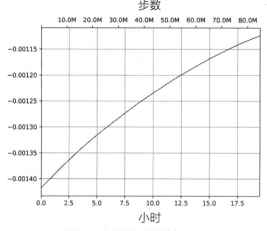

图 19.8 训练时的熵损失

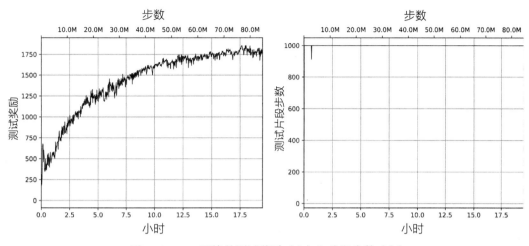

图 19.9　Ant 环境的测试奖励（左）和片段步数（右）

19.2.3　视频录制

像往常一样，有一个工具可以对经过训练的模型进行基准测试，并使用智能体录制视频。它位于 `Chapter19/02_play.py` 文件中，并且可以接受本章方法中的任何模型（因为 actor 神经网络在所有方法中都是相同的）。你也可以使用 `-e` 命令选项更改环境名称。

19.3　PPO

从历史上看，PPO 方法来自 OpenAI 团队，是在 TRPO（即 2015 年）之后很久才提出的。但是，PPO 比 TRPO 简单得多，因此我们将从它开始。John Schulman 等人在 2017 年发表了论文 "Proximal Policy Optimization Algorithms"（arXiv：1707.06347）。

对经典 A2C 方法的核心改进是更改用于估算策略梯度的公式。PPO 方法不是使用所执行动作的对数概率梯度，而是使用了一个不同的目标：由优势值进行缩放的新策略和旧策略之间的比率。

用数学形式表示，旧的 A2C 目标可以写为 $J_\theta = E_t\left[\nabla_\theta \log \pi_\theta(a_t \mid s_t) A_t\right]$。

PPO 提出的新目标是 $J_\theta = E_t\left[\dfrac{\pi_\theta(a_t \mid s_t)}{\pi_{\theta_{\text{old}}}(a_t \mid s_t)} A_t\right]$。

更改目标的原因与第 4 章中介绍的交叉熵方法相同：重要性采样。但是，如果我们只是开始盲目地最大化此值，则可能导致策略权重的大幅更新。为了限制更新，我们使用了裁剪后的目标。如果我们将新旧策略之间的比率写为 $r_t(\theta) = \dfrac{\pi_\theta(a_t \mid s_t)}{\pi_{\theta_{\text{old}}}(a_t \mid s_t)}$，则裁剪目标可以写

为 $J_\theta^{clip} = \mathbb{E}_t \left[\min(r_t(\theta)A_t, \text{clip}(r_t(\theta), 1-\varepsilon, 1+\varepsilon)A_t) \right]$。

此目标将新旧策略之间的比率限制在 $[1-\varepsilon, 1+\varepsilon]$ 区间内，因此通过更改 ε，我们可以限制更新的大小。

与 A2C 方法的另一个区别是我们估算优势值的方式。在 A2C 论文中，从 T 步有限水平估计中获得的优势值的形式为：$A_t = -V(s_t) + r_t + \gamma r_{t+1} + \cdots + \gamma^{T-t+1} r_{T-1} + \gamma^{T-t} V(s_t)$。在 PPO 论文中，作者使用了更一般的估计形式：$A_t = \sigma_t + (r\lambda)\sigma_{t+1} + (r\lambda)^2\sigma_{t+2} + \cdots + (r\lambda)^{T-t+1}\sigma_{T-1}$，其中 $\sigma_t = r_t + \gamma V(s_{t+1}) - V(s_t)$。原始的 A2C 估计是提出的方法在 $\lambda = 1$ 时的特例。PPO 方法还使用了略微不同的训练过程：从环境中获取较长的样本序列，然后所估计的优势值用于执行好几个 epoch 的训练。

19.3.1 实现

该示例的代码位于两个源代码文件中：`Chapter19/04_train_ppo.py` 和 `Chapter19/lib/model.py`。actor、critic 和智能体类与 A2C 基线中的类完全相同。

区别在于训练过程和我们计算优势值的方式，让我们从超参数开始。

```
ENV_ID = "RoboschoolHalfCheetah-v1"
GAMMA = 0.99
GAE_LAMBDA = 0.95
```

GAMMA 的值已经很熟悉了，但是 GAE_LAMBDA 是新的常数，用于在优势值估算器中指定 lambda 因子。PPO 论文中使用 0.95 的值。

```
TRAJECTORY_SIZE = 2049
LEARNING_RATE_ACTOR = 1e-5
LEARNING_RATE_CRITIC = 1e-4
```

该方法假定每个子迭代会从环境中获得大量状态转移（如本节前面描述 PPO 时所述，在训练过程中，它会在采样的训练批上执行好几个 epoch）。我们还为 actor 和 critic 使用了两个不同的优化器（因为它们没有共同的权重）。

```
PPO_EPS = 0.2
PPO_EPOCHES = 10
PPO_BATCH_SIZE = 64
```

对于每批 TRAJECTORY_SIZE 大小的样本，我们使用 64 个样本的小批执行 PPO 目标的 PPO_EPOCHES 次迭代。PPO_EPS 值指定新策略和旧策略的比率的裁剪值。

```
TEST_ITERS = 1000
```

对于从环境中获得的每千个观察值，我们执行 10 个片段的测试，以获取当前策略的总奖励和步骤数。以下函数接受多步轨迹为参数，并计算 actor 的优势值和 critic 训练的参考值。我们的轨迹不是单个片段，而是将多个片段结合在一起。

```
def calc_adv_ref(trajectory, net_crt, states_v, device="cpu"):
    values_v = net_crt(states_v)
    values = values_v.squeeze().data.cpu().numpy()
```

第一步，我们要求 critic 将状态转化为价值。

```
last_gae = 0.0
result_adv = []
result_ref = []
for val, next_val, (exp,) in zip(reversed(values[:-1]),
                                 reversed(values[1:]),
                                 reversed(trajectory[:-1])):
```

此循环将获得的价值和经验结合起来。对于每个轨迹的步骤，我们需要当前值（从当前状态获得）和下一个后续步骤的值（使用 Bellman 方程进行估计）。我们还以相反的顺序遍历轨迹，以便能够一步计算出优势值的最新值。

```
if exp.done:
    delta = exp.reward - val
    last_gae = delta
else:
    delta = exp.reward + GAMMA * next_val - val
    last_gae = delta + GAMMA * GAE_LAMBDA * last_gae
```

在每个步骤中，我们的操作都取决于此步骤的 done 标志。如果这是该片段的最终步骤，则我们没有任何需要考虑的奖励（请记住，我们正在以相反的顺序处理轨迹）。因此，我们在此步中得到的 delta 值就是即时奖励减去该步的预测值。如果当前步骤不是最终步骤，则 delta 将等于即时奖励加上后续步的折扣价值减去当前步的价值。在经典的 A2C 方法中，此 delta 用作优势值估算，但此处使用了平滑版本，优势值估算（由 last_gae 变量跟踪）是由使用了折扣因子 γ^i 的 delta 之和来计算的。

```
result_adv.append(last_gae)
result_ref.append(last_gae + val)
```

该函数的目的是为 critic 计算优势值和参考价值，因此我们将其保存在列表中。

```
adv_v = torch.FloatTensor(list(reversed(result_adv)))
ref_v = torch.FloatTensor(list(reversed(result_ref)))
return adv_v.to(device), ref_v.to(device)
```

在训练循环中，我们使用 PTAN 库中的 ExperienceSource(steps_count=1) 类来收集所需大小的轨迹。通过这种配置，它为我们提供了以元组 (state, action, reward, done) 为单位的环境的各个步骤。以下是循环的训练相关部分：

```
trajectory.append(exp)
if len(trajectory) < TRAJECTORY_SIZE:
    continue

traj_states = [t[0].state for t in trajectory]
traj_actions = [t[0].action for t in trajectory]
traj_states_v = torch.FloatTensor(traj_states)
traj_states_v = traj_states_v.to(device)
traj_actions_v = torch.FloatTensor(traj_actions)
traj_actions_v = traj_actions_v.to(device)
traj_adv_v, traj_ref_v = calc_adv_ref(
    trajectory, net_crt, traj_states_v, device=device)
```

　　当我们有足够大的轨迹进行训练时（由 TRAJECTORY_SIZE 超参数给出），将状态和执行的动作转换为张量，并使用已经描述的函数获得优势值和参考价值。尽管轨迹很长，但来自测试环境的观察却很短，因此仅需一步就可以处理整个批。对于 Atari 框架来说，这样的批可能会导致 GPU 内存错误。

　　在下一步中，我们计算所执行动作的概率的对数。该值将用于 PPO 目标中的 $\pi_{\theta_{old}}$。此外，我们将优势值的均值和方差进行归一化以提高训练稳定性。

```
mu_v = net_act(traj_states_v)
old_logprob_v = calc_logprob(
    mu_v, net_act.logstd, traj_actions_v)
traj_adv_v = traj_adv_v - torch.mean(traj_adv_v)
traj_adv_v /= torch.std(traj_adv_v)
```

　　接下来的两行从轨迹中删除最后一个条目，以反映以下事实：我们的优势值和参考价值比轨迹长度短一步（因为我们在 calc_adv_ref 函数内部的循环中移动了值）。

```
trajectory = trajectory[:-1]
old_logprob_v = old_logprob_v[:-1].detach()
```

　　完成所有准备工作后，我们将在轨迹上进行几个 epoch 的训练。对于每一批，我们从相应的数组中提取相应部分，并分别进行 critic 和 actor 的训练。

```
for epoch in range(PPO_EPOCHES):
    for batch_ofs in range(0, len(trajectory),
                           PPO_BATCH_SIZE):
        batch_l = batch_ofs + PPO_BATCH_SIZE
        states_v = traj_states_v[batch_ofs:batch_l]
        actions_v = traj_actions_v[batch_ofs:batch_l]
        batch_adv_v = traj_adv_v[batch_ofs:batch_l]
        batch_adv_v = batch_adv_v.unsqueeze(-1)
        batch_ref_v = traj_ref_v[batch_ofs:batch_l]
        batch_old_logprob_v = \
            old_logprob_v[batch_ofs:batch_l]
```

　　要训练 critic，我们需要利用预先计算出的参考价值计算均方误差（MSE）损失。

```
opt_crt.zero_grad()
value_v = net_crt(states_v)
loss_value_v = F.mse_loss(
    value_v.squeeze(-1), batch_ref_v)
loss_value_v.backward()
opt_crt.step()
```

　　在 actor 训练中，我们最小化负的裁剪后目标：$\mathbb{E}_t[\min(r_t(\theta)A_t, \text{clip}(r_t(\theta), 1-\varepsilon, 1+\varepsilon)A_t)]$，

其中 $r_t(\theta) = \dfrac{\pi_\theta(a_t \mid s_t)}{\pi_{\theta_{old}}(a_t \mid s_t)}$。

```
opt_act.zero_grad()
mu_v = net_act(states_v)
logprob_pi_v = calc_logprob(
    mu_v, net_act.logstd, actions_v)
```

```
ratio_v = torch.exp(
    logprob_pi_v - batch_old_logprob_v)
surr_obj_v = batch_adv_v * ratio_v
c_ratio_v = torch.clamp(ratio_v,
                        1.0 - PPO_EPS,
                        1.0 + PPO_EPS)
clipped_surr_v = batch_adv_v * c_ratio_v
loss_policy_v = -torch.min(
    surr_obj_v, clipped_surr_v).mean()
loss_policy_v.backward()
opt_act.step()
```

19.3.2　结果

在我们的两个测试环境上训练之后，比起 A2C 方法，PPO 方法显示出重大改进。图 19.10 和图 19.11 显示了在 RoboschoolHalfCheetah-v1 环境下的训练过程，当该方法在经过两个小时的训练并获得少于 500 万的观察值后，在测试片段中可以达到 2500 的奖励，这比 A2C（1 亿观察值和 19 个小时才获得相同的结果）好很多。

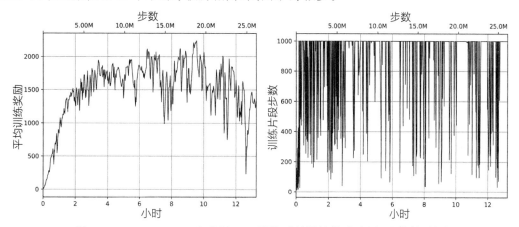

图 19.10　HalfCheetah 上进行 PPO 训练时的训练奖励（左）和步数（右）

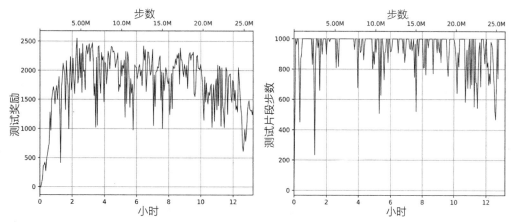

图 19.11　HalfCheetah 上 PPO 获得的测试奖励（左）和步数（右）

不幸的是，在达到记录之后，奖励的增加停止了，这表明需要进行调参。当前的超参数仅经过了少量调整。

在 RobochoolAnt-v1 上，奖励增长比 A2C 更稳定，并且能够得到更好的策略。

图 19.12 显示了 PPO 的训练奖励和测试奖励，而图 19.13 比较了 PPO 和 A2C。

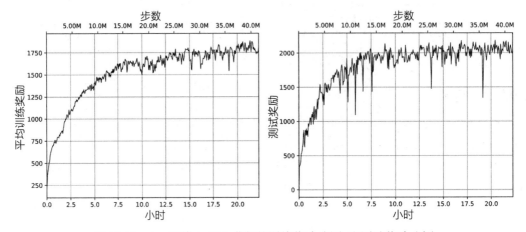

图 19.12　Ant 环境上 PPO 获得的训练奖励（左）和测试奖励（右）

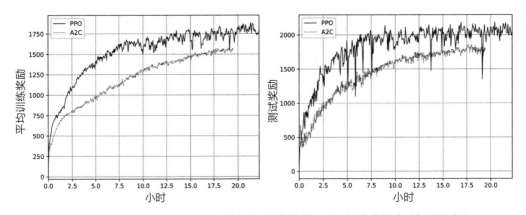

图 19.13　PPO 和 A2C 在 Ant 环境上的训练奖励（左）和测试奖励（右）的对比

19.4　TRPO

TRPO 是由伯克利研究人员于 2015 年在 John Schulman 等人的论文"Trust Region Policy Optimization"(arXiv: 1502.05477) 中提出的。该论文是为了提高随机策略梯度优化的稳定性和一致性，并且在各种控制任务上均显示出良好的效果。

不过，论文和方法具有相当复杂的数学知识背景，所以理解该方法的细节比较困难。实现也很复杂，它使用了共轭梯度方法来有效解决限制优化问题。

第一步，TRPO 方法定义状态的带折扣的访问频率：$\rho_\pi(s) = P(s_0{=}s)+\gamma P(s_1{=}s)+\gamma^2 P(s_2{=}s)+\cdots$。在这个等式中，$P(s_i{=}s)$ 等于状态 s 的采样概率，该概率在所采样轨迹的位置 i 处满足。然后，TRPO 将优化目标定义为 $L_\pi(\tilde\pi) = \eta(\pi)+\sum_s\rho_\pi(s)\sum_a\tilde\pi(a|s)A_\pi(s,a)$，其中 $\eta(\pi) = \mathbb{E}\left[\sum_{t=0}^{\infty}\gamma^t r(s_t)\right]$，它是策略的带折扣奖励的期望值，$\sim\pi=\arg\max_a A_\pi(s,a)$ 定义了确定性策略。

为了解决策略更新过大的问题，TRPO 定义了对策略更新的附加限制，它表示为旧策略和新策略之间的最大 KL 散度，可以写成 $\overline{D}_{KL}^{\rho_{\theta_{old}}}(\theta_{old},\theta) \le \delta$。

19.4.1　实现

GitHub 或其他开源仓库上可用的大多数 TRPO 实现彼此非常相似，可能是因为它们均源于原始 John Schulman 的 TRPO 实现，网址为 https://github.com/joschu/modular_rl。我的 TRPO 版本也没有太大不同，它使用了实现共轭梯度方法的核心函数（由 TRPO 来解决受限制优化问题），函数来自该仓库 https://github.com/ikostrikov/pytorch-trpo。

完整的示例位于 Chapter19/03_train_trpo.py 和 Chapter19/lib/trpo.py 中，并且训练循环与 PPO 示例非常相似：对预定义长度的转移轨迹进行采样，并使用 PPO 部分中给出的平滑公式来计算优势值的估计值（此估计方式是在 TRPO 论文中首先提出的）。接下来，我们使用 MSE 损失和计算出的参考价值对 critic 执行一个训练步骤，然后对 TRPO 进行更新，这包括通过使用共轭梯度方法找到我们应该前进的方向，以及沿该方向进行线性搜索，以找到保留所需 KL 散度的步骤。

以下是执行这两个步骤的训练循环的一部分：

```
opt_crt.zero_grad()
value_v = net_crt(traj_states_v)
loss_value_v = F.mse_loss(
    value_v.squeeze(-1), traj_ref_v)
loss_value_v.backward()
opt_crt.step()
```

要执行 TRPO 步骤，我们需要提供两个函数：第一个函数将计算当前 actor 策略的损失，该策略使用与 PPO 中相同的新策略和旧策略的比率乘以优势值估算。第二个函数将计算旧策略与当前策略之间的 KL 散度。

```
def get_loss():
    mu_v = net_act(traj_states_v)
    logprob_v = calc_logprob(
        mu_v, net_act.logstd, traj_actions_v)
    dp_v = torch.exp(logprob_v - old_logprob_v)
    action_loss_v = -traj_adv_v.unsqueeze(dim=-1)*dp_v
    return action_loss_v.mean()

def get_kl():
```

```
mu_v = net_act(traj_states_v)
logstd_v = net_act.logstd
mu0_v = mu_v.detach()
logstd0_v = logstd_v.detach()
std_v = torch.exp(logstd_v)
std0_v = std_v.detach()
v = (std0_v ** 2 + (mu0_v - mu_v) ** 2) / \
    (2.0 * std_v ** 2)
kl = logstd_v - logstd0_v + v - 0.5
return kl.sum(1, keepdim=True)

trpo.trpo_step(net_act, get_loss, get_kl, args.maxkl,
         TRPO_DAMPING, device=device)
```

换句话说，PPO 方法也是一个 TRPO 方法，只不过它使用对策略比率的简单裁剪来限制策略更新，而不是使用复杂的共轭梯度和线性搜索。

19.4.2　结果

TRPO 的奖励增长比 PPO 慢，但最终能找到比 PPO 和 A2C 更好的策略。经过 20 个小时和 7000 万的观察，TRPO 在 10 个测试片段中显示出 2804 的平均奖励。

图 19.14 显示了 TRPO 训练奖励和测试奖励的动态，图 19.15 将它们与 PPO 优化进行了比较。

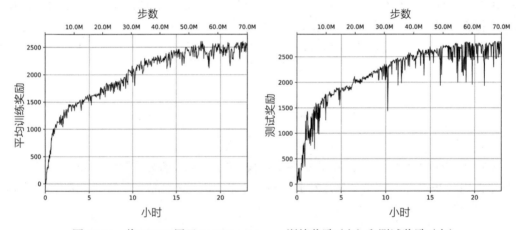

图 19.14　将 TRPO 用于 HalfCheetah——训练奖励（左）和测试奖励（右）

在 RoboschoolAnt-v1 上的训练比较不成功。刚开始，训练过程还能跟上 PPO 的动态，但是 30 分钟之后，训练过程发生了变化，最高奖励止步于 600。图 19.16 仅针对 TRPO 训练，图 19.17 是 TRPO 与 PPO 的对比。

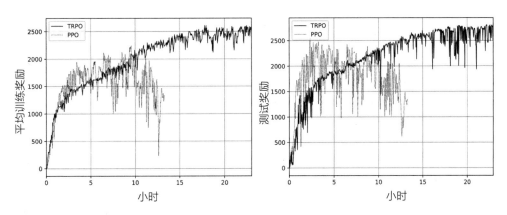

图 19.15　TRPO 和 PPO 在 HalfCheetah 上的对比——训练奖励（左）和测试奖励（右）

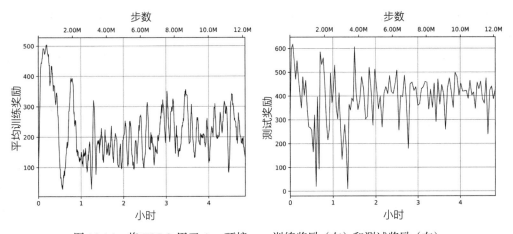

图 19.16　将 TRPO 用于 Ant 环境——训练奖励（左）和测试奖励（右）

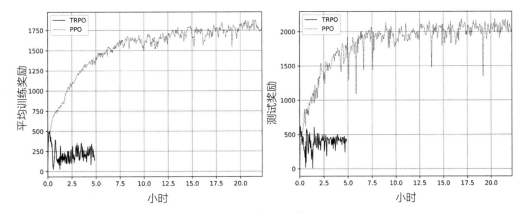

图 19.17　在 Ant 环境上 TRPO 和 PPO 的对比

19.5 ACKTR

我们将比较的第三种方法 ACKTR 使用不同的方法来解决 SGD 的稳定性问题。Wu Yuhuai 等人在 2017 年发表的论文"Scalable Trust- Region Method for Deep Reinforcement Learning Using Kronecker-Factored Approximation"(arXiv:1708.05144)中,作者将二阶优化方法和置信域方法结合在一起。

二阶方法的思想是通过采用优化函数的二阶导数(即曲率)来改进传统 SGD,以提高优化过程的收敛性。让事情变得更复杂的是,二阶导数通常需要你自己构建并反转 Hessian 矩阵,该矩阵可能会过大,因此实际方法通常会与二阶方法比较近似,但不完全一样。这个领域的研究目前非常活跃,因为开发健壮、可扩展的优化方法对于整个机器学习领域非常重要。

二阶方法中有一个 Kronecker-Factored Approximate Curvature (K-FAC) 方法,该方法由 James Martens 和 Roger Grosse 在其 2015 年发表的论文"Optimizing Neural Networks with Kronecker-Factored Approximate Curvature"中提出。但是,这种方法的详细描述远远超出了本书的范围。

19.5.1 实现

由于 K-FAC 方法是 2015 年才出现的,PyTorch 中没有用于实现此方法的优化器。唯一可用的 PyTorch 原型来自 Ilya Kostrikov,其可参见网址 https://github.com/ikostrikov/pytorch-a2c-ppo-acktr。还有用于 TensorFlow 的 K-FAC 的另一个版本,该版本随 OpenAI 的基线一起给出,但是在 PyTorch 上进行移植和测试很困难。

在实验中,我从 Kostrikov 链接中获取 K-FAC 并在现有代码中使用它,这需要替换优化器并进行额外的 `backward()` 调用以收集 Fisher 信息。critic 的训练方式与 A2C 中的训练方式相同。

完整的示例位于 `Chapter19/05_train_acktr.py` 中,此处未显示,因为它与 A2C 基本相同。唯一的区别是使用了不同的优化器。

19.5.2 结果

在 RoboschoolAnt-v1 环境中,ACKTR 方法运行得非常不稳定,无法在 1000 万次观察中达到任何竞争策略的程度。如图 19.18 所示。

显然,需要对该方法进行精确的调参。

在 Ant 环境中,ACKTR 稍微稳定一些,但默认参数训练的结果与 A2C 方法相比并没有太大改进。如图 19.19 所示。

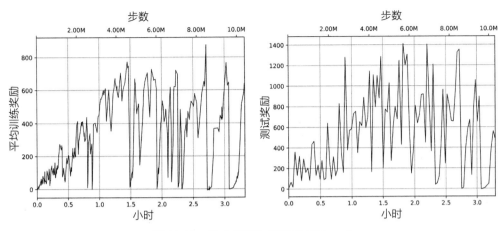

图 19.18　将 ACKTR 用于 HalfCheetah

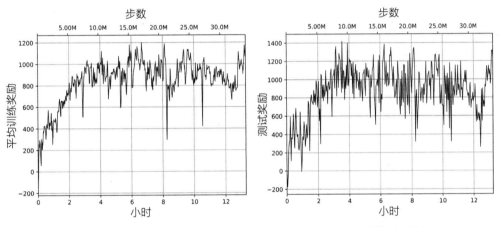

图 19.19　将 ACKTR 用于 Ant——训练奖励（左）和测试奖励（右）

19.6　SAC

在本节中，我们将使用最先进的方法（SAC）检查环境。SAC 是由一组 Berkeley 的研究人员提出的，并且在 Tuomas Taarnoja 等人于 2018 年发布的论文"Soft Actor-Critic: Off-Policy Maximum Entropy Deep Reinforcement Learning"（arXiv 1801.01290）中进行了介绍。

目前，它被认为是解决连续控制问题的最佳方法之一，其核心思想更接近于 DDPG 方法，而不是 A2C 策略梯度。SAC 方法在第 17 章中可能已在逻辑上进行了描述。但是，在本章中，我们直接将其与 PPO 的性能进行比较，而 PPO 的性能长期以来一直被认为是连续控制问题中约定俗成的标准。

SAC 方法的中心思想是**熵正则化**，该熵正则化在每个时间戳上添加了与该时间戳上的策略熵成比例的奖励。如果用数学符号来表示，我们正在探索的策略可以表示成这样：

$$\pi^* = \arg\max_a E_{\tau \sim \pi}\left[\sum_{t=0}^{\infty} \gamma^t (R(s_t, a_t, s_{t+1}) + aH(\pi(\cdot \mid s_t)))\right]$$

$H(P) = \mathbb{E}_{x \sim P}[-\log P(x)]$ 是 P 分布的熵。换句话说，我们在智能体进入熵最大的情况下给予额外的奖励，这与第 21 章中介绍的高级探索方法非常相似。

此外，SAC 方法结合了裁剪的双 Q 技巧，这时除了价值函数之外，我们还学习两个预测 Q 值的网络，并选择它们中的最小值进行 Bellman 近似。根据研究人员的说法，这有助于解决训练过程中 Q 值过高的问题。

因此，总的来说，我们训练了四个网络：策略 $\pi(s)$、价值 $V(s,a)$ 和两个 Q 网络 $Q_{1,2}(s,a)$。对于价值网络 $V(s,a)$，我们使用目标网络。因此，总体而言，SAC 训练如下所示：

- ❏ 通过使用目标价值网络进行 Bellman 近似，从而使用 MSE 目标训练 Q 网络：$y_q(r,s') = r + \gamma V_{tgt}(s')$（用于非终止步骤）。
- ❏ 使用 MSE 目标和以下目标对 V 网络进行训练：$y_v(s) = \min_{i=1,2} Q_i(s, \tilde{a}) - a\log \pi_\theta(\tilde{a} \mid \tilde{s})$，其中 $\tilde{a}$ 是从策略 $\pi_\theta(\cdot \mid s)$ 中采样得到的。
- ❏ 策略网络 π_θ 是通过类 DDPG 风格训练的，需要最大化以下目标：$Q_1(s, \tilde{a}_\theta(s)) - \alpha\log \pi_\theta(\tilde{a}_\theta(s) \mid s)$，其中 $\tilde{a}_\theta(s)$ 是从策略 $\pi_\theta(\cdot \mid s)$ 中采样得到的。

19.6.1 实现

SAC 方法的实现在 Chapter19/06_train_sac.py 中。该模型由在 Chapter19/lib/model.py 中定义的网络组成，如下所示：

- ❏ ModelActor：与前面示例中使用的策略相同。由于策略方差未由状态参数化（字段 logstd 不是一个神经网络，而只是一个张量），训练目标并不 100% 符合 SAC。一方面，它可能会影响收敛性和性能，因为 SAC 方法的核心思想是熵正则化，而没有参数化的方差就无法实现。另一方面，这减少了模型中参数的数量。如果你感到好奇，可以使用参数化的策略差异扩展示例，并实现准确的 SAC 方法。
- ❏ ModelCritic：这是与前面的示例相同的价值网络。
- ❏ ModelSACTwinQ：这两个神经网络将状态和动作作为输入，并预测 Q 值。

实现该方法的第一个函数是 unpack_batch_sac()，它在 Chapter19/lib/common.py 中定义。该函数的目标是以一批轨迹为参数，计算 V 网络和双 Q 网络的目标值。

```
@torch.no_grad()
def unpack_batch_sac(batch, val_net, twinq_net, policy_net,
                     gamma: float, ent_alpha: float,
                     device="cpu"):
    states_v, actions_v, ref_q_v = \
        unpack_batch_a2c(batch, val_net, gamma, device)
```

```
mu_v = policy_net(states_v)
act_dist = distr.Normal(mu_v, torch.exp(policy_net.logstd))
acts_v = act_dist.sample()
q1_v, q2_v = twinq_net(states_v, acts_v)
ref_vals_v = torch.min(q1_v, q2_v).squeeze() - \
             ent_alpha * act_dist.log_prob(acts_v).sum(dim=1)
return states_v, actions_v, ref_vals_v, ref_q_v
```

该函数的第一步使用已经定义的 unpack_batch_a2c() 方法，该方法将批解包，将状态和动作转换为张量，然后使用 Bellman 近似计算 Q 网络的参考值。完成此操作后，我们选择双 Q 值中较小的 Q 值，用该 Q 值减去缩放的熵系数来计算 V 网络的参考值。熵是根据我们当前的策略网络计算得出的。如前所述，我们的策略具有参数化的平均值，但是方差是全局的，并不取决于状态。

在主训练循环中，我们使用先前定义的函数并执行三个不同的优化步骤：针对 V、针对 Q 和针对策略。以下是在 Chapter19/06_train_sac.py 中定义的训练循环的相关部分：

```
batch = buffer.sample(BATCH_SIZE)
states_v, actions_v, ref_vals_v, ref_q_v = \
    common.unpack_batch_sac(
        batch, tgt_crt_net.target_model,
        twinq_net, act_net, GAMMA,
        SAC_ENTROPY_ALPHA, device)
```

首先，我们将批解包以获取 Q 网络和 V 网络的张量和目标。

```
twinq_opt.zero_grad()
q1_v, q2_v = twinq_net(states_v, actions_v)
q1_loss_v = F.mse_loss(q1_v.squeeze(),
                       ref_q_v.detach())
q2_loss_v = F.mse_loss(q2_v.squeeze(),
                       ref_q_v.detach())
q_loss_v = q1_loss_v + q2_loss_v
q_loss_v.backward()
twinq_opt.step()
```

使用相同的目标值优化双 Q 网络。

```
crt_opt.zero_grad()
val_v = crt_net(states_v)
v_loss_v = F.mse_loss(val_v.squeeze(),
                      ref_vals_v.detach())
v_loss_v.backward()
crt_opt.step()
```

使用已经计算出的目标值，通过 MSE 目标对 critic 网络进行优化。

```
act_opt.zero_grad()
acts_v = act_net(states_v)
q_out_v, _ = twinq_net(states_v, acts_v)
act_loss = -q_out_v.mean()
```

```
act_loss.backward()
act_opt.step()
```

与先前给出的公式相比，该代码缺少熵正则项，并且符合 DDPG 训练。由于我们的方差不取决于状态，因此可以从优化目标中将其忽略。

这种修改使代码与 SAC 论文中描述的有所不同，但是根据我的实验，它可以使训练更稳定。如果你感到好奇，那么在仓库中，我有一个名为 sac-experiment 的分支，该分支具有准确的参数化方差，并通过熵正则化进行了优化。但是，这种修改将使结果很难与本章中之前尝试的方法进行比较。

19.6.2　结果

我在 HalfCheetah 和 Ant 环境上进行了 13 个小时、500 万个观察的 SAC 训练。结果有点矛盾。一方面，SAC 的样本效率和奖励增长动态优于 PPO 方法。例如，仅在 HalfCheetah 上获得 50 万个观察，SAC 就能获得 900 的奖励。PPO 需要超过 100 万个观察才能达到相同的奖励。另一方面，由于 SAC 的离线策略性质，训练速度要慢得多，因为我们进行了比在线策略方法更多的计算。相比之下，SAC 花费了一个小时 30 分钟才能达到 900 的奖励，而 PPO 仅仅经过 30 分钟的训练就可以达到相同的奖励。

正如你在书中多次看到的那样，这演示了在线策略和离线策略方法之间的权衡：如果你的环境快速且观察很"便宜"，那么像 PPO 这样的在线策略方法可能是最佳选择。但是，如果你的观察很难获得，则离线策略的方法会更好，但需要执行更多的计算。

图 19.20 仅显示 SAC 训练，图 19.21 显示 SAC 与 PPO 方法的比较。

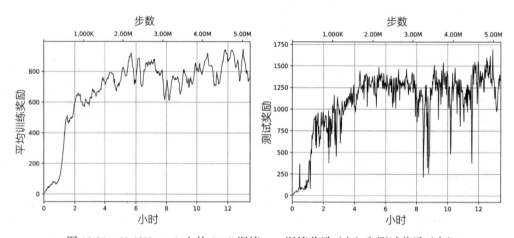

图 19.20　HalfCheetah 上的 SAC 训练——训练奖励（左）和测试奖励（右）

在 Ant 环境上进行的训练显示出比 HalfCheetah 更好的动态和稳定性，但是它仍只能在采样效率方面和 PPO 相当，而在时钟时间方面则较慢，如图 19.22 与图 19.23 所示。

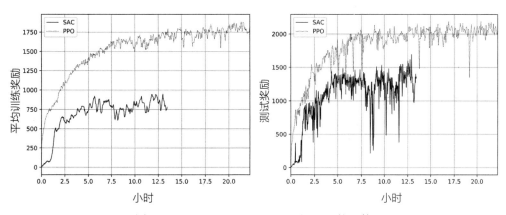

图 19.21　HalfCheetah 上 SAC 和 PPO 的比较

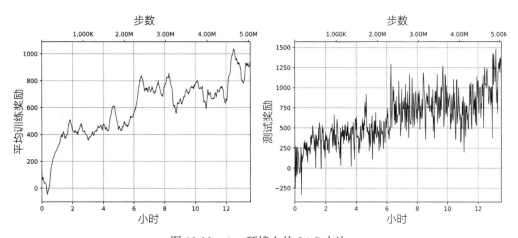

图 19.22　Ant 环境上的 SAC 方法

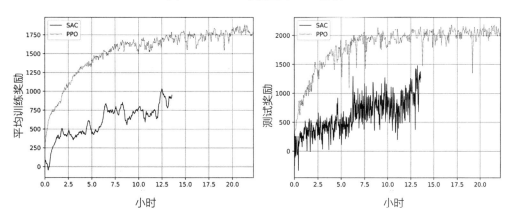

图 19.23　Ant 环境上 SAC 与 PPO 的比较

19.7　总结

在本章中，我们研究了三种不同的方法，目的是提高随机策略梯度的稳定性，并在两个连续控制问题上，将它们与 A2C 实现进行比较。通过上一章中的方法（DDPG 和 D4PG），它们创建了用于连续控制领域的基本工具。最后，我们检查了一种相对较新的离线策略方法（SAC），该方法是 DDPG 的扩展。

在下一章中，我们将介绍最近流行的另一套 RL 方法：黑盒方法或无梯度方法。

强化学习中的黑盒优化

在本章中，我们将学习强化学习中的**黑盒优化**。本章将涵盖黑盒优化方法的两个示例：

❏ **进化策略**。

❏ **遗传算法**。

这些方法至少已有十几年历史，但是最近的研究表明，这些方法表现出了它们对大规模 RL 问题的适用性，以及它们对比价值迭代和策略梯度方法的竞争力。

20.1 黑盒方法

首先，让我们讨论整个黑盒方法系列，以及它与迄今为止所介绍的算法有何不同。当你将要优化的目标视为黑盒时，黑盒优化方法是解决优化问题的通用方法，无须对可微性、价值函数、目标的平滑度等做出任何假设。这些方法的唯一要求就是计算**适应度函数**的能力，该函数能使我们衡量需要优化的特定实例的适应性。

这个系列中最简单的例子之一是随机搜索，即随机抽样你要寻找的东西（对于 RL，这就是策略 $\pi(a|s)$），检查此候选人的适应度。如果结果足够好（根据一些奖励标准），那么你就完成了随机搜索。否则，你将重复该过程。尽管这种方法非常简单甚至很天真，尤其是当与复杂方法相比时，但它仍是一个很好的例子，可以说明黑盒方法的思想。

此外，正如后文所述，通过一些修改，随机搜索能在效率和生成的策略的质量方面与深度 Q-network（DQN）和策略梯度方法相抗衡。

黑盒方法具有几个非常吸引人的属性：

❏ 它们比基于梯度的方法至少快两倍，因为我们不需要执行反向传播步骤来获得梯度。

❏ 不会对优化的目标和被视为黑盒的策略做太多假设。当奖励函数不平滑或策略包含随机选择的步骤时，传统方法会遇到困难。对于黑盒方法而言，所有这些都不是问题，因为它们对黑盒内部并不期望太多。

❑ 这些方法通常可以很好地并行化。例如，上述的随机搜索可以轻松扩展到让数千个 CPU 或 GPU 并行工作，并且彼此之间没有任何依赖。对于 DQN 或策略梯度方法情况就不一样了，因为你需要累积梯度并将当前策略传播到所有并行的 worker，而这会降低并行度。

它的缺点通常是较低的采样效率。尤其是对策略进行单纯的随机搜索时，策略是由具有几十万个参数的神经网络进行参数化的，那么搜索成功的可能性将非常低。

20.2　进化策略

黑盒优化方法的一个子集为进化策略（ES），它的灵感来自进化过程。使用 ES，最成功的个体对搜索的整体方向影响最大。此策略有许多不同的方法，在本章中，我们将考虑 OpenAI 研究人员 Tim Salimans、Jonathan Ho 等人在他们于 2017 年 3 月发布的论文 "Evolution Strategies as a Scalable Alternative to Reinforcement Learning"[1] 中采用的方法。

ES 方法的基本思想很简单：在每次迭代中，我们都会对当前策略的参数执行随机干扰并评估产生的策略适应度函数。然后，我们根据相关的适应度函数值按比例调整策略权重。

本文中使用的具体方法称为协方差矩阵适应进化策略（Covariance Matrix Adaptation Evolution Strategy，CMA-ES），其中所执行的干扰是从均值为零且方差为 1 的正态分布中采样的随机噪声。

然后，我们使用原始策略的权重加上缩放后的噪声得出的新权重来计算策略的适应度函数。接下来，根据获得的值，通过将噪声乘以适应度函数值来调整原始策略，这会使我们的策略权重朝着适应度函数值较高的方向发展。为了提高稳定性，权重的更新是通过对一批具有不同随机噪声的步骤取平均值来执行的。

更正式地讲，上述方法可以表示为以下步骤：

1. 初始化学习速率 α、噪声标准差 σ 和初始值策略参数 θ_0。

2. 对于 $t = 0, 1, 2, \cdots$，执行：

1）采样带有权重形状的噪声样本：$\varepsilon_1, \cdots, \varepsilon_n \sim \mathcal{N}(0, 1)$。

2）计算 $i = 1, \cdots, n$ 时的返回值 $F_i = F(\theta_t + \sigma \varepsilon_i)$。

3）更新权重 $\theta_{t+1} \leftarrow \theta_t + \alpha \dfrac{1}{n\sigma} \sum_{i=1}^{n} F_i \varepsilon_i$。

前面的算法是论文中提出的方法核心，但是，与在 RL 领域中一样，该核心方法不足以获得良好的结果。因此，尽管核心是相同的，但本文仍包含一些改进来优化方法。让我们在果蝇环境（CartPole）上实现和测试它吧。

20.2.1　将 ES 用在 CartPole 上

完整的示例在 Chapter20/01_cartpole_es.py 中。在这个例子中，我们将使用单个环境来检查干扰网络权重的适应度。适应度函数将是片段的未带折扣的总奖励。

```python
#!/usr/bin/env python3
import gym
import time
import numpy as np

import torch
import torch.nn as nn

from tensorboardX import SummaryWriter
```

从 import 语句中，你应该能注意到我们的示例是完全独立的。我们不使用 PyTorch 优化器，因为我们根本不执行任何反向传播。

实际上，我们可以完全避免使用 PyTorch 并仅使用 NumPy，因为我们使用 PyTorch 的唯一目的是执行前向传递并计算神经网络的输出。

```python
MAX_BATCH_EPISODES = 100
MAX_BATCH_STEPS = 10000
NOISE_STD = 0.01
LEARNING_RATE = 0.001
```

超参数的数量也很少，并且包含以下值：

- ❑ MAX_BATCH_EPISODES 和 MAX_BATCH_STEPS：我们用于训练的片段的限制和步数的限制。
- ❑ NOISE_STD：用于权重干扰的噪声的标准差 σ。
- ❑ LEARNING_RATE：用于训练时调整权重的系数。

检查网络结构：

```python
class Net(nn.Module):
    def __init__(self, obs_size, action_size):
        super(Net, self).__init__()
        self.net = nn.Sequential(
            nn.Linear(obs_size, 32),
            nn.ReLU(),
            nn.Linear(32, action_size),
            nn.Softmax(dim=1)
        )

    def forward(self, x):
        return self.net(x)
```

我们使用的模型是一个简单的单层 NN，它使我们可以从观察中得出要执行的动作。在这里仅使用 PyTorch 的 NN 机制是为了方便，因为我们只需要正向传播，但是也可以用矩阵和非线性化的乘法来代替。

```
def evaluate(env, net):
    obs = env.reset()
    reward = 0.0
    steps = 0
    while True:
        obs_v = torch.FloatTensor([obs])
        act_prob = net(obs_v)
        acts = act_prob.max(dim=1)[1]
        obs, r, done, _ = env.step(acts.data.numpy()[0])
        reward += r
        steps += 1
        if done:
            break
    return reward, steps
```

前面的函数使用给定的策略执行完整的片段，并返回总奖励和步骤数。奖励将用作适应度的值，而步数需要用于限制我们用于生成批的时间。通过从神经网络的输出中计算 argmax 来确定性地执行动作选择。原则上，我们可以从分布中进行随机采样，但是我们已经通过在神经网络的参数中添加噪声进行了探索，因此确定性动作选择是比较不错的。

```
def sample_noise(net):
    pos = []
    neg = []
    for p in net.parameters():
        noise = np.random.normal(size=p.data.size())
        noise_t = torch.FloatTensor(noise)
        pos.append(noise_t)
        neg.append(-noise_t)
    return pos, neg
```

在 sample_noise 函数中，我们创建均值为零且单位方差为 1 的随机噪声，其形状等于神经网络参数的形状。该函数返回两组噪声张量：一组是正噪声，另一组是具有相同的随机值的负噪声。随后将这两个样本在批中作为独立样本来使用。该技术被称为镜像采样，用于提高收敛的稳定性。实际上，在没有负噪声的情况下，收敛将变得非常不稳定。

```
def eval_with_noise(env, net, noise):
    old_params = net.state_dict()
    for p, p_n in zip(net.parameters(), noise):
        p.data += NOISE_STD * p_n
    r, s = evaluate(env, net)
    net.load_state_dict(old_params)
    return r, s
```

前面的函数使用了我们刚刚看到的函数创建的噪声数组，并评估添加了噪声的神经网络。

为此，我们将噪声添加到神经网络的参数中，并调用 evaluate 函数以获得奖励和执行的步骤数。然后，我们需要将神经网络的权重还原到原始状态，这可以通过加载网络的状态字典来完成。

该方法的最后一个核心函数是 `train_step`，它接受带噪声的批和各自的奖励，并通过应用公式（$\theta_{t+1} \leftarrow \theta_t + \alpha \frac{1}{n\sigma} \sum_{i=1}^{n} F_i \varepsilon_i$）来计算对神经网络的参数要执行的更新。

```python
def train_step(net, batch_noise, batch_reward, writer, step_idx):
    weighted_noise = None
    norm_reward = np.array(batch_reward)
    norm_reward -= np.mean(norm_reward)
    s = np.std(norm_reward)
    if abs(s) > 1e-6:
        norm_reward /= s
```

首先，我们将奖励标准化为均值为 0 以及方差为 1，从而提高方法的稳定性。

```python
for noise, reward in zip(batch_noise, norm_reward):
    if weighted_noise is None:
        weighted_noise = [reward * p_n for p_n in noise]
    else:
        for w_n, p_n in zip(weighted_noise, noise):
            w_n += reward * p_n
```

然后，我们迭代批中的每对（噪声，奖励），并将噪声值与标准化的奖励相乘，将策略中每个参数各自的噪声相加在一起。

```python
m_updates = []
for p, p_update in zip(net.parameters(), weighted_noise):
    update = p_update / (len(batch_reward) * NOISE_STD)
    p.data += LEARNING_RATE * update
    m_updates.append(torch.norm(update))
writer.add_scalar("update_l2", np.mean(m_updates), step_idx)
```

最后，我们使用累积的缩放噪声来调整神经网络的参数。从技术上讲，尽管梯度不是从反向传播中得到的，而是从蒙特卡洛采样方法获得的，但我们在这里所做的是梯度上升。前面提到的 ES 论文 [1] 也证明了这一事实，作者在论文中表明，CMA-ES 与策略梯度方法非常相似，只是获得梯度估计值的方式不同。

```python
if __name__ == "__main__":
    writer = SummaryWriter(comment="-cartpole-es")
    env = gym.make("CartPole-v0")

    net = Net(env.observation_space.shape[0], env.action_space.n)
    print(net)
```

训练循环之前的准备工作很简单：创建环境和神经网络。

```python
step_idx = 0
while True:
    t_start = time.time()
    batch_noise = []
    batch_reward = []
    batch_steps = 0
    for _ in range(MAX_BATCH_EPISODES):
```

```
noise, neg_noise = sample_noise(net)
batch_noise.append(noise)
batch_noise.append(neg_noise)
reward, steps = eval_with_noise(env, net, noise)
batch_reward.append(reward)
batch_steps += steps
reward, steps = eval_with_noise(env, net, neg_noise)
batch_reward.append(reward)
batch_steps += steps
if batch_steps > MAX_BATCH_STEPS:
    break
```

训练循环的每个迭代都从创建批开始，在此我们对噪声进行采样并获得带正噪声和负噪声的奖励。当达到批的片段数限制或总步数限制时，我们将停止收集数据并进行训练更新。

```
step_idx += 1
m_reward = np.mean(batch_reward)
if m_reward > 199:
    print("Solved in %d steps" % step_idx)
    break

train_step(net, batch_noise, batch_reward,
           writer, step_idx)
```

为了执行网络更新，我们调用 train_step() 函数。
其目标是根据总奖励对噪声进行缩放，然后在平均噪声的方向上调整策略的权重。

```
writer.add_scalar("reward_mean", m_reward, step_idx)
writer.add_scalar("reward_std", np.std(batch_reward),
                  step_idx)
writer.add_scalar("reward_max", np.max(batch_reward),
                  step_idx)
writer.add_scalar("batch_episodes", len(batch_reward),
                  step_idx)
writer.add_scalar("batch_steps", batch_steps, step_idx)
speed = batch_steps / (time.time() - t_start)
writer.add_scalar("speed", speed, step_idx)
print("%d: reward=%.2f, speed=%.2f f/s" % (
    step_idx, m_reward, speed))
```

训练循环的最后步骤是将指标写入 TensorBoard，并在控制台上显示训练进度。

结果

可以通过运行不带参数的程序来开始训练：

```
Chapter20$ ./01_cartpole_es.py
Net(
  (net): Sequential(
    (0): Linear(in_features=4, out_features=32, bias=True)
    (1): ReLU()
```

```
    (2): Linear(in_features=32, out_features=2, bias=True)
    (3): Softmax(dim=1)
  )
)
1: reward=9.54, speed=6471.63 f/s
2: reward=9.93, speed=7308.94 f/s
3: reward=11.12, speed=7362.68 f/s
4: reward=18.34, speed=7116.69 f/s
...
20: reward=141.51, speed=8285.36 f/s
21: reward=136.32, speed=8397.67 f/s
22: reward=197.98, speed=8570.06 f/s
23: reward=198.13, speed=8402.74 f/s
Solved in 24 steps
```

根据我的实验，解决 CartPole 通常需要花费 ES 40 ~ 60 批。图 20.1 与图 20.2 显示了上面程序运行的收敛动态，结果相当稳定。

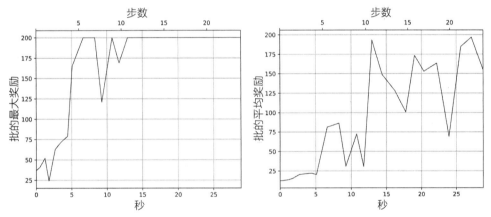

图 20.1 将 ES 用在 CartPole 上：训练时的最大奖励（左）和平均奖励（右）

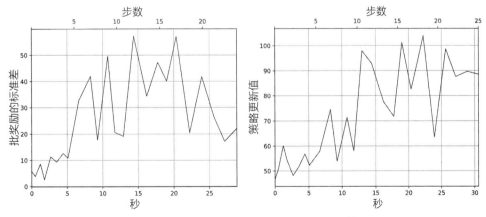

图 20.2 奖励的标准差（左）和平均策略更新值（右）

20.2.2 将 ES 用在 HalfCheetah 上

在下一个示例中，我们将介绍 ES 实现，并探讨如何使用 ES 论文[1]中提出的共享种子策略有效地并行化此方法。为了展示这种方法，我们将使用在第 19 章中已经尝试过的 Roboschool 库中的 HalfCheetah 环境，这是一个连续动作问题，其中奇怪的两足动物通过在不伤害自身的前提下向前奔跑来获得奖励。

首先，让我们讨论共享种子。ES 算法的性能主要取决于我们收集训练批的速度，该速度包括对噪声进行采样并检查干扰噪声的总奖励。由于每个训练批是独立的，因此我们可以轻松地将这一步骤并行化到远程机器的大量 worker 上（这与第 13 章中的示例相似，当时我们从 A3C worker 那里收集了梯度）。但是，这种并行化的简单实现需要将大量数据从 worker 机器传输到中央 master，该 master 应该结合 worker 产生的噪声并执行策略更新。这些数据大部分是噪声向量，其大小等于我们的策略参数的大小。

为了避免这种开销，论文的作者提出了一种非常优雅的解决方案。因为 worker 采样的噪声由伪随机数生成器产生，而该伪随机数生成器允许我们设置随机种子并重现生成的随机序列，因此 worker 只需将用于生成噪声的种子传递给 master。然后，master 可以使用种子再次生成相同的噪声向量。当然，每个 worker 的种子都需要随机生成，以便仍然具有随机的优化过程。这可以大大减少需要从 worker 传输到 master 的数据量，从而提高了该方法的可伸缩性。例如，该论文的作者报告说，它能在云上涉及 1440 个 CPU 的优化中线性加速。在我们的示例中，将使用相同的方法研究本地并行化。

实现

该代码位于 `Chapter20/02_cheetah_es.py` 中。由于该代码与 CartPole 版本有很多重叠，因此我们将只关注其中的差异。

我们将从 worker 开始，该 worker 是使用 PyTorch 的 `multiprocessing` 包装程序作为单独的进程启动的。worker 的职责很简单：对于每次迭代，它都会从 master 进程中获取神经网络的参数，然后执行固定数量的迭代，在此过程中对噪声进行采样并评估奖励。带有随机种子的结果将使用队列发送到 master。

```
RewardsItem = collections.namedtuple(
    'RewardsItem', field_names=['seed', 'pos_reward',
                                'neg_reward', 'steps'])
```

worker 使用上面的 `namedtuple` 结构发送受干扰的策略评估结果。它包括随机种子、通过正噪声获得的奖励、通过负噪声获得的奖励以及我们在两个测试中执行的步骤总数。

```
def worker_func(worker_id, params_queue, rewards_queue,
                device, noise_std):
    env = make_env()
    net = Net(env.observation_space.shape[0],
              env.action_space.shape[0]).to(device)
    net.eval()
```

```
while True:
    params = params_queue.get()
    if params is None:
        break
    net.load_state_dict(params)
```

在每次训练迭代中，worker 都等待 master 广播的神经网络的参数。None 表示 master 要停止该 worker。

```
for _ in range(ITERS_PER_UPDATE):
    seed = np.random.randint(low=0, high=65535)
    np.random.seed(seed)
    noise, neg_noise = sample_noise(net, device=device)
    pos_reward, pos_steps = eval_with_noise(
        env, net, noise, noise_std, device=device)
    neg_reward, neg_steps = eval_with_noise(
        env, net, neg_noise, noise_std, device=device)
    rewards_queue.put(RewardsItem(
        seed=seed, pos_reward=pos_reward,
        neg_reward=neg_reward, steps=pos_steps+neg_steps))
```

其余内容几乎与前面的示例相同，主要区别在于在噪声生成之前生成并分配了随机种子。这使 master 可以从种子中再生相同的噪声。另一个不同之处在于 master 执行训练步骤所使用的函数。

```
def train_step(optimizer, net, batch_noise, batch_reward,
               writer, step_idx, noise_std):
    weighted_noise = None
    norm_reward = compute_centered_ranks(np.array(batch_reward))
```

在前面的示例中，我们通过减去均值并除以标准差来标准化奖励批。根据 ES 论文 [1]，使用等级代替实际奖励可以获得更好的结果。由于 ES 没有对适应度函数做假设（在我们的情况下为奖励），因此我们可以对期望的奖励进行任何重新组织，而在 DQN 情况下这是不可能的。

这里，数组的**等级转换**意味着用排序后的数组索引替换数组。例如，数组 [0.1, 10, 0.5] 将转换成等级数组 [0, 2, 1]。compute_centered_ranks 函数使用具有批总奖励的数组，计算数组中每一项的等级，然后对这些等级进行归一化。例如，[21.0, 5.8, 7.0] 的输入数组将转换成等级 [2, 0, 1]，最终的等级将为 [0.5, -0.5, 0.0]。

```
for noise, reward in zip(batch_noise, norm_reward):
    if weighted_noise is None:
        weighted_noise = [reward * p_n for p_n in noise]
    else:
        for w_n, p_n in zip(weighted_noise, noise):
            w_n += reward * p_n
m_updates = []
optimizer.zero_grad()
for p, p_update in zip(net.parameters(), weighted_noise):
    update = p_update / (len(batch_reward) * noise_std)
    p.grad = -update
```

```
    m_updates.append(torch.norm(update))
writer.add_scalar("update_l2", np.mean(m_updates), step_idx)
optimizer.step()
```

训练函数的另一个主要差异是使用了 PyTorch 优化器。要了解为什么使用它们，以及如何在不进行反向传播的情况下使用，需要进行一些说明。首先，在 ES 论文中的结果表明，ES 算法使用的优化方法和适应度函数的梯度上升非常相似，不同之处在于梯度的计算方式。通常应用随机梯度下降方法的方式是根据损失值计算神经网络参数的导数，从损失函数中获得梯度。这就限制了神经网络和损失函数必须是可微分的，但情况并非总是如此。例如，通过 ES 方法执行的等级转换是不可微分的。

另一方面，ES 执行的优化方式有所不同。我们通过向当前参数中添加噪声并计算适应度函数来随机采样当前参数的邻域。根据适应度函数的变化，我们调整参数，从而将参数推向适应度函数值更高的方向。其结果与基于梯度的方法非常相似，但是对适应度函数的要求要宽松得多：唯一的要求是我们能够计算它。

但是，如果我们通过随机采样适应度函数来估算某种梯度，则可以使用 PyTorch 的标准优化器。通常，优化器会使用参数的 grad 字段中累积的梯度来调整神经网络的参数。

这些梯度是在反向传播步骤之后累积的，但是由于 PyTorch 的灵活性，优化器并不关心梯度的来源。因此，我们唯一需要做的就是将在 grad 字段中复制估计参数的更新，并要求优化器对其进行更新。请注意，需要使用负号来复制，因为优化器通常会执行梯度下降（就像在正常操作中一样，我们需要将损失函数最小化），但是在这种情况下，我们要进行梯度上升。这与 actor-critic 方法（当使用带负号的估计策略梯度时）非常相似，因为它显示了改进策略的方向。

最后一部分的不同代码来自 master 进程执行的训练循环。它的职责是等待 worker 进程中的数据，对参数执行训练更新，并将结果广播给 worker。master 和 worker 之间的通信由两组队列执行。第一个队列是每个 worker 独有的队列，master 使用该队列发送要使用的当前策略参数。第二个队列由 worker 共享，用于发送前面提到的带有随机种子和奖励的 RewardItem 结构体。

```
params_queues = [
    mp.Queue(maxsize=1)
    for _ in range(PROCESSES_COUNT)
]
rewards_queue = mp.Queue(maxsize=ITERS_PER_UPDATE)
workers = []

for idx, params_queue in enumerate(params_queues):
    p_args = (idx, params_queue, rewards_queue,
            device, args.noise_std)
    proc = mp.Process(target=worker_func, args=p_args)
    proc.start()
    workers.append(proc)
```

```
print("All started!")
optimizer = optim.Adam(net.parameters(), lr=args.lr)
```

在 master 的开头，我们创建所有这些队列，启动 worker 进程，然后创建优化器。

```
for step_idx in range(args.iters):
    # broadcasting network params
    params = net.state_dict()
    for q in params_queues:
        q.put(params)
```

每次训练迭代均始于将神经网络的参数广播给 worker。

```
t_start = time.time()
batch_noise = []
batch_reward = []
results = 0
batch_steps = 0
batch_steps_data = []
while True:
    while not rewards_queue.empty():
        reward = rewards_queue.get_nowait()
        np.random.seed(reward.seed)
        noise, neg_noise = sample_noise(net)
        batch_noise.append(noise)
        batch_reward.append(reward.pos_reward)
        batch_noise.append(neg_noise)
        batch_reward.append(reward.neg_reward)
        results += 1
        batch_steps += reward.steps
        batch_steps_data.append(reward.steps)

    if results == PROCESSES_COUNT * ITERS_PER_UPDATE:
        break
    time.sleep(0.01)
```

在循环中，master 等待从 worker 那里获得的足够的数据。每次获得新结果时，我们都会使用随机种子重新生成噪声。

```
train_step(optimizer, net, batch_noise, batch_reward,
        writer, step_idx, args.noise_std)
```

作为训练循环的最后一步，我们调用了 train_step() 函数，该函数根据噪声和奖励计算更新，并调用优化器来调整权重。

结果

该代码支持可选的 --cuda 标志，但是根据实验，由于神经网络太浅且每个参数所评估的批大小都只有一个，我没有从 GPU 上获得加速。这也暗示了，通过增加我们在评估过程中使用的批的数量，很可能会得到速度的提升，这可以通过在每个 worker 中使用多个环境并仔细处理神经网络内部的噪声数据来完成。每次迭代会显示的值是获得的平均奖励、训练速度（每秒的观察数）、两个计时值（显示收集数据和执行训练步骤所花费的时间（以秒为单位）），以及三个有关片段长度信息的值：片段的平均步数、最小步数和最大步数。

```
Chapter20$ ./02_cheetah_es.py
Net(
  (mu): Sequential(
    (0): Linear(in_features=26, out_features=64, bias=True)
    (1): Tanh()
    (2): Linear(in_features=64, out_features=64, bias=True)
    (3): Tanh()
    (4): Linear(in_features=64, out_features=6, bias=True)
    (5): Tanh()
  )
)
All started!
0: reward=10.86, speed=1486.01 f/s, data_gather=0.903, train=0.008,
steps_mean=45.10, min=32.00, max=133.00, steps_std=17.62
1: reward=11.39, speed=4648.11 f/s, data_gather=0.269, train=0.005,
steps_mean=42.53, min=33.00, max=65.00, steps_std=8.15
2: reward=14.25, speed=4662.10 f/s, data_gather=0.270, train=0.006,
steps_mean=42.90, min=36.00, max=59.00, steps_std=5.65
3: reward=14.33, speed=4901.02 f/s, data_gather=0.257, train=0.006,
steps_mean=43.00, min=35.00, max=56.00, steps_std=5.01
4: reward=14.95, speed=4566.68 f/s, data_gather=0.281, train=0.005,
steps_mean=43.60, min=37.00, max=54.00, steps_std=4.41
```

训练的动态显示了策略一开始就非常迅速地改进（仅进行 100 次更新（即训练 7 分钟），智能体就可以达到 700 ～ 800 的分数）。但是，此后它陷入了困境，并没有能够从保持平衡（Cheetah 可以达到 900 ～ 1000 的总奖励）切换到奔跑模式，那样可以获得 2500 甚至更高的奖励。结果如图 20.3 与图 20.4 所示。

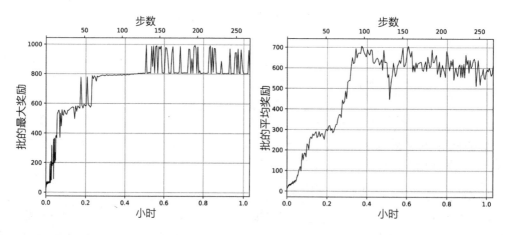

图 20.3　把 ES 用在 HalfCheetah 上：最大奖励（左）和平均奖励（右）

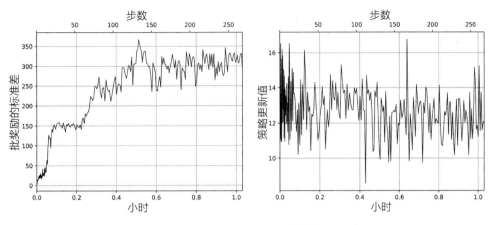

图 20.4　奖励的标准差（左）和策略更新（右）

20.3　遗传算法

最近，遗传算法（GA）是基于价值的方法和策略梯度方法的一种流行的替代方法，它属于另一种黑盒方法。它是一个庞大的优化方法系列，已有超过二十年的历史，它的核心思想很简单，就是生成 N 个人口的个体，每个个体都使用适应度函数进行评估。每个个体都意味着模型参数的某种组合。然后，使用表现最好的个体子集（精英）来产生（称为突变）下一代人群。重复此过程，直到我们对总体性能满意为止。

GA 家族有很多不同的方法，例如，如何为下一代进行个体的突变或如何对性能进行排名。在这里，我们将考虑使用的简单 GA 方法加上一些扩展，该方法是 Felipe Petroski Such、Vashisht Madhavan 等人在论文" Deep Neuroevolution: Genetic Algorithms are a Competitive Alternative for Training Deep Neural Networks for Reinforcement Learning"[2] 中发布的。

在论文中，作者分析了简单的 GA 方法，该方法对父对象的权重执行高斯噪声干扰以执行突变。在每次迭代中，性能最高的个体被复制（不做修改）。以算法的形式表示的话，可以将简单 GA 方法的步骤写成这样：

1. 初始化突变力量 σ、人群总数 N，要选择的个体数 T 和初始的人群 P^0，以及 N 个随机初始化的策略及其适应：$F^0 = \{F(P_i^0)|i=1 \cdots N\}$。

2. 对于 $g = 1 \cdots G$：

1）对 P^{g-1} 按照适应度函数值 F^{g-1} 降序排序。

2）复制精英 $P_1^g = P_1^{g-1}$，$F_1^g = F_1^{g-1}$。

3）对于个体 $i = 2 \cdots N$：

❑ $k = $ 从 $1 \cdots T$ 中随机选择的父对象。

❑ 采样 $\varepsilon_n \sim \mathcal{N}(0, 1)$。

❑ 突变父对象：$P_i^g = P_i^{g-1} + \sigma \varepsilon$。

❑ 获得它的适应度：$F_i^g = F(P_i^g)$。

论文 [2] 对这种基本方法进行了一些改进，我们将在后面讨论。现在，让我们研究核心算法的实现。

20.3.1　将 GA 用在 CartPole 上

源代码在 Chapter20/03_cartpole_ga.py 中，它与我们的 ES 示例有很多共同点。区别在于缺少梯度上升的代码，其被神经网络突变函数代替，如下所示：

```
def mutate_parent(net):
    new_net = copy.deepcopy(net)
    for p in new_net.parameters():
        noise = np.random.normal(size=p.data.size())
        noise_t = torch.FloatTensor(noise)
        p.data += NOISE_STD * noise_t
    return new_net
```

该函数的目标是通过向所有权重中添加随机噪声来创建给定策略的突变副本。父对象的权重保持不变，因为只对随机选择的父对象副本进行了替换，因此以后可以再次使用该神经网络。

```
NOISE_STD = 0.01
POPULATION_SIZE = 50
PARENTS_COUNT = 10
```

超参数的数量甚至比 ES 还少，包括附加噪声突变的标准差、人群大小以及用于产生后代的精英数量。

```
if __name__ == "__main__":
    writer = SummaryWriter(comment="-cartpole-ga")
env = gym.make("CartPole-v0")

gen_idx = 0
nets = [
    Net(env.observation_space.shape[0], env.action_space.n)
    for _ in range(POPULATION_SIZE)
]
population = [
    (net, evaluate(env, net))
    for net in nets
]
```

在训练循环之前，我们创建符合人群数的随机初始化的神经网络并获得其适应度。

```
while True:
    population.sort(key=lambda p: p[1], reverse=True)
    rewards = [p[1] for p in population[:PARENTS_COUNT]]
    reward_mean = np.mean(rewards)
    reward_max = np.max(rewards)
    reward_std = np.std(rewards)
```

```
writer.add_scalar("reward_mean", reward_mean, gen_idx)
writer.add_scalar("reward_std", reward_std, gen_idx)
writer.add_scalar("reward_max", reward_max, gen_idx)
print("%d: reward_mean=%.2f, reward_max=%.2f, "
      "reward_std=%.2f" % (
    gen_idx, reward_mean, reward_max, reward_std))
if reward_mean > 199:
    print("Solved in %d steps" % gen_idx)
    break
```

在每一代的开始，我们都会根据前代的适应度对它们进行排序，并记录有关未来父对象的统计信息。

```
prev_population = population
population = [population[0]]
for _ in range(POPULATION_SIZE-1):
    parent_idx = np.random.randint(0, PARENTS_COUNT)
    parent = prev_population[parent_idx][0]
    net = mutate_parent(parent)
    fitness = evaluate(env, net)
    population.append((net, fitness))
gen_idx += 1
```

在要生成的新个体的单独循环中，我们随机采样父对象，对其进行突变，然后评估其适应度得分。

结果

尽管该方法很简单，但它比 ES 工作得更好，仅用了几代对象就解决了 CartPole 环境。在上述代码的实验中，解决环境需要 5 ~ 15 代：

```
Chapter20$ ./03_cartpole_ga.py
0: reward_mean=39.90, reward_max=131.00, reward_std=32.97
1: reward_mean=82.00, reward_max=145.00, reward_std=33.14
2: reward_mean=131.40, reward_max=154.00, reward_std=15.94
3: reward_mean=151.90, reward_max=200.00, reward_std=19.45
4: reward_mean=170.20, reward_max=200.00, reward_std=32.46
5: reward_mean=184.00, reward_max=200.00, reward_std=14.09
6: reward_mean=187.50, reward_max=200.00, reward_std=16.87
7: reward_mean=186.60, reward_max=200.00, reward_std=15.41
8: reward_mean=191.50, reward_max=200.00, reward_std=11.67
9: reward_mean=199.50, reward_max=200.00, reward_std=1.20
Solved in 9 steps
```

收敛动态如图 20.5 和图 20.6 所示。

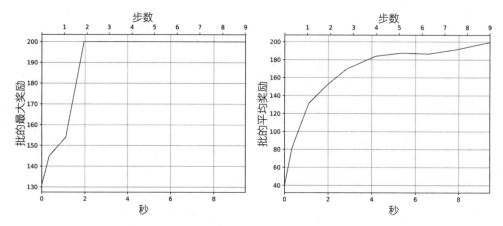

图 20.5 将 GA 用在 CartPole 上：最大奖励（左）和平均奖励（右）

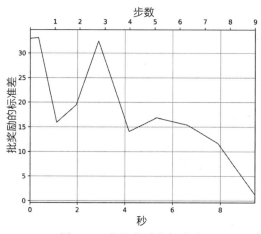

图 20.6 批的奖励的标准差

20.3.2 GA 优化

在"Deep Neuroevolution"论文[2]中，作者研究了对基本 GA 算法的两个优化。第一个名为**深度 GA**，旨在提高实现的可扩展性。第二个名为**新颖性搜索**，尝试用不同的片段度量代替奖励目标。在 20.3.3 节使用的示例中，我们将实现第一个优化，而第二个则留为可选的练习。

深度 GA

作为一种无梯度方法，GA 在速度方面可能比 ES 方法具有更高的可扩展性，并且优化中涉及的 CPU 数量也更多。但是，你看到的简单 GA 算法与 ES 方法存在类似的瓶颈：必须在 worker 之间交换策略参数。在先前提到的论文[2]中，作者提出了一种与共享种子方法相似的技巧，但是将其极端化了。他们称之为深度 GA，其核心是将策略参数表示为用于创建此特定策略的权重的随机种子列表。

实际上，初始神经网络的权重是在第一个人群上随机生成的，因此列表中的第一个种子定义了该初始化。在每个人群中，每个突变的随机种子也充分指定了突变。所以，我们唯一需要用来重建权重的就是种子本身。在这种方法中，我们需要重新构建每个 worker 的权重，但是通常，此开销要比通过网络传输完整权重的开销小得多。

新颖性搜索

对基本 GA 方法的另一种优化是新颖性搜索（NS），由 Lehman 和 Stanley 在 2011 年发表的论文 " Lehman and Stanley in their paper, Abandoning Objectives: Evolution through the Search for Novelty Alone " [3] 中提出。

NS 的想法是改变我们优化的目标。我们不再试图增加来自环境的总奖励，而是奖励智能体探索其从未检查过的行为（即新颖的行为）。根据作者对存在许多陷阱的迷宫导航问题的实验，NS 比其他奖励驱动的方法要好得多。

为了实现 NS，我们定义了**行为特征（BC）**(π)，它描述了策略的行为以及两个 BC 之间的距离。然后，我们使用 k 近邻方法检查新策略的新颖性，并根据该距离来驱动 GA。在 " Deep Neuroevolution " 论文 [2] 中，需要智能体进行充分的探索。 此时 NS 方法明显优于 ES、GA 和其他更传统的针对 RL 问题的方法。

20.3.3　将 GA 用在 HalfCheetah 上

在本章的最后一个示例中，我们将在 HalfCheetah 环境中实现并行化的深度 GA。完整的代码在 Chapter20/04_cheetah_ga.py 中。该架构非常类似于并行的 ES 版本，具有一个 master 进程和多个 worker。每个 worker 的目标是评估一批神经网络并将结果返回给 master，然后将部分结果合并到完整的人群中，根据获得的奖励对个体进行排名，并生成下一个要由 worker 评估的人群。

每个个体都由随机种子列表编码，这些种子用于初始化初始的神经网络权重和所有后续突变。即使策略中的参数数量不是很大，此表示也可以对神经网络进行非常紧凑的编码。例如，在具有 64 个神经元的两个隐藏层的神经网络中，我们有 6278 个浮点数（输入为 26 个值，动作为 6 个浮点数）。每个浮点数占用 4 个字节，与随机种子使用的大小相同。因此，本文提出的深度 GA 表示在优化过程中将最大缩小到 6278 个值。

在我们的示例中，将在本地 CPU 上执行并行化，因此来回传输的数据量并不重要。但是，如果要使用数百个内核，则表示形式可能会成为一个重要问题。

```
NOISE_STD = 0.01
POPULATION_SIZE = 2000
PARENTS_COUNT = 10
WORKERS_COUNT = 6
SEEDS_PER_WORKER = POPULATION_SIZE // WORKERS_COUNT
MAX_SEED = 2**32 - 1
```

超参数集与 CartPole 示例中的相同，不同之处在于人群数量更大。

```
def mutate_net(net, seed, copy_net=True):
    new_net = copy.deepcopy(net) if copy_net else net
    np.random.seed(seed)
    for p in new_net.parameters():
        noise = np.random.normal(size=p.data.size())
        noise_t = torch.FloatTensor(noise)
        p.data += NOISE_STD * noise_t
    return new_net
```

根据给定的种子，有两个函数用于构建神经网络。第一个函数在已经创建的策略神经网络上执行一个突变，它可以就地执行突变，也可以通过基于参数复制目标神经网络来执行突变（第一代必须复制）。

```
def build_net(env, seeds):
    torch.manual_seed(seeds[0])
    net = Net(env.observation_space.shape[0],
              env.action_space.shape[0])
    for seed in seeds[1:]:
        net = mutate_net(net, seed, copy_net=False)
    return net
```

第二个函数使用种子列表从头开始创建神经网络。将第一个种子传到 PyTorch 以影响神经网络的初始化，然后使用后续种子来应用神经网络突变。

worker 函数获取要评估的种子列表，并为每个获得的结果输出单独的 OutputItem 元组。该函数保留神经网络的缓存，以最大限度地减少从种子列表重新创建参数所花费的时间。每个新生代都将清除此缓存，因为每个新生代都是由当前的优胜者创建的，因此只有很少的机会可以从缓存中重用旧神经网络。

```
OutputItem = collections.namedtuple(
    'OutputItem', field_names=['seeds', 'reward', 'steps'])

def worker_func(input_queue, output_queue):
    env = gym.make("RoboschoolHalfCheetah-v1")
    cache = {}
while True:
    parents = input_queue.get()
    if parents is None:
        break
    new_cache = {}
    for net_seeds in parents:
        if len(net_seeds) > 1:
            net = cache.get(net_seeds[:-1])
            if net is not None:
                net = mutate_net(net, net_seeds[-1])
            else:
                net = build_net(env, net_seeds)
        else:
            net = build_net(env, net_seeds)
        new_cache[net_seeds] = net
        reward, steps = evaluate(env, net)
```

```
        output_queue.put(OutputItem(
            seeds=net_seeds, reward=reward, steps=steps))
    cache = new_cache
```

master 进程的代码也很简单。对于每一代个体，我们都会将当前人群的种子发送给 worker 进行评估，然后等待结果。然后，我们对结果进行排序，并根据表现最佳的群体生成下一代人群。在 master 这边，突变只是随机产生的种子编号，并附加到父种子列表中。

```
batch_steps = 0
population = []
while len(population) < SEEDS_PER_WORKER * WORKERS_COUNT:
    out_item = output_queue.get()
    population.append((out_item.seeds, out_item.reward))
    batch_steps += out_item.steps
if elite is not None:
    population.append(elite)
population.sort(key=lambda p: p[1], reverse=True)

elite = population[0]
for worker_queue in input_queues:
    seeds = []
    for _ in range(SEEDS_PER_WORKER):
        parent = np.random.randint(PARENTS_COUNT)
        next_seed = np.random.randint(MAX_SEED)
        s = list(population[parent][0]) + [next_seed]
        seeds.append(tuple(s))
    worker_queue.put(seeds)
```

结果

要开始训练，只需启动源代码文件。对于每一代个体，它都会在控制台上显示结果：

```
Chapter20$ ./04_cheetah_ga.py
0: reward_mean=31.28, reward_max=34.37, reward_std=1.46, speed=5495.65 f/s
1: reward_mean=45.41, reward_max=54.74, reward_std=3.86, speed=6748.35 f/s
2: reward_mean=60.74, reward_max=69.25, reward_std=5.33, speed=6749.70 f/s
3: reward_mean=67.70, reward_max=84.29, reward_std=8.21, speed=6070.31 f/s
4: reward_mean=69.85, reward_max=86.38, reward_std=9.37, speed=6612.48 f/s
5: reward_mean=65.59, reward_max=86.38, reward_std=7.95, speed=6542.46 f/s
6: reward_mean=77.29, reward_max=98.53, reward_std=11.13, speed=6949.59 f/s
```

总体的动态类似于在相同环境下进行的 ES 实验，但相同的问题超出了 1010 奖励的局部最优值。经过 5 个小时和 250 代的训练后，智能体可以学会如何完美站立，但无法发现奔跑可以带来更多奖励。NS 方法可能可以克服此问题。

图 20.7 与图 20.8 显示了优化的动态。

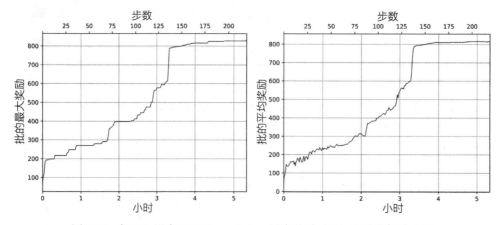

图 20.7　把 GA 用在 HalfCheetah 上：最大奖励（左）和平均奖励（右）

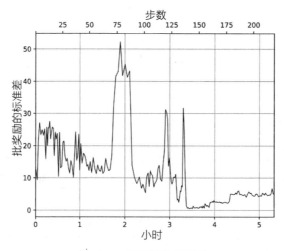

图 20.8　批奖励的标准差

20.4　总结

本章介绍了两个黑盒优化方法的示例：ES 和 GA，它们可以与其他分析型梯度方法相竞争。它们的优势在于可以在大量资源上实现良好的并行化，并且在奖励函数上具有较少的假设。

在下一章中，我们将研究现代 RL 开发的另一个领域：基于模型的方法。

20.5　参考文献

[1] *Tim Salimans, Jonathan Ho, Xi Chen, Szymon Sidor, Ilya Sutskever. Evolution Strategies as a Scalable Alternative to Reinforcement Learning,* arXiv:1703.03864

[2] *Felipe Petroski Such, Vashisht Madhavan, and others. Deep Neuroevolution: Genetic Algorithms Are a Competitive Alternative for Training Deep Neural Networks for Reinforcement Learning,* arXiv:1712.06567

[3] *Joel Lehman and Kenneth O. Stanley, Abandoning Objectives: Evolution through the Search for Novelty Alone, Evolutionary Computation.* Volume 19 Issue 2, Summer 2011, Pages 189-223.

第 21 章

高级探索

接下来，我们将讨论 RL 中的探索主题。书中多次提到探索与利用困境是 RL 中的基础，对如何有效学习起了重要作用。但是，在前面的示例中，我们只使用了很简单的方法来探索环境，在大多数情况下，就是 ε-greedy 动作选择。现在是时候更深入地研究 RL 探索的子领域了。

在本章中，我们将：

- ❑ 讨论为什么探索是 RL 中如此重要的主题。
- ❑ 探索 ε-greedy 方法的效力。
- ❑ 了解替代方案，并在不同的环境中进行尝试。

21.1　为什么探索很重要

本书讨论了许多环境和方法，而几乎在每一章中都提到了探索。很可能你已经知道了有效地探索环境为何如此重要，因此，我仅列出主要原因。

在此之前，同意"有效探索"一词可能会有用。在理论 RL 中，对此存在严格的定义，但是宏观思想很简单直观。当我们不在以下状态浪费时间时，探索是有效的：智能体已经看过并熟悉的环境。智能体不应一遍又一遍地执行相同动作，而需要寻找全新的经验。正如我们已经讨论过的，探索必须和利用相平衡，它们是相反的，利用意味着使用我们的知识以最有效的方式获得最佳奖励。现在让我们快速讨论为什么我们会对有效探索感兴趣。

首先，对环境的良好探索可能会对我们学习良好策略的能力产生根本影响。如果奖励稀疏并且智能体在一些罕见的条件下才能获得很好的奖励，则智能体可能在很多片段中才能获得一次正奖励，因此学习过程中，有效而全面地探索环境的能力可能会带来更多正奖励的样本，以用于方法的学习。

在某些情况下（这在 RL 的实际应用中非常常见），缺少良好的探索可能意味着该智能体根本不会获得正奖励，这使得其他一切都变得毫无用处。如果没有好的样本可以学习，即使使用最有效的 RL 方法，它唯一可以学到的事情是现在无法获得丰厚的奖励。这是我们周围许多有趣问题的实际情况。在本章的后面，我们将详细研究 MountainCar 环境，它不是很复杂，但是由于稀疏的奖励方案导致它很难被解决。

另一方面，即使奖励不稀疏，由于拥有更好的收敛性和训练稳定性，有效的探索也会提高训练速度。发生这种情况是因为我们从环境中获取的样本变得更加多样化，并且与环境的通信减少了。因此，我们的 RL 方法有机会在较短的时间内学习到更好的策略。

21.2　ε-greedy 怎么了

在整本书中，我们都使用 ε-greedy 探索策略作为一种简单可接受的探索环境的方法。ε-greedy 背后的基本思想是采取概率为 ε 的随机动作。否则，我们会（以 $1-\varepsilon$ 的概率）贪婪地行动。通过更改超参数 ε，我们可以更改探索比率。书中描述的大多数基于价值的方法都使用了这种方法。

在基于策略的方法中使用了非常类似的想法，我们的神经网络返回的是要执行动作的概率分布。为了防止神经网络对动作过于确定（通过为特定动作返回 1 的概率，为其他动作返回 0 的概率），我们添加了熵损失——概率分布的熵乘以某个超参数。在训练的早期阶段，这个熵损失使神经网络趋向于执行随机行动（正则化概率分布），但是在后期阶段，当我们充分探索了环境并且奖励相对较高时，策略的梯度将领先熵正则化，占据主导地位。但是，此超参数需要调优才能正常工作。

从高层面来看，两种方法做的事一样：探索环境，将随机性引入动作。但是，最近的研究表明，这种方法远非理想做法：

❑ 对于价值迭代方法，在我们的某些轨迹中执行的随机动作会将偏差引入 Q 值估计中。Bellman 方程假设下一个状态的 Q 值是从 Q 值最大的动作中获得的。换句话说，轨迹的剩余部分应该来自最优行为。但是，使用 ε-greedy 时，我们可能不会执行最优动作，而只是执行随机动作，并且这条轨迹将在回放缓冲区中存储很长一段时间，直到 ε 被衰减并且旧样本从缓冲区中被剔除为止。在此之前，我们将学习错误的 Q 值。

❑ 随着随机动作注入轨迹，我们的策略在每一步都会变化。根据 ε 值或熵损失系数定义的频率，我们的轨迹会不断在随机策略和当前策略之间连续切换。在需要执行多个步骤才能到达环境状态空间中某些孤立区域的情况下，这可能会导致状态空间覆盖不足。

为了说明最后一个问题，让我们考虑一个简单的示例，该示例取自 Strehl 和 Littman

于 2008 年发表的论文 "An analysis of model-based Interval Estimation for Markov Decision Processes" [1]。该示例称为 "River Swim"，它为智能体需要穿越的河流建模。环境包含六个状态和两个动作（左行和右行）。图 21.1 是前两个状态（1 和 2）的转换图。

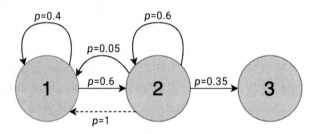

图 21.1　River Swim 环境的前两个状态的转移

在第一种状态（显示为第一个圆圈）中，智能体站在河岸地面上。唯一的动作是右行，这意味着进入河流并逆着水流进入状态 2。但是水流很大，我们从状态 1 采取的右行动作仅有 60% 的概率能成功（从状态 1 到状态 2 的实线）。

有 40% 的概率，水流会使我们保持在状态 1（将状态 1 与其自身相连的曲实线）。

在第二个状态（第二个圆圈）中，我们有两个动作：左行（用连接状态 2 和 1 的虚线表示（此动作始终成功）），以及右行（这意味着逆着水流游向状态 3）。像以前一样，逆着水流游动很困难，因此从状态 2 进入状态 3 的概率仅为 35%（将状态 2 和状态 3 连接起来的实线）。我们的右行动作有 60% 的概率结束于相同状态（将状态 2 连接到其自身的曲实线）。但是有时候，尽管我们付出了很大的努力，右行动作最终以状态 1 结束，该状态发生的概率为 5%（连接状态 2 和 1 的曲实线）。

River Swim 中有六个状态，但是状态 3、4 和 5 的状态转换与状态 2 的状态转换相同。完整的状态图如图 21.2 所示。最后一个状态 6 与状态 1 类似，因此那里只有一个动作可用：左行，表示往回游。

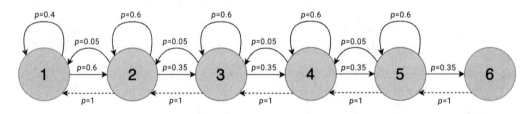

图 21.2　River Swim 环境的完整状态转移图

在奖励方面，智能体从状态 1 到状态 5 转移获得的奖励很小，为 1，但是进入状态 6 时获得的奖励非常高，为 1000，这是对逆流而行的补偿。

尽管环境很简单，但其结构却为 ε-greedy 策略能否充分探索状态空间提供了很好的场景。为了检查这一点，我在 Chapter21/riverswim.py 中实现了对该环境的非常简单的模拟。模拟的智能体总是随机执行动作（ε=1），模拟的结果是各种状态被访问的频率。智能体在一个片段中最多能执行 10 步，但这可以使用命令行改变。代码非常简单，因此让我们检查一下实验结果：

```
$ ./riverswim.py
1: 40
2: 39
3: 17
4: 3
5: 1
6: 0
```

使用默认的命令行选项执行了 100 步（10 个片段）的模拟。如你所见，该智能体从未到达状态 6，而仅进入状态 5。通过增加片段的数量，情况有所改善，但改善得并不多：

```
$ ./riverswim.py -n 1000
1: 441
2: 452
3: 93
4: 12
5: 2
6: 0
```

模拟了 10 倍的片段后，我们仍然没有访问状态 6，因此智能体对那里的丰厚奖励一无所知。

```
$ ./riverswim.py -n 10000
1: 4056
2: 4506
3: 1095
4: 281
5: 57
6: 5
```

只有模拟了 10 000 个片段 2，我们才能进入状态 6，但是也只有 5 次，占所有步骤的 0.05%。即使采用最好的 RL 方法，训练也不太可能有效。而且，这还只是 6 个状态。想象在 20 或 50 个状态的情况下效率会多低。例如，在 Atari 游戏中，在发生一些有趣的事情之前，可能需要做出数百个决策。

如果愿意，你可以尝试实验一下 riverswim.py 工具，该工具可以更改随机种子、片段中的步数、步长总数，甚至环境中的状态数。

这个简单的例子说明了探索中随机动作的问题。通过随机行动，我们的智能体不会尝试积极地探索环境。我们只是希望随机动作会带来新的经验，但这并不总是最好的做法。

现在让我们讨论更有效的探索方法。

21.3 其他探索方式

在本节中，我们将概述探索问题的一组替代方法。

我们将研究三种不同的探索方法：

❑ **策略中的随机性**，我们将随机性添加到用于获取样本的策略中。这个系列中的方法是噪声网络，我们已经讨论过了。

❑ **基于计数的方法**，该方法可跟踪智能体看过特定状态的次数。我们将研究两种方法：状态的直接计数方法和状态的伪计数方法。

❑ **基于预测的方法**，该方法尝试根据状态和预测质量来预测某些内容。我们可以判断智能体对这种状态的熟悉程度。为了说明这种方法，我们将看一下策略蒸馏方法，该方法显示了在探索困难的 Atari 游戏（如蒙特祖玛的复仇）中的最先进的结果。

在下一节中，我们将实现所描述的方法来解决玩具问题（但仍具挑战性），即 MountainCar。这将使我们能够更好地理解这些方法、它们的实现方式及行为。之后，我们将尝试解决 Atari 套件中的一个更难的问题。

21.3.1 噪声网络

让我们从已经熟悉的方法开始。当讨论深度 Q-network 的扩展时，我们在第 8 章中介绍了称为"噪声网络"[2] 的方法。该方法是将高斯噪声添加到网络的权重中，并使用反向传播学习噪声参数（均值和方差），与学习模型的权重一样。在第 8 章中，这种简单的方法极大地促进了 Pong 训练。

从高层次看，这看起来与 ε-greedy 方法非常相似，但是该论文 [2] 的作者声称其有所不同。区别在于我们将随机性应用于神经网络的方式。在 ε-greedy 中，随机性被添加到动作中。在噪声网络中，随机性被注入神经网络本身的一部分中（靠近输出的几个全连接层），这意味着向当前的策略增加了随机性。另外，在训练过程中可能会学到噪声参数，因此如果需要，训练过程可能会增加或减少此策略的随机性。

根据该论文，需要不时地对噪声层中的噪声进行采样，这意味着训练样本不是由当前的策略产生的，而是由整体策略产生的。这样，我们的探索就变得可控了，因为权重上的随机值会产生不同的策略。

21.3.2 基于计数的方法

这一系列方法基于直觉访问以前未探索的状态。在简单的情况下，即状态空间不是很大并且不同状态可以轻松地区分时，我们只需计算看过的状态或状态 + 动作的次数，偏向进入该次数较少的状态。

这可以实现为一种内在奖励，该内在奖励被添加到从环境中获得的奖励（在此情况下称为外在奖励）中。制定此类奖励的一种选择是使用 bandits 探索方法（这是 RL 问题的重要变体): $r_i = c\dfrac{1}{\sqrt{\tilde{N}(s)}}$。其中 $\tilde{N}(s)$ 是我们看过的状态 s 的次数或伪次数,值 c 定义了内在奖励的权重。

如果状态很少(例如在表格型学习中的情况),我们就可以对它们进行计数。在更困难的情况下(当状态太多时),需要引入状态的某种转换,例如哈希函数或状态的某种 embedding。

对于伪计数方法,$\tilde{N}(s)$ 被分解为密度函数和所访问状态的总量。有几种不同的方法可以做到这一点,但是它们可能难以实现,因此在本章中我们不会处理这种复杂的情况。如果你好奇,可以查看 Georg Ostrovski 等人于 2017 年发表的论文 "Count-Based Exploration with Neural Density Models"[3]。

引入内在奖励的一种特殊情况称为好奇心驱动的探索,此时我们根本不考虑来自环境的奖励。在这种情况下,智能体经验的新颖性会 100% 地推动训练和探索。令人惊讶的是,这种方法不仅在发现环境中的新状态方面非常有效,在学习优质策略方面也非常有效。

21.3.3 基于预测的方法

第三类探索方法基于根据环境数据预测某些东西的另一种思想。如果智能体可以做出准确的预测,则意味着智能体对于这种场景足够了解了,因此不值得探索。

但是,如果发生异常情况并且我们的预测明显偏离,这可能意味着我们需要关注当前所处的状态。有许多不同的方法可以执行此操作,但是在本章中,我们将讨论 Yuri Burda 等人于 2018 年发表的论文 "Exploration by random network distillation"[4] 中介绍的一种方法。作者能够在 Atari 的探索困难的游戏中获得最先进的结果。

论文中使用的方法非常简单:我们添加内在奖励,该奖励是根据一个神经网络(正在训练)预测来自另一个随机初始化(未经训练)的神经网络的输出能力来计算的。这两个神经网络的输入都是当前观察值,内在奖励与预测的均方误差(MSE)成正比。

21.4 MountainCar 实验

在本节中,我们将尝试在一个简单但仍具有挑战性的环境中实现并比较不同探索方法的效果,该环境可被归类为与 CartPole 非常相似的"经典 RL"问题。但是与 CartPole 相比,MountainCar 问题从探索的角度来看非常具有挑战性。

图 21.3 显示了该问题的样例图,该图包含从山谷底部开始的小型汽车。汽车可以左右移动,目标是到达右侧的山顶。

这里的诀窍在于环境的动态和动作空间。为了达到最高点,需要以特定方式应用动作来回摆动汽车以使其加速。换句话说,智能体需要将动作应用很多次,以使汽车行驶得更快,并最终到达最高点。

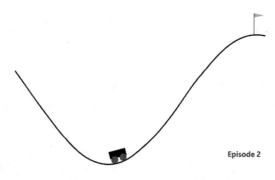

图 21.3　MountainCar 环境

　　显然，仅通过随机动作很难实现动作的协调，因此从探索的角度来看，这个问题很难解决，并且与 River Swim 示例非常相似。

　　在 Gym 中，此环境的名称为 `MountainCar-v0`，它具有非常简单的观察和动作空间。观察值只是两个数字：第一个数字给出汽车的水平位置，第二个数字是汽车的速度。动作可以是 0、1 或 2，其中 0 表示将汽车向左推，1 表示不施加力，而 2 表示将汽车向右推。以下是 Python REPL 中对此的简单演示。

```
>>> import gym
>>> e = gym.make("MountainCar-v0")
>>> e.reset()
array([-0.53143793,  0.        ])
>>> e.observation_space
Box(2,)
>>> e.action_space
Discrete(3)
>>> e.step(0)
(array([-0.51981535, -0.00103615]), -1.0, False, {})
>>> e.step(0)
(array([-0.52187987, -0.00206452]), -1.0, False, {})
>>> e.step(0)
(array([-0.52495728, -0.00307741]), -1.0, False, {})
>>> e.step(0)
(array([-0.52902451, -0.00406722]), -1.0, False, {})
>>> e.step(1)
(array([-0.53305104, -0.00402653]), -1.0, False, {})
>>> e.step(1)
(array([-0.53700669, -0.00395565]), -1.0, False, {})
>>> e.step(1)
(array([-0.54086181, -0.00385512]), -1.0, False, {})
>>> e.step(1)
(array([-0.54458751, -0.0037257 ]), -1.0, False, {})
```

如你所见，在每一步上我们都获得 –1 的奖励，因此智能体需要学习如何尽快达到目标，以尽可能少地获得负奖励。默认情况下，步数限制为 200，因此，如果我们没有达到目标（大多数情况下会发生），则总奖励为 –200。

21.4.1　使用 ε-greedy 的 DQN 方法

我们要检查的第一种方法是传统的 ε-greedy 探索方法。它在源文件 `Chapter21/mcar_dqn.py` 中实现。我不会在这里展示源代码。源文件在 DQN 方法的基础上实现了各种探索策略，以便在它们之间进行选择。选项 `-p` 允许你指定超参数集。要启动普通的 ε-greedy 方法，需要传入 `-p egreedy` 选项。在前 10^5 个训练步骤中，超参数 ε 从 1.0 降低到 0.02。

训练非常快。完成 10^5 个训练步骤仅需两到三分钟。但是从图 21.4 与图 21.5 中可以明显看出，在这 10^5 个步骤（共 500 个片段）中，我们甚至没有到达过目标状态。随着我们的 ε 衰落，这确实是一个坏消息，因此我们将来不会再进行很多探索了。

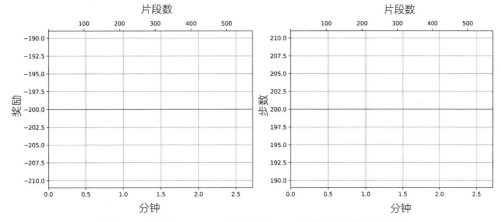

图 21.4　使用 ε-greedy 策略进行 DQN 训练时的奖励和步数

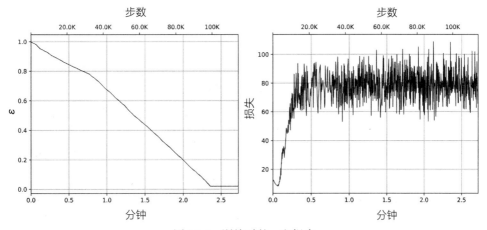

图 21.5　训练时的 ε 和损失

我们仍然执行的 2% 的随机动作是不够的，因为它需要数十个协调的步骤才能到达山顶（MountainCar 的最佳策略获得的总奖励约为 –80）。现在，我们可以继续进行数百万步的训练，但是从环境中获得的唯一数据将是消耗 200 步、总收益为 –200 的片段。这再次说明了探索的重要性。无论我们采用哪种训练方法，如果没有适当的探索，训练可能都只会失败。

那么，我们该怎么办？如果想继续使用 ε-greedy，唯一的选择就是探索更长的时间。你可以尝试使用 -p egreedy 模式的超参数进行试验，但是我走到了极端，并实现了 -p egreedy-long 超参数集。

在这种情况下，我们会一直保持 ε=1.0，直到至少一个片段的总奖励高于 –200。一旦发生这种情况，我们便开始以正常方式进行训练，随后的 10^6 帧将 ε 从 1.0 降低到 0.02。由于我们不进行训练，因此在最初的探索阶段，它的运行速度通常快 5 ~ 10 倍。要以这种模式开始训练，需要使用以下命令行：$ ./mcar_dqn.py -n t1 -p egreedy-long。

不幸的是，即使对 ε-greedy 进行了改进，它仍然无法解决该环境。我将该版本运行了 5 个小时，但是在 50 万片段之后，甚至还没有见过一个到达目标的样本，所以我放弃了。当然，你可以尝试更长的时间。

21.4.2　使用噪声网络的 DQN 方法

要将噪声网络方法应用于 MountainCar 问题，我们只需要用 NoisyLinear 类替换两层神经网络中的一层，因此我们的架构将如下所示：

```
MountainCarNoisyNetDQN(
  (net): Sequential(
    (0): Linear(in_features=2, out_features=128, bias=True)
    (1): ReLU()
    (2): NoisyLinear(in_features=128, out_features=3, bias=True)
  )
)
```

NoisyLinear 类和第 8 章中的版本之间的唯一区别是这个版本有一个显式方法 sample_noise() 来更新噪声张量，因此我们需要在每次训练迭代时调用此方法。否则，训练期间的噪声将保持恒定。将来使用基于策略的方法（该方法要求噪声在相对较长的轨迹周期内保持恒定）进行实验时需要进行这种修改。任何情况下修改都很简单，我们只需要偶尔调用此方法。在 DQN 方法的情况下，每次训练迭代都会调用它。你可以在模块 Chapter21/lib/dqn_extra.py 中找到 NoisyLinear 类的代码。

代码与之前相同，因此要激活噪声网络，你需要使用 -p noisynet 命令行执行训练。图 21.6、图 21.7 和图 21.8 是经过将近三个小时的训练后得到的结果。

如你所见，训练过程无法达到 –130 的平均奖励（代码中的要求），但是在执行了 2 万个片段之后，我们发现了目标状态，与 ε-greedy 相比（50 万片段都没有得到任何目标状态的实例），这是一个很大的进步。实际上，训练过程是在 1 万个片段之后发现目标状态的（图

21.6 中线上的小颠簸），但是很显然，该方法从该样本中学不到任何东西。

此外，从图 21.6 中可以明显看出，训练过程进行了三次尝试来学习如何改进策略，但均失败了。可能可以通过超参数调整来改善此状况，例如，降低学习率并增加回放缓冲区大小。无论如何，这是一个不错的改进，并且显示了噪声网络相对于传统 ε-greedy 方法的优势。

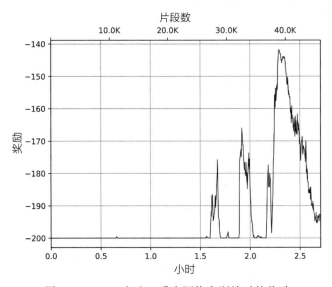

图 21.6　DQN 方法 + 噪声网络在训练时的奖励

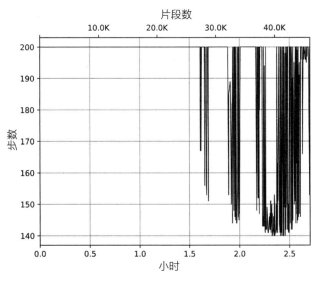

图 21.7　训练片段的长度

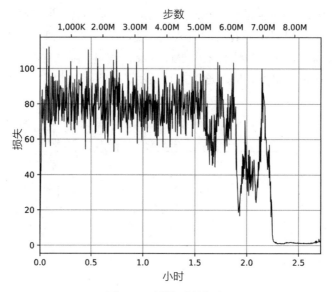

图 21.8 训练时的损失

21.4.3 使用状态计数的 DQN 方法

我们将应用于 DQN 方法的最后一种探索技术是基于计数的探索。由于我们的状态空间只是两个浮点值，因此我们将数值四舍五入到小数点后三位，从而离散化观察值，这应该能提供足够的精度以区分不同的状态，但仍将相似的状态组合在一起。对于每个单独的状态，我们都会保留以前看过该状态的次数，并以此为智能体提供额外的奖励。对于离线策略方法，在训练时修改奖励可能不是最好的主意，但我们还是检查一下效果。

和以前一样，我将不提供完整的源代码，只强调与基础版本的差异。首先，我们将包装器应用于环境以跟踪计数器并计算内在奖励值。包装器的代码在 Chapter21/lib/common.py 模块中，如下所示。

```
class PseudoCountRewardWrapper(gym.Wrapper):
    def __init__(self, env, hash_function = lambda o: o,
                 reward_scale: float = 1.0):
        super(PseudoCountRewardWrapper, self).__init__(env)
        self.hash_function = hash_function
        self.reward_scale = reward_scale
        self.counts = collections.Counter()
```

在构造函数中，我们接受要包装的环境、要应用于观察值的可选 hash 函数以及内在奖励的缩放大小。我们还为计数器创建了容器，该容器会将 hash 后的状态映射成我们看过的次数。

```
def _count_observation(self, obs) -> float:
    h = self.hash_function(obs)
    self.counts[h] += 1
    return np.sqrt(1/self.counts[h])
```

我们定义辅助函数来计算状态的内在奖励值。它将哈希应用于观察值、更新计数器，并使用我们已经看到的公式计算奖励。

```
def step(self, action):
    obs, reward, done, info = self.env.step(action)
    extra_reward = self._count_observation(obs)
    return obs, reward + self.reward_scale * extra_reward, \
            done, info
```

包装器的最后一个方法负责环境步骤，在其中我们调用辅助函数以获取奖励并返回外在奖励和内在奖励的总和。

要应用包装器，我们需要将 hash 函数传递给它，这非常简单。

```
def counts_hash(obs):
    r = obs.tolist()
    return tuple(map(lambda v: round(v, 3), r))
```

可能三个数字太多了，因此你可以尝试使用另一种 hash 状态的方式。

要开始训练，请将 -p counts 传给训练程序。我的结果有点令人惊讶：该方法仅用了 27 分钟和 9300 个片段就解决了环境，这非常令人印象深刻。我得到的输出的最后一部分如下所示：

```
Episode 9329: reward=-66.44, steps=93, speed=1098.5 f/s, elapsed=0:27:49
Episode 9330: reward=-72.30, steps=98, speed=1099.0 f/s, elapsed=0:27:49
Episode 9331: reward=-125.27, steps=158, speed=1099.5 f/s, elapsed=0:27:49
Episode 9332: reward=-125.61, steps=167, speed=1100.0 f/s, elapsed=0:27:49
Episode 9333: reward=-110.20, steps=132, speed=1100.5 f/s, elapsed=0:27:49
Episode 9334: reward=-105.95, steps=128, speed=1100.9 f/s, elapsed=0:27:49
Episode 9335: reward=-108.64, steps=129, speed=1101.3 f/s, elapsed=0:27:49
Episode 9336: reward=-64.87, steps=91, speed=1101.7 f/s, elapsed=0:27:49
Test done: got -89.000 reward after 89 steps, avg reward -131.206
Episode 9337: reward=-125.58, steps=158, speed=1101.0 f/s, elapsed=0:27:50
Episode 9338: reward=-154.56, steps=193, speed=1101.5 f/s, elapsed=0:27:50
Episode 9339: reward=-103.58, steps=126, speed=1101.9 f/s, elapsed=0:27:50
Episode 9340: reward=-129.93, steps=179, speed=1102.4 f/s, elapsed=0:27:50
Episode 9341: reward=-132.21, steps=170, speed=1097.8 f/s, elapsed=0:27:50
Episode 9342: reward=-125.93, steps=167, speed=1098.3 f/s, elapsed=0:27:50
Test done: got -88.000 reward after 88 steps, avg reward -129.046
Reward boundary has crossed, stopping training. Contgrats!
```

图 21.9、图 21.10 和图 21.11 显示了训练的动态。

如你所见，由于添加了内在奖励，所以训练片段的奖励并不是 –200，但是步数显示了目标状态的位置。

图 21.11 显示了测试片段。在测试期间，未添加任何内在奖励。

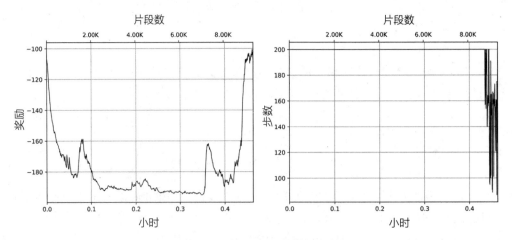

图 21.9 训练片段的奖励和步数

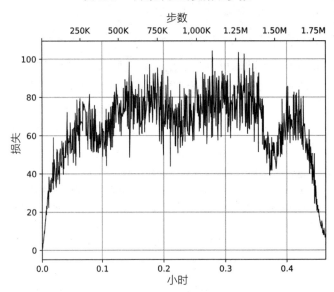

图 21.10 训练时的损失

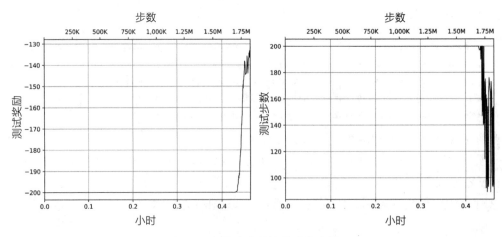

图 21.11 测试片段的奖励和步数

21.4.4　近端策略优化方法

我们将针对 MountainCar 问题进行的另一组实验与在线策略方法近端策略优化（PPO）有关。这种选择有多种动机。首先，正如你在 DQN 方法 + 噪声网络示例中看到的那样，当好的样例很少时，DQN 很难迅速采纳它们。这可以通过增加回放缓冲区大小并切换到优先级缓冲区来解决，或者可以尝试在线策略方法，这些方法会根据获得的经验立即调整策略。

选择此方法的另一个原因是在训练过程中更改奖励。基于计数的探索和策略蒸馏引入了内在奖励成分，该成分可能会随着时间而改变。基于价值的方法可能对潜在奖励的修改很敏感，因为从根本上讲，它们需要在训练期间重新学习价值。在线策略方法应该不会有任何问题，因为奖励的增加只是将重点更多地放在奖励更高（从策略梯度角度来看）的样本上。

最后一个原因是研究两个 RL 方法系列的探索策略会很有趣。为此，在文件 Chapter21/mcar_ppo.py 中，我们有一个 PPO，其中有适用于 MountainCar 的各种探索策略。该代码与置信域方法中的 PPO 并没有太大区别，因此不再赘述。

要启动正常的 PPO 而不进行额外的探索调整，应该运行命令 ./mcar_ppo.py-n t1 -p ppo。

提醒一下，PPO 属于策略梯度方法系列，它限制了训练期间新旧策略之间的 Kullback-Leibler 散度，避免了过大的策略更新。我们的神经网络有两个输出端：actor 和 critic。actor 神经网络返回动作（我们的策略）上的概率分布，critic 估计状态的价值。critic 使用 MSE 损失进行训练，而 actor 则受到 PPO 代理的目标驱动。除了这两个损失外，我们通过应用由超参数 β（指定缩放比例）缩放后的熵损失来正则化策略。到目前为止，这里没有新内容。以下是 PPO 的网络结构：

```
MountainCarBasePPO(
  (actor): Sequential(
    (0): Linear(in_features=2, out_features=64, bias=True)
    (1): ReLU()
    (2): Linear(in_features=64, out_features=3, bias=True)
  )
  (critic): Sequential(
    (0): Linear(in_features=2, out_features=64, bias=True)
    (1): ReLU()
    (2): Linear(in_features=64, out_features=1, bias=True)
  )
)
```

经过将近 6 个小时的训练，基本 PPO 能够解决环境问题。以下是输出的最后几行：

```
Episode 185255: reward=-159, steps=159, speed=4290.6 f/s, elapsed=5:48:50
Episode 185256: reward=-154, steps=154, speed=4303.3 f/s, elapsed=5:48:50
Episode 185257: reward=-155, steps=155, speed=4315.9 f/s, elapsed=5:48:50
```

```
Episode 185258: reward=-95, steps=95, speed=4329.2 f/s, elapsed=5:48:50
Episode 185259: reward=-151, steps=151, speed=4342.6 f/s, elapsed=5:48:50
Episode 185260: reward=-148, steps=148, speed=4356.5 f/s, elapsed=5:48:50
Episode 185261: reward=-149, steps=149, speed=4369.7 f/s, elapsed=5:48:50
Test done: got -101.000 reward after 101 steps, avg reward -129.796
Reward boundary has crossed, stopping training. Contgrats!
```

如图 21.12 ~ 图 21.14 所示，尽管经过了 5 个多小时的训练，PPO "仅"需要 18.5 万的片段就能找出最佳行为，这比使用基于计数器探索的 DQN 方法要差，但仍然比使用 ε-greedy 探索的 DQN 方法要好。

从前面的训练动态图中，你可以看到 PPO 在短短一个小时的训练和 2.5 万个片段后很快就发现了目标状态。在剩余的训练中，它完善了该策略，这表明熵正则化可能太激进了。

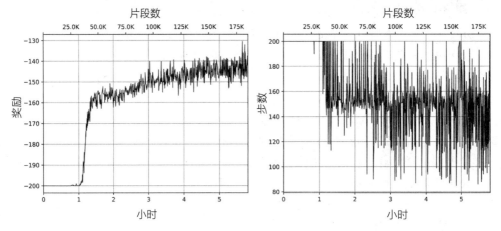

图 21.12　训练片段的奖励和步数

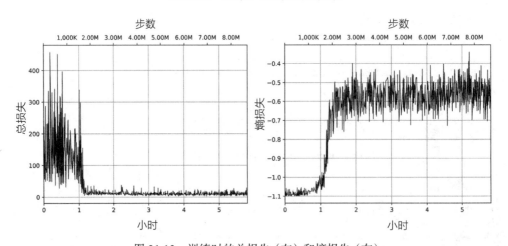

图 21.13　训练时的总损失（左）和熵损失（右）

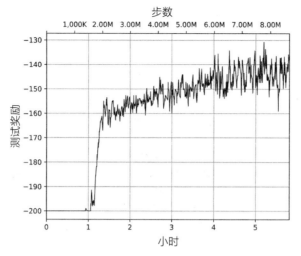

图 21.14　测试奖励的动态

21.4.5　使用噪声网络的 PPO 方法

与 DQN 方法一样，我们可以将噪声网络探索方法应用于 PPO 方法。为此，我们需要用 NoisyLinear 层替换 actor 的输出层。仅 actor 网络需要受到影响，因为我们希望仅将噪声注入策略中，而不是注入价值估计中。

新的 PPO 网络如下所示：

```
MountainCarNoisyNetsPPO(
  (actor): Sequential(
    (0): Linear(in_features=2, out_features=128, bias=True)
    (1): ReLU()
    (2): NoisyLinear(in_features=128, out_features=3, bias=True)
  )
  (critic): Sequential(
    (0): Linear(in_features=2, out_features=128, bias=True)
    (1): ReLU()
    (2): Linear(in_features=128, out_features=1, bias=True)
  )
)
```

与噪声网络的应用程序有关的一个细微差别是：需要对随机噪声进行采样。在第 8 章中，当你第一次遇到噪声网络时，会在 NoisyLinear 层的每一个 forward() 中对噪声进行采样。根据原始的研究论文，这对于离线策略方法很好，但是对于在线策略方法而言，则需要以不同的方式进行。确实，当我们训练在线策略时，会获得当前策略产生的训练样本并计算策略梯度，这将推动策略朝着改善的方向前进。噪声网络的目标是注入随机性，但是正如我们已经讨论的那样，我们更喜欢定向探索，而不是每一步都只是随机改变策略。

考虑到这一点，`NoisyLinear` 层中的随机组件无须在每次 `forward()` 之后都进行更新，而需要不那么频繁地进行更新。在我的代码中，我对每个 PPO 批中的噪声进行了重新采样，即 2048 次状态转移。

与以前一样，要开始训练，需要使用相同的工具，仅需传入参数 `-p noisynet`。在我的实验中，解决环境花了不到一个小时的时间。

```
Episode 29788: reward=-174, steps=174, speed=3817.1 f/s, elapsed=0:54:14
Episode 29789: reward=-166, steps=166, speed=3793.8 f/s, elapsed=0:54:14
Episode 29790: reward=-116, steps=116, speed=3771.2 f/s, elapsed=0:54:14
Episode 29791: reward=-154, steps=154, speed=3748.7 f/s, elapsed=0:54:14
Episode 29792: reward=-144, steps=144, speed=3727.0 f/s, elapsed=0:54:14
Test done: got -86.000 reward after 86 steps, avg reward -129.196
Reward boundary has crossed, stopping training. Contgrats!
```

训练的详细动态如图 21.15 ~ 图 21.17 所示。

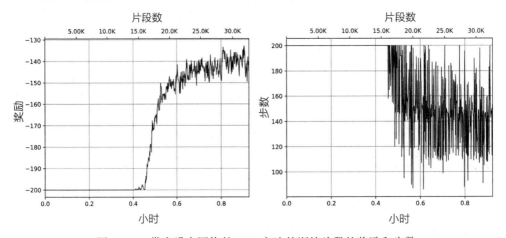

图 21.15　带有噪声网络的 PPO 方法的训练片段的奖励和步数

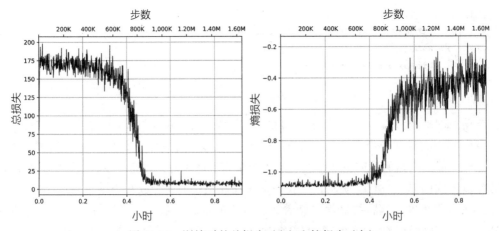

图 21.16　训练时的总损失（左）和熵损失（右）

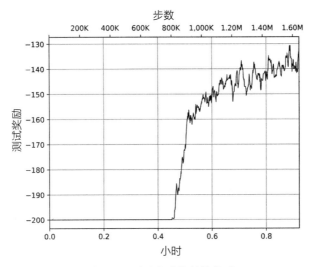

图 21.17 测试时获得的奖励

从这些图中可以明显看出，噪声网络为训练提供了重大改进。该版本可以更快地发现目标状态，而剩余的策略优化则效率更高。

21.4.6 使用基于计数的探索的 PPO 方法

在这种情况下，对 PPO 方法实现完全相同的基于计数的三位数 hash 方法，可以通过将 -p counts 传给训练过程来触发。

在我的实验中，该方法能够在一个多小时内解决环境问题，并且需要 5 万个片段。

```
Episode 49473: reward=-134, steps=143, speed=4278.1 f/s, elapsed=1:17:43
Episode 49474: reward=-142, steps=152, speed=4274.6 f/s, elapsed=1:17:43
Episode 49475: reward=-130, steps=145, speed=4272.4 f/s, elapsed=1:17:43
Episode 49476: reward=-107, steps=117, speed=4270.2 f/s, elapsed=1:17:43
Episode 49477: reward=-109, steps=119, speed=4268.3 f/s, elapsed=1:17:43
Episode 49478: reward=-140, steps=148, speed=4266.3 f/s, elapsed=1:17:43
Episode 49479: reward=-142, steps=151, speed=4264.8 f/s, elapsed=1:17:43
Episode 49480: reward=-136, steps=146, speed=4259.0 f/s, elapsed=1:17:43
Test done: got -114.000 reward after 114 steps, avg reward -129.890
Reward boundary has crossed, stopping training. Contgrats!
```

训练动态如图 21.18 ～图 21.20 所示。如前所述，由于内在奖励成分，训练奖励值高于测试期间的片段。

从这些图中可以看到与噪声网络几乎相同的动态。

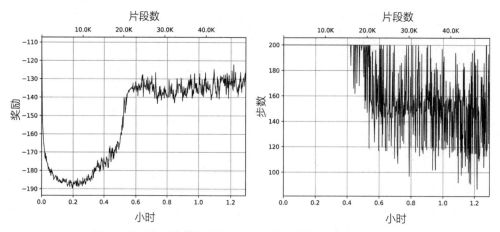

图 21.18　基于计数探索的 PPO 方法的训练片段的奖励和步数

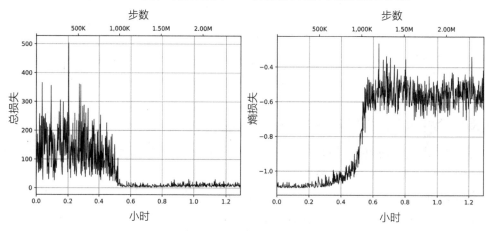

图 21.19　总损失和熵损失

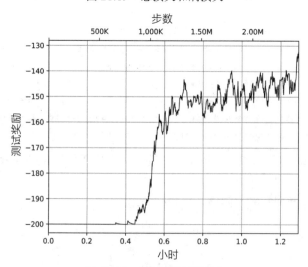

图 21.20　测试片段的奖励

21.4.7　使用网络蒸馏的 PPO 方法

作为 MountainCar 实验的最终探索方法，我实现了先前引用的论文[4]中的网络蒸馏方法。该方法中引入了两个额外的 NN。两者都需要将观察值映射到一个数值，就像我们的价值输出端一样。不同之处在于它们的使用方式。第一个 NN 是随机初始化的，并且未经训练。这将是我们的参考 NN。第二个经过训练以最大限度地减少第二个 NN 和第一个 NN 之间的 MSE 损失。另外，将神经网络输出之间的绝对差用作内在奖励成分。

这背后的想法很简单。智能体探索某种状态的能力越好，第二个 NN 将更好地预测第一个状态的输出。这将导致添加到总奖励中的内在奖励更小，最终将减少分配给样本的策略梯度。

在论文中，作者建议训练单独的价值输出端以分别预测内在奖励和外在奖励，但是对于这个示例，我决定保持简单，将两种奖励都添加到包装器中，就像我们在基于计数探索方法中所做的一样。这样可以最大限度地减少代码中的修改量。

关于那些额外的 NN 架构，我做了一个小实验，为两种 NN 尝试了几种架构。使用具有三层的参考 NN 可获得最佳结果，而训练好的 NN 仅需具有一层。因为我们的观察空间不是很大，所以这有助于防止训练好的 NN 过拟合。

这两个 NN 均在模块 Chapter21/lib/ppo.py 中的 MountainCarNetDistillery 类中实现。

```python
class MountainCarNetDistillery(nn.Module):
    def __init__(self, obs_size: int, hid_size: int = 128):
        super(MountainCarNetDistillery, self).__init__()

        self.ref_net = nn.Sequential(
            nn.Linear(obs_size, hid_size),
            nn.ReLU(),
            nn.Linear(hid_size, hid_size),
            nn.ReLU(),
            nn.Linear(hid_size, 1),
        )
        self.ref_net.train(False)

        self.trn_net = nn.Sequential(
            nn.Linear(obs_size, 1),
        )

    def forward(self, x):
        return self.ref_net(x), self.trn_net(x)

    def extra_reward(self, obs):
        r1, r2 = self.forward(torch.FloatTensor([obs]))
        return (r1 - r2).abs().detach().numpy()[0][0]

    def loss(self, obs_t):
        r1_t, r2_t = self.forward(obs_t)
        return F.mse_loss(r2_t, r1_t).mean()
```

代码很简单：除了 forward() 方法（它返回两个 NN 输出）外，该类还包括两个辅助方法，用于计算内在奖励和获取两个 NN 之间的损失。

要开始训练，需要将参数 -p distill 传给 mcar_ppo.py 程序。在我的实验中，代码花了四个小时才解决环境，这比其他方法要慢，但是速度下降是由我们需要做的额外工作引起的。在片段数量方面，需要 6.3 万，这与噪声网络和基于计数的方法相当。像往常一样，我的实现中可能存在一些错误和效率低下的情况，因此欢迎你对其进行改进以使其更快、更好。

```
Episode 62991: reward=-66, steps=122, speed=2468.0 f/s, elapsed=4:11:50
Episode 62992: reward=-42, steps=93, speed=2487.0 f/s, elapsed=4:11:50
Episode 62993: reward=-66, steps=116, speed=2505.1 f/s, elapsed=4:11:50
Episode 62994: reward=-70, steps=123, speed=2522.8 f/s, elapsed=4:11:50
Episode 62995: reward=-66, steps=118, speed=2540.2 f/s, elapsed=4:11:50
Episode 62996: reward=-70, steps=125, speed=2556.3 f/s, elapsed=4:11:50
Test done: got -118.000 reward after 118 steps, avg reward -129.809
Reward boundary has crossed, stopping training. Contgrats!
```

收敛动态如图 21.21 ~ 图 21.23 所示。

和以前一样，由于内在奖励成分，图中的训练片段具有更高的奖励。从图 21.22（右）中可以看出，在智能体发现目标状态之前，一切都是无聊的和可预测的，但是一旦确定了如何在 200 步之前结束片段，损失就会大大增加。

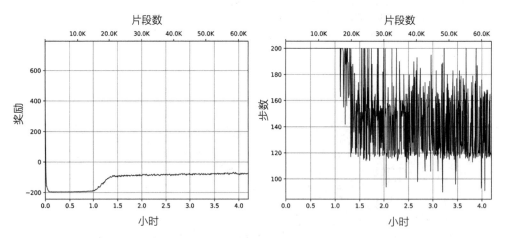

图 21.21　训练片段的奖励和步数

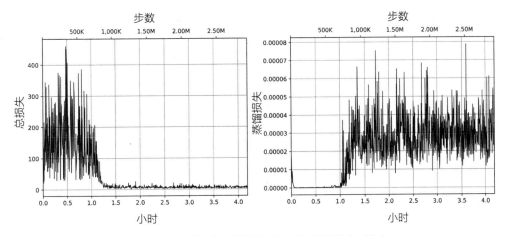

图 21.22 训练时的总损失（左）和蒸馏损失（右）

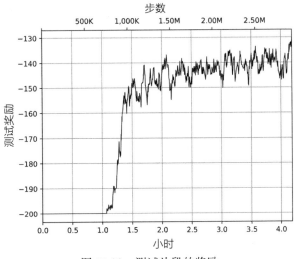

图 21.23 测试片段的奖励

21.5 Atari 实验

MountainCar 环境是一种快速尝试探索方法的优秀环境，但是为了总结本章，我加入了 DQN 和 PPO 方法的 Atari 版本，它们都用了上述的一些探索调整。我使用了 Seaquest 作为主要环境，这是一款利用潜艇去射击鱼和敌方潜艇并拯救海底观察员的游戏。该游戏不像蒙特祖玛的复仇游戏那样著名，但是它仍然可以被认为是中等难度的探索，因为要继续游戏，你需要控制氧气水平。当它变低时，潜艇需要上浮一段时间。如果氧气水平降低时潜艇不上浮，则片段将在 560 步后结束，最高奖励为 20。但是一旦智能体学会了如何补充氧气, 游戏就可能不会结束, 并为智能体带来 1 万 ~ 10 万的得分。令人惊讶的是, 传统的探索方法难以发现这一点。通常情况下, 训练会止步于 560 步, 之后氧气耗尽、潜艇覆灭。

Atari 的缺点是, 每个实验至少需要一天的训练才能检查效果, 因此我的代码和超参数远非最佳, 但它们可能对你进行自己的实验会有帮助。如果你发现改善代码的方法, 请在 GitHub 上分享你的发现。

与以前一样, 有两个程序文件: `Chapter21/atari_dqn.py` 通过 ε-greedy 和噪声网络探索实现 DQN 方法; `Chapter21/atari_ppo.py` 是具有可选的噪声网络和网络蒸馏方法的 PPO 方法。要在超参数之间切换, 需要使用命令行的 `-p`。

以下是我从几次代码运行中获得的结果。

21.5.1 使用 ε-greedy 的 DQN 方法

出乎意料的是, ε-greedy 表现得很好。在最初的 100 万步中, 使用 100 万回放缓冲区并将 ε 从 1.0 衰减到 0.02, 它能够发现如何获取氧气, 并且从图 21.24 看, 几乎没有 560 步的边界 (在其他方法中可以看到)。经过 13 个小时的训练, ε-greedy 能够获得 12 ~ 15 的平均奖励, 这是一个很好的结果。但是训练不是很稳定, 这表明可能需要对超参数进行调整才能获得更好的结果。

在 DQN 版本中, 我们使用了 Dueling、Double DQN 和 N 步 DQN (N=4)。

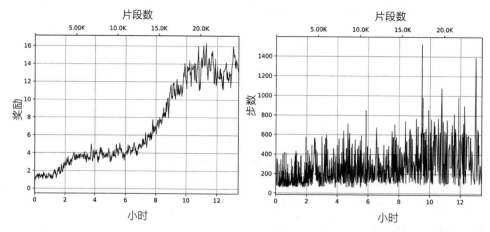

图 21.24 在 Seaquest 环境上使用 ε-greedy 探索方法的 DQN 方法的奖励和步数

不幸的是, 我没有对带有噪声网络的 DQN 方法进行足够的测试, 该方法已在代码中实现, 并且可以通过 `-p noisynet` 启用。通过足够的调优, 它的性能可能会好得多。

改进的另一个方向可能是使用带优先级的回放缓冲区, 因为成功的样例可能很少。无论如何, 还有很多实验方向, 留作你的练习了。

21.5.2　经典的 PPO 方法

如图 21.25 ~ 图 21.27 所示，具有熵正则化的经典 PPO 方法显示出更稳定的训练效果，并且在 13 个小时后，其平均奖励为 18 ~ 19。同时，片段步数存在明显的界限，这可能会成为进一步改善策略的问题。熵正则化系数可能太高（$\beta=0.1$），应降低一些。

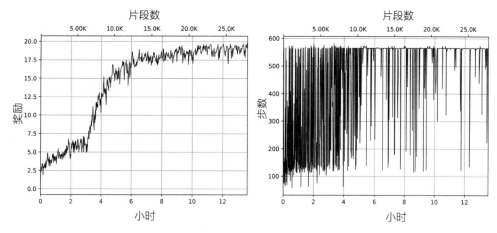

图 21.25　PPO 方法的训练奖励和步数

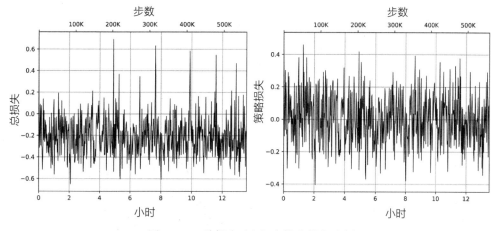

图 21.26　总损失（左）和策略损失（右）

价值损失图（图 21.27）中的高峰值可能表明需要增加价值输出端的学习率。目前，我使用了具有相同学习率的通用优化器。

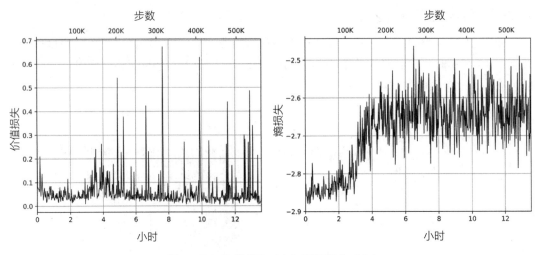

图 21.27　价值损失（左）和熵损失（右）

21.5.3　使用网络蒸馏的 PPO 方法

网络蒸馏的实现遵循论文[4]的建议，并采用不同的输出端来预测内在奖励和外在奖励。用于训练这些输出端的参考值的计算与经典 PPO 方法中的计算逻辑相同，只是采用了不同的奖励值。

在结果方面，它们与经典的 PPO 方法非常相似。在 20 个小时的训练中，该方法能够获得 17 ~ 18 的测试奖励，但是片段步数仍然严格低于 560，如图 21.28 ~ 图 21.30 所示。

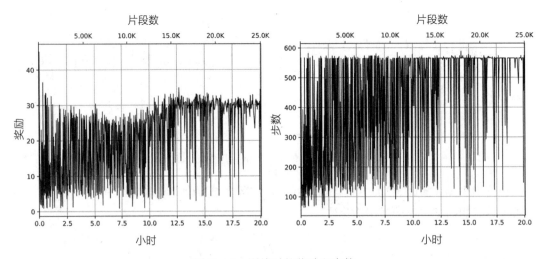

图 21.28　训练时的奖励和步数

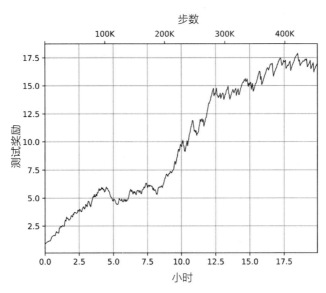

图 21.29　测试奖励

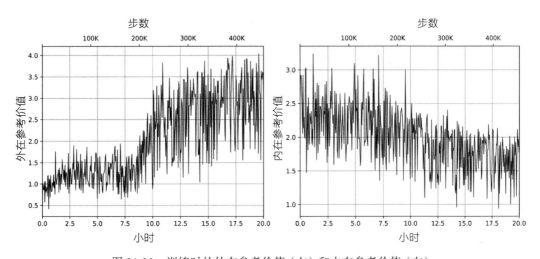

图 21.30　训练时的外在参考价值（左）和内在参考价值（右）

21.5.4　使用噪声网络的 PPO 方法

代码非常相似，actor 输出端中的两层被 `NoisyLinear` 类替换。每个新的 PPO 批都会采样新的噪声值。在我的实验中，我以较低的熵正则化（β=0.01）运行的一种变体能够突破 560 步的屏障并持续了长度为 1000 的片段，获得了 21 分的奖励。

但是，在发现这种情况之后，训练过程就出现了偏离。因此，需要对不同超参数进行更多的实验。结果如图 21.31 与图 21.32 所示。

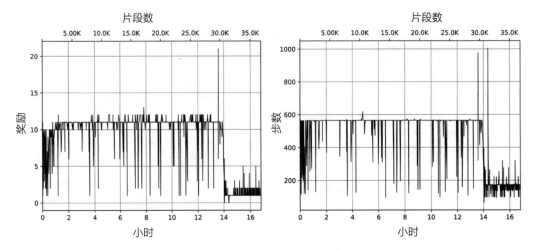

图 21.31　训练片段的奖励和步数

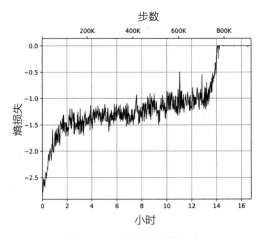

图 21.32　训练时的熵损失

21.6　总结

在本章中，我们讨论了为什么 ε-greedy 探索在某些情况下不是最佳方法，并探讨了替代的现代探索方法。比起我们已经讨论的方法，关于探索的话题更加宽泛，还有许多有趣的方法尚未发现，但是我希望你能够对新方法及其实现方式有一个总体印象。

在下一章中，我们将研究现代 RL 发展的另一个领域：基于模型的方法。

21.7　参考文献

[1]　*Strehl and Littman, An analysis of model-based Interval Estimation for Markov Decision Processes*, 2008: https://www.sciencedirect.com/science/article/pii/S0022000008000767

[2]　*Meire Fortunato,* et al, *Noisy Networks for Exploration* 2017, arxiv: 1706.10295

[3]　*Georg Ostrovski,* et al, *Count-Based Exploration with Neural Density Models*, 2017, arxiv:1703.01310v2

[4]　*Yuri Burda,* et al, *Exploration by random network distillation*, 2018, arxiv:1810.12894

超越无模型方法：想象力

基于模型的方法使我们可以通过建立环境的模型并在训练过程中使用它来减少与环境的通信。在本章中，我们将：

❑ 简要了解 RL 中基于模型的方法。

❑ 重新实现一种模型，该模型由 DeepMind 研究人员在论文 "Imagination-Augmented Agents for Deep Reinforcement Learning"（https://arxiv.org/abs/1707.06203）中进行了描述，它为智能体添加了想象力。

22.1 基于模型的方法

首先，让我们讨论本书中使用的无模型方法与基于模型的方法之间的区别，包括它们的优势和劣势以及可能适用的地方。

22.1.1 基于模型与无模型

在 4.1 节中，我们看到了可以从不同角度对 RL 方法进行分类。我们在三个主要方面进行区分：

❑ 基于价值和基于策略。

❑ 在线策略和离线策略。

❑ 无模型和基于模型。

前两个方面已经有足够的方法示例了，但是到目前为止，我们介绍的所有方法都是 100% 无模型的。但是，这并不意味着无模型方法比基于模型的方法更为重要或更好。从历史上看，由于其**采样效率高**，基于模型的方法已用于机器人技术领域和其他工业控制领域。

这也是这两个方面导致的：硬件成本、从真正的机器人上能获得的样本的物理限制。具有较大自由度的机器人无法轻易获得，因此 RL 研究人员更加专注于计算机游戏和样本相对易得的其他环境。但是，机器人技术的思想正在渗透到 RL 中，因此，也许基于模型的方法将很快成为关注焦点。现在，让我们讨论无模型和基于模型之间的区别。

在这两个类的名称中，"模型"是指环境的模型，它可以具有各种形式，例如，为我们提供新的状态以及从当前状态和动作中获得的奖励。到目前为止，涵盖的所有方法在预测、理解或模拟环境方面都没花费任何力气。我们感兴趣的是根据观察结果直接（策略）或间接（价值）指定的正确行为（根据最终奖励）。观察和奖励的来源是环境本身，在某些情况下可能非常缓慢且效率低下。

在基于模型的方法中，我们试图学习环境的模型以减少这种"真实环境"的依赖。从高层次上讲，该模型类似我们在第 1 章中讨论的实际环境的某种黑盒。如果有一个准确的环境模型，我们的智能体可以简单地通过使用此模型（而不是在现实世界中执行动作）来产生所需的任意数量的轨迹。

在某种程度上，RL 研究的共同领域也只是现实世界的模型。例如，MuJoCo 或 PyBullet 是物理模拟器，用于避免构建使用实际执行器、传感器和摄像机的真实机器人来训练我们的智能体。对于 Atari 游戏或 TORCS 赛车模拟器来说，情况也是如此：我们使用计算机程序对某些过程进行建模，并且这些模型可以被快速、廉价地执行。甚至我们的 CartPole 示例也是带有木棒的真实推车的极度简化近似（顺便说一下，在 PyBullet 和 MuJoCo 中具有更逼真的 CartPole 版本，该版本拥有 3D 动作和更准确的模拟）。

与无模型的方法相比，使用基于模型的方法有两种动机。第一个（也是最重要的一个）是由于对真实环境的依赖性降低而导致的采样效率提高。理想情况下，拥有准确的模型，我们可以避免接触现实世界，而仅使用经过训练的模型。在实际应用中，几乎不可能拥有精确的环境模型，但即使不完美的模型也可以显著减少所需的样本数量。

例如，在现实生活中，你不需要绝对准确地记住某些动作（例如绑鞋带或过马路）的记忆图像，但是此记忆图像可以帮助你计划和预测结果。

使用基于模型的方法的第二个原因是环境模型在目标之间的**可转移性**。如果你有一个很好的机器人操纵模型，则可以将其用于各种目标，而无须从头开始训练一切。

此类方法中有很多细节，但是本章的目的是提供概述，并带你仔细研究一篇试图以复杂的方式，将无模型方法与基于模型的方法相结合的特定研究论文。

22.1.2　基于模型的缺陷

基于模型的方法存在一个严重的问题：当我们的模型在环境的某些部分出现错误或不准确时，从该模型中学到的策略在现实情况下可能是完全错误的。为了解决这个问题，我们有几种选择。最明显的选择是让模型变得更好。不幸的是，这意味着需要从环境中进行更多观察，而这正是我们试图避免的。环境中的行为越复杂和非线性，对环境进行正确建模就越困难。

现在已经有了解决该问题的几种方法。例如，本地模型系列方法，我们可以使用基于制度（regime-based）的小型模型集替换一个大型环境模型，并以与置信域策略优化（TRPO）相同的方式使用置信域技巧来训练它们。

考虑环境模型的另一种有趣方式是使用基于模型的路径来扩展无模型策略。在这种情况下，我们不是在尝试建立最佳的环境模型，而只是给我们的智能体额外的信息，并让其自行决定这些信息在训练期间是否有用。

最先实现该方法的其中一个就是 DeepMind，他们在其 UNREAL 系统中实现了该方法，并在 Max Jaderberg、Volodymyr Mnih 等人于 2016 年发表的"论文 Reinforcement Learning with Unsupervised Auxiliary Tasks"[1] 中进行了描述，该论文于 2016 年发布。在论文中，作者通过在正常训练期间加入无监督学习的额外任务，增强了 A3C 智能体。智能体的主要测试是在部分可观察的第一人称视角的迷宫探索问题中进行的，在该问题中，智能体需要探索类似 Doom 的迷宫，并通过收集东西或执行其他动作来获得奖励。

论文的新颖性在于人为地注入了额外的辅助任务，这些任务与常规 RL 方法的价值目标或带折扣奖励无关。这些任务使用观察进行无监督方式的训练，包括以下内容：

❑ **立即奖励预测**：根据观察的历史，要求智能体预测当前步骤的立即奖励。

❑ **像素控制**：要求智能体与环境进行交流以最大限度地改变其视图。

❑ **功能控制**：智能体需要学习如何更改其内部表示中的特定特征。

这些任务与智能体要最大化总奖励的主要目标没有直接关系，但是它们使智能体能够更好地表示低级特征，并使 UNREAL 获得更好的结果。第一个立即奖励预测的任务可以看作一个旨在预测奖励的小型环境模型。我不会详细介绍 UNREAL 架构，但是我建议你阅读原始论文。

DeepMind 研究人员也发表了本章将详细介绍的论文 [2]。在论文中，作者使用所谓的"想象力模块"扩展了标准 A3C 智能体的无模型路径，该想象力模块为智能体针对动作做出的决策提供了额外的帮助。

22.2 想象力增强型智能体

新架构的整体思想称为**想象力增强型智能体（I2A）**，它允许智能体使用当前的观察结果来想象未来的轨迹，并将这些想象的路径纳入其决策过程。图 22.1 显示了宏观的架构。

智能体包含用于转换输入观察值的两个不同路径：无模型路径和想象力路径。无模型是一组标准的卷积层，可将输入图像转换为高级特征。即想象力包括从当前观察中想象出的一组轨迹。这些轨迹被称为展开，是针对环境中的每个可用动作生成的。每个展开都包括固定数量的未来步骤，并且在每一步上，都有一个称为**环境模型（EM）**（不要与期望最大化（expectation maximization）方法相混淆）的特殊模型，它会根据当前的观察和执行的动作产生下一个观察以及预测的立即奖励。

通过将当前观察值放入 EM，然后将预测的观察值再次喂给 EM 并持续 N 次，就可以产生每个动作的展开轨迹。在展开的第一步，我们知道动作（因为这就是要生成展开轨迹的动作），但是在后续步骤中，动作是使用小型**展开策略网络**选择的，该网络会和主智能体一起被训练。展开轨迹的输出是根据学习到的展开策略想象的 N 步轨迹（从给定的动作开始一直到未来 N 步）。展开的每一步都是想象的观察和预测的立即奖励。

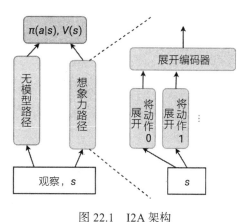

图 22.1　I2A 架构

每个展开的所有步骤都会传给另一个神经网络，它被称为展开编码器，该神经网络将它们编码为固定大小的向量。针对每个展开，我们都会得到这些向量，然后将它们连接在一起喂给智能体的输出端，该智能体会用 A3C 算法生成策略和价值估计。如你所见，这里有一些动态的部分，因此我尝试在图 22.2 中将所有这些部分可视化，以说明环境中有两个展开步骤和两个动作的情况。在接下来的小节中，我将详细描述每个神经网络以及该方法执行的步骤。

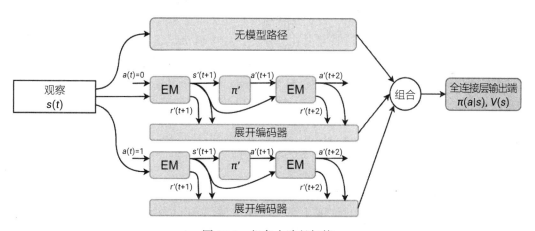

图 22.2　想象力路径架构

22.2.1　EM

EM 的目标是将当前的观察和动作转换为下一个观察和立即奖励。在 I2A 论文[2] 中，作者在两个环境中测试了 I2A 模型：Sokoban 益智游戏和 MiniPacman 街机游戏。在这两种情况下，观察值都是像素，因此 EM 也会返回像素，再加上奖励的浮点数。为了将动作合并到卷积层中，需要对动作进行独热编码并进行广播以匹配观察像素，每个动作使用一个颜色平面。图 22.3 说明了这种转换。

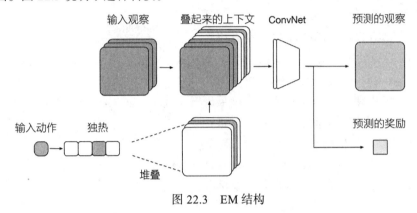

图 22.3　EM 结构

有几种可能的方法可以训练此 EM。该论文的作者发现，通过使用另一种经过部分训练的基线智能体作为环境样本源对 EM 进行预训练，可以实现最快的收敛。

22.2.2　展开策略

在展开步骤中，我们需要对在想象的轨迹中要执行的行动做出决策。如前所述，第一步的动作是明确设置的，因为我们会为每项动作生成一个单独的展开轨迹，但是后续步骤需要有人做出决策。理想情况下，我们希望这些动作类似于智能体的策略，但是我们不能直接让智能体提供概率，因为这将需要在想象力路径中再次创建展开路径。为了打破这种局面，我们训练了一个单独的展开策略网络，以产生与我们的主智能体策略相似的输出。展开策略是一个小型网络，具有与 A3C 相似的架构，使用展开策略网络输出和主神经网络输出之间的交叉熵损失，就可以与主 I2A 神经网络并行地进行训练。在论文中，这种训练过程称为"策略蒸馏"。

22.2.3　展开编码器

I2A 模型最后的组件是展开编码器，该编码器将展开步骤（观察和奖励对）作为输入，并生成固定大小的向量（该向量嵌入了与展开相关的信息）。在该神经网络中，每个展开步骤均使用小型卷积神经网络进行预处理，以从观察值中提取特征，然后使用长短期记忆（LSTM）神经网络将这些特征转换为固定大小的向量。将每个展开的输出与来自无模型路径的特征合并在一起，并用与 A3C 方法相同的方式生成策略和价值估计。

22.2.4　论文的结果

如前所述，为了检查想象力在 RL 问题中的作用，作者使用了两个需要规划并针对未来做决策的环境：随机生成的 Sokoban 益智游戏和 MiniPacman 游戏。在这两个环境中，想象力架构都比基线 A3C 智能体显示出更好的结果。

在本章的其余部分中，我们将模型应用于 Atari Breakout 游戏并检查其效果。

22.3　将 I2A 用在 Atari Breakout 上

I2A 的训练路径有些复杂，并且包含很多代码和步骤。为了更好地理解它，让我们从简单概述开始。在本示例中，我们将实现论文 [2] 中所述的 I2A 架构，并将其应用于 Atari 环境，并在 Breakout 游戏中对其进行测试。总体目标是研究训练动态以及想象力增强对最终策略的影响。

我们的示例包括三个部分，分别对应于训练中的不同步骤：

1）基线 A2C 智能体在 Chapter22/01_a2c.py 中。得到的策略可以用于获取 EM 的观察值。

2）EM 训练在 Chapter22/02_imag.py 中。它使用上一步获得的模型以无监督方式训练 EM。结果是 EM 权重。

3）最终的 I2A 智能体训练在 Chapter22/03_i2a.py 中。在此步骤中，我们使用步骤 2 中的 EM 来训练完整的 I2A 智能体，该智能体结合了无模型路径和展开路径。

由于代码太多，这里不对其进行描述，而是将重点放在重要部分上。

22.3.1　基线 A2C 智能体

训练的第一步有两个目标：建立基线，这将用于评估 I2A 智能体，并获得 EM 步骤的策略。EM 使用从环境中获取的元组 (s, a, s', r) 以无监督方式进行训练。因此，EM 的最终质量在很大程度上取决于对其进行训练的数据。观察结果越接近智能体使用实际动作经历的数据，最终结果就越好。

代码在 Chapter22/01_a2c.py 和 Chapter22/lib/common.py 中，是我们多次讨论过的标准 A2C 算法。为了使训练数据生成过程在 I2A 智能体训练中可重用，我没有使用 PTAN 库中的类，而是从头开始重新实现了数据生成逻辑，它在 common.iterate_batches() 函数中，负责从环境中收集观察数据并计算经历的轨迹的带折扣奖励。

该智能体还使用了非常接近于 OpenAI Baseline A2C 实现的超参数集，我在调试和实现智能体时使用了该超参数集。唯一的区别是初始权重的初始化（我使用的是标准 PyTorch 的权重初始化），并且学习率从 7e-4 降低到 1e-4，以提高训练过程的稳定性。

每 1000 批的训练，将对当前策略进行一次测试，其中包括三个完整的片段和五条命，均由智能体来控制。训练中会记录平均奖励和步骤数，并且每次获得新的最佳训练奖励时都会保存模型。

测试环境的配置与训练期间使用的环境在两个方面会有所不同。首先，测试环境使用完整的片段，而不是一条命一个片段，因此测试片段的最终奖励要高于训练期间的奖励。第二个区别是测试环境使用未裁剪的奖励使测试数字可解释。裁剪是提高 Atari 训练稳定性的一种标准方法，因为在某些游戏中，原始分数可能数量级很大，这会对估计的优势值方差产生负面影响。

与经典 Atari A2C 智能体的另一个区别是用于观察的帧数。通常，会使用四个连续帧作为观察，但是从我的实验中，我发现 Breakout 游戏使用两帧就可以达到非常相似的收敛性。而使用两帧的处理速度更快，因此在此示例中，每个观察张量的维数为 (2, 84, 84)。

为了使训练可重复，在基线智能体中使用了固定的随机种子。这是通过 common.set_seed 函数完成的，该函数可以设置随机种子，适用于 NumPy、Torch（CPU 和 CUDA）以及训练池中的每个环境。

22.3.2 EM 训练

EM 使用基线智能体生成的数据进行训练，你可以指定上一步中保存的任何权重文件。它不一定必须是最佳模型，只需要"足够好"到可以产生相关的观察结果就行了。

EM 的定义位于 Chapter22/lib/i2a.py 中的 EnvironmentModel 类中，其架构主要遵循 I2A 论文 [2] 中 Sokoban 环境的模型。模型的输入是观察张量以及作为整数值传入的要执行的动作。动作经过独热编码并广播成观察张量的维数。然后，广播后的动作和观察沿着"channel"维连接起来，输入张量为 (6, 84, 84)，因为 Breakout 具有四个动作。

使用 4×4 和 3×3 的两个卷积层处理该张量，然后在通过 3×3 卷积层处理输出时使用残差层，并将其结果添加到输入中。结果张量被传给两条路径：一个是去卷积层，产生要输出的观察值；另一个是奖励预测路径，由两个卷积层和两个全连接层组成。

EM 有两个输出：立即奖励（是一个浮点数）和下一个观察值。为了降低观察值的维数，预测了与上次观察值的差值。因此，输出张量为 (1, 84, 84)。除了我们需要预测的值数量减少之外，使用差值的好处是，在帧没有变化的情况下，帧的中心为零且值为零，它将在 Breakout 游戏中占主导地位，而通常情况下，只有几个像素在帧间发生变化（球、短板和被击中的砖块）。EM 的架构和代码如图 22.4 所示。

以下是 Chapter22/lib/i2a.py 模块中的模型实现：

```
EM_OUT_SHAPE = (1, ) + common.IMG_SHAPE[1:]

class EnvironmentModel(nn.Module):
    def __init__(self, input_shape, n_actions):
        super(EnvironmentModel, self).__init__()

        self.input_shape = input_shape
        self.n_actions = n_actions

        n_planes = input_shape[0] + n_actions
```

```
self.conv1 = nn.Sequential(
    nn.Conv2d(n_planes, 64, kernel_size=4,
              stride=4, padding=1),
    nn.ReLU(),
    nn.Conv2d(64, 64, kernel_size=3, padding=1),
    nn.ReLU(),
)
self.conv2 = nn.Sequential(
    nn.Conv2d(64, 64, kernel_size=3, padding=1),
    nn.ReLU()
)
```

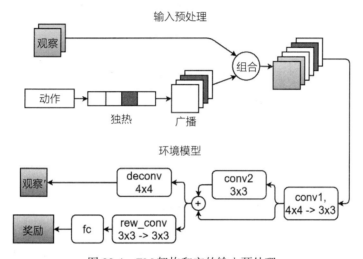

图 22.4　EM 架构和它的输入预处理

卷积部分接受的输入包含来自观察的颜色平面和来自独热编码的额外动作平面。由于模型使用了两个卷积层之间的残差连接，因此我们将它们保留为单独的字段。

```
self.deconv = nn.ConvTranspose2d(
    64, 1, kernel_size=4, stride=4, padding=0)

self.reward_conv = nn.Sequential(
    nn.Conv2d(64, 64, kernel_size=3),
    nn.MaxPool2d(2),
    nn.ReLU(),
    nn.Conv2d(64, 64, kernel_size=3),
    nn.MaxPool2d(2),
    nn.ReLU()
)

rw_conv_out = self._get_reward_conv_out(
    (n_planes, ) + input_shape[1:])
self.reward_fc = nn.Sequential(
    nn.Linear(rw_conv_out, 128),
    nn.ReLU(),
```

```
    nn.Linear(128, 1)
)
```

卷积层之后的部分分为两个路径：第一个是反卷积转换，它生成下一状态的预测观察值；第二个卷积层生成状态的预测奖励。

```
def _get_reward_conv_out(self, shape):
    o = self.conv1(torch.zeros(1, *shape))
    o = self.reward_conv(o)
    return int(np.prod(o.size()))

def forward(self, imgs, actions):
    batch_size = actions.size()[0]
    act_planes_v = torch.FloatTensor(
        batch_size, self.n_actions, *self.input_shape[1:])
    act_planes_v.zero_()
    act_planes_v = act_planes_v.to(actions.device)
    act_planes_v[range(batch_size), actions] = 1.0
    comb_input_v = torch.cat((imgs, act_planes_v), dim=1)
    c1_out = self.conv1(comb_input_v)
    c2_out = self.conv2(c1_out)
    c2_out += c1_out
    img_out = self.deconv(c2_out)
    rew_conv = self.reward_conv(c2_out).view(batch_size, -1)
    rew_out = self.reward_fc(rew_conv)
    return img_out, rew_out
```

在模型的 forward() 方法中，我们将所有部分组合在一起，形成图 22.4 所示的转换。

EM 的训练过程非常简单明了。16 个并行环境池用于填充 64 个样本批。批中的每个条目都包括当前观察值、下一个观察值、执行的动作以及获得的立即奖励。用于优化的最终损失是观察损失和奖励损失之和。观察损失是针对下一个观察预测的增量与当前观察与下一个观察之间的实际增量之间的**均方误差（MSE）**损失。奖励损失仍是两次奖励之间的 MSE。为了强调观察的重要性，观察损失的比例因子为 10。

22.3.3 想象力智能体

训练过程的最后一步是 I2A 智能体，它将无模型路径与在上一步训练后的 EM 产生的展开轨迹相结合。

I2A 模型

该智能体在 Chapter22/lib/i2a.py 模块的 I2A 类中实现。

```
class I2A(nn.Module):
    def __init__(self, input_shape, n_actions,
                 net_em, net_policy, rollout_steps):
        super(I2A, self).__init__()
```

构造函数的参数提供了观察的形状、环境中动作的数量以及展开轨迹期间使用的两个网络（EM 和展开策略），最后加上展开轨迹期间要执行的步骤数。EM 和展开策略网络均以特殊方式存储，以防止其权重被包含在 I2A 神经网络的参数中。

```
self.n_actions = n_actions
self.rollout_steps = rollout_steps

self.conv = nn.Sequential(
    nn.Conv2d(input_shape[0], 32,
              kernel_size=8, stride=4),
    nn.ReLU(),
    nn.Conv2d(32, 64, kernel_size=4, stride=2),
    nn.ReLU(),
    nn.Conv2d(64, 64, kernel_size=3, stride=1),
    nn.ReLU(),
)
```

前面的代码指定了无模型路径，该路径使用观察产生特征。该架构是熟悉的 Atari 卷积。

```
conv_out_size = self._get_conv_out(input_shape)
fc_input = conv_out_size + ROLLOUT_HIDDEN * n_actions

self.fc = nn.Sequential(
    nn.Linear(fc_input, 512),
    nn.ReLU()
)
self.policy = nn.Linear(512, n_actions)
self.value = nn.Linear(512, 1)
```

将无模型路径和编码后的展开轨迹获得的特征组合在一起作为输入层，并最终产生智能体的策略和价值。每个展开轨迹都用 ROLLOUT_HIDDEN 常量（等于 256）表示，该常量表示 RolloutEncoder 类内部的 LSTM 层的维数。

```
self.encoder = RolloutEncoder(EM_OUT_SHAPE)
self.action_selector = \
    ptan.actions.ProbabilityActionSelector()
object.__setattr__(self, "net_em", net_em)
object.__setattr__(self, "net_policy", net_policy)
```

构造函数的剩余部分创建了 RolloutEncoder 类（将在本节后面介绍），并存储 EM 和展开策略网络。这些网络都不应该与 I2A 智能体一起被训练，因为 EM 根本不需要训练（它在上一步中经过了预训练并且需要保持固定），而展开策略是通过单独的策略蒸馏过程进行训练的。但是，PyTorch 的 Module 类会自动注册并加入分配给该类的所有字段。为了防止 EM 和展开策略网络合并到 I2A 智能体中，我们通过调用 __setattr__() 保存了它们的引用，这有点黑科技，但确实满足了我们的需要。

```
def _get_conv_out(self, shape):
    o = self.conv(torch.zeros(1, *shape))
    return int(np.prod(o.size()))

def forward(self, x):
    fx = x.float() / 255
```

```
enc_rollouts = self.rollouts_batch(fx)
conv_out = self.conv(fx).view(fx.size()[0], -1)
fc_in = torch.cat((conv_out, enc_rollouts), dim=1)
fc_out = self.fc(fc_in)
return self.policy(fc_out), self.value(fc_out)
```

forward() 函数看起来很简单，因为此处的大部分工作都在 rollouts_batch()
方法内部。I2A 类的下一个（也是最后一个）方法要复杂一些。最初，它被编写为按序执行
所有展开，但是这个版本太慢了。新版本的代码一次执行所有展开，从而使速度提高了近
五倍，但使代码稍微复杂了一些。

```
def rollouts_batch(self, batch):
    batch_size = batch.size()[0]
    batch_rest = batch.size()[1:]
    if batch_size == 1:
        obs_batch_v = batch.expand(
            batch_size * self.n_actions, *batch_rest)
    else:
        obs_batch_v = batch.unsqueeze(1)
        obs_batch_v = obs_batch_v.expand(
            batch_size, self.n_actions, *batch_rest)
        obs_batch_v = obs_batch_v.contiguous()
        obs_batch_v = obs_batch_v.view(-1, *batch_rest)
```

在函数开始时，我们得到了一批观察，并希望对批的每个观察执行 n_actions 次展
开。因此，我们需要扩展观察的批，将每个观察重复 n_actions 次。最有效的方法是使
用 PyTorch 的 expand() 方法，该方法可以重复任何一维张量，并沿该维重复多次。如果
我们的批仅包含一个示例，则仅需沿此批的维扩展；否则，我们需要在批维度之后插入额
外的一维，然后沿该维进行扩展。无论如何，obs_batch_v 张量的最终维数为 (batch_
size * n_actions, 2, 84, 84)。

```
actions = np.tile(np.arange(0, self.n_actions,
                            dtype=np.int64), batch_size)
step_obs, step_rewards = [], []
```

之后，我们需要准备针对每个观察希望 EM 执行的动作数组。因为重复了每个观察 n_
actions 次时，我们的动作数组也将具有 [0, 1, 2, 3, 0, 1, 2, 3, …]（Breakout
一共有 4 个动作）的形式。在 step_obs 和 step_rewards 列表中，我们将保存 EM 模
型为每个展开步骤产生的观察结果和立即奖励。

此数据将传入 RolloutEncoder，并嵌入为固定大小的向量。

```
for step_idx in range(self.rollout_steps):
    actions_t = torch.LongTensor(actions).to(batch.device)
    obs_next_v, reward_v = \
        self.net_em(obs_batch_v, actions_t)
```

我们开始展开步骤的循环。对于每一步，我们都要求 EM 网络预测下一个观察值（返回
为当前观察值的增量）以及立即奖励。之后将使用展开策略网络选择动作。

```
step_obs.append(obs_next_v.detach())
step_rewards.append(reward_v.detach())
# don't need actions for the last step
if step_idx == self.rollout_steps-1:
    break
```

我们将观察值增量和立即奖励存储在 RolloutEncoder 的列表中，如果我们处于最后一个展开步骤，则停止循环。提前停止是可以的，因为循环中的剩余代码需要选择动作，但是对于最后一步而言，我们根本不需要动作。

```
# combine the delta from EM into new observation
cur_plane_v = obs_batch_v[:, 1:2]
new_plane_v = cur_plane_v + obs_next_v
obs_batch_v = torch.cat(
    (cur_plane_v, new_plane_v), dim=1)
```

为了能够使用展开策略网络，我们需要根据 EM 神经网络返回的增量创建一个正常的观察张量。为此，我们从当前观察值中获取最后一个通道，将 EM 的增量添加到其中，创建预测的帧，然后将它们组合为正常的观察张量，它的形状为 (batch_size * n_actions, 2, 84, 84)。

```
# select actions
logits_v, _ = self.net_policy(obs_batch_v)
probs_v = F.softmax(logits_v, dim=1)
probs = probs_v.data.cpu().numpy()
actions = self.action_selector(probs)
```

在循环的其余部分，我们使用创建的观察批通过展开策略网络选择动作，并将返回的概率分布转换为动作索引。然后，继续循环以预测下一个展开步骤。

```
step_obs_v = torch.stack(step_obs)
step_rewards_v = torch.stack(step_rewards)
flat_enc_v = self.encoder(step_obs_v, step_rewards_v)
return flat_enc_v.view(batch_size, -1)
```

完成所有步骤后，step_obs 和 step_rewards 两个列表将包含每个步骤的张量。使用 torch.stack() 函数将它们合入新的维度。生成的张量的第一个维度的大小为展开步数，而第二个维度的大小为 batch_size * n_actions。这两个张量会传给 RolloutEncoder，它为第二维中的每个条目生成一个编码向量。编码器的输出是 (batch_size * n_actions, encoded_len) 的张量，我们希望将同一批样本的不同动作的编码连接在一起。为此，我们只需重构输出张量，将 batch_size 作为第一个，因此函数的输出将具有 (batch_size, encode_len * n_actions) 的形状。

展开编码器

RolloutEncoder 类接受两个张量：(rollout_steps, batch_size, 1, 84, 84) 的观察和 (rollout_steps, batch_size) 的奖励。它针对展开步骤应用了循环神经网络（RNN），将每个批序列转换为编码向量。在 RNN 之前，我们有一个预处理器，该预处理器从 EM 给定的观察增量中提取特征，然后奖励值被附加到特征向量上。

```
class RolloutEncoder(nn.Module):
    def __init__(self, input_shape, hidden_size=ROLLOUT_HIDDEN):
        super(RolloutEncoder, self).__init__()

        self.conv = nn.Sequential(
            nn.Conv2d(input_shape[0], 32,
                    kernel_size=8, stride=4),
            nn.ReLU(),
            nn.Conv2d(32, 64, kernel_size=4, stride=2),
            nn.ReLU(),
            nn.Conv2d(64, 64, kernel_size=3, stride=1),
            nn.ReLU(),
        )
```

观察预处理器具有相同的 Atari 卷积层，不同之处在于输入张量只有一个通道，该通道是 EM 产生的连续观察之间的增量。

```
conv_out_size = self._get_conv_out(input_shape)
self.rnn = nn.LSTM(input_size=conv_out_size+1,
                hidden_size=hidden_size,
                batch_first=False)
```

编码器的 RNN 是 LSTM 层。batch_first=False 参数有点多余（因为该参数的默认值也是 False），但是留在这里可以为我们提醒输入张量的顺序 (rollout_steps, batch_size, conv_features+1)，因此时间维度的索引为零。

```
def _get_conv_out(self, shape):
    o = self.conv(torch.zeros(1, *shape))
    return int(np.prod(o.size()))

def forward(self, obs_v, reward_v):
    # Input is in (time, batch, *) order
    n_time = obs_v.size()[0]
    n_batch = obs_v.size()[1]
    n_items = n_time * n_batch
    obs_flat_v = obs_v.view(n_items, *obs_v.size()[2:])
    conv_out = self.conv(obs_flat_v)
    conv_out = conv_out.view(n_time, n_batch, -1)
    rnn_in = torch.cat((conv_out, reward_v), dim=2)
    _, (rnn_hid, _) = self.rnn(rnn_in)
    return rnn_hid.view(-1)
```

从编码器架构中可以明显看出 forward() 函数的逻辑，它首先从所有 rollout_steps*batch_size 观察值中提取特征，然后将 LSTM 应用于序列。我们采用 RNN 最后一步返回的隐藏状态作为展开的编码向量。

I2A 的训练

训练过程分为两个步骤：我们以正常的 A2C 方式训练 I2A 模型，并使用单独的损失对展开策略进行蒸馏。蒸馏训练用于训练一个模型来近似 I2A 模型的行为，得到一个较小策略来在展开步骤时选择动作。在想象的轨迹中选择的动作应类似于智能体在实际情况下选择的动作。但是，在展开期间，我们不能使用主 I2A 模型进行动作选择，因为主 I2A 模型需要再次进行展开。为了打破这一矛盾，我们需要蒸馏，它是训练期间主 I2A 模型的策略与展开策略网络返回的策略之间非常简单的交叉熵损失。此训练步骤有一个独立的优化器，仅负责展开部分的策略参数。

训练循环中负责蒸馏的部分如下所示。数组 mb_probs 包含 I2A 模型为观察 obs_v 产生的动作选择概率。

```
probs_v = torch.FloatTensor(mb_probs).to(device)
policy_opt.zero_grad()
logits_v, _ = net_policy(obs_v)
policy_loss_v = -F.log_softmax(logits_v, dim=1) * \
                probs_v.view_as(logits_v)
policy_loss_v = policy_loss_v.sum(dim=1).mean()
policy_loss_v.backward()
policy_opt.step()
```

I2A 模型训练的另一部分与训练普通 A2C 的方法完全相同，忽略了 I2A 模型的所有内部逻辑：价值损失是预测的奖励与 Bellman 方程近似的带折扣奖励之间的 MSE，而**策略梯度**由优势值乘以所选动作的对数概率来近似。

22.4　实验结果

在本节中，我们将检查多步骤训练过程的结果。

22.4.1　基线智能体

要训练智能体，请运行 Chapter22/01_a2c.py，它带有用于启用 GPU 的可选 --cuda 标志，以及必填的 -n 选项，可以用于 TensorBoard 中的实验名称以及保存模型时的目录名称。

```
Chapter22$ ./01_a2c.py --cuda -n tt
AtariA2C(
  (conv): Sequential(
    (0): Conv2d(2, 32, kernel_size=(8, 8), stride=(4, 4))
    (1): ReLU()
    (2): Conv2d(32, 64, kernel_size=(4, 4), stride=(2, 2))
    (3): ReLU()
    (4): Conv2d(64, 64, kernel_size=(3, 3), stride=(1, 1))
    (5): ReLU()
  )
  (fc): Sequential(
    (0): Linear(in_features=3136, out_features=512, bias=True)
    (1): ReLU()
  )
```

```
  (policy): Linear(in_features=512, out_features=4, bias=True)
  (value): Linear(in_features=512, out_features=1, bias=True)
)
4: done 13 episodes, mean_reward=0.00, best_reward=0.00, speed=696.72
9: done 12 episodes, mean_reward=0.00, best_reward=0.00, speed=721.23
10: done 2 episodes, mean_reward=1.00, best_reward=1.00, speed=740.74
13: done 6 episodes, mean_reward=0.00, best_reward=1.00, speed=735.17
```

在经过 15 小时、30 万次训练迭代后，A2C 能够在拥有 5 条命和没有奖励裁剪的测试片段中达到 400 的平均奖励。三个完整片段的最大测试奖励为 720。图 22.5 ~ 图 22.8 显示了收敛图。

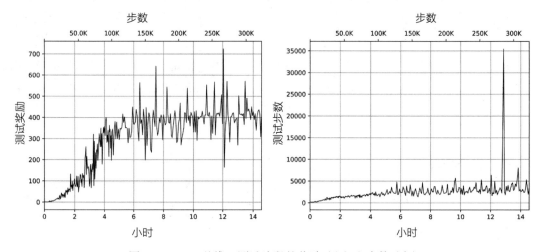

图 22.5 A2C 基线：测试片段的奖励（左）和步数（右）

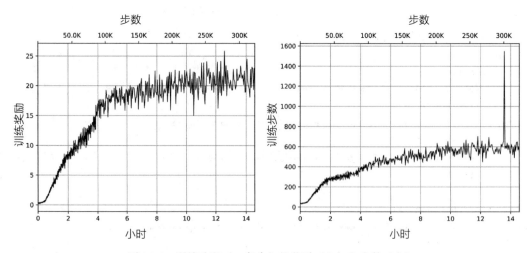

图 22.6 训练片段（一条命）的奖励（左）和步数（右）

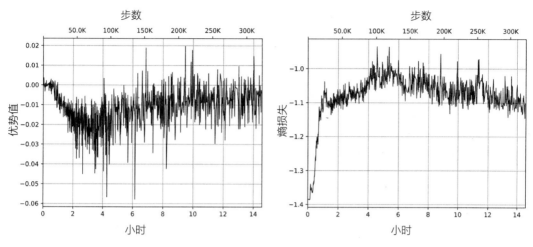

图 22.7　训练时的优势值（左）和熵损失（右）

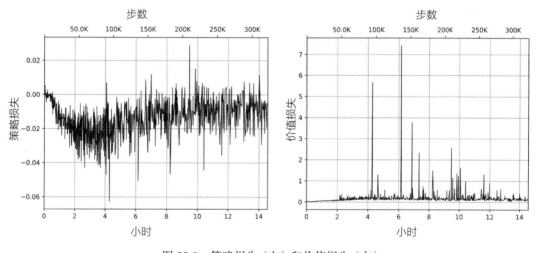

图 22.8　策略损失（左）和价值损失（右）

22.4.2　训练 EM 的权重

要训练 EM，你需要指定在基线智能体训练期间生成的策略。在我的实验中，我从部分训练的智能体那里获取了策略，以增加 EM 训练数据的潜在多样性。增加样本多样性的另一种方法是使用多个策略来生成数据。

```
$ ./02_imag.py --cuda -m saves/01_a2c_t1/best_0400.333.dat -n t1
EnvironmentModel(
  (conv1): Sequential(
    (0): Conv2d(6,64,kernel_size=(4,4),stride=(4, 4),padding=(1,1))
    (1): ReLU()
```

```
  (2): Conv2d(64,64,kernel_size=(3,3),stride=(1,1),padding=(1,1))
  (3): ReLU()
)
(conv2): Sequential(
  (0): Conv2d(64,64,kernel_size=(3,3),stride=(1,1),padding=(1,1))
  (1): ReLU()
)
(deconv): ConvTranspose2d(64,1,kernel_size=(4,4),stride=(4,4))
(reward_conv): Sequential(
  (0): Conv2d(64, 64, kernel_size=(3, 3), stride=(1, 1))
  (1): MaxPool2d(kernel_size=2,stride=2,padding=0,dilation=1)
  (2): ReLU()
  (3): Conv2d(64, 64, kernel_size=(3, 3), stride=(1, 1))
  (4): MaxPool2d(kernel_size=2, stride=2, padding=0, dilation=1)
  (5): ReLU()
)
(reward_fc): Sequential(
  (0): Linear(in_features=576, out_features=128, bias=True)
  (1): ReLU()
  (2): Linear(in_features=128, out_features=1, bias=True)
)
)
Best loss updated: inf -> 1.7988e-02
Best loss updated: 1.7988e-02 -> 1.1621e-02
Best loss updated: 1.1621e-02 -> 9.8923e-03
Best loss updated: 9.8923e-03 -> 8.6424e-03
...
```

在 20 万训练迭代后，损失几乎不再减少。损失最小的 EM 模型可用于 I2A 模型的最终训练。EM 的训练动态如图 22.9 所示。

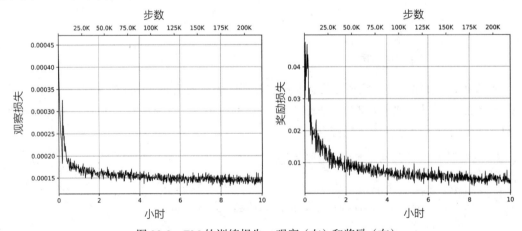

图 22.9　EM 的训练损失：观察（左）和奖励（右）

22.4.3　训练 I2A 模型

想象力的路径会带来巨大的计算成本，该成本与执行的展开步骤的数量成正比。我为此超参数试验了几个值。对于 Breakout 而言，五步和三步之间的差异并不大，但是三步的速度几乎快了两倍。

```
$ ./03_i2a.py --cuda -n t1 --em saves/02_env_t1/best_9.78e-04.dat
I2A(
  (conv): Sequential(
    (0): Conv2d(2, 32, kernel_size=(8, 8), stride=(4, 4))
    (1): ReLU()
    (2): Conv2d(32, 64, kernel_size=(4, 4), stride=(2, 2))
    (3): ReLU()
    (4): Conv2d(64, 64, kernel_size=(3, 3), stride=(1, 1))
    (5): ReLU()
  )
  (fc): Sequential(
    (0): Linear(in_features=4160, out_features=512, bias=True)
    (1): ReLU()
  )
  (policy): Linear(in_features=512, out_features=4, bias=True)
  (value): Linear(in_features=512, out_features=1, bias=True)
  (encoder): RolloutEncoder(
    (conv): Sequential(
      (0): Conv2d(1, 32, kernel_size=(8, 8), stride=(4, 4))
      (1): ReLU()
      (2): Conv2d(32, 64, kernel_size=(4, 4), stride=(2, 2))
      (3): ReLU()
      (4): Conv2d(64, 64, kernel_size=(3, 3), stride=(1, 1))
      (5): ReLU()
    )
    (rnn): LSTM(3137, 256)
  )
)
2: done 1 episodes, mean_reward=0, best_reward=0, speed=160.41 f/s
4: done 12 episodes, mean_reward=0, best_reward=0, speed=190.84 f/s
7: done 1 episodes, mean_reward=0, best_reward=0, speed=169.94 f/s
...
```

在硬件上花费了两天多时间并经过 30 万步训练后，I2A 在测试中获得了 500 的平均奖励，显示出了比基线更好的动态。三个完整片段的最大测试奖励为 750，也比基线获得的720 更好。I2A 方法唯一的严重缺点是性能太低，大约比 A2C 慢四倍。图 22.10 ~ 图 22.12是 I2A 训练的数据。

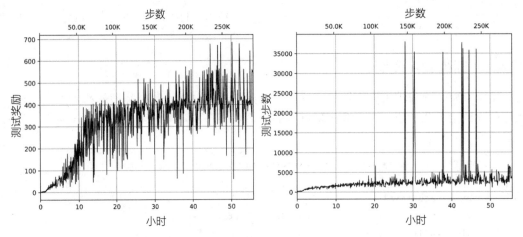

图 22.10 I2A 测试片段的奖励（左）和步数（右）

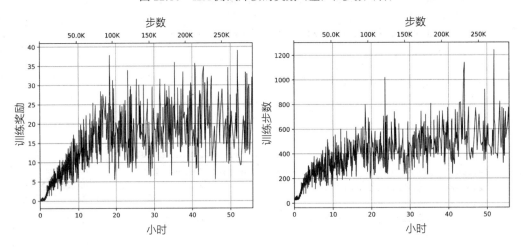

图 22.11 I2A 训练片段（一条命）：奖励（左）和步数（右）

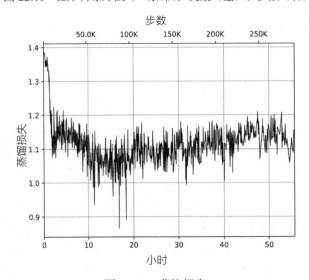

图 22.12 蒸馏损失

我还对一步展开过程进行了实验。令人惊讶的是，一个步骤和三个步骤之间的训练动态没有太大不同，这可能表明在 Breakout 中，智能体不需要太长时间的想象轨迹就可以从 EM 中受益。这很吸引人，因为只需一步的情况下，我们根本不需要展开策略（因为第一步始终对所有动作执行）。我们也不需要 RNN，去除 RNN 可以显著加速智能体，使其性能接近基线 A2C。

22.5　总结

在本章中，我们讨论了基于模型的 RL 方法，并实现了 DeepMind 的最新研究架构之一，该架构增强了环境模型。该模型尝试将无模型路径和基于模型的路径合并为一条路径，以允许智能体决定要使用的知识。

在下一章中，我们将介绍 DeepMind 在全信息游戏领域的最新突破：AlphaGo Zero 算法。

22.6　参考文献

[1] *Reinforcement Learning with Unsupervised Auxiliary Tasks by Max Jaderberg, Volodymyr Mnih*, and others, (arXiv:1611.05397)

[2] *Imagination-Augmented Agents for Deep Reinforcement Learning by Theophane Weber, Sebastien Racantiere*, and others, (arXiv:1707.06203)

Chapter 23 第 23 章

AlphaGo Zero

现在有一种情况:针对某环境我们拥有一个模型,但是有两个竞争方正在使用该环境。我们将探索该情况以此继续进行有关基于模型的方法的讨论。这种情况在棋盘游戏中非常常见,通常游戏规则是固定的,全部位置都是可观察的,但是我们会有一个对手,其主要目标就是阻止我们赢得比赛。

最近,DeepMind 提出了一种非常优雅的方法来解决此类问题。该方法不需要先验的领域知识,智能体仅通过自我对抗来改善其策略,此方法称为 AlphaGo Zero。

在本章中,我们将:

❏ 讨论 AlphaGo Zero 方法的结构。

❏ 在四子连横棋游戏上实现该方法。

23.1 棋盘游戏

大多数棋盘游戏提供的设置与街机游戏的场景不同。 Atari 游戏套件假定一名玩家正在某些环境中根据复杂的动态进行决策。通过泛化并从动作结果中学习,玩家可以提高自己的技能,增加最终得分。但是,在棋盘游戏设置中,游戏规则通常非常简单紧凑。使游戏变得复杂的是棋盘上不同位置的数量以及试图赢得游戏但策略未知的对手。

对于棋盘游戏,观察游戏状态的能力和明确的游戏规则为分析当前位置提供了可能性,而 Atari 并非如此。这种分析意味着获取游戏的当前状态、评估我们可以做出的所有可能动作、然后选择最佳动作作为我们的动作。

最简单的评估方法是迭代所有可能的动作,并在执行动作后递归地评估下一个位置。最终,当没有其他可选动作后,我们就能确定最终的位置。通过往回传播游戏结果,我们可以估计任何位置的任何动作的期望值。这种方法的一种可能版本称为 minmax：当我们试图做出最强动作时，对手却试图通过走出一步让我们的情况变得最糟，因此当沿着游戏的状态树往下走时，我们反复地最小化和最大化最终游戏目标（稍后再详细介绍）。

如果不同位置的数量足够小，小到可以完全分析（例如在井字游戏中只有 138 个终止状态），则不是问题。我们从拥有的任何状态开始，沿着游戏的状态树往下走，并找出最好的动作。

不幸的是，由于配置数量呈指数级增长，因此这种暴力方法甚至不适用于中等复杂度的游戏。例如，在 draughts 游戏（也称为 checkers，西洋跳棋）中，整个游戏状态树具有5*1020 个节点，即使对于现代硬件，这也是一个挑战。对于国际象棋或围棋这类更复杂的游戏，这个数字要大得多，因此不可能分析每个状态的所有可达位置。为了解决这个问题，当我们分析的状态树达到一定深度时，通常会使用某种近似方法。结合精心的搜索和停止条件（称为 tree pruning（树的剪枝））以及位置的智能预定义评估，我们可以使计算机程序在某些复杂游戏上达到相当好的水平。

2017 年底，DeepMind 在 *Nature* 杂志上发表了一篇文章，提出了一种名为 AlphaGo Zero 的新颖方法，该方法能够在围棋和国际象棋等复杂游戏中达到超越人类的水平，而除了游戏规则外，无须任何先验知识。智能体可以通过不断地与自己对抗并反思结果来改善其策略。它不需要大型游戏数据库、定制的特征或预先训练的模型。该方法另一个不错的特性是它的简单和优雅。

在本章的示例中，我们将尝试理解并针对四子连横棋（four in a row 或 four in a line）游戏实现这种方法，以便我们自己进行评估。

23.2　AlphaGo Zero 方法

在本节中，我们将讨论该方法的结构。整个系统包含几个部分，下面进行介绍。

23.2.1　总览

从较高的层次来讲，该方法由三个部分组成：

❑ 我们不断使用**蒙特卡洛树搜索（MCTS）**算法遍历游戏状态树，其核心思想是半随机地浏览游戏状态，扩展它们并收集动作频率和潜在游戏结果的统计信息。因为不管是从深度还是宽度而言，游戏状态树都很大，所以我们不尝试构建完整的状态树，只是随机采样最有希望的路径。

❑ 每时每刻，我们都有一个**最好的玩家**，它是一个模型，通过自我对抗来产生数据。最初，此模型具有随机权重，因此它会执行随机动作，就像一个四岁的孩子只是学会了棋子的移动方式一样。但是，随着时间的流逝，我们会用更好的版本取代这个最好的玩家，它会产生越来越多有意义和复杂的游戏场景。自我对抗意味着在棋盘两边都使用相同的**当前最佳**模型。这看起来可能不是很有用，因为使用相同的模型自我对战的获胜概率约为 50%，但这实际上正是我们需要的：最佳模型展示了其最佳技能的游戏样本。这个比喻很简单：观看无取胜希望者和大师之间的比赛通常不是很有趣，大师将轻松获胜。技术水平大致相同的玩家竞争时，比赛会更加有趣和吸引人。这就是任何锦标赛的决赛比之前的比赛都吸引更多关注的原因：决赛中两边的球队或球员通常都在比赛中表现得很出色，因此他们需要发挥出最好水平来取得比赛的胜利。

❑ 该方法的第三个组成部分是一个叫作**学徒**模型的训练程序，该训练程序根据最佳模型在自我对抗中收集的数据进行训练。可以将这种模型与一个孩子坐在一旁并不断分析两个成年人下棋的情况进行比较。我们会定期在该训练模型与当前的最佳模型之间进行几次比赛。当训练模型能够在大多数游戏中击败最佳模型时，我们宣布训练模型为新的最佳模型，并且流程继续进行。

尽管简单甚至有点天真，但 AlphaGo Zero 还是能够击败所有以前的 AlphaGo 版本，并成为世界上最好的围棋玩家，而且除了游戏规则外它没有任何先验知识。在发表了论文“Mastering the Game of Go Without Human Knowledge”[1] 之后，DeepMind 将相同的方法对国际象棋进行了适配，并发表了论文“Mastering Chess and Shogi by Self-Play with a General Reinforcement Learning Algorithm”[2]，该从零开始训练的模型击败了 Stockfish（这是最好的国际象棋程序，花费了人类专家十多年的时间来开发）。

现在，让我们详细研究该方法的所有三个组成部分。

23.2.2　MCTS

要了解 MCTS 的功能，我们先来考虑井字游戏的一个简单子树，如图 23.1 所示。一开始，游戏区域为空，并且 X 需要选择要落子的位置。第一步有 9 种不同的选择，因此根状态有 9 个不同的分支，分别对应相应的状态。

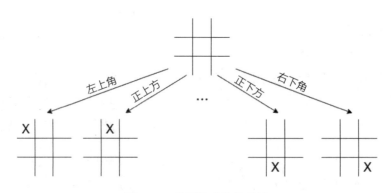

图 23.1　井字游戏的状态树

在某些特定游戏状态下能执行的动作的可能数量称为分支因子，它表示游戏状态树的茂密程度。当然，由于某些动作并非总是可行的，因此它不是恒定的，而是可变的。对于井字游戏，可用动作的数量可能会从游戏开始时的 9 个变成叶节点处的 0 个。分支因子使我们能够估计游戏状态树的增长速度，因为每个可用动作都会导致出现另一组可执行动作。

对于我们的示例，在 X 操作之后，零（0）在 9 个不同的位置都具有相应的 8 个动作，这使得状态树的第二层上总共有 9*8 个位置。状态树中的节点总数最多可以为 9!=362880，但实际数量会少一些，因为并非所有游戏都可以玩到最大深度。

井字游戏是小型游戏，但是如果考虑更大的游戏，例如，在国际象棋游戏开始时白棋所能执行的第一步动作（20 个）的数量，或在围棋中白色棋子可以放置的位置个数（对于 19×19 的棋盘来说，总共为 361），完整状态树中的游戏位置数量迅速变得很庞大。在状态树的每个新层次上，拥有的位置数是当前层次的状态数量乘以在上一个层次上可以执行的平均动作数。

为了应对这种组合爆炸，随机采样开始发挥其作用。在一般的 MCTS 中，我们从当前游戏状态开始执行多次深度优先搜索的迭代，然后随机选择动作或采用某种策略，该策略应在决策中包括足够的随机性。继续搜索，直到游戏结束，然后根据游戏结果更新访问过的分支的权重。这个过程和价值迭代方法比较相似，当我们获取片段时，片段的最后一步会影响所有先前步骤的价值估计。这是普通的 MCTS，此方法有许多变体，涉及扩展策略、分支选择策略和其他详细信息。

在 AlphaGo Zero 中使用了 MCTS 的变体。对于每条边（代表从某个位置开始的动作），都会存储以下一组统计信息：边的先验概率 $P(s, a)$、访问次数 $N(s, a)$ 和动作价值 $Q(s, a)$。每次搜索均从根状态开始，然后按照实用价值 $U(s, a)$（和 $Q(s, a) + \dfrac{P(s, a)}{1 + N(s, a)}$ 成比例）选择最有前途的动作。

随机性被添加到选择过程中，以确保对游戏状态树有足够的探索。每次搜索都可能有两个结果：达到游戏的最终状态；面临尚未探索的状态（即，没有统计值的状态）。在后一种情况下，使用策略神经网络获得先验概率和状态估计值，并创建新的树节点，其中包含：$N(s, a)=0$、$P(s, a)=p_{net}$（这是神经网络返回的动作概率）、$Q(s, a) = 0$。从当前玩家的角度来看，除了动作的先验概率外，神经网络还返回对游戏结果（或状态值）的估计。

当我们获得了价值（通过到达最终游戏状态或通过使用 NN 扩展节点）时，将执行称为**价值反向传播**的过程。在此过程中，我们遍历游戏路径并更新每个访问过的中间节点的统计信息。具体来说，访问次数 $N(s, a)$ 增加 1，从当前状态的角度来看 $Q(s, a)$ 需要被更新以包括游戏结果。因为两个玩家是轮换着执行的，最终的游戏结果在每次反向传播步骤中都会改变符号。

此搜索过程会被执行多次（在 AlphaGo Zero 的情况下，执行一到两千次搜索），收集足够的动作统计信息，以将 $N(s, a)$ 计数器用作根节点中要执行动作的概率。

23.2.3 自我对抗

在 AlphaGo Zero 中，NN 用于估计动作的先验概率并评估位置，这与 A2C 的双输出端设置非常相似。在神经网络的输入上，我们传入了当前游戏位置（附加了几个先前的位置）并返回两个值。策略输出端返回动作的概率分布，而价值输出端则从玩家的角度估计游戏的结果。由于围棋中的移动是确定性的，因此该价值是不带折扣的。当然，如果你在游戏（例如西洋双陆棋）中具有随机性，则应使用折扣。

如前所述，我们会维护当前最佳的神经网络，该神经网络会不断自我对抗，以收集学徒神经网络的训练数据。每个自我对抗游戏的每个步骤都从当前位置开始，执行多个 MCTS，以收集有关游戏状态子树的足够的统计信息，从而选择最佳动作。具体选择取决于游戏动态和我们的设置。为了在训练数据中产生差异性足够大的自我对抗游戏，将以随机方式选择前几步。但是，经过一些步骤（该方法中的超参数）后，动作选择就变得确定了，我们选择访问计数器 $N(s, a)$ 最大的动作。在评估游戏时（当我们对比当前最佳模型和要训练的神经网络时），所有步骤都是确定性的，仅选择访问计数器最大的动作。

一旦自我对抗游戏完成并且最终结果已知，就将游戏的每个步骤添加到训练数据集中，该数据集是元组列表 (s_t, π_t, r_t)，其中 s_t 是游戏状态，π_t 是根据 MCTS 采样计算出的动作概率，r_t 是在第 t 步（从玩家的角度来看）时游戏的结果。

23.2.4 训练与评估

当前最佳神经网络的两个克隆之间的自我对抗过程为我们提供了训练数据流，其中包括从自我对抗游戏中获得的状态、动作概率和位置价值。这样一来，我们的训练就很简单：从训练示例的回放缓冲区中采样 mini 批，并最小化价值输出端的预测值与该位置的实际价值之间的均方误差，以及最小化 π 的预测概率和采样概率之间的交叉熵损失。

如前所述，一旦经过几个训练步骤，就对训练后的神经网络进行评估，评估过程为用当前最佳的神经网络和训练后的神经网络玩几盘游戏。一旦训练后的神经网络变得明显优于当前的最佳神经网络，我们就将训练后的神经网络复制到最佳神经网络中去，并继续该过程。

23.3 四子连横棋机器人

要查看该方法的实际效果，让我们为四子连横棋实现 AlphaGo Zero。游戏拥有 6×7 个方格，适合两个玩家玩。玩家持有不同颜色的圆片，可以轮流将圆片放入 7 列中的任何一个。圆片最终落到底部，垂直堆叠。游戏目标是最先形成水平、垂直或对角线的四个相同颜色的圆片组。图 23.2 显示了两种游戏情况。在第一种情况下，第一个玩家赢了；在第二种情况下，第二个玩家马上可以组成一个圆片组。

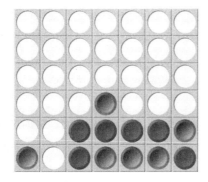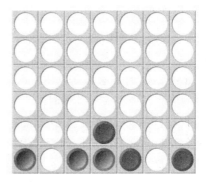

图 23.2　四子连横棋的两局游戏

尽管很简单，但该游戏具有 $4.5*10^{12}$ 个不同的游戏状态，对于计算机来说，对其暴力破解将会是个挑战。该示例由几个工具和库模块组成：

❑ Chapter23/lib/game.py：游戏的低级表示形式，包含用于执行动作、编码和解码游戏状态的函数以及其他与游戏相关的工具。

❑ Chapter23/lib/mcts.py：MCTS 实现，允许图形处理单元加速叶子的扩展和节点反向传播。这里的中心类还负责保存游戏节点的统计信息，这些统计信息可在搜索之间重用。

❑ Chapter23/lib/model.py：NN 和其他与模型相关的函数，例如游戏状态与模型输入之间的转换以及玩一盘游戏。

❑ Chapter23/train.py：主训练程序，它将所有内容黏合在一起，并生成新的最佳神经网络的模型 checkpoint。

❑ Chapter23/play.py：在模型 checkpoint 之间举办自动进行的锦标赛。它接受多个模型文件，并在它们之间相互进行给定数量的游戏，以形成排行榜。

❑ Chapter23/telegram-bot.py：Telegram 聊天平台的机器人，允许用户与任何模型文件进行交互，并保留统计信息。该机器人用于人工验证示例结果。

23.3.1　游戏模型

整个方法基于我们预测动作结果的能力；换句话说，我们需要能够在执行某些特定的游戏动作后获得最终的游戏状态。这比 Atari 环境和 Gym 总体上要强得多，在 Atari 环境和 Gym 中，你无法指定一个当前状态再执行动作。因此，我们需要一个包含游戏规则和动态的游戏模型。幸运的是，大多数棋盘游戏都有一套简单而紧凑的规则，因此很容易实现该模型。

在我们的案例中，四子连横棋的完整游戏状态由 6×7 个游戏方格的状态以及下一个落子的指示器来表示。对于我们的示例而言，重要的是使游戏的状态表示占用尽可能少的内存，但仍允许其高效运行。内存的要求是由在 MCTS 期间需要存储大量游戏状态所决定的。

由于我们的游戏状态树很大，因此在 MCTS 期间能够保留的节点越多，动作概率的最终近似值就越好。因此，我们潜在地希望能够在内存中保留数百万甚至数十亿个游戏状态。

考虑到这一点，游戏状态表示的紧凑性可能对内存需求和训练过程的性能产生巨大影响。但是，游戏状态的表示必须方便使用，例如，当检查棋盘上的获胜位置、执行某个动作并从某个状态查找所有有效动作时。

为了保持这种平衡，在 Chapter23/lib/game.py 中实现了游戏方格的两种表示形式。第一种**编码**形式具有很高的内存效率，并且仅需 63 位即可对整个方格进行编码，这使其非常高效且轻量，因为它适配了 64 位架构的机器。

另一种**解码**形式的游戏方格表示为列表形式，长度为 7，其中每个条目都是一个整数列表，并将圆片保留在特定列中。这种形式会占用更多的内存，但是使用起来更方便。

我不会显示 Chapter23/lib/game.py 的完整代码，如果你需要，可以在代码库中找到它。在这里，让我们看一下它提供的常量和函数的列表：

```
GAME_ROWS = 6
GAME_COLS = 7
BITS_IN_LEN = 3
PLAYER_BLACK = 1
PLAYER_WHITE = 0
COUNT_TO_WIN = 4
INITIAL_STATE = encode_lists([[]] * GAME_COLS)
```

以上代码中的前两个常数定义了游戏方格的维度，并在代码的各处使用，因此你可以尝试更改它们从而以更大或更小的游戏进行试验。BITS_IN_LEN 值用于状态编码函数，并指定使用多少位来编码列的高度（存在的圆片数）。在 6×7 游戏中，每列中最多可以有 6 个圆片，因此 3 位所能表示的 0 到 7 已经足够了。如果更改行数，则需要相应地调整 BITS_IN_LEN。

PLAYER_BLACK 和 PLAYER_WHITE 值定义了解码游戏表示使用的值。COUNT_TO_WIN 设置了赢得比赛所需形成的组的长度。因此，从理论上讲，你可以通过仅更改 game.py 中的四个数字对代码进行实验，例如，实现一个在 20×40 个方格上需要达成 5 个一组的游戏。

INITIAL_STATE 值包含初始游戏状态的编码表示，该状态具有 GAME_COLS 个空列表。其余代码是各种函数。其中一些是在内部使用的，但有些是示例中各处都使用的游戏接口。让我们快速列出它们：

❑ encode_lists(state_lists)：将游戏状态的 decoded 表示转换为 encoded 表示。参数必须是包含 GAME_COLS 个列表的 2 维列表，并按从下到上的顺序指定列的内容。换句话说，要将新圆片放在堆栈顶部，我们只需要将其附加到相应的列表中即可。该函数的结果是一个整数，其中的 63 位用于表示游戏状态。

❑ encode_binary(state_int)：将方格的整数表示形式转换回列表形式。

❑ possible_moves(state_int)：返回一个列表，包含从给定的编码游戏状态开始，后续可以落子的列下标。列从 0 到 6、从左到右进行编号。

❑ move(state_int, col, player)：该文件中的核心函数，提供游戏动态以及赢/输的检查。在参数中，它接受编码形式的游戏状态、放置圆片的列以及执行动作的玩家索引。列索引必须是有效的（出现在 possible_moves(state_int) 的结果中），否则将抛出异常。该函数返回一个包含两个元素的元组：在动作执行之后编码形式的新游戏状态，一个表示该动作是否导致玩家获胜的布尔值。由于玩家只有在执行动作后才能获胜，因此一个布尔值就足够了。当然，有可能会得到平局状态（当没有人赢得比赛，但没有剩余可行的动作时）。这种情况必须通过在 move() 函数之后调用 possible_moves 函数来检查。

❑ render(state_int)：将返回表示方格状态的字符串列表。Telegram 机器人使用此函数将方格状态发送给用户。

23.3.2　实现 MCTS

MCTS 在 Chapter23/lib/mcts.py 中实现，并由单个 MCTS 类表示，该类负责执行一批 MCTS 并存储执行过程中收集的统计信息。代码量不是很大，但是它仍然包含一些棘手的部分，因此让我们对其进行详细研究。

```
class MCTS:
    def __init__(self, c_puct=1.0):
        self.c_puct = c_puct
        # count of visits, state_int -> [N(s, a)]
        self.visit_count = {}
        # total value of the state's act, state_int -> [W(s, a)]
        self.value = {}
        # average value of actions, state_int -> [Q(s, a)]
        self.value_avg = {}
        # prior probability of actions, state_int -> [P(s,a)]
        self.probs = {}
```

构造函数除了 c_puct 常数外没有其他参数，该常数在节点选择过程中会被使用，并且在原始的 AlphaGo Zero 论文 [1] 中提到了（可以对其进行调整以增加探索），但是我没有在任何地方重新定义它，并且没有对其进行试验。构造函数的主体创建了一个空容器来保存状态相关的统计信息。

所有这些字典中，关键的是编码游戏状态（整数），它的值是列表，保存了我们拥有的动作的各种参数。每个容器上方的注释使用了与 AlphaGo Zero 论文相同的符号。

```
def clear(self):
    self.visit_count.clear()
    self.value.clear()
    self.value_avg.clear()
    self.probs.clear()
```

前面的方法在不销毁 MCTS 对象的情况下清除了状态，当我们将当前最佳模型切换到新模型时，收集到的统计信息会变得过时，就需要清除状态了。

```
def find_leaf(self, state_int, player):
    states = []
    actions = []
    cur_state = state_int
    cur_player = player
    value = None
```

在搜索过程中使用此方法执行游戏状态树的单次遍历，从 state_int 参数给出的根节点开始，一直走下去直到遇到以下两种情况之一：我们到达最终游戏状态或发现尚未探索过的叶子节点。在搜索过程中，我们会记录访问的状态和执行的动作，以便之后可以更新节点的统计信息。

```
while not self.is_leaf(cur_state):
    states.append(cur_state)

    counts = self.visit_count[cur_state]
    total_sqrt = m.sqrt(sum(counts))
    probs = self.probs[cur_state]
    values_avg = self.value_avg[cur_state]
```

循环的每次迭代都会处理当前所在的游戏状态。对于这个状态，我们提取动作决策时所需的统计信息。

```
if cur_state == state_int:
    noises = np.random.dirichlet(
        [0.03] * game.GAME_COLS)
    probs = [
        0.75 * prob + 0.25 * noise
        for prob, noise in zip(probs, noises)
    ]
score = [
        value + self.c_puct*prob*total_sqrt/(1+count)
        for value, prob, count in
            zip(values_avg, probs, counts)
    ]
```

基于 action 的得分可以决定执行什么动作，取值是 $Q(s, a)$ 加上按访问量缩放的先验概率。搜索过程中的根节点选择具有额外的噪声，从而增加了搜索过程的探索能力。当我们沿着自我对抗轨迹从不同的游戏状态执行 MCTS 时，这种额外的噪声确保我们沿着这条路径尝试了不同的动作。

```
invalid_actions = set(range(game.GAME_COLS)) - \
                  set(game.possible_moves(cur_state))
for invalid in invalid_actions:
    score[invalid] = -np.inf
action = int(np.argmax(score))
actions.append(action)
```

当我们计算动作的得分时，需要去掉该状态下的无效动作（例如，当一列已满，我们不能在其顶部放置另一个圆片），然后选择并记录得分最高的动作。

```
        cur_state, won = game.move(
            cur_state, action, cur_player)
        if won:
            value = -1.0
        cur_player = 1-cur_player
        # check for the draw
        moves_count = len(game.possible_moves(cur_state))
        if value is None and moves_count == 0:
            value = 0.0
    return value, cur_state, cur_player, states, actions
```

为了完成循环，我们要求游戏引擎执行动作、返回新状态并显示玩家是否赢得了比赛。最终游戏状态（胜利、失败或平局）永远不会添加到 MCTS 统计信息中，因此它们始终是叶子节点。该函数返回叶子玩家的游戏价值（如果尚未到达最终状态，则返回 None）、当前处于叶子状态的玩家、在搜索过程中访问过的状态列表以及执行的动作列表。

```
    def is_leaf(self, state_int):
        return state_int not in self.probs

    def search_batch(self, count, batch_size, state_int,
                     player, net, device="cpu"):
    for _ in range(count):
        self.search_minibatch(batch_size, state_int,
                              player, net, device)
```

MCTS 类的主要入口点是 search_batch() 函数，该函数执行几次批搜索。每次搜索都包括查找树的叶子、可选地扩展叶子以及进行反向传播。这里的主要瓶颈是扩展操作，它需要使用 NN 来获取动作的先验概率和估计的游戏价值。为了使扩展更有效率，我们在搜索多个叶子时使用 mini 批，然后在一次 NN 计算中执行扩展。这种方法有一个缺点：由于一次执行了多个 MCTS，因此相比顺序执行，它的结果会不同。

确实，最初，当我们在 MCTS 类中没有存储任何节点时，第一个搜索将扩展根节点，第二个搜索将扩展其某些子节点，以此类推。但是，单批搜索一开始只能扩展一个根节点。当然，稍后，批中的不同搜索可以沿着不同的游戏路径扩展更多，但是在最开始时，mini 批扩展在探索方面的效率要比顺序 MCTS 低得多。

为了补偿这一点，我仍然使用 mini 批，只是会执行好几个 mini 批。

```
    def search_minibatch(self, count, state_int, player,
                         net, device="cpu"):
        backup_queue = []
        expand_states = []
        expand_players = []
        expand_queue = []
        planned = set()
        for _ in range(count):
```

```
        value, leaf_state, leaf_player, states, actions = \
            self.find_leaf(state_int, player)
        if value is not None:
            backup_queue.append((value, states, actions))
        else:
            if leaf_state not in planned:
                planned.add(leaf_state)
                leaf_state_lists = game.decode_binary(
                    leaf_state)
                expand_states.append(leaf_state_lists)
                expand_players.append(leaf_player)
                expand_queue.append((leaf_state, states,
                                        actions))
```

在 mini 批搜索中，我们首先从同一个状态开始进行叶子搜索。如果搜索找到了最终的游戏状态（在这种情况下，返回的值将不等于 None），则无须扩展，我们将结果保存下来以进行反向传播。否则，我们将存储叶子以供之后进行扩展。

```
if expand_queue:
    batch_v = model.state_lists_to_batch(
        expand_states, expand_players, device)
    logits_v, values_v = net(batch_v)
    probs_v = F.softmax(logits_v, dim=1)
    values = values_v.data.cpu().numpy()[:, 0]
    probs = probs_v.data.cpu().numpy()
```

为了扩展，我们将状态转换为模型所需的形式（model.py 库中有个特殊函数），并要求神经网络返回这批状态的先验概率和价值。我们将使用这些概率来创建节点，而价值会在最后的统计信息更新时执行反向传播。

```
for (leaf_state, states, actions), value, prob in \
        zip(expand_queue, values, probs):
    self.visit_count[leaf_state] = [0]*game.GAME_COLS
    self.value[leaf_state] = [0.0]*game.GAME_COLS
    self.value_avg[leaf_state] = [0.0]*game.GAME_COLS
    self.probs[leaf_state] = prob
    backup_queue.append((value, states, actions))
```

节点创建时为访问计数和动作价值（总价值和平均价值）中的每个动作都赋 0 值。在先验概率中，我们存储从神经网络中获得的值。

```
for value, states, actions in backup_queue:
    cur_value = -value
    for state_int, action in zip(states[::-1],
                                    actions[::-1]):
        self.visit_count[state_int][action] += 1
        self.value[state_int][action] += cur_value
        self.value_avg[state_int][action] = \
            self.value[state_int][action] / \
            self.visit_count[state_int][action]
        cur_value = -cur_value
```

反向传播操作是 MCTS 中的核心进程，它会更新搜索过程中访问过的状态的统计信息。执行的动作的访问次数会增加，总价值会做累加，平均价值是使用访问次数缩放得到的。

在反向传播过程中正确跟踪游戏的价值非常重要，由于我们有两个对手交替执行动作，所以每一轮都会改变符号（因为当前玩家获胜时的位置对于对手来说是失败的游戏状态）。

```python
def get_policy_value(self, state_int, tau=1):
    counts = self.visit_count[state_int]
    if tau == 0:
        probs = [0.0] * game.GAME_COLS
        probs[np.argmax(counts)] = 1.0
    else:
        counts = [count ** (1.0 / tau) for count in counts]
        total = sum(counts)
        probs = [count / total for count in counts]
    values = self.value_avg[state_int]
    return probs, values
```

该类中最后一个函数使用了 MCTS 期间收集的统计信息，并返回游戏状态的动作概率和动作价值。由参数 τ 指定的概率计算有两种模式。如果 τ 等于零，选择就变得确定了，因为我们会选择最常访问的动作。另外一种情况下，动作的概率分布由公式 $\dfrac{N(s,a)^{\frac{1}{\tau}}}{\sum_k N(s,k)^{\frac{1}{\tau}}}$ 给出，它再一次提升了探索能力。

23.3.3　模型

使用的 NN 是具有 6 层的残差卷积神经网络，它是原始 AlphaGo Zero 方法中使用的神经网络的简化版本。在输入中，我们传入编码游戏状态，该状态由两个 6×7 的通道组成。第一个通道放置当前玩家的圆片，第二个通道将对手拥有圆片的位置置为 1.0。这种表示使神经网络玩家保持不变，我们能从当前玩家的角度分析位置。

该神经网络由带有残差卷积核的公共部分组成。它们产生的特征传给了策略和价值输出端，两者都是卷积层和全连接层的组合。策略输出端将针对每个可能的动作（放置圆片的列）返回 logits，价值输出端将返回单个浮点数。相关的详细信息，请参见 Chapter23/lib/model.py 文件。

除模型外，此文件还包含两个函数：state_lists_to_batch，用于将列表中游戏状态批的表示形式转换为模型的输入形式；play_game，对于训练和测试过程都非常重要。

其目的是模拟两个 NN 之间的游戏、执行 MCTS、并有选择地将已执行的动作存储在回放缓冲区中。

```python
def play_game(mcts_stores, replay_buffer, net1, net2,
              steps_before_tau_0, mcts_searches, mcts_batch_size,
              net1_plays_first=None, device="cpu"):
    if mcts_stores is None:
```

```
        mcts_stores = [mcts.MCTS(), mcts.MCTS()]
    elif isinstance(mcts_stores, mcts.MCTS):
        mcts_stores = [mcts_stores, mcts_stores]
```

该函数接受很多参数：

❑ MCTS 类实例，可以是单个实例，也可以是两个实例的列表或 None。我们需要让该函数能灵活地支持不同用法。

❑ 可选的回放缓冲区。

❑ 游戏中要使用的 NN。

❑ 在 τ 参数（用于动作概率计算，并会从 1 减至 0）使用前需要执行的游戏步数。

❑ 要执行的 MCTS 数量。

❑ MCTS 批大小。

❑ 哪个玩家先行动。

```
state = game.INITIAL_STATE
nets = [net1, net2]
if net1_plays_first is None:
    cur_player = np.random.choice(2)
else:
    cur_player = 0 if net1_plays_first else 1
step = 0
tau = 1 if steps_before_tau_0 > 0 else 0
game_history = []
```

在游戏循环之前，我们初始化游戏状态并选择第一个玩家。如果没有提供谁将先行动的信息，则将随机选择。

```
result = None
net1_result = None

while result is None:
    mcts_stores[cur_player].search_batch(
        mcts_searches, mcts_batch_size, state,
        cur_player, nets[cur_player], device=device)
    probs, _ = mcts_stores[cur_player].get_policy_value(
        state, tau=tau)
    game_history.append((state, cur_player, probs))
    action = np.random.choice(game.GAME_COLS, p=probs)
```

在每一轮，我们都要执行 MCTS 来填充统计信息，然后获得动作概率，并采样动作概率以获取要执行的动作。

```
    if action not in game.possible_moves(state):
        print("Impossible action selected")
    state, won = game.move(state, action, cur_player)
    if won:
        result = 1
        net1_result = 1 if cur_player == 0 else -1
        break
```

```
cur_player = 1-cur_player
# check the draw case
if len(game.possible_moves(state)) == 0:
    result = 0
    net1_result = 0
    break
step += 1
if step >= steps_before_tau_0:
    tau = 0
```

然后，使用游戏引擎模块中的函数更新游戏状态，并处理游戏结束的情况。

```
if replay_buffer is not None:
    for state, cur_player, probs in reversed(game_history):
        replay_buffer.append(
            (state, cur_player, probs, result)
        )
        result = -result
return net1_result, step
```

在函数的结尾，我们从当前玩家的角度为回放缓冲区填充动作概率和游戏结果。该数据将用于训练网络。

23.3.4　训练

拥有这些函数之后，训练过程就是按照正确顺序对它们进行简单组合的过程。该训练程序位于 Chapter23/train.py 中，并且具有已经描述的逻辑：在循环中，我们当前最好的模型不断地与自身竞争，将步骤保存在回放缓冲区中。针对此数据训练另一个神经网络，以最大限度地减少从 MCTS 采样的动作概率与策略输出端的结果之间的交叉熵。游戏的价值预测和实际游戏结果之间的 MSE 也被添加到总损失中。

定期将训练的神经网络和当前最佳的神经网络进行 100 场比赛，并且如果当前训练的神经网络能够赢得其中的 60% 以上，则同步神经网络的权重。希望这个过程能无限地继续，在游戏中找到越来越专业的模型。

23.3.5　测试与比较

在训练过程中，每次将当前最佳模型替换为训练后的模型时，都会保存模型的权重。结果，我们得到了多个各具优势的智能体。从理论上讲，后面的模型应该比前面的模型技巧更好，但是我们想自己检查一下。为此，可以使用 Chapter23/play.py 工具，该工具可以获取多个模型文件，在它们之间进行竞标赛，每个模型与所有其他模型之间需要进行指定回合数的比赛。结果得分表会显示每个模型获胜的次数（获胜次数代表模型的相对强度）。

检查生成的智能体性能的另一种方法是与人对抗。这是由我、我的孩子们（感谢 Julia 和 Fedor！）和我的朋友们一起完成的，我们与实力各异的各种智能体进行了数场比赛。该过程通过为 Telegram Messenger 编写的机器人完成，该机器人允许用户选择要对战的模型并保留所有游戏的全局得分表。该机器人可在 `Chapter23/telegram-bot.py` 中找到，并且具有与第 14 章中的机器人相同的要求和安装过程（要启动并运行它，你需要创建一个 Telegram 机器人 token 并将其放置在配置文件中）。

23.4　四子连横棋的结果

为了使训练更快，我特意为训练过程选择了较小的超参数。例如，在自我对抗过程的每个步骤中，仅执行 10 个 MCTS，每个 mini 批大小为 8。结合高效的 mini 批 MCTS 和快速的游戏引擎，训练变得非常快。

基本上，仅经过一个小时的训练，以自我对抗模式玩了 2500 场游戏，产生的模型就足够成熟了，和其对抗能变得很有趣。当然，它的水平甚至远低于孩子的水平，但是它显示出一些基本的策略并且仅在其他动作中才会犯错误，这是一个很好的进步。

训练进行了一天，结果产生了 6 万场由最佳模型进行的比赛，总共进行了 105 次最佳模特轮换。训练动态如图 23.3 与图 23.4 所示。图 23.3 显示了胜率（当前的评估策略与当前的最佳策略之间的$\frac{赢}{输}$）。

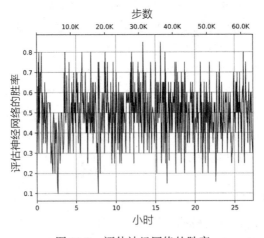

图 23.3　评估神经网络的胜率

图 23.4 显示了损失部分，并且两者都没有明确的趋势。这是由于当前最佳策略不断切换，从而导致训练模型不断地重新训练。

模型的数量太大使得锦标赛验证变得复杂，因为每对都需要玩几局游戏以评估其实力。为了解决这个问题，将所有 105 个模型分成 10 组（按时间排序），在每个组的所有组合之间进行 100 场比赛，然后从每个组中选择两个最有希望获胜的模型进行最后一轮比赛。你可以在 `Chapter23/tournament` 目录中找到结果。

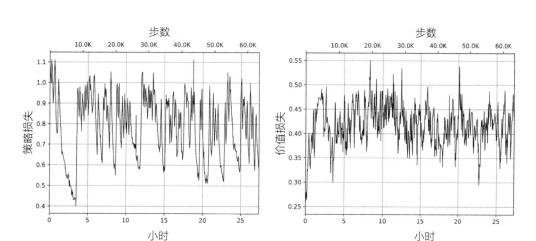

图 23.4　策略损失（左）和价值损失（右）

图 23.5 显示了该系统最后一轮产生的得分。x 轴是模型的索引，而 y 轴是模型在最后一轮中达成的相对胜率。

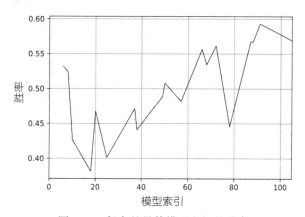

图 23.5　保存的最佳模型之间的胜率

图 23.5 显示的模型胜率略带点噪声，但仍保持一致的上升趋势。通过更多的训练，很可能会找到更好的策略。

此处显示了前 10 名的最终排行榜：

```
1.  best_091_51000.dat:        w=2254, l=1542, d=4
2.  best_105_62400.dat:        w=2163, l=1634, d=3
3.  best_087_48300.dat:        w=2156, l=1640, d=4
4.  best_088_48500.dat:        w=2155, l=1644, d=1
5.  best_072_39800.dat:        w=2133, l=1665, d=2
6.  best_066_37500.dat:        w=2115, l=1683, d=2
7.  best_068_37800.dat:        w=2031, l=1767, d=2
8.  best_006_01500.dat:        w=2022, l=1777, d=1
9.  best_008_01700.dat:        w=1990, l=1809, d=1
10. best_050_29900.dat:        w=1931, l=1869, d=0
```

人工验证是在本书的第一版中进行的。那个时候最好的模型是 best_008_02500.dat，它可以赢得 50% 的游戏。排行榜如图 23.6 所示。

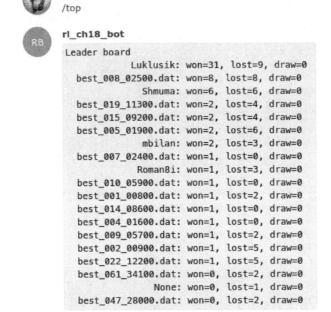

图 23.6 人工验证的排行榜。我的女儿是最强的

23.5 总结

在本章中，我们实现了由 DeepMind 创建的用于解决棋盘游戏的 AlphaGo Zero 方法。该方法的主要目的是允许智能体通过自我对抗来提高自己的实力，而无须事先从人类游戏或其他数据源获得知识。

在下一章中，我们将讨论实践 RL 的另一个方向：离散优化问题，从计划优化到蛋白质折叠，它在各种实际问题中都起着重要作用。

23.6 参考文献

[1] *Mastering the Game of Go Without Human Knowledge, David Silver, Julian Schrittwieser, Karen Simonyan*, and others, doi:10.1038/nature24270

[2] *Mastering Chess and Shogi by Self-Play with a General Reinforcement Learning Algorithm, David Silver, Thomas Hubert, Julian Schrittwieser*, and others, arXiv:1712.01815

离散优化中的强化学习

接下来，我们将探索 RL 应用的新领域：离散优化问题，将使用著名的魔方智力游戏进行展示。

在本章中，我们将：

❏ 简要讨论离散优化的基础知识。

❏ 逐步介绍 UCI 研究人员 Stephen McAleer 等人的论文 " Solving the Rubik's Cube Without Human Knowledge"（2018, arxiv: 1805.07470），该论文将 RL 方法应用于魔方的优化问题。

❏ 探索我做的实验以重现论文的结果，以及说明将来改进方法的方向。

24.1　强化学习的名声

对深度 RL 的普遍看法是，它主要用于游戏。考虑到历史上，DeepMind 在 2015 年通过 Atari 游戏套件（https://deepmind.com/research/dqn/）实现了该领域的首个成功，就不足为奇了。事实证明，Atari 基准套件（https://github.com/mgbellemare/Arcade-Learning-Environment）在 RL 问题上非常成功，即使是现在，许多研究论文仍在使用它来证明其方法的有效性。随着 RL 领域的发展，经典的 53 种 Atari 游戏的难度越来越小（在撰写本文时，几乎所有游戏都已经以超越人类的准确性解决了），研究人员正在转向更复杂的游戏，例如星际争霸和 Dota 2。

这种感觉在媒体中尤其普遍，我已经尝试通过在使用 Atari 游戏的同时附带其他领域的示例（包括股票交易、聊天机器人和自然语言处理（NLP）问题、网络导航自动化、连续控制、棋盘游戏和机器人技术）来抵消这种感觉。实际上，RL 的非常灵活的马尔可夫决策过程（MDP）模型可以应用于各种领域。计算机游戏只是复杂决策中的一种方便且引人注目的例子罢了。

在本章中，我试图详细描述在上述论文（https://arxiv.org/abs/1805.07470）中提出的最新尝试：将 RL 应用于组合优化领域（https://en.wikipedia.org/wiki/Combinatorial_optimization）。此外，我们还将介绍论文中所述方法的实现方法（该方法位于本书示例代码库的 Chapter24 目录中），并讨论了改进该方法的方向。我将论文对方法的描述与我实现的代码片段放在一起，用具体的实现来说明这些概念。

让我们从魔方和组合优化的概览开始。

24.2　魔方和组合优化

我不会重复魔方的 Wikipedia 描述（https://en.wikipedia.org/wiki/Rubik%27s_Cube），而是将重点放在与数学和计算机科学的联系上。如果未明确说明，则"魔方"是指经典的 3×3 魔方。

尽管在机制和任务方面非常简单，但就我们可能通过旋转其侧面进行的转换数量而言，魔方还是一个棘手的问题。据计算，通过旋转魔方，总共可以得到大约 4.33×10^{19} 个不同的状态。这只是在不拆卸魔方的情况下可以得到的状态。将其拆开然后重新组装，可以得到总计 12 倍以上的状态，大约 5.19×10^{20}，但是那些"额外"状态使魔方不进行拆卸就无法恢复。

所有这些状态都通过魔方侧面的旋转彼此紧密地交织在一起。例如，如果在某些状态下顺时针旋转左侧，则逆时针旋转同一侧会破坏转换的效果，它会变回原来的状态。

但是，如果我们连续旋转左侧三次，则到此状态的最短路径将是左侧顺时针旋转一圈，而不是逆时针旋转三圈（这也是可行的，但并非最佳的）。

由于魔方有 6 个面，并且每个面可以沿两个方向旋转，因此总共有 12 种可能的旋转。有时，半圈（沿相同方向的两个连续旋转）被视为同一旋转，但是为简单起见，我们将它们视为魔方的两个不同转换。

在数学中，有几个领域在研究这类对象。比如，抽象代数，这是数学中非常广泛的一个领域，它研究抽象对象集并对其进行操作。用它的术语来说，魔方是一个非常复杂的群（https://en.wikipedia.org/wiki/Group_theory）的例子，具有许多有趣的特性。

魔方不仅有状态和转换，它还是一个难题，其主要目标是找到一个以完成的魔方为终点的旋转序列。组合优化是应用数学和理论计算机科学的一个子领域，用于研究此类问题。该学科有许多具有很高实用价值的著名问题，例如：

旅行商问题（https://en.wikipedia.org/wiki/Travelling_salesman_problem）：找到图中最短的闭合路径。

蛋白质折叠模拟（https://en.wikipedia.org/wiki/Protein_folding）：找到蛋白质的可能 3D

结构。

❑ 资源分配：如何将固定的资源集在不同消费者之间进行分配以获得最佳目标。

这些问题的共同点是巨大的状态空间，这使得检查所有可能的组合以找到最佳解决方案是不可行的。我们的"玩具魔方问题"也属于这类问题，因为其状态空间为 4.33×10^{19}，使得暴力破解方法非常不切实际。

24.3　最佳性与上帝的数字

使组合优化问题变得棘手的是，我们不是在寻找其中一个解决方案，而是在寻找问题的最佳解决方案。区别是显而易见的：在发明魔方之后，就知道如何达到目标状态（但是 Ernö Rubik 花了大约一个月的时间才第一次解决魔方还原问题）。如今，有许多不同的魔方解决方案：初学者的方法、Jessica Fridrich 方法（在超级魔方选手中非常流行）等。

所有这些都因要执行的步数而异。例如，一种非常简单的初学者方法需要大约 100 次旋转才能解决魔方，它要求记住 5 到 7 个旋转序列。相比之下，超级魔方比赛中的当前世界纪录是在 4.22 秒内解决魔方，这需要更少的步骤，但需要记忆更多的序列。Fridrich 的方法平均需要大约 55 个旋转，但你需要熟悉约 120 个不同的旋转序列。

当然，最大的问题是：在给定任何状态的魔方时，要解决的最短旋转序列是什么？令人惊讶的是，在魔方流行 54 年之后，人类仍然不知道这个问题的完整答案。仅 2010 年 Google 的一组研究人员证明，解决任意魔方状态所需的最小旋转数为 20。该数字也称为上帝的数字。当然，平均而言，最佳解决方案要短一些，因为只有一些状态需要 20 次旋转，而有一个状态根本不需要任何旋转（已解决状态）。这个结果仅证明了最小的旋转量，本身并没有找到解决方案。如何找到任何给定状态的最优解仍然是一个待解决的问题。

24.4　魔方求解的方法

在上述论文发表之前，解决魔方的方法有两个主要方向：

通过使用群论，可以显著减少要检查的状态空间。使用了此方法的最流行的解决方案之一是 Kociemba 算法（https://en.wikipedia.org/wiki/Optimal_solutions_for_Rubik%27s_Cube#Kociemba's_algorithm）。

通过使用暴力搜索并结合人工定制的启发式方法，我们可以将搜索指向最有希望的方向。一个生动的例子就是科尔夫算法（https://en.wikipedia.org/wiki/Optimal_solutions_for_Rubik%27s_Cube#Korf's_algorithm），该算法使用 A* 搜索和大型模式数据库来避开错误的方向。

论文介绍了第三种方法：通过在许多随机打乱的魔方上训练神经网络，有可能获得将显示出向最终解决状态迈进的策略。训练是在没有任何相关领域的先验知识的前提下进行的，唯一需要的是魔方本身（不是物理的，而是计算机模型）。这与前两种方法形成对比，前两种方法需要大量相关领域的人类知识并需要以计算机代码的形式实现它们。

接下来我们将详细介绍这种新方法。

24.4.1　数据表示

首先，让我们从数据表示开始。在魔方问题中，我们有两个要进行某种编码的实体：动作和状态。

24.4.2　动作

动作是我们可以从任何给定的魔方状态进行的可能旋转，并且如上所述，总共只有 12 个动作。每一侧有两种不同的动作，分别对应顺时针旋转和逆时针旋转（90° 或 –90°）。一个很小但非常重要的细节是，需要将所需旋转的一面朝向你，再执行旋转。例如，一个动作在正面很明显，但是在背面，由于旋转的镜像，可能会造成混淆。

这些动作的名称取自旋转的魔方面：left、right、top、bottom、front 和 back。使用名称的首字母表示。例如，右侧的顺时针旋转命名为 R。逆时针旋转有不同的表示法：可以用撇号（R'）或小写字母（r）或波浪号（R̃）表示。第一种和最后一种表示法对于计算机代码而言不太实用，因此在我的实现中使用小写动作表示逆时针旋转。右侧有两个动作：R 和 r；左侧有另外两个动作：L 和 l；以此类推。

在我的代码中，动作空间是使用 libcube/cubes/cube3x3.py 里的 Action 类中的 Python 枚举（enum）实现的，其中每个动作都映射到唯一的整数值中。另外，我们将相反的动作用字典描述：

```
class Action(enum.Enum):
    R = 0
    L = 1
    T = 2
    D = 3
    F = 4
    B = 5
    r = 6
    l = 7
    t = 8
    d = 9
    f = 10
    b = 11

_inverse_action = {
    Action.R: Action.r,
    Action.r: Action.R,
    Action.L: Action.l,
    Action.l: Action.L,
    Action.T: Action.t,
```

```
    Action.t: Action.T,
    Action.D: Action.d,
    Action.d: Action.D,
    Action.F: Action.f,
    Action.f: Action.F,
    Action.B: Action.b,
    Action.b: Action.B
}
```

24.4.3　状态

状态是魔方的彩色贴图的特定配置，并且正如我已经提到的，状态空间的大小非常大（有 4.33×10^{19} 个不同的状态）。但是状态的数量并不是我们唯一的麻烦。除数量外，在选择状态的特定表示形式时，我们还有不同的目标需要实现：

- ❏ **避免冗余**：在极端情况下，我们只需记录每侧每个贴图的颜色即可表示魔方的状态。但是，如果我们计算一下这些组合的数量，能得到 $6^{6 \cdot 8} = 6^{48} \approx 2.5 \times 10^{37}$，它远大于魔方的状态空间大小，这意味着该表示形式是高度冗余的。例如，它允许魔方的所有面都具有同一种颜色（中间的小方块除外）。如果你想知道我是怎么得到 6^{48} 的，这很简单：魔方有 6 个侧面，每个侧面都有 8 个方格（不算中心），所以总共有 48 个贴图，每个贴图都可以涂上 6 种颜色中的一种。

- ❏ **内存效率**：你很快就会看到，在训练期间以及模型应用期间，我们将需要在计算机内存中保留大量不同的魔方状态，这可能会影响魔方处理的性能。因此，我们希望表示形式尽可能紧凑。

- ❏ **转换的性能**：另一方面，我们需要实现应用于状态的所有动作，并且这些动作需要迅速执行。如果我们的表示形式在内存方面非常紧凑（例如，使用位编码），但是要求我们对魔方侧面的每次旋转执行冗长的解包过程，则训练将变得很慢。

- ❏ **NN 友好性**：并非每个数据表示都适用于 NN 的输入。这句话不仅适用于我们的示例，也适用于通用机器学习。例如，在 NLP 中，通常使用词袋或词嵌入；在计算机视觉中，图像从 JPEG 解码为原始像素；随机森林需要对数据进行大量的特征工程；等等。

在论文中，魔方的每个状态都表示为具有独热编码的 20×24 张量。要了解它是如何做到的以及为什么具有这种形状，让我们从来自论文的图片（见图 24.1）开始。

图中用亮色标记了需要跟踪的小方块的贴图。其余的贴图（显示为深色）是多余的，无须跟踪它们。如你所知，一个魔方由三种类型的小方块组成：带有三个贴图的 8 个角落小方块，带有两个贴图的 12 个侧边小方块和带有单个贴图的 6 个中央小方块。不需要跟踪中央小方块，因为它们不能更改其相对位置并且只能旋转。因此，就中央小方块而言，我们只需要就魔方对齐达成一致并坚持下去。

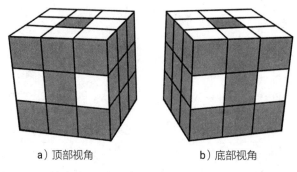

a) 顶部视角　　　　　　　　b) 底部视角

图 24.1　我们需要跟踪的魔方的贴图被标记为了更亮的颜色

例如，在我的实现中，白色的一面总是在顶部，前面是红色，左边是绿色，以此类推。这使我们的状态是旋转不变的，这基本上意味着将整个魔方所有可能的旋转视为同一状态。

由于没有跟踪中央小方块，因此在图中将它们标记为较深的颜色。其余的呢？显然，每个特定种类（角落或侧边）的小方块都有其贴图的独特颜色组合。例如，如果按我的方向组装好魔方（顶部为白色，前面为红色，以此类推），则它左上角的小方块具有以下颜色：绿色、白色和红色。

你会发现，没有其他带有这些颜色的角落小方块（如有疑问请自行检查）和侧边小方块。

因此，要找到某个特定小方块的位置，我们仅需知道其中一个贴图的位置。此类贴图的选择完全是任意的，但是一旦选择了它们，你就必须坚持这一点。如图 24.1 所示，我们在顶部跟踪 8 个贴图，在底部跟踪 8 个贴图，以及 4 个附加的侧边贴图：两个在正面，两个在背面。因此我们需要跟踪 20 个贴图。

现在，让我们讨论张量维度中"24"的来源。我们总共有 20 种不同的贴图要跟踪，但是由于魔方变换，它们会显示在哪个位置呢？这取决于我们正在跟踪的小方块的类型。让我们从角落小方块开始。总共有 8 个角落小方块，魔方旋转后可以按任何顺序重新排列它们。因此，任何特定的小方块都可能出现在 8 个角落中的任何一个角落。

此外，每个角落小方块都可以旋转，因此我们的"绿色、白色和红色"小方块可以有三种可能的方向：

1）顶部为白色，左侧为绿色，正面为红色。

2）顶部为绿色，左侧为红色，正面为白色。

3）顶部为红色，左侧为白色，正面为绿色。

因此，为精确指示角落小方块的位置和方向，共有 8 × 3=24 个不同的组合。

对于 12 个侧面小方块，它们只有两个贴图，因此只能有两个方向，这又是 24 种组合，但是它们是通过不同的计算获得的：12 × 2=24。最终，我们要追踪 20 个小方块、8 个角落小方块和 12 个侧边小方块，每个小方块可以有 24 个位置。

　　将此类数据输入到 NN 的一种非常流行的选择是独热编码，我们让对象的具体位置为 1，而其他位置填充为 0。我们最终将状态表示为形状为 20×24 的张量。

　　从冗余的角度来看，这种表示非常接近总状态空间。可能组合的数量等于 $24^{20} \approx 4.02 \times 10^{27}$。它仍然大于魔方的状态空间（可以说它要大得多，因为 10^{27-19} 的系数很大），但是它比对每个贴图的所有颜色进行编码要好。这种冗余来自魔方转换的棘手特性。例如，不可能只旋转一个角落小方块（或翻转侧边小方块），而将所有其他小方块留在原处。数学性质的研究远远超出了本书的范围，但是，如果你有兴趣，我推荐 Alexander Frey 和 David Singmaster 撰写的精彩著作：*Handbook of Cubik Math*。

　　你可能已经注意到，魔方状态的张量表示具有一个很大的缺点：内存效率低下。实际上，通过将状态保存为 20×24 的浮点张量，我们浪费了 $4 \times 20 \times 24 = 1920$ 字节的内存，鉴于我们需要在训练过程中保留数千个状态，而在解决魔方时会保留数百万个状态（你很快就会知道），总计起来浪费得就很多了。为了解决这个问题，我在实现中使用了两种表示形式：一个张量用于 NN 输入，而另一个更紧凑的表示形式用于长时间存储不同的状态。紧凑型状态保存为一堆列表，将角落和侧边小方块的排列及其方向进行编码。这种表示方式不仅具有更高的内存效率（160 字节），而且对于旋转的实现也更加方便。

　　为了说明这一点，下面是 3×3 魔方库（`libcube/cubes/cube3x3.py`），它负责紧凑表示。

```
State = collections.namedtuple("State", field_names=[
    'corner_pos', 'side_pos', 'corner_ort', 'side_ort'])

initial_state = State(corner_pos=tuple(range(8)),
                      side_pos=tuple(range(12)),
                      corner_ort=tuple([0]*8),
                      side_ort=tuple([0]*12))
```

　　变量 `intial_state` 是魔方的已解决状态的编码。在其中，我们要跟踪的角落贴图和侧边贴图处于其原始位置，并且两个方向的列表均为零，表示魔方的初始方向。

　　魔方的转换有点复杂，并且包含许多表，这些表会保存应用了不同的旋转之后魔方的重新排列方式。我不会将这段代码放在这里。如果你好奇，可以从 `libcube/cubes/cube3x3.py` 中的 `transform(state, action)` 函数开始，也可以在 `tests/libcube/cubes/test_cube3x3.py` 中查看此代码的单元测试。

　　除了动作、紧凑状态表示以及旋转之外，`cube3x3.py` 模块还包含将魔方状态（是一个 namedtuple 类型的 `State` 类）的紧凑形式转换为张量形式的函数。此功能由 `encode_inplace()` 方法提供。

　　实现的另一功能是通过应用 `render()` 函数将紧凑状态呈现为人类友好的形式。这对于调试魔方的转换非常有用，但在训练代码中未使用。

24.5　训练过程

既然你知道了魔方的状态是如何以 20×24 张量编码的，那么让我们谈谈 NN 的架构及其训练方法。

24.5.1　NN 架构

图 24.2 显示了神经网络的架构。

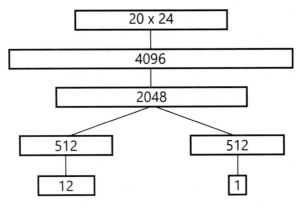

图 24.2　NN 的架构，将观察（上方）转换成动作和价值（下方）

对于输入，它接受你熟悉的魔方状态表示形式，为 20×24 的张量，并产生两个输出：

❑ 策略，由 12 个数字组成的向量，代表动作的概率分布。

❑ 价值，单个标量，估计传入状态的"优秀程度"。价值的具体含义将在后面讨论。

在输入和输出之间，神经网络具有多个全连接层，这些层使用指数线性单位（ELU）来激活。在我的实现中，架构与论文中的架构完全相同，并且模型位于 libcube/model. py 模块中。

```
class Net(nn.Module):
    def __init__(self, input_shape, actions_count):
        super(Net, self).__init__()

        self.input_size = int(np.prod(input_shape))
        self.body = nn.Sequential(
            nn.Linear(self.input_size, 4096),
            nn.ELU(),
            nn.Linear(4096, 2048),
            nn.ELU()
        )
        self.policy = nn.Sequential(
            nn.Linear(2048, 512),
            nn.ELU(),
            nn.Linear(512, actions_count)
        )
        self.value = nn.Sequential(
```

```
        nn.Linear(2048, 512),
        nn.ELU(),
        nn.Linear(512, 1)
    )

def forward(self, batch, value_only=False):
    x = batch.view((-1, self.input_size))
    body_out = self.body(x)
    value_out = self.value(body_out)
    if value_only:
        return value_out
    policy_out = self.policy(body_out)
    return policy_out, value_out
```

这里没有什么真正复杂的，但是 `forward()` 的调用有两种模式：同时获取策略和价值；当 `value_only=True` 时仅获取价值。当仅关注价值输出端的结果时，可以节省一些计算量。

24.5.2　训练

神经网络非常简单明了：策略告诉我们应该对状态应用哪种旋转，价值估计状态的良好程度。但是最大的问题仍然存在：我们如何训练神经网络？

论文中提出的训练方法为 Autodidactic Iteration（ADI），其结构简单得令人惊讶。我们从目标状态（组装好的魔方）开始，并应用一些预定义长度为 N 的随机旋转序列。这为我们提供了 N 个状态序列。

对于此状态序列中的每个状态 s，我们执行以下过程：

1）将所有可能的旋转（总共 12 个）应用于 s。

2）将这 12 个状态传递给当前的 NN，要求其输出价值。这为 s 的每个子状态提供 12 个价值。

3）s 的目标价值计算公式为 $y_{v_i} = \max_a (v_s(a)+R(A(s, a)))$，其中 $A(s, a)$ 是将 a 的动作作用于 s 之后的状态。如果 $R(s)$ 中的 s 是目标状态，则 $R(s)$ 等于 1，否则为 -1。

4）s 的目标策略使用相同的公式计算，但是需要将 max 改成 argmax：$y_{p_i} = \mathrm{argmax}_a (v_s(a)+R(A(s, a)))$。这只是意味着我们的目标策略在子状态的最大值位置将为 1，在所有其他位置为 0。

图 24.3 显示了该过程，摘自论文。生成打乱序列 $x_0, x_1, \cdots, x_N$，其中魔方 x_i 显示了展开情况。对于该状态 x_i，我们通过应用前面的公式为扩展状态的策略和价值输出端计算目标值。

使用此过程，我们可以生成所需的任意数量的训练数据。

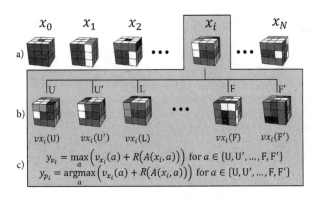

图 24.3　生成训练数据

24.6　模型应用

好的，假设我们已经使用上述过程训练了模型。我们应该如何使用它来解决打乱的魔方呢？从神经网络的结构上，你可能会想到一个很明显但不是很成功的方法：

1）向模型提供要解决的魔方的当前状态。

2）从策略输出端开始，执行最优的动作（或从结果分布中进行采样）。

3）将动作应用于魔方。

4）重复该过程，直到达到解决状态。

从表面上看，这种方法应该可行，但是在实践中，它存在一个严重的问题：它无法求解魔方！主要原因是我们的模型的质量。由于状态空间的大小和 NN 的性质，无法训练 NN 针对任何输入状态都能返回确切的最佳动作。我们的模型没有说明如何做才能得到解决状态，而是展示了有希望的探索方向。这些指示可以使我们更接近答案，但是有时由于在训练过程中从未见过这种特定状态，所以它们可能会产生误导。别忘了，其中有 4.33×10^{19} 个状态，因此即使 GPU 的训练速度为每秒数十万个状态，经过一个月的训练，我们也只会看到其中很小一部分状态空间，约为 0.0000005%。因此，必须使用更成熟的方法。

有一个非常流行的方法系列，称为蒙特卡洛树搜索（MCTS），上一章介绍了其中一种方法。这些方法有很多变体，但是总体思路很简单，可以将其与广度优先搜索（BFS）或深度优先搜索（DFS）等众所周知的暴力搜索方法进行比较。在 BFS 和 DFS 中，我们通过尝试所有可能的动作并探索从这些动作中获得的所有状态，来对状态空间进行详尽的搜索。这种行为是前面描述的过程的另一个极端（我们有信息指示在每种状态下该去哪里）。

MCTS 在这两种极端之间提供了另外的思路：我们想要执行搜索，并且获得一些有关应该去哪里的信息，但是在某些情况下，该信息可能不可靠、有噪声或是错误的。但是，有时，这些信息能向我们显示有希望加快搜索过程的方向。

正如我已经提到的，MCTS 是一系列方法，它们的具体细节和特征各不相同。在论文中使用了称为置信区间上界的方法。该方法使用树，其中的树节点是状态，边是连接这些状态的动作。在大多数情况下，整棵树是巨大的（对于我们的魔方而言，为 4.33×10^{19} 个状态），因此我们无法尝试构建整棵树，只能构建其中的一小部分。

首先，我们从一棵由单个节点组成的树开始，这是我们的当前状态。在 MCTS 的每一步中，我们沿着树走下去，探索树的某些路径，我们会面临两种情况：

❑ 当前的节点是叶子节点（我们尚未探索此方向）。

❑ 当前的节点是树的中间节点，并且有子节点。

对于叶子节点而言，我们通过将所有可能的动作应用于该状态来"扩展"它。检查所有结果状态是否为目标状态（如果找到了解决魔方的目标状态，则搜索完成）。

叶子状态被传给模型，价值和策略的输出均被存储以备后用。

如果该节点不是叶子节点，则我们知道其子节点（可达状态），并且从神经网络中获得了价值和策略输出。因此，我们需要选择要前进的路径（换句话说，探索更有希望的动作）。这一决定并不简单，这是我们在本书前面讨论的探索与利用问题。一方面，我们的神经网络策略规定了该怎么做。但是，如果错了怎么办？这可以通过探索周围的状态来解决，但是我们不想一直探索（因为状态空间很大）。因此，我们应该保持平衡，这直接影响搜索过程的性能和结果。

为了解决这个问题，对于每个状态，我们都为每个可能的动作（其中有 12 个）保留计数器，每次在搜索过程中选择的动作都将增加该计数器。为了决定执行什么动作，我们使用此计数器。动作被执行得越多，将来选择的可能性就越小。

此外，模型返回的价值也用于此决策中。价值为当前状态的价值及其子项的价值两者相加的最大值。这允许我们从父状态看到最有希望的路径（从模型的角度来看）。

总而言之，使用以下公式从非叶子树节点选择要执行的动作：

$$A_t = \arg\max_a (U_{s_t}(a) + W_{s_t}(a)), \ \ U_{s_t}(a) = cP_{s_t}(a) \frac{\sqrt{\sum_{a'} N_{s_t}(a')}}{1 + N_{s_t}(a)}$$

其中 $N_{s_t}(a)$ 是在状态 s_t 中选择动作 a 的次数。

$P_{s_t}(a)$ 是模型为状态 s_t 返回的策略，而 $W_{s_t}(a)$ 是模型针对分支 a 下所有 s_t 的子状态返回的最大价值。

重复此过程，直到找到解决方案或时间预算用尽为止。为了加快此过程，MCTS 通常以并行方式实现，其中多个线程执行多次搜索。在这种情况下，可以从 A_t 中减去一些额外的损失，以防止多个线程探索树的相同路径。

解决过程的最后一步是一旦到达目标状态，我们如何从 MCTS 树中获取旋转路径。论文的作者尝试了两种方法：

❑ **原始方法**：到达目标状态后，我们将使用从根状态开始的路径作为解决方案。

❑ **BFS 方法**：到达目标状态后，对 MCTS 树执行 BFS，以查找从根到此状态的最短路径。

根据作者的说法，BFS 方法比原始方法能找到更短的解决方案，这并不奇怪，因为 MCTS 过程的随机性会给解决方案路径引入循环。

24.7　论文结果

该论文发表的最终结果令人印象深刻。在配备了三个 GPU 的机器上进行了 44 小时的训练之后，神经网络学习到了如何以与人工定制的求解器相同的水平（有时甚至比人工定制的求解器更高）求解魔方。最终模型与前面描述的两个求解器——Kociemba 两阶段求解器和 Korf——进行了比较。论文提出的方法称为 DeepCube。

为了比较效果，在所有方法中都使用了 640 个随机打乱的魔方。打乱时使用的深度为 1000 步。解决方案的时间限制为一个小时，DeepCube 和 Kociemba 求解器都能够解决该限制内的所有魔方。Kociemba 求解器速度非常快，其求解时间的中值仅为一秒钟，但是由于该方法中使用了硬编码规则，因此其解决方案并不总是最短的。

DeepCube 方法花费的时间要多得多，时间中值约为 10 分钟，但它能够媲美 Kociemba 解决方案的长度，或者在 55% 的情况下效果更好。从我个人的角度来看，55% 不足以说 NN 明显更好，但至少它们还不差。

图 24.4 显示了所有求解器的长度分布。如你所见，在 1000 步打乱测试用例中未对 Korf 求解器进行比较，因为它求解魔方需要很长时间。为了将 DeepCube 与 Korf 求解器的性能进行比较，我们创建了一个简单得多的 15 步打乱测试集。

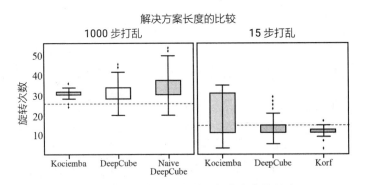

图 24.4　不同求解器找到的解决方案的长度

24.8　代码概览

好的，现在让我们切换到代码，该代码位于本书代码库中的 Chapter24 目录中。在本节中，我将简要概述我的实现和关键的设计决策，但是在此之前，我必须强调有关代码的要点以建立正确的期望：

- ❏ 我不是研究人员，所以此代码的最初目标只是重新实现论文的方法。不幸的是，论文中几乎没有关于使用的确切超参数的详细信息，因此我不得不进行大量猜测和实验，但我的结果仍然与论文发表的结果有很大不同。
- ❏ 同时，我尝试以通用方式实现所有东西以简化下一步的实验。例如，有关魔方状态和旋转的详细信息被抽象掉了，这使我们能够通过添加一个新模块来实现解决更多类似于 3×3 魔方的难题。在我的代码中实现了两个魔方：2×2 和 3×3，但其实任何具有固定可预测动作集的完全可观察的环境都可以被实现和实验。下一节将给出详细信息。
- ❏ 代码的清晰度和简洁性优先于性能。当然，当可以在不引入太多负担的情况下提高性能时，我选择性能优先。例如，只需将打乱后魔方的生成逻辑和神经网络的前向传播分开，训练过程即可加快 5 倍。但是，如果性能要求将所有内容重构为多 GPU 和多线程模式，我宁愿保持简单。一个非常生动的例子是 MCTS 过程，一般做法是将其实现为共享同一颗树的多线程代码。它通常会加速数倍，但是需要在进程之间进行复杂的同步。因此，我的 MCTS 版本是串行的，仅对批搜索进行了简单的优化。

总体而言，该代码包含以下部分：

1）魔方环境，定义观察空间、可能的动作以及神经网络状态的准确表示。此部分在 libcube/cubes 模块中实现。

2）NN 部分，描述了我们将要训练的模型、训练样本的生成以及训练循环。它包括训练工具 train.py 和 libcube/model.py 模块。

3）魔方的求解器，包括 solver.py 工具和实现 MCTS 的 libcube/mcts.py 模块。

4）用于粘合其他部分的各种工具，例如带有超参数的配置文件和用于生成魔方问题集的工具。

24.8.1　魔方环境

如你所见，组合优化问题通常庞大又多样。甚至魔方游戏这种范围比较窄的也包含数十种变体。最受欢迎的是 2×2×2 魔方、3×3×3 魔方和 4×4×4 魔方、Square-1、Pyraminx 以及其他众多产品（https://ruwix.com/twisty-puzzles/）。同时，论文介绍的方法相当通用，且不依赖于先验的领域知识、动作数量和状态空间大小。对该问题施加的关键假设包括：

- ❏ 环境状态必须是完全可观察的，并且观察需要将状态彼此区分开。魔方就是这种情况。但是很多时候，情况并非如此。例如大多数扑克的变体，我们看不到对手的纸牌。
- ❏ 动作必须是离散且有限的。魔方可以采取的动作数量有限，但是如果我们的动作空间是"使方向盘旋转 α（$\alpha \in$ [–120°…120°]）角度"，那么这里的问题域就不同了，正如你在致力于连续控制问题的章节中已经看到的那样。

❑ 环境模型必须是可靠的。换句话说，我们必须能够回答"将动作 a_i 应用于状态 s_j 的结果是什么？"之类的问题。没有这个前提，ADI 和 MCTS 都将不适用。这是一个限制性很强的要求，并且对于大多数问题，我们没有这样的模型，或者它的输出非常嘈杂。另一方面，在象棋或围棋等游戏中，我们有这样一个模型：游戏规则。

❑ 此外，我们的领域必须是确定性的，因为应用于相同状态的相同动作总是以相同的最终状态结束。相反的例子可能是西洋双陆棋戏，玩家在每一回合中掷骰子以获取他们可能走棋的步数。我有一种感觉，即使我们的动作是随机的，这些方法也应该起作用，但我可能是错的。

为了能在将方法应用于 3×3 魔方外的其他魔方时更简单，所有具体环境的细节都移至单独的模块，并通过抽象接口 CubeEnv（在 libcube/cubes/_env.py 模块中进行了描述）与其余代码进行通信。下面的代码块中显示了该接口并附加了注释。

```
class CubeEnv:
    def __init__(self, name, state_type, initial_state,
                 is_goal_pred, action_enum, transform_func,
                 inverse_action_func, render_func, encoded_shape,
                 encode_func):
        self.name = name
        self._state_type = state_type
        self.initial_state = initial_state
        self.is_goal_pred = is_goal_pred
        self.action_enum = action_enum
        self._transform_func = transform_func
        self._inverse_action_func = inverse_action_func
        self._render_func = render_func
        self.encoded_shape = encoded_shape
        self._encode_func = encode_func
```

该类的构造函数有许多参数：

❑ 环境名称。

❑ 环境状态的类型。

❑ 魔方的初始（组装好的）状态的实例。

❑ 断言函数，用于检查特定状态是否表示已组装的魔方。对于 3×3 魔方，这可能看起来是多余的，因为我们可以将它与在 initial_state 参数中传递的初始状态进行比较，但是，大小为 2×2 和 4×4 的魔方可能具有多个最终状态，因此需要一个单独的断言函数来涵盖此类情况。

❑ 可应用于状态的动作枚举。

❑ 旋转函数，接受状态和动作并返回结果状态。

❑ 逆函数，将每个动作映射到其相反的动作。

❑ 渲染函数以人类可读的形式表示状态。

❑ 编码状态张量的形状。

❑ 将紧凑状态表示编码为 NN 友好形式的函数。

正如你所看到的，魔方环境与 Gym API 不兼容，我这么做是故意的，是为了向你展示如何超越 Gym。

```
def __repr__(self):
    return "CubeEnv(%r)" % self.name

def is_goal(self, state):
    return self._is_goal_pred(state)

def transform(self, state, action):
    return self._transform_func(state, action)

def inverse_action(self, action):
    return self._inverse_action_func(action)

def render(self, state):
    return self._render_func(state)

def is_state(self, state):
    return isinstance(state, self._state_type)

def encode_inplace(self, target, state):
    return self._encode_func(target, state)
```

CubeEnv API 中的某些方法只是传给构造函数的函数包装器。这样就可以在单独的模块中实现新环境，在环境注册表中注册自己，并为其余代码提供一致的接口。

该类中的所有其他方法基于这些原始操作提供扩展的统一功能。

```
def sample_action(self, prev_action=None):
    while True:
        res = self.action_enum(
            random.randrange(len(self.action_enum)))
        if prev_action is None or \
                self.inverse_action(res) != prev_action:
            return res
```

前述方法提供了随机采样动作的功能。如果传入了 prev_action 参数，则我们将从可能的结果动作中排除反向动作，这样可以很方便地避免产生短循环（例如 Rr 或 Ll）。

```
def scramble(self, actions):
    s = self.initial_state
    for action in actions:
        s = self.transform(s, action)
    return s
```

scramble() 方法将动作列表应用于魔方的初始状态，并返回最终状态。

```python
def scramble_cube(self, scrambles_count, return_inverse=False,
                  include_initial=False):
    state = self.initial_state
    result = []
    if include_initial:
        assert not return_inverse
        result.append((1, state))
    prev_action = None
    for depth in range(scrambles_count):
        action = self.sample_action(prev_action=prev_action)
        state = self.transform(state, action)
        prev_action = action
        if return_inverse:
            inv_action = self.inverse_action(action)
            res = (depth+1, state, inv_action)
        else:
            res = (depth+1, state)
        result.append(res)
    return result
```

前面的方法有点冗长，提供了随机打乱魔方，并返回所有中间状态的功能。在
`return_inverse`参数为`False`的情况下，该函数将为打乱过程的每个步骤返回具有
`(depth, state)`的元组列表。如果参数为`True`，则返回具有三个值的元组：`(depth,
state, inv_action)`，在某些情况下需要三个值。

```python
def explore_state(self, state):
    res_states, res_flags = [], []
    for action in self.action_enum:
        new_state = self.transform(state, action)
        is_init = self.is_goal(new_state)
        res_states.append(new_state)
        res_flags.append(is_init)
    return res_states, res_flags
```

`explorer_states`方法实现了 ADI 的功能，并将所有可能的动作应用于给定的魔方
状态。结果是一个列表元组，其中第一个列表包含扩展状态，第二个列表具有这些状态是
否是目标状态的标志。

使用此通用功能，用很少的模板代码就能实现类似的环境并将其插入现有的训练和测
试方法中。例如，我提供了在实验中使用的 2×2×2 魔方和 3×3×3 魔方。它们的内部结
构位于 `libcube/cubes/cube2x2.py` 和 `libcube/cubes/cube3x3.py` 中，你可以
将它们用作实现你自己版本的此类环境的基础。

每个环境都需要通过创建 CubeEnv 类的实例并将该实例传给 `libcube/cubes/_`
`env.py` 中定义的 `register()` 函数中来注册自己。以下是来自 `cube2x2.py` 模块的代
码段。

```python
_env.register(_env.CubeEnv(
    name="cube2x2", state_type=State, initial_state=initial_state,
    is_goal_pred=is_initial, action_enum=Action,
```

```
transform_func=transform, inverse_action_func=inverse_action,
render_func=render, encoded_shape=encoded_shape,
encode_func=encode_inplace))
```

完成此操作后，可以使用 libcube.cubes.get() 方法获得魔方环境，该方法将环境名称作为参数。其余代码仅使用 CubeEnv 类的公共接口，这使得代码与魔方类型无关，并简化了可扩展性。

24.8.2　训练

训练过程是在工具 train.py 和模块 libcube/model.py 中实现的，它是本文所述训练过程的直接实现，但有一个区别：该代码支持两种方法来计算神经网络的价值输出端的目标价值。一种方法正是本文中描述的方法，另一种是我的修改方法，我将在下一节详细解释。

为了简化实验并使结果可重复，在单独的 .ini 文件中指定了训练的所有参数，该 .ini 文件提供了以下训练选项：

❑ 要使用的环境的名称。当前 cube2x2 和 cube3x3 可用。

❑ 运行的名称，用于 TensorBoard 的名称和保存模型的目录名。

❑ ADI 中将使用的目标价值计算方法。我实现了两个：在论文中描述的计算方法，以及我进行了修改的计算方法，根据我的实验，该修改方法具有更稳定的收敛性。

❑ 训练参数：批大小、是否使用 CUDA、学习率、学习率衰减速度等。

你可以在代码库的 ini 文件夹中找到我的实验示例。在训练期间，TensorBoard 的度量指标被写入 runs 文件夹中。损失值最优的模型将保存在 saves 目录中。

为了让你大致了解配置文件，以下是 ini/cube2x2-paper-d200.ini 文件的内容，它使用论文中的价值计算方法和 200 的打乱深度定义了 2×2 魔方的实验：

```
[general]
cube_type=cube2x2
run_name=paper

[train]
cuda=True
lr=1e-5
batch_size=10000
scramble_depth=200
report_batches=10
checkpoint_batches=100
lr_decay=True
lr_decay_gamma=0.95
lr_decay_batches=1000
```

要开始训练，你需要将 .ini 文件传给 train.py 工具。例如，下面就是前面的 .ini 文件用于训练模型的方式。

```
$ ./train.py -i ini/cube2x2-paper-d200.ini -n t1
```

额外的 -n 参数指定了运行的名称，该名称将与 .ini 文件中的名称结合使用，以用作 TensorBoard 的名称。

24.8.3　搜索过程

训练的结果是带有神经网络权重的模型文件。该文件可用于使用 MCTS 解魔方，MCTS 方法在 solver.py 工具和 libcube/mcts.py 模块中实现。

求解器工具非常灵活，可以在多种模式下使用：

1）要解决以逗号分隔的动作索引列表形式给出的单个打乱的魔方，需要传入 -p 选项。例如，-p 1,6,1 是通过应用第二个动作，然后第七个动作，最后第二个动作来打乱魔方的。这些动作的具体含义是特定于环境的，环境通过 -e 选项指定。你可以在魔方环境模块中找到动作的索引。例如，针对 2×2 魔方的动作 1,6,1 表示 L，R'，L 旋转。

2）从文本文件中读取排列（每行一个魔方）并求解它们。文件名通过 -i 选项传入。cubes_tests 文件夹中有几个示例问题。你可以使用 gen_cubes_py 工具生成自己的随机问题集，该工具可以设置随机种子、打乱深度和其他选项。

3）生成给定深度的随机打乱的魔方并求解。

4）运行一系列越来越复杂（打乱深度）的测试、解决它们，然后将结果写入 CSV 文件。通过传入 -o 选项可启用此模式，这对于评估训练后的模型质量非常有用，但是它可能需要花费大量时间才能完成。还可以选择产生带有测试结果的图。

在所有情况下，你都需要使用 -e 选项传入环境名称，并使用模型的权重（-m 选项）传入文件。此外，还有其他参数，可让你调整 MCTS 选项以及时间或搜索步长限制。你可以在 solver.py 的代码中找到这些选项的名称。

24.9　实验结果

不幸的是，论文没有提供有关该方法一些非常重要的详细信息，例如训练的超参数、在训练过程中将魔方打乱的深度以及获得的收敛性。为了填补缺失的部分，我使用各种不同的超参数值进行了许多实验，但是我的结果仍然与论文中发表的结果有很大不同。首先，原来的方法的训练收敛非常不稳定。即使学习率较低且批大小较大，训练最终还是会发生发散，价值损失部分呈指数增长。图 24.5 显示了此行为的示例。

经过几次实验，我得出的结论是这种行为是该方法提出了错误的价值目标导致的。实际上，在公式 $y_{v_i} = \max_a (v_s(a)+R(A(s, a)))$ 中，神经网络返回的价值 $V_s(a)$ 始终会添加到实际奖励 $R(s)$ 中，即使对于目标状态也是如此。这样一来，神经网络返回的实际价值可以是任何值：-100、10^6 或 3.1415。对于 NN 训练来说，这不是一个好情况，特别是对于均方误差目标而言。

策略损失

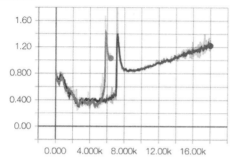

价值损失

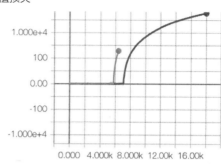

图 24.5　论文中的方法训练两次的策略损失（左）和价值损失（右）

为了验证这一点，我通过为目标状态分配 0 目标来修改目标价值计算的方法：

$$y_{v_t} = \begin{cases} \max_a (v_s(a) + R(A(s,a))), & s \text{ 不是目标状态} \\ 0, & s \text{ 是目标状态} \end{cases}$$

通过在 .ini 文件中将参数 value_targets_method 指定为 zero_goal_value 而不是默认的 value_targets_method=paper，就可以启用此目标。

通过这种简单的修改，训练过程可以更快地让神经网络的价值输出端的返回值收敛到稳定价值。图 24.6 与图 24.7 显示了收敛的示例。

价值

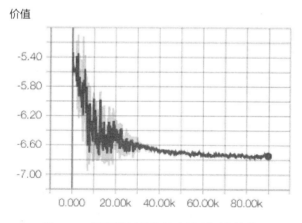

图 24.6　训练期间价值输出端预测的价值

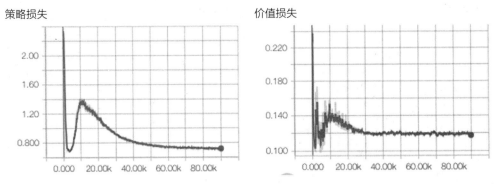

图 24.7　修改后的策略损失（左）和价值损失（右）

24.9.1　2×2 魔方

在该论文中，作者宣称在装有 3 个 Titan Xp GPU 的机器上训练了 44 个小时。在训练期间，他们的模型看到了 80 亿个魔方状态。这些数字对应于约 50 000 魔方状态 / 秒的训练速度。我的实现在单个 GTX 1080 Ti 上显示的训练速度为 15 000 魔方状态 / 秒，这还是可以与其较量的。因此，要在单个 GPU 上重复训练过程，我们需要等待近 6 天，这对于实验和超参数调整而言并不高效。

为了解决这个问题，我实现了一个更简单的 2×2 魔方环境，训练只需一个小时。要重现我的训练，代码库中有两个 .ini 文件：

❑ ini/cube2x2-paper-d200.ini：它使用了论文中介绍的目标价值方法。

❑ ini/cube2x2-zero-goal-d200.ini：目标状态的目标价值设置为零。

这两种配置都使用了 1 万个状态的批和 200 的打乱深度，并且训练参数相同。训练后，使用这两种配置生成了两个模型（两个模型都存储在代码库的 models 目录中）：

❑ 论文的方法：损失 0.18184。

❑ 0 目标法：损失 0.014547。

我的实验（使用了 solver.py 工具）显示，损失较小的模型具有较高的成功率，可以解决深度不断增加的随机打乱的魔方。两种模型的结果如图 24.8 所示。

下一个要比较的参数是解决方案期间执行的 MCTS 步骤的数量，如图 24.9 所示。0 目标模型通常以更少的步骤找到解决方案，即它学到的策略更好。

最后，让我们检查找到的解决方案的长度。在图 24.10 中，绘制了原始方法和 BFS 方法找到的解决方案的长度。从图中可以看出，原始方法的解决方案比 BFS 发现的解决方案要长得多（相差 10 倍）。这种差异可能表示 MCTS 参数还未调优，可以对其进行改进。0 目标模型显示的解决方案比论文模型的更长，因为论文模型根本找不到更长的解决方案。

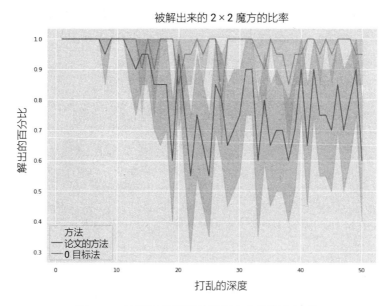

图 24.8　不同打乱深度的被解出来的魔方比率

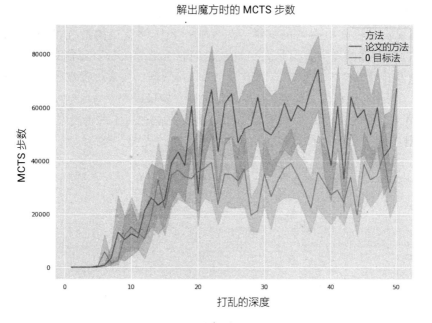

图 24.9　解出不同深度的魔方时的 MCTS 步数

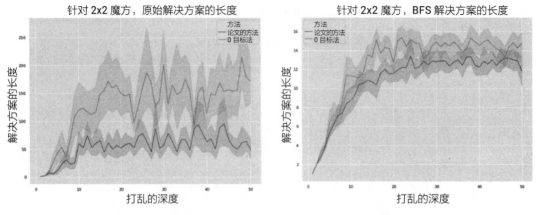

图 24.10　原始方法（左）和 BFS 方法（右）生成的解决方案的对比

24.9.2　3×3 魔方

3×3 魔方模型的训练要繁重得多，因此我可能只是触碰了冰山一角。但是，即使我的有限实验，仍然表明，对训练方法进行 0 目标修改可以极大地提高训练稳定性和模型质量。训练大约需要 20 个小时，因此进行大量实验的时候需要时间和耐心。

我的结果不如论文中报道的那样闪闪发光：我能够获得的最佳模型可以求解高达 12 ~ 15 步打乱深度的魔方，但是在更复杂的问题上始终失败。可能可以通过使用更多 CPU 内核以及并行 MCTS 来提高该数量。为了获得数据，搜索过程被限制为不超过 10 分钟，并且对于每个打乱深度，都会生成 5 个随机打乱步骤。

图 24.11 显示了论文提出的方法和具有 0 目标值的修改版本的解决方案的比率。

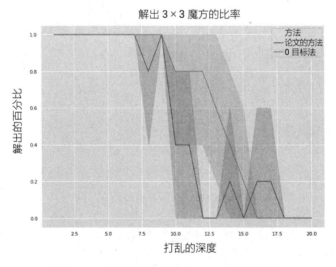

图 24.11　两个模型的解出 3×3 魔方的比率

图 24.12 显示了找到的最佳解决方案的长度。这里有两个有趣的问题。首先，0 目标方法在 10 ~ 15 打乱深度范围内找到的解决方案的长度大于打乱的深度。这意味着模型无法找到用于生成测试问题的打乱序列，但仍发现了一条距离更长的路径来达到目标状态。另一个观察结果是，对于 12 ~ 18 的深度范围，论文的方法发现的解决方案比打乱序列短。这可能是由于生成的测试序列不大好。

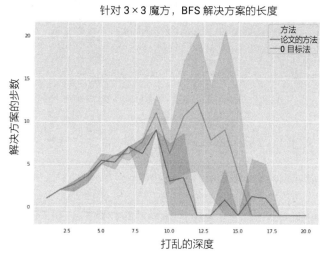

图 24.12　针对 3×3 魔方，两个方法的解决方案的长度

24.10　进一步改进和实验

有很多方向和方法可以尝试：

❑ 更多的输入和网络工程：魔方是一个复杂的东西，因此简单的前馈 NN 可能不是最佳模型。网络可能会从卷积中受益匪浅。

❑ 训练过程中的振荡和不稳定可能是 RL 的常见问题（步间相关性）的迹象。常用的方法是目标网络，我们可以使用旧版本的神经网络来获取展开值。

❑ 带优先级的回放缓冲区可能有助于加速训练。

❑ 我的实验表明，样本的权重（与打乱的深度成反比）有助于获得更好的策略，该策略知道如何求解稍微打乱的魔方，但可能会减慢对更深状态的学习。这种加权可能可以自适应，以使其在以后的训练阶段不那么主动。

❑ 可以将熵损失添加到训练中以正则化我们的策略。

❑ 2×2 魔方模型没有考虑到魔方没有中央小方块的事实，因此可以旋转整个魔方。对于 2×2 魔方，这可能不是很重要，因为状态空间很小，但是对于 4×4 魔方，相同的观察将会有非常多。

❑ 需要进行更多的实验以获得更好的训练和 MCTS 参数。

24.11　总结

在本章中，描述了 RL 方法在离散优化问题中的应用，其中使用了魔方这个众所周知但仍具挑战性的问题。在本书的最后一章中，我们将讨论 RL 中的多智能体问题。

多智能体强化学习

在上一章中，我们深入探讨了离散优化问题。本章我们将讨论 RL 和深度 RL 中相对较新的方向：多个智能体与同一个环境进行通信。

在本章中，我们将：

❑ 首先概述经典的单智能体 RL 问题和多智能体 RL 问题之间的异同。

❑ 涵盖由 Geek.AI 英国 / 中国研究小组实现并开源的 MAgent 环境。

❑ 使用 MAgent 在不同环境中对几组智能体训练模型。

25.1 多智能体 RL 的说明

多智能体设置是我们在第 1 章中介绍过的 RL 模型的自然扩展。在普通 RL 的设置中，我们有一个智能体使用观察、奖励和动作与环境进行通信。但是在现实中经常出现的一些问题中，我们会有几个智能体同时参与环境交互。具体示例如下：

❑ 国际象棋游戏，我们的程序试图击败对手。

❑ 市场模拟，例如产品广告或价格变动，我们的动作可能引起其他参与者的对抗动作。

❑ Dota2 或 StarCraft II 等多人游戏，智能体需要控制多个单位与其他玩家竞争。

如果其他智能体不在我们的控制范围内，我们可以将它们视为环境的一部分，并且仍然坚持使用单个智能体的普通 RL 模型。但是有时候这太有限了，而且不完全是我们想要的。正如你在第 23 章中看到的那样，通过自我对抗进行训练是一种非常强大的技术，能生成良好的策略，并且不会在环境方面过于复杂。

另外，最近的研究表明，一组简单的智能体可能会展示出比预期行为复杂得多的协作行为。OpenAI 博客文章（https://openai.com/blog/emergent-tool-use/）和"捉迷藏"游戏相关的论文（https://arxiv.org/abs/1909.07528）就是这样的例子。在游戏中，一组智能体协作并制定越来越复杂的策略和对抗战略与另一组智能体抗衡，例如"使用物体筑起篱笆"和"在篱笆后面使用弹簧垫将智能体抓住"。

25.1.1 通信形式

根据智能体可能使用的不同通信方式，可以将它们分为两组：

❑ 竞争型：两个或更多的智能体试图互相击败对方以最大化他们的奖励。最简单的设置是两人游戏，例如国际象棋、西洋双陆棋或 Atari Pong。

❑ 协作型：一组智能体需要共同努力以实现某个目标。

每组都有许多示例，但是最有趣且最接近现实生活的场景通常是两种情况的混合。有无数这样的例子，从一些允许你结盟的棋盘游戏开始，再到现代的公司（假定 100% 协作），但现实生活通常要复杂得多。

从理论上讲，博弈论对于这两种通信形式都有相当完善的基础，但是为了简洁起见，我不打算深入研究这个领域，因为它既庞大又包含大量不同的术语。好奇的读者可以找到很多关于它的书籍和课程。例如，minimax 算法是博弈论的一个著名结果，你已经在第 23章中见过其修改版本了。

25.1.2 强化学习方法

多智能体 RL（有时缩写为 MARL）是一个非常年轻的领域，但是随着时间的流逝，它的活跃度不断增长，而且该领域很有趣。例如，DeepMind 和 OpenAI 最近对多人策略游戏（StarCraft II 和 Dota2）的兴趣研究是朝着这个方向迈出的关键一步。

在本章中，我们将快速浏览 MARL 并在简单的环境中进行一些实验，当然，如果你发现它很有趣，可以尝试更多的东西。在我们的实验中，将使用一种简单直接的方法，使智能体共享我们正在优化的策略，但是观察将从智能体的角度给出，并包括有关其他智能体位置的信息。通过这种简化，我们的 RL 方法将保持不变，只不过环境需要进行预处理，并且必须处理多个智能体。

25.2 MAgent 环境

在进入第一个 MARL 示例之前，先描述实验环境。

25.2.1 安装

如果你想研究 MARL，你的选择会受到限制。Gym 随附的所有环境仅支持一个智能体。有一些补丁程序可以将 Atari Pong 切换为两人游戏模式，但它们不是标准方式，只是一个例外。

DeepMind 与 Blizzard 一起公开了可用的 StarCraft II（https://github.com/deepmind/pysc2），它为实验提供了一个非常有趣且具有挑战性的环境。但是，对于在 MARL 中迈出第一步的人来说，这可能太复杂了。就这一点而言，我发现来自 Geek.AI（https://github.com/geek-ai/MAgent）的 MAgent 环境非常适合：它简单、快速且具有最小的依赖性，但仍然允许你模拟不同的多智能体场景进行实验。它不提供与 Gym 兼容的 API，但我们可以自行实现。

本章中所有的示例都假设你已克隆 MAgent 并将其安装在 `Chapter25/MAgent` 目录中。MAgent 尚不提供 Python 包，因此，要安装它，你需要执行以下步骤：

❏ 在 `Chapter25` 目录中运行 `git clone https://github.com/geek-ai/MAgent.git`。

❏ 通过在 `Chapter25/MAgent` 目录中运行 `bash build.sh` 来构建 MAgent（你可能需要安装 https://github.com/geek-ai/MAgent 中列出的依赖项）。

25.2.2　概述

MAgent 的高级概念既简单又高效。它提供了 2D 智能体所居住的网格世界的模拟。它们可以观察周围的事物（根据它们的感知长度）、移动到与自己相距一定距离的位置，并攻击周围的其他智能体。

可能会有具有不同特征和交互参数的不同智能体组。例如，我们将考虑的第一个环境是一个"捕食者 – 猎物"模型，其中"老虎"狩猎"鹿"并因此获得奖励。在环境配置中，你可以指定组的许多方面，例如感知、移动、攻击距离、组中每个智能体的初始运行状况、它们在移动和攻击上需要耗费的体力等。除了智能体之外，环境还可能包含无法被智能体穿过的墙壁。

MAgent 的好处是它具有很好的可扩展性，因为其内部是使用 C++ 实现的，只是公开了 Python 接口。这意味着该环境可以在组中包含数千个智能体，为你提供观察结果和处理智能体的动作。

25.2.3　随机环境

为了快速理解 MAgent 的 API 和逻辑，我使用"老虎"和"鹿"智能体程序实现了一个简单的环境，两个组均由随机策略驱动。从 RL 的角度来看，这可能不是很有趣，但是它将使我们能够快速学习 API 以实现 Gym 环境包装器。

该示例在 `Chapter25/forest_random.py` 中，它很短，如下所示。

```
import os
import sys
sys.path.append(os.path.join(os.getcwd(), "MAgent/python"))
```

由于 MAgent 不是作为包安装的，因此我们需要在导入之前调整 Python 的导入路径。

```
import magent
from magent.builtin.rule_model import RandomActor

MAP_SIZE = 64
```

我们导入由 MAgent 提供的 main 包和执行随机动作的类。另外，我们定义环境的大小，即 64 × 64 的网格。

```
if __name__ == "__main__":
env = magent.GridWorld("forest", map_size=MAP_SIZE)
env.set_render_dir("render")
```

首先，我们创建由 GridWorld 类表示的环境。在其构造函数中，我们可以传入各种配置参数以调整模拟世界的配置。第一个参数 "forest" 选择 MAgent 代码库中的预定义世界中的一个，源文件 https://github.com/geek-ai/MAgent/blob/master/python/magent/builtin/config/forest.py 对此有完整描述。此配置描述了两组动物：老虎和鹿。老虎可以攻击鹿以获得体力值和奖励，但同时会消耗所补充的体力。鹿没有虎的攻击性，并且视力比老虎差，但是随着时间的推移，它们会恢复体力（通过吃草）。

MAgent 附带预定义的配置，你可以随时定义自己的配置。对于自定义配置，需要在构造函数中传入 Config 类的实例。

调用 env.set_render_dir() 指定目录，该目录将用于存储游戏的进度。可以通过单独的工具加载此进度，稍后我们将看一下如何执行此操作。

```
deer_handle, tiger_handle = env.get_handles()
models = [
    RandomActor(env, deer_handle),
    RandomActor(env, tiger_handle),
]
```

创建环境后，我们需要获取所谓的"组句柄"以取得对智能体组的访问权限。为了提高效率，与环境的所有通信均在组级别执行，而不是在单个智能体级别执行。在前面的代码中，我们获取了组句柄，并创建了 RandomActor 类的两个实例，该实例将为每个组选择随机动作。

```
env.reset()
env.add_walls(method="random", n=MAP_SIZE * MAP_SIZE * 0.04)
env.add_agents(deer_handle, method="random", n=5)
env.add_agents(tiger_handle, method="random", n=2)
```

下一步，我们重置环境并在其中放置关键角色。在 MAgent 术语中，reset() 完全清除网格，这与 Gym 的 reset() 调用不同。前面的代码通过调用 env.add_walls() 将 4% 的网格单元变成不可通过的墙，并随机放置五只鹿和两只老虎。

```
v = env.get_view_space(tiger_handle)
r = env.get_feature_space(tiger_handle)
print("Tiger view: %s, features: %s" % (v, r))
vv = env.get_view_space(deer_handle)
rr = env.get_feature_space(deer_handle)
print("Deer view: %s, features: %s" % (vv, rr))
```

现在，来探讨一下我们的观察。在 MAgent 中，对每个智能体的观察分为两部分：视图空间和特征空间。视图空间是空间相关的，代表有关智能体周围的网格单元的各种信息。如果我们运行代码，它将输出带有观察形状的一些行：

```
Tiger view: (9, 9, 5), features: (20,)
Deer view: (3, 3, 5), features: (16,)
```

这意味着每只老虎都会得到一个具有五个不同信息平面的 9×9 矩阵。鹿的视野比较小，它们的观察只有 3×3。观察值将智能体放在最中心，因此它显示了此特定智能体周围的网格。五个信息平面包括：

- ❑ 墙：如果此单元格包含墙，则为 1，否则为 0。
- ❑ 组 1（智能体属于此组）：如果该单元格包含来自该智能体组中的智能体，则为 1，否则为 0。
- ❑ 组 1 的体力状况：智能体在此单元格中的相对体力状况。
- ❑ 组 2 敌方智能体：如果此格中有一个敌人，则为 1。
- ❑ 组 2 的体力状况：敌人的相对体力状况，如果没有敌人，则为 0。

如果配置了更多组，则观察将在观察张量中包含更多平面。此外，MAgent 具有"迷你地图"功能，默认情况下处于禁用状态，其中包括每个组的智能体的"缩小"位置。组 1和组 2 关联了智能体的组，因此，在第二个平面中，鹿具有其他鹿的相关信息，对于老虎来说，此平面包括其他老虎。如果需要，它允许我们为两个小组训练同一个策略。

观察的另一部分是所谓的特征空间。它不是空间相关的，仅表示为数字向量。它包括独热编码的智能体 ID、最后一个动作、最后一个奖励和标准化的位置。具体细节可以在MAgent 源代码中找到，但目前它们不是重点。

让我们继续代码描述。

```
done = False
step_idx = 0
while not done:
    deer_obs = env.get_observation(deer_handle)
    tiger_obs = env.get_observation(tiger_handle)
    if step_idx == 0:
    print("Tiger obs: %s, %s" % (
        tiger_obs[0].shape, tiger_obs[1].shape))
    print("Deer obs: %s, %s" % (
        deer_obs[0].shape, deer_obs[1].shape))
print("%d: HP deers:  %s" % (
    step_idx, deer_obs[0][:, 1, 1, 2]))
print("%d: HP tigers: %s" % (
    step_idx, tiger_obs[0][:, 4, 4, 2]))
```

我们开始循环迭代，从中获得观察结果。该代码将显示以下内容：

```
Tiger obs: (2, 9, 9, 5), (2, 20)
Deer obs: (5, 3, 3, 5), (5, 16)
```

```
0: HP deers:  [1. 1. 1. 1. 1.]
0: HP tigers: [1. 1.]
```

由于我们有两只老虎和五只鹿，因此调用 env.get_observation() 会返回相应形状的 NumPy 数组。因为可以立即获得整个小组的观察结果，所以与环境的通信非常高效。

两组的体力值均从第二平面的中心获取，其中包括有关智能体的信息。因此，显示的体力向量是该组的体力。

```
deer_act = models[0].infer_action(deer_obs)
tiger_act = models[1].infer_action(tiger_obs)
env.set_action(deer_handle, deer_act)
env.set_action(tiger_handle, tiger_act)
```

在接下来的几行中，我们将要求模型根据观察结果选择动作（这些动作是随机选择的），并将这些动作传给环境。动作也以整个组的整数向量表示。使用此方法，我们可以控制大量智能体。

```
env.render()
done = env.step()
env.clear_dead()
t_reward = env.get_reward(tiger_handle)
d_reward = env.get_reward(deer_handle)
print("Rewards: deer %s, tiger %s" % (d_reward, t_reward))
step_idx += 1
```

在循环的剩余部分，我们要做几件事。首先，我们要求环境保存和智能体相关的信息，以及它们之后要探索的位置。然后，我们调用 env.step() 在模拟的网格世界中执行一步。此函数返回一个布尔值标志，一旦所有智能体都死亡，该标志将变为 True。然后，我们获得该组的奖励向量并将其显示出来，然后继续循环迭代。

如果启动程序，将显示以下内容：

```
Tiger view: (9, 9, 5), features: (20,)
Deer view: (3, 3, 5), features: (16,)
Tiger obs: (2, 9, 9, 5), (2, 20)
Deer obs: (5, 3, 3, 5), (5, 16)
0: HP deers:  [1. 1. 1. 1. 1.]
0: HP tigers: [1. 1.]
Rewards: deer [0. 0. 0. 0. 0.], tiger [1. 1.]
1: HP deers:  [1. 1. 1. 1. 1.]
1: HP tigers: [0.95 0.95]
Rewards: deer [0. 0. 0. 0. 0.], tiger [1. 1.]
2: HP deers:  [1. 1. 1. 1. 1.]
2: HP tigers: [0.9 0.9]
...
19: HP deers:  [1. 1. 1. 1. 1.]
19: HP tigers: [0.05 0.05]
Rewards: deer [0. 0. 0. 0. 0.], tiger [1. 1.]
```

```
20: HP deers:  [1. 1. 1. 1. 1.]
20: HP tigers: [0. 0.]
Rewards: deer [0. 0. 0. 0. 0.], tiger []
```

正如你看到的，老虎的体力水平逐步降低，而仅经过 20 步，所有老虎都因饥饿而死亡。由于它们的动作是随机的，因此它们极不可能在一个片段中吃掉一头鹿以活得更久。

模拟完成后，它将跟踪的信息存储在 render 目录中，信息由 config.json 和 video_1.txt 两个文件表示。为了使它们可视化，你需要启动在 MAgent 安装期间生成的特殊程序。它将充当 HTML 页面（显示环境的进度）的服务器。要启动它，你需要运行 MAgent/build/render/render 工具，命令如下所示：

```
Chapter25$ MAgent/build/render/render
[2019-10-20 19:47:38] [0x1076a65c0] Listening on port 9030
```

之后，你需要使用浏览器从 MAgent 源加载 HTML 文件以显示录制的信息：Chapter25/MAgent/build/render/index.html。它将询问你 config.json 和 video_1.txt 的位置，如图 25.1 所示。

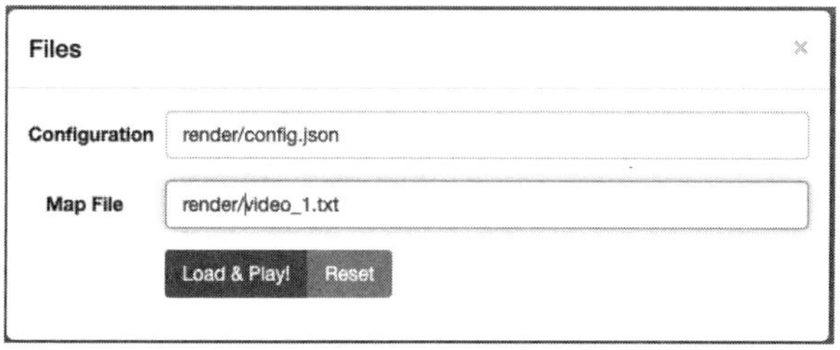

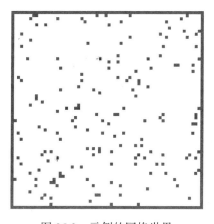

图 25.1　浏览器中的 MAgent 渲染界面

按下 Load & Play! 按钮将加载录制的信息并显示网格世界的动画。在我们的示例中，老虎和鹿随机移动了 20 步。界面如图 25.2 所示。

图 25.2　示例的网格世界

渲染界面具有快捷键，这些快捷键在按下"h"键后显示。你可以使用它们更改文件、暂停内容以及显示速度和进度的对话框。

25.3 老虎的深度 Q-network

在前面的示例中，两组智能体均随机行动，这不是很有趣。现在，我们将 DQN 模型应用于 Tiger 智能体组，以检查它们是否可以学习到一些有趣的策略。所有智能体共享神经网络，因此它们的行为相同。

训练代码位于 Chapter25/forest_tigers_dqn.py 中，与之前章节中的其他 DQN 版本没有太大区别。为了使 MAgent 环境能够与我们的类一起使用，gym.Env 包装器在 Chapter25/lib/data.py 中的 MAgentEnv 类中实现。让我们查看它以了解其如何适应剩余的代码。

```
class MAgentEnv(VectorEnv):
    def __init__(self, env: magent.GridWorld, handle,
                 reset_env_func: Callable[[], None],
                 is_slave: bool = False,
                 steps_limit: Optional[int] = None):
        reset_env_func()
        action_space = self.handle_action_space(env, handle)
        observation_space = self.handle_obs_space(env, handle)

        count = env.get_num(handle)

        super(MAgentEnv, self).__init__(count, observation_space,
                                        action_space)
        self.action_space = self.single_action_space
        self._env = env
        self._handle = handle
        self._reset_env_func = reset_env_func
```

我们的类继承自 gym.vector.vector_env.VectorEnv 类，该类允许向量化环境的两种模式：同步和异步。我们的通信是同步的，但是需要考虑该类的实现以正确地对它进行子类化。构造函数接受三个参数：MAgent 环境实例、我们将要控制的组句柄以及 reset_env_func 函数，该函数必须将 MAgent 环境重置为初始状态（清除网格、添加墙并放置智能体）。辅助方法用于根据环境和句柄构建动作和观察空间描述。

```
@classmethod
def handle_action_space(cls, env: magent.GridWorld,
                        handle) -> gym.Space:
    return spaces.Discrete(env.get_action_space(handle)[0])
```

我们假定动作空间只是一组离散的动作，因此可以从环境中获取其大小。

```
@classmethod
def handle_obs_space(cls, env: magent.GridWorld,
                     handle) -> gym.Space:
    v = env.get_view_space(handle)
    r = env.get_feature_space(handle)
```

```
    view_shape = (v[-1],) + v[:2]
    view_space = spaces.Box(low=0.0, high=1.0,
                            shape=view_shape)
    extra_space = spaces.Box(low=0.0, high=1.0, shape=r)
    return spaces.Tuple((view_space, extra_space))
```

观察空间稍微复杂一些，涉及两个部分：空间（通过卷积神经网络进行处理）和特征向量。需要重新安排空间特征，以符合 PyTorch 的（C, W, H）约定。然后，我们构造两个 `spaces.Box` 实例，并使用 `spaces.Tuple` 将它们组合在一起。

```
@classmethod
def handle_observations(cls, env: magent.GridWorld,
                        handle) -> List[Tuple[np.ndarray,
                                              np.ndarray]]:
    view_obs, feats_obs = env.get_observation(handle)
    entries = view_obs.shape[0]
    if entries == 0:
        return []
    view_obs = np.array(view_obs)
    feats_obs = np.array(feats_obs)
    view_obs = np.moveaxis(view_obs, 3, 1)

    res = []
    for o_view, o_feats in zip(np.vsplit(view_obs, entries),
                               np.vsplit(feats_obs, entries)):
        res.append((o_view[0], o_feats[0]))
    return res
```

该类方法负责从当前环境状态构建观察。它查询观察值，将两个分量都复制到 NumPy 数组中，更改轴顺序，并在第一维上拆分两个观察值，将它们转换为元组列表。返回列表中的每个元组都包含该组中每个活着的智能体的观察值。这些观察将被添加到回放缓冲区中并进行采样以用于后续训练，因此我们需要将其拆分为多个条目。

```
def reset_wait(self):
    self._steps_done = 0
    if not self._is_slave:
        self._reset_env_func()
    return self.handle_observations(self._env, self._handle)
```

该类的其余部分使用了我们定义的辅助类方法。要重置环境，可以调用 reset 函数构建观察列表。

```
def step_async(self, actions):
    act = np.array(actions, dtype=np.int32)
    self._env.set_action(self._handle, act)
```

step 方法由两部分组成：async 在底层 MAgent 环境中设置动作；sync 进行实际的步骤调用，并在 Gym 环境中用 step() 方法收集我们所需的信息。

```
def step_wait(self):
    self._steps_done += 1
    if not self._is_slave:
        done = self._env.step()
```

```
        self._env.clear_dead()
        if self._steps_limit is not None and
                self._steps_limit <= self._steps_done:
            done = True
    else:
        done = False

    obs = self.handle_observations(self._env, self._handle)
    r = self._env.get_reward(self._handle).tolist()
    dones = [done] * len(r)
    if done:
        obs = self.reset()
        dones = [done] * self.num_envs
        r = [0.0] * self.num_envs
    return obs, r, dones, {}
```

在 `step_wait()` 中，我们要求 MAgent 环境在模拟中执行一步，然后清除所有组中死亡的智能体并准备结果。部分组需要进行特殊处理。由于我们的智能体可能在片段中死亡，因此观察和奖励的长度可能会随着时间的流逝而减少。对于 PTAN 类而言，这不是问题，但是我们需要注意 `dones` 数组。如果片段结束（当所有智能体死亡时会发生），我们将重置片段并返回新的观察结果。

这就是 `MAgentEnv` 类的全部内容了。其余代码与以前相同，因此不展示它们。

训练与结果

要开始训练，请运行 `./forest_tigers_dqn.py -n run_name -cuda`。在经过大约三个小时的训练后，老虎的测试奖励达到了 70 分的最佳成绩，这比随机基线值有了显著提高。老虎如果随机行动，会在 20 步后死亡（因此，它们获得 20 的奖励）。

老虎每吃掉一头鹿都会获得 8 点体力，这使它们可以再生存 16 步。因此，有 10 只老虎的组获得了 70 的奖励，意味着它们在该片段中吃了 31 头鹿，考虑到地图上总共只有 50 头鹿以及鹿的稀疏性，这个结果还不错。

由于老虎的视野有限，策略很有可能停止改善。如果你好奇，可以在环境设置中启用小地图并对此进行实验。有了关于食物位置的更多信息，就可以进一步改善策略。

训练过程如图 25.3 至图 25.5 所示。

从图 25.3 中可以很明显地看出，训练过程在 3 万 ~ 4 万的片段后停止收敛。

每经过 1 万次训练迭代，将播放一个片段来检查当前策略（不包含由 ε-greedy 探索引入的随机动作）。更新最佳奖励后，即可将模型保存到文件中。

工具 `Chapter25/forest_tigers_play.py` 可以加载保存的策略并录制老虎的动作。该工具加载模型并播放一个片段，然后将录制的文件保存在 `Chapter25/render` 目录中。如前所述，录制的文本文件可以使用录制工具在浏览器中可视化。以下是在训练的不同阶段中老虎策略中视频链接。

得分为 23：https://www.youtube.com/watch?v=NJPAGCGVeDM。老虎几乎是随机移动

的。只有一只老虎离鹿足够近，可以吃掉它从而活得更久一些。

　　得分为 39：https://www.youtube.com/watch?v=kkNrnIQ3j3U。看起来老虎总是向左走，吃掉了它们发现的一切。这使一些老虎可以获得更高的奖励，并且活得更久，但是，这个策略并不是最好的。

　　得分为 67：https://www.youtube.com/watch?v=W0aJ9mu1MwA。这是我得到的最好的策略。老虎们正在积极尝试吃鹿。最后一位幸存者甚至从较慢的同伴那里偷了食物（见录像的第五秒钟）。

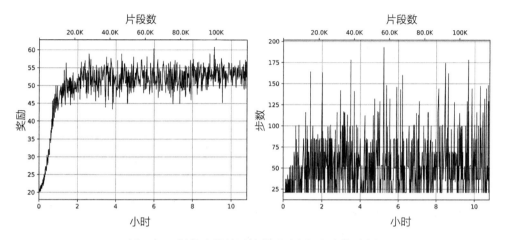

图 25.3　训练片段的平均奖励（左）和步数（右）

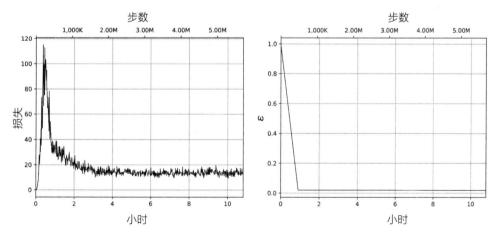

图 25.4　训练中的训练损失（左）和 ε（右）

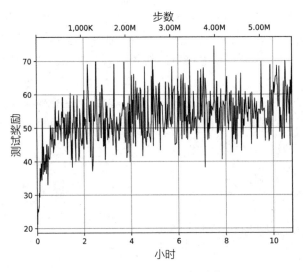

图 25.5　测试片段的奖励值

25.4　老虎的合作

我实现的第二个实验旨在使老虎的生存环境更加复杂，并鼓励它们进行合作。训练代码和游戏代码相同，唯一的区别在于 MAgent 环境的配置。我从 MAgent（https://github.com/geek-ai/MAgent/blob/master/python/magent/builtin/config/double_attack.py）中 获 取 了 double_attack 配置文件，并对其进行了调整，为老虎和鹿的每一步都给予 0.1 的奖励。以下是 Chapter25/lib/data.py 中修改后的函数 config_double_attack()：

```
def config_double_attack(map_size):
    gw = magent.gridworld
    cfg = gw.Config()
    cfg.set({"map_width": map_size, "map_height": map_size})
    cfg.set({"embedding_size": 10})
```

我们创建配置对象并设置地图大小。embedding 大小是小地图的尺寸，在此配置中未启用。

```
deer = cfg.register_agent_type("deer", {
    'width': 1, 'length': 1, 'hp': 5, 'speed': 1,
    'view_range': gw.CircleRange(1),
    'attack_range': gw.CircleRange(0),
    'step_recover': 0.2,
    'kill_supply': 8,
    'step_reward': 0.1,
})
```

我们为鹿注册智能体组。它们的体力值较低，观察范围小，不能攻击，但是随着时间的推移可以恢复体力。我添加了 `step_reward` 参数使鹿在执行动作后可以获得奖励。

```
tiger = cfg.register_agent_type("tiger", {
    'width': 1, 'length': 1, 'hp': 10, 'speed': 1,
    'view_range': gw.CircleRange(4),
    'attack_range': gw.CircleRange(1),
    'damage': 1, 'step_recover': -0.2,
    'step_reward': 0.1,
})
```

现在轮到第二组了：老虎。它们有更高的奖励、更大的观察范围，并且可以攻击其他人。但是它们每走一步都会失去一些体力值，所以它们需要食物。

```
deer_group  = cfg.add_group(deer)
tiger_group = cfg.add_group(tiger)
a = gw.AgentSymbol(tiger_group, index='any')
b = gw.AgentSymbol(tiger_group, index='any')
c = gw.AgentSymbol(deer_group,  index='any')
# tigers get reward when they attack a deer simultaneously
e1 = gw.Event(a, 'attack', c)
e2 = gw.Event(b, 'attack', c)
cfg.add_reward_rule(e1 & e2, receiver=[a, b], value=[1, 1])
return cfg
```

接下来，我们在系统中创建一条规则，奖励同时攻击一只鹿的两只老虎。请注意，它们仍然可以独自攻击鹿，但是不会因此获得奖励。这就是"社交"老虎的模型。

要激活此模式，需要将参数 `--mode double_attack` 传给训练程序，因此，想要在合作模式下训练前面的示例，你需要按以下方式运行它：`./forest_tigers_dqn.py -n run_name --mode double_attack --cuda`。

另一项调整与探索有关。在前面的示例中，一共有 10 只老虎和 50 只鹿，这个数量级已经足够了，因为只需要满足 1 只老虎吃到鹿的情况。但是现在，两只老虎需要同时攻击鹿，这种可能性要小得多。因此，为了简化探索，我增加了鹿和老虎的数量，分别为 512 和 20。否则，由于缺少优质奖励的样本，该过程将无法收敛。当然，这不是最好的解决方案，还有更好的探索技术，但是我尝试使示例保持简单。你可以尝试使用第 21 章中介绍的方法。

图 25.6 至图 25.8 是我在此模式下训练所获得的收敛图。

事后看来，我似乎太早停止训练了，被平均奖励的跌落吓到了。但也许不是这样，这个跌落可能是超参数配置错误的信号，例如回放缓冲区大小配置错误（由于智能体数量增加了一倍，回放缓冲区大小也需要放大）。但是无论如何，训练使我们有了可以检查的策略。

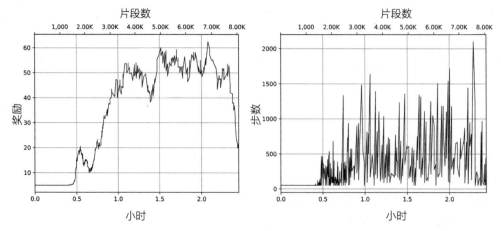

图 25.6 训练片段的奖励和步数

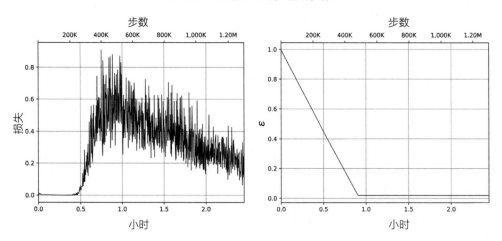

图 25.7 训练损失和 ε 值

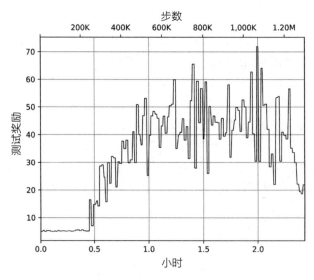

图 25.8 测试片段的奖励值

与以前一样，每次获得测试片段的最佳奖励时，都会保存模型文件。以下是训练期间获得的模型的可视化视频：

- 得分为 5，少量智能体：https://youtu.be/_dtuac7ii7k。
- 得分为 5，大量智能体：https://youtu.be/GMyTEbKHATQ。
- 得分为 30，少量智能体：https://youtu.be/5CWiy4Ye57E。
- 得分为 30，大量智能体：https://youtu.be/M4IRD5sGi7U。
- 得分为 50，少量智能体：https://youtu.be/qr2rvCjpWis。
- 得分为 50，大量智能体：https://youtu.be/JiS06bF9hJM。

由于我更改了奖励系统（每步提供 0.1 奖励），从这些视频中可以很明显地看出，老虎们根本没有学会如何进行协作。取而代之的是，它们独自吃鹿以延长寿命。它们可能会发现一起攻击鹿更有利可图，但是从探索的角度来看这很难。

我们还可以考虑 ./forest_tigers_dqn.py 工具中的第三种模式：double_attack_nn，该模式使用了噪声网络，并且仅在鹿被两只老虎杀死的情况下才给予奖励。但是，不幸的是，经过 7 个小时的训练后，此版本仍未获得任何奖励，因此对于好奇的读者，此 double_attack_nn 模式留作高级练习。

25.5　同时训练老虎和鹿

下一个示例是同时训练由不同的 DQN 模型控制老虎和鹿的情况。老虎活得更久可以获得更多奖励，这意味着吃更多的鹿，因为在模拟的每一步，它们都会失去体力值。鹿在每个时间点上仍然会得到奖励。

该代码在 Chapter25/forest_both_dqn.py 中，它是前面示例的简单扩展。对于这两组智能体，我们都有一个单独的 Agent 类实例，该实例与环境进行通信。由于两组的观察结果不同，因此我们有两个独立的神经网络、回放缓冲区和经验源。在每个训练步骤中，我们都从两个回放缓冲区中批采样，然后分别训练两个神经网络。

我不会将代码放在这里，因为它仅与前面的示例在小细节上不同。如果你好奇，可以查看 GitHub 示例。收敛结果如图 25.9 至图 25.11 所示。

从图 25.11 中可以看出，鹿比老虎更成功，这并不奇怪，因为两者的速度相同，所以鹿只需要一直移动并等待老虎死于饥饿。如果你比较好奇，可以更改实验设置来进行实验，比如提高老虎的速度或增加墙的密度。以下是我制作的一些模型和得分的录制视频，它们验证了这种想法。

- 模型：72 只老虎，109 只鹿：https://youtu.be/u50_B5OcgXw。
- 模型：72 只老虎，114 只鹿：https://youtu.be/rvWe0mJkkrw。
- 模型：72 只老虎，228 只鹿：https://youtu.be/nAvqQ-yPlws。

正如你看到的，鹿的策略对"向一个方向跑"策略过拟合了。

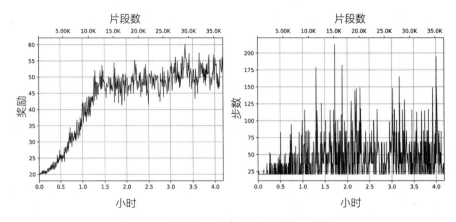

图 25.9 训练中的老虎片段的奖励和步数

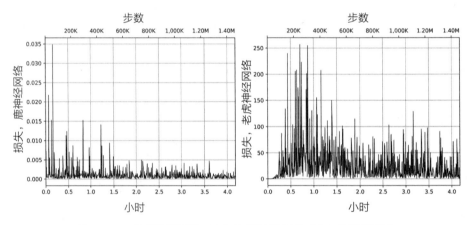

图 25.10 老虎神经网络（左）和鹿神经网络（右）的训练损失

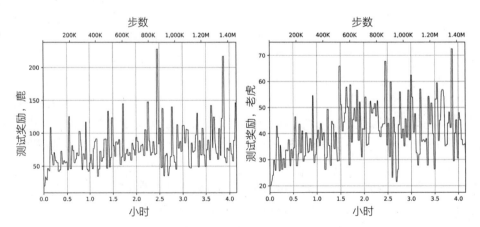

图 25.11 鹿（左）和老虎（右）的测试奖励

25.6　相同 actor 之间的战斗

本章的最后一个示例是策略引导两组相同智能体之间进行战斗的情况。此版本在 Chapter25/battle_dqn.py 中实现。该代码很简单，不会放在这里。

我仅对代码进行了几次实验，因此你可以改进超参数。此外，你可以对训练过程进行实验。在代码中，两组都是由我们正在优化的相同策略驱动的，这可能不是最佳方法。你可以尝试 AlphaGo Zero 风格的训练，将最佳策略用于一个组，而另一组由我们当前正在优化的策略驱动。最佳策略一旦开始持续失败，就会对其进行更新。在这种情况下，优化的策略可能有时间学习当前最佳策略的所有技巧和弱点，这可能会形成良性循环。

在我的实验中，训练不是很稳定，但是显示了一些进步。以下是我使用获得的策略得到的一些录制视频。要在两个保存的模型之间进行战斗，你可以使用实用程序 Chapter25/battle_play.py。

- ❑ 得分为 -0.9 的模型与得分为 -0.8 的模型：https://youtu.be/sWxJMeC7psY。
- ❑ 得分为 -0.8 的模型与得分为 -0.7 的模型：https://youtu.be/LArNodOT1oQ。
- ❑ 得分为 -0.6 的模型与得分为 -0.8 的模型：https://youtu.be/LLn_DNVdyGU。

25.7　总结

在本章中，我们接触到了 MARL 非常有趣且充满活力的领域。你可以使用 MAgent 环境或其他环境（例如 PySC2）自行尝试许多操作。

恭喜你完成本书！希望本书能对你有所帮助，也希望你在 RL 这一激动人心且充满活力的领域中不断进步。该领域的发展非常迅速，但是只要了解了基础知识，你就可以轻松跟踪该领域的最新发展和研究。这本书的目的是帮你建立该领域的实践基础，简化你对常用方法的学习。

一本书不可能涵盖整个领域，有许多非常有趣的话题尚未提及，例如部分可观察的马尔可夫决策过程（环境观察不能满足马尔可夫性质）或最新的探索方法（例如基于计数的方法）。最近，多智能体方法开始变得活跃，在该领域中，大量智能体需要学习如何协调以解决一个常见问题。

我没有提到基于内存的 RL 方法，你的智能体可以在其中维护某种内存以保留其知识和经验。为了提高 RL 样本效率，我们付出了巨大的努力，理想情况下，有一天它将接近人类的学习表现，但是目前这仍然是一个遥远的目标。

最后，我想引用 Volodymir Mnih 在 2017 年的 Deep RL Bootcamp 里的演讲（Recent Advances and Frontiers in Deep RL）中的一句话："深度 RL 是一个全新领域，一切都令人兴奋。不夸张地说，该领域的一切都还未解决！"

推荐阅读

机器学习实战：基于Scikit-Learn、Keras和TensorFlow（原书第2版）

作者：Aurélien Géron ISBN：978-7-111-66597-7 定价：149.00元

机器学习畅销书全新升级，基于TensorFlow 2和Scikit-Learn新版本

Keara之父、TensorFlow移动端负责人鼎力推荐

"美亚"AI+神经网络+CV三大畅销榜冠军图书

从实践出发，手把手教你从零开始构建智能系统

这本畅销书的更新版通过具体的示例、非常少的理论和可用于生产环境的Python框架来帮助你直观地理解并掌握构建智能系统所需要的概念和工具。你会学到一系列可以快速使用的技术。每章的练习可以帮助你应用所学的知识，你只需要有一些编程经验。所有代码都可以在GitHub上获得。

机器学习算法（原书第2版）

作者：Giuseppe Bonaccorso ISBN：978-7-111-64578-8 定价：99.00元

本书是一本使机器学习算法通过Python实现真正"落地"的书，在简明扼要地阐明基本原理的基础上，侧重于介绍如何在Python环境下使用机器学习方法库，并通过大量实例清晰形象地展示了不同场景下机器学习方法的应用。